中国国家标准汇编

2009年修订-17

中国标准出版社　编

中国标准出版社
北　京

图书在版编目（CIP）数据

中国国家标准汇编：2009年修订．17/中国标准出版社编．—北京：中国标准出版社，2010

ISBN 978-7-5066-6075-4

Ⅰ．①中… Ⅱ．①中… Ⅲ．①国家标准-汇编-中国-2009 Ⅳ．①T-652.1

中国版本图书馆CIP数据核字（2010）第171233号

中国标准出版社出版发行
北京复兴门外三里河北街16号
邮政编码：100045

网址 www.spc.net.cn
电话：68523946 68517548
中国标准出版社秦皇岛印刷厂印刷
各地新华书店经销

*

开本 880×1230 1/16 印张 40.75 字数 1 191 千字
2010年10月第一版 2010年10月第一次印刷

*

定价 220.00 元

ISBN 978-7-5066-6075-4

出 版 说 明

1.《中国国家标准汇编》是一部大型综合性国家标准全集。自1983年起，按国家标准顺序号以精装本、平装本两种装帧形式陆续分册汇编出版。它在一定程度上反映了我国建国以来标准化事业发展的基本情况和主要成就，是各级标准化管理机构，工矿企业单位，农林牧副渔系统，科研、设计、教学等部门必不可少的工具书。

2.《中国国家标准汇编》收入我国每年正式发布的全部国家标准，分为“制定”卷和“修订”卷两种编辑版本。

“制定”卷收入上一年度我国发布的、新制定的国家标准，顺延前年度标准编号分成若干分册，封面和书脊上注明“20××年制定”字样及分册号，分册号一直连续。各分册中的标准是按照标准编号顺序连续排列的，如有标准顺序号缺号的，除特殊情况注明外，暂为空号。

“修订”卷收入上一年度我国发布的、修订的国家标准，视篇幅分设若干分册，但与“制定”卷分册号无关联，仅在封面和书脊上注明“20××年修订-1，-2，-3，……”字样。“修订”卷各分册中的标准，仍按标准编号顺序排列(但不连续)；如有遗漏的，均在当年最后一分册中补齐。需提请读者注意的是，个别非顺延前年度标准编号的新制定的国家标准没有收入在“制定”卷中，而是收入在“修订”卷中。

读者配套购买《中国国家标准汇编》“制定”卷和“修订”卷则可收齐上一年度我国制定和修订的全部国家标准。

3. 由于读者需求的变化，自1996年起，《中国国家标准汇编》仅出版精装本。

4. 2009年我国制修订国家标准共3 158项。本分册为“2009年修订-17”，收入新制修订的国家标准60项。

中国标准出版社

2010年8月

目　　录

ICS 43.020
T 04

中华人民共和国国家标准

GB/T 12543—2009
代替 GB/T 12543—1990

汽车加速性能试验方法

Acceleration performance test method for motor vehicles

2009-03-23 发布　　　　2010-01-01 实施

中华人民共和国国家质量监督检验检疫总局
中国国家标准化管理委员会　发布

前　言

本标准和 SAE J1491 MAR95《汽车加速性能试验方法》以及 JISD 1014《汽车加速性能试验方法》的一致性程度为非等效。

本标准代替 GB/T 12543—1990《汽车加速性能试验方法》。

本标准与 GB/T 12543—1990 相比，主要变化如下：

——增加了规范性引用文件，增加的原因是车辆分类、试验质量及载荷分布采用上述标准的规定。

——全油门起步加速试验，末速度最大只记录到 100 km/h，并增加通过 400 m 测试；全油门超越加速试验，初速度为 60 km/h，末速度最大只记录到 100 km/h。以上做法的主导思想是为了对不同型号、种类的车辆，有一个尽可能统一的测量指标。

——增加了对自动变速器和手自一体变速器操作的描述。

——增加了对试验数据有效性的判别标准。

本标准的附录 A 为资料性附录。

本标准由国家发展和改革委员会提出。

本标准由全国汽车标准化技术委员会归口。

本标准起草单位：中国汽车技术研究中心。

本标准主要起草人：高峰、李功清、靳旗、张辉、刘建军。

本标准所代替标准的历次版本发布情况为：

——GB 1334—1977、GB/T 12543—1990。

汽车加速性能试验方法

1 范围

本标准规定了汽车加速性能试验方法。

本标准适用于M类和N类汽车。

2 规范性引用文件

下列文件中的条款通过本标准的引用而成为本标准的条款。凡是注日期的引用文件，其随后所有的修改单(不包括勘误的内容)或修订版均不适用于本标准，然而，鼓励根据本标准达成协议的各方研究是否可使用这些文件的最新版本。凡是不注日期的引用文件，其最新版本适用于本标准。

GB/T 12534 汽车道路试验方法通则

GB/T 12428 客车装载质量计算方法

GB/T 12545.1 乘用车燃料消耗量试验方法

GB/T 12545.2 商用车辆燃料消耗量试验方法

GB/T 15089 机动车辆及挂车分类

3 试验条件

3.1 气象条件

试验应在大气温度为0 ℃～40 ℃时进行，不应有雾、雨或雹，风速不大于3 m/s。

3.2 道路条件

路面应是清洁、干燥、平直的混凝土或沥青(或相类似的)路面，其纵向坡度不应大于0.1%。

3.3 燃料、润滑油(脂)

试验汽车使用的燃料、润滑油(脂)牌号和规格，应符合该车技术条件，同一次试验的各项性能测试应使用同一批燃料、润滑油(脂)。

3.4 车辆准备

3.4.1 磨合

应对车辆进行磨合，磨合里程不少于该车技术条件的规定，车轮胎面应留有至少75%的花纹，且胎面良好。试验前，所有的轮胎均应经过至少100 km的磨合。

3.4.2 车辆检查

车辆应按制造厂的技术要求进行检查及必要的调整。

3.4.3 测试仪器安装

测试仪器安装后，不应妨碍车辆的操作和改变车辆的行驶特性。

3.4.4 车辆试验质量及载荷分布

3.4.4.1 M_1类车辆和最大设计总质量小于2 t的N_1类车辆

车辆试验质量及载荷分布按照GB/T 12545.1有关道路试验的规定加载。

3.4.4.2 M_2、M_3类汽车和最大设计总质量不小于2 t的N类车辆

车辆试验质量按照GB/T 12545.2有关道路试验的规定加载。

M_2、M_3类汽车的载荷按照GB/T 12428均布；N类车辆的载荷分布按照GB/T 12534。

3.5 车辆预热

试验开始前，车辆应经过预热行驶。

4 试验程序

4.1 全油门起步加速性能试验

车辆由静止状态全油门加速到100 km/h(如果最高车速的90%达不到100 km/h,应取最高车速的90%向下圆整到5的整数倍的车速作为试验终了车速)。

车辆由静止状态全油门加速通过400 m的距离。

记录以上项目的行驶时间。

4.2 全油门超越加速性能试验

车辆由60 km/h全油门加速到100 km/h(如果最高车速的90%达不到100 km/h,应取最高车速的90%向下圆整到5的整数倍的车速作为试验终了车速),记录行驶时间。

4.3 变速器操作程序

4.3.1 手动变速器

4.3.1.1 全油门起步加速性能试验

车辆起步加速,应在车轮滑转最小的情况下使车辆达到最大加速性能。离合器的操纵及换挡时刻的选择应使加速性能发挥最大但不应超过发动机的额定转速。当车辆运动时触发记录装置。

4.3.1.2 全油门超越加速性能试验

加速前,车速应控制在58 km/h~60 km/h内保持匀速行驶至少2 s,当车速达到60 km/h时触发记录装置。变速器在试验过程中不应换挡。

M_1类车辆和最大设计总质量小于2 t的N_1类车辆的挡位选择:对于4挡或5挡的手动变速器,挡位应置于最高挡和次高挡;对于6挡的手动变速器,挡位应置于第4挡和第5挡;对于3挡手动变速器,仅使用最高挡位。

M_2、M_3类汽车和最大设计总质量不小于2 t的N类车辆的挡位选择:挡位应置于最高挡和次高挡。

4.3.2 自动变速器

4.3.2.1 全油门起步加速性能试验

在发动机怠速情况下(若有必要可踩下制动器),将变速器置于"D"挡,车辆起步加速,应在车轮滑转最小的情况下使车辆达到最大加速性能,当车辆运动时触发记录装置。

4.3.2.2 全油门超越加速性能试验

变速器置于"D"挡。允许在汽车变速控制器的控制下换挡。试验前,车辆加速到58 km/h~60 km/h内保持匀速行驶至少2 s。当车速达到60 km/h时触发记录装置。

4.3.3 手自一体变速器

分别进行自动模式和手动模式下的加速性能试验。

4.4 试验数据

试验应往返进行,每个方向至少进行3次。若一次试验发生问题,则该往返试验均应重做。

4.5 附件的操作

4.5.1 试验时应关闭前照灯。若汽车装有隐藏式车灯,则灯架应位于隐藏车灯的位置。为满足汽车行驶安全的需要可打开车灯,并记录在附录A的备注中。

4.5.2 其他电器设备应置于关的位置。

4.5.3 试验过程中要关闭所有车窗。

5 数据处理

5.1 数据计算

计算所有有效试验数据的算术平均值、标准偏差和变化系数(标准偏差/算术平均值):

$$\mu = \frac{\sum_{i=1}^{n} T_i}{n} \qquad \cdots\cdots (1)$$

$$SD = \sqrt{\frac{\sum_{i=1}^{n} (\mu - T_i)^2}{n-1}} \qquad \cdots\cdots (2)$$

$$k = \frac{SD}{\mu} \qquad \cdots\cdots (3)$$

式中：

μ——算术平均值；

i——第 i 次试验；

T_i——第 i 次试验数据；

n——试验总次数；

SD——标准偏差；

k——变化系数。

5.2 数据验证

全油门起步加速性能试验，变化系数不应大于 3%；

全油门超越加速性能试验，变化系数不应大于 6%。

5.3 数据表达

按附录 A 的形式记录数据，或做出速度-时间、距离-时间图，或其他认为合理的表达方式。

附　录　A
（资料性附录）
加速性能试验数据表

车辆生产厂________________　车辆型号__________　里程表读数________ km　车辆编号_____
车辆分类________　发动机号____________　VIN ________________　变速箱型式____________
整备质量__________ kg　最大总质量__________ kg　试验质量______ kg　使用燃油__________
厂定最高车速____________ km/h　额定功率及转速________________ kW/(r/min)
气温____________℃　大气压力____________ kPa　风速____________ m/s　风向____________
试验地点__________________　试验日期__________　跑道方向__________　驾驶员__________
换挡转速 r/min(1-2)____________　(2-3)____________　(3-4)____________　(4-5)__________

试验结果：

0—(____)km/h

项　　目	第 1 组		第 2 组		第 3 组		…
	往	返	往	返	往	返	
	T_1	T_2	T_3	T_4	T_5	T_6	
算术平均值 μ/s							
标准偏差 SD/s							
变化系数 k/%							

0—400 m

项　　目	第 1 组		第 2 组		第 3 组		…
	往	返	往	返	往	返	
	T_1	T_2	T_3	T_4	T_5	T_6	
算术平均值 μ/s							
标准偏差 SD/s							
变化系数 k/%							

60 km/h—(________)km/h ________挡

项　　目	第 1 组		第 2 组		第 3 组		…
	往	返	往	返	往	返	
	T_1	T_2	T_3	T_4	T_5	T_6	
算术平均值 μ/s							
标准偏差 SD/s							
变化系数 k/%							

60 km/h—(________)km/h ________挡

项　目	第 1 组		第 2 组		第 3 组		…
	往	返	往	返	往	返	
	T_1	T_2	T_3	T_4	T_5	T_6	
算术平均值 μ/s							
标准偏差 SD/s							
变化系数 k/%							

备注：____

ICS 43.020
T 04

中华人民共和国国家标准

GB/T 12547—2009
代替 GB/T 12547—1990

汽车最低稳定车速试验方法

Minimum stable speed test method for motor vehicles

2009-03-23 发布　　2010-01-01 实施

中华人民共和国国家质量监督检验检疫总局
中国国家标准化管理委员会　发布

前　言

本标准代替 GB/T 12547—1990《汽车最低稳定车速试验方法》。

本标准与 GB/T 12547—1990 相比主要区别如下：

——增加最低稳定车速的定义；

——使用现行的测速仪器；

——增加试验条件的内容；

——修改试验程序的内容。

本标准的附录 A 为资料性附录。

本标准由国家发展和改革委员会提出。

本标准由全国汽车标准化技术委员会归口。

本标准起草单位：国家汽车质量监督检验中心(襄樊)，中国汽车技术研究中心。

本标准主要起草人：朱鑫、湛永茂、汪祖国、陈甲新、王学平。

本标准所代替标准的历次版本发布情况为：

——GB/T 12547—1990。

汽车最低稳定车速试验方法

1 范围

本标准规定了汽车最低稳定车速试验方法。

本标准适用于汽车。汽车列车可参照执行。

2 规范性引用文件

下列文件中的条款通过本标准的引用而成为本标准的条款。凡是注日期的引用文件，其随后所有的修改单（不包括勘误的内容）或修订版均不适用于本标准，然而，鼓励根据本标准达成协议的各方研究是否可使用这些文件的最新版本。凡是不注日期的引用文件，其最新版本适用于本标准。

GB/T 12534　汽车道路试验方法通则

GB/T 12543　汽车加速性能试验方法

GB/T 12677　汽车技术状况行驶检查方法

3 术语和定义

下列术语和定义适用于本标准。

3.1

最低稳定车速　minimum stable speed

最低的能稳定行驶的车速，该车速能保证汽车在急速踩下油门踏板时，发动机不应熄火，传动系不应抖动，汽车能够平稳不停顿地加速，且对应的发动机转速不得下降。

4 试验条件

4.1 测量仪器

试验使用的测量仪器要求如下：

a) 测速仪或车速行程测量装置，精度不低于 0.5%；

b) 转速表，精度不低于 10 r/min。

4.2 试验场地

试验应在平坦的硬路面（沥青或水泥）直线道路上进行，直线道路长度不小于 1 km，宽度不小于 8 m，纵向坡度不大于 0.1%，路面要干燥清洁。

4.3 气象条件

晴天或阴天无雾，相对湿度小于 95%，气温 0～40 ℃，风速不超过 3 m/s。

4.4 试验载荷

按 GB/T 12543 的规定。

4.5 轮胎气压

试验过程中轮胎的冷态充气气压应符合该车技术条件的规定，误差不超过±10 kPa。

4.6 汽车各总成的热状态应符合 GB/T 12677 的规定。

4.7 其他试验条件和车辆的准备应符合 GB/T 12534 的有关规定。

5 试验程序

5.1 将试验车辆的变速器和分动器（如果有）置于所要求的挡位，从发动机怠速转速开始，使汽车保持一个较低的能稳定行驶的车速行驶并通过试验路段。通过测速仪或车速行程测量装置观察车速，并测定汽车通过100 m试验路段时的实际平均车速。

5.2 在汽车驶出试验路段时，立即急速踩下油门踏板，发动机不应熄火，传动系不应抖动，汽车能够平稳不停顿地加速，且对应的发动机转速不得下降。

5.3 若出现不满足5.2条的情况，则应适当提高5.1中的汽车稳定车速，重复进行。直至找到符合5.2的汽车最低稳定车速。

5.4 试验应往、返进行，至少各1次。

5.5 试验过程中，不允许为保持汽车稳定行驶而切断离合器或使离合器打滑，并不得换挡。

6 试验结果

6.1 取实测车速的算术平均值为该汽车该挡位的最低稳定车速。

6.2 试验记录应填写在附录A的表格中。

附 录 A
（资料性附录）

表 A.1 汽车最低稳定车速试验记录表

<table>
<tr><td colspan="3">汽车型号：
VIN：
发动机编号：</td><td colspan="3">汽车最低稳定车速
试验记录表</td><td colspan="2">发动机怠速转速：
车辆编号：
试验日期：</td></tr>
<tr><td>测试仪器</td><td>规格型号</td><td>仪器编号</td><td>生产厂家</td><td>仪器精度</td><td>检定有效时间</td><td colspan="2">检定单位</td></tr>
<tr><td></td><td></td><td></td><td></td><td></td><td></td><td colspan="2"></td></tr>
<tr><td></td><td></td><td></td><td></td><td></td><td></td><td colspan="2"></td></tr>
<tr><td></td><td></td><td></td><td></td><td></td><td></td><td colspan="2"></td></tr>
<tr><td></td><td></td><td></td><td></td><td></td><td></td><td colspan="2"></td></tr>
<tr><td colspan="3">天气情况：</td><td colspan="3">环境温度：</td><td colspan="2">路面状况：</td></tr>
<tr><td colspan="3">气压：</td><td colspan="3">相对湿度：</td><td colspan="2">风速：　　　　风向：</td></tr>
<tr><td colspan="3">前轮气压：</td><td colspan="5">后轮气压：</td></tr>
<tr><td colspan="3">样品准备状态</td><td colspan="5"></td></tr>
<tr><td colspan="3">对检验方法偏离的说明</td><td colspan="5"></td></tr>
<tr><td colspan="8">试验记录</td></tr>
<tr><td>序号</td><td>行驶方向</td><td>行驶距离/
m</td><td>行驶时间/
s</td><td>平均车速/
(km/h)</td><td>变速器挡位</td><td>分动器挡位</td><td>发动机转速/
(r/min)</td></tr>
<tr><td>1</td><td></td><td></td><td></td><td></td><td></td><td></td><td></td></tr>
<tr><td>2</td><td></td><td></td><td></td><td></td><td></td><td></td><td></td></tr>
<tr><td colspan="3">最低稳定车速/(km/h)</td><td colspan="5"></td></tr>
<tr><td colspan="3">试验员：</td><td colspan="5">驾驶员：</td></tr>
</table>

ICS 53.020.30
J 80

中华人民共和国国家标准

GB 12602—2009
代替 GB 12602—1990,GB 7950—1999

起重机械超载保护装置

Lifting appliances-safety devices against overloading

2009-04-24 发布 2010-01-01 实施

中华人民共和国国家质量监督检验检疫总局
中国国家标准化管理委员会 发布

前　言

本标准第 4 章为强制性，其他为推荐性。

本标准是对 GB 12602—1990《起重机械超载保护装置安全技术规范》和 GB 7950—1999《臂架型起重机　起重力矩限制器　通用技术条件》的整合修订。本标准与 GB 12602—1990 和 GB 7950—1999 相比主要变化有：

——将标准的名称改为“起重机械超载保护装置”；

——对规范性引用文件进行了修改；

——对术语和定义进行了修改；

——调整了装置的耐电压波动能力；

——调整了装置电磁兼容的抗干扰度指标和试验方法；

——修改了各类型起重机额定起重量(力矩)限制器的设定点；

——调整了限制器防止起重机动载荷影响的规定；

——调整了装置的疲劳强度指标；

——增加了对指示器的数值误差；

——调整了限制器的自检功能；

——修改了装置的防护等级。

本标准由中国机械工业联合会提出。

本标准由全国起重机械标准化技术委员会(SAC/TC 227)归口。

本标准负责起草单位：辽宁省安全科学研究院，北京起重运输机械研究所。

本标准参加起草单位：常州市常欣电子衡业有限公司、徐州赫思曼电子有限公司、北京东方凯奇科技发展中心、江西飞达电器设备有限公司、大连市特种设备监督检验所。

本标准主要起草人：常晓华、唐超、历桂杰、薛林、刘凯、赵春辉、崔振元、李洪金、屈舒、缪华国、何光义、罗涛、罗鹤飞。

本标准所代替标准的历次版本发布情况为：

——GB 12602—1990；

——GB 7950—1987、GB 7950—1999。

起重机械超载保护装置

1 范围

本标准规定了起重机械超载保护装置的术语和定义、技术要求、试验方法、检验规则、标志、包装、运输及贮存。

本标准适用于桥式起重机、门式起重机、流动式起重机、塔式起重机和臂架起重机(不包括浮式起重机,甲板起重机)所使用的超载保护装置(以下简称“装置”)。

2 规范性引用文件

下列文件中的条款通过本标准的引用而成为本标准的条款。凡是注日期的引用文件,其随后所有的修改单(不包括勘误的内容)或修订版均不适用于本标准,然而,鼓励根据本标准达成协议的各方研究是否可使用这些文件的最新版本。凡是不注日期的引用文件,其最新版本适用于本标准。

GB/T 2423.3 电工电子产品环境试验 第2部分:试验方法 试验 Cab:恒定湿热试验(GB/T 2423.3—2006,IEC 60068-2-78:2001,IDT)

GB/T 3811 起重机设计规范

GB 4208 外壳防护等级(IP代码)(GB 4208—2008,IEC 60529:2001,IDT)

GB/T 13306 标牌

GB/T 17626.5 电磁兼容 试验和测量技术 浪涌(冲击)抗扰度试验(GB/T 17626.5—1999,idt IEC 61000-4-5:1995)

JB/T 3085 电力传动控制装置的产品包装与运输规程

3 术语和定义

下列术语和定义适用于本标准。

3.1

超载保护装置 safety devices against overloading

起重机工作时,对于超载作业有保护和/或提示作用的安全装置,包括额定起重量(力矩)限制器、指示器。

3.2

指示器 indicator

提供警示和/或数据以便于将起重机的操作控制在其设计参数范围内的装置。

3.3

额定起重量(力矩)限制器 rated capacity limiter

在正常工作期间考虑了动力效应的情况下,自动防止起重机搬运载荷超过其额定起重量的装置(以下简称“限制器”)。

3.4

额定起重量(力矩)指示器 rated capacity indicator

在规定的误差范围内,超过额定起重量时能连续发出信号的装置。

3.5

动作点 action point

装机条件下,是指由于限制器的超载保护作用,起重机停止向不安全方向动作时,起重机的实际起重量。

试验室条件下，是指判定到限制器可以使起重机停止向不安全方向动作时，限制器承受的实际载荷值。

3.6

设定点　set point

限制器标定时的动作点。

3.7

综合误差　combined error

限制器在装机条件下，动作点偏离设定点的相对误差。

3.8

动作误差　action error

限制器在试验室条件下，动作点偏离设定点的相对误差。

3.9

配置　configuration

结构件、平衡重、支撑件或外伸支腿、吊钩滑轮组缠绕系统的组合和布置以及依据制造商的使用说明书和运行准备进行的类似构件的组合、定位和安装。

3.10

不安全方向　dangerous directions

起重机超载时，吊物继续起升、臂架伸长、幅度增大及其他加剧危险的动作。

3.11

安全方向　safety directions

吊物下降、臂架缩短、幅度减小及这些动作的组合。

3.12

故障　failure

限制器丧失执行本标准 4.2.1.2 规定功能的能力或者综合误差超过规定值。

4　技术要求

4.1　一般规定

4.1.1　元件标识

装置外露的可操作元件（开关，旋钮等），应有清晰、持久的外部标识。标识应说明其功能。文字标识应有中文。

4.1.2　电源开关

使用电源供电的装置，在装置上不得装设可切断装置供电电源的开关。

4.1.3　强度

装置的任何部件安装于起重机承载系统中时，其强度不得小于该系统中承载部件的强度。

4.1.4　材料和构造

装置所用的电子元器件应严格筛选。应选用具有足够强度和耐久性的材料。各安装件、联接件应有防松动和防水措施。金属件应根据使用环境，作相应防腐处理。

装置的构造应便于安装、调整、润滑和检修，外壳无裂纹等缺陷。

4.1.5　环境条件

装置应在下列环境条件下正常工作：

a)　温度：−20 ℃～+60 ℃；

b)　相对湿度：90%（20 ℃）；

c)　海拔：不大于 2 000 m；

d) 工作方式:连续。

4.1.6 耐振动冲击性

装置应能承受起重机工作所引起的振动和冲击,并应能通过表 1 和表 2 规定的振动和冲击试验。试验后,零部件不得松动、脱落、破损,导线不得断开。

表 1

振动频率/Hz	加速度 g	振动时间/h		
		上下	左右	前后
30	4	4	2	2

表 2

冲击加速度 g	冲击时间/ms	冲击次数		
		上下	左右	前后
30	<18	3	3	3

4.1.7 耐电压波动能力

使用电源的装置,在以下电压波动范围内应正常工作:

a) 交流电源供电,0.9 倍~1.1 倍额定电压;

b) 电池供电,0.85 倍~1.35 倍额定电压;

c) 换能装置供电,0.9 倍~1.1 倍额定电压。

4.1.8 绝缘电阻与工频耐受电压

4.1.8.1 绝缘电阻

使用交流电源的装置,绝缘电阻不应低于 1 MΩ。

4.1.8.2 工频耐受电压

使用交流电源的装置,应能通过表 3 规定的工频耐受电压试验。在试验期间装置应无击穿和闪络现象。

表 3

单位为伏特

额定电压 U_e	试验电压
$U_e \leqslant 60$	1 000
$60 < U_e \leqslant 300$	2 000
$300 < U_e \leqslant 690$	2 500
$690 < U_e \leqslant 800$	3 000
$800 < U_e \leqslant 1\ 000$	3 500

4.1.9 防护等级

装置的防护等级应符合以下规定:

a) 室内部分不应低于 IP44;

b) 室外部分不应低于 IP65;

c) 传感器不应低于 IP65。

4.1.10 抗干扰性

使用交流电源的装置应具有抗干扰措施,并应能通过表 4 和表 5 规定的浪涌抗扰度试验。

表 4

单位为伏特

开路试验电压	
线对线	1 000
线对地	2 000

表 5

单位为微秒

规定	波前时间	半波峰时间
开路试验电压	1.2	50
短路电流	8	20

4.2 限制器

4.2.1 总则

4.2.1.1 限制器应适合起重机的设计用途，不应降低起重机的起重能力。

4.2.1.2 限制器应具备下列功能型式之一：

a) 自动停止型。当起重量超过额定起重量时，应能停止起重机向不安全方向继续动作，同时应能允许起重机向安全方向动作。

b) 综合型。当起重量达到额定起重量的 90%～95%时，应发出视觉和/或听觉预警信号。当起重量达到动作点时，应能停止起重机向不安全方向继续动作，并发出视觉和听觉报警信号，同时应能允许起重机向安全方向动作。

4.2.1.3 限制器应适应起重机配置和/或载荷位置引起的额定起重量的不断变化。在起重机起吊作业过程中，限制器应自动地执行规定的功能，不需要手动再设定或调整。

4.2.1.4 限制器一旦动作，应能连续执行规定功能，直到超载解除和有关控制器挡位回到零位。

4.2.1.5 限制器设置可以解除 4.2.1.2 规定功能的解除开关时，该解除开关应为自动复位型或者可以锁定。解除开关必须经主管人员同意方可开启使用。

4.2.1.6 限制器的综合误差应符合以下规定：

a) 综合型限制器不应超过±5%，自动停止型限制器不应超过±8%。

综合误差按公式(1)计算：

$$\varepsilon_{ZG}=\frac{Q_{Zd}-Q_{L}}{Q_{L}}\times 100\% \qquad \cdots\cdots(1)$$

式中：

ε_{ZG}——综合误差；

Q_{Zd}——装机条件下动作点载荷值，单位为千克(kg)；

Q_{L}——装机条件下设定点载荷值，单位为千克(kg)。

b) 对额定起重量随工作幅度变化的起重机，综合误差的有效范围应在使用说明书和产品铭牌上明确说明，原则上应能满足配用起重机的全部使用工况。

4.2.1.7 限制器的设定点应满足以下要求：

4.2.1.7.1 桥式和门式起重机、臂架起重机限制器的设定点应满足公式(2)中规定的范围：

$$1+\frac{a}{g}<\frac{Q_{L}}{Q_{GL}}<\phi_{2} \qquad \cdots\cdots(2)$$

式中：

a——起升设计的平均加速度，单位为米每二次方秒(m/s²)；

g——重力加速度，单位为米每二次方秒(m/s²)；

Q_{L}——设定点，单位为吨(t)；

Q_{GL}——总起升载荷(总起重量)，包括起重挠性件质量、固定式吊具质量和额定起重量(额定起重量=可分式吊具+有效载荷)构成，单位为吨(t)；

ϕ_{2}——GB/T 3811 规定的起升动载系数。

4.2.1.7.2 流动式起重机限制器的设定点应在起重机额定起重量的100%和110%之间。

4.2.1.7.3 塔式起重机限制器的设定点应在起重机额定起重量的105%和110%之间。

4.2.1.8 限制器动作误差应满足以下要求：

a) 综合型限制器不应超过±3%。自动停止型限制器不应超过±5%。

b) 动作误差按公式(3)计算：

$$\varepsilon_G = \frac{Q_d - Q_s}{Q_s} \times 100\% \qquad \cdots\cdots(3)$$

式中：

ε_G——动作误差；

Q_d——试验室条件下动作点载荷值，单位为千克(kg)；

Q_s——试验室条件下设定点载荷值，单位为千克(kg)。

4.2.1.9 装置的过载能力应能承受配用起重机规定的最大试验载荷。试验后，装置应能执行规定的功能，符合规定的误差要求。

4.2.1.10 装置应能承受以额定载荷加载1 000次的疲劳试验。试验后，装置应能执行规定的功能，符合规定的误差要求。

4.2.1.11 限制器如果装有起重机配置选择装置，该装置的调整挡位数量应与起重机提供的配置数量有关。若选择空位，起重机不应工作或不会导致起重机发生危险状况。

4.2.2 综合型限制器

4.2.2.1 桥式和门式起重机、臂架起重机应安装一个系统，使限制器能区别起重机实际超载与正常作业时吊物起升、制动、运行等产生的动载影响。吊物挂碍(或与地面固结)时，应能立即执行规定的功能。

4.2.2.2 使用计算机控制的限制器，开机时应有自检程序，对警报、显示等功能进行验证。

4.2.2.3 限制器宜设手动自检装置。该装置在起重机不加载的情况下，能确定限制器的有效性。该装置应能自动复位。

4.2.2.4 限制器应设故障自检系统，如果限制器发生故障而影响正常使用时，能立即发出报警信号。

4.2.2.5 如果供电电源中断，限制器应保留其设置。

4.3 指示器

4.3.1 额定起重量指示器应具备下列功能：

a) 当起重机上的载荷接近额定起重量时，应向司机发出视觉和/或听觉预警信号。一般，预警信号应在达到额定起重量90%～95%时发出。

b) 当起重机上的载荷达到动作点时，应向司机和起重机附近的人员发出视觉和/或听觉报警信号。

4.3.2 视觉和/或听觉信号应清晰和连续。音响预警与报警信号应不同，并与起重机环境噪声有明显区别。距发声部位1 m及在司机位置测量均不应低于75 dB(A)。灯光预警信号应使用黄色，灯光报警信号应使用红色，必须在司机视野范围内清晰可见。

4.3.3 如果同时设有视觉和听觉警报功能，可以设置音响信号解除开关，在音响警报功能起作用5 s之后解除音响警报。本次作业完成后，指示器应自动恢复全部功能。

4.3.4 提供数值信息的指示器应满足以下要求：

a) 在司机各操纵位置均应设置指示器；

b) 数值信息应在各种环境下清楚可辩，不干扰司机视线，不刺目；

c) 模拟显示应从左到右、从下到上或顺时针方向增加；

d) 计量单位。

4.3.5 指示器的数值误差应满足以下要求：

a) 指示器的数值误差应符合表6规定。

表 6

<table>
<tr><th>指示参数</th><th>试验室条件下</th><th colspan="2">装机条件下</th></tr>
<tr><td>起重量[a]</td><td>±3%</td><td colspan="2">±5%</td></tr>
<tr><td rowspan="2">臂架角度</td><td rowspan="2">±2%</td><td>臂架角度≥65°</td><td>0°～−2°</td></tr>
<tr><td>臂架角度<65°</td><td>0°～−3°</td></tr>
<tr><td>臂架长度</td><td>±2%</td><td colspan="2">±2%</td></tr>
<tr><td>幅度[b]</td><td>±2%</td><td colspan="2">±5%</td></tr>
<tr><td colspan="4">a “起重量”指在动作点处的显示值。
b 当额定起重量由显示幅度确定时，额定起重量应在实际幅度的±5%范围内。</td></tr>
</table>

b) 试验室条件下误差按公式(4)计算：

$$\varepsilon_x = \frac{X_d - X_1}{X_d} \times 100\% \qquad \cdots\cdots(4)$$

式中：

ε_x——误差；

X_d——每项试验前测得的该参数输出值；

X_1——每项试验后测得的该参数输出值。

c) 装机条件下，起重量、臂架长度和幅度误差分别按公式(5)计算：

$$\varepsilon_y = \frac{Y_d - Y_1}{Y_1} \times 100\% \qquad \cdots\cdots(5)$$

式中：

ε_y——误差；

Y_d——显示值；

Y_1——实测值。

d) 装机条件下，臂架角度误差按公式(6)计算：

$$\varepsilon_d = Z_d - Z_1 \qquad \cdots\cdots(6)$$

式中：

ε_d——误差；

Z_d——显示值；

Z_1——实测值。

4.3.6 如果起重机能以不同的配置工作，指示器应有起重机配置的指示信息。若装配了配置选择装置，在该装置上应提供所选配置的直接描述或代码，该代码可以通过代码/配置列表来核对。

5 试验方法

5.1 检查

5.1.1 目测检查装置样品外露的可操作元件标识。

5.1.2 目测检查装置样品供电电源开关。

5.1.3 查验样品技术文件，对于装置安装于起重机承载系统中的零部件，查验相应的材料质量证明、设计图样和设计计算书，并确认其强度不得小于该系统中承载部件的强度。

5.1.4 目测检查装置样品解除开关。

5.1.5 目测检查装置样品是否符合以下要求：

a) 结构牢固，装配件无松动；

b) 外壳无裂纹、砂眼、划痕等缺陷；

c) 传感器、插接件等部件的装配位置与说明书相符；

d) 各连接部位及进线孔有防水措施；

e) 查阅主要部件所用材料的质量证明，检查是否符合设计计算书规定。

5.1.6 对于配用臂架起重机的限制器，将样品部件按接线图连接，组成一个完整系统，用信号发生器模拟加载。分别模拟两种起重机配置，对每种起重机配置，通过变幅等方式改变载荷位置，直到限制器样品达到动作点。整个试验过程中，不应调整限制器样品。

5.1.7 将限制器样品部件按接线图连接，组成一个完整系统，用信号发生器模拟加载。限制器样品动作后，保持其动作状态 30 s，卸载使其退出动作状态。

5.1.8 查验限制器样品的功能型式。

5.1.9 查验样品技术文件，必要时用信号发生器模拟加载使限制器样品报警，验证设定点。

5.1.10 查验样品技术文件，应包括配用起重机动载荷状态的分析，计算和处理。用信号发生器模拟动载荷状态，对限制器样品输入动载荷信号。

5.1.11 对于综合型限制器和指示器，将样品部件按接线图连接，组成一个完整系统，用信号发生器模拟加载。

当载荷达到额定起重量的 90%～95%时，查验样品音响或灯光预警信号。

当载荷达到动作点时，查验样品声光报警信号。用声级计 A 计权挡距发声部位 1 m 测量报警音响强度。

5.1.12 对于使用计算机控制的综合型限制器，将样品部件按接线图连接，组成一个完整系统，开机时查验自检程序。

5.1.13 对于综合型限制器，将样品部件按接线图连接，组成一个完整系统，开机后查验手动自检装置。

5.1.14 对于综合型限制器，将样品部件按接线图连接，组成一个完整系统，开机后断开传感器连接线，查验故障自检系统。

5.1.15 对于提供数值信息的指示器，查验样品指示器的设置位置和信息。

5.1.16 对于装有起重机配置选择装置的限制器，将样品部件按接线图连接，组成一个完整系统，调整配置选择装置的挡位，在各个挡位用信号发生器模拟加载查验相应功能。

5.1.17 对于综合型限制器，将样品部件按接线图连接，组成一个完整系统，用信号发生器模拟加载，在加载过程中断开样品供电电源。恢复供电后查验样品设置。

5.1.18 对于配有起重机配置选择装置的指示器，目测检查配置选择装置的指示信息。

5.2 试验室试验

5.2.1 一般规定

5.2.1.1 开始试验直至 5.2.14 试验结束，不得调整装置设定点。

5.2.1.2 如果没有特殊说明，试验顺序从 5.2.2 至 5.2.14 依次进行。电池供电的装置，可不做5.2.8、5.2.9 和 5.2.10 试验。

5.2.2 动作误差试验

5.2.2.1 试验方法

将样品部件按接线图连接，组成一个完整系统，按产品技术资料规定，确定样品设定点。样品通电，处于工作状态。

使用试验机对样品的载荷传感器加载，加载速度控制在 1 kN/s。对应每个测试点，加载使装置动作。对每个测试点均应反复试验三次。

取三次动作点加载值的算术平均值作为动作点计算动作误差。

5.2.2.2 测试点的选择

对额定起重量不变的起重机，测试点为装置设定点。

对额定起重量不随工作幅度变化的起重机，测试点为最大工作幅度点。

对额定起重量随工作幅度变化的起重机，测试点应不少于起重机额定起重量图表范围内所对应的五个点，并应尽可能包括最大、中间和最小三个点。

5.2.3 数值误差试验

5.2.3.1 试验方法

数值误差试验可以与动作误差试验同时进行。

对于不同数值信息参数，在每个测试点上分别测量其试验前的输出值。装置动作后，测量其试验后的输出值。对每个测试点均应反复试验三次。

取三次试验数据的算术平均值作为输出值计算数值误差。

5.2.3.2 测试点的选择

测试点按 5.2.2.2 选择。

5.2.4 振动试验

振动试验过程中，装置为非通电状态。试验按 4.1.6 表 1 规定参数条件进行。试验后按 5.2.2 检测动作误差，按 5.2.3 检测数值误差。

5.2.5 冲击试验

冲击试验过程中，装置为非通电状态。试验按 4.1.6 表 2 规定参数条件进行。试验后按 5.2.2 检测动作误差，按 5.2.3 检测数值误差。

5.2.6 环境温度试验

环境温度试验过程中，装置为非通电状态。

5.2.6.1 将装置放入高温试验箱，待箱内温度达到 60 ℃后，历时 16 h，取出后在 30 min 内按 5.2.2 检测动作误差，按 5.2.3 检测数值误差。

5.2.6.2 将装置放入低温试验箱，待箱内温度达到 −20 ℃后，历时 16 h，取出后在 30 min 内按 5.2.2 检测动作误差，按 5.2.3 检测数值误差。

5.2.7 电压波动试验

交流供电和电换能装置供电时，分别施加 0.9 倍～1.1 倍额定电压 10 min 及 60 min；电池供电时，分别施加 0.85 倍～1.35 倍额定电压 10 min 及 60 min。在降压及升压过程中分别按 5.2.2 检测动作误差，按 5.2.3 检测数值误差。

5.2.8 抗干扰试验

按照 GB/T 17626.5 相应规定选择试验设备，在装置的供电电源上迭加一个 4.1.10 表 4 规定参数的试验电压，施加的时间不少于 30 min，在此期间装置应工作正常，按 5.2.2 检测动作误差，按 5.2.3 检测数值误差。

5.2.9 绝缘电阻试验

在装置的电源进线端与外壳金属部分之间，应用相应绝缘电压等级（至少 500 V）的绝缘测量仪器进行绝缘电阻测量。

5.2.10 工频耐受电压试验

按 4.1.8.2 表 3 规定选择试验电压，在装置的电源进线端与外壳金属部分之间施加试验电压 1 min。

5.2.11 湿热试验

湿热试验过程中，装置为非通电状态。

试验前，装置应先通过 5.2.9 和 5.2.10 试验。

按 GB/T 2423.3 规定，将湿热试验箱调整到相对湿度 90%，+20 ℃，装置放入后历时 48 h。试品取出恢复 2 h 后，按 5.2.9 检测绝缘电阻，按 5.2.10 进行工频耐受电压试验，按 5.2.2 检测动作误差，按 5.2.3 检测数值误差。

5.2.12 防护等级试验

按 GB 4208 相应规定进行。试验后按 5.2.2 检测动作误差，按 5.2.3 检测数值误差。

5.2.13 过载能力试验

对取力传感器施加相当于配用起重机规定的最大载荷试验值，加载 3 次后，按 5.2.2 检测动作误差，按 5.2.3 检测数值误差。

5.2.14 疲劳试验

把载荷传感器放到加载试验机上，施加预负载 3 次，每次加载到额定载荷后退回到零负载。施加 3 次预负载后，相隔 1 min，再正式进行试验。

以额定载荷累计加载 1 000 次，每次加载到额定载荷后，保持 10 s，再退回到零负载。

加载 1 000 次后，按 5.2.2 检测动作误差，按 5.2.3 检测数值误差。

5.3 装机试验

5.3.1 试验前的准备

试验用起重机应按规定进行调整检查和试运行。试验场地、环境条件应符合有关规定。试验用重物精度不低于 1%，并应满足试验范围需要，装置应预先标定。

5.3.2 额定起重能力试验

按配用起重机有关标准中额定载荷试验方法和程序，吊运相应的额定载荷进行试验，起重机应能正常工作。对于具有多挡变速性能的起升机构，应当分别对各挡位进行试验。

5.3.3 综合误差试验

对额定起重量不变的起重机，按本条 a)进行。

对额定起重量随工作幅度变化的起重机，允许带载变幅的按本条 b)进行；不允许带载变幅的按本条 c)进行。

对应每个测试点应反复试验三次。

具有指示器功能的装置，同时检测数值误差。具有预警信号的装置，同时检测预警信号，应符合4.3 相应规定。

a) 吊起重物离地面 100 mm～200 mm 处停止起升，逐渐加载至装置动作，实测起重量。
b) 对应每个测试点准备试验重物，以小于测试点的工作幅度起吊，逐渐增加工作幅度使装置动作，实测工作幅度后在起重特性表上查出对应的额定起重量。
   如果实测工作幅度在额定起重量图表上不能直接查到相应额定起重量，应按起重机制造厂提供的计算方法和其他规定的方法计算出额定起重量(以下同)。
c) 对应每个测试点的工作幅度，吊起重物离地面 100 mm～200 mm 处后停止起升，逐渐加载使装置动作，实测起重量。实测工作幅度后，在额定起重量图表上查出对应的额定起重量。

每次测试中，应监视所加试验重物的总重量，如果超过了起重机当时配置所对应额定起重量的 110%，无论装置动作与否，应立即停止该次试验。

6 检验规则

6.1 检验分类

装置的检验分为出厂检验、安装调试检验和型式试验。

6.2 出厂检验

每台装置都应由制造厂进行出厂检验，出厂检验的项目见表 7。

表 7

序号	检验项目名称	检验分类			技术要求	试验方法	备　注
		出厂检验	安装调试检验	型式试验			
1	元件标识			√	4.1.1	5.1.1	
2	供电电源的开关			√	4.1.2	5.1.2	
3	强度			√	4.1.3	5.1.3	
4	材料和构造			√	4.1.4	5.1.5	
5	环境温度和湿度试验			√	4.1.5	5.2.6；5.2.11	
6	耐振动冲击性试验			√	4.1.6	5.2.4，5.2.5	
7	耐电压波动能力试验			√	4.1.7	5.2.7	
8	绝缘电阻试验	√		√	4.1.8.1	5.2.9	
9	工频耐受电压试验	√		√	4.1.8.2	5.2.10	
10	防护等级试验			√	4.1.9	5.2.12	
11	电磁兼容性能(抗干扰)试验			√	4.1.10	5.2.8	
12	额定起重能力试验		√	√	4.2.1.1	5.3.2	
13	限制器的功能型式			√	4.2.1.2	5.1.8	
14	限制器的自动工作性能			√	4.2.1.3	5.1.6	
15	限制器动作后连续执行规定功能的能力			√	4.2.1.4	5.1.7	
16	解除开关			√	4.2.1.5	5.1.4	
17	限制器的综合误差试验		√	√	4.2.1.6	5.3.3	
18	限制器的设定点			√	4.2.1.7	5.1.9	
19	限制器的动作误差试验	√		√	4.2.1.8	5.2.2	
20	过载能力试验	√		√	4.2.1.9	5.2.13	
21	疲劳试验			√	4.2.1.10	5.2.14	
22	起重机配置选择装置			√	4.2.1.11	5.1.16	
23	限制器处理动载荷的功能			√	4.2.2.1	5.1.10	
24	限制器的开机自检功能			√	4.2.2.2	5.1.12	
25	限制器手动自检装置			√	4.2.2.3	5.1.13	
26	限制器故障自检系统			√	4.2.2.4	5.1.14	
27	限制器电源中断后保留其设置的功能			√	4.2.2.5	5.1.17	
28	指示器的信号功能			√	4.3.1	5.1.11	
29	指示器的信号型式			√	4.3.2	5.1.11	
30	指示器的音响信号解除开关			√	4.3.3	5.1.4	
31	指示器的数值信息设置型式			√	4.3.4	5.1.15	
32	指示器的数值误差试验			√	4.3.5	5.2.3	
33	指示器的起重机配置信息指示型式			√	4.3.6	5.1.18	

6.3 安装调试检验

6.3.1 凡有下列情况时应进行安装调试检验：

a) 装置初次安装于起重机上时；

b) 起重机经过拆装或转移工作场地后重新安装使用时；

c) 装置经过拆装、重新使用时；

d) 对装置工作性能有异议时。

6.3.2 调试方法和程序按制造厂规定，调试内容应包括设定点的标定。

安装调试检验项目见表7。

对于额定起重量随工作幅度变化的起重机，测试点应不少于二点。

安装调试过程中，用户主管安全和设备的负责人员应在场。检测数据必须经现场二人以上核对无误，并记入安装调试报告，装入起重机档案。

安装调试后，对装置设定点调节部分应加封记，严禁非主管人员调整。

6.4 型式试验

6.4.1 凡有下列情况时应进行型式试验：

a) 新产品或老产品转厂生产的试制定型鉴定；

b) 正式生产后，如产品结构、材料、工艺、功能等有较大改变，可能影响产品性能时；

c) 出厂检验结果与上次型式试验有较大差异时；

d) 产品停止生产1年后恢复生产时；

e) 国家质量监督机构提出进行型式试验要求时。

6.4.2 型式试验项目见表7。

6.4.3 试验样机从出厂试验合格的产品中抽取，数量不少于二台。

6.4.4 试验室每项试验不应少于二台样机。

6.4.5 装机试验至少取一台样机。在进行综合误差试验时，测试点按5.2.2.2选择。

6.4.6 试验过程中如果出现不合格项，应加倍抽取样机，改进后全部样机均应通过该项试验。

7 标志、包装、运输及贮存

7.1 标志

在产品的明显位置处应安装铭牌，其要求应符合GB/T 13306的规定。铭牌上的内容一般应包括：

a) 名称和型号；

b) 制造单位；

c) 产品编号；

d) 出厂日期；

e) 其他。

7.2 包装和运输

产品的包装和运输应符合JB/T 3085的规定。

7.3 贮存

产品应贮存在防雨水和日晒的环境中。

7.4 随机文件

产品的随机文件一般应包括：

a) 出厂检验报告单；

b) 产品使用说明书；

c) 装箱单；

d) 产品合格证书；

e) 其他。

参 考 文 献

[1] ISO 10245-1:2008 起重机 限制器和指示器 第1部分:总则.
[2] ISO 10245-2:1994 起重机 限制器和指示器 第2部分:流动式起重机.
[3] ISO 10245-3:1999 起重机 限制器和指示器 第3部分:塔式起重机.
[4] ISO 10245-4:2004 起重机 限制器和指示器 第4部分:臂架起重机.
[5] ISO 10245-5:1995 起重机 限制器和指示器 第5部分:桥式和门式起重机.

ICS 13.340.40
C 73

GB

中华人民共和国国家标准

GB/T 12624—2009
代替 GB/T 12624—2006

手部防护 通用技术条件及测试方法

Protective gloves—General requirements and test methods

2009-04-01 发布 2009-12-01 实施

中华人民共和国国家质量监督检验检疫总局
中国国家标准化管理委员会 发布

前言

本标准代替 GB/T 12624—2006《劳动防护手套通用技术条件》。

本标准与 GB/T 12624—2006 相比主要变化如下：

——增加了手套的抗渗水性要求；

——增加了手套的防静电性能要求；

——增加了防护手套的六价铬含量的技术要求以及相应的测试方法。

本标准的附录 A 为资料性附录，附录 B 和附录 C 为规范性附录。

本标准由国家安全生产监督管理总局提出。

本标准由全国个体防护装备标准化技术委员会归口。

本标准起草单位：上海市安全生产科学研究所、斯博瑞安（中国）安全防护设备有限公司。

本标准主要起草人：顾智世、唐一鸣、张文昕、蒋瑞靓、陈丹、马罡亮、徐淑萍。

本标准所代替标准的历次版本发布情况为：

——GB 12624—1990；GB/T 12624—2006。

手部防护　通用技术条件及测试方法

1　范围

本标准规定了防护手套(以下简称"手套")的技术要求及相应的测试方法、标志标识和使用说明。

本标准未给出手套的防护性能要求,故不能单独使用,而应与相应的产品标准配合使用。

2　规范性引用文件

下列文件中的条款通过本标准的引用而成为本标准的条款。凡是注日期的引用文件,其随后所有的修改单(不包括勘误的内容)或修订版均不适用于本标准,然而,鼓励根据本标准达成协议的各方研究是否可使用这些文件的最新版本。凡是不注日期的引用文件,其最新版本适用于本标准。

GB/T 4744　纺织织物　抗渗水性测试　静水压试验

GB/T 6682　分析实验室用水规格和试验方法

GB/T 7573　纺织品　水萃取液 pH 值的测定

GB/T 22042　服装　防静电性能　表面电阻率试验方法

GB/T 22043　服装　防静电性能　通过材料的电阻(垂直电阻)试验方法

QB/T 2707　皮革　物理和机械试验　试样的准备和调节

QB/T 2718　皮革　化学试验　二氯甲烷萃取物的测定

QB/T 2724　皮革　化学试验　pH 的测定

3　术语和定义

下列术语和定义适用于本标准。

3.1

手　hand

人体的一部分,从中指指尖到手腕部。

3.2

手套　glove

用来保护手或手的一部分使其免受伤害的个体防护装备。可以扩展到覆盖前臂的部分。

3.3

手套掌部　glove palm

手套覆盖手掌的部分。

3.4

手套背部　glove back

手套覆盖手背的部分。

3.5

灵活性　dexterity

手工作时的灵活程度。

3.6

危害　hazard

会对人体健康产生伤害的各种情形。

4 通用要求

4.1 手套的结构

手套的设计与制造应充分考虑使用要求，使使用者在进行相关的作业活动中得到最大限度的保护和操作灵活性。

手套应便于穿戴和脱卸。

当手套的结构采用线缝时，缝线应有足够的强度，应不明显降低手套的总体性能。

4.2 手套的抗渗水性能

手套的抗渗水性能依据不同的材料使用不同的测试方法。

——皮手套按6.1进行测试，其性能等级按表1判定。

——织物手套按GB/T 4744中的相关内容进行测试并记录结果进行判定。

表1 手套的抗渗水性能等级

性能等级	渗水时间/min
1	30
2	60
3	120
4	180

4.3 手套的无害性

4.3.1 一般要求

手套与使用者紧密接触部分，如手套的内衬、线、贴边等均不应有损使用者的安全和健康。

4.3.2 pH值

所有手套的pH值应大于3.5且小于9.5。

皮革手套的pH值的测定按QB/T 2724规定的方法进行。织物手套的pH值的测定则按GB/T 7573规定的方法进行。

测定过程中应注意以下几点：

——试样应从手套手掌部取得。如果手套的其他部位由不同材料组成，则应对相应部位的材料单独进行测定；

——如果手套由多层组成，则应对整体进行测定；

——如果试样含皮革，则按QB/T 2724进行测定。

4.3.3 六价铬含量

皮革手套内的六价铬含量应按附录B进行测试，并满足附录B中所给出的要求。

每次测试应从每种型号的皮革手套中取2个试样进行测试。

如果手套由不同种类皮革组成，则应对所有种类的皮革进行测试。最后结果取所有测试结果的最高值。

4.4 防静电性能

如有必要，手套的防静电性能按照GB/T 22042和GB/T 22043中相应条款进行测试。本性能应由制造商在产品信息中说明，不适用静电标志。

5 舒适性和适应性

5.1 尺寸

5.1.1 手部的尺寸(见图 1)

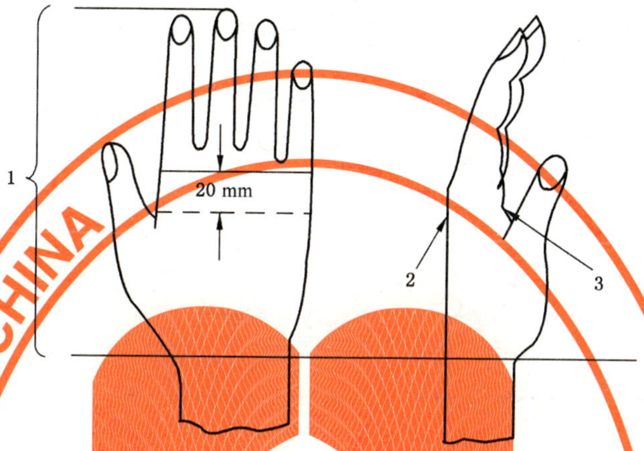

1——手长;

2——背部;

3——掌部。

图 1 手部尺寸的测量

测量两个部位:

掌围(拇指和食指的分叉处向上 20 mm 处的围长)

手长(从腕部到中指指尖的距离)

表 2 中规定了 6 个号码的手部尺寸。

5.1.2 手套的规格尺寸

手套的规格尺寸是根据相对应的手部尺寸而确定的。

表 3 中规定了 6 个规格的手套尺寸。

5.1.3 特殊尺寸要求的手套

为特殊用途而设计的手套尺寸可以不符合表 3 的要求。

生产商应通过对使用要求的详细描述,说明该手套不符合表 3 的原因。

表 2 手部尺寸

手部尺寸号码	掌围/mm	手长/mm
6	190	160
7	196	170
8	201	180
9	205	190
10	210	200
11	213	210

表 3　手套规格尺寸

手套尺寸号码	适用于	手套的最短长度/mm
6	手部尺寸号码 6	220
7	手部尺寸号码 7	230
8	手部尺寸号码 8	240
9	手部尺寸号码 9	250
10	手部尺寸号码 10	260
11	手部尺寸号码 11	270

5.2　灵活性

手套应保证使用者操作灵活。灵活性应根据 6.3 规定的测试方法进行测试，测试结果按表 4 的规定进行分级。

表 4　性能等级—灵活性测试

性能等级	测试中完成的最小测试棒的直径/mm
1	11.0
2	9.5
3	8.0
4	6.5
5	5.0

5.3　水蒸气渗透性和水蒸气吸收性

5.3.1　手套应有一定的水蒸气渗透性。

在按照 6.4 规定的方法测试时，皮革手套的水蒸气渗透性应不小于 5 mg/(cm^2 · h)。

5.3.2　手套应尽可能地降低排汗影响。

在按照 6.5 规定的方法测试时，皮革手套 8 h 内应有不少于 8 mg/cm^2 的水蒸气吸收性。

6　测试方法

6.1　抗渗水性的测定

6.1.1　原理

将材料部分浸入水中并模拟穿着状态在设备上屈挠，进行测试。

6.1.2　装置

6.1.2.1　两个圆筒

由绝缘的刚性金属制成，直径 30 mm。水平且同轴地安装在设备中。一个圆筒固定，另一个沿轴线方向运动。

6.1.2.2　电机

使活动筒沿其轴以 50 次/min 作往复运动、振幅在绕其中间位置可在 1.0 mm～3.0 mm 变化的电机。当活动筒和固定筒相差最大距离时，二个筒的相邻平面则可相距 40 mm。

6.1.2.3　环形夹具

将试样的长边固定在筒的相邻端，形成其终点被筒封闭的一个槽。

6.1.2.4　水槽

盛装蒸馏水、可部分浸入槽状试样的水桶。

6.1.2.5　导电垫

由细螺纹状黄铜车削屑制成，放入测试设备中的试样时，约占槽三分之二的空间。

6.1.2.6　**金属板电极**

安装在弹簧上、与上述导电垫保持接触。置于碎屑或吸水布卷上，施加 1 N～2 N 的压力。

6.1.2.7　**电路**

当板式电极与桶中盛水之间的电阻一旦低于一个给定值时，能立即发出信号，以表明试样正在渗水。

6.1.2.8　**吸水布**

用于吸取由试样形成槽中的水。适用的布片可以是一块矩形、类似手帕的织物，其尺寸约为 120 mm×40 mm，单位面积质量约为 300 g/m^2。

注：如为一块新布，其吸水性能则不会太好。故建议在第一次使用前，应对布加以洗涤。

6.1.2.9　**计时器**

精确到 1 min。

6.1.3　**试样的制备**

从手套上切下一块 75 mm×60 mm 的矩形。用粒度为 180 号的砂纸略加以打毛，再将试样在(20±2)℃和(65±5)%相对湿度下放置 48 h。

6.1.4　**步骤**

调节设备，产生 3 mm 的振幅(相当于试样压缩 7.5%)。

将试样的外表面向内固定在测试设备上与水接触。

在二个筒处于最大间距的筒的某一位置，将试样绕其相邻端卷起，形成一个槽，由试样短边形成的上沿呈水平状，并位于同一个面上。在二个筒上略加张紧可方便地去除试样上的折痕，再以大致相同的长度(约 10 mm)交叠在每个筒上。用环形夹头将其夹住。二个环形夹具的内沿应尽量靠近圆筒相邻端的平面上，使槽的长度与夹具间试样的自由长度相同。

将导电垫(6.1.2.5)放入槽中，压下电板极(6.1.2.6)，与其接触，再接通电路(6.1.2.7)。

升高桶中的水位，达到圆筒上沿下方 10 mm 的高度。

起动电机，当电路发出渗水信号时，测量至水渗入试样的时间时隔。

6.2　**手部和手套尺寸的测量**

6.2.1　掌围用皮尺(精度：±1 mm)测量，测量部位在拇指和食指的分叉处向上 20 mm(见图 1)。

6.2.2　手长测量部位如图 1 所示。

6.2.3　手套长度的测量：由手套背面中指的顶部到手套的底部。

6.2.4　如果手套是用弹性材料制成的，或者手套上有一个弹性护腕，则测量手套长度应在无伸长的样品上进行。

6.3　**灵活性测定**

6.3.1　**试样的数量和状况**

试样为 4 双完整的新手套，没有经过任何软化处理(例如拍打或挤压等)。

6.3.2　**测试设备**

5 根研磨过的不锈钢测试棒。每根长 40 mm，直径分别为 5.0 mm、6.5 mm、8.0 mm、9.5 mm、11.0 mm。

6.3.3　**测试方法**

将测试棒放在一个平整表面上，一名经培训的测试者戴上手套，用食指和拇指夹拾测试棒。测试者应在 30 s 内连续拾起测试棒 3 次。

6.3.4　**测试结果**

按照 6.3.3 规定的测试方法所能拾起的最小的测试棒的直径，即为测试结果。

6.4 水蒸气渗透性测试方法

6.4.1 适用范围

本方法适用于所有的皮革手套。

6.4.2 原理

将皮革试片固定在装有固体干燥剂的测试瓶口，测试瓶在规定的温湿度条件下运动，水蒸气通过皮革试样被固体干燥剂吸收，在规定时间内称量测试瓶，确定这段时间内水蒸气通过皮革被干燥剂吸收的质量。

6.4.3 仪器和材料

仪器设备由以下几部分组成：

a) 测试瓶 如图2所示。配有带螺纹的盖子，盖子上有直径30 mm的圆孔，圆孔与瓶颈内径大小相等。瓶口平面与瓶颈内壁垂直。

b) 测试瓶支架 由电机带动，以(75±5)r/min的速度旋转。测试瓶安放在此圆形支架上，测试瓶的轴线与圆轴线平行，两轴线相距67 mm(见图2)。

c) 风扇 正对测试瓶口，由三个互为120°角的叶片组成。扇叶平面与圆轴线平行，扇叶尺寸为75 mm×90 mm。运动时，扇叶距瓶颈最近距离不应小于15 mm。风扇转速为(1 400±100)r/min。

d) 刚烘干的硅胶 应在(125±5)℃的烘箱内烘干至少16 h，然后在密闭容器中至少冷却6 h。硅胶颗粒直径应大于2 mm。

硅胶应筛滤后再烘干，以去除细小颗粒和灰尘。烘箱不宜密封。应保持烘箱内外的空气持续流通。测试时干硅胶应冷却至测试环境测度。

e) 天平精确到0.001 g。用游标卡尺测量测试瓶颈内径。

f) 游标卡尺，精度0.1 mm。

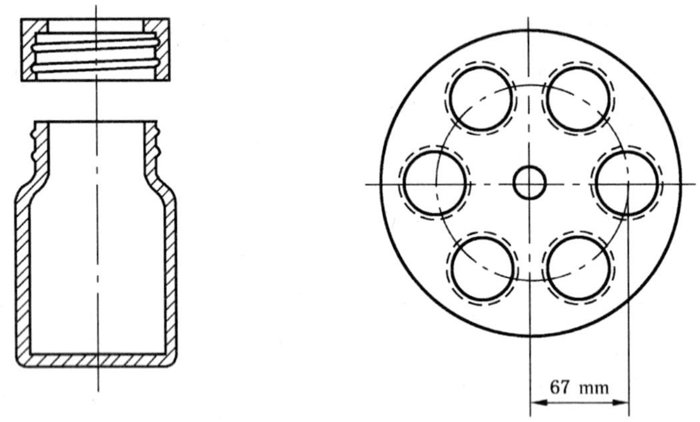

图2 水蒸气渗透性测试瓶和测试瓶支架

6.4.4 试样的制备

从准备测试的3只手套上分别切取边长为50 mm的方形试片。试片应平整没有裂痕。

除非有特别指定方法，否则按以下方法轻轻抛光粒面：将试片粒面朝上放在桌上。取一张号数为180的金刚砂纸放在试片上，用大约2 N的压力均匀地朝各个方向滑行10次。从抛光后的皮革试片上切取一块直径与瓶颈外径相等(约为34 mm)的圆形试样。

6.4.5 测试步骤

仪器设备工作的环境温度(20±2)℃，相对湿度(65±2)%。

在测试瓶中放入半瓶刚烘干的硅胶。将试样使用面向内固定在瓶口上。把瓶子固定在机器上，开动电机。

在两个垂直方向用游标卡尺测量第二个瓶子的瓶颈的内径，记录直径平均值 d，精确到 0.1 mm。

如有必要可在试样和瓶口的接缝处涂一层蜂蜡。

当机器转动 16 h 后，停机，取下第一只测试瓶。将另一半刚干燥的硅胶(59.0±0.5)g 装入第二只测试瓶。同时把试样从第一个瓶子取下，装到第二个瓶上，粒面朝里，夹紧(见图 2)。

尽可能不拖延时间，迅速将第二个带有硅胶、试样的瓶子称重并记录称重时间。把瓶子放入机器上的固定位置，开动电机。

在电机运行不小于 7 h，不大于 16 h 的时候，关闭电机，取出瓶子并称重。记录称重时间。

注 1：对于大多数的轻质皮革来说，没有必要在试样和瓶口的接缝处用蜂蜡密封。因为当盖子拧紧时，试样被很好地夹紧。但是厚度超过 3 mm 的皮革通常过于僵硬，应用蜂蜡进行密封。另外，如果轻质皮革的透水汽性很低或有凸出的粒面，则应进行密封。因为无法确定只靠夹具就能完全防止试样边缘的泄漏。由于这个原因，如果一个没有密封的被测试样得到的 P 值小于 5 mg/(cm² · h)，则应用蜂蜡密封边缘后重新测试，如此获得的结果作为试样的实测结果。甚至对于特别僵硬或者不渗透的皮革来说，用蜂蜡密封试样和第一个瓶口的接缝处也是不必要的。因为，对于瓶子的预备步骤只是为了使试样能在水汽的流动下保持稳定平衡的状态。

注 2：如果需要用蜂蜡密封第二个瓶子的瓶口，瓶子应在放入硅胶及夹紧皮革前在烘箱里加热至 50 ℃。

6.4.6 结果计算

按式(1)计算透水汽性 P：

$$P=\frac{60m\cdot 400}{\pi\cdot d^2\cdot t} \qquad \cdots\cdots(1)$$

式中：

P——水蒸气渗透性测试值，即增重与时间间隔的比值，单位为毫克每平方厘米小时[mg/(cm² · h)]；

t——两次称重之间的时间间隔，单位为分钟(min)；

m——两次称重的增重，单位为毫克(mg)；

d——瓶子的内径，单位为毫米(mm)。

计算结果表示到小数点后一位。

手套的透水汽性应为从三个试样上测得的三个结果的平均值。

6.5 水蒸气吸收性测试方法

6.5.1 试样制备

从三只手套上分别切取一块直径 85 mm 的圆形试样。试样应平整，没有缝线或材质缺陷。

试样应在温度(20±2)℃，相对湿度(65±5)%的环境下放置 24 h。

6.5.2 仪器设备

设备为一个由顶盖和底座组成的吸水汽性测试盘，开口直径为 56 mm，深(30±1)mm(见图 3)。顶盖和底座之间应放置橡皮或金属密封垫帮助夹紧试样。

6.5.3 测试环境要求

环境温度为(20±2)℃，相对湿度为(65±5)%。

6.5.4 测试步骤

先对预处理后的试样称重，再把试样放在测试设备的底座上，下盖内已装有 50 cm³ 的水。注意手套内面应朝下放置。垫好密封圈后盖上顶盖，轻轻拧紧固定螺栓。

8 h 后，移开顶盖，迅速取出试样进行称重。

6.5.5 测试结果

吸水汽性以增重与试样表面积的比值计，数值以 mg/cm² 表示，计算结果表示到小数点后一位。结果取三个试样的测试结果的最小值。

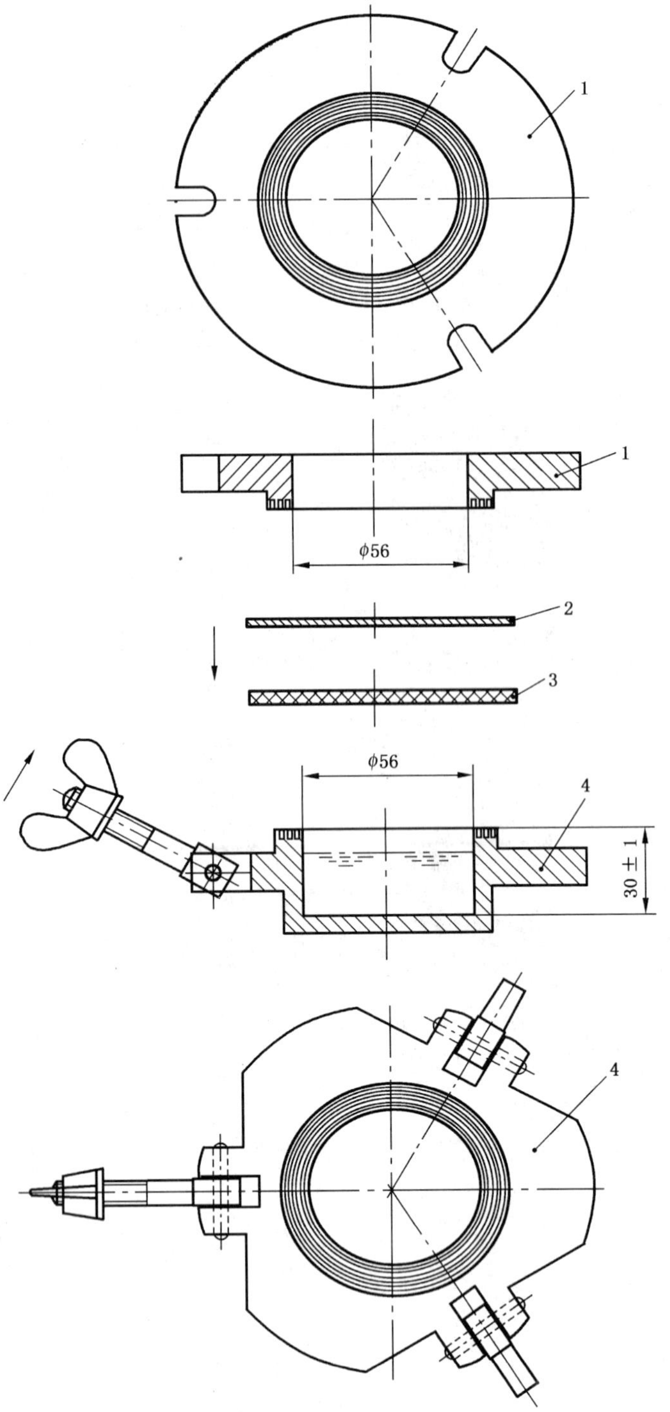

1——顶盖；

2——密封垫；

3——样品；

4——底座。

图 3　水蒸气吸收性测试装置

7 标识和信息

7.1 标识

7.1.1 每只手套的标识应至少包含以下内容：

a) 手套商标，生产商或经销商的说明；

b) 手套名称（商业名称或代码，以便使用者知道生产商和适用范围）；

c) 大小型号；

d) 如有必要，按7.1.3标上使用期限。

7.1.2 手套的外包装应包含以下标识内容：

a) 生产商或经销商的全名及地址；

b) 7.1.1中b)、c)、d)项的信息；

c) 应有详细阅读使用说明的提示；

d) 当手套只能防护附录A中所列出的危害时，应在外包装上印上“最低危害防护”；

e) 当手套根据相关标准测试，能达到1级或更高性能等级时，应予以标识，并标明性能等级。标识方法见附录C；

f) 当手套的防护作用仅限于手的一部分时，应予以说明。

7.1.3 使用期限

如果手套的防护性能明显受时间影响，即手套产出一年内虽未使用，但一项或多项性能等级已有退化，则手套和包装上应标示使用期限。

7.2 信息

手套进入市场应至少提供以下信息。

7.2.1 生产商或经销商的全名及地址。

7.2.2 7.1.1b)所要求的信息。

7.2.3 5.1.3所要求的尺寸适用范围及适用场所信息。

7.2.4 附录C中标识的危害种类应有相应的性能等级。使用说明中手套的性能等级所依据的相关测试标准，应予以说明，以帮助使用者理解。

7.2.5 当手套的防护作用仅限于手的一部分时，应予以说明。

7.2.6 将手套中所含的已知的会导致过敏的物质，用清单列出。

7.2.7 使用说明书。

7.2.8 相关部件和备件。

7.2.9 运输、包装、贮藏要求。

附 录 A
（资料性附录）
关于“最低危害防护”的界定

保护使用者防护下列危害：

——仅影响皮肤表面的机械工作(园艺防护手套等)。

——轻腐蚀性并易消除影响的(清洁剂防护手套等)。

——操作灼热工件时，操作者暴露在不超过50 ℃的高温危害环境及危险冲击环境下。

——既非异常又非极端的自然大气条件(季节性服装)。

——不会产生致命影响也不会产生无法消除影响的小型冲击和振动。

附 录 B
（规范性附录）
六价铬含量的测试方法

本测试方法的测试结果不得大于 10 mg/kg。

B.1 范围

本测试方法主要测量特定环境下皮革滤液中六价铬的含量。

B.2 原理

溶解的六价铬从 pH7.5～8.0 的样品物质中滤出，如有必要，通过固相萃取法移走影响检测的物质。滤液中的六价铬将 1,5-二苯基碳酰二肼氧化成 1,5-二苯基卡巴腙，并形成红色/紫色含铬合成物，此合成物能在 540 nm 处被光度计量化；

按照所述方法获得的结果严格取决于萃取条件。用其他萃取过程（萃取溶液，pH、萃取时间，等等）得到的结果和本标准所述过程产生的结果是不可比的。

B.3 定义

六价铬含量指的是用本测试方法测得的从 pH7.5～8.0 的水溶液中皮革中六价铬的量。六价铬含量的单位为 mg/kg。若分析对象为潮湿皮革（如蓝湿革），则六价铬含量单位为干燥状态下每千克皮革中含多少毫克六价铬（mg/kg）。

B.4 化学试剂

所有使用的试剂至少为分析纯。

B.4.1 萃取溶液

22.8 g 磷酸二氢钾（K_2HPO_4）溶于 1 000 mL 水中，用磷酸（B.4.3）调节 pH 值至 7.9～8.1。

B.4.2 二苯基碳酰二肼溶液

1.0 g 1,5-二苯基碳酰二肼 $CO(NHNHC_6H_5)_2$ 溶于 100 mL 丙酮中并用一滴冰醋酸溶液使之成酸性。

溶液应保存在棕色玻璃瓶中。4 ℃时保存期为 14 d。

B.4.3 磷酸溶液

700 mL 磷酸溶液，d=1.71 g/mL，加蒸馏水到 1 000 mL。

B.4.4 六价铬储备溶液

2.829 g 重铬酸钾溶于水，并在 1 000 mL 容量瓶中加蒸馏水稀释到标线。

B.4.5 六价铬标准溶液

用移液管吸取 1 mL 溶液到 1 000 mL 容量瓶中并用蒸馏水稀释至标线。1 mL 此溶液中含铬 1 μg。

B.4.6 氩气或氮气

用于除氧。

B.4.7 蒸馏水

符合 GB/T 6682 的相关要求。

B.4.8 重铬酸钾($K_2Cr_2O_7$)

(102±2)℃下干燥(16±2)h。

B.5 装置

B.5.1 合适的机械振荡器:(50～150)min^{-1}。

B.5.2 锥形烧瓶:250 mL,带塞子。

B.5.3 通风管及流量计。

B.5.4 带玻璃电极的 pH 计。

B.5.5 0.45 μm 孔径的薄膜滤器。

B.5.6 容积为 25 mL,100 mL,1 000 mL 的容量瓶。

B.5.7 标称容积为 0.25/1.0/2.0/5.0/10/20/25 mL 移液管。

B.5.8 包含波长为 540 nm 的分光光度计或滤色光度计。

B.5.9 光度计的吸收池

石英,2 cm 长或任何其他合适的吸收池长度。

B.5.10 填充反相材料(如 RP18)的玻璃或聚丙烯柱子。

B.5.11 用于固相萃取体系的真空装置或溶解阻抗医疗注射器。

B.6 测试步骤

B.6.1 样品制备

如有可能,按 QB/T 2707 取样,按照 QB/T 2718 磨碎皮革。若无法根据 QB/T 2718 制备样品,则需在测试报告中说明具体样品制备方法。

B.6.2 分析溶液的制备

称取(2±0.01)g 皮革,精确到 0.001 g。移取 100 mL 脱气溶液(B.4.1)到 250 mL 锥形烧瓶中,加入皮革并塞好塞子。

通过机械振荡器振荡皮革粉末 3 h±5 min 进行萃取。

振荡装置的安装应使皮革粉末按稳定的圆周运动搅动而没有粘附到烧瓶壁。避免过快振动。

萃取 3 h 后测定溶液 pH 值。溶液的 pH 值应在 7.5～8.0 之间。如果 pH 值不在此范围内,则应重新开始取样并再次开始整个过程。

萃取完成后立即将瓶中物通过薄膜滤器过滤。

B.6.3 萃取过程获得的溶液中六价铬的测定

填充反相材料(如 RP18)的玻璃或聚丙烯柱预处理方法:首先用 5 mL 甲醇然后用 5 mL 蒸馏水冲洗,再直接用 10 mL 萃取溶液冲洗柱子。在预处理过程结束前不能对柱子进行干燥。

从 B.6.2 获得的滤液中移取 10 mL(通过经预处理的玻璃或聚丙烯管)。滤出液搜集在 25 mL 的容量瓶中。用萃取溶液(B.6.2)10 mL 补到管内标线处。此溶液标记为 S_1。

移取 10 mL 溶液 S_1 到 25 mL 容量瓶中。用萃取溶液(B.4.1)稀释到容量瓶容积的 3/4。加入 0.5 mL 二苯基碳酰二肼溶液(B.4.2),然后再加入 0.5 mL 磷酸溶液(B.4.3)。再用萃取溶液(B.4.1)补到容量瓶标线处并混合均匀。放置(15±5)min。在 2 cm 吸收池中对于空白溶液(B.6.4)于 540 nm 处测量溶液的吸光度。获得的记录为 E_1。

再移取 10 mL 溶液 S_1 到 25 mL 容量瓶中并按上述方法处理,但不加入二苯基碳酰二肼溶液(B.4.2)。如前所述同样测量该溶液的吸光度并记录为 E_2。

B.6.4 空白溶液

在 25 mL 容量瓶中加入 3/4 容积的萃取溶液(B.4.1),加入 0.5 mL 的二苯基碳酰二肼溶液(B.4.2)和 0.5 mL 磷酸溶液(B.4.3),再用萃取溶液(B.4.1)补到标线并混合均匀。该溶液应储存在暗处。按分析溶液(包括固相萃取)的方法处理空白溶液。

B.6.5 校准

用标准溶液(B.4.5)制备校准溶液。这些溶液的铬浓度应覆盖预期的测量范围。

在25 mL的容量瓶中制备校准溶液。绘制适当的校准曲线可能使用0.2/0.5/1.0/3.0/5.0/8.0/10.0/ 15.0/20.0 mL的标准溶液(B.4.5)。用移液管移取对应浓度的标准溶液(B.4.5)至25 mL容量瓶中,每瓶加入0.5 mL二苯基碳酰二肼溶液(B.4.2)和0.5 mL磷酸溶液(B.4.3)。用萃取溶液(B.4.1)补到容量瓶标线处,混合均匀并放置(15±5)min。

在与样品相同的光度计吸收池中对比B.6.4中获得的空白溶液于540 nm处测量溶液的吸光度。

用六价铬质量浓度(μg/ mL)对应测量的吸光度作图。六价铬的质量浓度为x轴,吸光度为y轴。

注:多次试验证明2 cm吸收池长度是最为合适的。但在某些情况下,可能采用其他吸收池长度比较合适。

B.6.6 回收率的测定

B.6.6.1 基质的影响

回收率的测量对提供有关可能的基质影响的信息是重要的,这能影响结果。

B.6.2中得到的10 mL滤液与适当体积的六价铬溶液一起配置使萃取的六价铬含量大约增加一倍(±25%),配置的溶液不超过11 mL;此溶液如样品同样处理(见B.6.3)。

溶液的吸光度应在校准曲线的范围内,否则用较少溶液重复过程。回收率应大于80%。

B.6.6.2 RP材料的影响

与皮革六价铬含量相当的一定量溶液(B.4.5)被移取到100 mL容量瓶中,并用萃取溶液(B.4.1)加到标线处。

按照皮革萃取的方法处理该溶液。按照皮革萃取那样确定该溶液的含量并与计算值比较。如果皮革样品中无六价铬检出,溶液的质量浓度应为6 μg/100 mL。回收率应大于90%。如回收率小于或等于90%,则RP材料不适合本步骤且必须被替代。

注1:如果额外的六价铬不能被检出,这可能表示皮革含有还原剂。在一些情形中,如果B.6.6.2回收率高于90%,在仔细分析后可以推断,该皮革中无六价铬(在检出限下)。

注2:回收率是一个表示操作过程或基质是否影响结果的指标。通常情况下,回收率应大于80%。

B.7 计算和结果表示

B.7.1 六价铬含量计算见式(B.1):

$$W_{CrVI}=\frac{(E_1-E_2)\times V_0\times V_1\times V_2}{A_1\times m\times F\times A_2} \qquad \text{(B.1)}$$

式中:

W_{CrVI}——皮革中溶解的六价铬含量,单位为毫克每千克(mg/kg);

E_1——含有DPC样品溶液的吸光度;

E_2——没有DPC样品溶液的吸光度;

F——校准曲线斜率(y/x),单位为毫升每微克(mL/μg);

A_1——从皮革萃取液中取走的部分,单位为毫升(mL);

m——皮革的初始质量,单位为克(g);

V_0——萃取溶液体积,单位为毫升(mL);

V_1——A_1部分被加入的容积,单位为毫升(mL);

A_2——从溶液S1取得的部分,单位为毫升(mL);

V_2——来自S1部分被加入的容积,单位为毫升(mL)。

干燥情况下的结果(仅适用于湿皮革,见B.2)

$$W_{CrVI-dry}=W_{CrVI}\times D \qquad \text{(B.2)}$$

式中：

D——干燥系数。

$$D=\frac{100}{100-w}$$

W——参照 IUC5 测得的挥发物。

B.7.2 回收率(根据 B.6.6.1)

$$RR=\frac{(E_3-E_1)\times 100}{M_2\times F} \qquad \text{(B.3)}$$

式中：

RR——回收率，以%为单位；

M_2——额外的六价铬，单位为微克每毫升(μg/mL)；

F——校准曲线的斜率，单位为毫升每微克(mL/μg)；

E_3——加入六价铬后的吸光度；

E_1——加入六价铬前的吸光度。

B.7.3 结果表示

六价铬含量的单位为 mg/kg，精确到 0.1 g。湿皮革六价铬含量根据干燥情况进行计算，含水量(IUC5)单位为%，精确到 0.1%。

B.8 精确度

研究范围：7 mg/kg～15 mg/kg，见表 B.1。

表 B.1 精确度数据

六价铬含量[a]/mg	再现性/(mg/kg)	相似性/(mg/kg)
7.3	2.2	2.6
14.0	1.6	2.3
15.3	1.4	2.5
[a] 平均值。		

B.9 测试报告

测试报告需包括以下信息：

——通过 B.7.3 得到的六价铬含量；

——本测试方法的参考文献；

——被测样品说明；

——如吸收池长度不是 2 cm，需说明吸收池长度；

——单位为 mg/kg 测量结果小数点右边第一个数字的位置为 1 时的情况说明；

——皮革中水含量(仅适用于湿皮革，如蓝湿革)；

——回收率低于 80%或高于 105%时的情况；

——其他。

B.10 反相材料

多次试验结果表明填充物为 1 g 反相 18 柱及 DIONEX 柱子是适当的；然而，在有些情况下建议使用其他相的物质或大于 1 g 的固相萃取材料。任何情况下都必须仔细测量回收率。木炭被证明不适用于萃取中的脱色过程。

附 录 C
(规范性附录)
危害种类防护标识方法

图 案	危害或应用种类	图 案	危害或应用种类
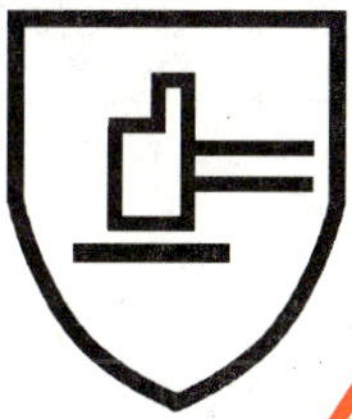	机械危害		寒冷危害
	切割		热和火焰
	电离辐射		放射性物质
	手持链锯		化学危害
	消防员的热和火危害		化学危害
	信息		微生物危害

ICS 79.060.20
B 70

中华人民共和国国家标准

GB/T 12626.1—2009
代替 GB/T 12626.1—1990

湿法硬质纤维板
第1部分:定义和分类

Hard fibreboard—Part 1:Definitions and classifications

2009-09-30 发布 2009-12-01 实施

中华人民共和国国家质量监督检验检疫总局
中国国家标准化管理委员会 发布

前　言

GB/T 12626《湿法硬质纤维板》分为九个部分：

——第1部分：定义和分类；

——第2部分：对所有板型的共同要求；

——第3部分：试件取样及测量；

——第4部分：干燥条件下使用的普通用板；

——第5部分：潮湿条件下使用的普通用板；

——第6部分：高湿条件下使用的普通用板；

——第7部分：室外条件下使用的普通用板；

——第8部分：干燥条件下使用的承载用板；

——第9部分：潮湿条件下使用的承载用板。

本部分为GB/T 12626的第1部分。

本部分参考ISO/DIS 27769-1：2008《湿法纤维板　分类》(Wood-based panels—Wet process fibreboard—Part 1:Classifications)中硬质纤维板部分。本部分是对GB/T 12626.1—1990《硬质纤维板》的修订。

本部分代替GB/T 12626.1—1990。

本部分与GB/T 12626.1—1990相比主要技术变化如下：

——在术语中增加：干燥条件、潮湿条件、高湿条件、室外条件、在干燥条件下使用的普通用板、在潮湿条件下使用的普通用板、在高湿条件下使用的普通用板、在室外条件下使用的普通用板、在干燥条件下使用的承载用板、在潮湿条件下使用的承载用板；并将GB/T 12626.2—1990附录A中的内容修改后加入本部分；

——在分类中增加按表面加工状况分和按用途分。

本部分由国家林业局提出。

本部分由全国人造板标准化技术委员会归口。

本部分负责起草单位：中国林业科学研究院木材工业研究所。

本部分参加起草单位：敦化丹峰林业纤维板有限责任公司、黑龙江省伊春市友好纤维板厂和河南省新乡泰隆制板有限公司。

本部分主要起草人：杨帆、曲岩春、王维新、任成斌、刘希林、潘玉林。

本部分于1980年10月首次发布，1990年12月第一次修订，本次为第二次修订。

湿法硬质纤维板
第1部分：定义和分类

1 范围

GB/T 12626 的本部分规定了湿法硬质纤维板的定义和分类。

本部分适用于3.1所定义的湿法硬质纤维板。

2 规范性引用文件

下列文件中的条款通过GB/T 12626 的本部分的引用而成为本部分的条款。凡是注日期的引用文件，其随后所有的修改单(不包括勘误的内容)或修订版均不适用于本部分，然而，鼓励根据本部分达成协议的各方研究是否可使用这些文件的最新版本。凡是不注日期的引用文件，其最新版本适用于本部分。

GB/T 18259 人造板及其表面装饰术语

3 术语和定义

GB/T 18259 确立的以及下列术语和定义适用于GB/T 12626 的本部分。

3.1

湿法硬质纤维板 hard fibreboard

以木材或其他植物纤维为原料，板坯成型含水率高于20%，且主要是运用纤维间的粘性与其固有的粘合特性使其结合的纤维板，其密度大于800 kg/m³。

3.2

木材湿法硬质纤维板 wood-based hard fibreboard

以木材纤维为原料制成的湿法硬质纤维板。

3.3

非木材湿法硬质纤维板 non-wood based hard fibreboard

以非木材植物纤维为原料制成的湿法硬质纤维板。

3.4

干燥条件 dry conditions

除一年中仅有的几个星期外，保持环境空气温度20 ℃，空气中的相对湿度在65%以内时的条件。

3.5

潮湿条件 high humid conditions

除一年中仅有的几个星期外，保持周围空气温度20 ℃，空气中的相对湿度在65%～85%之间时的条件。

3.6

高湿条件 high humid conditions

除一年中仅有几个星期外，保持周围空气温度20 ℃，空气中的相对湿度在85%以上时的条件或者有偶尔被水浸的风险(不包括被水浸泡或水淋)的条件。

3.7

室外条件 exterior conditions

暴露在室外气候条件下，经受雨淋、日晒和空气污染的条件。

3.8

在干燥条件下使用的普通用板　general purpose hardboard for use in dry conditions

在干燥条件下,并在不承载场合使用的湿法硬质纤维板。

3.9

在潮湿条件下使用的普通用板　general purpose hardboard for use in humid conditions

在潮湿条件下,并在不承载场合使用的湿法硬质纤维板。

3.10

在高湿条件下使用的普通用板　general purpose hardboard for use in high humid conditions

在高湿条件下,并在不承载场合使用的湿法硬质纤维板。

3.11

在室外条件下使用的普通用板　general purpose hardboard for use in exterior conditions

在室外条件下,并在不承载场合使用的湿法硬质纤维板。

3.12

在干燥条件下使用的承载用板　load bearing hardboard for use in dry conditions

在干燥条件下,并能够承受一定载荷的湿法硬质纤维板。

3.13

在潮湿条件下使用的承载用板　load bearing hardboard for use in high humid conditions

在潮湿条件下,能够承受一定载荷的湿法硬质纤维板。

3.14

水渍　water vestige

纤维板板坯中的水溶性物质在水分蒸发后在板面上留下的痕迹。

3.15

油污斑点　oil speck

油脂或油类物质在纤维板板面上形成的与板面色泽差异的污点。

3.16

斑纹　stripe mark

又称老虎皮,指板面出现的颜色深浅相间的条纹,如斑纹伴随有内部结构不均匀而造成静曲强度明显下降者,应以裂痕计。

3.17

粘痕　peeling mark

纤维板与衬板粘接造成板面脱皮或起毛的缺陷。

3.18

压痕　imprint

由于各种原因造成板面有局部凹凸不平的缺陷。

3.19

分层　delamination

不加外力,板侧边即见裂缝的缺陷。

3.20

鼓泡　blister

由于热压工艺掌握不当,板内部出现空穴,造成板表面局部凸起的缺陷。

3.21

裂痕　fissure

由于板坯内部结构不均匀，造成表面有裂纹，强度明显下降的缺陷。

3.22

水湿　wet swell

在生产过程中，由于汽、水等原因造成板面鼓起，结构松软的缺陷。

3.23

炭化　scorch

由于纤维组分的过度降解，使板局部呈棕黑色，并引起强度明显下降的缺陷。

3.24

边角松软　soft corner

板边角部分粗糙松软，强度明显下降的缺陷。

4　分类

4.1　按原料分：

——木材湿法硬质纤维板；

——非木材湿法硬质纤维板。

4.2　按表面加工状况分：

——未砂光板；

——砂光板；

——装饰板(直接用于装饰)。

4.3　按用途分：

——干燥条件下使用的普通用板；

——潮湿条件下使用的普通用板；

——高湿条件下使用的普通用板；

——室外条件下使用的普通用板；

——干燥条件下使用的承载用板；

——潮湿条件下使用的承载用板。

ICS 79.060.20
B 70

中华人民共和国国家标准

GB/T 12626.2—2009
代替 GB/T 12626.2—1990

湿法硬质纤维板 第2部分:对所有板型的共同要求

Hard fibreboard—Part 2:General requirements for all board types

2009-09-30 发布

2009-12-01 实施

中华人民共和国国家质量监督检验检疫总局
中国国家标准化管理委员会
发布

前　言

GB/T 12626《湿法硬质纤维板》分为九个部分：

——第1部分：定义和分类；

——第2部分：对所有板型的共同要求；

——第3部分：试件取样及测量；

——第4部分：干燥条件下使用的普通用板；

——第5部分：潮湿条件下使用的普通用板；

——第6部分：高湿条件下使用的普通用板；

——第7部分：室外条件下使用的普通用板；

——第8部分：干燥条件下使用的承载用板；

——第9部分：潮湿条件下使用的承载用板。

本部分为GB/T 12626的第2部分。

本部分参考ISO/DIS 27769-2:2008，湿法纤维板　要求(Wood-based panels—Wet process fibreboard—Part 2:Specifications)中硬质纤维板部分。本部分是对GB/T 12626.2—1990《硬质纤维板》的修订。

本部分代替GB/T 12626.2—1990。

本部分与GB/T 12626.2—1990相比主要技术变化如下：

——修改了技术要求；

——增加了检验规则；

——增加了产品的标志、包装、运输和贮存；

——增加了试验方法。

本部分由国家林业局提出。

本部分由全国人造板标准化技术委员会归口。

本部分负责起草单位：中国林业科学研究院木材工业研究所。

本部分参加起草单位：敦化丹峰林业纤维板有限责任公司、黑龙江省伊春市友好纤维板厂和河南省新乡泰隆制板有限公司。

本部分主要起草人：杨帆、曲岩春、王维新、任成斌、刘希林、潘玉林。

本部分于1980年10月首次发布，1990年12月第一次修订，本次为第二次修订。

湿法硬质纤维板
第2部分:对所有板型的共同要求

1 范围

GB/T 12626的本部分规定了湿法硬质纤维板的共同指标要求、检验规则、试验方法及标志、包装、运输和贮存。

本部分适用于GB/T 12626.1—2009中3.1所定义的湿法硬质纤维板。

2 规范性引用文件

下列文件中的条款通过GB/T 12626的本部分的引用而成为本部分的条款。凡是注日期的引用文件,其随后所有的修改单(不包括勘误的内容)或修订版均不适用于本部分,然而,鼓励根据本部分达成协议的各方研究是否可使用这些文件的最新版本。凡是不注日期的引用文件,其最新版本适用于本部分。

GB/T 17657　人造板及饰面人造板理化性能试验方法

GB/T 19367.1　人造板　板的厚度、宽度及长度的测定

GB/T 19367.2　人造板　板的垂直度和边缘直度的测定

LY/T 1717　人造板抽样检验指导通则

3 要求

湿法硬质纤维板的共同指标应符合表1的规定。

表1　湿法硬质纤维板的共同指标

项目		指标		
厚度偏差[a]	基本厚度范围/mm	≤3.5	>3.5～5.5	>5.5
	未砂光板/mm	±0.4	±0.5	±0.7
	砂光板/mm	±0.3	±0.3	±0.3
	装饰板/mm	±0.6	±0.6	±0.6
长度和宽度偏差		±2 mm/m,最大±5 mm		
垂直度/(mm/m)		≤2		
板内密度偏差/%		±10		
含水率/%		3～13		
外观质量[b]		分层、鼓泡、裂痕、水湿、炭化、边角松软不允许		

[a] 任意一点的厚度与基本厚度之差。

[b] 外观质量中其他缺陷如水渍、油污斑点、斑纹、粘痕、压痕等要求可根据供需双方合同商定。

4 检验规则

4.1 抽样与判定规则

4.1.1 规格尺寸和外观质量检验的抽样与判定规则

按LY/T 1717中人造板产品外形尺寸和外观质量的计数抽样检验条款执行。

4.1.2 **物理力学性能检验抽样与判定规则**

4.1.2.1 抽样及静曲强度、内结合强度、24 h吸水厚度膨胀率、2 h沸水煮后内结合强度、70 ℃水浸泡后静曲强度检验结果的判定，按LY/T 1717中人造板物理力学性能检验结果的表示和判定条款执行。

其中静曲强度、内结合强度、2 h沸水煮后内结合强度、70 ℃水浸泡后静曲强度为下规格限，24 h吸水厚度膨胀率为上规格限。

4.1.2.2 含水率检验结果按其算术平均值判定。

4.1.3 **综合判定**

产品外观质量、规格尺寸和物理力学性能检验结果全部合格时判该批产品合格，否则判该批产品不合格。

4.2 **检验分类**

产品检验分出厂检验和型式检验。

4.2.1 出厂检验包括以下项目：

a) 外观质量；

b) 规格尺寸；

c) 物理力学性能：含水率、24 h吸水厚度膨胀率、静曲强度。

4.2.2 型式检验包括出厂检验的全部项目，并增加该板种的其他项目。

4.2.3 有下列情况之一时应进行型式检验：

a) 当原辅材料及生产工艺发生较大变化时；

b) 长期停产后恢复生产时；

c) 正常生产时，每年型式检验不少于二次；

d) 质量监督机构提出型式检验要求时。

5 试验方法

5.1 **规格尺寸测量**

厚度、长度和宽度的测定按GB/T 19367.1的规定执行，垂直度的测定按GB/T 19367.2的规定进行。

5.2 **板内密度偏差**

5.2.1 按GB/T 17657中密度测定的规定测定密度。

5.2.2 板内密度偏差$\Delta\rho$按式(1)计算，精确至0.1%。

$$\Delta\rho = \frac{\rho_{max}(或\ \rho_{min}) - \rho}{\rho} \times 100\% \qquad (1)$$

式中：

ρ_{max}——最大密度，单位为克每立方厘米(g/cm^3)；

ρ_{min}——最小密度，单位为克每立方厘米(g/cm^3)；

ρ——平均密度，单位为克每立方厘米(g/cm^3)。

5.3 **含水率测定**

按GB/T 17657中含水率测定的规定进行。

6 标志、包装、运输和贮存

6.1 **标志**

产品应加盖表明企业名称、商标、规格、生产日期和检验员代号的标记。

6.2 **包装**

产品应按不同类型、规格分别妥善包装。每个包装应挂有注明产品名称、生产厂名、厂址、通讯方式、执行标准、商标、规格、张数、防潮以及盖有合格章的标签。

6.3 **运输和贮存**

产品在运输和贮存过程中应注意平整堆放,防潮、防雨、防晒、防变形。

ICS 79.060.20
B 70

中华人民共和国国家标准

GB/T 12626.3—2009
代替 GB/T 12626.3—1990

湿法硬质纤维板 第3部分:试件取样及测量

Hard fibreboard—Part 3:Sampling and measurements of test pieces

2009-09-30 发布

2009-12-01 实施

中华人民共和国国家质量监督检验检疫总局
中国国家标准化管理委员会
发布

前　言

GB/T 12626《湿法硬质纤维板》分为九个部分：

——第1部分：定义和分类；

——第2部分：对所有板型的共同要求；

——第3部分：试件取样及测量；

——第4部分：干燥条件下使用的普通用板；

——第5部分：潮湿条件下使用的普通用板；

——第6部分：高湿条件下使用的普通用板；

——第7部分：室外条件下使用的普通用板；

——第8部分：干燥条件下使用的承载用板；

——第9部分：潮湿条件下使用的承载用板。

本部分为GB/T 12626的第3部分。

本部分是对GB/T 12626.3—1990《硬质纤维板》的修订。

本部分代替GB/T 12626.3—1990。

本部分与GB/T 12626.3—1990相比主要技术变化如下：

——删除了吸水率试件的锯制要求；

——增加了24 h吸水厚度膨胀率、2 h沸水煮后内结合强度、70 ℃水浸泡后静曲强度试件的锯制要求。

本部分由国家林业局提出。

本部分由全国人造板标准化技术委员会归口。

本部分负责起草单位：中国林业科学研究院木材工业研究所。

本部分参加起草单位：敦化丹峰林业纤维板有限责任公司、黑龙江省伊春市友好纤维板厂和河南省新乡泰隆制板有限公司。

本部分主要起草人：杨帆、曲岩春、王维新、任成斌、刘希林、潘玉林。

本部分于1980年10月首次发布，1990年12月第一次修订，本次为第二次修订。

湿法硬质纤维板
第3部分：试件取样及测量

1 范围

GB/T 12626的本部分规定了湿法硬质纤维板物理力学性能试件的取样及锯制、试件尺寸的测量。

本部分适用于GB/T 12626.1—2009中3.1所定义的湿法硬质纤维板。

2 规范性引用文件

下列文件中的条款通过GB/T 12626的本部分的引用而成为本部分的条款。凡是注日期的引用文件，其随后所有的修改单（不包括勘误的内容）或修订版均不适用于本部分，然而，鼓励根据本部分达成协议的各方研究是否可使用这些文件的最新版本。凡是不注日期的引用文件，其最新版本适用于本部分。

GB/T 17657 人造板及饰面人造板理化性能试验方法

3 试件取样及锯制

3.1 试件取样

试件取样在成品存放24 h以后进行。

3.2 试件锯制

3.2.1 从每张供测试的板材上截取半张，并按图1规定截取500 mm×500 mm试样。

单位为毫米

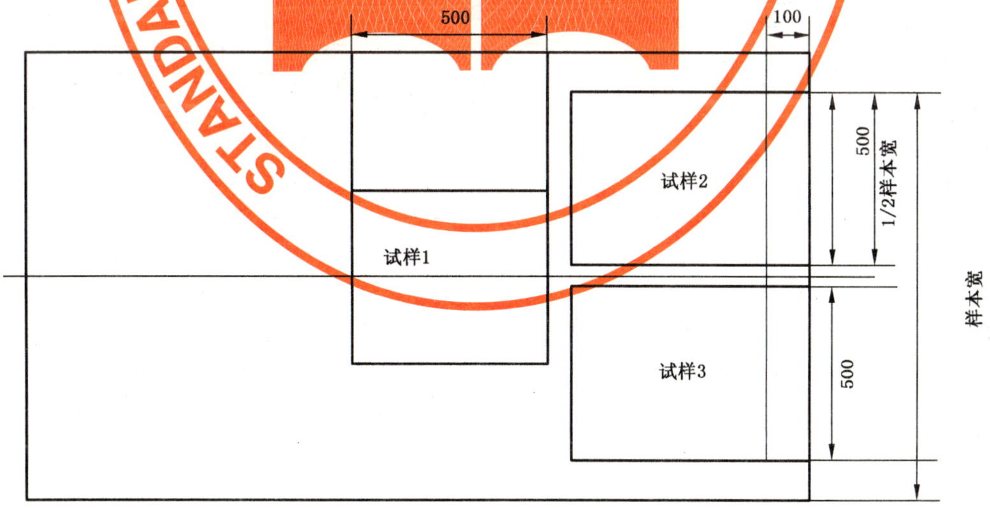

图1 试样切割示意图

3.2.2 参照图2制取试件，试件的尺寸、数量和编号见表1。试件中至少有一个是从已裁边的板材边部锯制，同一检测项目的两个试件之间的最小距离应为100 mm。

单位为毫米

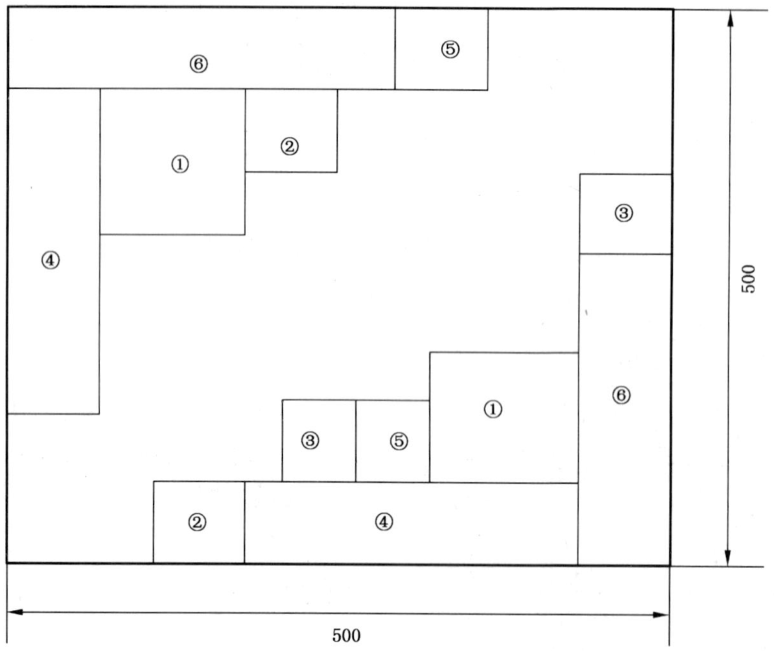

图 2 试件锯制位置示意图

表 1 试件的尺寸、数量和编号

检测项目	试件尺寸/mm	试件数量/个	试件编号	备　注
板内密度偏差、含水率	按 GB/T 17657	6	①	同一试件上检测
内结合强度	按 GB/T 17657	6	②	
吸水厚度膨胀率	按 GB/T 17657	6	③	
静曲强度、弹性模量	按 GB/T 17657	6	④	h 为板的基本厚度，横向、纵向各 3 个试件
2 h 沸水煮后内结合强度	50×50	6	⑤	
70 ℃水浸泡后静曲强度	长 20 h+50，最小 150，宽 50	6	⑥	h 为板的基本厚度，横向、纵向各 3 个试件

4 试件测量

按 GB/T 17657 中试件尺寸的测量的规定进行。

ICS 83.080.20
G 32

中华人民共和国国家标准

GB/T 12672—2009
代替 GB 12672—1990

丙烯腈-丁二烯-苯乙烯(ABS)树脂

Acrylonitrile-butadiene-styrene (ABS) resin

2009-07-17 发布 2010-02-01 实施

中华人民共和国国家质量监督检验检疫总局
中国国家标准化管理委员会 发布

前　言

本标准代替 GB 12672—1990《丙烯腈-丁二烯-苯乙烯(ABS)树脂》。

本标准与 GB 12672—1990 相比主要差异如下：

——第 2 章“规范性引用文件”中，所有标准均为注日期的引用文件；

——增加了第 3 章“分类与命名”；

——在 4.1 中，删除了原标准中“粒子的尺寸在任意方向上应为(2～5)mm”的要求；

——第 4 章表 1 中，增加了颗粒外观“色粒”、“大粒和小粒”的要求。并用“简支梁缺口冲击强度”取代原标准中的“悬臂梁缺口冲击强度”；

——增加了丙烯腈-丁二烯-苯乙烯(ABS)树脂贮存期的规定；

——增加了附录 A“ABS 树脂产品国家标准命名与企业商品牌号对照”。

本标准的附录 A 为资料性附录。

本标准由中国石油化工集团公司提出。

本标准由全国塑料标准化技术委员会石化塑料树脂产品分会(SAC/TC 15/SC 1)归口。

本标准负责起草单位：中国石油天然气股份公司兰州石化分公司。

本标准参加起草单位：中国石油天然气股份公司吉林石化分公司。

本标准主要起草人：袁丽、崔文峰、裴鑫杰、张福信、成瑾、赵军霞、郑鹏、蔡玲。

本标准所代替标准的历次版本发布情况为：

——GB 12672—1990。

丙烯腈-丁二烯-苯乙烯(ABS)树脂

1 范围

本标准规定了丙烯腈-丁二烯-苯乙烯(ABS)树脂(以下简称 ABS 树脂)的分类命名、要求、试验方法、检验规则、标志、包装、运输和贮存等。

本标准适用于以苯乙烯和丙烯腈共聚物为连续相,与以聚丁二烯和按一定数量的其他组份为分散相组成的 ABS 树脂。

本标准不适用于阻燃、增强或其他改性的 ABS 树脂。

2 规范性引用文件

下列文件中的条款通过本标准的引用而成为本标准的条款。凡是注日期的引用文件,其随后所有的修改单(不包括勘误的内容)或修订版均不适用于本标准,然而,鼓励根据本标准达成协议的各方研究是否可使用这些文件的最新版本。凡是不注日期的引用文件,其最新版本适用于本标准。

GB/T 1040.2—2006 塑料 拉伸性能的测定 第 2 部分:模塑和挤塑塑料的试验条件(ISO 527-2:1993,IDT)

GB/T 1043.1—2008 塑料 简支梁冲击性能的测定 第 1 部分:非仪器化冲击试验

GB/T 1633—2000 热塑性塑料维卡软化温度(VST)的测定(idt ISO 306:1994)

GB/T 2547—2008 塑料 取样方法

GB/T 2918—1998 塑料试样状态调节和试验的标准环境(idt ISO 291:1997)

GB/T 3398.2—2008 塑料 硬度测定 第 2 部分:洛氏硬度(ISO 2039-2:1987,IDT)

GB/T 3682—2000 热塑性塑料熔体质量流动速率和熔体体积流动速率的测定(idt ISO 1133:1997)

GB/T 8170—2008 数值修约规则与极限数值的表示和判定

GB/T 9341—2008 塑料 弯曲性能的测定(ISO 178:2001,IDT)

GB/T 17037.1—1997 热塑性塑料材料注塑试样的制备 第 1 部分:一般原理及多用途试样和长条试样的制备(idt ISO 294-1:1996)

GB/T 20417.1—2008 塑料 丙烯腈-丁二烯-苯乙烯(ABS)模塑和挤出材料 第 1 部分:命名系统和分类基础 (ISO 2580-1:2002,MOD)

GB/T 20417.2—2006 塑料 丙烯腈-丁二烯-苯乙烯(ABS)模塑和挤出材料 第 2 部分:试样制备和性能测定(ISO 2580-2:2003,MOD)

SH/T 1541—2006 热塑性塑料颗粒外观试验方法

3 分类与命名

ABS 树脂的分类与命名按 GB/T 20417.1—2008 的规定进行。

示例:某丙烯腈-丁二烯-苯乙烯(ABS)模塑材料,推荐用于注塑模塑(M)本色的 (N),维卡软化温度(VST)为 97 ℃(095),熔体质量流动速率为 17 g/10 min(15),简支梁缺口冲击强度为 25 kJ/m^2(25),拉伸弹性模量小于或等于 1 800 MPa(15),其命名为:

ABS, MN, 095-15-25-15

字符组1：代号 —— ABS

字符组2：位置1：注塑模塑 —— M
位置2：本色的 —— N

字符组3：维卡软化温度 —— 095
熔体质量流动速率 —— 15
简支梁缺口冲击强度 —— 25
拉伸弹性模量 —— 15

命名：ABS，MN，095-15-25-15

4 要求

4.1 ABS树脂产品为本色颗粒，无黑粒和杂质。

4.2 ABS树脂的其他技术要求见表1。

表1 注塑级ABS树脂的技术要求

序号	项目		单位	ABS，MN，095-15-25-15	ABS，MN，095-15-16-15	ABS，MN，095-30-16-20	ABS，MN，095-30-16-15
1.1	颗粒外观	色粒	个/g	由供方提供的数据			
1.2		大粒和小粒	g/kg	由供方提供的数据			
2	熔体质量流动速率（MFR）		g/10 min	17±4	19±4	21±4	23±4
3	拉伸屈服应力（σ_y）		MPa	≥39.0	≥37.0	≥48.0	≥37.0
4	弯曲模量（E_f）		MPa	≥2 100	≥2 100	≥2 400	≥2 200
5	弯曲强度（σ_{fM}）		MPa	≥62.0	≥62.0	≥75.0	≥62.0
6	简支梁缺口冲击强度（a_{cA}）		kJ/m²	≥20.0	≥18.0	≥14.5	≥15.0
7	维卡软化温度（T_V50/50）		℃	≥94.0	≥92.0	≥94.0	≥92.0
8	洛氏硬度（R标尺）			≥103	≥103	≥107	≥103

5 试验方法

5.1 试验结果判定

试验结果采用修约值判定法，应按GB/T 8170—2008标准中规定进行。

5.2 注塑试样的制备

ABS树脂注塑试样的制备按照GB/T 20417.2—2006中3.2的规定。

用GB/T 17037.1—1997标准中的A型模具制备符合GB/T 1040.2—2006中1A型试样，B型模具制备80 mm×10 mm×4 mm长条试样。

用于测定洛氏硬度的试样可用符合尺寸要求的模具制备注塑试样(推荐尺寸为 50 mm×50 mm×6 mm)。

5.3 试样的状态调节和试验的标准环境

试样的状态调节应按 GB/T 2918—1998 的规定进行。状态调节的条件为温度 23 ℃±2 ℃,相对湿度 50%±10%,时间至少 16 h。

所有试验都应在 GB/T 2918—1998 规定的标准试验环境下进行,温度 23 ℃±2 ℃,相对湿度 50%±10%。

5.4 颗粒外观

按 SH/T 1541—2006 中的规定进行。

5.5 熔体质量流动速率(MFR)

按 GB/T 3682—2000 中 A 法规定进行。试验条件为 U(温度:220 ℃、负荷:10 kg)。

5.6 拉伸性能

试样为按 5.2 制备的 1A 型试样。

试样的状态调节按 5.3 规定进行。

测试按 GB/T 1040.2—2006 规定进行。测试拉伸弹性模量时,试验速度为 1 mm/min。测试拉伸屈服应力时,试验速度为 50 mm/min。

5.7 弯曲性能

试样为按 5.2 制备的 80 mm×10 mm×4 mm 长条试样。

试样的状态调节按 5.3 规定进行。

测试按 GB/T 9341—2008 规定进行,试验速度为 2 mm/min。

5.8 简支梁缺口冲击强度

试样为按 5.2 制备的 80 mm×10 mm×4 mm 长条试样。样条应在注塑后的 1 h～4 h 内加工缺口,缺口类型为 GB/T 1043.1—2008 中的 A 型缺口。

试样的状态调节按 5.3 规定进行。

试验按 GB/T 1043.1—2008 规定进行。

5.9 维卡软化温度

试样为按 5.2 制备的 80 mm×10 mm×4 mm 长条试样。

试样的状态调节按 5.3 规定进行。

试验按 GB/T 1633—2000 中的 B_{50} 法(使用 50 N 的力,升温速率为 50 ℃/h)规定进行。

5.10 洛氏硬度

试样为按 5.2 制备的推荐尺寸为 50 mm×50 mm×6 mm 的注塑试样。

试样的状态调节按 5.3 规定进行。

测试按 GB/T 3398.2—2008 规定进行。

6 检验规则

6.1 检验分类与检验项目

拉伸弹性模量只需在 ABS 树脂产品确定牌号时检验。除此项目外,ABS 树脂产品的检验分为型式检验和出厂检验两类。

第 4 章中所有的项目为型式检验项目。

各类 ABS 树脂出厂检验应包括颗粒外观、熔体质量流动速率、拉伸屈服应力、简支梁冲击强度、弯曲强度、维卡软化温度和洛氏硬度。

6.2 组批规则与抽样方案

6.2.1 组批规则

ABS树脂以同一生产线上、相同原料、相同工艺所生产的同一牌号的产品组批，生产厂也可按一定生产周期或储存料仓为一批对产品进行组批。

产品以批为单位进行检验和验收。

6.2.2 抽样方案

生产检验可在料仓取样口取样，也可根据生产周期等实际情况确定具体的取样方案。

包装后产品的取样应按GB/T 2547—2008规定进行。

6.3 判定规则和复验规则

6.3.1 判定规则

ABS树脂应由生产厂的质量检验部门按照本标准规定的试验方法进行检验，依据检验结果和本标准中的技术要求对产品进行质量判定，并提出证明。

产品出厂时，每批产品应附有产品质量检验合格证。合格证上应注明产品名称、牌号、批号和执行标准，并盖有质检专用章和检验员章。

6.3.2 复验规则

检验结果若某项指标不符合本标准要求时，可重新取样对该项目进行复验。以复验结果作为该批产品的质量判定依据。

7 标志

ABS树脂产品的外包装袋上应有明显的标志。标志内容可包括：商标、生产厂名称和厂址、标准号、产品名称、牌号、生产日期、批号和净含量等。

8 包装、运输和贮存

8.1 包装

ABS树脂可用复合塑料编织袋或其他包装形式。包装材料应保证在运输、码放、贮存时不污染和泄漏。

每袋产品的净含量为25 kg或其他。

8.2 运输

ABS树脂为非危险品。在运输和装卸过程中不应使用铁钩等锐利工具，切忌抛掷。运输工具应保持清洁、干燥并备有厢棚或苫布。运输时不可与沙土、碎金属、煤炭及玻璃等混合装运，更不可与有毒及腐蚀性或易燃物混装。不应在阳光下暴晒或雨淋。

8.3 贮存

ABS树脂应贮存在通风、干燥、清洁并保持有良好消防设施的仓库内。贮存时，应远离热源，并防止阳光直接照射，不应在露天堆放。

ABS树脂应有贮存期的规定，一般从生产之日起，不超过12个月。

附 录 A
（资料性附录）
ABS 树脂产品国家标准命名与企业商品牌号对照

表 A.1 给出了 ABS 树脂产品国家标准命名与企业商品牌号的对照一览表。

表 A.1 ABS 树脂产品国家标准命名与企业商品牌号对照

序号	国家标准命名	企业商品名
1	ABS,MN,095-15-25-15	301
2	ABS,MN,095-15-16-15	GN-Ⅲ
3	ABS,MN,095-30-16-20	GN-Ⅱ(0215A)
4	ABS,MN,095-30-16-15	GN-Ⅰ

ICS 37.040.20
G 81

中华人民共和国国家标准

GB/T 12683—2009
代替 GB/T 12683—1990

片基与胶片拉伸性能的测定方法

Method for determining the tensile properties of photographic film and film base

2009-12-15 发布　　2010-06-01 实施

中华人民共和国国家质量监督检验检疫总局
中国国家标准化管理委员会　发布

前　言

本标准代替 GB/T 12683—1990《片基与胶片拉伸性能的测定方法》。

本标准与 GB/T 12683—1990 相比,主要变化如下:

——将"主题内容与适用范围"更改为"范围"(本版的第 1 章,1990 年版的第 1 章);

——"引用标准"更改为"规范性引用文件"(本版的第 2 章,1990 年版的第 2 章);

——"术语"更改为"术语和定义"(本版的第 3 章,1990 年版的第 3 章);

——对第 6 章"环境条件"参照 GB/T 2918 进行了明确规定(本版的第 6 章);

——试样准备将"剪取全宽 30 cm 作为样品"的描述改为"沿片基纵向取全宽 30 cm 样品一条"(本版的第 7 章);

——增加微机式电子拉力试验机(或相同原理同类试验机)的测定和数据处理方法内容(本版的第 8 章)。

本标准的附录 A 和附录 B 为资料性附录。

本标准由中国石油和化学工业协会提出。

本标准由全国感光材料标准化技术委员会(SAC/TC 102)归口。

本标准起草单位:中国乐凯胶片集团公司。

本标准主要起草人:李彦英、孙志英。

本标准所代替标准历次版本发布情况为:

——GB/T 12683—1990。

片基与胶片拉伸性能的测定方法

1 范围

本标准规定了片基与胶片拉伸性能的测定方法。

本标准适用于三醋酸纤维素酯片基或聚酯片基以及以这些片基为支持体的感光胶片的拉伸性能的测定。

2 规范性引用文件

下列文件中的条款通过本标准的引用而成为本标准的条款。凡是注日期的引用文件,其随后所有的修改单(不包括勘误的内容)或修订版均不适用于本标准,然而,鼓励根据本标准达成协议的各方研究是否可使用这些文件的最新版本。凡是不注日期的引用文件,其最新版本适用于本标准。

GB/T 1040.1 塑料 拉伸性能的测定 第1部分:总则

GB/T 2918 塑料试样状态调节和试验的标准环境

HG/T 3009 胶片及片基机械扫描法厚度的测定

3 术语和定义

下列术语和定义适用于本标准。

3.1

拉伸应力 tensile stress

在拉伸试验中,任何给定时刻,试样初始横截面的单位面积所承受的拉伸力,以 MPa 为单位。

3.2

断裂拉伸强度 tensile strength at break

在拉伸试验中,试样断裂时的拉伸应力。

3.3

屈服点 yield point

在拉伸试验中,应力曲线上首次出现试样的长度增加而应力不增加时对应的那一点。

3.4

屈服强度 yield strength

在拉伸试验中,试样达到屈服点时的拉伸应力。

3.5

伸长率 elongation

在拉伸试验中,试样增加的长度除以试样初始试验长度,以百分数表示。

3.6

屈服或断裂伸长率 elongation at yield or break

在拉伸试验中,试样屈服或断裂时的伸长率,以百分数表示。

3.7

其他定义 other definition

见附录 A。

4 方法概要

在规定的试验条件下,采用拉力试验机,对规定宽度的片基或胶片试样进行拉伸试验,测得试样屈服或断裂时的拉伸力和伸长数据,然后通过计算得到拉伸强度和伸长率等拉伸性能。

注:为进一步了解测定方法,可参见附录B。

5 试验设备

拉力试验机、材料试验机或其他型号的同类设备(包括机械式和微机式两类)。

5.1 主要构件

5.1.1 夹具

由固定构件(上夹头)和移动构件(下夹头)组成。作用在下夹头上的牵引力,通过试样传到上夹头,并能自由移动相互对齐。试样的长轴线方向应与夹具中心线方向平行一致,并不得在夹具内发生滑动。

5.1.2 拉力指示机构

能指示夹具试样所承受的全部拉伸负荷,在规定的试验速率下应基本没有惯性滞后现象。拉力指示精度至少能达到实际值的1%。

5.1.3 伸长测量机构

当试样被拉伸或断裂时,通过伸长标尺和伸长指示牌,测出该过程中试样的伸长量和伸长率。该机构应基本上没有惯性滞后现象。

5.2 主要技术性能应符合下列要求

a) 夹具间距离:10 mm、50 mm、100 mm、150 mm、180 mm、200 mm,精度0.5 mm;

b) 试样最大夹持宽度:15 mm、30 mm、50 mm;

c) 拉力负荷量程分档:0 N～300 N、0 N～500 N、0 N～1 000 N,示值精度±1%;

d) 伸长量测量误差不大于实际伸长的1%;

e) 试验速度调节范围:25 mm/min～500 mm/min。

6 环境条件

测试前,样品应在制造商推荐的条件下存放一段时间。如果产品没有推荐存放条件,应遵照GB/T 2918的规定在23 ℃±2 ℃和相对湿度50%±5%环境下进行平衡,平衡时间一般为15 h～24 h。然后在此条件下裁切、测试。

7 试样准备

7.1 样品应具有代表性。取样时,对成轴片基、胶片应先弃去外层2～3层,然后沿片基纵向取全宽30 cm样品一条;对其他产品可直接取样。

7.2 试样长度方向应与产品纵向一致。对成轴产品应沿样品全宽方向,在大致等距离间隔位置上取样。

7.3 用精密切刀切取宽15.0 mm±0.1 mm(对32 mm和16 mm电影胶片裁成10.0 mm±0.1 mm)、长250 mm矩形样片,不少于5条。

7.4 试样表观应无折痕、划伤、气泡、异物、水斑等弊病,切边应光滑、无毛刺。

7.5 按照HG/T 3009测量5条试样的平均厚度。

8 试验步骤

8.1 机械式拉力试验机

8.1.1 分别调节试验机力度盘指针和伸长标尺指针,使它们各自对零。

8.1.2 试验速度应根据有关材料的相关标准确定,若没有此方面的资料,可参照GB/T 1040.1的规定与客户协商确定。推荐试验速度为100 mm/min或350 mm/min。

8.1.3 将试样平行地置于上、下夹头之间,注意使试样长轴线方向与上、下夹头中心线方向一致,然后均匀而牢固地夹紧夹头，以防试样打滑，但又不能使试样受损。

8.1.4 启动电机，逐条进行试验。

8.1.5 注意观察拉伸过程，以便发现并确定试样的屈服点，并记录此时力度盘指针读数及伸长标尺指示读数。

8.1.6 当试样断裂时，拉伸自动停止，分别从力度盘和伸长指示牌读取每条试样的读数。

8.1.7 在试验过程中，如果出现下列现象之一者，其测定结果应予废弃，重新取样试验。

a) 试样与夹具间发生相对滑动；

b) 试样的断裂发生在夹头内部；

c) 试样在夹具附近(距夹头 15 mm 内)发生断裂。

8.2 微机式拉力试验机

8.2.1 调节微机式拉力试验机，进行对零。

8.2.2 试验速度的选择同 8.1.2。

8.2.3 将试样平行地置于上、下夹头之间，注意使试样长轴线方向与上、下夹头中心线方向一致，然后均匀而牢固地夹紧夹头，以防试样打滑，但又不能使试样受损。

8.2.4 启动试验功能程序，按运行键进行试样试验。

8.2.5 如果设定为自动判断裂，当试样断裂后，试台可检测到；如果没有设定为自动判断裂，当试样断裂后需要按停止键才能结束。

8.2.6 试验结束后，如果设定为自动返回，试台以最高速度返回到起始点，误差一般不超过 0.1 mm；设置自动返回要注意人员和设备的安全，自动返回有危险的场合不要设置为自动返回。

8.2.7 重复上述 8.2.1～8.2.6 直至一组试样测完。

8.2.8 在试验过程中，如果出现下列现象之一者，其测定结果应予废弃，重新取样试验。

a) 试样与夹具间发生相对滑动；

b) 试样的断裂发生在夹头内部；

c) 试样在夹具附近(距夹头 15 mm 内)发生断裂。

9 试验结果

9.1 机械式拉力试验结果的计算

9.1.1 屈服或断裂拉伸强度 p(MPa)按式(1)计算：

$$p = \frac{F}{A} \qquad \cdots\cdots(1)$$

式中：

F——屈服或断裂时试样所受的拉伸力，单位为牛(N)；

A——试样的初始横截面积，单位为平方毫米(mm^2)；试样横截面积的计算准确至 0.01 mm^2。

拉伸强度的计算结果取三位有效数字。取各个试样测定结果(不少于 5 个)的算术平均值，作为该产品的屈服强度或断裂强度。

9.1.2 屈服或断裂伸长率(%)按式(2)计算：

$$\text{屈服或断裂伸长率} = L_1/L \times 100 \qquad \cdots\cdots(2)$$

式中：

L_1——屈服或断裂时的伸长，单位为毫米(mm)；

L——试样的初始试验长度，单位为毫米(mm)。

伸长率的计算结果取二位有效数字。取各个试样测定结果(不少于 5 个)的算术平均值，作为该产品的屈服或断裂伸长率。

9.2 微机式拉力试验结果的计算

重复上述 8.2.1～8.2.6 直至一组试样测完后，按处理键进行数据处理，由微机直接输出结果。

9.3 方法的重复性

同一操作者，在同一实验室，用同一种方法对同一样品进行多次（不少于10次）测定，所得结果的相对标准偏差不大于6%。

9.4 试验报告

报告应包括以下内容：

a) 样品的有关资料，例如名称、类型、来源、制造厂家的产品编号、涂层情况等；

b) 试样平衡条件和试验条件；

c) 试样的平均厚度；

d) 试样的宽度；

e) 试样的长度；

f) 试样的数量；

g) 试验速度；

h) 试验日期；

i) 测得的各次试验数据和计算结果；

j) 对试验中发现的异常现象的说明。

附 录 A
（资料性附录）
拉伸性能测定方法其他定义

A.1 偏置屈服应力 tensile stress of departure

在应力-应变曲线上，曲线按规定的应变量偏离初始直线处的拉伸应力（见图 A.1、附录 B 中的 B.6）。

A.2 比例极限 proportional terminal

材料的应力为与应变保持正比例关系（即符合虎克定律）的最大应力。

A.3 拉伸弹性模量 modulus of elasticity in tension

杨氏模量：在比例极限以下，拉伸应力与相应的应变之比值。很多塑料在整个弹性范围内，其应力与应变的关系并不符合虎克定律，甚至从比屈服应力小得多的应力起就不符合虎克定律了。对于这类材料，通常将应力-应变曲线上低应变处的切线斜率作为弹性模量。

A.4 正割模量 modulus of tangent

一般系指应力-应变曲线上任何一个给定点的应力与应变之比值（见附录 B 中的 B.8）。对于薄膜拉伸试验，正割模量是以负荷-伸长曲线上与 1% 伸长所对应的点来确定的（1% 正割模量）。

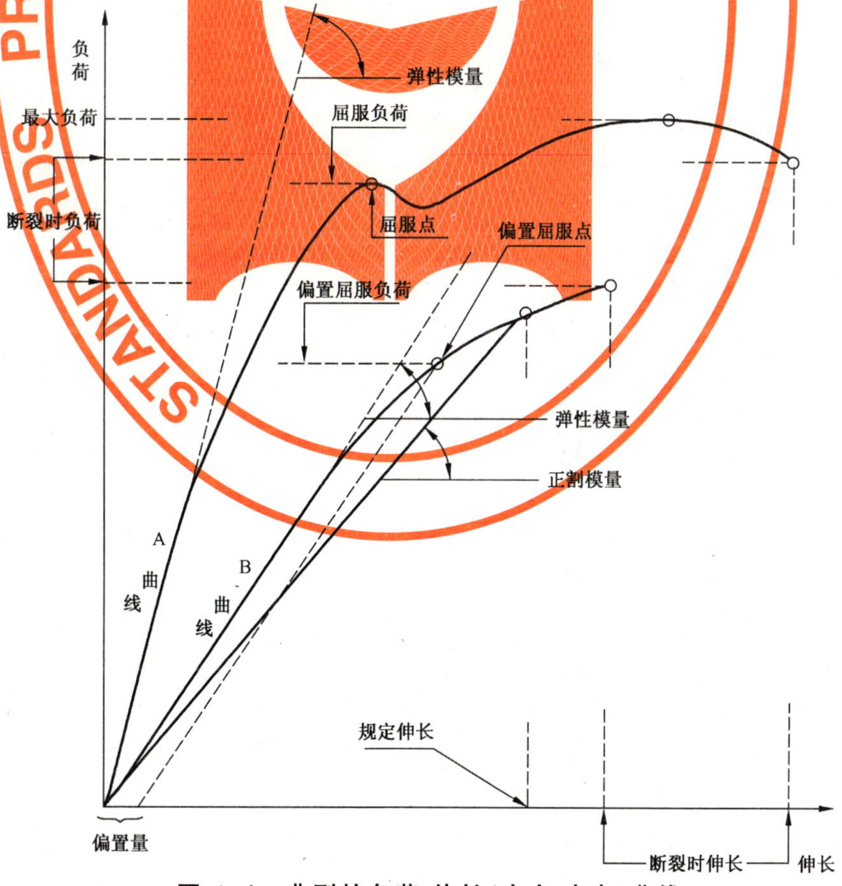

图 A.1 典型的负荷-伸长（应力-应变）曲线

附 录 B
（资料性附录）
片基与胶片拉伸性能测定方法中的若干说明

B.1 不同的测力装置会有不同的特性，尤其是摆式试验机，可能会由于摩擦力及惯性大而明显影响其动态响应。因此，最好采用无惯性传感器式试验机。

虽然装有电子测力装置的拉伸试验机在本标准规定试验速度下，基本上没有惯性滞后，但是与该试验机配套使用的记录仪则可能有惯性滞后。

在动态误差和静态误差基本上相同的情况下，原则上要求记录仪的满刻度移动响应时间（t_e）应比作用力增加的时间（t_w）短得多，推荐符合 $t_w \geqslant 10t_e$。

满刻度响应与试验速度的关系符合式(B.1)：

$$100v_M = \frac{L_0 E_p}{t_w} \leqslant \frac{L_0 E_p}{10t_e} \qquad \text{(B.1)}$$

式中：

v_M——试验速度，单位为毫米每分(mm/min)；

L_0——夹具之间的距离，单位为毫米(mm)；

E_p——对应于最大作用力值的伸长率；

t_e、t_w——时间，单位为分(min)。

如果只用到满刻度(δ)移动的几分之一，则允许将最大试验速度增加到 v_m，其值大致上可按式(B.2)求出：

$$v_m = \frac{1}{\delta} \times v_M \qquad \text{(B.2)}$$

在评价拉伸试验机的惯性时，推荐达到屈服点或断裂点的时间最短应为 30 s。

B.2 在某些试验中，与负荷记录仪器相连的夹具本身可能会在试验过程中发生明显的位移，从而影响实际的应变速率。因此，在试验过程中，负荷记录仪器位移小于 0.5 mm 者，可以忽略不计；而位移大于 0.5 mm 者，在计算实际应变速率时，应考虑这部分位移值。

B.3 如果被测材料有明显的屈服点，而且在屈服后至断裂前继续长距离延伸，这种材料便应采用两种速度来进行测定。对于这种材料，为了测得其初始阶段的应力-应变数据，应选用一种较慢的速度来进行测定。但是如果还用这种慢速度继续以后的测定，待测到断裂点时就得很长时间，这非但没有必要，而且，某些情况下甚至是不可能的。有些延伸大的材料，一般就属于这种情况。

B.4 有些片基材料在断裂前有一段很长距离的伸长，它超出了试验机的拉伸范围，在这种情况下，可以把夹具初始距离缩小到 50 mm。

B.5 如果受试试样的横截面积在断裂前缩小很多，则作用力在达到最大值后，可能会有某种程度的减少，因此最大作用力和断裂时的作用力是不同的。

B.6 如果在应力-应变曲线上，屈服点应力很难确定，则有必要确定偏置屈服应力。确定的方法是在该曲线上规定一个点，在这一点上，曲线按规定的应变偏离直线（见图 A.1）。

B.7 如果要求测定屈服时或屈服后的应变数据，则试样的屈服必须要发生在夹具间距内。

B.8 如果采用正割模量，则用以确定该模量的那个应变值以下的应力与应变值，不必成线性关系。

ICS 59.080.01
W 04

中华人民共和国国家标准

GB/T 12703.2—2009
部分代替 GB/T 12703—1991

纺织品　静电性能的评定
第2部分：电荷面密度

Textile—Evaluation for electrostatic properties—
Part 2: Electric charge density

2009-06-19 发布　　2010-02-01 实施

中华人民共和国国家质量监督检验检疫总局
中国国家标准化管理委员会　发布

前　言

GB/T 12703《纺织品　静电性能的评定》包括以下七个部分：

——第 1 部分：静电压半衰期；

——第 2 部分：电荷面密度；

——第 3 部分：电荷量；

——第 4 部分：电阻率；

——第 5 部分：摩擦带电电压；

——第 6 部分：纤维泄漏电阻；

——第 7 部分：动态静电压。

本部分为 GB/T 12703 的第 2 部分。

本部分代替 GB/T 12703—1991《纺织品静电测试方法》中的 C 法，本部分与 GB/T 12703—1991 的主要差异如下：

1. 由原来的电荷面密度（C 法）调整为系列标准中的电荷面密度法，标准名称也作了相应修改。本部分仅是 GB/T 12703—1991 中的电荷面密度（C 法）相关的内容；

2. 增加了试样的预处理洗涤程序（见第 7 章）；

3. 将试样数量由 4 块（经向 2 块，纬向 2 块）增加为 6 块（经向 3 块，纬向 3 块）；

4. 增加了 5.2.2 中的注“需要时或经有关各方协商一致后，摩擦材料可采用其他材料”；

5. 试验结果的表示修改为“取 6 块试样测试结果中的最大值表示”（见 9.3）；

6. 增加了第 10 章“电荷面密度技术要求”。

本部分由中国纺织工业协会提出。

本部分由全国纺织品标准化技术委员会基础标准分会（SAC/TC 209/SC 1）归口。

本部分起草单位：国家纺织制品质量监督检验中心。

本部分主要起草人：任鹤宁、王宝军。

本部分所代替标准的历次版本发布情况为：

——GB/T 12703—1991。

纺织品　静电性能的评定
第2部分：电荷面密度

1　范围

GB/T 12703 的本部分规定了纺织织物电荷面密度的测试方法及静电性能的评价。

本部分适用于各类纺织织物。

本部分不适用于铺地织物。

2　规范性引用文件

下列文件中的条款通过 GB/T 12703 的本部分的引用而成为本部分的条款。凡是注日期的引用文件，其随后所有的修改单(不包括勘误的内容)或修订版均不适用于本部分，然而，鼓励根据本部分达成协议的各方研究是否可使用这些文件的最新版本。凡是不注日期的引用文件，其最新版本适用于本部分。

GB/T 8629—2001　纺织品　试验用家庭洗涤和干燥程序(eqv ISO 6330:2000)

3　术语和定义

下列术语和定义适用于 GB/T 12703 的本部分。

3.1

电荷面密度　electric charge density

样品每单位面积上所带的电量，以 $\mu C/m^2$ 为单位。

4　原理

将经过摩擦装置摩擦后的试样投入法拉第筒，以测量试样的电荷面密度。

5　装置与用具

5.1　测试用法拉第筒系统

见图1。外筒直径 50 cm～70 cm，高 85 cm～100 cm，内筒直径 40 cm～60 cm，高 75 cm～95 cm，电容器的泄漏电阻 1×10^{14} Ω 以上，电容值应与静电电压表量程相匹配，绝缘支架的绝缘电阻应在 1×10^{12} Ω 以上。系统电容可用精密万用电桥或其他电容测量仪测量。

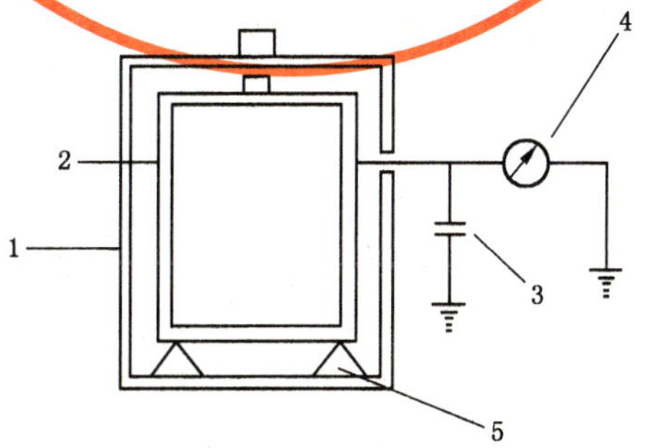

1——外筒；
2——内筒；
3——电容器；
4——静电电压表；
5——绝缘支架。

图1　法拉第筒

5.2 摩擦装置(见图2)

5.2.1 摩擦布及摩擦棒:摩擦布(标准布)是450 mm×350 mm的锦纶平纹布。取长为400 mm的硬质聚氯乙烯管,以摩擦布的长边方向为卷绕方向,在其上缠绕5圈,制成摩擦棒。要求摩擦布的两端拉紧塞入管内,以固定在摩擦棒上。

5.2.2 垫板:把一块尺寸为400 mm×450 mm、材料与摩擦布相同的织物,用胶带从四面裹在金属板上,垫板面积为320 mm×300 mm,厚度3 mm,用聚乙烯包皮线接地[图2b)]。

注:需要时或经有关各方协商一致后,摩擦材料可采用其他材料。

5.2.3 绝缘棒:直径20 mm,长500 mm的有机玻璃或丙烯棒。

单位为毫米

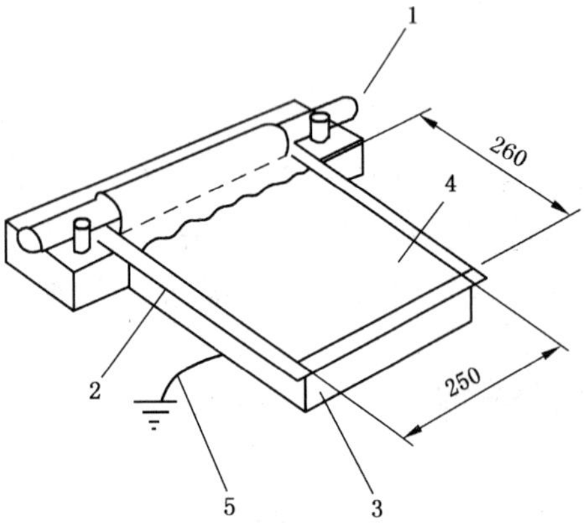

1——绝缘棒;
2——垫板[见图2b)];
3——垫座[见图2c)];
4——试样[见图2d)];
5——地线。

a)

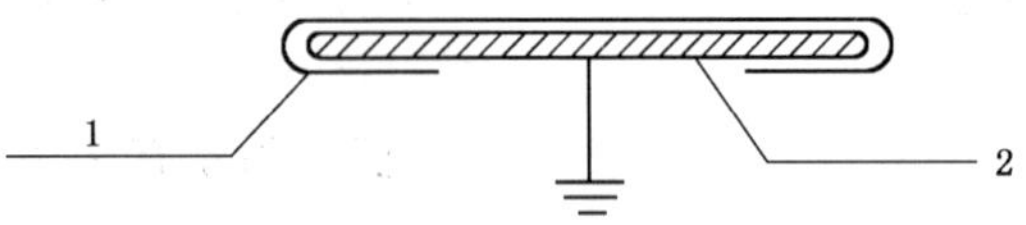

1——标准布;
2——垫板。

b)

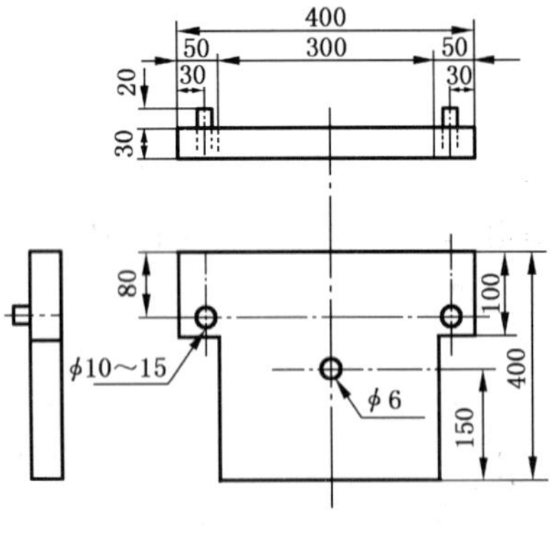

c)

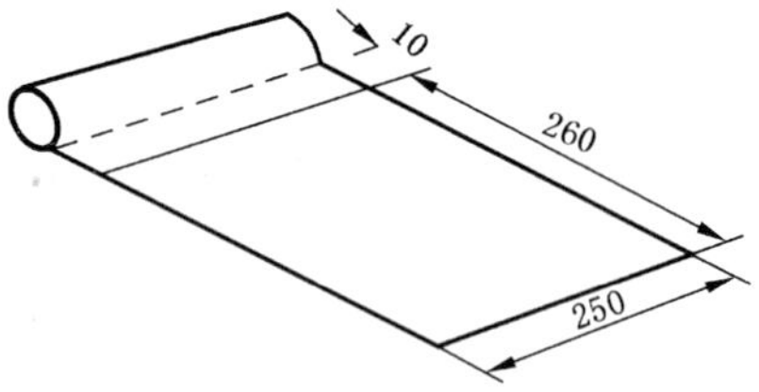

d)

图2 摩擦装置示意图

6 调湿和试验用大气条件

调湿和试验用大气的环境条件为:温度(20±2)℃,相对湿度(35±5)%,环境风速应在0.1 m/s以下。

7 试样准备

7.1 预处理

7.1.1 如果需要，按照 GB/T 8629—2001 中 7A 程序洗涤，由有关各方商定可选择洗涤 5、10、30、50、100 次等，多次洗涤时，可将时间累加进行连续洗涤。或者按有关方认可的方法和次数进行洗涤。

注：累加时间时，将 7A 程序洗涤、冲洗 1、冲洗 2、冲洗 3 中时间分别进行累加。

7.1.2 将样品或洗涤后的样品，在 50 ℃下预烘一定时间。

7.1.3 将预烘后的样品在第 6 章规定条件下达到调湿平衡，不得沾污样品。

7.2 试样

7.2.1 试样应在距布边 1/10 幅宽内，距布端 1 m 以上的部位裁取，不应有影响测试的疵点。

7.2.2 随机裁取 6 块试样（经向 3 块，纬向 3 块），尺寸为 250 mm×400 mm，按图 2d)将长向一端缝制为套状，未被缝部分长度为 270 mm（有效摩擦长度 260 mm）。

7.2.3 将绝缘棒插入缝好的套内，放置于垫板上，勿使之产生皱折。

8 试验步骤

8.1 双手持缠有标准布的摩擦棒两端，由前端向体侧一方摩擦试样（注意不应使摩擦棒转动），约 1 s 摩擦一次，连续 5 次（图 3）。

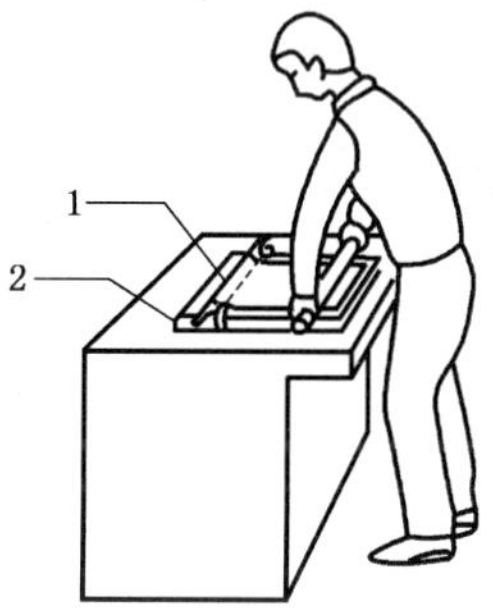

1——样品；

2——垫板。

图 3 摩擦示意图

8.2 握住绝缘棒的一端，如图 4 所示，使棒与垫板保持平行地由垫板上揭离，并在 1 s 内迅速投入法拉第筒，读取静电压或电量值。此时，试样应距人体或其他物体 300 mm 以上。

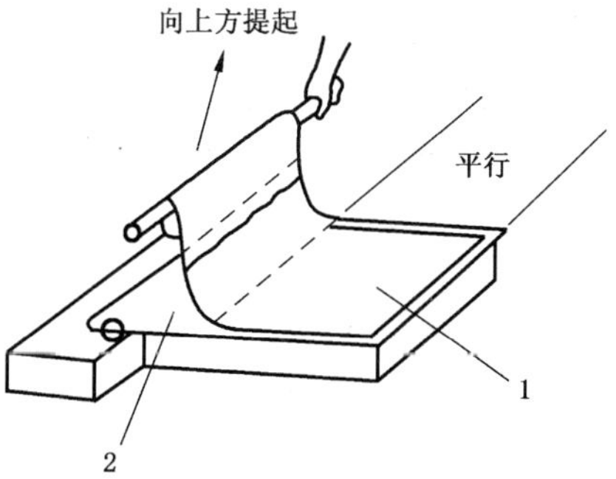

1——试样；

2——垫板。

图 4 揭离试样示意图

8.3 每块试样进行三次测试，每次测试后应消电直至确认试样不带电时再进行下一次测试。

9 结果计算与表达

9.1 读取静电电压值或电量值,根据式(1)计算电荷面密度。

$$\sigma = \frac{Q}{A} = \frac{C \cdot V}{A} \quad \cdots\cdots(1)$$

式中:

σ——电荷面密度,$\mu C/m^2$;

Q——电荷量测定值,μC;

C——法拉第系统总电容量,F;

V——电压值,V;

A——试样摩擦面积,m^2。

9.2 计算每个试样3次测试的平均值,作为该试样的测量值。

9.3 取6块试样测试结果中的最大值,作为该样品的试验结果。

10 电荷面密度技术要求

如果需要,可根据样品的用途提出对电荷面密度的要求。

对于非耐久型抗静电纺织品,洗前电荷面密度应不超过7.0 $\mu C/m^2$;对于耐久型抗静电纺织品,洗前、洗后电荷面密度均应不超过7.0 $\mu C/m^2$。

如有关各方另有协议,可按协议要求执行。

注:耐久型是指经多次洗涤仍保持特定性能的产品。

11 试验报告

试验报告应包括下列内容:

a) 标准编号;
b) 样品描述;
c) 试验温湿度条件及试验日期;
d) 仪器型号及主要试验参数;
e) 试样是否经洗涤,如洗涤注明洗涤次数;
f) 试验结果;
g) 所使用的摩擦布的种类;
h) 如果需要,对样品电荷面密度给出评价;
i) 任何偏离本部分的细节和试验中的异常现象。

ICS 59.080.01
W 04

中华人民共和国国家标准

GB/T 12703.3—2009
部分代替 GB/T 12703—1991

纺织品　静电性能的评定
第3部分：电荷量

Textile—Evaluation for electrostatic properties—Part 3：
Electric charge

2009-06-19 发布　　2010-02-01 实施

中华人民共和国国家质量监督检验检疫总局
中国国家标准化管理委员会　发布

前　言

GB/T 12703《纺织品　静电性能的评定》包括以下七个部分：

——第1部分：静电压半衰期；

——第2部分：电荷面密度；

——第3部分：电荷量；

——第4部分：电阻率；

——第5部分：摩擦带电电压；

——第6部分：纤维泄漏电阻；

——第7部分：动态静电压。

本部分为GB/T 12703的第3部分。

本部分代替GB/T 12703—1991《纺织品静电测试方法》中的E法，本部分与GB/T 12703—1991的主要差异如下：

1. 由原来的工作服的摩擦带电(E法)调整为系列标准中的电荷量法，标准名称也作了相应修改。本部分仅是GB/T 12703—1991中的工作服的摩擦带电(E法)相关的内容；
2. 增加了试样的预处理洗涤程序(见第7章)；
3. 增加了5.2.2中的注“需要时或经有关各方协商一致后，摩擦材料可采用其他材料”；
4. 增加了第10章“电荷量技术要求”。

本部分由中国纺织工业协会提出。

本部分由全国纺织品标准化技术委员会基础标准分会(SAC/TC 209/SC 1)归口。

本部分起草单位：国家纺织制品质量监督检验中心。

本部分主要起草人：任鹤宁、王宝军。

本部分所代替标准的历次版本发布情况为：

——GB/T 12703—1991。

纺织品　静电性能的评定
第3部分:电荷量

1　范围

GB/T 12703 的本部分规定了服装及其他纺织制品摩擦带电荷量的测试方法。

本部分适用于各类服装及其他纺织制品,其他产品可参照采用。

2　规范性引用文件

下列文件中的条款通过 GB/T 12703 本部分的引用而成为本部分的条款。凡是注日期的引用文件,其随后所有的修改单(不包括勘误的内容)或修订版均不适用于本部分,然而,鼓励根据本部分达成协议的各方研究是否可使用这些文件的最新版本。凡是不注日期的引用文件,其最新版本适用于本部分。

GB/T 8629—2001　纺织品　试验用家庭洗涤和干燥程序(eqv ISO 6330:2000)

3　术语和定义

下列术语和定义适用于 GB/T 12703 的本部分。

3.1

电荷量　electric charge

试样与标准布摩擦一定时间后所带电荷。

4　原理

用摩擦装置模拟试样摩擦带电的情况,然后将试样投入法拉第筒,测量其带电电荷量。

5　装置与用具

5.1　测试用法拉第筒系统

见图1。

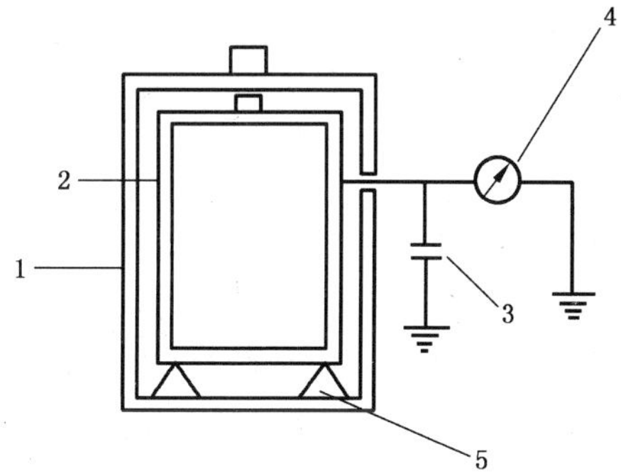

1——外筒;

2——内筒;

3——电容器;

4——静电电压表;

5——绝缘支架。

图1　法拉第筒

5.2 摩擦带电滚筒测试装置(见图 2)

5.2.1 滚筒的内表面及盖子的内表面包覆有标准布。

5.2.2 测试装置应满足以下条件:

——转鼓内径:460 mm 以上;

——转鼓纵深:350 mm 以上;

——转鼓口径:280 mm 以上;

——转鼓转速:(50±10)r/min;

——转鼓叶片数:3 片;

——转鼓内温度:(60±10)℃,电气温风方式加热;

——排气量:2 m^3/min 以上;

——转鼓内衬摩擦材料:锦纶标准布,装置进样口周围也应包覆。

注:需要时或经有关各方协商一致后,摩擦材料可采用其他材料。

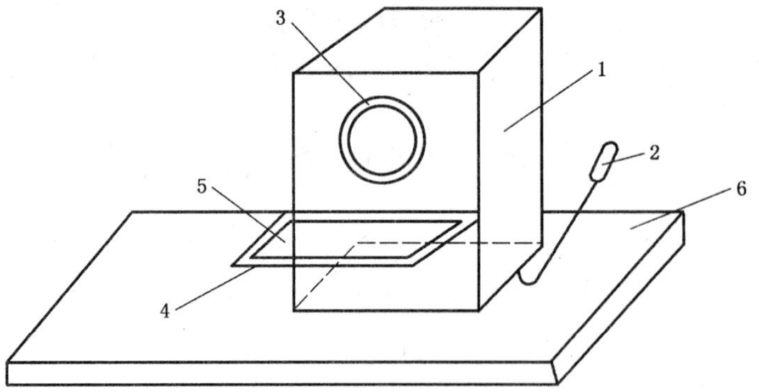

1——转鼓;

2——手柄;

3——绝缘胶带;

4——盖子;

5——标准布;

6——底座。

图 2 摩擦装置

6 调湿和试验用大气条件

调湿和试验用大气的环境条件为:温度(20±2)℃,相对湿度(35±5)%,环境风速应在 0.1 m/s 以下。

7 试样准备

7.1 预处理

7.1.1 如果需要,按照 GB/T 8629—2001 中 7A 程序洗涤,根据样品穿用条件或由有关各方商定可选择洗涤 5、10、30、50、100 次等,多次洗涤时,可将时间累加进行连续洗涤。或者按有关方认可的方法和次数进行洗涤。

注:累加时间时,将 7A 程序洗涤、冲洗 1、冲洗 2、冲洗 3 中时间分别进行累加。

7.1.2 将样品或洗涤后的样品,在 50 ℃下预烘一定时间。

7.1.3 将预烘后的样品在第 6 章环境下达到调湿平衡,不得沾污样品。

7.2 试样

每个样品取至少 1 件制品作为试样。

8 试验步骤

8.1 开启摩擦装置，使其温度达到(60±10)℃。

8.2 将试样在模拟穿用状态下(扣上钮扣或拉链)放入摩擦装置，运转 15 min。

8.3 运转完毕后，将试样从摩擦装置取出(须戴绝缘手套取出试样)投入到法拉第筒。注意操作过程中试样应距法拉第筒以外的物体 300 mm 以上。

8.4 用法拉第筒测出试样的带电量。

8.5 重复 5 次操作。每次之间静置 10 min 时间，并用消电器对试样及转鼓内的标准布进行消电处理。

8.6 带衬里的制品，应将衬里翻转朝外，再次重复以上测试步骤。将结果记入报告。

9 结果表达

以 5 次测量的平均值为试验结果，修约至 0.1。

10 电荷量技术要求

如果需要，可根据样品的用途提出对带电电荷量的要求。

对于非耐久型抗静电纺织品，洗前电荷量应不超过 0.6 μC/件；对于耐久型抗静电纺织品，洗前、洗后电荷量均应不超过 0.6 μC/件。

如有关各方另有协议，可按协议要求执行。

注：耐久型是指经多次洗涤仍保持特定性能的产品。

11 试验报告

试验报告应包括下列内容：

a) 标准编号；
b) 样品描述；
c) 试验温湿度条件及试验日期；
d) 仪器型号及主要试验参数；
e) 试样是否经洗涤，如洗涤注明洗涤次数；
f) 试验结果，如果测试带衬里的制品，报告衬里试验结果；
g) 所使用的摩擦布的种类；
h) 如果需要，对样品电荷量给出评价；
i) 任何偏离本部分的细节和试验中的异常现象。

ICS 59.080.30
W 04

中华人民共和国国家标准

GB/T 12704.1—2009
代替 GB/T 12704—1991

纺织品　织物透湿性试验方法 第1部分:吸湿法

Textiles—Test method for water-vapour transmission of fabrics—Part 1:Desiccant method

2009-03-19 发布　　2010-01-01 实施

中华人民共和国国家质量监督检验检疫总局
中国国家标准化管理委员会　发布

前　言

GB/T 12704《纺织品　织物透湿性试验方法》包括以下两个部分：

——第1部分：吸湿法；

——第2部分：蒸发法。

本部分为GB/T 12704的第1部分。

本部分代替GB/T 12704—1991《织物透湿量测定方法　透湿杯法》。本部分与GB/T 12704—1991的主要差异为：

——删除了方法B的相关条款；

——范围中"适用于各类织物，包括透湿型涂层织物"修改为"适用于厚度在10 mm以内的各类织物，不适用于透湿率大于29 000 g/(m^2・24 h)的织物"；

——删除了"透湿量"的定义，增加了"透湿率"、"透湿度"和"透湿系数"术语及其定义；

——对试验箱提出了具体要求，规范了透湿杯的制作材料和透湿杯组合体的质量范围；

——增加了试样的调湿；

——增加了空白试验；

——增加了b)、c)两组试验条件；

——规定了干燥剂吸湿总增量不得超过10%；

——将平衡时间由原标准的0.5 h改为1 h，并规定可根据试样透湿率大小，对初始平衡时间和称量间隔时间作相应调整；

——将"每个组合体称量时间不超过30 s"改为"不超过15 s"；

——增加了透湿度和透湿系数的计算公式；

——增加了附录A"饱和水蒸气压与温度的关系"。

本部分的附录A为规范性附录。

本部分由中国纺织工业协会提出。

本部分由全国纺织品标准化技术委员会基础标准分会(SAC/TC 209/SC 1)归口。

本部分起草单位：中纺标(北京)检验认证中心有限公司、国家纺织制品质量监督检验中心。

本部分主要起草人：章辉。

本部分所代替标准的历次版本发布情况为：

——GB/T 12704—1991。

纺织品 织物透湿性试验方法 第1部分：吸湿法

1 范围

GB/T 12704 的本部分规定了采用吸湿法测定织物透湿性的方法。

本部分适用于厚度在 10 mm 以内的各类织物，不适用于透湿率大于 29 000 g/(m^2 · 24 h)的织物。

2 规范性引用文件

下列文件中的条款通过 GB/T 12704 的本部分的引用而成为本部分的条款。凡是注日期的引用文件，其随后所有的修改单(不包括勘误的内容)或修订版均不适用于本部分，然而，鼓励根据本部分达成协议的各方研究是否可使用这些文件的最新版本。凡是不注日期的引用文件，其最新版本适用于本部分。

GB/T 3820 纺织品和纺织制品厚度的测定

GB/T 6529 纺织品 调湿和试验用标准大气(GB/T 6529—2008,ISO 139:2005,MOD)

GB/T 8170 数值修约规则与极限数值的表示和判定

3 术语和定义

下列术语和定义适用于 GB/T 12704 的本部分。

3.1

透湿率 water-vapour transmission rate

WVT

在试样两面保持规定的温湿度条件下，规定时间内垂直通过单位面积试样的水蒸气质量，以克每平方米小时[g/(m^2 · h)]或克每平方米 24 小时[g/(m^2 · 24 h)]为单位。

3.2

透湿度 water-vapour permeance

WVP

在试样两面保持规定的温湿度条件下，单位水蒸气压差下，规定时间内垂直通过单位面积试样的水蒸气质量，以克每平方米帕斯卡小时[g/(m^2 · Pa · h)]为单位。

3.3

透湿系数 water-vapour permeability

PV

在试样两面保持规定的温湿度条件下，单位水蒸气压差下，单位时间内垂直透过单位厚度、单位面积试样的水蒸气质量，以克厘米每平方厘米秒帕斯卡[g · cm/(cm^2 · s · Pa)]为单位。

4 原理

把盛有干燥剂并封以织物试样的透湿杯放置于规定温度和湿度的密封环境中，根据一定时间内透湿杯质量的变化计算试样透湿率、透湿度和透湿系数。

5 设备和材料

5.1 试验箱

5.1.1 试验箱内应配备温度和湿度传感器和测量装置，温度控制精度为±2 ℃，相对湿度控制精度为±4%，且每次关闭试验箱门后，3 min 内应重新达到规定的温、湿度。

5.1.2 应具有持续稳定的循环气流速度，大小为 0.3 m/s～0.5 m/s。

5.1.3 应保证试验箱工作空间中各处温度和湿度均匀，在试验期间不应在样品表面产生凝露现象。

5.2 透湿杯及附件

5.2.1 透湿杯及附件尺寸见图 1。

单位为毫米

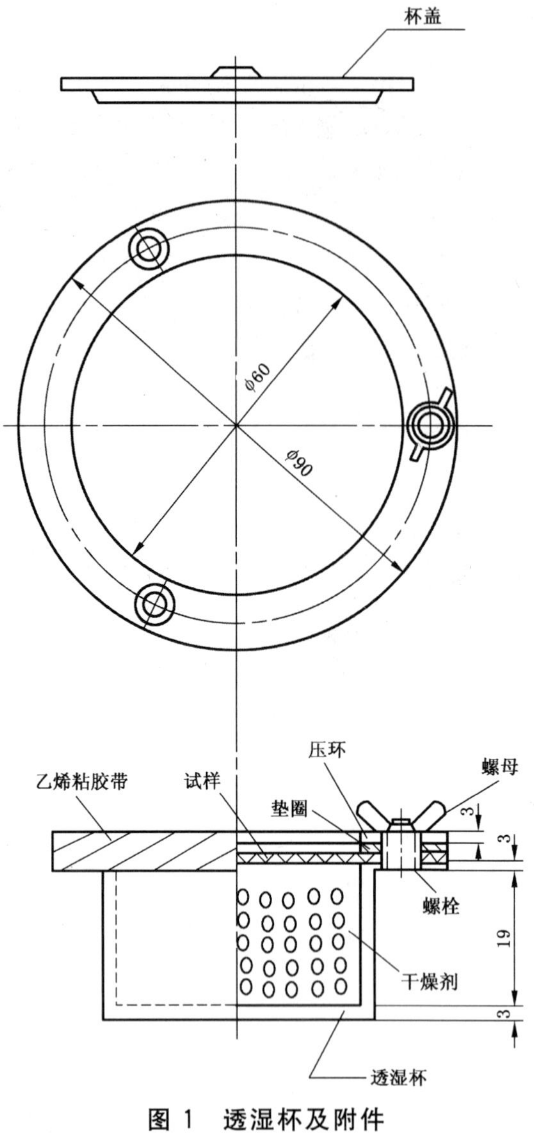

图 1 透湿杯及附件

5.2.2 透湿杯、压环、杯盖、螺栓、螺帽应采用不透气、不透湿、耐腐蚀的轻质材料制成，透湿杯与杯盖应对应编号。

5.2.3 由试样、吸湿剂、透湿杯及附件组成的试验组合体质量应小于 210 g。

5.2.4 垫圈用橡胶或聚氨酯塑料制成。

5.2.5 乙烯胶粘带宽度应大于 10 mm。

5.2.6 用其他方法密封的透湿杯，只要符合内径 60 mm、杯深 22 mm 两个尺寸，也可以使用。

5.3 其他器具

5.3.1 电子天平，精度为 0.001 g。

5.3.2 保持温度为 160 ℃的烘箱。

5.3.3 干燥剂，采用无水氯化钙(化学纯)，粒度 0.63 mm～2.5 mm，使用前需在 160 ℃烘箱中干燥 3 h。

5.3.4 标准筛，孔径为 0.63 mm 和孔径为 2.5 mm 各一个。

5.3.5 干燥器、标准圆片冲刀。

5.3.6 织物厚度仪，按 GB/T 3820 测定织物的厚度，精度为 0.01 mm。

6 试样的准备和调湿

6.1 样品应在距布边 1/10 幅宽，距匹端 2 m 外裁取，样品应有代表性。

6.2 从每个样品上至少剪取三块试样，每块试样直径为 70 mm。对两面材质不同的样品(例如，涂层织物)，若无特别指明，应在两面各取三块试样，且应在试验报告中说明。

6.3 对于涂层织物，试样应平整、均匀，不得有孔洞、针眼、皱折、划伤等缺陷。

6.4 对于试验精确度要求较高的样品，应另取一个试样用于空白试验。

6.5 试样按 GB/T 6529 规定进行调湿。

7 试验条件

优先采用 a)组试验条件，若需要可采用 b)组、c)组或其他试验条件：

a) 温度(38±2)℃，相对湿度(90±2)%；

b) 温度(23±2)℃，相对湿度(50±2)%；

c) 温度(20±2)℃，相对湿度(65±2)%。

8 试验步骤

8.1 向清洁、干燥的透湿杯内装入 5.3.3 中规定的干燥剂约 35 g，并振荡均匀，使干燥剂成一平面。干燥剂装填高度为距试样下表面位置 4 mm 左右。空白试验的杯中不加干燥剂。

8.2 将试样测试面朝上放置在透湿杯上，装上垫圈和压环，旋上螺帽，再用乙烯胶粘带从侧面封住压环、垫圈和透湿杯，组成试验组合体。

注：步骤 8.1 和 8.2 尽可能在短时间内完成。

8.3 迅速将试验组合体水平放置在已达到第 7 章中规定试验条件的试验箱(室)内，经过 1 h 平衡后取出。

8.4 迅速盖上对应杯盖，放在 20 ℃左右的硅胶干燥器中平衡 30 min，按编号逐一称量，精确至 0.001 g，每个试验组合体称量时间不超过 15 s。

8.5 称量后轻微振动杯中的干燥剂，使其上下混合，以免长时间使用上层干燥剂使其干燥效用减弱。振动过程中，尽量避免使干燥剂与试样接触。

8.6 除去杯盖，迅速将试验组合体放入试验箱内，经过试验时间 1 h 试验后取出，按 8.4 规定称量，每次称量试验组合体的先后顺序应一致。

注：若试样透湿度过小，可延长 8.6 的试验时间，并在试验报告中说明。

8.7 干燥剂吸湿总增量不得超过 10%。

9 结果计算

9.1 试样透湿率按式(1)计算。试验结果以三块试样的平均值表示，结果按 GB/T 8170 修约至三位有效数字：

$$WVT = \frac{(\Delta m - \Delta m')}{A \cdot t} \quad \cdots\cdots(1)$$

式中：

WVT——透湿率，单位为克每平方米小时[g/(m²·h)]或克每平方米24小时[g/(m²·24 h)]；

Δm——同一试验组合体两次称量之差，单位为克(g)；

$\Delta m'$——空白试样的同一试验组合体两次称量之差，单位为克(g)；不做空白试验时，$\Delta m'=0$；

A——有效试验面积(本部分中的装置为0.002 83 m²)，单位为平方米(m²)；

t——试验时间，单位为小时(h)。

9.2 试样透湿度按式(2)计算，结果按GB/T 8170修约至三位有效数字：

$$WVP = \frac{WVT}{\Delta p} = \frac{WVT}{p_{CB}(R_1 - R_2)} \quad \cdots\cdots(2)$$

式中：

WVP——透湿度，单位为克每平方米帕斯卡小时[g/(m²·Pa·h)]；

Δp——试样两侧水蒸气压差，单位为帕斯卡(Pa)；

p_{CB}——在试验温度下的饱和水蒸气压力，单位为帕斯卡(Pa)；

R_1——试验时试验箱的相对湿度，%；

R_2——透湿杯内的相对湿度，%。

注：透湿杯内的相对湿度可按0%计算。

9.3 如果需要，按式(3)计算透湿系数，结果按GB/T 8170修约至两位有效数字：

$$PV = 1.157 \times 10^{-9} WVP \cdot d \quad \cdots\cdots(3)$$

式中：

PV——透湿系数，单位为克厘米每平方厘米秒帕斯卡[g·cm/(cm²·s·Pa)]；

d——试样厚度，单位为厘米(cm)。

注：透湿系数仅对于均匀的单层材料有意义。

9.4 对于两面不同的试样，若无特别指明，分别按以上公式计算其两面的透湿率、透湿度和透湿系数，并在试验报告中说明。

10 试验报告

试验报告应包括以下内容：

a) 说明试验是按GB/T 12704的本部分进行的；

b) 试验箱温度、相对湿度、透湿杯中所盛物质；

c) 样品的描述；

d) 试验面的说明；

e) 试验方法；

f) 试验结果透湿率、透湿度；

g) 如果需要，每个试样的透湿系数；

h) 任何偏离本部分的细节。

附 录 A
（规范性附录）
饱和水蒸气压与温度的关系

A.1 相对湿度是指空气中实际所含水蒸气密度和同温度下饱和水蒸气密度的百分比值，也可以用水蒸气压强之比表示，温度和压力的变化导致饱和水蒸气压的变化，相对湿度也将随之而变化。

A.2 相对湿度按式（A.1）计算：

$$R=\frac{p_C}{p_{CB}}\times 100\% \qquad \cdots\cdots(A.1)$$

式中：

p_C——空气中水蒸气压，单位为帕斯卡（Pa）；

p_{CB}——同温度下饱和水蒸气压，单位为帕斯卡（Pa）。

A.3 某温度 t 下饱和水蒸气压按式（A.2）计算：

$$p_{CB}=133.3\times 10\exp\left\{-\left[\frac{2\,919.611}{t+273}-4.795\,18\times\lg(t+273)+23.037\,33\right]\right\} \qquad \cdots\cdots(A.2)$$

A.4 常用温度下水的饱和蒸气压见表 A.1。

表 A.1

t/℃	0.0		0.2		0.4		0.6		0.8	
	mmHg	kPa	mmHg	kPa	mmHg	kPa	mmHg	kPa	mmHg	kPa
0	4.579	0.610 5	4.647	0.619 5	4.715	0.628 6	4.785	0.637 9	4.855	0.6473
1	4.926	0.656 7	4.998	0.666 3	5.070	0.675 9	5.144	0.685 8	5.219	0.695 8
2	5.294	0.705 8	5.370	0.715 9	5.447	0.726 2	5.525	0.736 6	5.605	0.747 3
3	5.685	0.757 9	5.766	0.768 7	5.848	0.779 7	5.931	0.790 7	6.015	0.801 9
4	6.101	0.813 4	6.187	0.824 9	6.274	0.836 5	6.363	0.848 3	6.453	0.860 3
5	6.543	0.872 3	6.635	0.884 6	6.728	0.897 0	6.822	0.909 5	6.917	0.922 2
6	7.013	0.935 0	7.111	0.948 1	7.209	0.961 1	7.309	0.974 5	7.411	0.988 0
7	7.513	1.001 7	7.617	1.015 5	7.722	1.029 5	7.828	1.043 6	7.936	1.058 0
8	8.045	1.072 6	8.155	1.087 2	8.267	1.102 2	8.380	1.117 2	8.494	1.132 4
9	8.609	1.147 8	8.727	1.163 5	8.845	1.179 2	8.965	1.195 2	9.086	1.211 4
10	9.209	1.227 8	9.333	1.244 3	9.458	1.261 0	9.585	1.277 9	9.714	1.295 1
11	9.844	1.312 4	9.976	1.330 0	10.109	1.347 8	10.244	1.365 8	10.380	1.383 9
12	10.518	1.402 3	10.658	1.421 0	10.799	1.439 7	10.941	1.452 7	11.085	1.477 9
13	11.231	1.497 3	11.379	1.517 1	11.528	1.537 0	11.680	1.557 2	11.833	1.577 6
14	11.987	1.598 1	12.144	1.619 1	12.302	1.640 1	12.462	1.661 5	12.624	1.683 1
15	12.788	1.704 9	12.953	1.726 9	13.121	1.749 3	13.290	1.771 8	13.461	1.794 6
16	13.634	1.817 7	13.809	1.841 0	13.987	1.864 8	14.166	1.888 6	14.347	1.912 8
17	14.530	1.937 2	14.715	1.961 8	14.903	1.986 9	15.092	2.012 1	15.284	2.037 7
18	15.477	2.063 4	15.673	2.089 6	15.871	2.116 0	16.071	2.142 6	16.272	2.169 4

表 A.1（续）

t/℃	0.0		0.2		0.4		0.6		0.8	
	mmHg	kPa	mmHg	kPa	mmHg	kPa	mmHg	kPa	mmHg	kPa
19	16.477	2.196 7	16.685	2.224 5	16.894	2.252 3	17.105	2.280 5	17.319	2.309 0
20	17.535	2.337 8	17.753	2.366 9	17.974	2.396 3	18.197	2.426 1	18.422	2.456 1
21	18.650	2.486 5	18.880	2.517 1	19.113	2.548 2	19.349	2.579 6	19.587	2.611 4
22	19.827	2.6434	20.070	2.675 8	20.316	2.706 8	20.565	2.741 8	20.815	2.775 6
23	21.068	2.808 8	21.342	2.843 0	21.583	2.877 5	21.845	2.912 4	22.110	2.947 8
24	22.377	2.983 3	22.648	3.019 5	22.922	3.056 0	23.198	3.092 8	23.476	3.129 9
25	23.756	3.167 2	24.039	3.204 9	24.326	3.243 2	24.617	3.282 0	24.912	3.321 3
26	25.209	3.360 9	25.509	3.400 9	25.812	3.441 3	26.117	3.482 0	26.426	3.523 2
27	26.739	3.564 9	27.055	3.607 0	27.374	3.649 6	27.696	3.692 5	28.021	3.735 8
28	28.349	3.779 5	28.680	3.823 7	29.015	3.868 3	29.354	3.913 5	29.697	3.959 3
29	30.043	4.005 4	30.392	4.051 9	30.745	4.099 0	31.102	4.146 6	31.461	4.194 4
30	31.824	4.242 8	32.191	4.291 8	32.561	4.341 1	32.934	4.390 8	33.312	4.441 2
31	33.695	4.492 3	34.082	4.543 9	34.471	4.595 7	34.864	4.648 1	35.261	4.701 1
32	35.663	4.754 7	36.068	4.808 7	36.477	4.863 2	36.891	4.918 4	37.308	4.974 0
33	37.729	5.030 1	38.155	5.086 9	38.584	5.144 1	39.018	5.202 0	39.457	5.260 5
34	39.898	5.319 3	40.344	5.378 7	40.796	5.439 0	41.251	5.499 7	41.710	5.560 9
35	42.175	5.622 9	42.644	5.685 4	43.117	5.748 4	43.595	5.812 2	44.078	5.876 6
36	44.563	5.941 2	45.054	6.008 7	45.549	6.072 7	46.050	6.139 5	46.556	6.206 9
37	47.067	6.275 1	47.582	6.343 7	48.102	6.413 0	48.627	6.483 0	49.157	6.553 7
38	49.692	6.625 0	50.231	6.696 9	50.774	6.769 3	51.323	6.842 5	51.879	6.916 6
39	52.442	6.991 7	53.009	7.067 3	53.580	7.143 4	54.156	7.220 2	54.737	7.297 6
40	55.324	7.375 9	55.910	7.451 0	56.510	7.534 0	57.110	7.614 0	57.720	7.695 0

ICS 59.080.30
W 04

中华人民共和国国家标准

GB/T 12704.2—2009

纺织品　织物透湿性试验方法 第2部分:蒸发法

Textiles—Test method for water-vapour transmission of fabrics—Part 2: Water method

2009-03-19 发布　　2010-01-01 实施

中华人民共和国国家质量监督检验检疫总局
中国国家标准化管理委员会　发布

前　言

GB/T 12704《纺织品　织物透湿性试验方法》包括以下两个部分：

——第1部分：吸湿法；

——第2部分：蒸发法。

本部分为GB/T 12704的第2部分。

本部分的附录A为规范性附录，附录B为资料性附录。

本部分由中国纺织工业协会提出。

本部分由全国纺织品标准化技术委员会基础标准分会（SAC/TC 209/SC 1）归口。

本部分起草单位：中纺标（北京）检验认证中心有限公司、国家纺织制品监督检测中心。

本部分主要起草人：章辉。

纺织品　织物透湿性试验方法
第2部分:蒸发法

1　范围

GB/T 12704的本部分规定了用蒸发法测定织物透湿性的方法。本部分包括两种方法:方法A正杯法和方法B倒杯法。

本部分适用于厚度在10 mm以内的各类片状织物。其中,方法B倒杯法仅适用于防水透气性织物的测试。

2　规范性引用文件

下列文件中的条款通过GB/T 12704的本部分的引用而成为本部分的条款。凡是注日期的引用文件,其随后所有的修改单(不包括勘误的内容)或修订版均不适用于本部分,然而,鼓励根据本部分达成协议的各方研究是否可使用这些文件的最新版本。凡是不注日期的引用文件,其最新版本适用于本部分。

GB/T 3820　纺织品和纺织制品厚度的测定(GB/T 3820—1997,eqv ISO 5084:1996)

GB/T 6529　纺织品　调湿和试验用标准大气(GB/T 6529—2008,ISO 139:2005,MOD)

GB/T 8170　数值修约规则与极限数值的表示和判定

3　术语和定义

下列术语和定义适用于GB/T 12704的本部分。

3.1

透湿率　water-vapour transmission rate

WVT

在试样两面保持规定的温湿度条件下,规定时间内垂直通过单位面积试样的水蒸气质量,以克每平方米小时[g/(m^2·h)]或克每平方米24小时[g/(m^2·24 h)]为单位。

3.2

透湿度　water-vapour permeance

WVP

在试样两面保持规定的温湿度条件下,单位水蒸气压差下,规定时间内垂直通过单位面积试样的水蒸气质量,以克每平方米帕斯卡小时[g/(m^2·Pa·h)]为单位。

3.3

透湿系数　water-vapour permeability

PV

在试样两面保持规定的温湿度条件下,单位水蒸气压差下,单位时间内垂直透过单位厚度、单位面积试样的水蒸气质量,以克厘米每平方厘米秒帕斯卡[g·cm/(cm^2·s·Pa)]为单位。

4　原理

把盛有一定温度蒸馏水并封以织物试样的透湿杯放置于规定温度和湿度的密封环境中,根据一定时间内透湿杯质量的变化计算出试样透湿率、透湿度和透湿系数。

5 设备和材料

5.1 试验箱

5.1.1 试验箱内应配备温度和湿度传感器和测量装置，温度控制精度为±2 ℃，相对湿度控制精度为±4%，且每次关闭试验箱门后，3 min 内应重新达到规定的温、湿度。

5.1.2 应具有持续稳定的循环气流速度，大小为 0.3 m/s～0.5 m/s。

5.1.3 应保证试验箱工作空间中各处温度和湿度均匀，在试验期间不应在样品表面产生凝露现象。

5.2 透湿杯及附件

5.2.1 透湿杯及附件尺寸见图 1。

单位为毫米

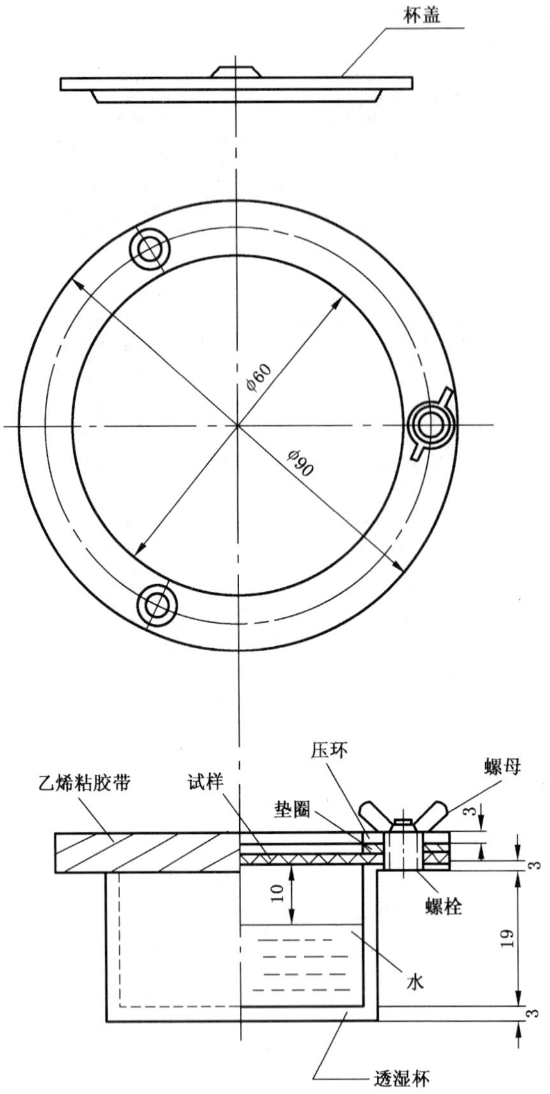

图 1 透湿杯及附件

5.2.2 透湿杯、压环、杯盖、螺栓、螺帽应采用不透气、不透湿、耐腐蚀的轻质材料制成，透湿杯与杯盖应对应编号。

5.2.3 由试样、水、透湿杯及附件组成的试验组合体质量应小于 210 g。

5.2.4 垫圈用橡胶或聚氨酯塑料制成。

5.2.5 乙烯胶粘带宽度应大于 10 mm。

5.2.6 用其他方法密封的透湿杯，只要符合内径 60 mm、杯深 22 mm 两个尺寸，也可以使用。

5.3 其他器具

5.3.1 电子天平，精度为 0.001 g。

5.3.2 标准圆片冲刀和量程为 50 mL 的量筒。

5.3.3 织物厚度仪，按 GB/T 3820 规定测定织物的厚度，精度为 0.01 mm。

6 试样的准备和调湿

6.1 样品应在距布边 1/10 幅宽，距匹端 2 m 外裁取，样品应有代表性。

6.2 从每个样品上至少剪取三块试样，每块试样直径为 70 mm。对两面材质不同的样品(例如，涂层织物)，若无特别指明，应在两面各取三块试样，且应在试验报告中说明。

6.3 对于涂层织物，试样应平整、均匀，不得有孔洞、针眼、皱折、划伤等缺陷。

6.4 对于试验精确度要求较高的样品，应另取一个试样用于空白试验。

6.5 试样按 GB/T 6529 规定进行调湿。

7 试验条件

优先采用 a)组试验条件，若需要可采用 b)组、c)组或其他试验条件：

a) 温度(38±2)℃，相对湿度(50±2)%；

b) 温度(23±2)℃，相对湿度(50±2)%；

c) 温度(20±2)℃，相对湿度(65±2)%。

8 试验步骤

8.1 方法 A(正杯法)

8.1.1 用量筒精确量取与试验条件温度相同的蒸馏水 34 mL，注入清洁、干燥的透湿杯内，使水距试样下表面位置 10 mm 左右。

8.1.2 将试样测试面朝下放置在透湿杯上，装上垫圈和压环，旋上螺帽，再用乙烯胶粘带从侧面封住压环、垫圈和透湿杯，组成试验组合体。

注：步骤 8.1.1 和 8.1.2 尽可能在短时间内完成。

8.1.3 迅速将试验组合体水平放置在已达到第 7 章中规定试验条件的试验箱内，经过 1 h 平衡后，按编号在箱内逐一称量，精确至 0.001 g。若在箱外称重，每个试验组合体称量时间不超过 15 s。

8.1.4 随后经过试验时间 1 h 后，按 8.1.3 规定以同一顺序称量。

8.1.5 整个试验过程中要保持试验组合体水平，避免杯内的水沾到试样的内表面。

注：若试样透湿率过小，可延长 8.1.4 的试验时间，并在试验报告中说明。

8.2 方法 B(倒杯法)

8.2.1 用量筒精确量取与试验条件温度相同的蒸馏水 34 mL，注入清洁、干燥的透湿杯内。

8.2.2 将试样测试面朝上放置在透湿杯上，装上垫圈和压环，旋上螺帽，再用乙烯胶粘带从侧面封住压环、垫圈和透湿杯，组成试验组合体。

注：步骤 8.2.1 和 8.2.2 尽可能在短时间内完成。

8.2.3 迅速将整个试验组合体倒置后水平放置在已达到第 7 章中规定试验条件的试验箱内(要保证试样下表面处有足够的空间)，经过 1 h 平衡后，按编号在试验箱内逐一称量，精确至 0.001 g。若在箱外称重，每个试验组合体称量时间不超过 15 s。

8.2.4 随后经过试验时间 1 h 后取出，按 8.1.3 规定以同一顺序称量。

注：若试样透湿率过小，可延长 8.2.4 的试验时间，并在试验报告中说明。

9 结果计算

9.1 试样透湿率按式(1)计算。试验结果以三块试样的平均值表示，结果按 GB/T 8170 修约至三位有效数字：

$$WVT = \frac{(\Delta m - \Delta m')}{A \cdot t} \quad \cdots\cdots(1)$$

式中：

WVT——透湿率，单位为克每平方米小时[$g/(m^2 \cdot h)$]或克每平方米 24 小时[$g/(m^2 \cdot 24\ h)$]；

Δm——同一试验组合体两次称量之差，单位为克(g)；

$\Delta m'$——空白试样的同一试验组合体两次称量之差，单位为克(g)；不做空白试验时，$\Delta m'=0$；

A——有效试验面积(本部分中的装置为 0.002 83 m^2)，单位为平方米(m^2)；

t——试验时间，单位为小时(h)。

9.2 试样透湿度按式(2)计算，结果按 GB/T 8170 修约至三位有效数字：

$$WVP = \frac{WVT}{\Delta p} = \frac{WVT}{p_{CB}(R_1 - R_2)} \quad \cdots\cdots(2)$$

式中：

WVP——透湿度，单位为克每平方米帕斯卡小时[$g/(m^2 \cdot Pa \cdot h)$]；

Δp——试样两侧水蒸气压差，单位为帕斯卡(Pa)；

p_{CB}——在试验温度下的饱和水蒸气压(见附录 A)，单位为帕斯卡(Pa)；

R_1——试验时试验箱的相对湿度，%；

R_2——透湿杯内的相对湿度，%。

注：透湿杯内的相对湿度可按 100%计算。

9.3 如果需要，按式(3)计算透湿系数，结果按 GB/T 8170 修约至两位有效数字：

$$PV = 1.157 \times 10^{-9} WVP \cdot d \quad \cdots\cdots(3)$$

式中：

PV——透湿系数，单位为克厘米每平方厘米秒帕斯卡[$g \cdot cm/(cm^2 \cdot s \cdot Pa)$]；

d——试样厚度，单位为厘米(cm)。

注：透湿系数仅对于均匀的单层材料有意义。

9.4 对于两面不同的试样，若无特别指明，分别按以上公式计算其两面的透湿率、透湿度和透湿系数，并在试验报告说明。

10 试验报告

试验报告应包括以下内容：

a) 说明试验是按 GB/T 12704 的本部分进行的；

b) 试验箱温度、相对湿度、透湿杯中所盛物质；

c) 样品的描述；

d) 试验面的说明；

e) 试验方法；

f) 试验结果透湿率、透湿度；

g) 如果需要，每个试样的透湿系数；

h) 如果需要，参照附录 B 对透湿度和透湿系数进行修正；

i) 任何偏离本部分的细节。

附 录 A
（规范性附录）
饱和水蒸气压与温度的关系

A.1 相对湿度是指空气中实际所含水蒸气密度和同温度下饱和水蒸气密度的百分比值，也可以用水蒸气压强之比表示，温度和压强的变化导致饱和水蒸气压的变化，相对湿度也将随之而变化。

A.2 相对湿度按式（A.1）计算：

$$R=\frac{p_{C}}{p_{CB}}\times 100\% \qquad \cdots\cdots\cdots\cdots\cdots\cdots\cdots\cdots\cdots\cdots（A.1）$$

式中：

p_{C}——空气中水蒸气压，单位为帕斯卡（Pa）；

p_{CB}——同温度下饱和水蒸气压，单位为帕斯卡（Pa）。

A.3 某温度 t 下饱和水蒸气压按式（A.2）计算：

$$p_{CB}=133.3\times 10\exp\left\{-\left[\frac{2\ 919.611}{t+273.15}-4.795\ 18\times \lg(t+273.15)+23.037\ 33\right]\right\} \qquad \cdots\cdots（A.2）$$

A.4 常用温度下水的饱和蒸气压见表 A.1。

表 A.1

t/℃	0.0		0.2		0.4		0.6		0.8	
	mmHg	kPa	mmHg	kPa	mmHg	kPa	mmHg	kPa	mmHg	kPa
0	4.579	0.610 5	4.647	0.619 5	4.715	0.628 6	4.785	0.637 9	4.855	0.647 3
1	4.926	0.656 7	4.998	0.666 3	5.070	0.675 9	5.144	0.685 8	5.219	0.695 8
2	5.294	0.705 8	5.370	0.715 9	5.447	0.726 2	5.525	0.736 6	5.605	0.747 3
3	5.685	0.757 9	5.766	0.768 7	5.848	0.779 7	5.931	0.790 7	6.015	0.801 9
4	6.101	0.813 4	6.187	0.824 9	6.274	0.836 5	6.363	0.848 3	6.453	0.860 3
5	6.543	0.872 3	6.635	0.884 6	6.728	0.897 0	6.822	0.909 5	6.917	0.922 2
6	7.013	0.935 0	7.111	0.948 1	7.209	0.961 1	7.309	0.974 5	7.411	0.988 0
7	7.513	1.001 7	7.617	1.015 5	7.722	1.029 5	7.828	1.043 6	7.936	1.058 0
8	8.045	1.072 6	8.155	1.087 2	8.267	1.102 2	8.380	1.117 2	8.494	1.132 4
9	8.609	1.147 8	8.727	1.163 5	8.845	1.179 2	8.965	1.195 2	9.086	1.211 4
10	9.209	1.227 8	9.333	1.244 3	9.458	1.261 0	9.585	1.277 9	9.714	1.295 1
11	9.844	1.312 4	9.976	1.330 0	10.109	1.347 8	10.244	1.365 8	10.380	1.383 9
12	10.518	1.402 3	10.658	1.421 0	10.799	1.439 7	10.941	1.452 7	11.085	1.477 9
13	11.231	1.497 3	11.379	1.517 1	11.528	1.537 0	11.680	1.557 2	11.833	1.577 6
14	11.987	1.598 1	12.144	1.619 1	12.302	1.640 1	12.462	1.661 5	12.624	1.683 1
15	12.788	1.704 9	12.953	1.726 9	13.121	1.749 3	13.290	1.771 8	13.461	1.794 6
16	13.634	1.817 7	13.809	1.841 0	13.987	1.864 8	14.166	1.888 6	14.347	1.912 8
17	14.530	1.937 2	14.715	1.961 8	14.903	1.986 9	15.092	2.012 1	15.284	2.037 7
18	15.477	2.063 4	15.673	2.089 6	15.871	2.116 0	16.071	2.142 6	16.272	2.169 4
19	16.477	2.196 7	16.685	2.224 5	16.894	2.252 3	17.105	2.280 5	17.319	2.309 0

表 A.1（续）

t/ ℃	0.0		0.2		0.4		0.6		0.8	
	mmHg	kPa	mmHg	kPa	mmHg	kPa	mmHg	kPa	mmHg	kPa
20	17.535	2.337 8	17.753	2.366 9	17.974	2.396 3	18.197	2.426 1	18.422	2.456 1
21	18.650	2.486 5	18.880	2.517 1	19.113	2.548 2	19.349	2.579 6	19.587	2.611 4
22	19.827	2.643 4	20.070	2.675 8	20.316	2.706 8	20.565	2.741 8	20.815	2.775 6
23	21.068	2.808 8	21.342	2.843 0	21.583	2.877 5	21.845	2.912 4	22.110	2.947 8
24	22.377	2.983 3	22.648	3.019 5	22.922	3.056 0	23.198	3.092 8	23.476	3.129 9
25	23.756	3.167 2	24.039	3.204 9	24.326	3.243 2	24.617	3.282 0	24.912	3.321 3
26	25.209	3.360 9	25.509	3.400 9	25.812	3.441 3	26.117	3.482 0	26.426	3.523 2
27	26.739	3.564 9	27.055	3.607 0	27.374	3.649 6	27.696	3.692 5	28.021	3.735 8
28	28.349	3.779 5	28.680	3.823 7	29.015	3.868 3	29.354	3.913 5	29.697	3.959 3
29	30.043	4.005 4	30.392	4.051 9	30.745	4.099 0	31.102	4.146 6	31.461	4.194 4
30	31.824	4.242 8	32.191	4.291 8	32.561	4.341 1	32.934	4.390 8	33.312	4.441 2
31	33.695	4.492 3	34.082	4.543 9	34.471	4.595 7	34.864	4.648 1	35.261	4.701 1
32	35.663	4.754 7	36.068	4.808 7	36.477	4.863 2	36.891	4.918 4	37.308	4.974 0
33	37.729	5.030 1	38.155	5.086 9	38.584	5.144 1	39.018	5.202 0	39.457	5.260 5
34	39.898	5.319 3	40.344	5.378 7	40.796	5.439 0	41.251	5.499 7	41.710	5.560 9
35	42.175	5.622 9	42.644	5.685 4	43.117	5.748 4	43.595	5.812 2	44.078	5.876 6
36	44.563	5.941 2	45.054	6.008 7	45.549	6.072 7	46.050	6.139 5	46.556	6.206 9
37	47.067	6.275 1	47.582	6.343 7	48.102	6.413 0	48.627	6.483 0	49.157	6.553 7
38	49.692	6.625 0	50.231	6.696 9	50.774	6.769 3	51.323	6.842 5	51.879	6.916 6
39	52.442	6.991 7	53.009	7.067 3	53.580	7.143 4	54.156	7.220 2	54.737	7.297 6
40	55.324	7.375 9	55.910	7.451 0	56.510	7.534 0	57.110	7.614 0	57.720	7.695 0

附　录　B
（资料性附录）
透湿度与透湿系数的修正

B.1　杯内静止空气层的影响

由于静止空气层会产生一定的湿阻，在正杯法试验中，杯内静止空气层的厚度对织物透湿度和透湿系数影响很大。本部分试样内表面与水面之间存在 10 mm 静止空气层，为了消除静止空气层产生的误差，应对其试验结果进行修正。静止空气层的透湿系数按式(B.1)计算：

$$\delta_a = \frac{2.306 \times 10^{-5} p_0}{R_V T p}\left(\frac{T}{273.15}\right)^{1.81} \quad \cdots\cdots(B.1)$$

式中：

δ_a——静止空气层透湿系数，单位为千克每米秒帕斯卡[kg/(m·s·Pa)]；

T——试验温度，单位为开尔文(K)；

p——试验环境大气压强，单位为帕斯卡(Pa)；

p_0——标准大气压强，单位为帕斯卡(Pa)；

R_V——水蒸气气体常数，461.5 J/(K·kg)。

B.2　透湿度修正举例(正杯法)

在 b)组试验条件下，测得 t 为 23 ℃，p_{CB}为 2 775.6 Pa，织物透湿率 WVT 为 16.67 g/(m²·h)；

则　$$WVP = \frac{WVT}{\Delta p} = \frac{WVT}{p_{CB}(R_1 - R_2)} = 0.0120\ \text{g/(m}^2\cdot\text{Pa}\cdot\text{h)}$$

$$\delta_a = \frac{2.306 \times 10^{-5} \times 101\,325}{461.5 \times (23 + 273.15) \times 998\,60}\left(\frac{23 + 273.15}{273.15}\right)^{1.81} = 198\ \text{ng/(m}\cdot\text{s}\cdot\text{Pa)}$$

则 10 mm 静止空气层透湿度 $WVP_{空} = \frac{198}{0.010}\text{ng/(m}^2\cdot\text{s}\cdot\text{Pa)} = 19\,800\ \text{ng/(m}^2\cdot\text{s}\cdot\text{Pa)}$

$$R_{空} = \frac{1}{WVP_{空}} = \frac{1}{19\,800}(\text{m}^2\cdot\text{s}\cdot\text{Pa})/\text{ng} = 5.1 \times 10^7(\text{m}^2\cdot\text{s}\cdot\text{Pa})/\text{kg}$$

$$R_{试} = \frac{1}{WVP} = 3.0 \times 10^8(\text{m}^2\cdot\text{s}\cdot\text{Pa})/\text{kg}$$

$$修正后\ R_{试} = (3.0 \times 10^8 - 5.1 \times 10^7)(\text{m}^2\cdot\text{s}\cdot\text{Pa})/\text{kg} = 2.49 \times 10^8(\text{m}^2\cdot\text{s}\cdot\text{Pa})/\text{kg}$$

$$WVP = \frac{1}{2.49 \times 10^8}\text{kg/(m}^2\cdot\text{s}\cdot\text{Pa)} = 0.0144\ \text{g/(m}^2\cdot\text{Pa}\cdot\text{h)}$$

式中：

$R_{空}$——静止空气层湿阻，单位为平方米秒帕斯卡每千克[(m²·s·Pa)/ kg]；

$R_{试}$——试样湿阻，单位为平方米秒帕斯卡每千克[(m²·s·Pa)/ kg]。

注：对于倒杯法 B，由于杯内静止空气层为 0，故不用考虑杯内静止空气层的影响。

ICS 59.080.30
W 04

中华人民共和国国家标准

GB/T 12705.1—2009

纺织品　织物防钻绒性试验方法
第1部分:摩擦法

Textile—Methods of testing the down-proof properties of fabrics—
Part 1:Rubbing test

2009-06-19 发布　　2010-02-01 实施

中华人民共和国国家质量监督检验检疫总局
中国国家标准化管理委员会　发布

前　言

GB/T 12705《纺织品　织物防钻绒性试验方法》包括以下两部分：

——第1部分：摩擦法；

——第2部分：转箱法。

本部分为GB/T 12705的第1部分。

本部分的附录A为资料性附录。

本部分由中国纺织工业协会提出。

本部分由全国纺织品标准化技术委员会基础标准分会(SAC/TC 209/SC 1)归口。

本部分主要起草单位：深圳市计量质量检测研究院、上海市服装研究所、纺织工业标准化研究所。

本部分主要起草人：陈国强、梁海保、叶毓辉、杨志敏、章辉、葛明、何雨霞、许鉴。

纺织品 织物防钻绒性试验方法
第1部分:摩擦法

1 范围

GB/T 12705的本部分规定了采用摩擦法测定织物防钻绒性的方法。

本部分适用于制作羽绒制品用的各种织物。羽绒制品可根据实际情况参照采用。

2 规范性引用文件

下列文件中的条款通过GB/T 12705的本部分的引用而成为本部分的条款。凡是注日期的引用文件,其随后所有的修改单(不包括勘误的内容)或修订版均不适用于本部分,然而,鼓励根据本部分达成协议的各方研究是否可使用这些文件的最新版本。凡是不注日期的引用文件,其最新版本适用于本部分。

GB/T 6529 纺织品 调湿和试验用标准大气(GB/T 6529—2008,ISO 139:2005,MOD)

GB/T 8629—2001 纺织品 试验用家庭洗涤和干燥程序(eqv ISO 6330:2000)

3 术语和定义

下列术语和定义适用于GB/T 12705的本部分。

3.1

防钻绒性 down-proof properties

织物阻止羽毛、羽绒和绒丝从其表面钻出的性能。用在规定条件作用下的钻绒根数表示。

4 原理

将试样制成具有一定尺寸的试样袋,内装一定质量的羽绒、羽毛填充物。把试样袋安装在仪器上,经过挤压、揉搓和摩擦等作用,通过计数从试样袋内部所钻出的羽毛、羽绒和绒丝根数来评价织物的防钻绒性能。

5 设备、用具和材料

5.1 试验机

试验机由一个驱动轮和两个夹具组成,一个夹具与驱动轮连接,当驱动轮旋转时成椭圆形轨迹运行;另一个夹具安装在试验机底部的活动单元上,可用来调整两夹具间的距离。另外试验机应具有预置转数、满数自停等功能。两夹具间的距离为(44±1)mm。驱动轮转速135 r/min。

附录A给出了供参考的试验仪器图,其他具有相同性能的仪器均可使用。

5.2 塑料袋

包裹试样袋的塑料袋由厚度为(25±1)μm低密度聚乙烯构成,表面光滑,无褶。其尺寸为(150±10)mm×(240±10)mm。

5.3 天平

精度为0.01 g。

5.4 镊子

5.5 缝纫线、缝纫针

缝纫线的规格、性能应与面料相适应。缝纫针采用家用11号。

5.6 填充料

采用与被测试织物对应的羽绒制品中的羽绒填充料。若未提供羽绒填充料,则采用表1规定的含绒量为70%的灰鸭绒作为填充料。

表 1

品名	含绒量/%	绒丝含量/%	长毛片/%	蓬松度/cm
灰鸭绒	70±2.0	≤10.0	≤0.5	≥15.5

5.7 封口用电热枪、胶棒

电热枪通电加热2 min左右,使胶棒熔化,然后加压使胶体从枪口喷出,达到粘封目的。

注:其他能避免缝线处钻绒的粘封方法均可使用。

6 样品

样品要有代表性,不得有影响试验结果的各种疵点,要求平整、无折皱,且应在距匹端至少2 m处裁取。

7 试样袋的制备与调湿

7.1 试样数量与尺寸

从每份样品上裁取长为(420±10)mm、宽为(140±5)mm试样,经、纬向各2块。试样应在距布边至少1/10幅宽以上处剪取。

7.2 试样袋制备

7.2.1 将裁剪好的试样测试面朝里,沿长边方向对折成210 cm×140 cm的袋状,用11号家用缝纫针,针密为每3 cm 12针~14针,沿两侧边距边10 cm缝合,起针、落针应回针0.5 cm~1 cm,且要回在原线上。然后将试样测试面翻出,距对折边20 cm处缝一道线,两头仍打回针0.5 cm~1 cm。

7.2.2 按表2称取一定质量的填充料装入袋中,将袋口用来去针在距边20 cm处缝合,两头仍打回针0.5 cm~1 cm。缝制后得到的试样袋有效尺寸约为170 cm×120 cm。

表 2

含绒量/%	填充材料质量/g
>70	30±0.1
30~70	35±0.1
<30	40±0.1

7.2.3 按图1所示在试样袋上两短边缝线外侧分别钻两个固定孔。

单位为毫米

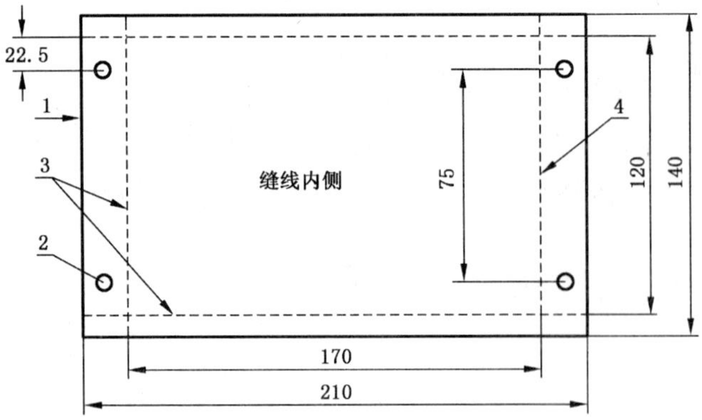

1——对折边;

2——固定孔;

3——缝合线;

4——袋口缝合边。

图1 试样袋示意图

7.2.4 用粘封液将试样袋缝线处粘封，以防试验过程中羽毛、羽绒和绒丝从缝线处钻出，影响试验结果。

注：对于羽绒制品，从适当部位剪取足够大小的制品，在周边开口处按7.2.2的方法缝合，最终有效尺寸约为170 cm×120 cm。

7.3 试样袋洗涤和干燥程序

如需测试和评价样品洗涤后的防钻绒性能，则将试样袋(7.2)按GB/T 8629—2001中5A程序洗涤，F程序烘干。如果采用其他的洗涤和干燥程序，在试验报告中注明。

7.4 调湿和试验

在GB/T 6529规定的大气中调湿和试验。

8 试验步骤

8.1 将试验仪器和缝制时残留在待测试样袋外表面的羽毛、羽绒和绒丝等清除干净。

8.2 将试样袋放置在按图1钻有4个固定孔的塑料袋中，然后将塑料袋固定在两个夹具上，使试样袋沿长度方向折叠于两个夹具之间(见图A.1)。

注：塑料袋用于收集从试样袋中完全钻出的填充物。每次试样应使用新的塑料袋。

8.3 预置计数器转数为2 700次，按正向启动按钮，驱动轮开始转动。

8.4 当满数自停后，将试样袋从塑料袋里拿出来，计数塑料袋里羽毛、羽绒和绒丝的根数，并将试样袋放在合适的光源下，计数钻出试样袋表面大于2 mm的羽毛、羽绒和绒丝的根数。将以上两次计数的羽毛、羽丝、绒丝根数相加，即为一只试样袋的试验结果。若两次计数的羽毛、羽丝、绒丝根数大于50，则终止计数。

注1：用镊子将所计数到的羽毛、羽绒和绒丝逐根夹下，以免重复计数。

注2：羽绒填充料只允许在一次完整试验过程中使用。

8.5 重复8.1～8.4，直至测完所有试样袋。

9 试验结果的计算与评价

9.1 计算

分别计算两个方向试样袋钻绒根数的算术平均值，精确至整数位。

9.2 评价

如果需要，对试样的防钻绒性能进行评价。织物防钻绒性的评价分为具有良好的防钻绒性、具有防钻绒性和防钻绒性较差3种(见表3)。

表3

防钻绒性评价	钻绒根数/根
具有良好的防钻绒性	＜20
具有防钻绒性	20～50
防钻绒性较差	＞50

10 试验报告

报告应包括下列内容：

a) 说明试验是按GB/T 12705的本部分进行的；

b) 样品名称、规格；

c) 使用仪器名称、型号；

d) 羽绒填充料的含绒量、种类及填充质量；

e) 是否洗涤；

f) 钻绒根数平均值(经向和纬向)；

g) 若钻绒根数大于50,在结果中标注“大于50”；

h) 如果需要,给出样品防钻绒性能的评价；

i) 试验日期；

j) 任何偏离本部分的细节。

附 录 A
（资料性附录）
试验仪器

织物防钻绒性试验机如图 A.1 所示。

单位为毫米

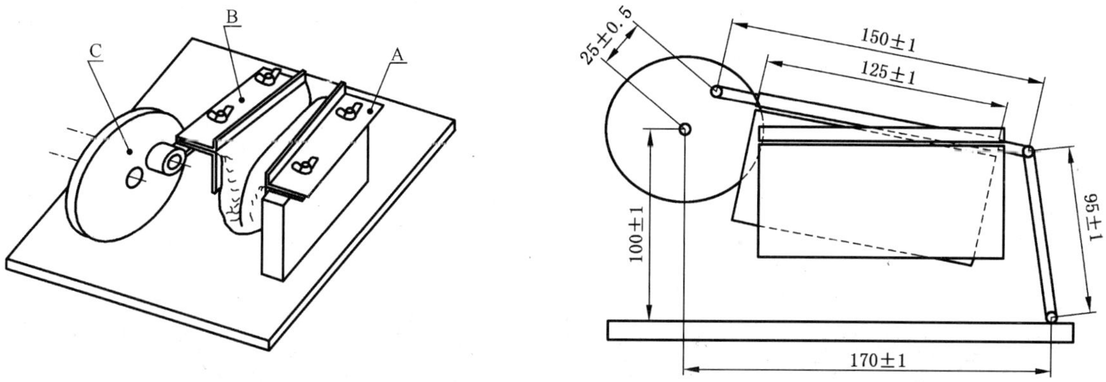

A——底部夹紧装置；
B——与轮子连接装置；
C——轮子。

图 A.1 织物防钻绒性试验机

ICS 59.080.30
W 04

中华人民共和国国家标准

GB/T 12705.2—2009
代替 GB/T 12705—1991

纺织品　织物防钻绒性试验方法 第2部分:转箱法

Textile—Methods of testing the down-proof properties of fabrics—Part 2:Tumble test

2009-06-19 发布　　2010-02-01 实施

中华人民共和国国家质量监督检验检疫总局
中国国家标准化管理委员会　发布

前　言

GB/T 12705《纺织品　织物防钻绒性试验方法》包括以下两部分：

——第1部分：摩擦法；

——第2部分：转箱法。

本部分为 GB/T 12705 的第2部分。

本部分代替 GB/T 12705—1991《织物防钻绒性试验方法》。

本部分与 GB/T 12705—1991 相比，主要差异如下：

——标准名称改为《纺织品　织物防钻绒性试验方法　第2部分：转箱法》；

——规范性引用文件中删除了原引用标准 GB/T 3921，增加了 GB/T 8629；

——常规试验中将规定的羽绒填充料由多种改为一种，并增加了与被测试织物对应的羽绒制品中的羽绒填充料；

——增加了试样袋洗涤程序；

——增加了织物防钻绒性能的评价；

——删除了原附录A，将其内容修改后调整至本部分第7章(见7.3)。

本部分的附录A为资料性附录。

本部分由中国纺织工业协会提出。

本部分由全国纺织品标准化技术委员会基础标准分会(SAC/TC 209/SC 1)归口。

本部分主要起草单位：宁波市纤维检验所、纺织工业标准化研究所、宁波纺织仪器厂。

本部分主要起草人：阮勇、金美菊、洪武勇、章辉、石东亮、胡君伟。

本部分所代替标准历次版本发布情况为：

——GB/T 12705—1991。

纺织品　织物防钻绒性试验方法　第2部分:转箱法

1　范围

GB/T 12705的本部分规定了采用转箱法测定织物防钻绒性的方法。

本部分适用于制作羽绒制品用的各种织物。羽绒制品可根据实际情况参照采用。

2　规范性引用文件

下列文件中的条款通过GB/T 12705的本部分的引用而成为本部分的条款。凡是注日期的引用文件,其随后所有的修改单(不包括勘误的内容)或修订版均不适用于本部分,然而,鼓励根据本部分达成协议的各方研究是否可使用这些文件的最新版本。凡是不注日期的引用文件,其最新版本适用于本部分。

GB/T 6529　纺织品　调湿和试验用标准大气(GB/T 6529—2008,ISO 139:2005,MOD)

GB/T 8629—2001　纺织品　试验用家庭洗涤和干燥程序(eqv ISO 6330:2000)

3　术语和定义

下列术语和定义适用于GB/T 12705的本部分。

3.1

防钻绒性　down-proof properties

织物阻止羽毛、羽绒和绒丝从其表面钻出的性能。用在规定条件作用下的钻绒根数表示。

4　原理

将试样制成具有一定尺寸的试样袋,内装一定质量的羽绒、羽毛填充料,将其放在装有硬质橡胶球的试验仪器回转箱内,通过回转箱的定速转动,将橡胶球带至一定高度,冲击箱内的试样,达到模拟羽绒制品在服用中所受的各种挤压、揉搓、碰撞等作用,通过计数从试样袋内部所钻出的羽毛、羽绒和绒丝根数来评价织物的防钻绒性能。

5　设备、用具和材料

5.1　试验机

试验机由一个能正、反向转动的回转箱及其电器控制部分组成,且具有预置转数、满数自停等功能。回转箱为一以透明有机玻璃为材料的内壁光滑的正方体,内部尺寸为:450 mm×450 mm×450 mm。回转箱转速为(45±1)r/min。

附录A给出了供参考的试验仪器图,其他具有相同性能的仪器均可使用。

5.2　橡胶球

邵尔硬度为(45±10)A、质量为(140±5)g的匀质丁氰橡胶球至少10只。

5.3　天平

精度为0.01 g。

5.4　刷子

黑色毛刷,宽度在45 mm～65 mm之间。

5.5 镊子

5.6 缝纫线、缝纫针

缝纫线的规格、性能应与面料相适应。缝纫针采用家用 11 号。

5.7 填充料

采用与被测试织物对应的羽绒制品中的羽绒填充料。若未提供羽绒填充料，则采用表 1 规定的含绒量为 70%的灰鸭绒作为填充料。

表 1

品　名	含绒量/%	绒丝含量/%	长毛片/%	蓬松度/cm
灰鸭绒	70±2.0	≤10.0	≤0.5	≥15.5

5.8 封口用电热枪、胶棒

电热枪通电加热 2 min 左右，使胶棒熔化，然后加压使胶体从枪口喷出，达到粘封目的。

注：也可以使用其他有粘封作用的粘着剂。

6 样品

样品要有代表性，不得有影响试验结果的各种疵点，要求平整、无折皱。每份样品至少取 150 cm×全幅，应在距匹端至少 2 m 处裁取。

7 试样袋的制备与调湿

7.1 试样数量与尺寸

从每份样品上裁取试样 3 块。试样尺寸为 42 cm(经向)×83 cm(纬向)，试样应在距布边至少 1/10 幅宽以上处剪取。

7.2 试样袋制备

7.2.1 将裁剪好的试样测试面朝里，沿经向对折成 42 cm×41 cm 的袋状，用 11 号家用缝纫针，针密为每 3 cm 12 针～14 针，沿两侧边距边 0.5 cm 缝合，起针、落针应回针 0.5 cm～1 cm，且要回在原线上。然后将试样测试面翻出，距边 0.5 cm 再缝一道线，两头仍打回针 0.5 cm～1 cm。

7.2.2 将袋口卷进 1 cm，在袋中央加上一道与袋口垂直的缝线，使试样分成两个小袋。

7.2.3 用天平称取调湿后的羽绒 25 g±0.1 g 两份，分别装入两个小袋中。

7.2.4 将袋口用来去针在距边 0.5 cm 处缝合，两头仍打回针 0.5 cm～1 cm。缝制后得到的试样袋有效尺寸约为 40 cm×40 cm。

7.2.5 用粘封液将试样袋缝线处粘封，以防试验过程中羽毛、羽绒和绒丝从缝线处钻出，影响试验结果。

注：按其他尺寸规格制得的试样袋或羽绒制品可以按本部分测试，但结果没有可比性，不能评价其防钻绒性能。

7.3 试样袋洗涤和干燥程序

如需测试和评价样品洗涤后的防钻绒性能，则将试样袋(7.2)按 GB/T 8629—2001 中 5A 程序洗涤，F 程序烘干。如果采用其他的洗涤和干燥程序，在试验报告中注明。

7.4 调湿和试验

在 GB/T 6529 规定的大气中调湿和试验。

8 试验步骤

8.1 将试验仪器回转箱内外的羽毛、羽绒和绒丝等清除干净，擦净硬质橡胶球，置 10 只于回转箱内。

8.2 仔细清除干净缝制时残留在待测试样袋外表面的羽毛、羽绒和绒丝，然后将其放入回转箱内，每次一只试样袋。

8.3 预置计数器转数为 1 000 次，按正向启动按钮，回转箱开始转动。

8.4 当满数自停后，取出试样袋，仔细检查并计数钻出的羽毛、羽绒和绒丝的根数，然后再检查计数并取出回转箱内及橡胶球上的羽毛、羽绒和绒丝根数。

8.5 将试样袋重新放入回转箱内，使计数器复零，按反向启动按钮，回转箱反向转动 1 000 次，待满数自停后，重复 8.4。将两次计数的羽毛、羽绒和绒丝根数相加，即为一只试样袋的试验结果。

注 1：羽毛、羽绒和绒丝等钻出布面即为一根，不考虑其程度。

注 2：用镊子将所计数到的羽毛、羽丝或绒丝逐根夹下，以免重复计数。

注 3：羽绒填充料只允许在一次完整试验过程中使用。

8.6 重复 8.1～8.5，直至测完所有试样袋。

9 试验结果的计算与评价

9.1 计算

以 3 只试样袋钻绒根数的算术平均值作为最终结果（精确至整数位）。

9.2 评价

如果需要，对试样的防钻绒性能进行评价。织物防钻绒性的评价分为具有良好的防钻绒性、具有防钻绒性和防钻绒性较差 3 种（见表 2）。

表 2

防钻绒性评价	钻绒根数/根
具有良好的防钻绒性	<5
具有防钻绒性	6～15
防钻绒性较差	>15

10 试验报告

报告应包括下列内容：

a） 说明试验是按 GB/T 12705 的本部分进行的；

b） 样品名称、规格；

c） 使用仪器名称、型号；

d） 羽绒填充料的含绒量、种类及填充质量；

e） 是否洗涤；

f） 钻绒根数平均值；

g） 如果需要，给出样品防钻绒性能的评价；

h） 试验日期；

i） 任何偏离本部分的细节。

附　录　A
（资料性附录）
试　验　仪　器

织物防钻绒性试验机如图 A.1 所示。

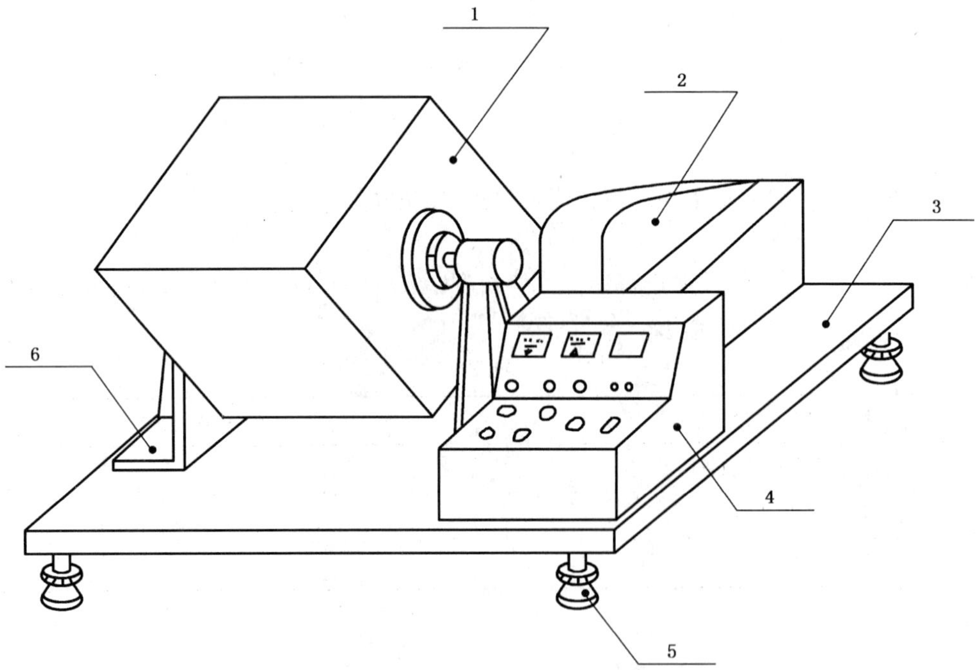

1——回转箱；
2——传动箱；
3——底座；
4——电器控制箱；
5——调平螺母；
6——支承脚架。

图 A.1　织物防钻绒性试验机

ICS 27.120.99
F 51

中华人民共和国国家标准

GB/T 12714—2009
代替 GB/T 12714—1991

镅铍中子源

Americium-241 Beryllium neutron sources

2009-03-13 发布 2009-11-01 实施

中华人民共和国国家质量监督检验检疫总局
中国国家标准化管理委员会 发布

前　言

本标准代替 GB/T 12714—1991《镅铍中子源》。与 GB/T 12714—1991 相比，主要有以下变化：

——更改产品代号；

——对产品规格表进行适当调整；

——增加源包壳的泄漏检验规定；

——增加源的安全使用期限规定；

——增加放射源工作容器的要求。

本标准的附录 A、附录 B 和附录 C 为资料性附录。

本标准由中国核工业集团公司提出。

本标准由全国核能标准化技术委员会归口。

本标准起草单位：中国原子能科学研究院。

本标准起草人：温忠明。

本标准所代替标准的历次版本发布情况为：GB/T 12714—1991。

镅 铍 中 子 源

1 范围

本标准规定了镅铍中子源的产品代号、产品结构与规格、技术要求、试验方法、检验规则、标识、检验证书和使用说明书、包装运输和贮存等内容。

本标准适用于镅-241 与金属铍所制成的镅铍中子源，其他(α,n)类同位素中子源可参照使用。

2 规范性引用文件

下列文件中的条款通过本标准的引用而成为本标准的条款。凡是注日期的引用文件，其随后所有的修改单(不包括勘误的内容)或修订版均不适用于本标准，然而，鼓励根据本标准达成协议的各方研究是否可使用这些文件的最新版本。凡是不注日期的引用文件，其最新版本适用于本标准。

GB 4075—2009 密封放射源 一般要求和分级

GB 11806 放射性物质安全运输规程

GB 15849 密封放射源的泄漏检验方法

GBZ 125 含密封源仪表的防护标准

3 术语和定义

下列术语和定义适用于本标准。

3.1

标称活度 lable activity

用户按常规申购时使用的中子源活度。

3.2

名义活度 nominal activity

按生产投料核算出的中子源活度。

3.3

中子发射率 neutron emission

从中子源本体中单位时间内产生的中子数目，单位为 n/s 。

3.4

安全使用期限 safety working life

在正常使用条件下不发生泄漏的最短使用时间。

3.5

源芯 source seed

镅铍中子源的放射性物质为由氧化镅和金属铍组成的具有一定几何性状的物质。

4 产品代号

镅铍中子源代号由两部组成。

第一部分用 AB 两个字母代表镅铍中子源。

第二部分用 4 位数码，第 1 位代表源几何尺寸规格，后 3 位代表中子发射率。

如代号 AB 1206 表示镅铍中子源的包壳为 1 型，中子发射率为 2×10^{6} n/s 。

5 产品结构与规格

5.1 产品结构

5.1.1 镅铍中子源产品由源芯和源包壳两部分组成，源芯在包壳内安装牢固不松动。常用镅铍中子源结构参见附录A。

5.1.2 源芯由氧化镅和金属铍组成。

5.1.3 源包壳至少采用两层包壳。

5.2 产品规格

常用镅铍中子源规格参见附录B。

除用户有特殊要求，镅铍中子源按表B.1规定的规格制作。

6 技术要求

6.1 源芯及源芯材料

源芯必须几何形状固定且完整。

氧化镅原料中γ杂质要求小于1%。

金属铍推荐使用核纯级。

6.2 源包壳

包壳材料要采用耐腐蚀性能、焊接性能和力学性能不低于奥氏体不锈钢1Cr18Ni9Ti的材料。

外层包壳尺寸的公差为$_{-0.2}^{\ 0}$。包壳不允许有泄漏。

6.3 安全性能

根据中子源的应用领域，镅铍中子源产品的安全性能检验等级不低于GB 4075—2009的相关要求。

6.4 泄漏与表面放射性污染

产品的放射性泄漏量与表面污染水平应符合GB 4075—2009的要求。

6.5 中子发射率

各标称活度的中子源的实际中子发射率允许与表A.1中的相应值相差±10%。

6.6 安全使用期

镅铍中子源的安全使用期限为15年。

7 试验方法

7.1 氧化镅原料核纯分析

用多道能谱仪对氧化镅原料原料取样分析。

7.2 外径尺寸试验

将放射源放入一个内径比源的名义外径大0.2 mm，长度至少是放射源直径3倍的长管，顺利通过为合格。

7.3 源壳泄漏试验

按GB 15849规定的方法试验，推荐采用氦质谱仪泄漏试验方法。

7.4 安全性能分级试验

按GB 4075—2009第7章的方法试验。

7.5 泄漏与表面放射性污染

按GB 15849中规定的方法试验。

7.6 中子发射率测量

采用相对测量法测量，被测源与标准源的中子发射率处于仪器的同一档次上，探测器用 BF_3 计数管或长计数管。

也可采用其他等效测量方法。

8 检验规则

8.1 型式检验

6.1～6.5 为型式检验项目，每种类型的中子源在投产前都要进行型式检验，确定其最大活度装载量时的安全等级，取得特殊形式证明。该检验每五年重检一次，在下列情形下也必须进行型式检验：

——产品结构、材料、工艺有较大改变时；

——停产一年以上，再一次投产时。

8.2 出厂检验

6.2、6.4、6.5 为出厂检验项目，所有产品必须全检。

9 标识、检验证书和使用说明书

9.1 标识

镅铍中子源产品的外包壳上面必须有明确标识，标识为阴刻，标识内容尽可能涵盖以下方面内容：

——生产商代码；

——源生产序列号；

——源代号；

——“放射性”字样。

9.2 检验证书

经检验合格的每个镅铍中子源，均应填写检验合格证书。检验合格证书格式参见附录 C。检验证书的内容至少包括(但不限于)：

a) 放射源名称；

b) 放射源国家编码；

c) 放射源代号和生产序列号；

d) 生产厂商名称；

e) 包壳材料和包壳层数；

f) 密封方法；

g) 源芯材料；

h) 源芯尺寸和外形尺寸；

i) 中子发射率；

j) 名义活度；

k) 安全性能等级。

表面污染和泄漏检验方法及其结果。

9.3 使用说明书

放射源在出厂时应提供使用说明书，使用说明书至少应包括(但不限于)以下内容：

a) 放射源名称；

b) 主要技术参数；

c) 容器名称及编号；

d) 容器表面辐射剂量；

e) 安全注意事项；

f）安全使用条件。

涉源事故应急处理办法。

10 包装、运输和贮存

10.1 包装

10.1.1 运输容器和包装必须符合 GB 11806 的要求。

10.1.2 工作容器除符合 GB 11806 的相关规定外，还要符合 GBZ 125 的相关要求。

10.1.3 每个锎铍中子源产品发货时必须附带以下文件：

a）检验合格证书；

b）产品使用说明书；

c）货包表面污染及表面辐射水平检测合格证书；

d）放射源国家编码卡；

e）特殊形式证明。

10.2 运输

放射源的货包运输按 GB 11806 规定执行。

10.3 贮存

10.3.1 放射源贮存执行当地行政主管部门的相关规定。

10.3.2 放射源的贮存场所应具备以下条件：

a）应设置辐射监测设施；

b）应设置消防和防盗设施；

c）应设置应急报警装置。

附　录　A
（资料性附录）
镅铍中子源结构示意图

1-7 型、1-8 型、1-9 型镅铍中子源结构示意图分别参见图 A.1、图 A.2 和图 A.3。1-7 型镅铍中子源结构参见表 A.1。

单位为毫米

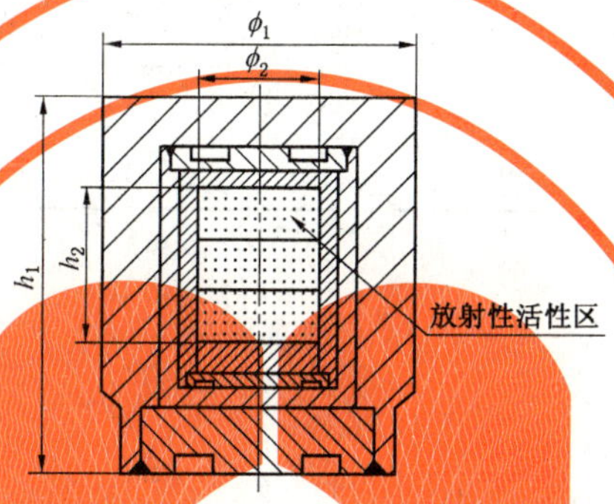

图 A.1　1-7 型镅铍中子源结构示意图

单位为毫米

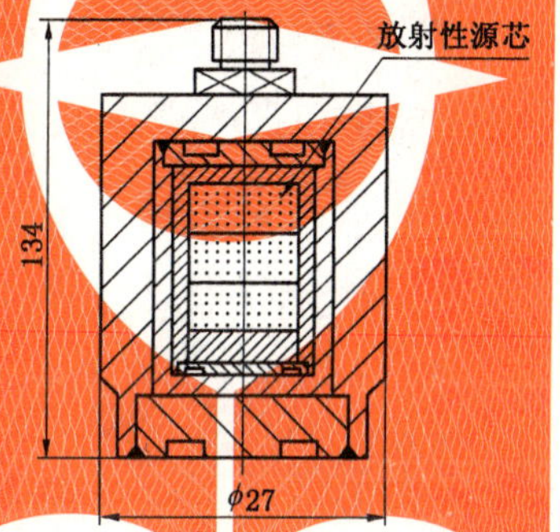

图 A.2　1-8 型镅铍中子源结构示意图

单位为毫米

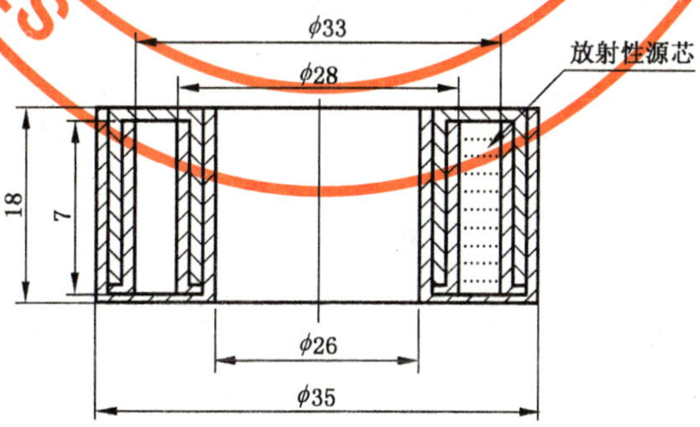

图 A.3　1-9 型镅铍中子源结构示意图

表 A.1　1-7 型镅铍中子源结构

单位为毫米

源包壳型号	外形尺寸		源芯尺寸	
	ϕ_1	h_1	ϕ_2	h_2
1	ϕ10	14	ϕ6.4	7
2	ϕ16	19	ϕ10.4	10
3	ϕ22	48	ϕ17	35
4	ϕ30	36	ϕ24.2	24
5	ϕ30	48	ϕ24.2	36
6	ϕ30	60	ϕ24.2	18
7	ϕ30	110	ϕ24.2	80

附　录　B
（资料性附录）
镅铍中子源规格

镅铍中子源规格参见表 B.1。

表 B.1　镅铍中子源规格

代　号	源芯尺寸/mm	外形尺寸/mm	标称活度/GBq	中子发射率/(n/s)
AB1604	ϕ6.4×7.0	ϕ10.0×14.0	1.11	6.00×10^{4}
AB2105	ϕ10.4×10.0	ϕ16.0×19.0	1.85	1.00×10^{5}
AB2205	ϕ10.4×10.0	ϕ16.0×19.0	3.70	2.00×10^{5}
AB2405	ϕ10.4×10.0	ϕ16.0×19.0	7.40	4.00×10^{5}
AB2605	ϕ10.4×10.0	ϕ16.0×19.0	11.10	6.00×10^{5}
AB2805	ϕ10.4×10.0	ϕ16.0×19.0	14.80	8.00×10^{5}
AB2106	ϕ10.4×10.0	ϕ16.0×19.0	18.50	1.00×10^{6}
AB3206	ϕ17.0×35.0	ϕ22.0×48.0	37.00	2.00×10^{6}
AB3406	ϕ17.0×35.0	ϕ22.0×48.0	74.00	4.00×10^{6}
AB4606	ϕ24.2×24.0	ϕ30.0×36.0	111.00	6.00×10^{6}
AB5806	ϕ24.2×36.0	ϕ30.0×48.0	148.00	8.00×10^{6}
AB5107	ϕ24.2×36.0	ϕ30.0×48.0	185.00	1.00×10^{7}
AB6207	ϕ24.2×18.0	ϕ30.0×60.0	370.00	2.00×10^{7}
AB7407	ϕ24.2×80.0	ϕ30.0×110.0	740.00	4.00×10^{7}
AB8407	ϕ20.0×100.0	ϕ27×134.0	740.00	4.00×10^{7}
AB9105	ϕ33.0×ϕ28.0×7.0	ϕ35.0×ϕ26.0×18.0	1.85	1.00×10^{5}

附 录 C
（资料性附录）
镅铍中子源检验合格证书

镅铍中子源检验合格证书格式参见图 C.1。

源名称： 名义活度： 源代号和序号： 放射源国家编码： 源芯材料： 源包壳材料： 源包壳层数： 源外形尺寸： 活性区尺寸： 密封方法： 安全等级： 特殊形式证书号： 中子发射率： 定量测量方法： 日期： 年 月 日 表面污染检验： 方法： 结果： 日期： 年 月 日 泄漏检验： 方法 1： 结果： 日期： 年 月 日 方法 2： 结果： 日期： 年 月 日 本证书和所提供的资料符合 GB 4075 规定 生产商名称 盖章 日期： 年 月 日

图 C.1 镅铍中子源检验合格证书格式

ICS 21.220.30
J 81

中华人民共和国国家标准

GB/T 12718—2009
代替 GB/T 12718—2001

矿用高强度圆环链

High-tensile steel chains (round link) for mining

(ISO 610:1990, High-tensile steel chains (round link) for chain conveyors and coal ploughs, NEQ)

2009-10-30 发布　　　　2010-04-01 实施

中华人民共和国国家质量监督检验检疫总局
中国国家标准化管理委员会 发布

前　言

本标准对应于 ISO 610:1990《刮板输送机和刨煤机用高强度圆环链》(英文版),本标准与 ISO 610:1990 的一致性程度为非等效。

本标准代替 GB/T 12718—2001《矿用高强度圆环链》。

本标准与 GB/T 12718—2001 相比主要变化如下:

——调整了标记内容的表述方法(见 4.4);

——删去了"当低于 30 000 次时,被试样本单位不得断裂"的表述[2001 年版的 5.7.3c)];

——增加了对长链条试样的取样位置做出的规定(见 6.2);

——增加了对试验装置的技术要求(见 7.1);

——增加了试验时不需拉断圆环链的规定(见 7.3.3);

——增加了对试验数据处理的要求(见 7.8);

——明确了表面质量检验和尺寸检验的不合格类型分类(见 8.5.1、8.5.2);

——增加对检验过程中异常现象的处理办法做出的规定(见 8.7)。

本标准的附录 C 为规范性附录,附录 A、附录 B 为资料性附录。

本标准由中国煤炭工业协会提出并归口。

本标准负责起草单位:煤炭科学研究总院太原研究院。

本标准参加起草单位:宁夏天地奔牛实业集团有限公司、中煤张家口煤矿机械有限责任公司。

本标准主要起草人:刘风雷、石岚、庄占斌、韩俊玲、蔡玉萍、黄志宝、王清元。

本标准所代替标准的历次版本发布情况为:

——GB/T 12718—1991、GB/T 12718—2001。

矿用高强度圆环链

1 范围

本标准规定了矿用高强度圆环链(以下简称圆环链)的术语和定义、型式尺寸、技术要求、试验方法、检验规则以及标志、包装、运输和贮存。

本标准适用于煤矿用刮板输送机、刮板转载机、悬臂式掘进机、刨煤机、滚筒采煤机及其他机械牵引链,不适用于作起重链和悬挂链。

2 规范性引用文件

下列文件中的条款通过本标准的引用而成为本标准的条款。凡是注日期的引用文件,其随后所有的修改单(不包括勘误的内容)或修订版均不适用于本标准,然而,鼓励根据本标准达成协议的各方研究是否可使用这些文件的最新版本。凡是不注日期的引用文件,其最新版本适用于本标准。

GB/T 702 热轧钢棒尺寸、外形、重量及允许偏差(GB/T 702—2008, ISO 1035-1～1035-4:1980, MOD)

GB/T 905 冷拉圆钢、方钢、六角钢尺寸、外形、重量及允许偏差(GB/T 905—1994,neq ISO 286-1:1988)

GB/T 2828.1—2003 计数抽样检验程序 第1部分:按接收质量限(AQL)检索的逐批检验抽样计划(ISO 2859-1:1999,IDT)

GB/T 2829—2002 周期检验计数抽样程序及表(适用于对过程稳定性的检验)

GB/T 3077 合金结构钢

GB/T 3078 优质结构钢冷拉钢材

GB/T 3159 液压式万能试验机

GB/T 8170 数值修约规则与极限数值的表示和判定

GB/T 10111 随机数的产生及其在产品质量抽样检验中的应用程序

3 术语和定义

下列术语和定义适用于本标准。

3.1

链环直边直径 size of chain

圆环链链环无焊缝侧用钢棒直径 d。

3.2

破断负荷 breaking force

在拉伸试验中成品链能够承受的最大负荷。

3.3

试验负荷 test force

为检验成品链,在不超过规定伸长量情况下应能承受的规定负荷。

3.4

初始负荷 setting force

记录测量长度或安装应变计时,张紧链条所规定的负荷。

4 型式和尺寸

4.1 型式和尺寸

圆环链的型式和尺寸应符合图 1、图 2 和表 1 的规定。

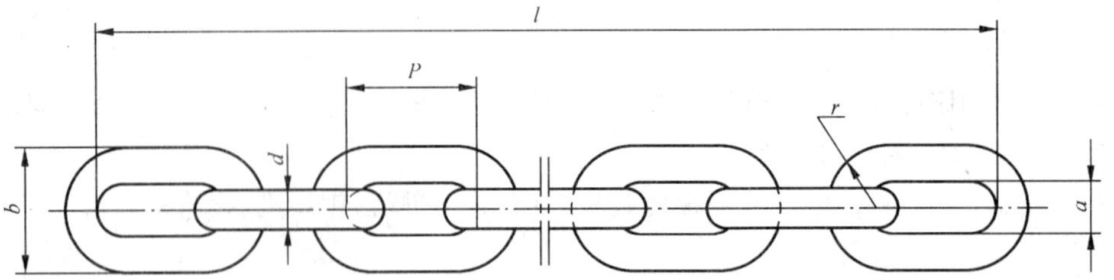

图 1 链条型式和尺寸

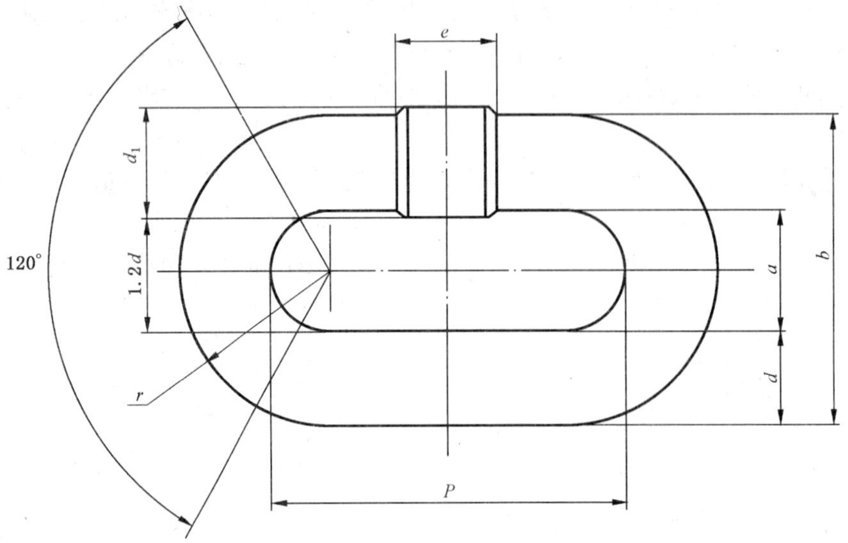

图 2 链环尺寸

表 1 链环尺寸和质量

链环直边直径 d/mm		节距 P/mm		宽度/mm		圆弧半径 r/mm		焊接处尺寸/mm		单位长度质量/(kg/m) ≈
公称尺寸	极限偏差	公称尺寸	极限偏差	内宽 a_{min}	外宽 b_{max}	公称尺寸	极限偏差	直径 d_{1max}	长度 e	
10	±0.4	40	±0.5	12	34	15	$^{+2}_{0}$	10.8	7.1	1.9
14	±0.4	50	±0.5	17	48	22	$^{+2}_{0}$	15	10	4.0
18	±0.5	64	±0.6	21	60	28	$^{+2}_{0}$	19.5	13	6.6
22	±0.7	86	±0.9	26	74	34	$^{+2}_{0}$	23.5	15.5	9.5

表 1（续）

链环直边直径 d/mm		节距 P/mm		宽度/mm		圆弧半径 r/mm		焊接处尺寸/mm		单位长度质量/(kg/m)
公称尺寸	极限偏差	公称尺寸	极限偏差	内宽 a_{min}	外宽 b_{max}	公称尺寸	极限偏差	直径 d_{1max}	长度 e	≈
24	±0.8	86	±0.9	28	79	37	$^{+2}_{0}$	26	17	11.6
26	±0.8	92	±0.9	30	86	40	$^{+2}_{0}$	28	18	13.7
30	±0.9	108	±1.0	34	98	46	$^{+2}_{0}$	32.5	21	18.0
34	±1.0	126	±1.2	38	109	52	$^{+2}_{0}$	36.5	23.8	22.7
38	±1.1	137	±1.4	42	121	58	$^{+2}_{0}$	41	27	29
42	±1.3	152	±1.5	46	133	64	$^{+2}_{0}$	45	30	35.3

注 1：链环直边直径系指同一截面相互垂直两个方向的测量值之平均值。

注 2：链环最小内宽 a 和最大外宽 b 在焊接部位以外的直边宽度上测量。

注 3：圆弧半径 r 在 1.2d 与 120°角相夹的圆弧区域内测量。

4.2 公称链条长度及偏差

公称链条长度及偏差参见附录 A。

4.3 配对长度

在拉伸应力为 25 N/mm² 的成品链上测量，任意两条配对链条的长度之差应符合下列规定：

a) 长度 $l \leq 2$ m 的链条，长度之差不应大于链条长度的 0.1%；

b) 长度 $l > 2$ m 的链条，长度之差不应大于链条长度的 0.15%；

c) 用户需要选配偏差较严的链条，可与制造厂协商确定，采用较严选配偏差参见附录 B。

4.4 标记内容

产品标记内容应包括圆环链标准编号，链条规格、链环数和链条质量等级，规定如下：

矿用高强度圆环链

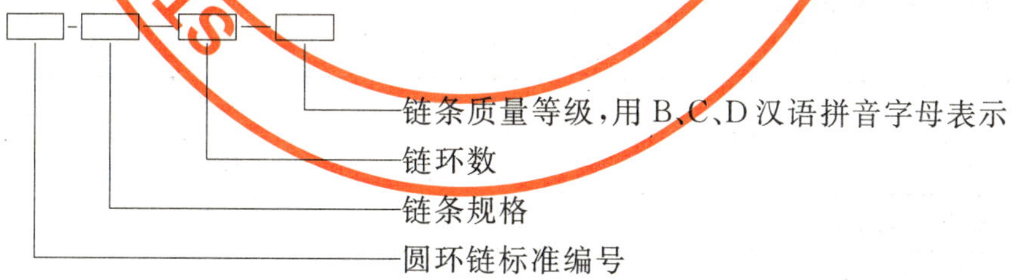

标记示例：

矿用高强度圆环链 GB/T 12718-30×108-169-C。

5 技术要求

5.1 制造要求

圆环链应根据本标准的要求制造，并取得矿用产品安全标志及证书。

5.2 钢材质量

5.2.1 制造圆环链的钢材表面质量，热轧材应符合 GB/T 3077 的规定；冷拉材应符合 GB/T 3078 的规定，同时应满足以下要求：

a) 钢材为全镇静钢，其奥氏体晶粒度为5级或更细，结晶组织均匀并具有良好的冷弯曲和焊接性能；

b) 钢材的化学成分应确保经过适当热处理后的链条的机械性能，硫磷元素的含量见表2；

c) 钢材含铝量最低为0.020%，最高为0.055%。

表2 硫与磷的含量

元素	熔炼分析		检验分析	
	B级	C、D级	B级	C、D级
硫最大含量/%	0.04	0.030	0.045	0.035
磷最大含量/%	0.035	0.030	0.040	0.035

5.2.2 钢材制造厂应提供钢材的制造方法、熔炼分析和钢材轧制分析报告。

5.2.3 制造圆环链的材料尺寸，热轧材应符合GB/T 702的规定，冷拉材应符合GB/T 905的规定。

5.3 焊接要求

5.3.1 焊接处直径

焊接处直径 d_1 不应大于表1中规定的数据，也不应小于圆环链尺寸实际直径，对焊两端错口量不应超过圆环链尺寸实际直径3%。

5.3.2 焊接部位和长度

圆环链焊接处不应有影响链环质量的夹渣、烧伤、目视裂纹、凹陷等缺陷。焊接处应去除毛刺。焊接区应以链环直边中心为界等距分布，焊接区长度 e 不应超过表1中规定的数值。

5.4 外观检查

圆环链在热处理前应进行外观检查，凡不符合5.3规定的链环应去掉，并补入新环。补入的新环应符合5.3的规定。

5.5 工艺要求

所有圆环链在热处理后均应进行预拉伸处理，预拉伸负荷为该规格圆环链试验负荷的90%以上。预拉伸处理后的链条应进行外观检查，对任何有目视裂纹及其他缺陷的链环应去掉并补入新环，补入的新环仍应进行常规热处理和预拉伸。

5.6 圆环链机械性能

5.6.1 圆环链的机械性能

圆环链的机械性能应符合表3的规定。

表3 机械性能

机械性能	链条质量等级		
	B	C	D
最小破断应力/(N/mm²)	630	800	1 000
试验应力/(N/mm²)	500	640	800
试验应力与最小破断应力之比/%	80	80	80
试验负荷下最大伸长率/%	1.4	1.6	1.9
破断时最小总伸长率/%	12.0	12.0	12.0
注：经用户与制造厂协商，对于26×92及其以上规格的C级和D级圆环链，试验应力与最小破断应力之比可由80%降至75%。			

5.6.2 圆环链机械性能试验力要求

进行圆环链机械性能试验时，其试验力应符合表4的规定。

表 4 机械性能试验时的试验力

单位为千牛

圆环链规格/mm	B级		C级		D级	
	试验负荷	破断负荷（最小值）	试验负荷	破断负荷（最小值）	试验负荷	破断负荷（最小值）
10×40	85	110	100	130	130	160
14×50	150	190	200	250	250	310
18×64	260	320	330	410	410	510
22×86	380	480	490	610	610	760
24×86	460	570	580	720	720	900
26×92	540	670	680	850	850	1 060
30×108	710	890	900	1 130	1 130	1 410
34×126	900	1 140	1 160	1 450	1 450	1 810
38×137	1 130	1 420	1 450	1 810	1 810	2 270
42×152	1 390	1 740	1 770	2 220	2 220	2 770

5.6.3 圆环链疲劳试验时试验负荷上下限及脉动循环次数

圆环链疲劳试验时试验负荷上下限及脉动循环次数要求如下：

a) 圆环链疲劳试验时的上限应力和下限应力(近似值)应符合表 5 的规定；

b) 圆环链疲劳试验时，上限负荷和下限负荷应符合表 6 的规定；

c) 被试样本单位在表 6 所列的上限、下限脉动负荷作用下，其脉动循环次数应不低于 30 000 次。

表 5 疲劳试验时的上、下限应力

单位为牛顿每平方毫米

B级		C级		D级	
下限	上限	下限	上限	下限	上限
50	250	50	330	50	400

表 6 疲劳试验负荷

单位为千牛

圆环链规格/mm	B级		C级		D级	
	下限	上限	下限	上限	下限	上限
10×40	8	40	8	53	8	65
14×50	15	77	15	102	15	123
18×64	25	127	25	168	25	204
22×86	38	190	38	251	38	304
24×86	45	226	45	299	45	362
26×92	53	265	53	350	53	425
30×108	71	353	71	467	71	566
34×126	90	453	90	598	90	725
38×137	110	567	110	748	110	907
42×152	138	690	138	914	138	1 108

5.6.4 弯曲挠度值

圆环链弯曲变形挠度值应符合表 7 的规定。变形达到表 7 规定的挠度值时，试样不应有断裂、目视裂纹或其他缺陷。

表 7 弯曲变形挠度值

单位为毫米

圆环链规格	10×40	14×50	18×64	22×86	24×86	26×92	30×108	34×126	38×137	42×152
最小挠度值 f	9	11	14	18	20	21	24	30	34	38

5.6.5 缺口冲击值

B 级和 C 级圆环链焊接处最小冲击值不应小于 15J，D 级圆环链的焊接处缺口最小冲击值由制造厂和用户协商确定。

6 抽样

6.1 组批规则

链条长度大于 1 m 时(称为长链条)以米数计，链条长度小于或等于 1 m 时(称为短链条)以条数计，检查批中所含圆环链数量总和一般应大于或等于 500 条(米)，不足 500 条(米)时按 500 条(米)计。

6.2 样本选取

样本的选取应按 GB/T 10111 规定的方法采用随机抽样的形式。每一检验批应具有相同的生产条件和相同的材质，样本不应带有遮掩缺陷的任何涂层。长链条应从圆环链产品的端头取样。

6.2.1 静拉伸强度检验样本

静拉伸强度检验时每个样本(试样)所包含的链环数应符合表 8 的规定。

表 8 静拉伸强度检验样本

链环节距/mm	链 环 数
≤64	7
>64	5

6.2.2 疲劳强度检验样本

疲劳强度检验时每个样本单位(试样)所包含的链环数为 3 环。

6.2.3 其他检验样本

尺寸及表面质量检验、弯曲挠度检验、缺口冲击值检验时每个样本单位所包含的链环数为 1 个链环。

7 试验方法

7.1 试验用仪器仪表和设备

7.1.1 静拉伸试验和弯曲挠度试验设备

静拉伸试验和弯曲挠度试验设备应符合以下要求：

a) 试验机应满足本检验程序的各项要求，并符合 GB/T 3159 规定的一级精度要求，试验加载范围应符合试验机检定证书所规定的范围，试验机应有负荷-伸长测量记录装置；

b) 在检定周期内的试验机方可用于试验和检验；

c) 测定试验负荷下伸长率所用装置及量具的测量准确度不低于 0.1 mm。

7.1.2 疲劳试验设备

7.1.2.1 静负荷示值精度应满足：

a) 疲劳试验机的精度等级应不低于 1 级，负荷示值相对误差不大于±1.0%；

b) 负荷示值变动不大于 1%。

7.1.2.2 在连续试验 10 h 内，动负荷示值波动度应满足：

a) 平均负荷示值波动度不大于使用负荷满量程的±1%；

b） 负荷振幅示值波动度不大于使用负荷满量程的±2%。

7.1.2.3 试验机负荷量程应满足施加表6规定负荷的要求。

7.1.2.4 试验机的工作频率范围应能满足试验要求。

7.1.2.5 试验机应每年检定一次。

7.1.3 试验量具

链环尺寸试验用量具可为专用量具、游标卡尺、千分尺，其准确度不应低于0.05 mm，其量程应满足使用要求。检验链条长度和配对长度所用加载设备的负荷测量精度为1级，尺寸测量准确度不应低于0.2 mm。

7.2 表面质量及尺寸试验

表面质量采用目视检验的方法，尺寸试验可用符合7.1.3要求的专用量具、游标卡尺或千分尺逐项进行测量。

7.3 静拉伸试验

7.3.1 链条的固定装置

静拉伸试验用夹具与链环之间的接触表面应与链环实际承载时的接触面相吻合，拉伸试验时链条的固定装置见图3，图中 a 尺寸见表1。淬硬钢的插入销外形见图4，图中 d 为圆环链材料尺寸，f 值由夹头尺寸决定。插入销可由半个链环代替。

图3 链条固定装置

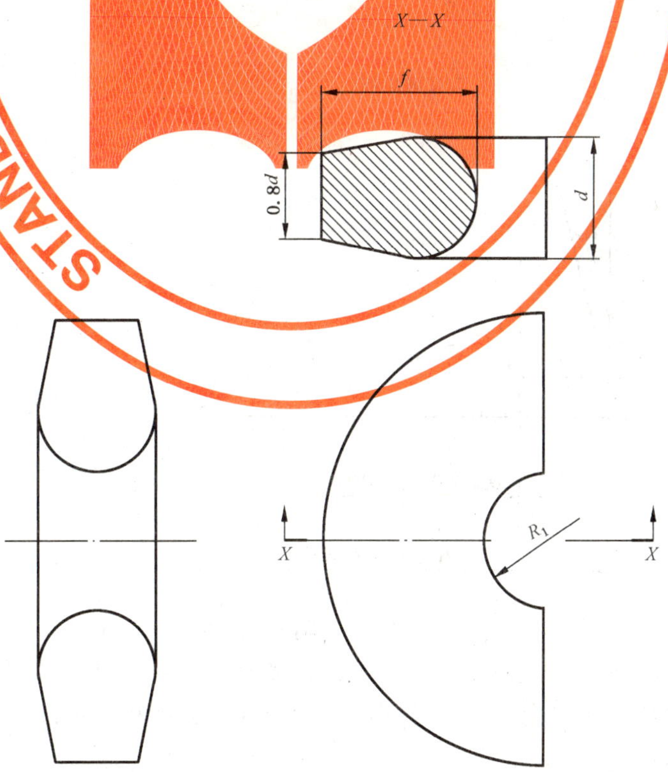

图4 插入销外形

7.3.2 试验负荷下伸长率的测定

样本单位在试验机上夹紧后，加载至表4规定的试验负荷的一半，再将负荷降至初始负荷，并标定其长度，初始负荷和标定长度 l_0 应符合表9的规定，然后以最大为每秒20 N/mm^2 加载速度加载到表4所规定的试验负荷的100%～110%，这时测量在施加试验负荷下的标定长度 l，试验负荷下的伸长率按式(1)计算：

$$\delta_1 = (l - l_0)/l_0 \times 100\% \qquad (1)$$

式中：

δ_1——试验负荷下伸长率，%；

l——试验负荷下测量的标定长度，单位为毫米(mm)；

l_0——初始负荷下标定长度，单位为毫米(mm)。

表9 初始负荷和标定长度

圆环链规格/mm	10×40	14×50	18×64	22×86	24×86	26×92	30×108	34×126	38×137	42×152
标定长度 l_0/mm	150	200	250	350	350	350	450	500	550	600
初始负荷/kN	4	8	13	19	23	26	35	45	56	69

7.3.3 破断负荷及破断总伸长率的测定

测量在施加试验负荷下的标定长度后，继续给样本单位加载，直到断裂为止，这时测出破断负荷和破断总伸长量 Δl，破断总伸长率按式(2)计算，负荷静拉伸曲线如图5所示。

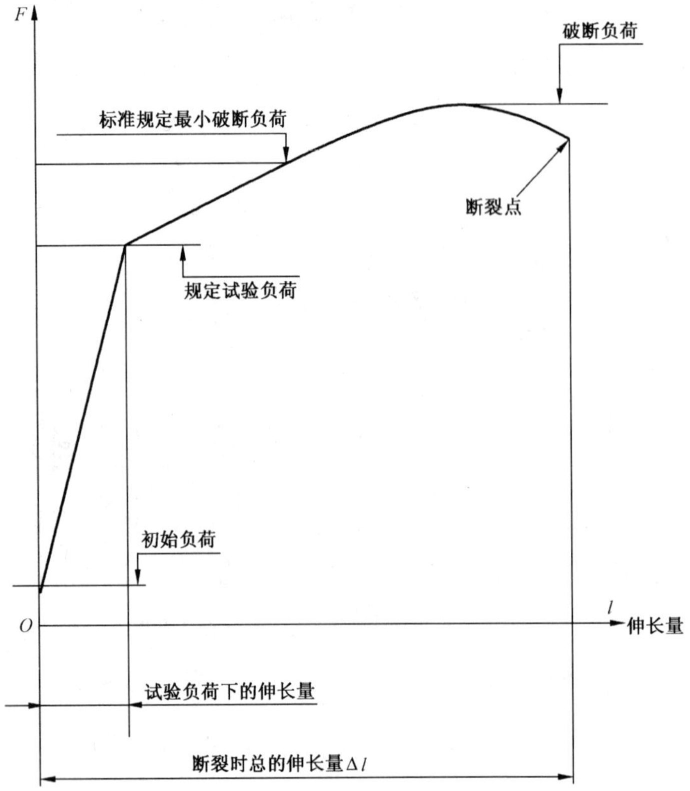

图5 静拉伸曲线

在进行圆环链破断负荷及破断总伸长量测量中，当达到表4的要求时，允许终止试验，此时以试验过程的最大加载负荷作为破断负荷计，以样本的总伸长量计算破断总伸长率，并在检验记录和检验报告中进行说明，见式(2)：

$$\delta_2 = \Delta l / l_p \times 100 \qquad (2)$$

式中：

δ_2——破断总伸长率，%；

Δl——破断时总伸长量，可以从负荷拉伸曲线上直接测量，单位为毫米(mm)；

l_p——样本单位链环节距之和，$l_p = n \times p$，单位为毫米(mm)；

n——样本单位链环数；

P——样本单位链环节距，单位为毫米(mm)。

7.4 疲劳试验

7.4.1 链条固定装置

试验用夹具与链环之间表面形状和尺寸应符合链环实际承载时的接触面形状和尺寸。疲劳试验时链条的固定装置包括一个固定销(见图 6)和一个固定叉头(见图 7)，固定销的尺寸规格见表 10。

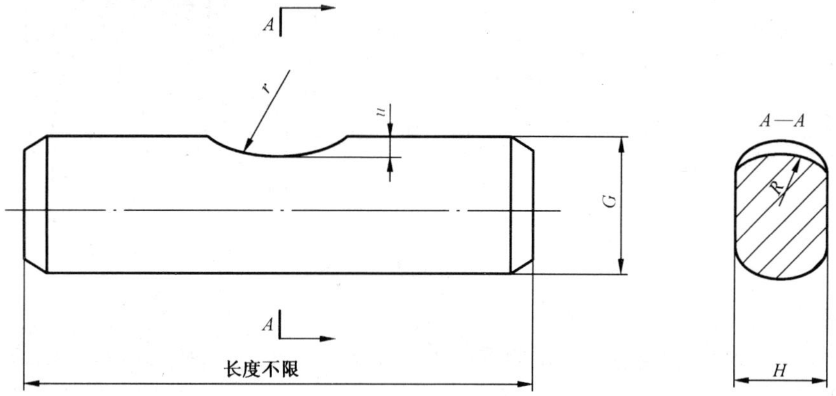

图 6　固定销

表 10　固定销尺寸

单位为毫米

圆环链规格	$G_{-1}^{\ 0}$	$H \pm 0.2$	R	r	u
10×40	20	10	5	7	1
14×50	30	14	7	9	1
18×64	40	18	9	11	1
22×86	50	22	11	13	2
24×86	50	24	12	14	2
26×92	55	26	13	16	2
30×108	60	30	15	18	2
34×126	65	34	17	20	2
38×137	75	38	19	22	2
42×152	85	42	21	24	2
注：尺寸 r、u 的值为参考值。					

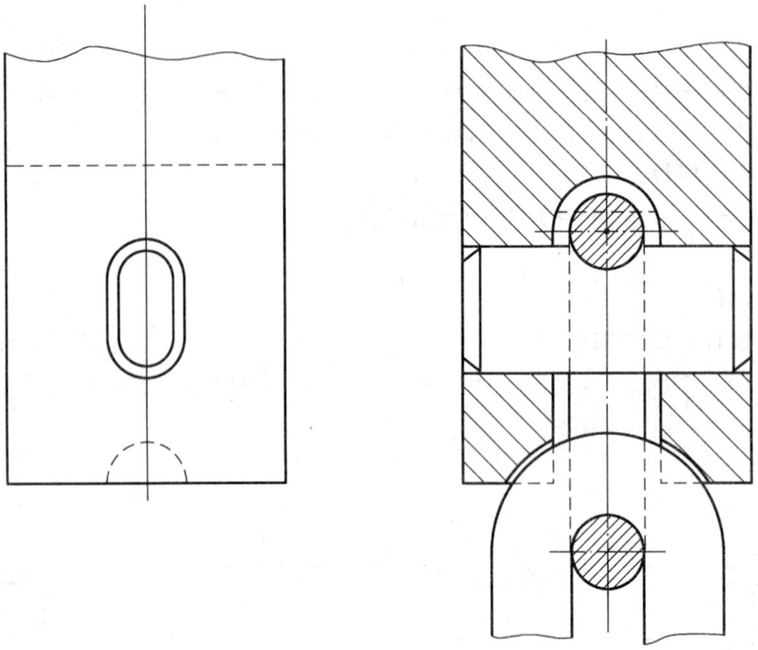

图7 固定叉头

7.4.2 试验程序

被试样本单位在试验机上夹紧后,按照表6规定的疲劳负荷加载,疲劳负荷作用频率为200次/min~1 000次/min。当型式检验、国家质量技术监督部门抽检、安全标志产品检验和仲裁检验时,选用频率为500次/min。

7.5 弯曲挠度试验

7.5.1 试样要求

弯曲试验试样表面不应涂漆。

7.5.2 试验夹具及加载方式

试验夹具及加载方式见图8。弯曲试验加载应在无冲击状态下进行,最大加载速度为20(N/mm^2)·s^{-1}。

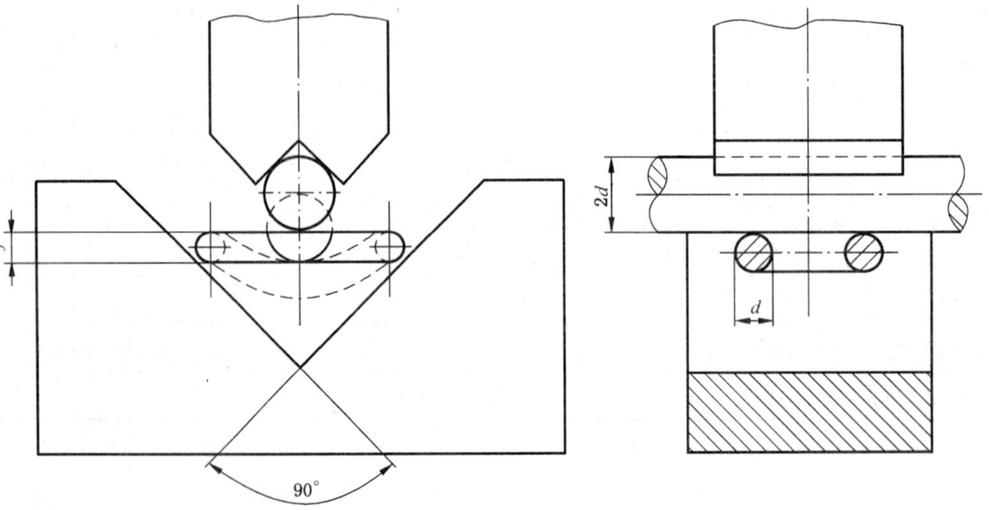

图8 弯曲试验

7.6 缺口冲击值检验

缺口冲击试验见附录C。

7.7 链条长度和链条配对长度

7.7.1 链条长度 l 及链条配对长度 l_1、l_2 的试验参见附录 A 中的表 A.1、附录 B 中的表 B.1 规定。

7.7.2 检验链条长度和配对长度应在初始负荷下进行，初始负荷数值按表 9 规定执行。

7.8 数据处理

7.8.1 数据的修约应符合 GB/T 8170 的规定。

7.8.2 测定值或其计算值与标准规定的极限数值作比较时，应符合 GB/T 8170 中全数值比较法的规定。

8 检验规则

8.1 检验分类

圆环链检验分为型式检验和出厂检验。

8.2 检验项目

圆环链型式检验和出厂检验项目应按表 11 规定进行。

表 11 型式检验和出厂检验项目

序号	检验项目		检验种类		检验方法与要求			
			出厂检验	型式检验	出厂检验		型式检验	
					要求	试验方法	要求	试验方法
1	表面质量		√	√	按 5.3 的规定	按 7.2 的规定	按 5.3 的规定	按 7.2 的规定
2	尺寸	链环尺寸	√	√	按 4.1、4.3 的规定	按 7.2、7.7 的规定	按 4.1、4.3 的规定	按 7.2、7.7 的规定
		链条(配对)长度	√	×				
3	静拉伸强度	试验负荷下伸长率	√	√	按 5.6.1、5.6.2 的规定	按 7.1.1、7.3 的规定	按 5.6.1、5.6.2 的规定	按 7.1.1、7.3 的规定
		破断负荷	√	√				
		破断总伸长率	√	√				
4	疲劳强度		×	√	—	—	按 5.6.3 的规定	按 7.4 的规定
5	弯曲挠度		×	*	—	—	按 5.6.4 的规定	按 7.5 的规定
6	缺口冲击值		×	*	—	—	按 5.6.5 的规定	按 7.6 的规定

注 1：√表示为必检项目。
注 2：*表示为协商检验项目，当用户在订货中提出要求检验时，由用户与制造厂协商确定。
注 3：×表示为不检项目。
注 4：10×40、14×50 圆环链不作缺口冲击值检验。

8.2.1 出厂检验

出厂检验应遵循以下原则：

a) 产品应经制造厂质量检验部门出厂检验合格后方可出厂，出厂时应附有产品质量合格文件；

b) 用户对产品质量有异议时，有权参加出厂检验复验。

8.2.2 型式检验

有下列情况之一时，一般应进行型式检验：

a) 新产品或老产品转厂生产的试制定型鉴定；

b) 正式生产后，如果结构、材料、工艺有较大改变，可能影响产品性能时；

c) 产品停产两年后恢复生产时；

d) 出厂检验结果与上次型式检验有较大差异时；

e) 国家质量监督机构提出进行型式检验要求时；

f) 进行安全标志产品定期检验时。

8.3 出厂检验抽样方案

圆环链出厂检验采用 GB/T 2828.1—2003 规定的二次正常检查抽样方案。尺寸及表面质量检验样本检查水平采用一般检查水平。静拉伸强度检验样本水平采用特殊检查水平 S-1，其检验项目、样本大小、检验方法与要求、合格质量水平等应符合表 12 的规定。

圆环链出厂检验转移规则按 GB/T 2828.1—2003 中 13.3 的规定。

表 12 出厂检验抽样方案

序号	检验项目		检查水平	批量范围	检验数量				接收质量限 AQL=15 二次抽样方案判定数组	
					样本大小字码	样本	样本大小	累计样本大小	A_{c1} A_{c2}	R_{e1} R_{e2}
1	尺寸检验	链环尺寸	I	≤500	F	第一 第二	13 13	13 26	3 9	6 10
		链条(配对)长度	I	≤90	C	第一 第二	3 3	3 6	0 3	3 4
2	表面质量		I	≤500	F	第一 第二	13 13	13 26	3 9	6 10
3	静拉伸强度		S-I	≤500	B	第一 第二	2 2	2 4	0 1	2 2
注 1：链环尺寸及表面质量检验时，样本单位以环表示，其余检验项目的样本单位以条(米)表示。 注 2：链环尺寸及表面质量检验项目中的二次抽样判定数值为 A 类不合格项数累计值。 注 3：静拉伸强度检验时，破断负荷不合格数应小于第二合格判定数。 注 4：链条长度仅检验 1，配对长度检验 l_1、l_2，分别按表 B.1 规定执行。										

8.4 型式检验抽样方案

圆环链型式检验采用 GB/T 2829—2002 规定的二次抽样方案，RQL=50，DL=1，检验项目、检验数量、检验方法与要求，二次抽样判断数组应符合表 13 的规定。

表 13 型式检验抽样方案

序号	检验项目		检查水平	批量范围	检验数量			不合格质量水平 RQL=50 二次抽样方案判定数组	
					样本	样本大小	累计样本大小	A_{c1} A_{c2}	R_{e1} R_{e3}
1	尺寸检验	链环尺寸	I	≤500	第一 第二	8 8	8 16	2 6	5 7
2	表面质量		I	≤500	第一 第二	8 8	8 16	2 6	5 7

表 13（续）

序号	检验项目	检查水平	批量范围	检验数量			不合格质量水平 RQL=50	
							二次抽样方案判定数组	
				样本	样本大小	累计样本大小	A_{c1} A_{c2}	R_{e1} R_{e3}
3	静拉伸强度	S-Ⅰ	≤500	第一 第二	2 2	2 4	0 1	2 2
			>500	第一 第二	4 4	4 8	0 3	3 4
4	弯曲挠度	S-Ⅰ	≤500	1 个样本单位			—	
5	疲劳强度	S-Ⅰ	≤500	1 个样本单位			—	
6	缺口冲击值	S-Ⅰ	≤500	1 个样本单位			—	

注 1：链环尺寸及表面质量、弯曲挠度检验时，样本单位以环表示，其余检验项目的样本单位以条(米)表示。
注 2：链环尺寸及表面质量检验项目中的二次抽样判定数值为 A 类不合格项数累计值。
注 3：静拉伸强度检验时，破断负荷不合格数应小于第二合格判定数。
注 4：弯曲挠度检验仅在用户提出要求时进行。
注 5：缺口冲击值检验由用户提出要求时进行，10×40、14×50 圆环链不作该项检验。

8.5 检验项目判定准则

8.5.1 表面质量检验

8.5.1.1 受检圆环链表面质量检验不合格分 A、B 两类。

凡出现下列情况之一者，均判为 A 类不合格：

a) 焊接区含有夹渣、烧伤；

b) 焊接处未去毛刺；

c) 链环表面有目视裂纹及其圆弧部位有明显凹痕。

链环表面有严重影响质量的工艺凹痕、锈蚀麻坑等缺陷判为 B 类不合格。当 B 类不合格项数等于 3 项时，视为 1 项 A 类不合格。

8.5.2 圆环链尺寸

8.5.2.1 圆环链链环的尺寸检验不合格分 A、B 两类。

当圆环链节距 P 不符合标准要求时，判为 A 类不合格。凡下列尺寸及偏差之一不符合标准要求时，均判为 B 类不合格：

a) 最小内宽 a；

b) 最大外宽 b；

c) 焊接处最大直径 d_1；

d) 圆弧半径 r；

e) 焊接区长度 e；

f) 对焊错口量。

当 B 类不合格项数等于 3 项时，视为 1 项 A 类不合格。

8.5.2.2 圆环链尺寸检验结果按表 12、表 13 规定判定，当链环尺寸和链条(配对)长度两分项均合格时，判尺寸检验项目合格。

8.5.3 静拉伸强度检验

静拉伸强度的试验合格判定数及不合格判定数按表 12、表 13 规定执行。

8.5.4 疲劳强度检验

圆环链疲劳强度试验当样本单位检验不合格时,应对不合格检验项目再抽取两个样本单位进行同一检验,若两个样本单位全部合格,则该项检验合格,否则判为不合格。

8.5.5 弯曲挠度值检验

圆环链弯曲挠度值试验当样本单位检验不合格时,应对不合格检验项目再抽取两个样本单位进行同一检验,若两个样本单位全部合格,则该项检验合格,否则判为不合格。

8.5.6 缺口冲击值检验

圆环链缺口冲击值试验当样本单位检验不合格时,应对不合格检验项目再抽取两个样本单位进行同一检验,若两个样本单位全部合格,则该项检验合格,否则判为不合格。

8.6 综合判定规则

8.6.1 出厂检验

出厂检验判定规则如下:

a) 出厂检验项目全部符合检验要求,该出厂检验合格。
b) 尺寸及表面质量检验项目中的二次抽样判定数值为 A 类不合格项数累计值。该项检验不合格分为 A、B 两类,按 8.5.1、8.5.2 的规定判定。当 B 类不合格项数等于 3 项时,视为 1 项 A 类不合格。
c) 静拉伸强度检验的破断负荷不合格数应小于第二合格判定数。

8.6.2 型式检验

型式检验判定规则与复检规定如下:

a) 型式检验项目全部符合检验要求,判该型式检验合格。
b) 尺寸及表面质量检验项目中二次抽样判定数值为 A 类不合格项数累计值。该项检验不合格分为 A、B 两类,按 8.5.1、8.5.2 的规定判定。当 B 类不合格项数等于 3 项时,视为 1 项 A 类不合格。
c) 静拉伸强度检验的破断负荷不合格数应小于第二合格判定数。
d) 疲劳强度、弯曲挠度、缺口冲击值检验只允许有一个样本检验不合格,此时应对不合格检验项目再抽取两个样本单位进行同一检验,若两个样本单位全部合格,则判该项型式检验合格,反之则判为不合格。

8.7 检验过程中异常现象的处理

8.7.1 若受检产品的表面质量有裂纹等严重缺陷被判为不合格时,不再继续进行其他项目的检验。

8.7.2 在检验产品的机械性能时,若发生以下情况之一者,检验无效,应重新检验:

a) 突然停电、停水中断检验;
b) 设备及仪表出现故障或意外损坏;
c) 其他不可避免的灾害等事故。

9 标志、包装、运输和贮存

9.1 经检验合格的圆环链应打上标志,标志部位和代号规定如下:

a) 标志部位

对短链条($l \leqslant 2$ m),标志打在中间链环上;对长链条($l > 2$ m),在链环两端各打一个标志,标志均应打在链环的直边上。

b) 标志内容

标志内容应包括制造厂代号和质量等级。示例如下:

□ □

——链条质量等级，用B、C、D汉语拼音字母表示

——制造厂代号，以汉语拼音字母表示。但不得用B、C、D字母

9.2 产品应捆扎牢固，在运输过程中不应散开。捆扎件应每捆牢固地捆扎两个标签，标签上应注明：

——名称；

——每捆数量；

——合计捆数。

9.3 发货时应附有产品质量合格证，合格证内容应包括：

——规格；

——环数；

——质量等级；

——标准代号；

——安全标志编号；

——检验日期；

——检验人员代号。

9.4 产品贮存场所包括库存或露天，当露天存放时应有防淋措施。

附 录 A
（资料性附录）
公称链条长度及偏差

公称链条长度是在拉伸应力为 25 N/mm² 的成品链上测量的长度，其数值见图 1 和表 A.1，链条长度偏差按式（A.1）规定：

$$f = \pm \frac{P}{100}(1 + 0.15n) \qquad \cdots\cdots (A.1)$$

式中：

f——公称链条长度偏差，单位为毫米（mm）；

P——圆环链节距，单位为毫米（mm）；

n——圆环链环数。

表 A.1 公称链条长度及偏差

单位为毫米

链环数	链条长度 l									
	3		5		7		9		11	
圆环链规格	公称尺寸	极限偏差	公称尺寸	极限偏差	公称尺寸	极限偏差	公称尺寸	极限偏差	公称尺寸	极限偏差
10×40	120	±0.58	200	±0.7	280	±0.82	360	±0.94	440	±1.06
14×50	150	±0.73	250	±0.88	350	±1.03	450	±1.17	550	±1.33
18×64	192	±0.93	320	±1.12	448	±1.31	576	±1.50	704	±1.70
22×86	258	±1.25	430	±1.51	602	±1.76	774	±2.02	946	±2.28
24×86	258	±1.25	430	±1.51	602	±1.76	774	±2.02	946	±2.28
26×92	276	±1.33	460	±1.60	644	±1.89	828	±2.17	1 012	±2.41
30×108	324	±1.57	540	±1.89	756	±2.21	972	±2.54	1 188	±2.86
34×126	378	±1.82	630	±2.21	882	±2.58	1 134	±2.96	1 386	±3.34
38×137	411	±1.99	685	±2.39	959	±2.80	1 233	±3.21	1 507	±3.63
42×152	456	±2.29	760	±2.66	1 064	±3.11	1 368	±3.57	1 672	±4.02
10×40	520	±1.18	600	±1.30	680	±1.42	760	±1.54	840	±1.66
14×50	650	±1.48	750	±1.63	850	±1.78	950	±1.93	1 050	±2.08
18×64	832	±1.89	960	±2.08	1 088	±2.27	1 216	±2.46	1 344	±2.66
22×86	1 118	±2.54	1 290	±2.80	1 462	±3.05	1 634	±3.31	1 806	±3.57
24×86	1 118	±2.54	1 290	±2.80	1 462	±3.05	1 634	±3.31	1 806	±3.57
26×92	1 196	±2.71	1 380	±3.00	1 564	±3.27	1 748	±3.54	1 932	±3.82
30×108	1 404	±3.20	1 620	±3.51	1 836	±3.83	2 052	±4.16	2 268	±4.48
34×126	1 638	±3.72	1 890	±4.10	2 142	±4.47	2 394	±4.85	2 646	±5.23
38×137	1 781	±4.04	2 055	±4.45	2 329	±4.86	2 603	±5.27	2 877	±5.68
42×152	1 976	±4.48	2 280	±4.94	2 584	±5.39	2 888	±5.85	3 192	±6.30

附　录　B
（资料性附录）
链条配对长度及偏差

链条配对长度及偏差如图 B.1 和表 B.1 所示。

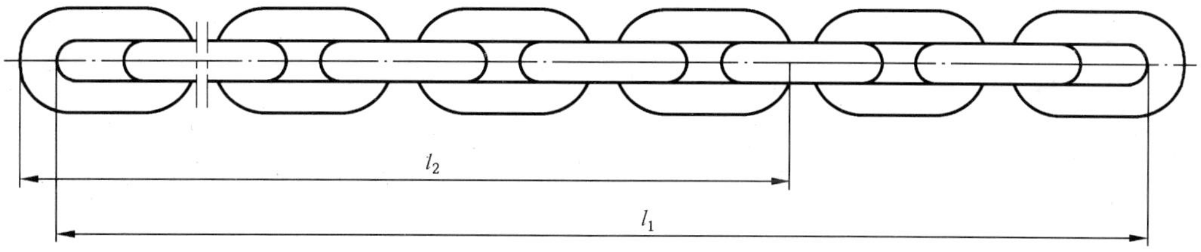

图 B.1　链条配对长度

表 B.1　配对长度及偏差

单位为毫米

圆环链规格	长度 l_1					长度 l_2		
	链环数		公称尺寸		极限偏差[a]	公称尺寸	极限偏差	测量次数
	大于	至	大于	至				
18×64	31	79	1 984	5 056	$^{+2}_{0}$	995（15 环）	±1.5	2～5 5～10 10～21 21～25
	79	159	5 056	10 176	$^{+3}_{0}$			
	159	319	10 176	20 416	$^{+6}_{0}$			
	319	389	20 416	24 869	$^{+8}_{0}$			
22×86	23	59	1 978	5 074	$^{+2}_{0}$	989（11 环）	±1.5	2～5 5～10 10～20 20～25
	59	119	5 074	10 234	$^{+3}_{0}$			
	119	239	10 234	20 554	$^{+6}_{0}$			
	239	299	20 554	25 714	$^{+8}_{0}$			
24×86	23	59	1 978	5 074	$^{+2}_{0}$	993（11 环）	±1.5	2～5 5～10 10～20 20～25
	59	119	5 074	10 234	$^{+3}_{0}$			
	119	239	10 234	20 554	$^{+6}_{0}$			
	239	299	20 554	25 714	$^{+8}_{0}$			
26×92	21	49	1 932	4 508	$^{+2}_{0}$	879（9 环）	±1.5	2～5 5～11 11～22 22～27
	49	99	4 508	9 108	$^{+3}_{0}$			
	99	199	9 108	18 308	$^{+6}_{0}$			
	199	249	18 308	22 908	$^{+8}_{0}$			

表 B.1（续）

单位为毫米

圆环链规格	长度 l_1					长度 l_2		
	链环数		公称尺寸		极限偏差[a]	公称尺寸	极限偏差	测量次数
	大于	至	大于	至				
30×108	19	49	2 052	5 292	$^{+2}_{0}$	1 031（9 环）	±1.5	2～5
	49	99	5 292	10 692	$^{+3}_{0}$			5～11
	99	169	10 692	18 252	$^{+6}_{0}$			11～18
	169	199	18 252	21 492	$^{+8}_{0}$			18～22
34×126	15	39	1 890	4 914	$^{+2}_{0}$	949（7 环）	±1.5	2～5
	39	79	4 914	9 954	$^{+3}_{0}$			5～11
	79	143	9 954	18 018	$^{+6}_{0}$			11～19
	143	167	18 018	21 042	$^{+8}_{0}$			19～22
38×137	15	39	2 055	5 343	$^{+2}_{0}$	1 034（7 环）	±1.5	2～5
	39	79	5 343	10 823	$^{+3}_{0}$			5～11
	79	143	10 823	19 591	$^{+6}_{0}$			11～19
	143	167	19 591	22 879	$^{+8}_{0}$			19～22
42×152	15	39	2 200	5 928	$^{+2}_{0}$	1 063（7 环）	±1.5	2～5
	39	79	5 928	12 008	$^{+3}_{0}$			5～11
	79	143	12 008	21 736	$^{+8}_{0}$			11～19
	143	167	21 736	25 384	$^{+10}_{0}$			19～22

[a] 极限偏差在承受表 9 规定的初始负荷下测量。

附 录 C
（规范性附录）
缺口冲击试验

C.1 试验机的要求

缺口冲击试验应在摆锤式冲击试验机上进行。试验机应符合以下要求：

a) 试验机的安装应稳定、牢固；

b) 试验机的特性见表 C.1；

表 C.1 试验机特性

名 称	要 求
支座间距/mm	$40^{+0.5}_{0}$
支座曲率半径/mm	1～1.5
支座斜度	1∶5
摆锤顶部的角/(°)	30±1
摆锤的曲率半径/mm	2～2.5
摆锤冲击瞬间的速度/(m/s)	5～5.5

c) 摆锤摆动的平面应垂直，试验机的结构应使试验机在试验中的能量损失(例如移动、转动或摆动)最小；

d) 打击中心应在摆锤的冲击点上；

e) 试验机表尺刻度的精度应为试验机最大打击能量的±0.5%；

f) 对于标准试验，试验机的打击能量为 300 J±10 J。在这种条件下，用 5 mm 深的 U 形缺口试件所吸收的能量用 KU 表示；

g) 容许使用不同打击能量的试验机，此时 KU 值应补充一个适当的系数；

h) 缺口深度为 5 mm 以外的 U 形(或钥匙孔型)缺口试件，也要用一个系数来表示。

例如：

KU 100/3：打击能量为 100 J，缺口深度为 3 mm；

KU 300/3：标准打击能量，缺口深度为 3 mm。

C.2 试验样本的要求

缺口冲击试验的样本单位为单个链环，样本应从 1 000 条链条中抽取 3 个单环，少于 1 000 条时也抽取 3 环。如图 C.1 所示，从抽取的链环直边制取两个缺口冲击试件，如缺口冲击试件是从链环焊接侧制取的，则缺口中心线应与实际焊接线重合，实际焊接线应酸蚀到可以看见。

单位为毫米

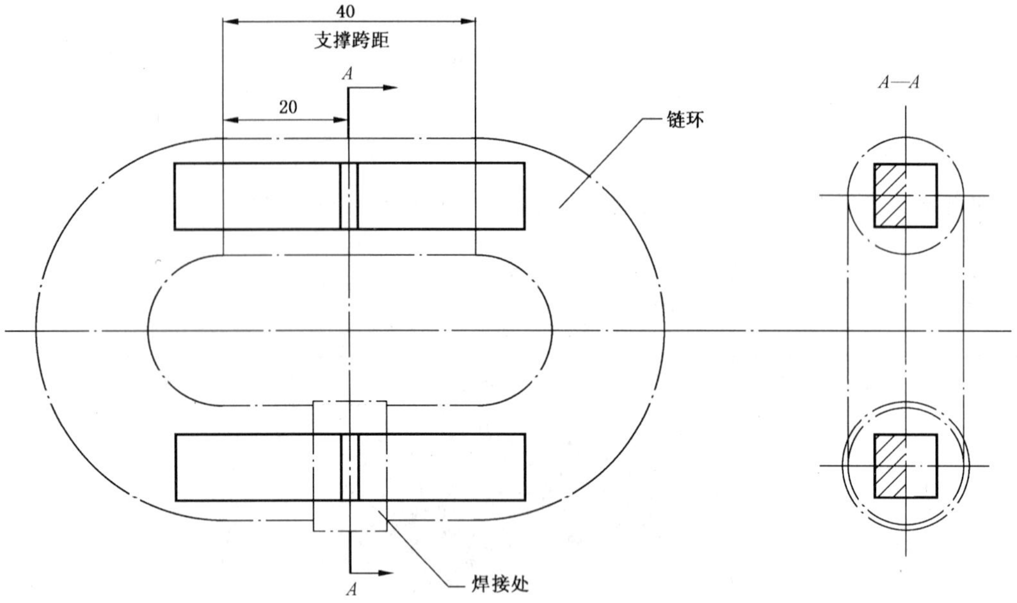

图 C.1 缺口冲击试验试件

试件的长度是 55 mm，方形截面的每边是 10 mm，在试件长度的中间位置有一个 U 形缺口(或钥匙孔型缺口)，其缺口深 5 mm(除非有其他规定)，底部半径为 1 mm。试件全部要进行机械加工，钥匙孔的直径为 2 mm，锯切的宽度小于 2 mm，缺口的对称面应垂直于试件的纵向轴，试件尺寸公差见表 C.2，U 形缺口冲击试验尺寸见图 C.2。

表 C.2 试件尺寸公差

单位为毫米

名　　称	公称尺寸	极限偏差
长度	55	±0.60
厚度	10	±0.11
宽度	10	±0.11
缺口深度	5	±0.09
缺口根部的曲率半径	1	±0.07
试件两段至缺口对称面的距离	27.5	±0.42
试件缺口对称面与试件纵向轴的夹角/(°)	90	±2

单位为毫米

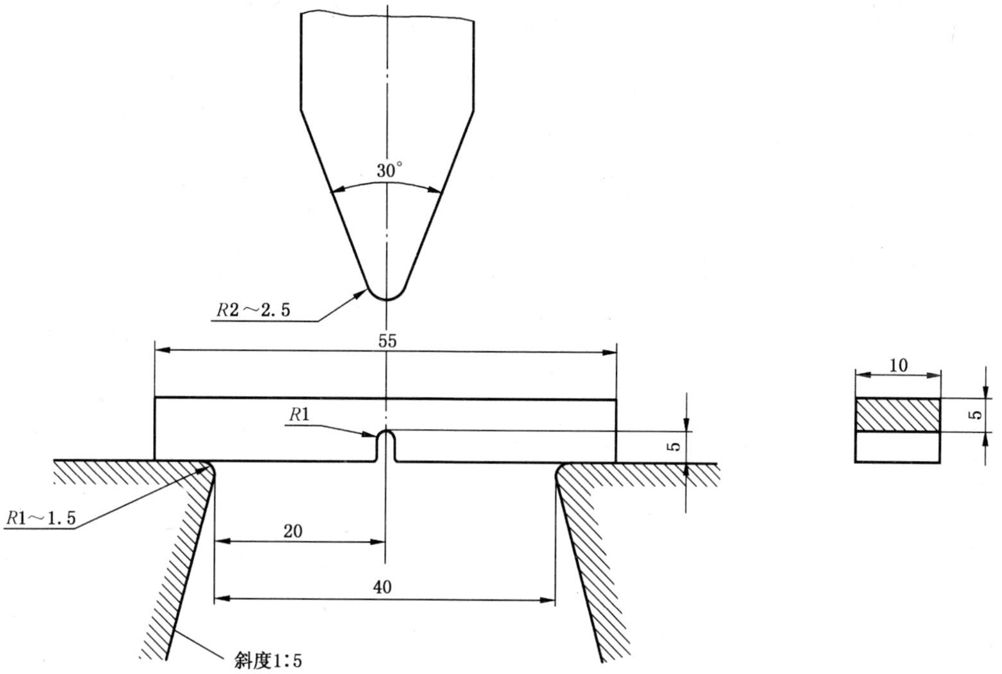

图 C.2　夏比冲击试验(U 形缺口)尺寸

C.3　试验方法

试件应端正地放在试件支座上，缺口对称面应与支座对称面重合，其偏差在 0.5 mm 以内。摆锤应打击在缺口的对称面上，并要打击在缺口的背面：

a）试件在打击瞬间的温度应在规定温度的±2 ℃以内，协议的其他温度偏差除外。如果未规定试验温度，在温带气候取 20 ℃；在热带取 27 ℃。在每种情况下都应符合上述偏差，在任何情况下都要记录试验温度。

b）在试验中，如果试件没有完全被打断，所得到的能量值是明确的。试验报告中应以 XJ 表示试件没有打断。

参 考 文 献

[1] DIN 22252—1993 矿用高强度钢制圆环链.

ICS 53.040.20
G 42

中华人民共和国国家标准

GB/T 12736—2009/ISO 1120:2002
代替 GB/T 12736—1991

输送带 机械接头强度的测定 静态试验方法

Conveyor belts—Determination of strenght of mechanical fastenings—Static test method

(ISO 1120:2002,IDT)

2009-04-24 发布 2009-12-01 实施

中华人民共和国国家质量监督检验检疫总局
中国国家标准化管理委员会 发布

前　言

本标准等同采用ISO 1120:2002《输送带——机械接头强度的测定——静态试验方法》(英文版)。

本标准代替GB/T 12736—1991《输送带机械接头强度的测定　静态试验方法》,因为国际上的发展,原标准在技术上已过时。

本标准等同翻译ISO 1120:2002。

为便于使用,本标准作了下列编辑性修改:

a) “本国际标准”一词改为“本标准”;

b) 用小数点“.”代替作为小数点的逗号“,”;

c) 删除国际标准的前言和引言;

d) 用ISO 21183-1代替EN 873。

本标准与GB/T 12736—1991相比主要变化如下:

——试样长度发生了变化(1991年版的5.1.1和5.1.2;本版的6.2.1和6.2.2);

——状态调节时间和试验温度发生了变化(1991年版的6.1和6.2;本版的6.4);

——增加了规范性引用文件(见第2章);

——增加了总接头宽度与卡钩数的确定(见6.2.3)。

本标准由中国石油和化学工业协会提出。

本标准由全国带轮与带标准化技术委员会输送带分技术委员会(SAC/TC 428/SC 1)归口。

本标准起草单位:浙江双箭橡胶股份有限公司、青岛科技大学。

本标准主要起草人:沈会民、辛永录、朱汉华、叶杨政。

本标准所代替标准的历次版本发布情况为:

——GB/T 12736—1991。

输送带　机械接头强度的测定 静态试验方法

1　范围

本标准规定了用于测定输送带机械接头强度的静态试验方法，该接头可以是使用连接轴杆连接的，也可以是不使用连接轴杆连接。

本标准不涉及硫化接头。

注：本标准规定此试验目的是防止输送带静态机械接头强度不足，接头的动态试验方法标准将在以后制定。

本标准不适用于 ISO 21183-1 规定的轻型输送带。

2　规范性引用文件

下列文件中的条款通过本标准的引用而成为本标准的条款。凡是注日期的引用文件，其随后所有的修改单(不包括勘误的内容)或修订版均不适用于本标准，然而，鼓励根据本标准达成协议的各方研究是否可使用这些文件的最新版本。凡是不注日期的引用文件，其最新版本适用于本标准。

GB/T 3690　织物芯输送带　全厚度拉伸强度、拉断伸长率和参考力伸长率　试验方法(GB/T 3690—2009，ISO 283:2007，IDT)

3　术语和定义

下列术语和定义适应于本标准。

3.1

接头宽度　width of definitions

接头单元数乘以节距，或卡钩数乘以节距。

3.2

节距　pitch

从一个连接单元或卡钩上的一点到相邻单元或卡钩上的对应点之间的距离(见图 1)。

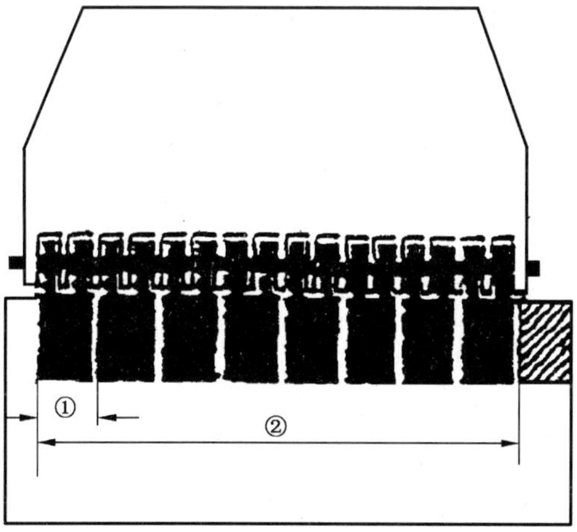

接头宽度＝节距×8

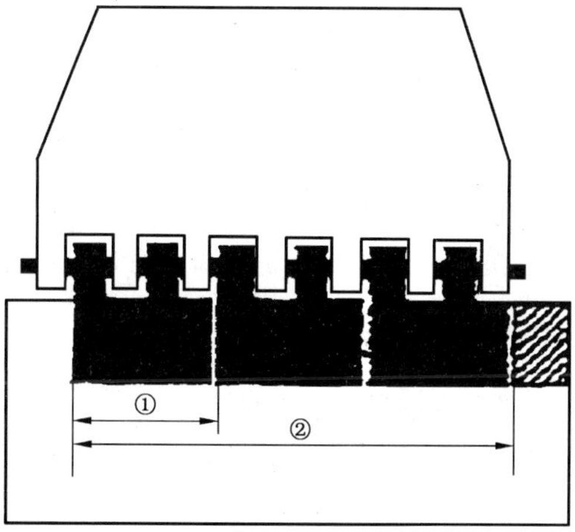

接头宽度＝节距×3

①——节距；

②——接头宽度。

图 1　机械接头的节距和接头宽度

4 原理

对试样施加连续增大的拉力，直至机械连接制作的接头断裂分离。

5 设备

5.1 金属配接板，用于可拆式(使用连接轴杆)接头的试验。

5.2 拉力试验机，符合 GB/T 3690 的要求。

6 试样

6.1 试样的切取

试样应在离带边至少 50 mm 的部位沿平行于带的纵向轴线的方向切取。

6.2 形状尺寸和制备

6.2.1 使用连接轴杆的机械接头

试样为一段沿带纵向切割的全厚度带，其最小长度为 100 mm 加上夹持长度(见图 2)，其宽度为 150 mm。将试样通过机械连接件与配接板相连接，接头宽度不小于 100 mm。

6.2.2 不使用连接轴杆的机械接头

试样由两段带组成，每一段带的最小长度为 100 mm 加上夹持长度(见图 2)，其宽度为 150 mm。将两段带以机械连接件连接，接头宽度不小于 100 mm。

6.2.3 总接头宽度与卡钩数的确定

总接头宽度不小于 100 mm，由下式确定卡钩数：

卡钩数＝100/节距，圆整为略大于该值的整数。

总接头宽度＝节距×卡钩数

示例：

卡钩节距：14 mm

则卡钩数＝100/14 mm＝7.1，圆整至 8。

总接头宽度＝14 mm×8＝112 mm

6.3 试样数量

取 3 个试样进行试验。

6.4 状态调节和试验条件

试验应在产品制成后至少 24 h 进行，该时间包括在下列规定温度下进行状态调节所需的 8 h。

一般气候条件下：(23±2)℃或(20±2)℃；

炎热气候条件下：(27±2)℃。

试验应在与状态调节相同的温度下进行，试验与状态调节都不需要控制湿度。

试验在状态调节和试验时的温度应在试验报告中加以说明。

在有争议的情况下状态调节的时间应为 72 h。

7 程序

7.1 使用连接轴杆的机械接头

将试样一端夹在试验机的下夹持器内，将配接板与试样另一端相连，将配接板与试验机的上夹持器相连(如图 2 所示)。

应保证对试样施加左右对称的拉力，即不应使接头一端有先开始断裂的趋势。

以(100±10)mm/min 的夹持器移动速度使两夹持器分离；记录接头破坏时的最大拉力。

7.2 不使用连接轴杆的机械接头

将由机械接头连接的两块试样分别夹入试验机的上下夹持器中(如图 2 所示)。

应保证对试样施加左右对称的拉力，即不应使接头一端有先开始断裂的趋势。

以(100±10)mm/min的夹持器移动速度使两夹持器分离；记录接头破坏时的最大拉力。

8 结果表示

求出3个试样拉断力的平均值进行计算：

a) 接头拉断强度平均值，以牛顿每毫米接头宽度表示(见图1和图2)；

b) 接头强度，以接头拉断强度平均值占全厚度公称拉伸强度的百分比表示(见GB/T 3690)。

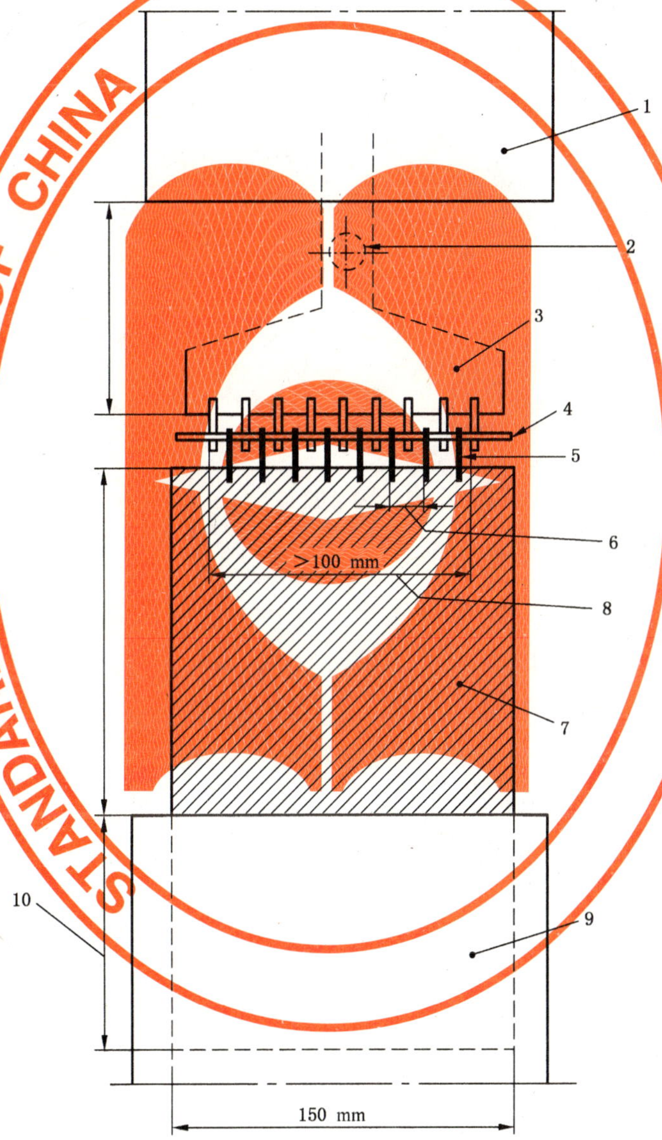

1——拉力机上的夹持器；
2——连接销(任选的)；
3——配接板；
4——连接轴杆；
5——连接件的一半；
6——节距；
7——带试样；
8——接头宽度；
9——拉力机夹持器；
10——夹持器长度。

图2 静态试验的布置

9 试验报告

试验报告应包含以下内容：

a) 接头宽度；

b) 连接件品牌及型号；

c) 输送带品牌及型号；

d) 试验结果；

e) 接头破坏形式：指明是带撕开还是连接件断开；

f) 状态调节和试验的温度(见6.4)。

参 考 文 献

[1] ISO 21183-1 轻型输送带 第1部分:基本性能和应用

ICS 21.100.20
J 11

中华人民共和国国家标准

GB/T 12764—2009/ISO 3245:2007
代替 GB/T 12764—1991

滚动轴承　无内圈、冲压外圈滚针轴承外形尺寸和公差

Rolling bearings—Needle roller bearings, drawn cup without inner ring—Boundary dimensions and tolerances

(ISO 3245:2007, IDT)

2009-11-15 发布　　2010-04-01 实施

中华人民共和国国家质量监督检验检疫总局
中国国家标准化管理委员会　发布

前　　言

本标准等同采用 ISO 3245:2007《滚动轴承　无内圈、冲压外圈滚针轴承　外形尺寸和公差》。

本标准等同翻译 ISO 3245:2007。

为便于使用，本标准做了下列编辑性修改：

——“本国际标准”一词改为“本标准”；

——用小数点“.”代替作为小数点的逗号“,”；

——删除了国际标准的前言。

本标准代替 GB/T 12764—1991《滚动轴承　冲压外圈滚针轴承　外形尺寸方案》。

本标准与 GB/T 12764—1991 相比，主要变化如下：

——修改了标准名称(1991 年版和本版的标准名称)；

——增加和修改了部分符号和定义(1991 年版的第 2 章；本版的第 4 章)；

——修改了结构示意图(1991 年版和本版的图 1)；

——增加了平底冲压外圈端部厚度 C_2 值；修改了倒角尺寸；增加了优选尺寸标识(1991 年版和本版的表 1、表 2)；

——增加了公差及公差的测量(本版的第 6 章和第 7 章)。

本标准由中国机械工业联合会提出。

本标准由全国滚动轴承标准化技术委员会(SAC/TC 98)归口。

本标准起草单位：洛阳轴承研究所、洛阳轴研科技股份有限公司。

本标准主要起草人：宋玉聪。

本标准所代替标准的历次版本发布情况为：

——GB/T 12764—1991。

滚动轴承　无内圈、冲压外圈滚针轴承 外形尺寸和公差

1　范围

本标准规定了无内圈、冲压外圈滚针轴承的外形尺寸、优选尺寸、最小倒角尺寸及封口型冲压外圈滚针轴承的封闭端厚度。另外，本标准还规定了尺寸公差和滚针总体内径的检查方法。

2　规范性引用文件

下列文件中的条款通过本标准的引用而成为本标准的条款。凡是注日期的引用文件，其随后所有的修改单(不包括勘误的内容)或修订版均不适用于本标准，然而，鼓励根据本标准达成协议的各方研究是否可使用这些文件的最新版本。凡是不注日期的引用文件，其最新版本适用于本标准。

GB/T 307.2—2005　滚动轴承　测量和检验的原则及方法(ISO 1132-2:2001,MOD)

GB/T 1800.2—2009　产品几何技术规范(GPS)　极限与配合　第2部分:标准公差等级和孔、轴极限偏差表(ISO 286-2:1988,MOD)

GB/T 4199—2003　滚动轴承　公差　定义(ISO 1132-1:2000,MOD)

GB/T 6930—2002　滚动轴承　词汇(ISO 5593:1997,IDT)

GB/T 7811—2007　滚动轴承　参数符号(ISO 15241:2001,IDT)

GB/T 16892—1997　形状和位置公差　非刚性零件注法(eqv ISO 10579:1993)

3　术语和定义

GB/T 4199—2003 和 GB/T 6930—2002 确立的术语和定义适用于本标准。

4　符号

GB/T 7811—2007 确立的以及下列符号适用于本标准。

除另有说明外，图1中所示符号(公差除外)和表1～表4中所示数值均表示公称尺寸。

C:冲压外圈宽度;

C_1:成型底面冲压外圈端部厚度;

C_2:平底冲压外圈端部厚度;

D:冲压外圈外径;

F_w:滚针总体内径;

F_{wsmin}:滚针总体最小单一内径;

r:倒角尺寸;

r_{smin}:最小单一倒角尺寸;

Δ_{Cs}:冲压外圈单一宽度偏差。

5　外形尺寸

无内圈冲压外圈滚针轴承(封口型和开口型)直径系列1的外形尺寸见表1，直径系列2的外形尺寸见表2。

规定 C_1 和 C_2 的最大值是为了避免使用中轴端和冲压外圈内端面接触。如果需要这种接触，用户可与制造厂协商。

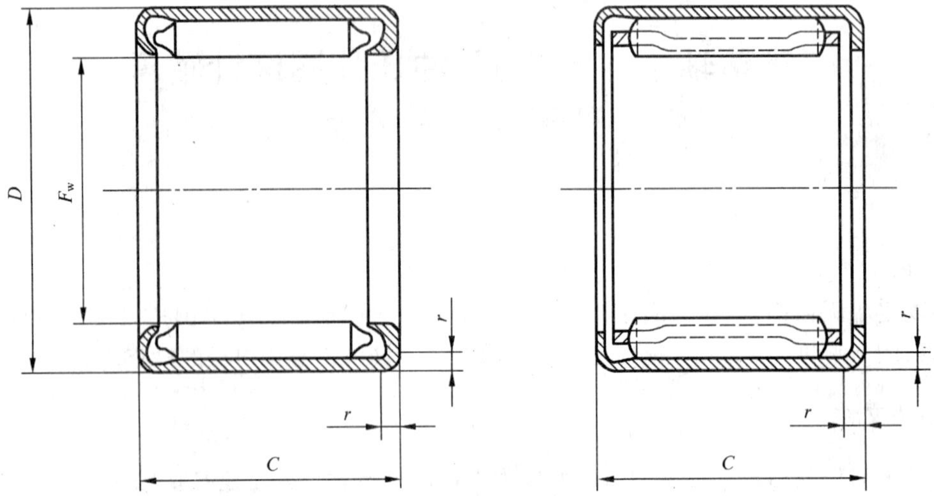

a) 开口型

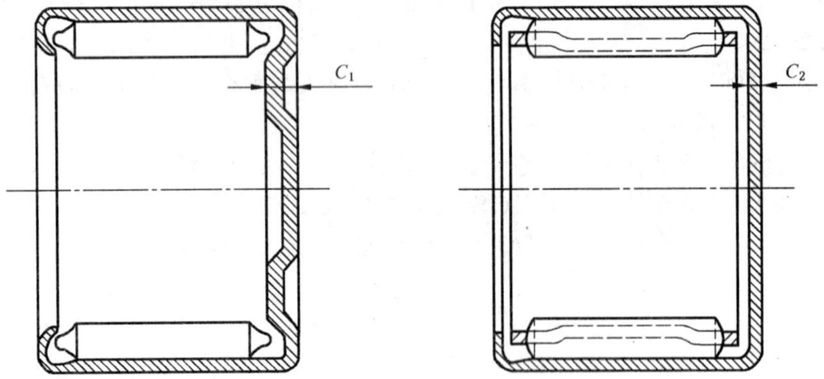

b)封口型

图 1 无内圈、冲压外圈滚针轴承

表 1 无内圈、冲压外圈滚针轴承外形尺寸——直径系列 1

单位为毫米

F_w	D	C								C_1[a]	C_2[a]	r_{smin}[b]
		尺寸系列										
		21	31	41	51	61	71	81	91	max	max	
4	8	7	8	9	—	—	—	—	—	1.9	1	0.3
5	9	7	8	9	—	—	—	—	—	1.9	1	0.4
6	10	7	8	9	10	—	—	—	—	1.9	1	0.4
7	11	7	8	9	10	12	—	—	—	1.9	1	0.4
8	12	7	8	9	10	12	—	—	—	1.9	1	0.4
9	13	7	8	9	10	12	14	—	—	1.9	1	0.4
10	14	7	8	9	10	12	14	—	—	1.9	1	0.4
12	16	7	8	9	10	12	14	—	—	1.9	1	0.4
14	20	10	12	14	16	18	20	—	—	2.8	1.3	0.4
15	21	10	12	14	16	18	20	—	—	2.8	1.3	0.4
16	22	10	12	14	16	18	20	—	—	2.8	1.3	0.4
17	23	10	12	14	16	18	20	—	—	2.8	1.3	0.4
18	24	10	12	14	16	18	20	—	—	2.8	1.3	0.4

表 1（续）

单位为毫米

F_w	D	C 尺寸系列 21	31	41	51	61	71	81	91	C_1[a] max	C_2[a] max	r_{smin}[b]
20	26	10	12	14	16	18	20	—	—	2.8	1.3	0.4
22	28	10	12	14	16	18	20	—	—	2.8	1.3	0.4
25	32	12	14	16	18	20	24	28	32	2.8	1.3	0.8
28	35	12	14	16	18	20	24	28	32	2.8	1.3	0.8
30	37	12	14	16	18	20	24	28	32	2.8	1.3	0.8
32	39	12	14	16	18	20	24	28	32	2.8	1.3	0.8
35	42	12	14	16	18	20	24	28	32	2.8	1.3	0.8
38	45	12	14	16	18	20	24	28	32	2.8	1.3	0.8
40	47	12	14	16	18	20	24	28	32	2.8	1.3	0.8
42	49	12	14	16	18	20	24	28	32	2.8	1.3	0.8
45	52	12	14	16	18	20	24	28	32	2.8	1.3	0.8
50	58	14	16	18	20	24	28	32	36	2.8	1.6	0.8
55	63	14	16	18	20	24	28	32	36	2.8	1.6	0.8
60	68	14	16	18	20	24	28	32	36	2.8	1.6	0.8
65	73	14	16	18	20	24	28	32	36	2.8	1.6	0.8
70	78	14	16	18	20	24	28	32	36	2.8	1.6	0.8

注：下边加横线的值为优选尺寸。

[a] 未规定最小封闭端厚度。

[b] 未规定最大倒角尺寸。

表 2　无内圈、冲压外圈滚针轴承外形尺寸——直径系列 2

单位为毫米

F_w	D	C 尺寸系列 22	32	42	52	62	72	82	C_1[a] max	C_2[a] max	r_{smin}[b]
8	14	10	12	14	—	—	—	—	2.8	1.3	0.4
9	15	10	12	14	16	—	—	—	2.8	1.3	0.4
10	16	10	12	14	16	—	—	—	2.8	1.3	0.4
12	18	10	12	14	16	18	—	—	2.8	1.3	0.4
14	22	12	14	16	18	20	24	—	2.8	1.3	0.4
15	23	12	14	16	18	20	24	—	2.8	1.3	0.4
16	24	12	14	16	18	20	24	—	2.8	1.3	0.8
17	25	12	14	16	18	20	24	—	2.8	1.3	0.8
18	26	12	14	16	18	20	24	—	2.8	1.3	0.8
20	28	12	14	16	18	20	24	—	2.8	1.3	0.8
22	30	12	14	16	18	20	24	—	2.8	1.3	0.8
25	35	14	16	18	20	24	28	32	3.4	1.6	0.8
28	38	14	16	18	20	24	28	32	3.4	1.6	0.8

表 2(续) 单位为毫米

F_w	D	C							C_1[a]	C_2[a]	r_{smin}[b]
		尺寸系列							max	max	
		22	32	42	52	62	72	82			
30	40	14	16	18	20	24	28	32	3.4	1.6	0.8
32	42	14	16	18	20	24	28	32	3.4	1.6	0.8
35	45	14	16	18	20	24	28	32	3.4	1.6	0.8
38	48	14	16	18	20	24	28	32	3.4	1.6	0.8
40	50	14	16	18	20	24	28	32	3.4	1.6	0.8
42	52	14	16	18	20	24	28	32	3.4	1.6	0.8
45	55	14	16	18	20	24	28	32	3.4	1.6	0.8

a 未规定最小封闭端厚度。

b 未规定最大倒角尺寸。

6 公差

6.1 滚针总体内径公差

根据 GB/T 16892—1997 中的定义，冲压外圈滚针轴承为非刚性零件，在检验滚针总体内径时需将冲压外圈压入一环规中。GB/T 16892—1997 中规定的自由状态条件对尺寸 C、C_1、C_2 和 r_{smin} 的公差是有效的。

表 3 和表 4 中规定的滚针总体最小单一内径 F_{wsmin} 的公差，只有在外圈被压入径向截面尺寸符合 GB/T 307.2—2005 中 7.4 和 7.5 规定的环规里才有效。环规内径按表 3 和表 4 的规定。

表 3 和表 4 中规定的环规内径等于冲压外圈公称外径减去 GB/T 1800.2—2009 中规定的公差等级 N6 的下偏差值。如果环规的实际内径偏离该尺寸，滚针总体最小单一内径 F_{wsmin} 的极限偏差应进行修正，以补偿环规内径的变化量。但是，环规内径的最大值应对应于 GB/T 1800.2—2009 中规定的公差等级 N6 的上偏差值。

表 3 滚针总体内径公差——直径系列 1

F_w/mm	D[a]/mm	环规内径/mm	F_{wsmin} 的公差[b]/μm	
			上偏差	下偏差
4	8	7.984	+28	+10
5	9	8.984		
6	10	9.984		
7	11	10.98	+31	+13
8	12	11.98		
9	13	12.98		
10	14	13.98		
12	16	15.98	+34	+16
14	20	19.976		
15	21	20.976		
16	22	21.976		
17	23	22.976		
18	24	23.976		

表 3（续）

F_w/mm	D[a]/mm	环规内径/mm	F_{wsmin}的公差[b]/μm 上偏差	下偏差
20	26	25.976	+41	+20
22	28	27.976		
25	32	31.972		
28	35	34.972		
30	37	36.972		
32	39	38.972	+50	+25
35	42	41.972		
38	45	44.972		
40	47	46.972		
42	49	48.972		
45	52	51.967		
50	58	57.967		
55	63	62.967	+60	+30
60	68	67.967		
65	73	72.967		
70	78	77.967		

[a] 未规定冲压外圈外径 D 的偏差。轴承制造厂应保证满足功能要求的配合。

[b] 表中数值给出了 F_{wsmin} 与 F_w 之差的极限值。

表 4　滚针总体内径公差——直径系列 2

F_w/mm	D[a]/mm	环规内径/mm	F_{wsmin}的公差[b]/μm 上偏差	下偏差
8	14	13.98	+31	+13
9	15	14.98		
10	16	15.98		
12	18	17.98	+34	+16
14	22	21.976		
15	23	22.976		
16	24	23.976		
17	25	24.976		
18	26	25.976		
20	28	27.976	+41	+20
22	30	29.976		
25	35	34.972		
28	38	37.972		
30	40	39.972		

表 4（续）

F_w/ mm	D[a]/ mm	环规内径/ mm	F_{wsmin} 的公差[b]/ μm	
			上偏差	下偏差
32	42	41.972	+50	+25
35	45	44.972		
38	48	47.972		
40	50	49.972		
42	52	51.967		
45	55	54.967		

a 未规定冲压外圈外径 D 的偏差。轴承制造厂应保证满足功能要求的配合。

b 表中数值给出了 F_{wsmin} 与 F_w 之差的极限值。

6.2 冲压外圈宽度公差

冲压外圈宽度 C 的公差见表 5。

表 5 冲压外圈宽度公差

单位为毫米

C	Δ_{Cs}	
	上偏差	下偏差
所有宽度	0	−0.3

7 滚针总体最小单一内径的测量

滚针总体最小单一内径 F_{wsmin} 应使用 GB/T 307.2—2005 中 7.4 和 7.5 规定的方法进行测量。

ICS 07.040
A 76

中华人民共和国国家标准

GB/T 12898—2009
代替 GB 12898—1991

国家三、四等水准测量规范

Specifications for the third and fourth order leveling

2009-05-06 发布　　2009-10-01 实施

中华人民共和国国家质量监督检验检疫总局
中国国家标准化管理委员会　发布

前　言

本标准代替 GB 12898—1991。与 GB 12898—1991 相比，主要变化包括：

——根据 GB/T 1.1—2000《标准化工作导则　第 1 部分：标准的结构和编写规则》对原标准的格式进行了修改；

——修改了部分水准点标石的规格、埋设的技术要求和增加了新标石的规格、埋设的技术要求等内容；

——修改了部分水准观测技术要求；

——增加了数字水准仪观测、检验等技术要求。

本标准的附录 A、附录 B、附录 C 和附录 D 均为规范性附录。

本标准由国家测绘局提出。

本标准由全国地理信息标准化技术委员会归口。

本标准起草单位：国家测绘局测绘标准化研究所。

本标准主要起草人：肖学年、朱健、姬恒炼。

本标准所代替标准的历次版本发布情况为：

——GB 12898—1991。

国家三、四等水准测量规范

1 范围

本标准规定了建立三、四等水准网的布设原则、施测方法、精度指标和技术要求。

本标准适用于三、四等水准网的布测。

2 规范性引用文件

下列文件中的条款通过本标准的引用而成为本标准的条款。凡是注日期的引用文件，其随后所有的修改单(不包括勘误的内容)或修订版均不适用于本标准，然而，鼓励根据本标准达成协议的各方研究是否可使用这些文件的最新版本。凡是不注日期的引用文件，其最新版本适用于本标准。

GB/T 3161 光学经纬仪

GB/T 10156 水准仪

GB/T 12897—2006 国家一、二等水准测量规范

GB/T 16818 中、短程光电测距规范

CH/T 1001 测绘技术总结编写规定

CH 1002 测绘产品检查验收规定

CH 1003 测绘产品质量评定标准

CH/T 1004 测绘技术设计规定

CH/T 2004 测量外业电子记录基本规定

CH/T 2006 水准测量电子记录规定

JJG 8 水准标尺检定规程

JJG 425 水准仪检定规程

JJG 414 光学经纬仪检定规程

JJG 703 光电测距仪检定规程

JJF 1118 全球定位系统(GPS)接收机(测地型和导航型)校准规范

3 术语和定义

以下术语和定义适用于本标准。

3.1

结点 node

水准网中至少连接三条水准测线的水准点。

3.2

水准路线 leveling line

同级水准网中两相邻结点间的水准测线。

3.3

区段 section

水准路线中两相邻基本水准点间的水准测线。

3.4

测段 leveling section

两相邻水准点间的水准测线。

3.5

连测 connect leveling

将水准点或其他高程点包含在水准路线中的观测。

3.6

支测 branch leveling

自水准路线中任一水准点起，至其他任何固定点的观测。

3.7

接测 adjoining leveling

新设水准路线中任一点连接其他水准路线上水准点的观测。

3.8

检测 check leveling

检查已测高差的变化是否符合规定而进行的观测。

3.9

重测 repeated leveling

因成果质量不合格而重新进行的观测。

3.10

复测 repetition leveling

每隔一定时间对已测水准路线进行的水准测量。

4 水准网

4.1 高程系统和高程基准

水准点的高程采用正常高程系统，按照1985国家高程基准起算。青岛原点高程为72.260 m。

4.2 测量精度

三、四等水准测量，每公里水准测量的偶然中误差 M_{Δ} 和全中误差 M_W，不应超过表1规定的数值：

表 1

单位为毫米

测量等级	三等	四等
M_{Δ}	3.0	5.0
M_W	6.0	10.0

M_{Δ} 和 M_W 的计算方法见10.2.3和10.2.4规定。

4.3 布设原则

4.3.1 三、四等水准网是在一、二等水准网的基础上进一步加密，根据需要在高等级水准网内布设附和路线、环线或结点网，直接提供地形测图和各种工程建设所必需的高程控制点。

4.3.2 单独的三等水准附合路线，长度应不超过150 km；环线周长应不超过200 km；同级网中结点间距离应不超过70 km；山地等特殊困难地区可适当放宽，但不宜大于上述各指标的1.5倍。

4.3.3 单独的四等水准附合路线，长度应不超过80 km；环线周长应不超过100 km；同级网中结点间距离应不超过30 km；山地等特殊困难地区可适当放宽，但不宜大于上述各指标的1.5倍。

4.3.4 水准路线50 km内的大地控制点、水文站、气象台（站）等（以下统称为其他固定点），应根据需要列入水准路线予以连测。若连测确有困难时，可进行支测。支测的等级可根据"其他固定点"所需的高程精度和支线长度决定。若使用单位没有特殊的精度要求，则当支线长度在20 km以内时，按四等水准测量精度施测；支线长度在20 km以上时，按三等水准测量精度施测。

4.4 水准点的布设密度

三、四等水准路线上，每隔4 km～8 km应埋设普通水准标石一座；在人口稠密、经济发达地区可缩短为 2 km～4 km；荒漠地区及水准支线可增长至 10 km 左右。支线长度在 15 km 以内可不埋石。

4.5 路线命名与水准点编号

4.5.1 水准路线以起止地名的简称定为线名，起止地名的顺序为起西止东、起北止南。环线名称，取环线内最大的地名后加“环”字命名。三、四等水准路线的等级，各以Ⅲ、Ⅳ书写于线名之前表示。

4.5.2 路线上的水准点，应自该线的起始水准点起，以数字 1，2，3…顺序编定点号，环线上点号顺序取顺时针方向，点号列于线名之后。

4.5.3 水准支线以其所测高程点名称后加“支”字命名。支线上的水准标石，按起始水准点到所测高程点方向，以数字 1，2，3…顺序编号。

4.5.4 利用旧水准点时，应使用旧水准点名号。若确需重新编号时，应在新名号后以括号注明该点埋设时的旧名号。

4.6 新路线与已测路线的连接

4.6.1 新设的水准路线的起点与终点，应是已测的高等或同等水准路线的水准点。

4.6.2 新设的三、四等水准路线距已测的各等水准点在 4 km 以内时，应予以连测或接测。接测时，应按 7.8 规定对已测水准点进行检测。

4.6.3 对已测路线上水准点的接测，按新测路线和已测水准路线中较低等级的精度要求施测。

4.6.4 新设路线和已测路线重合时，若旧标石符合要求，应尽量利用旧水准点。若旧水准点不符合要求，应另行选埋，新埋水准标石的编号为原来号后加注埋设时的二位数年代号，但应对标志完好的旧水准点进行连测。

4.7 水准网的技术设计

4.7.1 三、四等水准网布设前，应进行踏勘，收集地质、水文、气象及道路等资料。在已有的各等级水准路线基础上进行技术设计，根据大地构造、工程地质、水文地质条件，优选最佳路线构成均匀网形。

4.7.2 水准网布设前，应进行技术设计，获得水准网和水准路线的最佳布设方案。技术设计的要求、内容和审批程序按照 CH/T 1004 执行。

5 选点与埋石

5.1 选点

5.1.1 选定水准路线

水准路线应沿利于施测的公路、大路及坡度较小的乡村路布设。水准路线尽量避免跨越 500 m 以上的河流、湖泊、沼泽等障碍物。

5.1.2 选定水准点

水准点应选在土质坚实、安全僻静、观测方便和利于长期保存的地点。下列地点不应选设水准点：

a) 易受水淹、潮湿或地下水位较高处；

b) 易发生土崩、滑坡、沉陷、隆起等地面局部变形的地点；

c) 距铁路 50 m、距公路 30 m 以内(道路水准点除外)或其他受剧烈震动的地点；

d) 短期内由于建设发展，可能毁坏标石或不便观测的地点。

5.2 埋石

5.2.1 标石类型

三、四等水准点采用的标石类型和适用地区见表 2。

表 2

序 号	标 石 类 型	适 用 地 区
1	混凝土普通水准标石	土层不冻或冻土深度小于 0.8 m 的地区
2	岩层普通水准标石	岩层出露或埋入地面不深于 1.5 m 处

表 2（续）

序　号	标 石 类 型	适 用 地 区
3	混凝土柱普通水准标石	冻土深度大于 0.8 m 的地区
4	钢管普通水准标石	
5	墙脚水准标志	坚固建筑物或直立石崖处
6	道路水准标石	道路肩部

5.2.2　标石埋设

5.2.2.1　标石柱体可先行预制，底盘应在现场浇灌。标石的制作与埋设规格及材料用量，按附录 A 中的 A.5 和 A.7 的规定执行。

5.2.2.2　标石顶面的水准标志，采用加接铁质根络的铜或不锈钢半球顶的标志，也可采用玻璃钢或石质标志。标志规格见附录 A 中的 A.4。

5.2.2.3　标石埋设后，应按附录 A 中的 A.2 的格式在现场测绘点之记详图。

5.2.3　标石外部整饰

水准标石埋设后，应进行外部整饰，要求既利于保护标石，又不影响环境美观。主要要求如下：

a)　标石埋设后，一般应按附录 A 中的 A.6 的规格建造保护井，加盖保护盘。保护井壁不应妨碍下标志的测量。

b)　埋设在机关、学校、住宅院内以及埋设在耕地、水网区的水准标石，应按附录 A 中的 A.6 的规格建造保护井、加盖保护盘。

c)　在森林、草原、沙漠、戈壁等空旷地区，除按规定建造保护井和加盖保护盘外，还可在附近设 2～3 个方位桩，也可建造小型觇标。

d)　在山区、林区埋设标石，可在距水准点最近的路边设置方位桩。方位桩、觇标可采用木材、石料、混凝土或金属材料制作，用红漆或压印的方法将点号和点位方向写在醒目位置。在点之记中注明设置方位物的方向和距离。

5.2.4　关键工序的控制

在标石埋设的现场，应拍摄下列照片：

a)　标石坑照片，应能反映标石坑和基座坑的形状和尺寸；

b)　标石安置照片，应能反映标石的形状和尺寸；

c)　标石整饰后照片，应能反映标石整饰是否规范；

d)　标石埋设位置远景照片，应能反映标石埋设位置的地物、地貌景观。

5.2.5　标石的占地和托管

5.2.5.1　标石占用的土地，应取得土地管理部门和土地使用单位或个人的同意。

5.2.5.2　在埋石过程中应当向当地群众和干部宣传保护测量标志的法定义务和注意事项，埋石结束后，应向当地乡、镇以上政府有关部门办理委托保管手续。委托保管书的格式见附录 A 中的 A.8。

5.2.6　埋石后上交的资料

埋石后应上交的资料包括：

a)　测量标志委托保管书；

b)　埋石后的水准点点之记及路线图、结点接测图、标石埋设关键工序照片或数据文件；

c)　埋石工作技术总结(扼要说明埋石工作情况，埋石中的特殊问题及对观测工作的建议等)。

6　仪器的技术要求

6.1　仪器的选用

水准测量中使用的仪器按表 3 规定执行。

表 3

序号	仪器名称	最低型号		备注
		三等	四等	
1	自动安平光学水准仪、自动安平数字水准仪、气泡式水准仪	DSZ3 DS3	DSZ3 DS3	用于水准测量，其基本参数见 GB/T 10156
2	双面区格式木质标尺、条码式因瓦标尺	—	—	用于水准测量
3	经纬仪	DJ2	DJ2	用于高程导线测量和跨河水准测量，其基本参数见 GB/T 3161
4	光电测距仪	—	Ⅱ级	用于高程导线测量和跨河水准测量，其精度分级见 GB/T 16818
5	GPS 接收机	大地型双频接收机	大地型双频或单频接收机	用于跨河水准测量

6.2 仪器的检校

6.2.1 用于水准测量的仪器应送法定计量检定单位进行检定和校准，并在检定和校准的有效期内使用。

水准仪的检校按 JJG 425 规定执行，水准标尺的检校按 JJG 8 规定执行，光电测距仪的检校按 JJG 703 规定执行，光学经纬仪的检校按 JJG 414 规定执行，GPS 接收设备的检校按 JJF 1118 规定执行。

6.2.2 对于新出厂的仪器及其在作业前和跨河水准测量前的检验项目按表 4 规定执行，检验方法和技术要求按附录 B 执行。

6.2.3 用于三、四等水准测量的 DS3 级以上的光学水准仪和数字水准仪及其标尺的检验按 GB/T 12897 要求执行。

表 4

序号	仪器	检验项目	新仪器	作业前	跨河水准测量前
1	水准标尺	标尺的检视	+	+	+
2		标尺上圆水准器的检校	+	+	+
3		标尺分划面弯曲差的测定	+	+	+
4		一对标尺零点不等差及基、辅分划读数差的测定(双面区格式)	+	+	+
5		一对标尺名义米长的测定	+	+	+
6		标尺分米分划误差的测定	+	+	+
7	水准仪	水准仪的检视	+	+	+
8		水准仪上概略水准器的检校	+	+	+
9		十字丝的检校	+		
10		视距常数的测定	+		
11		调焦透镜运行误差的测定	+		+
12		气泡式水准仪交叉误差的检校	+	+	+
13		*i* 角的检校	+	+	+
14		测站高差观测中误差和竖轴误差的测定	+		
15		自动安平水准仪磁致误差的测定	+		
16	经纬仪	垂直度盘测微器行差的测定		+	+
17		一测回垂直角观测中误差的测定		+	+

表 4 中＋表示应检验的项目，当所使用的仪器和方法与该项检验无关时，可不作检验。表 4 中第 5、15 检验项应送有关检定单位进行检验。

6.2.4 经过修理和校正后的仪器应检验受其影响的有关项目。自动安平系统修理和校正后，第 15 项应检验。

6.2.5 自动安平光学水准仪每天检校一次 i 角，气泡式水准仪每天上、下午各检校一次 i 角，作业开始后的 7 个工作日内，若 i 角较为稳定，以后每隔 15 天检校一次。

数字水准仪，整个作业期间应在每天开测前进行 i 角测定。

6.2.6 在作业过程中应随时注意检校表 4 中的第 2、8 项。若对仪器某一部件的质量有怀疑时，应随时进行相应项目的检验。

6.2.7 每期作业结束后应检验表 4 中第 3、5 两项各一次，若作业期超过三个月时，应在作业期中间增加这两项各一次。

6.3 仪器技术指标

仪器技术指标按表 5 规定执行。用于三、四等水准测量的 DS3 级以上的数字水准仪的技术指标按 GB/T 12897 要求执行。

表 5

序号	仪器指标项	限差		超限处理办法
		三等	四等	
1	标尺弯曲差	8.0 mm	8.0 mm	对标尺施加改正
2	一对标尺零点不等差	1.0 mm	1.0 mm	调整
3	标尺基、辅分划常数偏差	0.50 mm	0.50 mm	采用实测值
4	一对标尺名义米长偏差	0.50 mm	0.50 mm	禁止使用
5	标尺分米分划误差	1.0 mm	1.0 mm	禁止使用
6	调焦透镜运行误差	1.0 mm	1.0 mm	禁止使用
7	i 角	20″	20″	校正，自动安平水准仪应送厂校正
8	测站高差观测中误差	1.0 mm	1.5 mm	禁止使用
9	竖轴误差	0.3 mm	0.5 mm	禁止使用
10	自动安平水准仪磁致误差	0.12″	0.20″	禁止使用
11	垂直度盘测微器行差	2.0″	2.0″	禁止使用
12	一测回垂直角观测中误差	3.0″	3.0″	禁止使用
注：表中自动安平水准仪磁致误差，指自动安平水准仪在磁感应强度为 60 μT 的水平方向上的稳恒磁场作用下，引起视线的最大偏差。				

7 水准观测

7.1 观测方法

7.1.1 三等水准测量采用中丝读数法进行往返测。当使用有光学测微器的水准仪和线条式因瓦水准标尺观测时，也可进行单程双转点观测。

7.1.2 四等水准测量采用中丝读数法进行单程观测。支线应往返测或单程双转点观测。

7.1.3 三、四等水准测量采用单程双转点法观测时，在每一转点处安置左右相距 0.5 m 的两个尺台，相应于左右两条水准路线。每一测站按规定的观测方法和操作程序，首先完成右路线的观测，而后进行左路线的观测。

7.2 设置测站的要求

7.2.1 三、四等水准测量采用尺台作转点尺承，尺台质量不小于 1 kg。观测应在标尺分划线成像清晰稳定时进行，若成像欠佳，应酌情缩短视线长度，直至成像清晰稳定。

7.2.2 测站的视线长度(仪器至标尺距离)、前后视距差、视线高度、数字水准仪重复测量次数按表 6 规定执行。使用 DS3 级以上的数字水准仪进行三、四等水准测量观测，其上述技术指标应不低于表 6 中 DS1、DS05 级光学水准仪的要求。

表 6

单位为米

等级	仪器类别	视线长度	前后视距差	任一测站上前后视距差累积	视线高度	数字水准仪重复测量次数
三等	DS3	≤75	≤2.0	≤5.0	三丝能读数	≥3 次
	DS1、DS05	≤100				
四等	DS3	≤100	≤3.0	≤10.0	三丝能读数	≥2 次
	DS1、DS05	≤150				

注：相位法数字水准仪重复测量次数可以为上表中数值减少一次。所有数字水准仪，在地面震动较大时，应暂时停止测量，直至震动消失，无法回避时应随时增加重复测量次数。

7.3 测站上观测顺序和方法

7.3.1 光学水准仪观测

7.3.1.1 三等水准测量每测站照准标尺分划顺序为：

a) 后视标尺黑面(基本分划)；

b) 前视标尺黑面(基本分划)；

c) 前视标尺红面(辅助分划)；

d) 后视标尺红面(辅助分划)。

7.3.1.2 四等水准测量每测站照准标尺分划顺序为：

a) 后视标尺黑面(基本分划)；

b) 后视标尺红面(辅助分划)；

c) 前视标尺黑面(基本分划)；

d) 前视标尺红面(辅助分划)。

7.3.1.3 测站观测采用光学测微法，一测站的操作程序如下(以三等水准测量为例)：

a) 首先将仪器整平(气泡式水准仪望远镜绕垂直轴旋转时，水准气泡两端影像的分离，不得超过 1 cm，自动安平水准仪的圆气泡位于指标环中央)；

b) 将望远镜对准后视标尺黑面，用倾斜螺旋调整水准气泡准确居中，按视距丝和中丝精确读定标尺读数(四等观测可不读上、下丝读数，直接读距离)；

c) 旋转望远镜照准前视标尺黑面，按 b)款操作；

d) 照准前视标尺红面，按 b)款操作，此时只读中丝读数；

e) 旋转望远镜照准后视标尺红面，按 d)款操作。

使用单排分划的因瓦标尺观测时，对单排分划进行两次照准读数，代替基辅分划读数。

7.3.2 数字水准仪观测

7.3.2.1 三等水准测量往、返测每测站照准标尺顺序为：

a) 后视标尺；

b) 前视标尺；

c) 前视标尺；

d） 后视标尺。

7.3.2.2 四等水准测量往、返测每测站照准标尺顺序为：

a） 后视标尺；

b） 后视标尺；

c） 前视标尺；

d） 前视标尺。

7.3.2.3 一测站操作程序如下(以三等水准测量为例)：

a） 首先将仪器整平(望远镜绕垂直轴旋转，圆气泡始终位于指标环中央)；

b） 将望远镜对准后视标尺，用垂直丝照准条码中央，精确调焦至条码影像清晰，按测量键；

c） 显示读数后，旋转望远镜照准前视标尺条码中央，精确调焦至条码影像清晰，按测量键；

d） 显示读数后，重新照准前视标尺，按测量键；

e） 显示读数后，旋转望远镜照准后视标尺条码中央，精确调焦至条码影像清晰，按测量键。显示测站成果。测站检核合格后迁站。

7.4 间歇与检测

7.4.1 观测间歇时，最好能在水准点上结束观测。否则，应在最后一站选择两个坚稳可靠、光滑突出、便于放置标尺的固定点，作为间歇点。如无固定点可选择，则间歇前在最后两测站的转点处打入带有帽钉的木桩作间歇点。

7.4.2 间歇后应对间歇点进行检测，比较任意两转点间歇前后所测高差，若符合限差(见表7)要求，即可由此起测；若超过限差，可变动仪器高度再检测一次，如仍超限，则应从前一水准点起测。

7.4.3 检测成果应在手簿中保留，但计算高差时不采用。

7.4.4 数字水准仪测量间歇可用建立新测段等方法检测，检测有困难时宜收测在固定点上。

7.5 测站观测限差、读数位数与设置

7.5.1 测站观测限差按表7规定执行。

表7

单位为毫米

等级	观测方法	基、辅分划(黑红面)读数的差	基、辅分划(黑红面)所测高差的差	单程双转点法观测时，左右路线转点差	检测间歇点高差的差
三等	中丝读数法	2.0	3.0	—	3.0
	光学测微法	1.0	1.5	1.5	
四等	中丝读数法	3.0	5.0	4.0	5.0

使用双摆位自动安平水准仪观测时，不计算基辅分划读数差。

对于数字水准仪，同一标尺两次观测所测高差的差执行基辅分划所测高差之差的限差。

7.5.2 因测站观测误差超限，在本站检查发现后可立即重测。若迁站后才检查发现，则应从水准点或间歇点(应经检测符合限差)起始，重新观测。

7.5.3 读数取位按表8规定执行。

表8

单位为毫米

等 级	中丝读数法		光学测微法	
	视距丝	中丝	视距丝	平分丝
三等	1	1	1	0.1
四等	1	1	1	1

7.5.4 数字水准仪测段往返起始测站设置

a) 仪器设置主要有:

——测量的高程单位和记录到内存的单位为 m;

——最小显示位为 0.000 1 m;

——设置日期格式为实时年、月、日;

——设置时间格式为实时 24 小时制。

b) 测站限差参数设置主要有:

——前后视距差限差;

——前后视距差累积限差;

——两次读数高差之差限差。

c) 作业设置主要有:

——建立作业文件;

——建立测段名;

——选择测量模式:“aBFFB”;

——输入起始点参考高程;

——输入点号(点名);

——输入其他测段信息。

d) 通讯设置

——按仪器说明书操作。

7.6 观测中应遵守的事项

7.6.1 观测前 30 min,应将仪器置于露天阴影下,使仪器与外界气温趋于一致;设站时,应用测伞遮蔽阳光;迁站时,应罩以仪器罩。使用数字水准仪前,还应进行预热,预热不少于 20 次单次测量。

7.6.2 对气泡式水准仪,观测前应测出倾斜螺旋的置平零点,并作标记,随着气温变化,应随时调整零点位置。对于自动安平水准仪的水准器,观测前应严格置平。

7.6.3 在连续各测站上安置水准仪的三脚架时,应使其中两脚与水准路线的方向平行,第三脚轮换置于路线方向的左侧与右侧。

7.6.4 除路线转弯处外,每一测站上仪器和前后视标尺的三个位置,应接近一条直线。

7.6.5 不应为了增加标尺读数,而把尺桩(台)安置在壕坑中。

7.6.6 每一测段的往测与返测,其测站数均应为偶数,由往测转向返测时,两支标尺应互换位置,并应重新整置仪器。

7.6.7 在高差甚大的地区进行三、四等水准测量时,应尽可能使用 DS3 级以上的仪器和标尺施测。

7.6.8 转动仪器的倾斜螺旋和测微鼓时,其最后旋转方向,均应为旋进。

7.6.9 对于数字水准仪,应避免望远镜直接对着太阳;尽量避免视线被遮挡,遮挡不要超过标尺在望远镜中截长的 20%;仪器只能在厂方规定的温度范围内工作;确信震动源造成的震动消失后,才能启动测量键。

7.7 结点的观测

7.7.1 观测至水准网的结点时,应在观测手簿中详细记录接测情况,结点接测图按 A.3 执行。

7.7.2 位于地面变形地区的结点,应与当地变形观测网连测。

7.7.3 位于变形量较大地区的结点,应由几个观测组协同作业,尽量缩短接测时间。

7.8 新旧路线连测或接测时的检测

7.8.1 新设的水准路线与已测的水准点连测或接测时,若该水准点的前后观测时间超过三个月,应进行检测。

7.8.2 三、四等水准路线(或支线)与已测水准点接测时,应单程检测一已测测段。如单程检测超限,则应再检测该测段另一单程。若仍超限，则应继续向前检测，以确定稳固可靠的已测点作为连接点。若交叉点变动，应重测有关测段。

7.8.3 对高等级水准路线的检测，按新设路线的等级进行；对低等级水准路线的检测，按原水准路线的等级进行检测。

7.9 往返测高差不符值与环线闭合差的限差

7.9.1 往返测高差不符值、环线闭合差和检测高差之差的限差应不超过表9的规定。

表9

单位为毫米

等级	测段、路线往返测高差不符值	测段、路线的左、右路线高差不符值	附合路线或环线闭合差		检测已测测段高差的差
			平原	山区	
三等	$\pm 12\sqrt{K}$	$\pm 8\sqrt{K}$	$\pm 12\sqrt{L}$	$\pm 15\sqrt{L}$	$\pm 20\sqrt{R}$
四等	$\pm 20\sqrt{K}$	$\pm 14\sqrt{K}$	$\pm 20\sqrt{L}$	$\pm 25\sqrt{L}$	$\pm 30\sqrt{R}$

注：K——路线或测段的长度，单位为千米(km)；
L——附合路线(环线)长度，单位为千米(km)；
R——检测测段长度，单位为千米(km)；
山区指高程超过1 000 m或路线中最大高差超过400 m的地区。

7.9.2 水准环线由不同等级路线构成时，环线闭合差的限差应按各等级路线长度分别计算，然后取其平方和的平方根为限差。

7.9.3 检测已测测段高差之差的限差，对单程检测或往返检测均适用。检测测段长度小于1 km时，按1 km计算。检测测段两点间距离不宜小于1 km。

7.10 测量成果的重测与取舍

水准测量结果，若超出4.2和7.9规定的限差，均应重测，作业人员应对超限原因作具体分析，并按下列原则进行重测与取舍：

a) 测段往返测高差不符值超限，应先就可靠程度较小的往测或返测进行整测段重测。若重测的高差与同方向原测高差的不符值超过往返测高差不符值的限差，但与另一单程的高差不符值未超出限差，则取用重测结果；若重测的高差与同方向原测高差的不符值不超过往返测高差不符值的限差，且其中数与另一单程原测高差的不符值亦不超出限差，则取此同方向中数作为该单程的高差。若超出上述限差，则应重测另一单程。

b) 单程双转点观测中，测段的左右路线高差不符值超限时，可只重测一个单程单线，并与原测结果中符合限差的一个取中数采用；若重测结果与原测结果均符合限差，则取三个单线结果的中数。当重测结果与原测两个单线结果均超限时，应分析原因，再重测一个单程单线。

c) 由往返高差(或左右路线高差)不符值计算的每公里水准测量的偶然中误差 M_Δ 超限时，应重测不符值较大的某些测段。

d) 环线闭合差超限时，应先重测路线上可靠程度较小的(往返测高差不符值较大或观测条件不佳者)测段。附合路线闭合差超限时，应分析原因重测有关测段。在高差过大等地区，宜加入重力异常改正。

8 跨河水准测量

8.1 适用范围

当水准路线跨越江河(或湖塘、宽沟、洼地、山谷等)，视线长度在200 m以内时，可用一般观测方法进行，但在测站上应变换一次仪器高度，观测两次。两次高差之差应不超过7 mm，取用两次结果的中数。若视线长度超过 200 m 时，应根据视线长度和仪器设备等情况，选用本章所述的方法进行观测。

8.2 测量方法和限差规定

8.2.1 采用直接读尺法、光学测微法、经纬仪倾角法和测距三角高程法进行跨河水准测量时，其适用范围和观测测回数、限差规定按表 10 执行。当跨河视线长度超上表规定时，采用的方法和要求，应依据测区条件进行专项设计。

8.2.2 采用 GPS 测量进行跨河水准测量时，其测量方法参照 GB/T 12897 的有关要求，其技术指标应不低于表 10 中经纬仪倾角法和测距三角高程法的要求。

表 10

序号	方法	等级	最大视线长度/m	单测回数	半测回观测组数	测回高差互差不大于/mm	备　注
1	直接读尺法	三	300	2	—	8	测量方法见 8.5
		四	300	2	—	16	
2	光学测微法	三	500	4	—	$30\cdot s$	测量方法按 GB/T 12897—2006 中 8.6 执行
		四	1 000	4	—	$50\cdot s$	
3	经纬仪倾角法或测距三角高程法	三	2 000	8	3	$24\sqrt{s}$	测量方法按 GB/T 12897—2006 中 8.8 和 8.9 执行
		四	2 000	8	3	$40\sqrt{s}$	

注：表中 s 为最大视线长度，单位为 km。

8.3 跨河场地的选定与布设

跨河场地的选定与布设应遵循以下要求：

a) 跨河场地应选择在水面较窄、土质坚实、便于设站的河段。应尽可能有较高的视线高度。安置标尺和仪器点应尽量等高(测距三角高程法除外)。

b) 跨河水准测量仪器和标尺的位置一般应按“Z”字形或类似图形布设。如图 1 所示，I_1、I_2 处为仪器与远标尺轮换安置点，b_1、b_2 为近标尺安置点；$I_1b_1=I_2b_2$，且约为 10 m～20 m；图 1 中各点应用直径不小于 5 cm，长度约为 30 cm～50 cm 的木桩牢固地打入地中，其顶端钉上铁帽钉供安置标尺用。

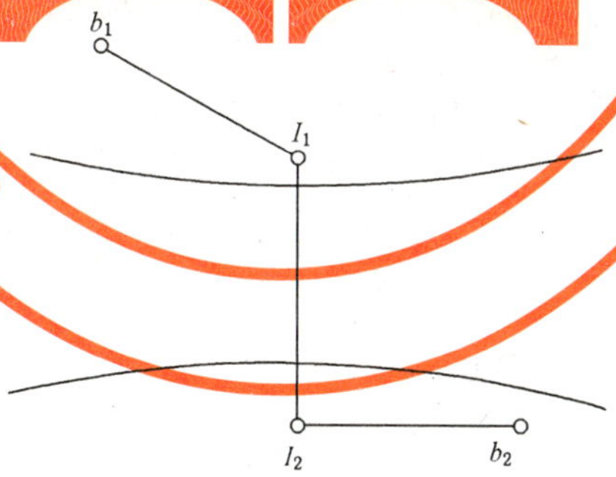

图 1

8.4 跨河水准观测要求

跨河水准观测中应遵守下列要求：

a) 跨河水准观测宜在风力微和，气温变化较小的阴天进行，当雨后初晴和大气折射变化较大时，均不宜观测。

b) 观测开始前 30 min，应先将仪器置于露天阴影下，使仪器与外界气温趋于一致。观测时应遮蔽阳光。

c) 晴天观测上午应在日出后 1 h 起至太阳中天前 1.5 h 止；下午自中天后 2 h 起至日落前 30 min 止。但可根据地区、季节、气候等情况适当变通。阴天只要呈像清晰、稳定即可进行观测。有条件也可在夜间进行观测，日落后 1 h 起至日出前 1 h 止。时间段以地方时零点分界，零点前为初夜，零点后为深夜。

d) 水准标尺应尽量扶直扶稳，不应过度倾斜或者摆动。

e) 一测回的观测完成后，应间歇 15 min～20 min，再开始下一测回的观测。

f) 跨河观测开始前，应对两岸的普通水准标石(或固定点)与标尺点间，进行一次往返测，作为检测标尺点有无变动的基准。每日工作开始前，均应单程检测一次，并应符合 7.9 检测限差。如确认标尺点变动，应加固标尺点，重新进行跨河水准观测。

8.5 直接读尺法

8.5.1 观测方法

每测回观测方法如下：

a) 先在 I_1 与 b_1(或 I_2 与 b_2)的中间且与 I_1 及 b_1 等距的点上整平水准仪后，用同一只标尺按一般操作规程，测定 I_1b_1 的高差 $h_{I_1b_1}$。

b) 移仪器于 I_1 点，精密整平仪器后，照准本岸 b_1 点上的近标尺，按中丝读标尺基、辅分划一次。

c) 将仪器转向照准对岸 I_2 点上的远标尺，调焦后，即用胶布将调焦螺旋固定，按中丝读标尺基、辅分划各两次。

d) 在确保调焦螺旋不受触动的要求下，立即将仪器搬到对岸 I_2 点上；同时 b_1 点上的标尺也移置到 I_1 点上。待精密整平仪器后，首先照准对岸 I_1 点上的远标尺，按 c)、b)、a)的反顺序及操作要求读数。

e) 将仪器搬到 I_2 与 b_2 中间且等距的点上，按一般操作方法，测定 I_2 与 b_2 的高差 $h_{I_2b_2}$。

以上 a)、b)、c)为上半测回观测，d)、e)为下半测回观测。

8.5.2 计算方法

一测回高差按式(1)计算：

$$H_{b_1b_2} = (h_{b_1b_2} - h_{b_2b_1})/2 \qquad \cdots\cdots(1)$$

且

$$h_{b_1b_2} = h_{b_1I_2} + h_{I_2b_2}$$

$$h_{b_2b_1} = h_{b_2I_1} + h_{I_1b_1}$$

式中：

$h_{b_1b_2}$——上半测回所观测的 b_1,b_2 两点的高差；

$h_{b_2b_1}$——下半测回所观测的 b_2,b_1 两点的高差。

8.6 冰上水准测量

跨越北方地区的河流、沼泽、水草地等，可以利用严冬季节在冰上进行水准测量，并遵守下列规定：

a) 严冬前，预先在两岸选定跨河地点和埋设水准标石，并与路线上的水准点进行连测。

b) 冰上水准测量，应在冰层有足够厚度和表面周日变化最小期间(一般每年 12 月底至翌年 2 月底)内进行，观测进行中应特别注意安全。

c) 观测开始前，沿选定路线依相应等级水准测量所采用的视线工具，选定安置仪器及标尺的地点，清除积雪，在安置标尺处凿一小坑，插入一不小于 30 cm×10 cm×10 cm 的木桩(顶上钉入圆帽钉)，然后浇水使其冻结。在安置仪器脚架的每一脚下，同样冻入木桩以支撑仪器脚架。

d) 冰上水准测量观测方法和各项限差均与相应等级水准测量的规定相同。

9 电磁波测距高程导线测量

9.1 适用范围

在进行几何水准测量确有困难的山岳地带以及沼泽、水网地区，四等水准路线或支线，可用电磁波测距高程导线（以下简称高程导线）进行测量。

9.2 观测方法

9.2.1 施测高程导线前，应沿路线选定测站，视线长度一般不大于 700 m，最长不得超过 1 km，视线垂直角不得超过 15′，视线高度和离开障碍物的距离不得小于 1.5 m。

9.2.2 高程导线可布置为每一照准点安置仪器进行对向观测（以下简称每点设站）的路线；也可布置为每隔一照准点安置仪器（以下简称隔点设站）的路线。隔点设站时，应采用单程双测法，即每站变换仪器高度或位置作两次观测，前后视线长度之差不得超过 100 m。

9.2.3 距离测量采用电磁波测距仪测定时，测距的准备工作，观测方法和作业要求、气象元素测定、成果记录及重测取舍，气象、加常数、乘常数修正值的计算及边长归算等，均按 GB/T 16818 的相应规定执行。

9.2.4 距离测量的技术要求和观测限差如下：

a) 斜距和垂直角的观测应在成像清晰、信号稳定的情况下进行；

b) 斜距观测两测回（每测回照准一次，读数四次），各次读数互差和测回中数之间的互差分别为 10 mm 和 15 mm。每测站需量取气温、气压值；

c) 垂直角观测采用中丝法观测四个测回，测回差和指标差互差，均不得超过 5″；

d) 测距仪、反射镜应在测前测后，用量杆各量测一次仪器高和棱镜高，两次互差不得超过 3 mm；

e) 当进行对向观测确有困难时，可以单向观测，但总的观测测回数不变。

9.2.5 当水准点或其他高程点无法设置测站时，可用几何水准方法引测至合适的高程点后，再按高程导线施测。

9.2.6 各项观测读数和计算数值取位按表 11 规定执行。

表 11

项目	斜距/mm	垂直角/(″)	仪器高 觇牌高 mm	气温/℃	气压/Pa	测站高差/mm	测段高差/mm
观测值	1	1	1	0.1	100	—	—
计算值	1	0.1	0.1	—	—	0.1	1

9.3 高差计算

9.3.1 观测斜距应施以加常数和乘常数改正、气象改正。

9.3.2 测站高差的计算

9.3.2.1 每点设站时，相邻测站间单向观测高差 h 按式(2)计算：

$$h = S \cdot \sin\alpha + \frac{1}{2R}(S \cdot \cos\alpha)^2 + i - v \qquad \cdots\cdots(2)$$

式中：

S——经过各项改正后的斜距，单位为米(m)；

α——观测垂直角，单位为度(°)；

R——地球平均曲率半径，采用 6 369 000 m；

i——仪器竖盘中心至地面点的高度，单位为米(m)；

v——反射镜中心至地面点的高度，单位为米(m)。

相邻测站间对向观测的高差中数 h_{12} 按式(3)计算：

$$h_{12}=\frac{h_1-h_2}{2} \qquad \cdots\cdots(3)$$

式中：

1、2 脚标分别为相邻测站的序号。

9.3.2.2 隔点设站时，相邻照准点间的高差 h_{12} 按式(4)计算：

$$h_{12}=S_2\cdot\sin\alpha_2-S_1\cdot\sin\alpha_1+v_1-v_2+\frac{1}{2R}[(S_2\cdot\cos\alpha_2)^2-(S_1\cdot\cos\alpha_1)^2] \qquad \cdots\cdots(4)$$

式中：

1、2 脚标分别表示后视和前视标号；

S_1，S_2——经过各项改正后的斜距，单位为米(m)；

α——观测垂直角，单位为度(°)；

R——地球平均曲率半径，采用 6 369 000 m；

v——反射镜中心至地面点的高度，单位为米(m)。

9.3.3 由高程导线测定的水准点或其他固定点的高差，应加入正常水准面不平行改正，计算方法与四等水准测量相同。

9.4 测量限差

9.4.1 高程导线的观测结果应不超过表 12 规定的各项限差。

表 12

单位为毫米

观测方法	两测站对向观测高差不符值	两照准点间两次观测高差不符值	附合路线或环线闭合差	检测已测测段的高差的差
每点设站	$\pm 45\sqrt{D}$	—	与四等水准测量限差相同	
隔点设站	—	$\pm 14\sqrt{D}$		
注：D 为测站间或照准点间的观测水平距离，单位为千米(km)。				

9.4.2 观测结果超出限差时，应按 7.10 的规定进行重测和取舍。

10 外业成果的记录、整理和计算

10.1 记录方式与要求

10.1.1 记录方式

三、四等水准测量的外业成果，按记录载体分为电子记录和手簿记录两种方式，应优先采用电子记录。

10.1.2 记录项目

10.1.2.1 在每一测段的始末，工作间歇的前后及中间气候变化时，应记录观测日期、时间、天气、呈像、前后视标尺号数。

10.1.2.2 每测站应记录上、下丝和中丝(或楔形平分丝)读数。

10.1.3 手簿记录要求

手工记录按下列要求进行：

a) 外业观测值和记事项目，应在现场直接记录。

b) 手簿一律用铅笔填写，记录的文字与数字力求清晰，整洁，不得潦草模糊。手簿中任何原始记录不得涂擦，对原始记录有错误的数字与文字，应仔细核对后以单线划去，在其上方填写更正的数字与文字，并在备考栏内注明原因。对作废的记录，亦用单线划去，并注明原因及重测结果记于何处。重测记录应加注“重测”二字。手簿记录格式见 D.1。

c) 三、四等水准测量记录的小数取位按照表13的规定执行。

10.1.4 电子记录要求

电子记录要求参照CH/T 2004和CH/T 2006执行。

10.1.5 观测记录的整理和检查

观测工作结束后应及时整理和检查外业观测手簿。检查手簿计算是否正确、观测成果是否满足各项限差要求。确认观测成果符合本规范规定之后，方可进行外业计算。

10.2 外业计算

10.2.1 水准测量外业计算的项目包括：

a) 外业手簿的计算；

b) 外业高差和概略高程表的编算；

c) 每千米水准测量偶然中误差的计算；

d) 附合路线与环线闭合差的计算。

10.2.2 高差和概略高程表的编算，应由两人各自独立编算一份，并校核无误。计算水准点概略高程时，所用的高差加入下列改正（计算方法见附录D）：

a) 水准标尺长度误差的改正；

b) 正常水准面不平行的改正；

c) 路(环)线闭合差的改正。

10.2.3 每完成一条水准路线的测量，应进行往返测高差不符值及每千米水准测量偶然中误差 M_Δ 的计算（测段数不足20个的路线，可纳入相邻路线一并计算），并应符合7.9.1和4.2的规定。

每千米水准测量偶然中误差 M_Δ 按式(5)计算：

$$M_\Delta=\pm\sqrt{\frac{1}{4n}\left[\frac{\Delta\Delta}{R}\right]} \qquad \cdots\cdots(5)$$

式中：

Δ——测段往返测高差不符值，单位为毫米(mm)；

R——测段长度，单位为千米(km)；

n——测段数。

10.2.4 每完成一条附合水准路线或闭合环线的测量，并对观测高差施加10.2.2a)、b)两项改正后，计算附合路线或闭合环线的闭合差 W。当构成水准网的水准环超过20个时，还应按环闭合差 W 计算每千米水准测量全中误差 M_W。W 与 M_W 应符合7.9.1与4.2的规定。

每千米水准测量全中误差 M_W 按式(6)计算：

$$M_W=\pm\sqrt{\frac{1}{N}\left[\frac{WW}{F}\right]} \qquad \cdots\cdots(6)$$

式中：

W——经过各项改正后的水准环闭合差，单位为毫米(mm)；

F——水准环线周长，单位为千米(km)；

N——水准环数。

10.2.5 外业计算的数值取位按表13规定执行。

表 13

等级	往(返)测距离总和/km	测段距离中数/km	各测站高差/mm	往(返)测高差总和/mm	测段高差中数/mm	水准点高程/mm
三等	0.01	0.1	0.1	0.1	1	1
四等	0.01	0.1	0.1	0.1	1	1

10.3 外业成果的检查验收与上交

10.3.1 成果的检查验收和质量评定

水准测量工作完成后，应按 CH 1002 的要求进行检查和验收并编写检查验收报告。

水准测量成果在检查验收以后，应按照 CH 1003 的要求进行质量评定。

10.3.2 技术总结

技术总结是在水准测量任务完成后，对技术设计书和技术标准执行情况、技术方案、作业方法、技术的应用、完成质量和主要问题的处理等进行分析和总结。它是与测绘成果有直接关系的技术性文件，是永久保存的重要技术档案。

技术总结按照 CH/T 1001 编写，并由单位主要技术负责人审核签名，方可上交。

10.3.3 上交资料

10.3.3.1 资料的整理与上交

经过检查验收的水准测量成果，应按路线（环线）进行清点整理，装订成册，编制目录，开列清单，上交资料管理部门。

10.3.3.2 上交资料的范围

上交资料的项目如下：

a) 技术设计书；

b) 水准点之记的纸质文本及其数字化后的电子文本；

c) 水准路线图、结点接测图及其数字化后的电子文本；

d) 测量标志委托保管书(2 份)；

e) 水准仪、经纬仪、测距仪、水准标尺检验资料；

f) 水准观测手簿，磁带、磁盘、光盘等能长期保存的其他介质；

g) 水准测量外业高差及概略高程表(2 份)；

h) 外业高差改正数计算资料；

i) 外业技术总结；

j) 验收报告。

附　录　A
（规范性附录）
选点埋石资料绘制格式与标石造埋说明

A.1　水准路线图的绘制

A.1.1　水准路线图(示例见图 A.1)以 1∶100 000 或 1∶50 000 地形图为底图,将水准路线两侧至少 1 km 内的地物、地貌复印在 A3 幅面(42 cm×30 cm)的图纸上。当实地的道路或其他重要地物有变化而与底图不一致时,应先在底图上改正。图中应注明比例尺、经、纬线和图幅编号。

A.1.2　水准点位置应标定准确,用规定符号绘出,并注明水准点名号。应连测或支测的其他固定点,应使用相应的符号标出位置及名号。超过图廓范围的支测路线,可用折线指出方向并注明里程。

A.1.3　水准标石类型按表 A.1 规定符号描绘。

A.1.4　水准路线图也可以直接在数字地形图上按上述要求编绘,按图 A.1 的样式输出。

Ⅳ等韩（韩县）—— 新（新兴）线水准路线图之二

J—49—101—D

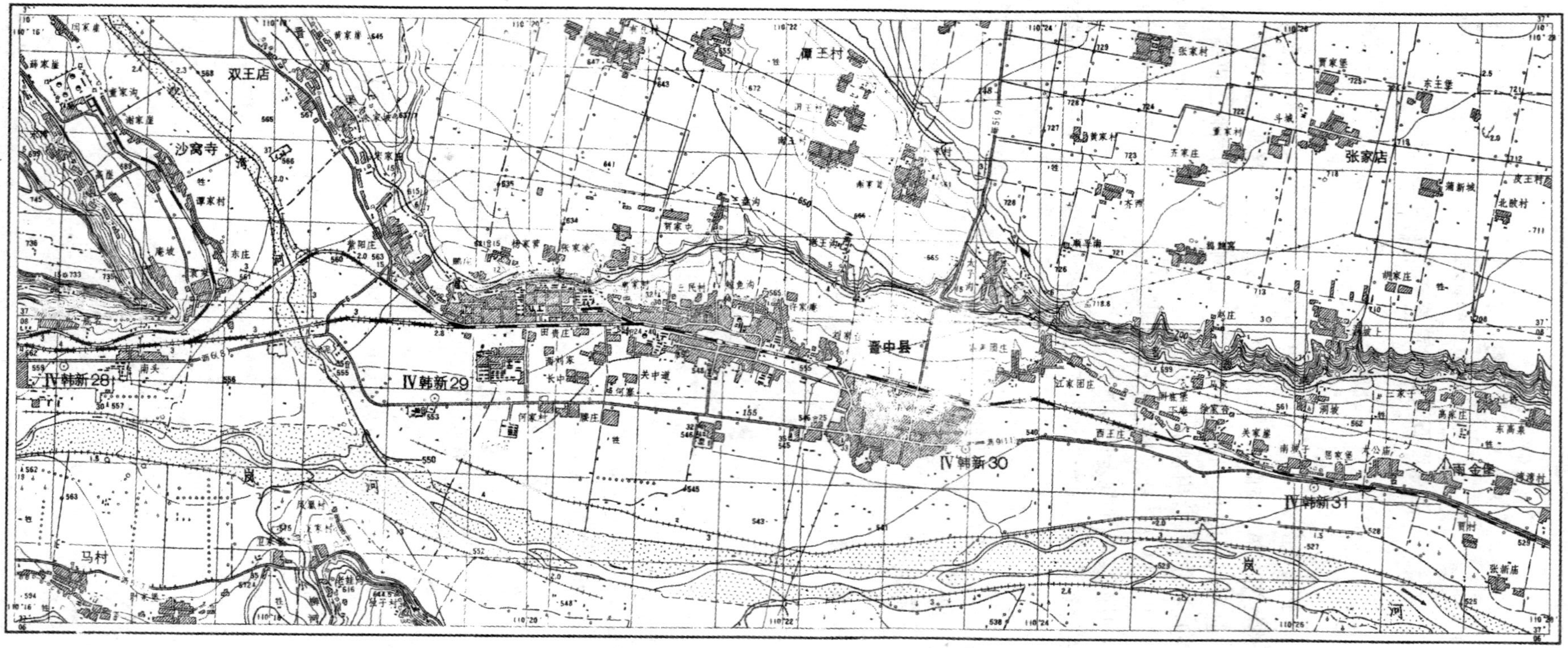

比例尺　1:50 000

国家测绘局第八测绘大队　1990.10

图 A.1　水准路线

表 A.1 水准标石类型符号表

序号	类　型	符　号	
1	混凝土普通水准标石	⊙	圆圈直径 2 mm
2	钢管普通水准标石	⦶	圆圈直径 2 mm
3	岩层普通水准标石	⧈	圆圈直径 2 mm
4	混凝土柱普通水准标石	⊖	圆圈直径 2 mm
5	墙脚水准标志	⊕	圆圈直径 2 mm

A.2 水准点之记的绘制

A.2.1 每个水准点的点之记只有一页，格式见图 A.2。

A.2.2 路线名称栏填写点位所在路线。

A.2.3 点名栏填写路线等级名称和编号，利用旧点时在新点名号后用圆括号加注原始点名号。

A.2.4 点位详图应在现场绘制，注明点位至主要特征地物的方向和距离（方向数不应少于 3 个）。绘图比例尺可根据实地情况，在易于找到点位的原则下适当变通。

A.2.5 标石断面图按埋设的实际尺寸填绘。

A.2.6 所在图幅栏填写点位所在的 1∶100 000 地形图图幅名称。

A.2.7 经纬度栏填写在点位实测的经纬度，标注至整秒。

A.2.8 标石类型栏按 5.2.1 表 2 填写标石的种类。

A.2.9 标石质料栏填写标志和标石的材料名称。

A.2.10 所在地栏填写点位所处位置的省（自治区或直辖市）至最小行政区划或自然村、街道的名称。

A.2.11 地别土质栏填写植被类别、标石坑底的土质并注明含沙砾百分比。

A.2.12 交通路线栏填写格式如下：

自（特征物）沿（道路名称）经（道路标识）（方向）行（距离）至（位置）可达本点。其中：

a) 特征物指特征比较明显、标记清楚、不易破坏或改建、易于查找和确认的地物，如：村碑、纪念碑、加油站、路口、桥头等。填写时应注明特征物的地理位置。

b) 道路名称指自特征物至水准点位通行道路的名称，如：街道名称、国（省、县、乡）道名称等。

c) 道路标识指行走道路区别于其他道路的明显标识，如：街道名称、特殊建筑物、村镇、单位等。

d) 方向指行走的方向，如：东、东南、南、西南、西、西北、北、东北。

e) 距离指特征物至水准点位的距离，标注至 0.1 km。

f) 位置指水准点位所处地点的说明，如：单位或住户名称、××千米碑＋×××m 处。

A.2.13 点位详细说明栏填写点位至主要特征地物的方向和距离，方向和距离应与点位详图对应，并注明在点位埋设的方位标、保护盘和保护井情况。其中：

a) 方向指东、东偏南、东南、南偏东、南、南偏西、西南、西偏南、西、西偏北、西北、北偏西、北、北偏东、东北、东偏北等 16 个方向。

b) 距离标注至 0.1 m。

A.2.14 备注栏填写办理土地占用手续情况及该点位与相临水准点位的距离和地形（平地、丘陵、山地）。

四等水准点之记

新文　线　　　　　　　　　　　　　　　　点名：Ⅳ新文 17

详细位置图

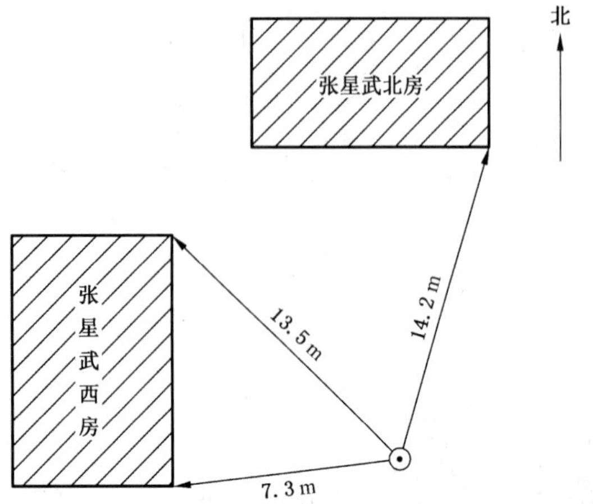

比例尺　1∶500

标石断面图　　　　单位为米

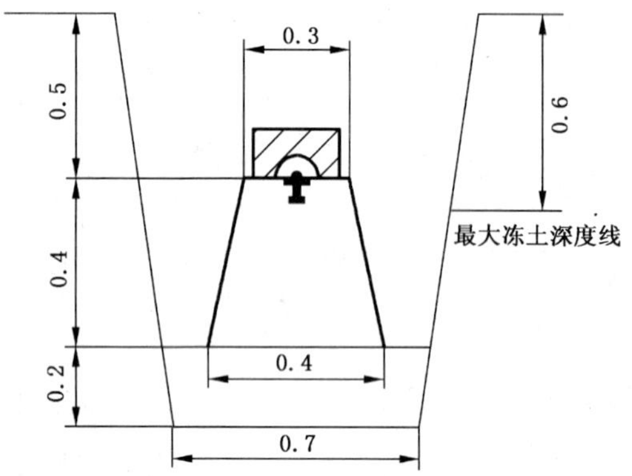

<table>
<tr><td>所在图幅</td><td colspan="2">J-50-19</td><td>标石类型</td><td colspan="2">混凝土普通水准标石</td></tr>
<tr><td>经纬度</td><td colspan="2">L:117°06.5′　B:39°25.4′</td><td>标石质料</td><td colspan="2">混凝土玻璃钢标志</td></tr>
<tr><td>所在地</td><td colspan="3">河北省文清县青山乡李家村</td><td>土地使用者</td><td>张星武</td></tr>
<tr><td>地别土质</td><td colspan="3">院地，黄土，含沙 30%</td><td>地下水深度</td><td>5 m</td></tr>
<tr><td>交通路线</td><td colspan="5">自新镇至文清县大路靠近青山堡</td></tr>
<tr><td>点位
详细说明</td><td colspan="5">1. 西至张星武西房东南角 7.3 m。
2. 西北至张星武西房东北角 13.5 m。
3. 东北至张星武北房东南角 14.2 m。
4. 标石上方埋有保护井、保护盘。</td></tr>
<tr><td>接管单位</td><td colspan="2">青山乡人民政府</td><td>保管人</td><td colspan="2">张清海(副乡长)</td></tr>
<tr><td>选点单位</td><td>华北测绘院</td><td>埋石单位</td><td>华北测绘院</td><td>维修单位</td><td></td></tr>
<tr><td>选点者</td><td>刘中</td><td>埋石者</td><td>李华</td><td>维修者</td><td></td></tr>
<tr><td>选点日期</td><td>1990 年 5 月 2 日</td><td>埋石日期</td><td>1990 年 5 月 12 日</td><td>维修日期</td><td></td></tr>
<tr><td>备注</td><td colspan="5">Ⅳ新文 16～Ⅳ新文 17　5.8 km(平地)
Ⅳ新文 17～Ⅳ新文 18　4.7 km(丘陵)</td></tr>
</table>

图 A.2　四等水准点之记

A.3　水准网结点接测图的绘制

A.3.1　结点选点和接测完成后，应填绘结点接测图。

A.3.2　若与原计划的接测点不一致，应在接测情况栏内详细说明原因。示例见图 A.3。

水准网结点接测图

<table>
<tr><td colspan="3">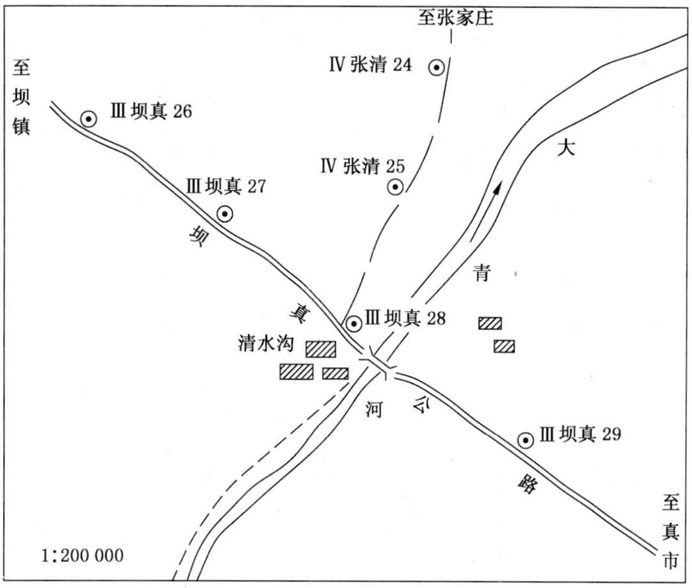</td><td colspan="3">单位为米
接测点标志图
点号：Ⅲ坝真 28
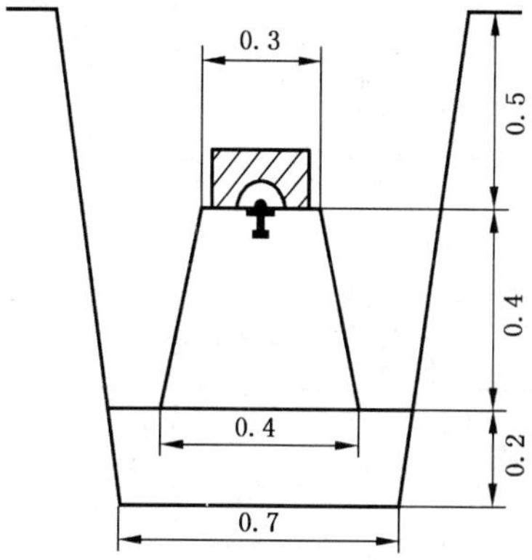</td></tr>
<tr><td>结点所在地</td><td colspan="5">山西省文胜县清水沟乡清水沟村村北公路交叉处</td></tr>
<tr><td>标石情况</td><td colspan="5">标石为混凝土普通水准标石，上标志离地面 0.5 m，铜标志，上有标志盖和保护盘完好无损。</td></tr>
<tr><td>原测单位</td><td colspan="2">水利部第二测绘大队</td><td>观测日期</td><td colspan="2">1982 年 6 月</td></tr>
<tr><td>接
测
情
况</td><td colspan="5">1. Ⅲ坝真线是水利部布设的三等水准路线，本队所设Ⅳ张清线在清水沟与之接测。
2. 接测点Ⅲ坝真 28 为普通水准标石。
3. 接测时曾检测Ⅲ坝真 28 至Ⅲ坝真 29，检测结果与原测结果相差 5 mm。
4. 接测结果记于Ⅳ张清 No 016 手簿。</td></tr>
<tr><td>接测单位</td><td>地矿部第三测绘大队</td><td>观测者</td><td>李华</td><td>观测日期</td><td>1988 年 8 月 17 日</td></tr>
</table>

图 A.3　水准网结点接测图

A.4　水准标志图

A.4.1　金属水准标志的圆球部应采用铜或不锈钢材料制作，圆盘和根络可用普通钢材。规格见图 A.4。

A.4.2　标志图中 a)、b)、c) 为安置在混凝土标石上的水准标志；a)、b) 为安置在钢管标石上的水准标志。

A.4.3　钢管标石水准标志的圆盘直径，依照采用的钢管直径和壁厚决定，应确保镶接牢固。

单位为毫米

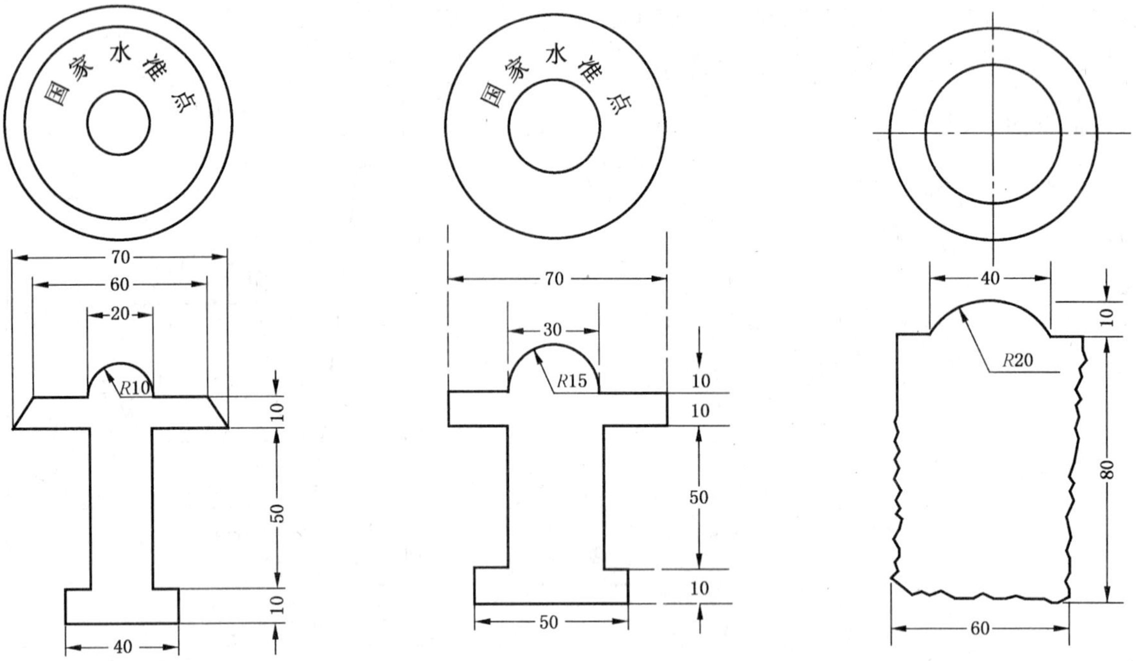

a）金属标志　　b）玻璃钢标志　　c）岩石标志

图 A.4　水准标志

A.5　水准标石类型图及造埋说明

A.5.1　各种类型水准标石的造埋规格式样如图 A.5 所示。

A.5.2　混凝土水准标石造埋说明：

a）　标石顶面中央嵌一水准标志。用字模在标石顶面压印水准路线等级、名称、水准点编号及埋设年、月，如图 A.6 所示。

b）　标石底盘均可用土模浇灌混凝土。

单位为米

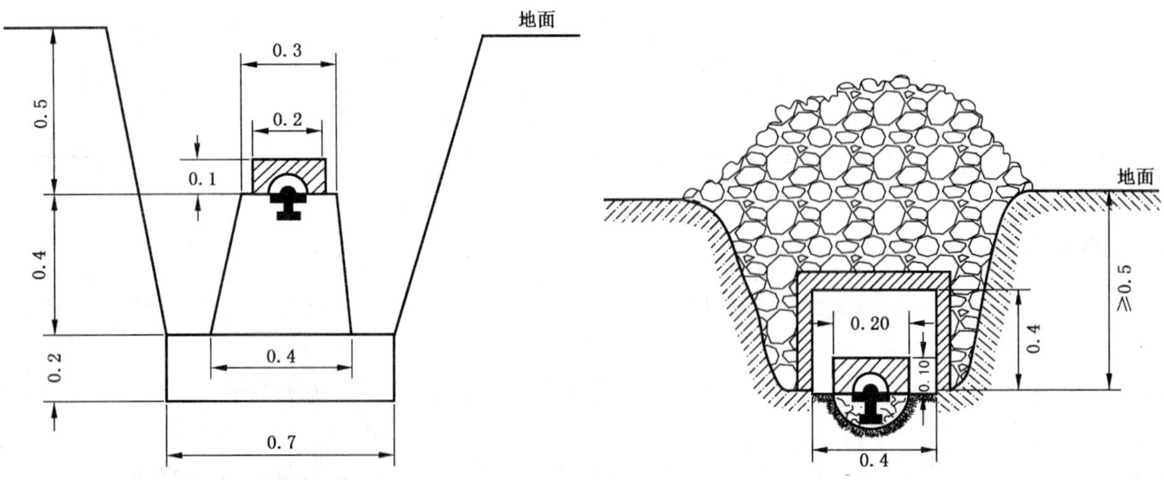

a）混凝土普通水准标石　　b）岩层普通水准标石

图 A.5　水准标石

单位为米

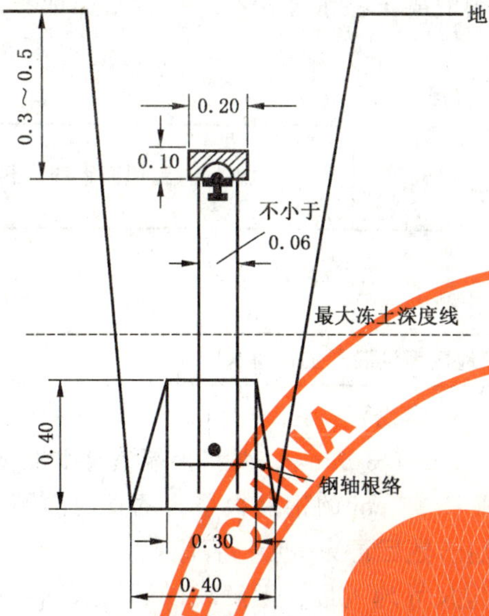

c）钢管普通水准标石

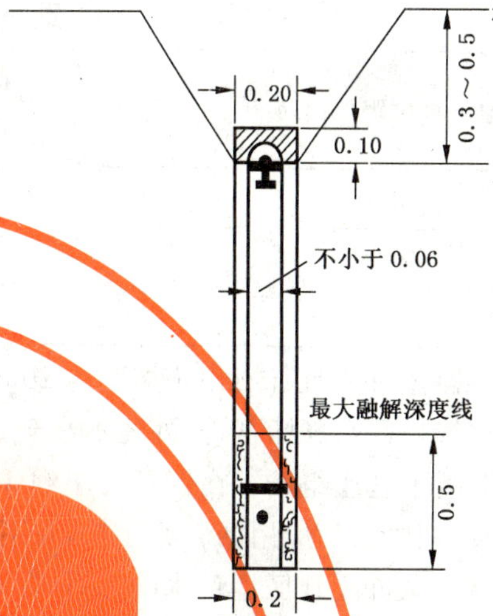

d）永冻地区钢管普通水准标石

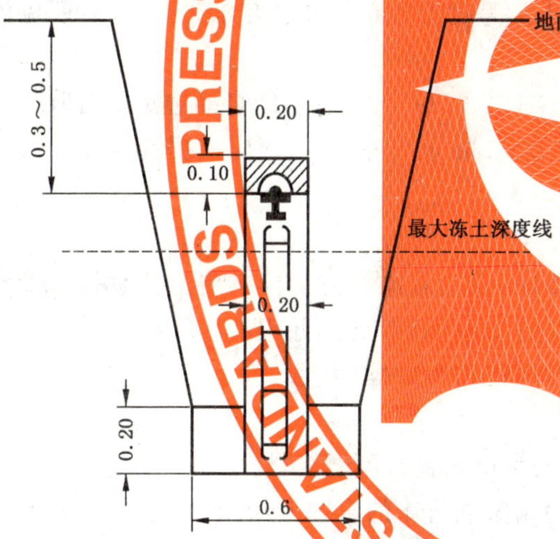

e）混凝土柱普通水准标石

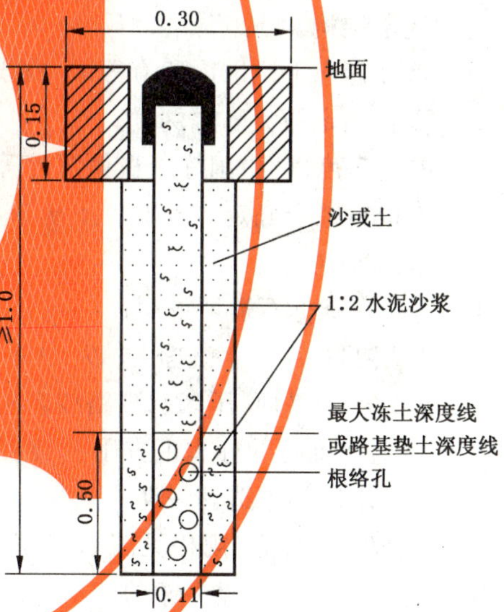

f）道路水准标石

图 A.5（续）

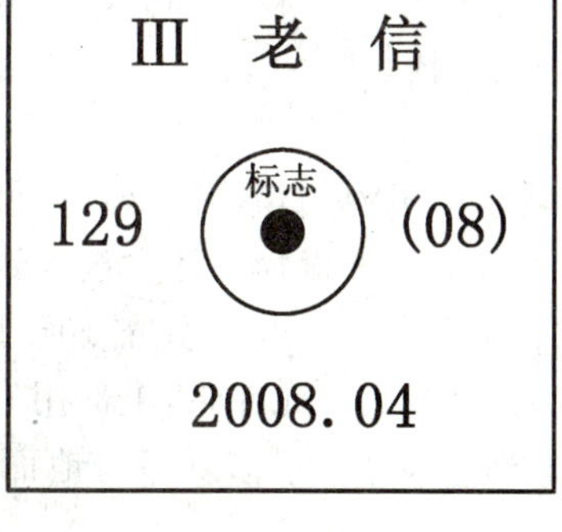

图 A.6　水准标石顶面水准标志

A.5.3 冻土地区水准标石造埋说明：

a) 冻土深度超过0.8 m的地区，普通水准标石应选用混凝土柱水准标石或钢管水准标石。标石埋设深度应依地下水位的高低按表A.2决定。

表A.2 标石埋设深度

单位为米

地下水位距地面高	标石底盘底部位于最大冻土深度线下	标志距地面距离
≤6	>0.5	0.3～0.5
6～10	>0.2	0.3～0.5
>10	按一般地区埋设混凝土普通水准标石	

b) 混凝土柱水准标石由横断面为20 cm×20 cm的方柱体或直径为20 cm的圆柱体与底盘组成。

c) 钢管普通水准标石，由外径不小于6 cm、管壁厚度不小于3 mm的钢管(上端镶有水准标志)与混凝土基座组成。在钢管底端约10 cm处装两根长25 cm的钢筋根络。钢管内灌满水泥沙浆，钢管表面应用沥青漆涂抹，并用旧布或麻线包扎，然后再涂一层沥青漆。

d) 在永久冻土地区埋设水准标石，标石底部应按规定尺寸埋入最大融解线以下的永冻层或不冻层中。采用机械或人工钻出不小于20 cm的孔，允许用定向爆破技术将坑底扩成球形或其他规则形状，现场浇灌基座，插入钢管或利用土模浇灌柱石。应严格控制爆破量，不能破坏周围地层结构。

e) 水准标志上应以压印有等级、路线名称和水准点编号的标志盖覆盖。在永久冻土区，还应依据资料确定最大融解深度。

f) 冻土深度以《中国冻土极值深度等值线图》(见GB/T 12897)为依据，结合勘选路线时收集的冻土资料综合确定。若两者不统一，应以最大值为准。在永久冻土区，还应依据资料确定最大融解深度。

A.5.4 岩层水准标石造埋说明：

a) 岩层洞孔应用水洗净，并以1∶2的水泥沙浆灌注，安放水准标志。标志周围沙浆抹0.2 m×0.2 m的平面，压印水准路线名称、等级、水准点编号、埋设年、月，并用红漆涂描。

b) 普通水准点的标志上方用混凝土或砖砌圈板围护，再用保护盘覆盖。

A.5.5 墙脚水准标志造埋说明：

a) 墙脚水准标志(规格见图A.7)用金属制造(圆鼓部应用铜或不锈钢材料)；

b) 标志应埋在已建多年的砖、石、混凝土建筑物的墙壁或石崖的直壁上，距地面约0.4 m～0.6 m处；

c) 埋设时，应在墙壁选定的位置挖凿孔洞，并用水洗净浸润，然后灌满以1∶2比例的水泥沙浆，嵌入标志；

d) 在标志上方墙面上用1∶1的水泥沙浆抹20 cm×20 cm的水泥面，压印等级、路线名称、水准点编号、埋设年、月，并用红漆涂描。

A.5.6 道路水准点标志造埋说明：

a) 道路水准点的标志采用黄褐色的PVC材料制作(规格见图A.8)。采用机械钻孔时，应避开自来水、煤气管道、光缆及电缆等地下埋设物。孔中放入外径不小于110 mm，壁厚不小于3 mm的PVC管，距管底部约0.5 m的管壁上均匀分布10～12个孔径为15 mm的圆孔。

b) 管内和管外下部空隙处灌入1∶2的水泥沙浆，上部用PVC胶粘接水准标志，标志周边再用三个相距约120°的螺钉固定到管壁上，标志顶部与地面齐平，埋设规格及形状见图A.5f)和图A.8。

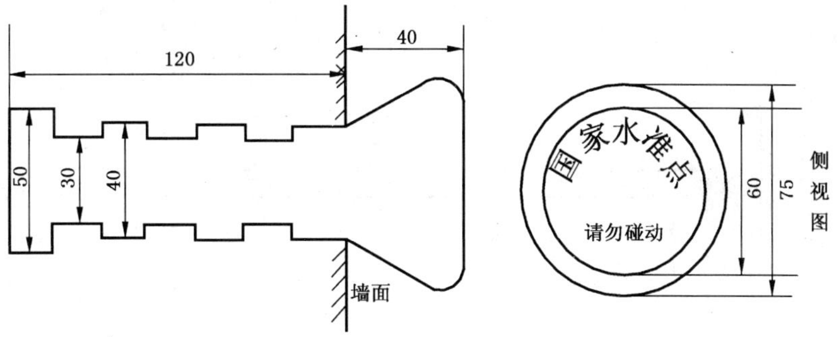

图 A.7　墙角水准标志

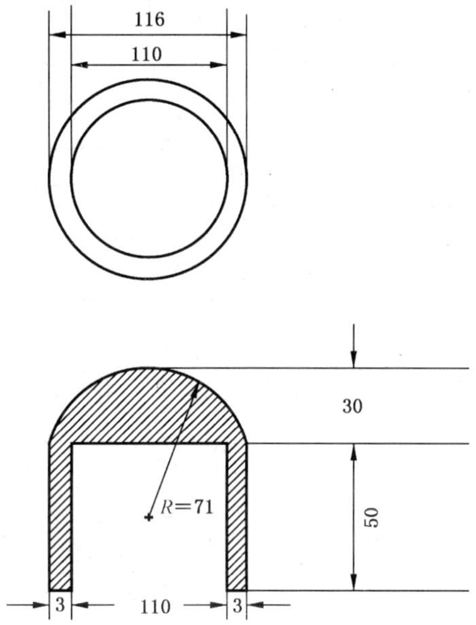

图 A.8　道路水准标志

A.6　水准点的外部整饰

A.6.1　水准标石防护沟、保护井规格见图 A.9、图 A.10。

A.6.2　普通水准标石的保护井可选用当地便于采集的材料，如砖、石砌筑，也可采用钢筋混凝土预制构件。

A.6.3　埋设保护盘时，有字的一面向上，字的顶端朝向正北方向。保护盘的规格式样见图 A.11。

单位为米

平面图

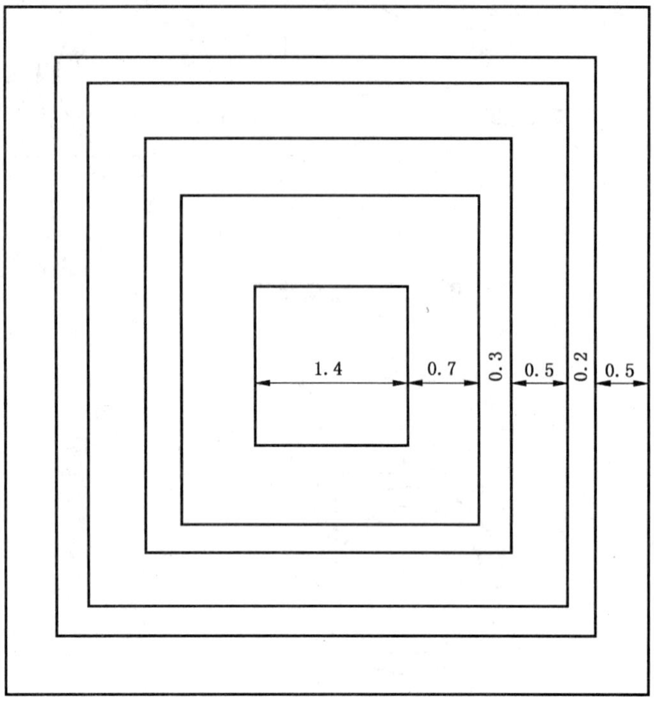

断面图

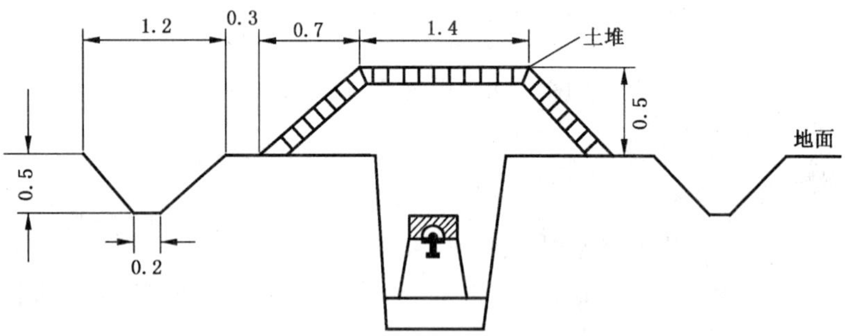

图 A.9 水准标石护沟

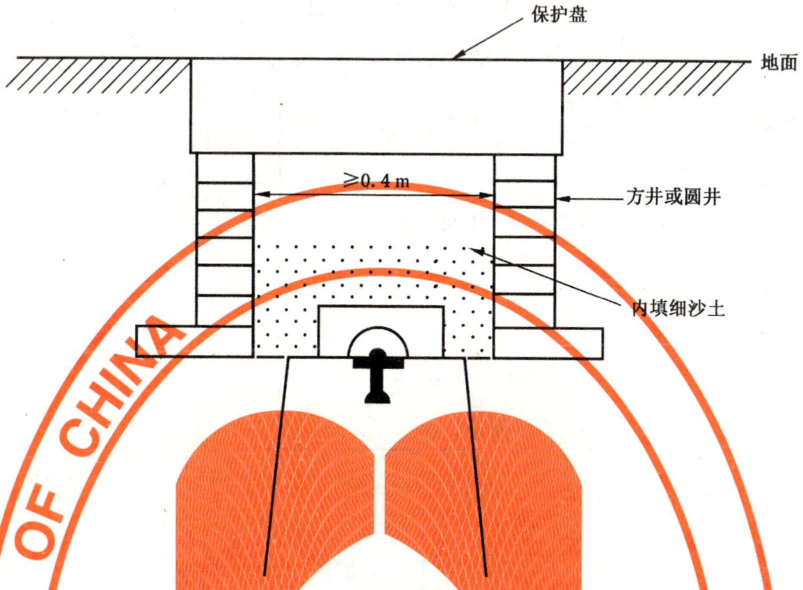

a) 庭院中水准标石护井

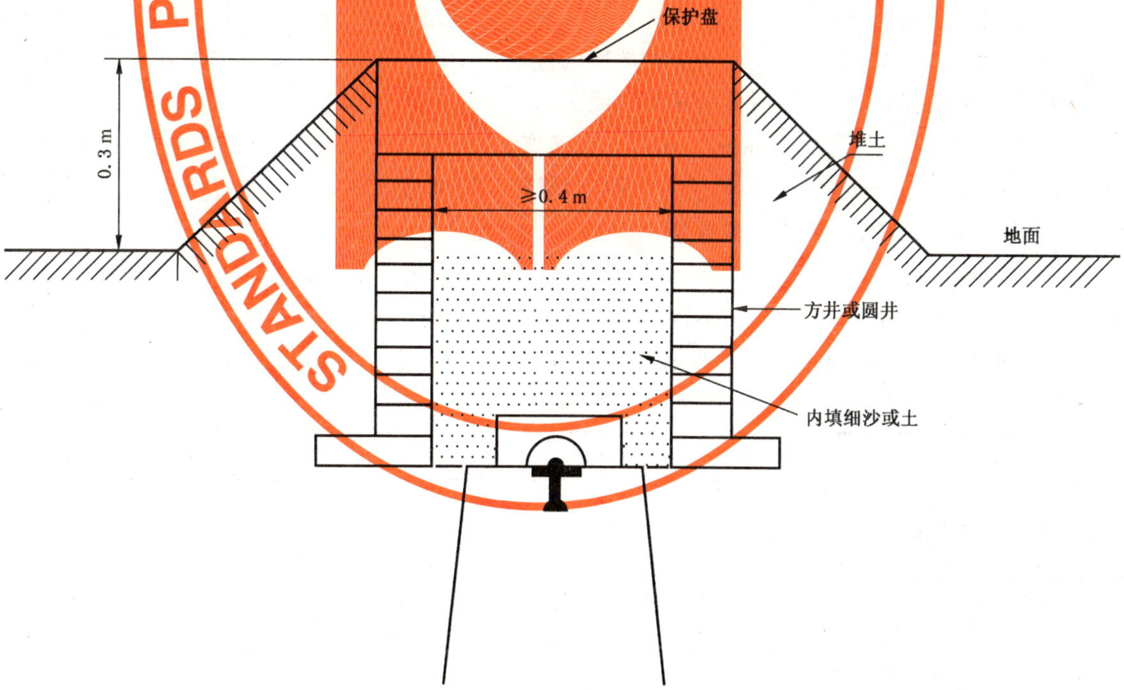

b) 庭院外水准标石护井

图 A.10　水准标石护井

单位为米

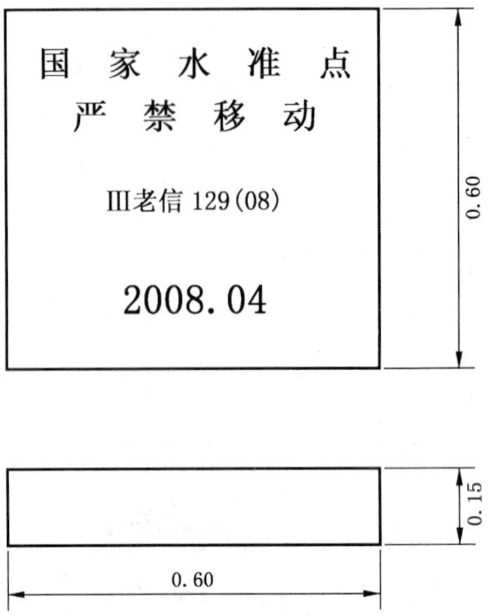

图 A.11　保护盘

A.7　水准标石材料用量表及混凝土施工要求

A.7.1　灌制混凝土标石所用材料应符合下列要求：

a）采用的水泥标号应不低于 P.032.5(425＃)。制作不受冻融影响的混凝土标石，应优先采用矿渣和火山灰质水泥，不得使用粉煤灰水泥。制作受冻融影响的标石，宜使用普通硅酸盐水泥，在制作受盐碱、海水或工业污水侵蚀地区的标石时，应使用抗硫酸盐水泥。在沙漠、戈壁等干燥环境中的标石，不得使用火山灰质水泥。

b）石子采用级配合格的 5 mm～40 mm 的天然卵石或坚硬碎石，不宜采用同一尺寸的石子。

c）沙子采用 0.15 mm～3 mm 粒径的中砂，含泥量不得超过 3%。

d）水应采用清洁的淡水，硫酸盐含量不得大于 1%。

e）外加剂可根据施工环境选用，如早强剂、防冻剂、减水剂、引气剂等，其质量应符合相应规定。对配钢筋混凝土或钢管标石，不得使用含氯盐的外加剂。

A.7.2　各类水准标石的材料用量可参照标石体积和采用骨料按表 A.3 和表 A.4 计算。

表 A.3　　单位为立方米

标石名称	部　位	体　积
混凝土普通水准标石	底盘	0.098
	柱石	0.049
钢管普通水准标石	基座	0.049
混凝土柱普通水准标石	底盘	0.072
	1 m 柱石	0.040
保护盘	底盘	0.040
	碑体	0.050
标志护盖		0.004

表 A.4

骨料品种	级配粒径 mm	水 质量/kg （体积/m^3）	水泥 质量/kg （体积/m^3）	砂 质量/kg （体积/m^3）	石 质量/kg （体积/m^3）	质量配合比例
碎石	5～40	180	300	600	1 226	0.6∶1∶2.2∶4.09
		(0.18)	(0.30)	(0.44)	(0.82)	0.6∶1∶1.47∶2.73
卵石	5～40	170	285	672	1 248	0.6∶1∶2.36∶4.38
		(0.17)	(0.28)	(0.45)	(0.83)	0.6∶1∶1.61∶2.96

注 1：埋设在冻土地区的标石，1 m^3 混凝土的水泥用量一律按 300 kg(0.3 m^3)取用。

注 2：表中配合例比适用于中砂，当采用细砂或粗砂时，水和水泥用量相应增加或减少 17 kg 和 10 kg。

注 3：当采用 5 mm～20 mm 粒径的碎石或卵石，应将水和水泥用量各增加 10%，砂、石用量不变。

A.7.3 混凝土施工要求：

a) 调制混凝土，应先将砂、石洗净。浇灌标石时，应逐层充分捣固。灌好后应防止日光照晒或风吹，根据气温情况每日浇水 2～5 次。

b) 气温在 0 ℃以下时，应加入防冻剂，拆模时间不得少于 24 h，否则不得施工。

c) 拆模时间可根据气温和外加剂性能决定，一般条件下，平均气温在 0 ℃以上时，拆模时间不少于 12 h。

A.8 水准测量标志委托保管书

A.8.1 测量标志委托保管书统一印制，格式如图 A.12。

测量标志委托保管书

点名：________________ 所在图幅：________________

标石种类：________________ 标志质料：________________

完整情况：________________

托管日期：________________

设置地点：________________

点位略图	

测量标志是社会主义经济建设和国防建设的重要设施，应长期保存。各级党、政领导机关和接管部门应对群众进行宣传教育，依法保护测量标志，不得拆除和移动，并严防破坏。埋设标志占用的土地，不得作其他使用。

现由________________代表________根据《中华人民共和国测绘法》，将上述测量标志委托________________接管，并负责保护。

托管单位：________________（盖公章）________代表：________

地址：________________________________邮编：________

接管单位：________________（盖公章）________代表：________

地址：________________________________邮编：________

此保管书共三份，一份随成果上交，一份由接管单位保存，一份由测量机关呈交地方测绘管理部门。

图 A.12 测量标志委托保管书

A.8.2 委托保管书背面印制内容如下：

中华人民共和国测绘法(节选)

2002年12月1实施

第二十六条 测绘人员进行测绘活动时，应当持有测绘作业证件。

任何单位和个人不得妨碍、阻挠测绘人员依法进行测绘活动。

第三十五条 任何单位和个人不得损毁或者擅自移动永久性测量标志和正在使用中的临时性测量标记，不得侵占永久测量标志用地，不得在永久性测量标志安全控制范围内从事危害测量标志安全和使用效能的活动。

本法所称永久性测量标志，是指各等级的三角点、基线点、导线点、军用控制点、重力点、天文点、水准点和卫星定位点的木质觇标、钢质觇标和标石标志，以及用于地形测图、工程测量和形变测量的固定标志和海底大地点设施。

第三十六条 永久性测量标志的建设单位应当对永久性测量标志设立明显标志，并委托当地有关单位指派专人负责保管。

第三十七条 进行工程建设，应当避开永久性测量标志；确实无法避开，需要拆迁永久性测量标志或者使永久性测量标志失去效能的，应当经国务院测绘行政主管部门或者省、自治区、直辖市人民政府测绘行政主管部门批准；涉及军用控制点的，应当征得军队测绘主管部门的同意。所需迁建费用由工程建设单位承担。

第三十八条 测绘人员使用永久性测量标志，必须持有测绘作业证件，并保证测量标志的完好。保管该测量标志的单位和人员，应当查验测量标志使用后的的完好状况。

第三十九条 县级以上人民政府应当采取有效措施加强测量标志的保护工作。

县级以上人民政府测绘行政主管部门应当按照规定检查、维护永久性测量标志。

乡级人民政府应当做好本行政区域内的测量标志保护工作。

第五十条 违反本法规定，有下列行为之一的，给予警告，责令改正，可以并处五万元以下的罚款；造成损失的，依法承担赔偿责任；构成犯罪的，依法追究刑事责任；尚不够刑事处罚的，对负有直接责任的主管人员和其他直接责任人员，依法给予行政处分：

(一) 损毁或者擅自移动永久性测量标志和正在使用中的临时性测量标志的；

(二) 侵占永久性测量标志用地的；

(三) 在永久性测量标志安全控制范围内从事危害测量标志安全和使用效能的活动的；

(四) 在测量标志占地范围内，建设影响测量标志使用效能的建筑物的；

(五) 擅自拆迁永久性测量标志或者使永久性测量标志失去使用效能，或者拒绝支付迁建费的；

(六) 违反操作规程使用永久性测量标志，造成永久性测量标志毁损的。

中华人民共和国刑法(节选)

1997年10月1日起实施

第三百二十三条 故意破坏国家边境的界碑、界桩或者永久性测量标志的，处三年以下有期徒刑或者拘留。

附　录　B
（规范性附录）
仪器检验方法

B.1　标尺的检视

B.1.1　标尺有无凹陷、裂缝、碰伤、划痕、脱漆等现象。

B.1.2　标尺刻划线是否清晰，有无异常伤痕。

B.2　水准标尺上圆水准器的检校

B.2.1　在距水准仪约 50 m 处的尺桩上安置水准标尺，使水准标尺的中线（或边缘）与望远镜竖丝精密重合。如标尺上的气泡偏离，则用改正针将标尺圆形水准气泡导至中央。

B.2.2　将水准标尺旋转 180°，使水准标尺的中线（或边缘）与水准仪竖丝精密重合。观察气泡，若气泡居中，表示标尺此面已垂直，否则应重新对水准仪十字丝进行检校。

B.2.3　旋转水准标尺 90°，检查标尺另一面是否垂直，其检校方法同 B.2.1、B.2.2 两项。

B.2.4　如此反复检校多次，使标尺能按标尺上圆水准器准确地位于垂直位置。

B.3　水准标尺分划面弯曲差的测定

B.3.1　测定方法

通过标尺两端引张一细直线，在标尺尺面的两端及中央分别量取分划面至此细直线的距离。

B.3.2　计算方法

标尺弯曲差 f 按式（B.1）计算：

$$f = R_{中} - (R_{上} + R_{下})/2 \qquad \cdots\cdots(B.1)$$

式中：

$R_{中}$——中间读数，单位为毫米（mm）；

$R_{上}$——上端读数，单位为毫米（mm）；

$R_{下}$——下端读数，单位为毫米（mm）。

f 不得大于 8 mm，否则，标尺长度 l 应按式（B.2）改正：

$$l = l' - 8f^2/(3l') \qquad \cdots\cdots(B.2)$$

式中：

l'——标尺名义长度，单位为毫米（mm）。

B.4　一对标尺零点不等差及基、辅分划读数差的测定

B.4.1　准备

在距水准仪约 20 m～30 m 的等距离处打下三个尺桩，使桩顶间高差约为 20 cm。

B.4.2　观测方法

此项检验应进行三个测回。每一测回中，分别在三个尺桩上依次安置一对标尺，每次分别照准基、辅分划各读数三次，且望远镜的视轴位置应保持不变。测回间应变换仪器高。

B.4.3　计算方法

分别计算每根标尺基、辅分划所有读数的中数。两标尺的基本分划读数中数的差，即作为一对标尺零点不等差。每一标尺基本分划读数的中数与辅助分划读数的中数的差，即为每一标尺基、辅分划读数差常数。此项检验范例见表 B.1。

表 B.1 一对标尺零点不等差及基辅分划读数差常数的测定

标尺:木质标尺 No.0423 No.0424 日期:2002-8-5 仪器:Ds3 780308

观测者: 记录者: 检查者: 单位为毫米

测回	桩号	No.0423 标尺读数			No.0424 标尺读数		
		基本分划	辅助分划	基辅读数差	基本分划	辅助分划	基辅读数差
Ⅰ	1	1 239	5 927	4 688	1 239	6 028	4 789
		1 239	5 926	4 687	1 239	6 026	4 787
		1 238	5 926	4 688	1 239	6 028	4 789
	2	1 477	6 132	4 685	1 477	6 234	4 787
		1 448	6 134	4 686	1 488	6 235	4 787
		1 447	6 134	4 687	1 448	6 234	4 786
	3	1 650	6 337	4 687	1 651	6 439	4 788
		1 649	6 338	4 689	1 651	6 438	4 787
		1 650	6 338	4 688	1 649	6 437	4 788
	平均	1 445.2	6 132.4	4 687.2	1 445.7	6 233.2	4 787.6
Ⅱ	1	1 244	5 932	4 688	1 245	6 033	4 788
		1 245	5 932	4 687	1 245	6 032	4 787
		1 245	5 932	4 687	1 245	6 033	4 788
	2	1 453	6 140	4 687	1 453	6 241	4 788
		1 453	6 140	4 687	1 454	6 240	4 786
		1 453	6 140	4 687	1 454	6 241	4 787
	3	1 654	6 340	4 686	1 655	6 442	4 787
		1 655	6 342	4 687	1 654	6 441	4 787
		1 655	6 341	4 686	1 655	6 441	4 786
	平均	1 450.8	6 137.7	4 686.9	1 451.1	6 238.2	4 787.1
Ⅲ	1	1 257	5 945	4 688	1 257	6 045	4 788
		1 256	5 943	4 687	1 257	6 044	4 787
		1 256	5 944	4 688	1 257	6 044	4 787
	2	1 466	6 152	4 686	1 467	6 253	4 786
		1 466	6 153	4 687	1 466	6 253	4 787
		1 465	6 153	4 688	1 466	6 253	4 787
	3	1 677	6 354	4 687	1 667	6 454	4 787
		1 666	6 353	4 687	1 667	6 454	4 787
		1 667	6 353	4 686	1 667	6 454	4 787
	平均	1 462.9	6 150.0	4 687.1	1 463.4	6 250.4	4 787.0
总中数		1 453.0	6 140.0	4 687.0	1 453.4	6 240.6	4 787.2
一对标尺零点不等差=0.4							

B.5 一对水准标尺名义米长的测定

B.5.1 准备

选择在温度稳定的室内进行此项检验。在检测前两小时将三等标准金属线纹尺或同等精度的检查尺和被检测的水准标尺放入检测处。检测时，水准标尺应放置在一平台上，使标尺背面与平台充分接触。

B.5.2 观测方法

每一标尺的基本分划与辅助分划均须检验。基本分划和辅助分划各应进行往、返测。往测时，测定基本分划面的0.25 m～1.25 m、0.85 m～1.85 m、1.45 m～2.45 m三个米间隔，返测时测定2.75 m～1.75 m、2.15 m～1.15 m、1.55 m～0.55 m三个米间隔。辅助分划面检定时，往测测定0.40 m～1.40 m、1.00 m～2.00 m、1.60 m～2.60 m三个米间隔，返测时测定2.90 m～1.90 m、2.30 m～1.30 m、1.70 m～0.70 m三个米间隔。

往测的观测：两个观测员分别注视检查尺的左、右两端，同时读定“该部分间隔”的两个分划线边缘在检查尺上的读数，微动检查尺，然后再读取这两个分划线边缘在检查尺上的读数。两次“左右端读数差”的差应不大于0.06 mm，否则立即重测。如此依次测定三个米间隔。每测定一个米间隔需读记温度。

返测的观测：返测时两观测员应互换位置，其他操作与往测相同。

B.5.3 计算方法

此项检验要求计算出每根标尺的每米间隔平均值。其基辅分划往返测中每一间隔名义米长按式(B.3)计算：

$$l_i = (A_{R_1} - A_{L_1} + A_{R_2} - A_{L_2})/2 + \Delta l_i \quad \cdots\cdots\cdots\cdots (B.3)$$

式中：

A_{L_1}——检查尺第一次左读数，单位为毫米(mm)；

A_{R_1}——检查尺第一次右读数，单位为毫米(mm)；

A_{L_2}——检查尺第二次左读数，单位为毫米(mm)；

A_{R_2}——检查尺第二次右读数，单位为毫米(mm)；

Δl_i——检查尺尺长温度改正值，单位为毫米(mm)；

l_i——每一间隔名义米长值，单位为毫米(mm)。

此项检验范例见表B.2。

表B.2 水准标尺名义米长的测定

标尺：区格式木质标尺025　　日期：2002-8-15

检查尺：三等标准金属线纹尺No.1119　$L=(1\,000-0.07)+0.018\,5\times(t-20°)$mm

观测者：　　记录者：　　检查者：　　单位为毫米

分划面	往返测	标尺分划间隔 m	温度 ℃	检查尺读数		右一左		检查尺尺长及温度改正	分划面名义米长
				左端	右端	右一左	中数		
基本分划	往测	0.25～1.25	25.0	1.20	1 001.60	1 000.40	1 000.39	+0.022	1 000.412
				1.40	1 001.78	1 000.38			
		0.85～1.85	25.0	0.40	1 000.70	1 000.30	1 000.27	+0.022	1 000.292
				1.14	1 001.38	1 000.24			
		1.45～2.45	25.0	2.06	1 003.10	1 001.04	1 001.04	+0.022	1 001.062
				0.76	1 001.80	1 001.04			

表 B.2（续）

单位为毫米

分划面	往返测	标尺分划间隔 m	温度 ℃	检查尺读数		右一左		检查尺尺长及温度改正	分划面名义米长
				左端	右端	右一左	中数		
基本分划	返测	2.75～1.75	25.0	3.22	1 004.36	1 001.14	1 001.15	+0.022	1 001.172
				1.00	1 002.16	1 001.16			
		2.15～1.15	25.0	1.01	1 001.42	1 000.41	1 000.40	+0.022	1 000.422
				1.00	1 001.40	1 000.40			
		1.55～0.55	25.0	1.34	1 001.44	1 000.10	1 000.12	+0.022	1 000.142
				0.08	1 000.22	1 000.14			
辅助分划	往测	0.40～1.40	25.0	0.42	1 000.70	1 000.28	1 000.29	+0.022	1 000.312
				1.52	1 001.82	1 000.30			
		1.00～2.00	25.1	0.74	1 000.90	1 000.16	1 000.15	+0.024	1 000.174
				2.94	1 003.08	1 000.14			
		1.60～2.60	25.1	0.24	1 000.30	1 000.06	1 000.05	+0.024	1 000.074
				0.58	1 000.62	1 000.04			
	返测	2.90～1.90	25.1	1.82	1 001.84	1 000.02	1 000.03	+0.024	1 000.054
				0.68	1 000.72	1 000.04			
		2.30～1.30	25.1	0.36	1 000.40	1 000.04	1 000.04	+0.024	1 000.064
				1.74	1 001.78	1 000.04			
		1.70～0.70	25.1	0.24	1 000.46	1 000.22	1 000.21	+0.024	1 000.234
				1.22	1 001.42	1 000.20			
一根标尺名义米长								1 000.368	

另一标尺 026 的检测记录从略；其名义米长为 1 000.453 mm，一对标尺平均名义米长为 1 000.41 mm。

B.6 水准标尺分米分划误差的测定

B.6.1 准备

此项检验用三等标准金属线纹尺或同等精度的检查尺在温度稳定的室内进行。在测定前 2 h，应将检查尺和被检验的水准标尺取出放在室内。

B.6.2 观测方法

每一标尺的基本分划与辅助分划均应检验。检验时可将标尺分划面分三个部分，即从 0.1 m～1.0 m、1.0 m～2.0 m、2.0 m～2.9 m。在每部分检验前应读记温度。

检验按部分进行，并由最下部分（分米注记最小者）开始，依次测定至最上部分。每一部分量测两次。第一次，使检查尺的零分划对准该部分的起始分米分划线的边缘，一观测员在检查尺的零端注视其有否移动，另一观测员由起始分划线起，依次按各分米分划线的边缘在检查尺上读数。第二次量测时，检查尺略为移动，按分米分划线的相反次序，仍以其边缘为准，读定检查尺读数。两次"左右读数差"的差应不大于 0.06 mm，否则立即重测。

B.6.3 计算方法

分米分划误差按式(B.4)计算：

$$\Delta l_i = L_i - L_0 + \Delta L_i - l_i \qquad \text{(B.4)}$$

式中：

Δl_i——各分类分划误差，单位为毫米(mm)；

L_i——各 2 分米分划线左、右边缘在检查尺上的读数中数，单位为毫米(mm)；

L_0——各部分起测分划线左、右边缘在检查尺上的读数中数，单位为毫米(mm)；

ΔL_i——检查尺长度与温度改正，单位为毫米(mm)；

l_i——各分米分划线距起测分划线的名义长度，单位为毫米(mm)；

此项检验范例见表 B.3。

表 B.3 水准标尺分米分划误差的测定

标尺：区格式木质标尺 025　　观测者：

检查尺：三等标准金属线纹尺 No. 1119　　记录者：

分划面：基本分划(黑面)日期：2002-8-15　　检查者：　　单位为毫米

测定部分温度	分米分划	检查尺读数			各分米分划线距起测分划线的长度	检查尺长度与温度改正	各分米分划线距起测分划线的真长	分米分划线的误差
		Ⅰ	Ⅱ	中数				
1	1	0.78	0.80	0.79	0.00	0.000	0.000	0.00
	2	101.02	101.04	101.03	100.24	+0.008	100.248	+0.25
	3	201.08	201.10	201.09	200.30	−0.014	200.286	+0.29
	4	301.04	301.04	301.04	300.25	−0.006	300.244	+0.24
	5	401.10	401.12	401.11	400.32	−0.018	400.302	+0.30
	6	501.22	501.22	501.22	500.43	−0.010	500.420	+0.42
	7	601.48	601.48	601.48	600.69	−0.012	600.678	+0.68
24.3	8	701.52	701.50	701.51	700.72	−0.034	700.686	+0.69
	9	801.74	801.74	801.74	800.95	−0.026	800.924	+0.92
	10	901.72	901.74	901.73	900.94	−0.008	900.932	+0.93
2	10	0.76	3.42	2.09	0.00	0.000	0.000	0.00
	11	100.52	103.24	101.88	99.79	+0.008	99.798	−0.20
	12	200.52	203.20	201.86	199.77	−0.013	199.757	−0.24
	13	300.52	303.22	301.87	299.78	−0.005	299.775	−0.22
	14	400.50	403.20	401.85	399.76	−0.017	399.743	−0.26
	15	500.68	503.40	502.04	499.95	−0.008	499.942	−0.06
	16	600.88	603.60	602.24	600.15	−0.010	600.140	+0.11
24.5	17	700.78	703.48	702.13	700.04	−0.032	700.008	+0.01
	18	800.90	803.58	802.24	800.15	−0.023	800.127	+0.13
	19	900.80	903.52	902.16	900.07	−0.005	900.065	+0.06
	20	1 001.04	1 003.76	1 002.40	1 000.31	+0.013	1 000.323	+0.32

表 B.3（续）

单位为毫米

测定部分温度	分米分划	检查尺读数			各分米分划线距起测分划线的长度	检查尺长度与温度改正	各分米分划线距起测分划线的真长	分米分划线的误差
		Ⅰ	Ⅱ	中数				
3	20	0.20	0.32	0.26	0.00	0.000	0.000	0.00
	21	100.08	100.24	100.16	99.90	+0.008	99.908	−0.09
	22	200.16	200.30	200.23	199.97	−0.013	199.957	−0.04
	23	300.22	300.40	300.31	300.05	−0.005	300.045	+0.04
	24	400.60	400.76	400.68	400.42	−0.017	400.403	+0.40
24.5	25	500.74	500.86	500.80	500.54	−0.008	500.532	+0.53
	26	600.84	600.96	600.90	600.64	−0.010	600.630	+0.63
	27	700.82	701.00	700.91	700.65	−0.032	700.618	+0.62
	28	801.00	801.14	801.07	800.81	−0.023	800.787	+0.79
	29	900.88	901.02	900.95	900.69	−0.005	900.685	+0.68
	30							

B.7 水准仪的检视

B.7.1 外观

各部件是否清洁;有无碰伤、划痕、污点、脱胶、镀膜脱落等现象。

B.7.2 转动部件

转动部件、各转动轴和调整制动螺旋等转动是否灵活、平稳;各部件有无松动、失调、明显晃动;螺纹是否完整,磨损程度等。

B.7.3 光学性能

各光学部件性能是否正常,望远镜视场呈像是否明亮、清晰、均匀,调焦性能是否正常等。

若距离 100 m～150 m 的标尺分划呈像模糊,则此望远镜不能使用。

B.7.4 补偿性能

自平水准仪的补偿器是否正常,有无粘摆现象。

B.7.5 设备件数

仪器部件及附件和备用零件是否齐全。

B.8 水准仪上概略水准器的检校

B.8.1 用脚螺旋将概略水准气泡导至中央,然后旋转仪器 180°。此时,若气泡偏离中央,则用水准器改正螺丝改正其偏差的一半,用脚螺旋改正另一半,以使气泡回到中央。

B.8.2 如此反复检校,直到仪器无论转在任何方向,气泡中心始终位于中央时为止。

B.9 水准仪十字丝的检校

B.9.1 准备

选择一避风的地方或室内安置仪器。在距仪器 10 m～20 m 处悬挂一垂球线。

B.9.2 方法

整平仪器后,观测十字丝竖丝是否与垂球线重合。若不重合,则用改正螺丝改正十字丝板,使其重合。此项校正完成后，用十字丝的横丝对准墙上标志，转动水平微动螺旋，观察十字丝的横丝是否始终对准此标志。此项检查均不应发现有明显的偏离，否则仪器不能使用。

B.10 水准仪视距常数的测定

B.10.1 准备

在一平坦场地上安置仪器，分别在距仪器约 5 m 和 50 m 的 A、B 两处各打一尺桩。在仪器中心挂一垂球，然后用钢尺丈量垂球中心到两标尺的距离，量至厘米。

B.10.2 观测方法

分别观测 A、B 标尺 4 测回，测回间应变换仪器高。每测回将仪器整平后，分别读上、下丝基、辅分划读数各一次。

B.10.3 计算方法

a) 乘常数按式(B.5)计算：

$$K = (D_B - D_A)/(\overline{l_B} - \overline{l_A}) \qquad \cdots\cdots(B.5)$$

式中：

D_A——A 标尺距仪器的距离，单位为毫米(mm)；

D_B——B 标尺距仪器的距离，单位为毫米(mm)；

$\overline{l_A}$——A 标尺上、下丝读数间隔平均值，单位为毫米(mm)；

$\overline{l_B}$——B 标尺上、下丝读数间隔平均值，单位为毫米(mm)；

b) 加常数按式(B.6)计算：

$$C = D - K \cdot \overline{l} \qquad \cdots\cdots(B.6)$$

式中：

$\overline{l}$ 可用 A 或 B 标尺的观测值代入计算。

c) 乘常数的测定中误差按式(B.7)计算：

$$m_K = \pm K/(\overline{l_B} - \overline{l_A}) \cdot \sqrt{([VV]_A + [VV]_B)/56} \qquad \cdots\cdots(B.7)$$

式中：

V——各上、下丝读数间隔和平均值之差，单位为毫米(mm)；

$[VV]_A$——A 标尺上的 V 平方和；

$[VV]_B$——B 标尺上的 V 平方和。

m_K 应不大于 K 值的 0.30%，否则应重测。

此项检验范例见表 B.4。

表 B.4 视距常数的测定

仪器：DS3 790501　　　　观测者：

日期：2002-8-21　　　　记录者：

温度：23.5 ℃　　　　检查者：

测回	分划面	D_A=5.50 m			D_B=50.45 m		
		上 丝读数 下	l_A=上－下		上 丝读数 下	l_B=上－下	
1	基本	1 553	51	$\overline{l_A}$=51.0 mm	1 777	499	$\overline{l_B}$=500.00 mm
		1 502			1 278		
	辅助	6 240	51	$[VV]_A$=6.00 mm^2	6 564	499	$[VV]_B$=6.00 mm^2
		6 189			6 065		

表 B.4（续）

测回	分划面	$D_A=5.50$ m 上 丝读数 下	l_A＝上－下		$D_B=50.45$ m 上 丝读数 下	l_B＝上－下	
2	基本	1 550	52		1 772	501	
		1 498			1 271		
	辅助	6 236	51		6 559	501	
		6 185			6 058		
3	基本	1 548	51	$\overline{l_A}=51.0$ mm	1 773	500	$\overline{l_B}=500.00$ mm
		1 497			1 273		
	辅助	6 237	51	$[VV]_A=6.00$ mm^2	6 560	501	$[VV]_B=6.00$ mm^2
		6 186			6 059		
4	基本	1 507	49		1 732	499	
		1 458			1 233		
	辅助	6 196	52		6 519	500	
		6 144			6 019		
$K=(D_B-D_A)/(\overline{l_B}-\overline{l_A})=100.11$　$C_A=D_A-K\overline{l_A}=0.39$ m　$m_K=\pm K/(\overline{l_B}-\overline{l_A})\cdot\sqrt{([VV]_A+[VV]_B)/56}=\pm0.10$ mm $C_B=D_B-K\overline{l_B}=0.39$ m							

B.11 水准仪调焦透镜运行误差的测定

B.11.1 准备

选择一平坦场地，根据场地情况在一直线上或半径为 25 m 的半圆周上依次布设 0，1，…，5 号点，打上尺桩，并使 0 号到其余各点的距离分别如下：

$D_1=5$ m；$D_2=10$ m；$D_3=20$ m；$D_4=30$ m；$D_5=50$ m；

距离应用钢尺丈量。此项检验应选择呈像清晰稳定的时间进行。

B.11.2 观测方法

每一安置仪器点，观测 4 测回。测回间应变换仪器基座 180°及仪器高。每测回先测往测，后测返测，返测观测标尺次序与往测次序相反。

采用直线法时，首先应分别在 0 号点到其他各点 i 的中点或中点一侧安置仪器，且使得设站点到 0 点的距离等于到 i 号点的距离，然后按规定程序观测 0 号点和 i 号点上的标尺读数。采用圆弧法时，在圆心安置仪器，按规定程序依次观测 0 到 5 号点上的标尺读数。此时，两种方法每测回中均不得变动焦距。

最后置仪器于 0 号点，按规定程序观测 1 号点至 5 号点上的标尺读数。

整个观测过程中，应采用单个标尺。采用直线法在 0 号点立尺时，可用一根标尺固定在 0 号点上，而用另一标尺作移动尺立于 1 至 5 号点上。

B.11.3 计算方法

a）0 号点与其他各点的高差 h_i 按(B.8)式计算：

$$h_i=L_0-L_i \quad\cdots\cdots(B.8)$$

式中：

L_0——对应于 L_i 的 0 号点各测回往返测读数平均值，单位为毫米(mm)；

L_i——对应 L_0 的 i 号点各测回往返读数平均值，单位为毫米(mm)。

b) 在0号点观测1～5号点的视线高度 H_i 按(B.9)计算：

$$H_i = M_i + h_i - 7.8 \times 10^{-5} \cdot D_i^2 \quad \cdots\cdots (B.9)$$

式中：

M_i——在0号点观测1～5号点的各测回往返标尺读数平均值，单位为毫米(mm)；

D_i——0点到其他各点的距离，单位为米(m)。

c) 调焦运行误差按(B.10)式计算：

$$V_i = \Delta_i + (23 - D_i) \cdot K \quad \cdots\cdots (B.10)$$

且

$$\Delta_i = H_i - \sum H_i/5 \qquad K = \sum(D_i\Delta_i)/1\ 280$$

此项检验范例见表B.5、表B.6。

表 B.5 用于调焦透镜运行误差检验的标准高差的测定

仪器：Ni030 No.167518　　温度：20 ℃　　观测者：

日期：2003-4-16　　呈像：清晰稳定　　检查者：

测回		桩号									
		0	1	0	2	0	3	0	4	0	5
1	往	1 479	1 547	1 463	1 546	1 435	1 605	1 395	1 668	1 280	1 693
	返	1 479	1 547	1 462	1 545	1 434	1 604	1 394	1 668	1 279	1 693
2	往	1 491	1 557	1 471	1 554	1 446	1 616	1 395	1 669	1 290	1 705
	返	1 490	1 557	1 471	1 553	1 446	1 616	1 395	1 669	1 290	1 705
3	往	1 485	1 553	1 443	1 527	1 433	1 602	1 386	1 659	1 294	1 709
	返	1 485	1 554	1 443	1 527	1 433	1 602	1 386	1 659	1 293	1 709
4	往	1 473	1 539	1 450	1 533	1 441	1 611	1 392	1 665	1 301	1 716
	返	1 473	1 540	1 450	1 532	1 441	1 610	1 392	1 665	1 301	1 715
中数 L_i		1 481.9	1 549.2	1 456.6	1 539.6	1 438.6	1 608.2	1 391.9	1 665.2	1 291.0	1 705.6
$h_i = L_0 - L_i$/mm		−67.3		−83.0		−169.6		−273.3		−414.6	

表 B.6 调焦透镜运行误差的测定

仪器：Ni030　No.167518　　温度：20 ℃　　观测者：

记录者：

日期：2003-4-16　　呈像：清晰稳定　　检查者：

0号点到其他各点的距离 D_i/m						
1	往	1 582	1 598	1 684	1 786	1 926
	返	1 582	1 598	1 683	1 787	1 925
2	往	1 590	1 606	1 692	1 793	1 933
	返	1 591	1 605	1 691	1 794	1 934
3	往	1 598	1 613	1 700	1 801	1 941
	返	1 598	1 613	1 699	1 801	1 941
4	往	1 575	1 591	1 678	1 778	1 918
	返	1 575	1 592	1 677	1 779	1 919
中数 M_i/mm		1 586.4	1 602.0	1 688.0	1 789.9	1 929.6

表 B.6（续）

0号点到其他各点的距离 D_i/m					
h_i/ mm	−67.3	−83.0	−169.6	−273.3	−414.6
$-7.8\times10^{-5}\cdot D_i^2$	0	0	0	−0.1	−0.2
$H_i=M_i+h_i-7.8\times10^{-5}\cdot D_i^2$	1 519.1	1 519.0	1 518.4	1 516.5	1 514.8
$\Delta_i=H_i-\frac{1}{5}\Sigma H_i$	+1.6	+1.5	+0.8	−1.1	−2.8
$V_i=\Delta_i+(23-D_i)\cdot K$	−0.3	+0.1	+0.5	−0.4	+0.1
$K=\frac{\Sigma(D_i\cdot\Delta_i)}{1\ 280}=-0.104\ 7$ 检核 $\Sigma\Delta_i=\Sigma V_i=0$					

B.12 气泡式水准仪交叉误差的检校

B.12.1 准备

选择一平坦场地，在距标尺约50 m处安置仪器，并使其一脚螺旋位于望远镜至标尺的视准面内。

B.12.2 检验方法

将仪器整平后，照准标尺读数。然后将视准面侧方一脚螺旋向一方转动二周，使仪器向侧方倾斜，同时将另一侧方脚螺旋反方向转动，使原有标尺读数保持不变。此时观察气泡两端是否仍符合或互相偏离若干距离。然后反向转动两侧的脚螺旋，使其在原有读数保持不变的情况下，气泡两端恢复符合的位置。

同法，使仪器向另一方向倾斜，并观察原有读数保持不变情况下气泡两端是否仍符合或互相离开若干距离。

在上述仪器向两侧倾斜的情况下，若气泡两端保持符合，或同向离开相同距离，则表示无交叉误差，若两端异向离开，则表示不能满足，异向离开大于2 cm时，应进行校正。

B.12.3 校正方法

将水准器侧方的一改正螺丝放松，另一侧方改正螺丝拧紧，使水准器向左、右移动至气泡两端恢复符合时为止。

B.13 水准仪 i 角检校

B.13.1 准备

在一平坦场地上用钢卷尺依次量取一直线 I_1ABI_2 或 AI_1I_2B 或 AI_1BI_2，其中 I_1、I_2 为安置仪器处，A、B 为立标尺处。在线段 I_1ABI_2 上使 $I_1A=BI_2$；在线段 AI_1I_2B 上，使 $AI_1=I_2B$；在线段 AI_1BI_2 上，使 $AI_1=I_1B$。设 $D_1=BI_2$，$D_2=AI_2$，使近标尺距离 D_1 约为5 m～7 m，远标尺距离 D_2 约为40 m～50 m。分别在 A、B 处各打一尺桩。

B.13.2 观测方法

在 I_1、I_2 处先后安置仪器，仔细整平仪器后，分别在 A、B 标尺上各照准读基本分划四次。

B.13.3 计算方法

i 角按式(B.11)计算：

$$i=\Delta\cdot\rho''/(D_2-D_1)-1.61\times10^{-5}\cdot(D_1+D_2) \quad\cdots\cdots\cdots\cdots(\text{B.11})$$

且：

$$\Delta=\begin{cases}[(a_2-b_2)-(a_1-b_1)]/2 & \text{按 } I_1ABI_2 \text{ 或 } AI_1I_2B \text{ 设站时}\\(a_2-b_2)-(a_1-b_1) & \text{按 } AI_1BI_2 \text{ 设站时}\end{cases}$$

式中：

i——i 角值，单位为角秒(″)；

ρ''——206 265，单位为角秒($''$)；

a_2——在 I_2 处观测 A 标尺的读数平均值，单位为毫米(mm)；

b_2——在 I_2 处观测 B 标尺的读数平均值，单位为毫米(mm)；

a_1——在 I_1 处观测 A 标尺的读数平均值，单位为毫米(mm)；

b_1——在 I_1 处观测 B 标尺的读数平均值，单位为毫米(mm)；

D_1——仪器距近标尺距离，单位为毫米(mm)；

D_2——仪器距远标尺距离，单位为毫米(mm)。

B.13.4 校正

对于 i 角大于 20″的仪器应进行校正。对于自动安平水准仪，应送有关修理部门进行校正。对于气泡式水准仪，按下述方法校正。

在 I_2 处，用倾斜螺旋将望远镜视线对准 A 标尺上应有的正确读数 a'_2，a'_2 按式(B.12)计算：

$$a'_2 = a_2 - \frac{\Delta \cdot D_2}{D_2 - D_1} \qquad \text{(B.12)}$$

然后校正水准器改正螺丝使气泡居中。校正后将仪器望远镜对准 B 标尺读数 b'_2，b'_2 应与式(B.13)计算结果一致，以此作检核。

$$b'_2 = b_2 - \frac{\Delta \cdot D_1}{D_2 - D_1} \qquad \text{(B.13)}$$

校正需反复进行，使 i 角合乎要求为止。

此项检验范例见表 B.7。

表 B.7 i 角的检校

仪器：DS3 80607	方法：I_1ABI_2	观测者：
日期：1989-8-5	标尺：A：0235 B：0236	记录者：
时间：9：25	呈像：清晰	检查者：

仪器距近标尺距离 D_1=6.8 m，仪器距远标尺距离 D_2=40.3 m				
仪器站	I_1		I_2	
观测次序	A 尺读数 a_1	B 尺读数 b_1	A 尺读数 a_2	B 尺读数 b_2
1	1 484	1 489	1 510	1 517
2	1 485	1 487	1 511	1 516
3	1 484	1 488	1 510	1 517
4	1 484	1 487	1 512	1 517
中数	1 484.2	1 487.8	1 510.8	1 516.8
高差 $(a-b)$/mm	−3.6		−6.0	
方法：I_1ABI_2 / AI_1I_2B　$[(a_2-b_2)-(a_1-b_1)]/2=(-0.6+3.6)/2=-1.2$ mm 方法：AI_1BI_2　$\Delta=(a_2-b_2)-(a_1-b_1)=$ $i=\Delta\cdot\rho''/(D_2-D_1)-1.61\times10^{-5}\cdot(D_1+D_2)=-7.39-0.76=-8.15''$ $a_2'=a_2-\frac{\Delta\cdot D_2}{D_2-D_1}=$　　$b_2'=b_2-\frac{\Delta\cdot D_1}{D_2-D_1}=$				

B.14 水准仪测站高差观测中误差和竖轴误差的测定

B.14.1 准备

在一平坦场地分别打两个尺桩 A、B，使 A、B 的距离 D_{AB} 为：

对于三等，$D_{AB}=120$ m；对于四等，$D_{AB}=160$ m。在 A、B 连线的中点安置仪器。

B.14.2 观测方法

此项检验分 6 组进行。每相邻两个观测组应在一个时间段内检验完毕。每组观测前，应将三个脚螺旋 i、j、k 置于一定的位置；第Ⅰ、Ⅲ、Ⅴ组，分别使两脚螺旋 ij、jk、ki 平行于 AB、第Ⅱ、Ⅳ、Ⅵ组分别在前一组脚螺旋位置上旋转基座 180°。

每组观测 10 测回。测回间应变换仪器高。每测回应按相应等级的测站上水准测量限差和观测程序要求观测中丝读数，且奇数测回照准次序为 $ABBA$，偶然测回照准次序为 $BAAB$。

B.14.3 计算方法

a) 测站观测中误差按式(B.14)计算：

$$m_h=\pm\sqrt{\Sigma[VV]/54} \qquad \text{(B.14)}$$

式中：

V——每组观测高差平均值与测回观测高差之差，单位为毫米(mm)；

$[VV]$——每组 V^2 之和；

$\Sigma[VV]$——各组$[VV]$之和；

m_h——测站观测中误差，单位为毫米(mm)。

b) 竖轴误差按式(B.15)计算：

$$\Delta_i=(h_{2i-1}-h_{2i})/2 \qquad \text{(B.15)}$$

式中：

Δ_i——基座三个位置上的竖轴误差，单位为毫米(mm)；

h_{2i-1}——奇数组的观测高差平均值，单位为毫米(mm)；

h_{2i}——偶然组的观测高差平均值，单位为毫米(mm)。

此项检验范例见表 B.8。

表 B.8 测站高差观测中误差和竖轴误差的测定

仪器：DS3 760302　　日期：1989-8-2　　观测者：

标尺：A 0321 B 0322　　时间：9∶40　　记录者：

呈像：清晰　　温度：18.5 ℃　　检查者：

第一组 $D=120.0$ m									
测回	标尺	标尺读数		基＋K－辅	测回	标尺	标尺读数		基＋K－辅
		基本分划	辅助分划				基本分划	辅助分划	
Ⅰ	A	1 603	6 291	−1	Ⅲ	A	1 614	6 300	+1
	B	1 468	6 254	+1		B	1 479	6 266	0
	A−B	135	137	−2		A−B	135	134	+1
	h	136.0				h	134.5		
Ⅱ	A	1 615	6 303	−1	Ⅳ	A	1 601	6 288	0
	B	1 481	6 268	0		B	1 466	6 254	−1
	A−B	134	135	−1		A−B	135	134	+1
	h	134.5				h	134.5		

表 B.8（续）

第一组 D=120.0 m									
测回	标尺	标尺读数		基+K−辅	测回	标尺	标尺读数		基+K−辅
		基本分划	辅助分划				基本分划	辅助分划	
Ⅴ	A	1 603	6 290	0	Ⅷ	A	1 618	6 305	0
	B	1 469	6 255	+1		B	1 483	6 271	−1
	$A-B$	134	135	−1		$A-B$	135	134	+1
	h	134.5				h	134.5		
Ⅵ	A	1 605	6 291	+1	Ⅸ	A	1 616	6 304	−1
	B	1 469	6 256	0		B	1 482	6 268	+1
	$A-B$	136	135	+1		$A-B$	134	136	−2
	h	135.5				h	135.0		
Ⅶ	A	1 610	6 298	−1	Ⅹ	A	1 615	6 304	−2
	B	1 474	6 262	−1		B	1 481	6 269	−1
	$A-B$	136	136	0		$A-B$	134	135	−1
	h	136.0				h	134.5		

h=135.00 mm　　$m_h=\pm\sqrt{\Sigma[VV]/54}=\pm 0.64$ mm

$[VV]$=3.725　　$\Delta_1=(h_2-h_1)/2=(134.8-135.0)/2=-0.10$ mm

$\Sigma[VV]$=22.300　　$\Delta_2=(h_4-h_3)/2=(135.1-134.7)/2=\pm 0.20$ mm

$\Delta_3=(h_6-h_5)/2=(134.9-135.1)/2=-0.10$ mm

其他组略去。

B.15 经纬仪垂直度盘测微器行差的测定

B.15.1 测定方法

测定垂直度盘测微器行差时，垂直度盘的整置位置见表 B.9。

表 B.9

序　号	度盘位置
1	88°00′
2	89°20′
3	90°40′
4	92°00′
5	93°20′

每一位置的测定程序如下：

a) 将测微器的指标对正零分划线，转动望远镜使垂直度盘处于整置位置，用垂直微动螺旋使整置位置的分划线 A 与对径分划线 $A\pm180°$ 重合。

b) 按下列顺序，各精密重合两次，同时进行测微器读数（读数可按正、负数读，以 DJ2 型仪器为例：多于 0°，60°读作正数；少于 0°，60°读作负数）。

a——A 与（$A\pm180$ ℃）两分划重合时的读数；

b——$(A-i)$与$(A\pm180\ ℃)$两分划重合时的读数；

c——A 与$(A\pm180\ ℃-i)$两分划重合时的读数；其中 i 为度盘最小格值。

B.15.2 计算方法

测微器行差按式(B.16)计算：

$$r=(r_{正}+r_{倒})/2 \qquad \text{(B.16)}$$

且

$$r_{正}=\mu\Sigma(a_i-b_i)/2$$

$$r_{倒}=\mu\Sigma(a_i-c_i)/5$$

式中：

μ——测微器分划值。

此项检验范例见表 B.10。

表 B.10 垂直度盘测微器行差的测定

仪器：Wild T2 No. 140094　　　　日期：1980-8-2

观测者：　　　　记录者：　　　　检查者：

指标读数	a/格	b/格	c/格	$a-b$	$a-c$	备注
88°00′	+0.1	+3.3	+3.0	−3.2	−2.9	$\mu=2''$
	+0.4	+3.7	+2.7	−3.3	−2.3	
				−3.25	−2.60	
89°20′	−2.3	−1.1	+1.0	−1.2	−3.3	
	−2.1	−2.0	+0.1	−0.1	−2.2	
				−0.65	−2.75	
90°40′	−0.4	+0.1	−0.2	−0.5	−0.2	
	−1.4	−1.0	−0.5	−0.4	−0.9	
				−0.45	−0.55	
92°00′	+1.5	+0.6	+0.2	+0.9	+1.3	
	+0.7	−0.4	−0.3	+1.1	+1.0	
				+1.00	+1.15	
93°20′	−1.0	+0.3	+0.7	−1.3	−1.7	
	−0.4	−0.3	+1.6	−0.1	−2.0	
				−0.70	−1.85	
中数				−0.81	−1.32	

$r_{正}=-1.62''$　$r_{倒}=-2.64''$

$r=-2.13''$　$r_{正}-r_{倒}=+1.02''$

B.16 经纬仪一测回垂直角观测中误差的测定

B.16.1 准备

选择一平坦空地安置经纬仪。距仪器 30 m～50 m 处，打入一尺桩，安置经过分米误差测定的因瓦水准标尺。用钢卷尺量取仪器至标尺分划面的距离，两次互差不超过 3 mm 时，取中数采用。

B.16.2 观测方法

整平仪器后于盘左位置照准标尺上 5 dm 分划线两次，并读取垂直度盘和测微器读数，依次向上照准相邻分米分划线并读数，直至 30 dm 分划线为止。再置仪器于盘右位置，自 30 dm 分划线起依次照准各分米分划线至 5 dm 分划线并读数，即完成第Ⅰ仪器位置的观测。

同一分划线两次照准读数差不应大于 2″。指标差互差不得大于 10″。变换仪器高，重复上述操作进行第Ⅱ仪器位置的观测。

B.16.3 计算方法

a) 标尺测定分划间隔观测误差按式(B.17)计算：

$$\Delta_i = \Delta l_i - (D\tan\alpha_i - D\tan\alpha_{i+1}) \quad \cdots\cdots(\text{B.17})$$

式中：

Δl_i——分划间隔真长，单位为毫米(mm)；

D——标尺距仪器的距离，单位为毫米(mm)；

α_i——分划观测垂直角。

b) 一测回垂直角观测中误差计算按式(B.18)计算：

$$m_\alpha = \sqrt{[\Delta\Delta]/(2n)} \cdot \rho''/D \quad \cdots\cdots(\text{B.18})$$

式中：

$[\Delta\Delta]$——各 Δ_i 平方之和；

n——Δ_i 的个数；

ρ''——206 265，单位为角秒(″)。

此项检验范例见表 B.11、表 B.12。

表 B.11 垂直角观测中误差的测定

仪器：T2 No. 29984　　　　观测者：

视线长度：D=34.93 m　　　　记录者：

日期：1990-2-17 8:20　　　　检查者：

分米分划	度盘	垂直度盘读数				中数	指标差		
		Ⅰ			Ⅱ		垂直角		
		(°)	(′)	(″)	(″)	(″)	(°)	(′)	(″)
010	左	91	53	44.4	43.8	44.1		+	19.1
	右	268	06	54.2	54.0	54.1	−1	53	25.0
012	左	91	43	51.5	50.0	50.8		+	17.6
	右	268	16	44.0	44.8	44.4	−1	43	3.2
014	左	91	34	04.1	04.9	04.5		+	20.0
	右	268	26	36.0	35.0	35.5	−1	33	44.5
016	左	91	24	13.2	14.4	13.8		+	19.4
	右	268	36	24.5	25.5	25.0	−1	23	54.4
018	左	91	14	20.1	21.3	20.7		+	18.8
	右	268	46	16.6	17.2	16.9	−1	14	01.9
020	左	91	04	30.1	28.6	29.4		+	18.0
	右	268	56	07.0	06.2	06.6	−1	04	11.4

其他分米分划观测记录格式与此相同。

表 B.12 一测回垂直角观测中误差的计算

仪器：Wild T3 №.29981　　计算者：　　检查者：　　单位为毫米

仪器位置		I			II		
分米分划	名义分米间隔长度	分米分划线对仪器高差	相邻分划线高差	Δ	分米分划线对仪器高差	相邻分划线高差	Δ
10		−1 152.81			−1 210.14		
	100.01		100.31	−0.30		100.02	−0.01
12		−1 052.50			−1 110.00		
	100.00		99.78	+0.22		99.88	+0.12
14		−952.72			−1 010.12		
	100.00		100.00	0		100.10	−0.10
16		−852.72			−909.92		
	99.97		100.39	−0.42		99.83	+0.14
18		−752.33			−810.09		
	99.99		100.04	−0.05		100.02	−0.03
20		−652.29			−709.96		
	100.00		99.75	+0.25		100.02	−0.02
22		−552.54			−609.90		
	100.00		99.72	+0.28		100.03	−0.03
24		−452.82			−509.82		
	100.02		100.15	−0.13		100.01	+0.01
26		−352.67			−409.74		
	100.00		99.97	+0.03		99.87	+0.13
28		−252.70			−309.97		
	100.01		100.08	−0.07		100.02	−0.21
30		−152.62			−209.82		
	100.00		99.78	+0.22		99.97	+0.03
32		−52.84			−109.92		
	100.00		100.49	−0.49		100.09	−0.09
34		+47.65			−9.80		
	100.00		100.16	−0.16		100.05	−0.05
36		+147.81			+90.32		
	100.02		99.42	+0.60		99.88	+0.14
38		+247.23			+190.20		
	100.00		100.24	−0.24		100.21	−0.21
40		+347.47			+290.41		
	99.98		100.10	−0.12		99.87	+0.11
42		+447.57			+390.21		
	100.00		100.10	−0.10		100.03	−0.03
44		+547.67			+490.44		
	100.00		99.66	+0.34		99.91	+0.09
46		+647.33			+5 909.25		
	100.00		100.07	−0.07		99.91	+0.09
48		+747.40			+690.07		
	100.02		100.38	−0.36		100.23	−0.21
50		+847.78			+790.34		
	100.00		99.82	+0.18		99.89	+0.11
52		+946.60			+890.21		
	99.97		99.76	+0.21		99.91	+0.06
54		+1 046.36			+990.12		
	100.00		100.32	−0.32		100.26	−0.26
56		+1 146.68			+1 090.38		
	100.00		99.72	+0.28		99.79	+0.21
58		+1 246.40			+1 190.17		
	100.00		100.34	−0.34		100.22	−0.22
60		+1 346.74			+1 290.39		

$[\Delta\Delta]=2.556\,0$

一测回垂直角观测中误差：

$$M_\alpha=\pm\sqrt{[\Delta\Delta]/(2n)}\cdot\rho''/D=\pm\sqrt{2.556/100}\times 206\,265/34\,930=\pm 0.94''$$

附　录　C
（规范性附录）
跨河水准测量觇板制作与观测记录

C.1　跨河水准测量觇板的制作

C.1.1　觇板用铝或其他金属或有机玻璃制造，背面设有夹具，可沿标尺面滑动，并能用螺旋控制，使其可靠地固定于标尺上任一位置。

C.1.2　觇板中央开一小窗，小窗中央设一水平指标线（用马尾丝或细铜丝），以指示觇板固定标尺的位置。

C.1.3　照准标志可绘成图C.1或其他易于观测的形式，标志中心线必须与觇板指标线精密重合。

整块觇板的构造示意图如图C.1。

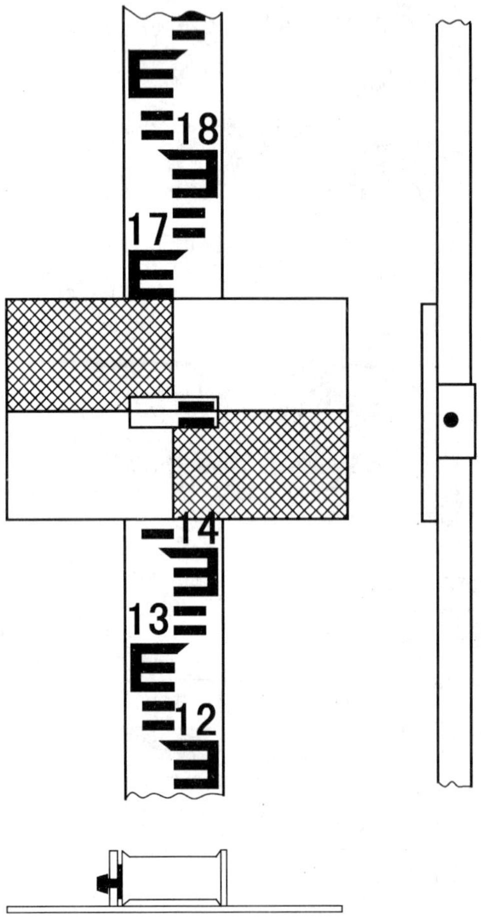

图 C.1

C.2　跨河水准测量记录

直接读尺法和光学测微法的观测可直接在水准观测手簿中记录，格式见表C.1、表C.2。

表 C.1 马腾江 四等跨河水准测量记录、计算

（适用于直接读尺法、光学测微法）

日期：1990-2-12　　　　仪器：HB-1 No. 17092

时刻：始：14：10　　　　观测者：张云

末：16：05　　　　记录者：李风

呈像：清晰　　　　第一测回上半测回

测站	后尺 下丝	前尺 下丝	尺号	标尺读数		K加黑减红	高差中数
	后尺 上丝	前尺 上丝		黑面	红面		
	后距	前距					
	视距差						
A_1	1 885	1 030	后(b_1)	1 753	6 439	1	0.852
	1 620	0 772	前(I_1)	0 900	5 587	0	
	26.5	25.8	后－前	0 853	0 852		
	0.7		$h_{b_1I_1}$	0 852			
I_1	近标尺读数(b_1)			黑面	红面		0.866
				2 336	7 022	1	
	远标尺读数(I_2)		Ⅰ	1 472			
			Ⅱ	1 467			
			中数	1 470			
	$h_{b_1I_2}$			0 866			

表 C.2 第一测回下半测回

测站				黑面	红面		高差中数
I_2	近标尺读数(b_2)			黑面	红面		−0.805
				0 672	5 358	1	
	远标尺读数(I_1)		Ⅰ	1 477			
			Ⅱ	1 477			
			中数	−0 805			
	$h_{b_2I_1}$						
测站	后尺 下丝	前尺 下丝	尺号	标尺读数		K加黑减红	高差中数
	后尺 上丝	前尺 上丝		黑面	红面		
	后距	前距					
	视距差						
A_2	1 948	1 152	后(I_1)	1 792	6 478	1	0.798
	1 638	0 837	前(b_2)	0 994	5 680	1	
	31.0	31.5	后－前	0 798	0 798		
	−0.5		$h_{I_1b_2}$	0 798			

高差计算：

上半测回高差 $h_{b_1b_2}=h_{b_1I_2}+h_{I_2b_2}=0.866+0.798=1.664$

下半测回高差 $h_{b_2b_1}=h_{b_2I_1}+h_{I_1b_1}=-0.805+(-0.85)=-1.657$

一测回高差：

$$H_{b_1b_2}=\frac{1}{2}(h_{b_1b_2}-h_{b_2b_1})=[1.664-(-1.657)]\times\frac{1}{2}=1.660\ \text{m}$$

附 录 D
(规范性附录)
观测手簿格式与高差表编算

D.1 水准测量手簿和高程导线测量记录格式

水准测量电子记录的手簿格式见 CH/T 2006;手工记录的手簿格式见图 D.1～图 D.4。

高程导线测量的记录和计算示例见表 D.1～图 D.3。

宜 江 至 新 城

三(四)等水准观测手簿№.02

前接手簿№.01 后接手簿№.03

2002 年

陕西省测绘局 101 测量队

(测量单位名称)

图 D.1 水准观测手簿封面

水准路线由宜江起经____至新城止

仪器名称____NS3____No：____670607

制造厂名____南京测绘仪器厂

望远镜放大倍率____30×____视距常数____100

水准器分划值____20″/2 mm____测微器分划值____

倾斜螺旋分划值____

仪器检查校正情况____良好

标尺名称____黑红面标尺____No.____5____No.____6

制造厂名____扬州测绘仪器厂

读数差常数4787____4687

刻划间隔____1.0 cm

标尺检查校正情况____良好

观测者____王自强

记簿者____张德良

图 D.2　副封面

水准路线图

（标出图幅分幅线、水准路线、点位、号数

及与路线联测的三角点或其他点）

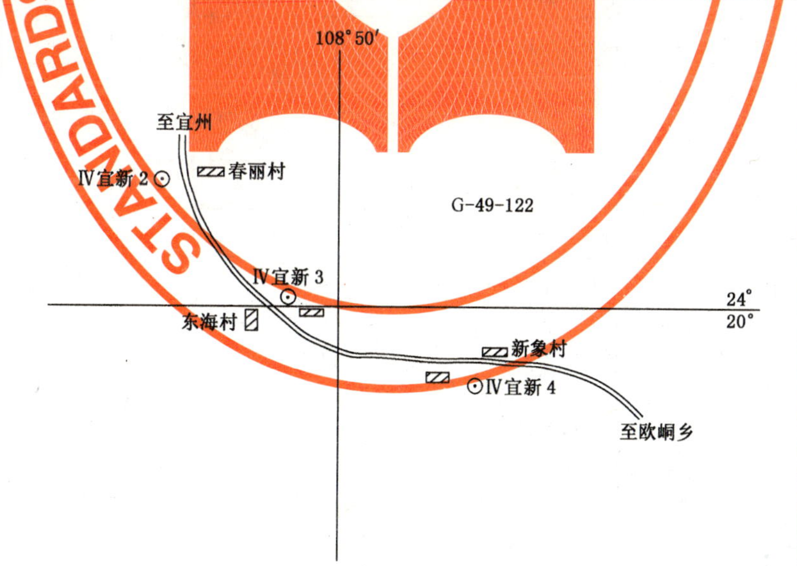

1∶200 000

注：经纬线用红色绘出。

图 D.3　水准路线图

观测记录、计算

往测：自Ⅲ宜新 3 至Ⅲ宜新 4　　　　1988 年 8 月 2 日

时刻：始：8 时 05 分　　　　天气：晴

末：时　分　　　　呈像：清晰

测站编号	后尺	前尺	方向及尺号	标尺读数		K 加黑减红	高差中数	备考
	下丝 / 上丝	下丝 / 上丝		黑面	红面			
	后距	前距						
	视距差 *d*	Σ						
	(1)	(5)	后	(3)	(8)	(10)		
	(2)	(6)	前	(4)	(7)	(9)		
	(12)	(13)	后－前			(11)		
	(14)	(15)						
1	1 571	0 739	后　5	1 384	6 171	0		
	1 197	0 363	前　6	0 551	5 239	－1		
	374	376	后－前			＋1		
	－0.2	－0.2						
2	2 121	2 196	后	1 934	6 621	0		
	1 747	1 821	前	2 008	6 796	－1		
	374	375	后－前			＋1		
	－0.1	－0.3						
3	1 914	2 055	后	1 726	6 513	0		
	1 539	1 678	前	1 866	6 554	－1		
	375	377	后－前			＋1		
	－0.2	－0.5						
4	1 965	2 141	后	1 832	6 519	0		
	1 700	1 874	前	2 007	6 793	＋1		
	265	267	后－前			－1		
	－0.2	－0.7						
5	1 540	2 813	后	1 304	6 091	0		
	1 069	2 357	前	2 585	7 272	0		
	471	456	后－前			0		
	＋1.5	＋0.8						
			后					
			前					
			后－前					

图 D.4　观测记录、计算

表 D.1 电磁波测距高程导线测量记录

测段：自 城河 至 东村

日期：1990-2-14　　仪器：DI20 40501　　观测者：王山

天气：阴　　棱镜：三棱镜　　记录者：万水

测站：N1　时刻：始：9：15

照准点：N2　　末：9：40

	读数	测回 I	测回 Ⅱ	测回 Ⅲ	测回 Ⅳ
距离测量	1	825.253	825.253	825.252	825.250
	2	253	254	253	251
	3	254	253	252	250
	4	253	253	252	250
	中数	825.253	825.253	825.252	825.250
	各测回中数	825.252 0			
	气温	9.7 ℃		气压	728 mmHg[a]

	测回	盘左 (°) (′) (″)	(″)	盘右 (°) (′) (″)	(″)	指标差	垂直角 (°) (′) (″)
垂直角测量	Ⅰ	90 04 01	00.5	269 55 26	26.0	−16.8	−0 04 17.2
		00		26			
	Ⅱ	90 03 55	56.0	269 55 25	24.5	−19.8	−0 04 15.8
		57		24			
	Ⅲ	90 03 56	55.5	269 55 25	25.0	−19.8	−0 04 15.2
		55		25			
	Ⅳ	90 03 57	56.5	269 55 26	25.5	−19.0	−0 04 15.5
		56		25			
	中数—0 0 415.9						

仪器高			觇标高		
仪器高	Ⅰ	1.547 m	觇标高	Ⅰ	1.715 m
	Ⅱ	1.548		Ⅱ	1.715
	中数	1.547 5		中数	1.715 0

a 1 mm Hg=133.322 4 Pa。

表 D.2 电磁波测距高程导线测量高差计算表

（适用于每点设站）

测段：自 城河 至 碑林 日期：2002-2-18 计算者：陈明 检查者：钱亮亮

测站点	照准点	斜距观测值 1	气象修正 mm 2	加常数 mm 3	乘常数 mm 4	斜距 S_i 5=1+2+3+4	垂直角 α_i ° ′ ″ 6	$S_i \cdot \sin\alpha_i$ 7	$(S \cdot \cos\alpha)^2/2R$ 8	仪器高 i 9	觇标高 v_i 10	高差 h' 11=7+8+9−10	高差中数 h 12
N1	N2	724.233 0	8.0	0.98	−8.0	724.234 0	+0 50 55.5	+10.728 0	0.041 2	1.575 0	1.559 0	+10.785 2	+10.778
N2	N1	724.230 0	8.0	0.98	−8.0	724.231 0	−0 51 15.0	−10.796 4	0.041 2	1.559 0	1.575 0	−10.771 2	
N2	N3	855.144 2	8.0	0.98	−9.0	855.144 2	+0 33 43.6	+8.389 4	0.057 4	1.559 0	1.553 0	+8.452 8	+8.444
N3	N2	855.138 5	8.0	0.98	−9.0	855.138 5	−0 34 07.3	−8.487 6	0.057 4	1.553 0	1.559 0	−8.436 2	
N3	N4	871.182 0	10.0	0.98	−10.0	871.183 0	−1 10 56.8	−17.977 8	0.059 6	1.625 0	1.545 2	−17.838 4	−17.845
N4	N3	871.188 2	10.0	0.98	−10.0	871.189 2	+1 10 31.8	+17.872 4	0.059 6	1.545 2	1.625 0	+17.852 2	
													Σ +1.377

注：R——地球平均曲率半径取 6 369 000 m。

表 D.3 电磁波测距高程导线测量高差计算表

（适用于隔点设站）

测段：自 和平门 至 自强路　　日期：2002-2-24　　计算者：赵青　　检查者：徐红

测站点	路线	照准点	斜距观测值	气象修正 mm	加常数 mm	乘常数 mm	斜距 S_i	垂直角 α_i ° ′ ″	$S_i\sin\alpha_i$	觇标高 v_i	$(S\cdot\cos\alpha)^2/2R$	单路线高差 h'	高差中数
			1	2	3	4	5=1+2+3+4	6	7	8	9	10	11
A_1	左	N1	167.981 0	7.0	1.0	−1.9	167.987 1	+1 07 32.3	+3.300 1	1.584 2	0.002 2	−3.257 4	−3.260 9
		N2	108.845 5	7.0	1.0	−1.2	108.852 3	+0 19 11.8	+0.607 8	2.148 0	0.000 9		
	右	N1	167.952 2	7.0	1.0	−1.9	167.958 3	+1 08 33.6	+3.349 4	1.584 2	0.002 2	−3.264 4	
		N2	108.805 0	7.0	1.0	−1.2	108.812 0	+0 20 32.4	+0.650 1	2.148 0	0.000 9		
A_2	左	N2	457.593 2	7.0	1.0	−4.6	457.596 4	+1 19 20.8	+10.560 8	2.148 0	0.016 4	−13.383 8	−13.382 8
		N3	471.713 5	7.0	1.0	−4.8	471.716 5	−0 24 41.4	−3.387 9	1.584 2	0.017 5		
	右	N2	457.603 0	7.0	1.0	−4.6	457.606 4	+1 19 42.9	+10.610 1	2.148 0	0.016 4	−13.381 7	
		N3	471.725 2	7.0	1.0	−4.8	471.728 4	−0 24 18.9	−3.336 5	1.584 2	0.017 5		

注：R——地球平均曲率半径取 6 369 000 m。

D.2 外业高差改正数计算

D.2.1 水准标尺长度误差的改正

D.2.1.1 依据水准标尺名义米长测定结果计算改正数，若在作业期间一对标尺名义米长变化量不大于 0.08 mm 时，则取测前、测中、测后标尺测定的中数进行改正；若超过 0.08 mm 时，应分别进行改正（特别是所测路线高差较大时）；当其变化超过 0.15 mm 时，则应分析变化原因，决定是否重测或如何进行改正。

D.2.1.2 水准标尺每米改正系数 f 按式(D.1)计算：

$$f = l - 1\,000 \qquad \cdots\cdots\cdots\cdots (\text{D.1})$$

式中：

l——对标尺名义米长测定中数，单位为毫米(mm)。

往(返)测高差的尺长改正数 δ 按式(D.2)计算：

$$\delta = f \cdot h \qquad \cdots\cdots\cdots\cdots (\text{D.2})$$

式中：

f——标尺改正系数，单位为毫米每米(mm/m)；

h——往测或返测高差值，单位为米(m)。

D.2.2 正常水准面不平行的改正

测段高差的正常水准面不平行改正数 ε 按式(D.3)计算：

$$\varepsilon = -A \cdot H \cdot \Delta\phi \qquad \cdots\cdots\cdots\cdots (\text{D.3})$$

式中：

A——常系数，以测段始、末点纬度平均值 ϕ 为引数在表 D.5 中查取；

H——测段始、末点近似高程平均值，单位为米(m)；

$\Delta\phi$——测段末点纬度减去始点纬度的差值，单位为分(′)。

计算示例见表 D.4。

表 D.4 正常水准面不平行改正数的计算

三等水准路线：自宜州至柳城　　　　计算者：

水准点编号	纬度 ϕ (°)(′)	观测高差 h'	近似高程	平均高程 H	纬差 $\Delta\phi$ (′)	$H \cdot \Delta\phi$	正常水准面不平行改正 $\varepsilon = -AH\Delta\phi$ mm	附记
Ⅱ杨宝 35	24　28		425					已知： Ⅲ柳宝 35 高程为：424.876 m Ⅱ汉南 21 高程为：781.960 m
		+20.345		435	−3	−1 305	+2	
Ⅲ宜柳 1	25		445					
		+77.304		484	−3	−1 452	+2	
Ⅲ宜柳 2	22		523					
		+55.577		550	−3	−1 650	+2	
Ⅲ宜柳 3	19		578					
		+73.451		615	−3	−1 845	+2	
Ⅲ宜柳 4	16		652					
		+17.094		660	−2	−1 320	+2	
Ⅲ宜柳 5	14		669					
		+32.772		686	−3	−2 058	+2	
Ⅲ宜柳 6	11		702					
		+80.548		742	−2	−1 484	+2	
Ⅱ汉南 21	9		782					

此项计算也可直接在表 D.6 上进行。

表 D.5 正常水准面不平行改正数的系数 A 表

$A = 0.000\ 001\ 537\ 1 \cdot \sin 2\phi$

ϕ	0′	10′	20′	30′	40′	50′
(°)	10^{-9}	10^{-9}	10^{-9}	10^{-9}	10^{-9}	10^{-9}
0	000	009	018	027	036	045
1	054	063	072	080	089	098
2	107	116	125	134	143	152
3	161	170	178	187	196	205
4	214	223	232	240	249	258
5	267	276	285	293	302	311
6	320	328	337	346	354	363
7	372	381	389	398	406	415
8	424	432	441	449	458	466
9	475	483	492	500	509	517
10	526	534	542	551	559	567
11	576	584	592	601	609	617
12	625	633	641	650	658	666
13	674	682	690	698	706	714
14	722	729	737	745	753	761
15	769	776	784	792	799	807
16	815	822	830	837	845	852
17	860	867	874	882	889	896
18	903	911	918	925	932	939
19	946	953	960	967	974	981
20	988	995	1 002	1 008	1 015	1 022
21	1 029	1 035	1 042	1 048	1 055	1 061
22	1 068	1 074	1 081	1 087	1 093	1 099
23	1 106	1 112	1 118	1 124	1 130	1 136
24	1 142	1 148	1 154	1 160	1 166	1 172
25	1 177	1 183	1 189	1 195	1 200	1 206
26	1 211	1 217	1 222	1 228	1 233	1 238
27	1 244	1 249	1 254	1 259	1 264	1 269
28	1 274	1 279	1 284	1 289	1 294	1 299
29	1 304	1 308	1 313	1 318	1 322	1 327
30	1 331	1 336	1 340	1 344	1 349	1 353
31	1 357	1 361	1 365	1 370	1 374	1 378
32	1 382	1 385	1 389	1 393	1 397	1 401
33	1 404	1 408	1 411	1 415	1 418	1 422
34	1 425	1 429	1 432	1 435	1 438	1 441

表 D.5（续）

φ	0′	10′	20′	30′	40′	50′
(°)	10^{-9}	10^{-9}	10^{-9}	10^{-9}	10^{-9}	10^{-9}
35	1 444	1 447	1 450	1 453	1 456	1 459
36	1 462	1 465	1 467	1 470	1 473	1 475
37	1 478	1 480	1 482	1 485	1 487	1 489
38	1 491	1 494	1 496	1 498	1 500	1 502
39	1 504	1 505	1 507	1 509	1 511	1 512
40	1 514	1 515	1 517	1 518	1 520	1 521
41	1 522	1 523	1 525	1 526	1 527	1 528
42	1 529	1 530	1 530	1 531	1 532	1 533
43	1 533	1 534	1 534	1 535	1 535	1 536
44	1 536	1 536	1 537	1 537	1 537	1 537
45	1 537	1 537	1 537	1 537	1 537	1 536
46	1 536	1 536	1 535	1 535	1 534	1 534
47	1 533	1 533	1 532	1 531	1 530	1 530
48	1 529	1 528	1 527	1 526	1 525	1 523
49	1 522	1 521	1 520	1 518	1 517	1 515
50	1 514	1 512	1 511	1 509	1 507	1 505
51	1 504	1 502	1 500	1 498	1 496	1 494
52	1 491	1 489	1 487	1 485	1 482	1 480
53	1 478	1 475	1 473	1 470	1 467	1 465
54	1 462	1 459	1 456	1 453	1 450	1 447

D.2.3 水准路(环)线闭合差改正

若所计算的水准路线自成独立环线，或闭合于两个已知高程的水准点之间的单一符合路线，则此路线的闭合差 W 应按测段的测站数成正比的比例配赋于各测段的高差中，按式(D.4)计算每个测段的高差改正数 v：

$$v=-\frac{R}{[R]}\cdot W \qquad \text{(D.4)}$$

式中：

W——经过标尺长度改正和正常水准面不平行改正后的路(环)线闭合差，单位为毫米(mm)；

R——每测段的测站数；

$[R]$——路线测站数。

D.3 外业高差与概略高程差

高差与概略高程差的示例见表 D.6。

单程双转点观测的右、左路线高差分别填入往、返测高差项中。

表 D.6 三等水准测量外业高差与概略高程差

路线名称：Ⅲ宜柳线 自 宜州 至 柳城　　施测年份：2002 年　　编算者：______ 检查者：______ 校算者：______

标石类型 / 水准点编号	水准点位置（至重要地物的方向与距离）	测段编号	测段距离 R km	距起算点距离 km	往测方向	土质（土、砂、石松紧与植被等）	天气 往测	天气 返测	往测 施测月日	往测 测站数 上午	往测 测站数 下午	返测 施测月日	返测 测站数 上午	返测 测站数 下午	观测高差 往测 m（标尺长度改正 δ）	观测高差 返测 m（标尺长度改正 δ）	往返测高差不符值 Δ mm	不符值积累 mm	加 δ 后往返测高差中数 h' / 正常水准面不平行改正 ε / 闭合差改正 v/mm	概略高程 $H=H_0+\sum h'+\sum\varepsilon+\sum v$ mm
普通Ⅱ 杨宝 35	宜州县第二中学院内			0.0														0.0		424 876[a]
		1	5.8		东南	坚实黏土	阴	阴晴不定	7.2	50	28	7.19	28	48	+20.344 4 −8	−20.346 3 +8	−1.9		+20 345 +2 −1	
普通Ⅲ 宜柳 1	宜州县太平乡良川村 2 号电线杆北 20 m 处			5.8														−1.9		445 222
		2	5.6		东南	坚实土	阴	晴	7.3	30	50	7.18	50	28	+77.304 2 −31	−77.302 8 +31	+1.3		+77 300 +2 −1	
普通Ⅲ 宜柳 2	宜州县太平乡春秀村 13 号公里碑西 50 m 处			11.4														−0.6		522 523
		3	5.0		东南	坚实土	晴	阴	7.5	24	30	7.16	30	22	+55.576 1 −22	−55.577 6 +22	−1.6		+55 575 +2 −1	
普通Ⅲ 宜柳 3	宜州县太平乡东河村东北约 200 m 处			16.4														−2.2		578 099
		4	6.0		东南	带沙实土	阴晴不定	阴	7.6	48	30	7.15	28	48	+73.450 2 −29	−73.451 8 +29	−1.6		+73 448 +2 −1	
岩通Ⅲ 宜柳 4	沂城县欧同乡新象村小学北 100 m 处			22.4														−3.8		651 548
		5	5.4		南	坚实土	阴晴不定	晴	7.7	28	26	7.14	24	30	+17.094 7 −7	−17.094 1 +7	+0.6		+17 094 +2 −1	
普通Ⅲ 宜柳 5	沂城县欧同乡龙门村西南 55 m 处			27.8														−3.2		668 643
		6	5.7		南	坚实土	阴	晴	7.10	30	32	7.13	30	30	+32.770 6 −13	−32.772 9 +13	−2.3		+32 770 +2 −1	
岩通Ⅲ 宜柳 6	沂城县欧同乡中学北 58 m 处			33.5														−5.5		701 414
		7	5.9		东南	坚实土	阴	阴晴不定	7.11	46	28	7.12	28	44	+80.548 5 −32	−80.547 0 +32	+1.5		+80 545 +2 −1	
普通Ⅱ 汉南 21	柳城县公安局院内			39.4														−4.0		781 960[a]

备注：

仪器：Ni030 43024

标尺：5015 5016

$f=-0.04$ mm/m

偶然中误差 $M_\Delta=\pm1.9$ mm

计算路线	长度 km
Ⅲ宜柳 1-14	39
Ⅲ柳宝 1-12	70

[a] 为已知高程，计算时应用红色填写。

ICS 13.060.30
Z 64

中华人民共和国国家标准

GB/T 12917—2009
代替 GB/T 12917—1991

油污水分离装置

Oily water separating equipment

2009-03-09 发布 2009-11-01 实施

中华人民共和国国家质量监督检验检疫总局
中国国家标准化管理委员会 发布

前　言

本标准代替 GB/T 12917—1991《油污水分离装置》。

本标准与 GB/T 12917—1991 相比主要变化如下：

——范围由“处理油性污水的分离装置”改为“处理矿物油性污水的装置”；

——修改了引用标准；

——对试验用油的密度进行了修改，删去了分油元件部分；

——删去分油元件浸泡试验和耐久考核试验。

本标准由中国船舶重工集团公司提出。

本标准由全国船用机械标准化技术委员会归口。

本标准起草单位：中国船舶重工集团公司第七〇四研究所。

本标准主要起草人：顾培韻、陈志斌。

本标准所替代标准的历次版本发布情况为：

——GB/T 12917—1991。

油污水分离装置

1 范围

本标准规定了油污水分离装置(以下简称:装置)的要求、试验方法和检验规则,以及标志、包装、运输和贮存等。

本标准适用于处理矿物油性污水的装置的设计、制造和验收。

2 规范性引用文件

下列文件中的条款通过本标准的引用而成为本标准的条款。凡是注日期的引用文件,其随后所有的修改单(不包括勘误的内容)或修订版均不适用于本标准,然而,鼓励根据本标准达成协议的各方研究是否可使用这些文件的最新版本。凡是不注日期的引用文件,其最新版本适用于本标准。

GB 150 钢制压力容器

GB/T 191 包装储运图示标志(GB/T 191—2008,ISO 780:1997,MOD)

GB/T 9065.3 液压软管接头 连接尺寸 焊接式或快换式

GB/T 11914—1989 水质 化学需氧量的测定 重铬酸盐法

GB 14048.1 低压开关设备和控制设备 第1部分:总则(GB 14048.1—2006,IEC 60947-1:2001,MOD)

GB/T 16488—1996 水质 石油类和动植物油的测定 红外光度法

3 额定处理量系列

装置额定处理量指装置每小时所处理的含油污水量。其系列值应符合表1的规定。

表1 额定处理量系列

单位为立方米每小时

0.10	0.25	0.50	1.00	2.00	3.00	4.00	5.00
10.00	15.00	20.00	25.00	50.00	100.00	150.00	200.00

4 要求

4.1 设计与结构

4.1.1 装置应能自动排油或配置应急手动排油系统。对多级处理的装置允许除第一级外,后面各级可采用手动排油。

4.1.2 装置自动或手动排油系统中,同油水界面传感器相齐的水平面上应设置探试旋塞或油水界面观察器。

4.1.3 装置的进出水管的垂直部分应设置取样装置。

4.1.4 装置应考虑设置供冲洗用的清水进入接口。

4.1.5 装置底部应设置有效的、操作简便的泄放阀。

4.1.6 用于接收船舶污水的装置,外接法兰应采用国际通用的通岸接头。对一般用途装置,外接法兰可按GB/T 9065.3的有关规定。

4.1.7 装置电控箱应符合GB 14048.1的有关规定。

4.1.8 装置的排出水可用油分计进行监控;当排出水含油量超过国家规定的排放标准时,应停止向外排放。

4.1.9 在油水分离过程中，采用的化学品不得对环境产生二次污染。

4.1.10 装置应尽量设在安全区内；若设在危险区，应符合该处安全要求。

4.2 性能

4.2.1 经装置处理后的排出水中含油量应不大于 10 mg/L。

4.2.2 装置应能分离油污水中含(在 15 ℃时)密度为 0.83 g/cm^3～0.98 g/cm^3 的矿物油范围内的物品，经处理后排出水中含油量应符合 4.2.1 的规定。其他密度油品可参照本标准规定。

4.2.3 装置应能分离含油量在 0%～100% 的油污水，且当分离装置的供入液发生从含油的水到油或从油到空气或从水到空气的变化时，其排出水含油量仍应符合 4.2.1 的规定。

4.2.4 凡加药的处理装置，处理后的排水除符合 4.2.1 规定外，还应满足化学需氧量(CODcr)不大于 100 mg/L 的要求。

4.2.5 装置应设计成不仅在额定处理量时，且在 110% 额定处理量时，装置的排出水中含油量仍符合 4.2.1 的规定。

4.2.6 装置排出水流量不得低于装置额定处理量。

4.3 强度与密性

4.3.1 装置的受压容器应能承受 1.5 倍设计压力的强度，无结构损坏和永久变形。

4.3.2 装置组装后应能承受 1.25 倍设计压力的液压密性，各部件应无渗漏。

4.4 安全性

4.4.1 对压力式装置，容器设计应参照压力容器规范规定，并设置安全阀或超压保护装置，其开启压力可略大于最高工作压力，不得超过受压容器的设计压力。

4.4.2 对设置加热器的装置应设置超温保护设施。电加热器的热态绝缘电阻应不低于 0.5 MΩ。

5 试验方法

5.1 性能试验

5.1.1 试验应具备如下条件。

a) 试验使用下列试验液体进行：

——试验液体 A，一种在 15 ℃时密度约为 0.98 g/cm^3 的矿物油；

——试验液体 B，一种在 15 ℃时密度约为 0.83 g/cm^3 的矿物油；

——试验液体 C，一种在 4.2.2 规定范围内其他密度的油品。

b) 试验用的淡水，在 15 ℃时的密度约为 0.998 2 g/cm^3。

5.1.2 试验要求如下：

a) 输入装置的油水混合液温度应在 10 ℃～40 ℃范围内。

b) 在整个试验期间，不得中途停顿，维修或更换零部件。

c) 输入装置的油水混合液在处理过程中不得进行稀释。

d) 输入装置的油水比例可从装置前供液管路上的取样装置上，将混合液放入量杯静止片刻后，校验油水比例。

e) 每次取样前，应将取样旋塞打开，放泄 1 min，然后按等动力方式取样。

f) 取样瓶应为带密封盖细口径玻璃瓶，取样后贴标记。如果样品不能在 24 h 内进行分析，应在试样中加入 5 mL、1∶1 盐酸保存，保存期不得超过 7 d。

5.1.3 试验步骤如下：

a) 向装置供水，待各腔室充满淡水后，核定泵流量，不应超过额定处理量的 1.1 倍，并不低于额定处理量。

b) 向装置供入 100% 的试验液体 A，待排油阀自动开启后，持续 5 min 以上。

c) 向装置供入含油量为 10% 的油水混合液，使其达到稳定状态。稳定状态应为通过装置的油水混合液不少于装置容积的两倍之后所形成的状态。然后在此状态下试验 30 min，在第10 min、第 20 min 和第 30 min 结束时，从装置排水管的取样装置上取样。

d） 向装置供入 100%的水。达到稳定状态后，用 5.1.1a）规定的 100%试验液体 B 待排油阀开启后，持续 5 min 以上；然后重复 5.1.3c）规定的试验。

5.1.4 对于其他密度油品的处理装置或额定处理量为 5 m^3/h 以上的装置或加药的处理装置可按 5.1.1a）规定的试验液体 C 进行性能试验。

5.1.5 型式试验结束后应用法定计量单位报告下列数据：

a） 15 ℃时油的密度或 37.8 ℃时黏度（m^2/s），闪点、灰分、含水量；

b） 15 ℃时水的密度及固体杂质情况；

c） 进出口水温度；

d） 分析结果、含油浓度及 CODcr 值。

5.1.6 水样分析

5.1.6.1 水中含油量的测定分析方法按 GB/T 16488—1996 中规定的红外分光光度法测定。结果应符合 4.2.1 的要求。

5.1.6.2 CODcr 测定按 GB/T 11914—1989 规定的重铬酸盐法进行。结果应符合 4.2.4 的要求。

5.2 强度和密性试验

5.2.1 强度试验按 GB 150 的有关规定进行。结果应符合 4.3.1 的要求。

5.2.2 强度试验合格后方可进行密性试验。密性试验按 GB 150 的有关规定进行。结果应符合 4.3.2 的要求。

5.3 安全阀试验

5.3.1 安全阀动作试验

试验时将分离器灌满水，启动泵，将分离器出口截止阀调至压力表指示为预定动作值时，检查安全阀起跳情况，连续三次。结果应符合 4.4.1 的要求。

5.3.2 电加热器热态电阻试验

用 500 V 兆欧表对电加热器进行绝缘测试。结果应符合 4.4.2 的要求。

5.4 额定处理量试验

测定排出水的流量，用称量法或精度为 2.5 级的流量计核定装置流量。结果应符合 4.2.6 的要求。

6 检验规则

6.1 检验分类

本标准规定的检验分类如下：

a） 型式检验；

b） 出厂检验。

6.2 型式检验

6.2.1 检验时机

属下列情况之一者，应进行型式检验：

a） 新产品或老产品转厂生产的试制定型鉴定；

b） 正式生产后，如结构、材料、工艺有较大改变可能影响产品性能时；

c） 出厂检验结果与上次型式检验有较大差异时；

d） 成批生产每 4 a 进行一次。

6.2.2 检验项目和顺序

型式检验的项目和顺序按表 2。

表 2 检验项目和顺序表

序号	检验项目	型式检验	出厂检验	要求章条号	试验方法章条号
1	含油量测定	●	●	4.2.1	5.1.6.1
2	100%的试验液体 A 试验	●	●	4.2.2、4.2.3、4.2.5	5.1.3b)
3	10%的试验液体 A 试验	●	●	4.2.2、4.2.3、4.2.5	5.1.3c)
4	100%试验液体 B 试验	●	●	4.2.2、4.2.3、4.2.5	5.1.3d)
5	10%的试验液体 B 试验	●	—	4.2.2、4.2.3、4.2.5	5.1.3d)
6	CODcr 测定	●	—	4.2.4	5.1.6.2
7	额定处理量试验	●	—	4.2.6	5.4
8	强度试验	●	—	4.3.1	5.2.1
9	密性试验	●	—	4.3.2	5.2.2
10	安全阀动作试验	●	—	4.4.1	5.3.1
11	电加热器热态电阻试验	●	●	4.4.2	5.3.2
注：●表示必检项目；—表示不检项目。					

6.2.3 **受检样品数**

对设计相同而处理量不同的系列产品，可以其中两档规格(处理量)的装置进行试验，以代替每个规格都进行试验；这两档装置是系列中最低 1/4 和最高 1/4 的规格范围内的装置，主管机关认为有必要时可任选两档规格进行试验。

6.2.4 **合格判据**

当装置所有检验项目均符合要求时，则判定该装置为型式检验合格；当装置未通过型式检验项目中的任何一项，允许加倍取样进行复验。若复验符合要求，仍判定该装置为型式检验合格。若复验仍不符合要求，则判定该装置为型式检验不合格。

6.3 出厂检验

6.3.1 **检验项目**

出厂检验项目按表 2。

6.3.2 **合格判据**

当装置所有检验项目均符合要求时，则判定该装置为出厂检验合格；当装置未通过出厂检验项目中的任何一项，允许采取纠正措施后重新进行全部项目检验或只对不合格项目进行检验。若复验符合要求，仍判定该装置为出厂检验合格。若复验仍不符合要求，则判定该装置为出厂检验不合格。

7 标志、包装、运输和贮存

7.1 检查合格的产品经清洗后用压缩空气吹干。

7.2 每台装置应在醒目部位设置铭牌，铭牌上应标明下列内容：

a) 制造厂名、产品名称、商标；

b) 产品型号或标记；

c) 制造日期(或编号)或生产批号；

d) 额定处理量、分油效果、最高工作压力。

7.3 配套电机应标明转向。

7.4 每台产品应箱装，箱上需标上“↑”记号。装箱后切忌受潮。

7.5 下列文件需随机封存在不透水的袋内：

a) 产品合格证；

b） 产品说明书；

c） 装箱单；

d） 随机附件清单；

e） 电控箱原理图。

7.6 运输

7.6.1 装箱完毕的装置应能用汽车、火车或船舶等运输工具运输。

7.6.2 应按 GB/T 191 的有关规定对装置进行包装储运图示标志。

7.7 贮存

7.7.1 产品中转时，应堆放在库房内，临时露天堆放时应用毡布覆盖。

7.7.2 产品应贮存于干燥、清洁、通风的库房内。

7.7.3 产品入库后应及时检查是否完好，并按产品制造厂使用说明书有关规定对产品进行定期保养。

ICS 13.020.40
U 47

中华人民共和国国家标准

GB/T 12918—2009
代替 GB/T 12918—1991

油船排油监控系统技术条件

Specification for oil discharge monitoring and control systems for oil tankers

2009-03-09 发布　　2009-11-01 实施

中华人民共和国国家质量监督检验检疫总局
中国国家标准化管理委员会　发布

前　言

本标准修改采用国际海事组织(IMO)海上环境保护委员会 MEPC.108(49)决议《修订的油船排油监控系统指南和技术条件》。

本标准与 MEPC.108(49)的主要技术差异在于:MEPC.108(49)附件第 2 部分《油分计和排油监控系统控制部分的型式认可的环境测试技术要求》中着重规定了环境测试的技术要求,对测试方法规定得不够详细。本标准在编制中参照了我国现行的 GB/T 2423《电工电子产品环境试验》中的有关部分,等同于国际标准。

本标准代替 GB/T 12918—1991《油船排油监控系统技术条件》。

本标准与 GB/T 12918—1991 相比,主要变化如下:

——只包括一类排油监控系统,适用于 150 总吨及以上所有油船;

——要求排油监控系统应能利用船舶位置指示装置记录船舶位置(经度和纬度);

——对油分计和流量计的准确度要求更加严格,从而对排放有更好的控制;

——按物理特性对原油进行分类,替代了原标准按"地理"名称的分类方式。

本标准的附录 A 和附录 B 为规范性附录。

本标准由中国船舶重工集团公司提出。

本标准由全国船用机械标准化技术委员会归口。

本标准起草单位:中国船舶重工集团公司第七〇四研究所。

本标准主要起草人:李红。

本标准所代替标准的历次版本发布情况为:

——GB/T 12918—1991。

油船排油监控系统技术条件

1 范围

本标准规定了油船排油监控系统(以下简称监控系统)的要求、试验方法和检验规则。

本标准适用于150总吨及以上油船用的监控系统的设计制造和验收。

2 规范性引用文件

下列文件中的条款通过本标准的引用而成为本标准的条款。凡是注日期的引用文件,其随后所有的修改单(不包括勘误的内容)或修订版均不适用于本标准,然而,鼓励根据本标准达成协议的各方研究是否可使用这些文件的最新版本。凡是不注日期的引用文件,其最新版本适用于本标准。

GB/T 2423.1 电工电子产品环境试验 第2部分:试验方法 试验A:低温(GB/T 2423.1—2001,idt IEC 60068-2-1:1990)

GB/T 2423.2 电工电子产品环境试验 第2部分:试验方法 试验B:高温(GB/T 2423.2—2001,idt IEC 60068-2-2:1974)

GB/T 2423.4 电工电子产品环境试验 第2部分:试验方法 试验Db:交变湿热(12 h+12 h循环)(GB/T 2423.4—2008,IEC 60068-2-30:2005,IDT)

GB/T 2423.10 电工电子产品环境试验 第2部分:试验方法 试验Fc:振动(正弦)(GB/T 2423.10—2008,IEC 60068-2-6:1995,IDT)

GB 4208 外壳防护等级(IP代码)(GB/T 4802—2008,IEC 60529:2001,IDT)

GB/T 4795 15 ppm舱底水分离器

ISO 8217:1996 石油产品 燃料(F类)船用燃料规格

IMO MEPC.108(49) 修订的油船排油监控系统指南和技术条件

IMO MEPC.117(52) 经修订的MARPOL 73/78附则Ⅰ

ASTM D1250-80 Standard Guide for Petroleum Measurement Tables

3 术语和定义

下列术语和定义适用于本标准。

3.1

监控系统 oil discharge monitoring and control systerm

监控含油压载水或其他油污水从货舱区域排入海中的系统。监控系统主要由取样系统、油分计、分析单元、流量计、计算单元等组成。当含油压载水或其他油污水从货舱区域排入海中时,监控系统开始取样、分析、记录,如果出现4.12的故障,则终止排放物排入海中。

3.2

控制部分 control section

由4.1.7 h)规定项目所组成的部件。

3.3

舷外排放控制 overboard discharge control

在报警条件下自动按程序停止排放物向舷外排放并在整个报警期间防止排放的装置。该装置可设计成关闭舷外阀或终止相关的泵。

3.4

起动联锁 starting interlock

在监控系统充分运行前防止排放阀打开或防止其他等效装置运行的措施。

3.5

ppm parts per million

水所含油量的百万分比，以体积计。

4 要求

4.1 监控系统一般要求

4.1.1 监控系统应能监控任何排放物从舷外排出口排入海中。该排出口的设置应符合 MEPC.117(52)第 30 条的规定。

4.1.2 监控系统应能在油船适用的环境条件下工作，其设计和性能应满足附录 A、附录 B 的有关规定。

4.1.3 监控系统的设计应保证只有当监控系统处于正常运行模式时，才能使含油压载水或其他油污水从货舱区域排放。

4.1.4 监控系统宜设计成：从最少数量的排出口排放物中取样，且在同一时间只从一个排出口进行舷外排放。

4.1.5 如果有一个以上管道用于同步排放，应在每条管道上安装一个油分计和一个流量计。这些仪器应与每一个公共处理机连接。

4.1.6 为了避免由于短期高油浓度信号（尖峰）造成高瞬间排放率指示而引起报警，监控系统的设计可抑制短期高 ppm 信号最高 10 s；或者，瞬间排放率可取前 20 s 或更短时间内瞬间 ppm 的连续平均值，该平均值以间隔不超过 5 s 的油分计读数的瞬间 ppm 值计算。

4.1.7 监控系统应包括：

a) 测量排放物含油量 ppm 的油分计。油分计应按本标准的规定获得型式认可，并有适用油类范围的证书；

b) 测量排入海中的排放物速度的流量指示系统；

c) 指示船舶速度的船舶速度指示装置；

d) 指示船舶位置——经度和纬度的船舶位置指示装置；

e) 把排放物代表性样品传送至油分计的取样系统；

f) 终止舷外排放的舷外排放控制；

g) 在监控系统未完全处于工作状态时，防止任何排放物向舷外排放的起动联锁；

h) 控制部分应包括：

——接收排放物含油量、排放物流量和船舶速度信号，并将这些数值换算成每海里的排油量和排油总量的处理机；

——提供报警和向舷外排放控制提供命令信号的装置；

——按 4.9.2 规定提供数据记录的记录装置；

——按 4.10 规定提供数据显示的数据显示器；

——在监控系统发生故障时使用的越控系统；

——向起动联锁提供信号，以防止在监控系统完全运作前排放任何排放物的装置。

4.1.8 监控系统的每个组成部件应设有铭牌，标明该部件的装配图号、型号和系统编号。

4.1.9 监控系统的电气部件如果安装在危险区域，则应符合该区域的有关安全规定。

4.2 油分计

4.2.1 油分计除应符合 4.2 的要求外，还应符合附录 A 的有关技术要求。

4.2.2 设计成监控大油量范围的油分计，其准确度应保证读数能代表试样实际含油量在±10 ppm 或±10%之内，取其绝对值的较大者。即使有除油以外的污染物，例如空气、铁锈、泥和沙，准确度仍应保持在上述限制范围内。

4.2.3 油分计的设计应保证当其动力源(电力、压缩空气等)偏离设计值±10%时，能正常工作，其准确度仍应符合 4.2.2 的要求。

4.2.4 油分计的读数一般应不受油的种类的影响。如果有影响，应不必在船上标定油分计的刻度，但应按制造商的操作说明书预先校正刻度。在后一种情况中，应采取有效的方法来校验对于该种油类已选择了正确的刻度，且准确度符合 4.2.2 的要求。

4.2.5 油分计的反应时间应不超过 20 s。

4.2.6 油分计可有一些用作预期用途的标度。标度的最大范围应不小于 1 000 ppm。

4.2.7 油分计应有一个简单装置，使船员能通过一个相当于油分计满量读数一半的模拟信号来检查油分计电气和电子电路的功能。

4.2.8 油分计如果安装在可能有易燃大气的处所，则应符合该处所的有关安全规定。安装在危险区域的任何移动部件的布置应避免形成静电。

4.2.9 油分计不应包含或使用危险性的物质，除非提供经主管机关认可的适当布置，该布置能去除由此所造成的任何危险。

4.2.10 油分计的材料应与试验的液体相适应。

4.3 取样系统

4.3.1 取样点的位置应使取样系统能从符合 4.1.1 的规定的舷外排出口获得相关样品。位于舷外排放管路的取样探针和连接取样探针与油分计的管系应符合 4.3 的规定。

4.3.2 管路和取样探针的材料应耐火、耐腐蚀、耐油，管路和取样探针应有足够强度并予以适当连接和支撑。

4.3.3 取样系统应在每个取样探针附近设置一个截止阀，如果取样探针位于货物管路上，则取样管路上应设有两个串联的截止阀，其中一个可以是遥控样品选择阀。

4.3.4 取样探针的布置应便于拆装，并应尽可能位于排放管路垂直且易于接近的位置。如有必要在排放管路的水平部位安装取样探针，应确保排放物排放时管路中一直充满液体。取样探针一般应穿透排放管至管路直径的 1/4 处。

4.3.5 应通过提供永久清洗水冲洗装置或等效方式清洗取样探针和管系。取样探针和管路的设计应把油、油残余物和其他物质造成的堵塞减至最小。

4.3.6 考虑到管道的长度，管道中流体的速度应使在变更泵抽混合物和变更油分计读数之间的整个反应时间尽可能短，且在任何情况下不大于 40 s，其中包括油分计的反应时间。

4.3.7 在选择与流至污水舱中的任何分流点有关的取样探针的位置时，应注意到对再循环模式中的油污水取样的需要。

4.3.8 驱动取样泵或系统中任何其他泵的设计应注意泵所在处所的安全要求。危险区域和非危险区域之间的任何舱壁贯穿件的设计应经主管机关认可。

4.3.9 冲洗装置应在必要时可用于试验运行、稳定油分计和校正零刻度。

4.3.10 不允许返回污水舱的样品水自由落入舱中。在设有惰性气体系统的油船上，在通至污水舱的管路中应设置一个具有适当高度的 U 型密封件。

4.3.11 应在取样泵下游点处或主管机关认可的等效部位设置一个阀，用于从油分计入口管路上手动收集样品。

4.4 流量指示系统

4.4.1 用于测量排放流量的流量计应尽量安装在排放管路的垂直位置。如安装在排放管路的其他适当位置，应保证流量计中一直充满排放的液体。

4.4.2 流量计应能适合船上使用,必要时能用于大直径管路。

4.4.3 流量计应适用于常规操作中可能会遇到的整个流量范围。如果需要,可使用不同范围的两个流量计或限制流量范围来满足这个要求。

4.4.4 流量计的准确度应为排放期间的瞬间排放率的±10%。

4.4.5 流量计中与排放物接触的任何部件应由有足够强度的耐腐蚀、耐油材料制成。

4.4.6 流量计的设计应符合所在处所的有关安全规定。

4.5 船舶速度指示系统

监控系统所要求的自动速度信号应从船舶速度指示装置通过转发器信号获得。所使用的速度信息可为对地速度或对水速度。这取决于船上安装的速度测量装置。

4.6 船舶位置指示装置

船舶位置指示装置应由一个全球航行卫星系统或地球无线电航行系统接收器或其他装置组成,它适合于在整个预期航行中随时使用,通过自动方式建立和更新船舶位置。

4.7 舷外排放控制管理

舷外排放控制应能通过关闭所有相关的舷外排放阀或终止所有相关的泵来自动停止排放物排入海中。舷外排放控制应具失效保护功能,当监控系统在非工作状态、报警状态或当监控系统失效时能停止所有排放物的排放。

4.8 处理机和传送装置

4.8.1 控制部分的处理机应从油分计、流量指示系统和船舶速度指示系统以不超过5 s的间隔接收信号,并应自动计算下列数据:

a) 油量瞬间排放率,单位为升每海里(L/n mile);

b) 航行期间的排油总量,单位为立方米(m^3)或升(L)。

4.8.2 如果油量瞬间排放率、排油总量超过MEPC.117(52)第34条A.1.4和A.1.5规定的限制,处理机应发出报警并向舷外排放控制发出命令信号以终止排放物排入海中。

4.8.3 处理机一般应包括一个连续产生时间和日期信息的装置。也可用从外部自动和连续接收时间和日期信息的装置来代替。

4.8.4 如果断电,处理机应保存排油总量计算、时间和日期的记忆。当监控系统为手动操作时,应能获得数据打印,但如果断电时监控系统起动舷外排放控制来终止排放物的排放,可不要求获得数据打印。

4.9 记录装置

4.9.1 控制部分的记录装置应包括一个可电子格式化的数字打印机。记录的参数应在打印纸上清晰显示,一旦从记录装置中取下也能保持原样,并应保存至少3 a。

4.9.2 自动记录的数据应至少包括:

a) 油量瞬间排放率,单位为升每海里(L/n mile);

b) 瞬间含油量(ppm);

c) 排油总量,单位为立方米(m^3)或升(L);

d) 时间和日期(GMT);

e) 船舶速度,单位为节(kn);

f) 船舶位置——经度和纬度,单位为度(°);

g) 排放物流量,单位为立方米每小时(m^3/h);

h) 舷外排放控制状态;

i) 油种类选择器设定(如适合);

j) 报警条件;

k) 故障(如无流动、错误等);

l) 越控动作(即手动越控、清洗、校准等)。

越控动作导致的人工插入的任何信息应在打印中标出。

4.9.3 4.9.2 要求的数据应以下列最小频率打印出来，或以电子方式储存并具有打印功能。

a) 当排放开始时；

b) 当排放终止时；

c) 间隔不大于 10 min(系统处于待命状态除外)；

d) 当达到报警状态时；

e) 当恢复正常状态时；

f) 当计算排放率以 10 L/n mile 改变时；

g) 当选择零设定或校准模式时；

h) 手动命令。

4.9.4 记录装置应位于负责舷外排放操作的人员易于到达的位置。

4.10 数据显示器

4.10.1 除打印记录外，实时数据还应清晰显示且至少包括：

a) 油量瞬间排放率，单位为升每海里(L/n mile)；

b) 排油总量，单位为立方米(m^3)或升(L)；

c) 瞬间含油量(ppm)；

d) 排放物流量，单位为立方米每小时(m^3/h)；

e) 船舶速度，单位为节(kn)；

f) 舷外排放控制状况。

4.10.2 数据显示应位于负责舷外排放操作的人员易于到达的位置。

4.11 设备发生故障时的手动操作替代方法

监控系统发生故障时获取信息的替代方法如下：

a) 油分计或取样系统：目视观察邻近排放物排放的水面；

b) 流量计：泵排放特性等；

c) 船舶速度指示装置：主机每分转速等；

d) 处理机：手工计算和手工记录；

e) 舷外排放控制：手动操作泵和阀。

4.12 导致排放终止的报警条件

在下列情况下应能够起动声光报警，监控系统应终止排放物排入海中。

a) 当油量瞬间排放率大于 30 L/n mile 时；

b) 当排油总量达到先前货物的 1/30 000 时；

c) 当系统运行发生故障，例如：断电、样品丢失、测量或记录系统重大失误时；

d) 当任何传感器的输入超过系统的有效范围时。

4.13 报警指示器的位置

系统的报警指示器应安装在货物控制室或能引起立即注意并采取行动的其他处所。

5 检验方法和检验规则

5.1 分类

本标准规定的检验分类如下：

a) 型式检验；

b) 出厂检验。

5.2 型式检验

5.2.1 油分计的型式试验

油分计的型式试验按附录 A 和附录 B 进行。

5.2.2 监控系统控制部分的型式试验

监控系统控制部分的型式试验按附录B进行。

5.3 出厂检验

5.3.1 油分计和监控系统控制部分出厂试验

在交付前，应在一个合适的试验台上进行出厂试验。出厂试验大纲应由制造商根据该装置的特定设计和功能制定。

5.3.2 油分计出厂试验

油分计的出厂试验应包括以下内容：

a) 检查流速、压力降或合适的等效参数；

b) 检查油分计本身具有的所有报警功能；

c) 检查与系统其他部分相连接的所有转换功能；

d) 检查当用适于油分计的油进行操作或通过等效方法操作时，所有测量刻度上ppm值的准确度是否符合4.2.2的要求。

5.3.3 监控系统控制部分出厂试验

监控系统控制部分的出厂试验应包括以下内容：

a) 检查所有报警功能；

b) 检查当ppm的模拟输入信号、排放物流速和船舶速度改变时，信号处理器和记录装置的正确功能；

c) 检查当油量瞬间排放率、排油总量信号改变到超过MEPC.117(52)第34条A.1.4和A.1.5规定的限制时，报警器是否被激活；

d) 检查当达到报警条件时，信号是否传至舷外排放控制；

e) 检查当每个输入信号变化至超过系统容量时，报警器是否被激活。

附　录　A
（规范性附录）
油分计型式认可的试验和性能技术条件

本附录修改采用国际海事组织(IMO)MEPC.108(49)附件第1部分《油分计型式认可的试验和性能技术条件》。

A.1　总则

A.1.1　本附录适用于油船排油监控系统用的油分计。此外，油分计还应符合附录B中的有关要求。
A.1.2　进行型式认可试验的油分计应满足本标准第4章的有关要求。

A.2　试验要求

A.2.1　设计成大油量范围的油分计应测量每次试验期间进入油分计的样品的实际含油量，测量准确度应在±10 ppm或±10%之内，取其绝对值的较大者。试验按A.2.5～A.2.18的程序进行。当存在油以外的污染物，且动力源(电力和压缩空气)在设计值的±10%范围内变化时，油分计的准确度仍应保持在上述范围之内。
A.2.2　评定油分计性能的试验设备的布置见图A.1。油分计的准确度应通过把读数与注入已知流量水中的已知流量油相比较来确定。所取的样品应在实验室中按GB/T 4795规定的方法进行分析。实验室分析的结果将用于相关性并指出取样和试验设备的变化性。应调节水流速度，使整个油水流都能通过油分计，间断的取样水流除外。应特别注意使流入油分计的水中的含油量始终保持稳定。应调节油和污染物计量泵以保证排出的液流稳定。如果在低浓度试验时喷油变得断断续续，可预先将油与水混合以提供连续液流。喷油点应紧靠油分计入口以使样品系统引起的时间延迟减至最少。如果2号原油规定用于特定试验中，可用类似的原油替代，但替代的原油应在整个试验过程中使用。

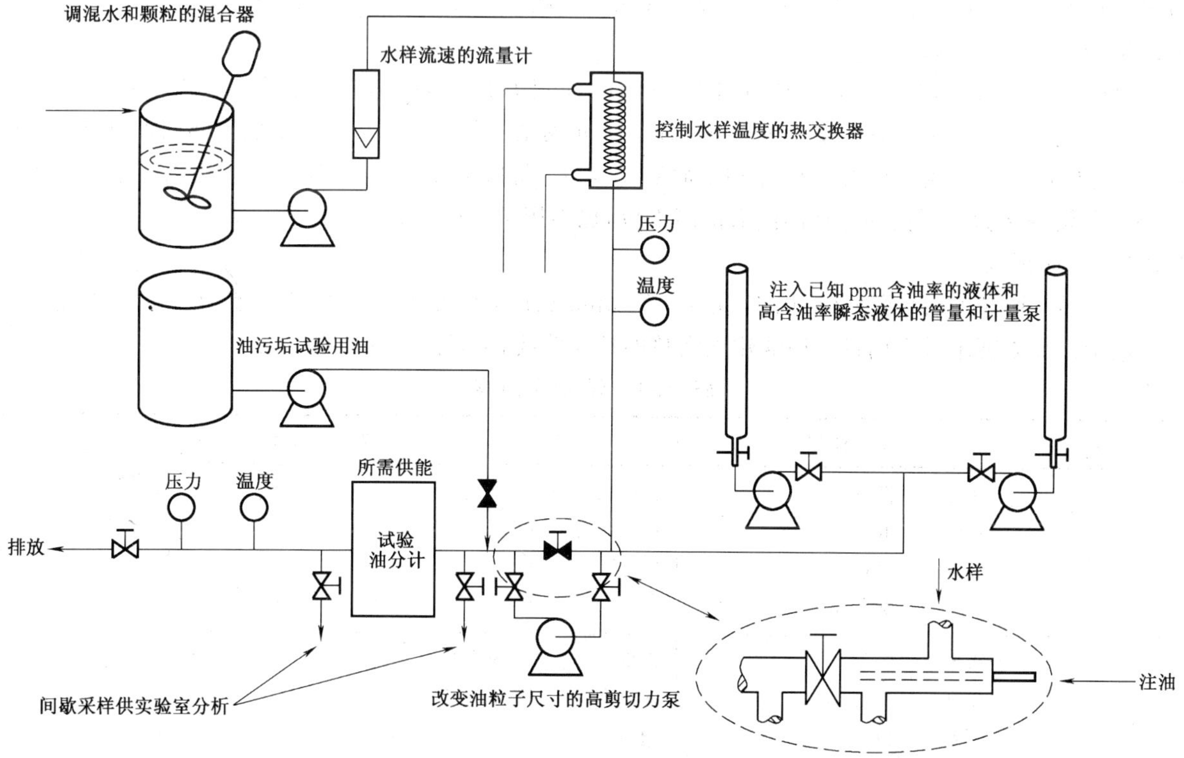

图A.1　试验设备布置示意图

A. 2. 3　取样装置应能在所有工作条件下和含油量的所有操作比例下获得代表性的均匀样品。应从通过流量计的全流中获取样品，但当这样做不切实际时，应使用图 A. 2 的取样装置。收集与保存样品时应特别注意所得结果的有效性。

单位为毫米

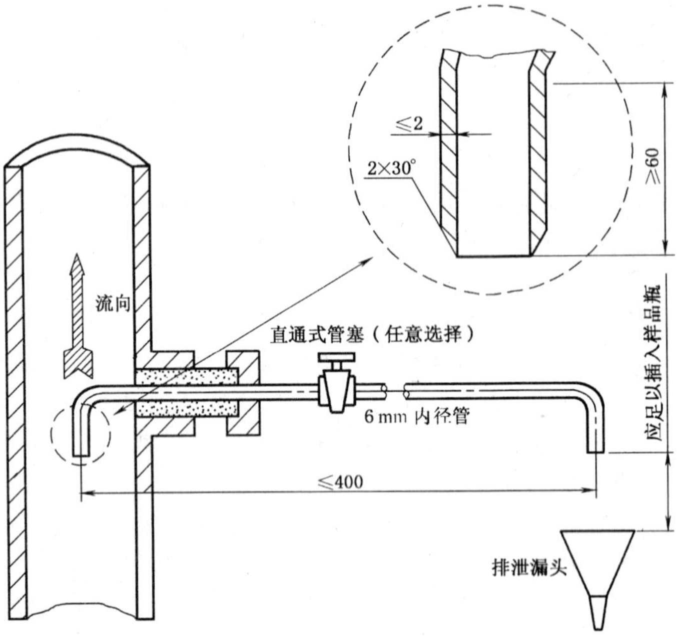

图 A. 2　取样装置

A. 2. 4　如油分计带有一个从测试的混合物中去除固体污染物的过滤器或其他装置，则这种装置应作为油分计的一部分且在所有试验期间予以连接。在完成 A. 2. 10 规定的污染物试验后，应打开从混合物中去除固体污染物的装置，检查残余物以确保其不含大量的油。

A. 2. 5　校准和零试验

应按制造商的操作说明书对油分计进行刻度标定并设置零位，然后使用 2 号原油以 0 ppm、15 ppm、50 ppm、100 ppm、200 ppm 和以 200 ppm 为间隔至油分计最高刻度的浓度来测试油分计。应建立一个完整的校准曲线。每次浓度试验应持续 15 min。每次浓度试验后，油分计应引入无油清水工作 15 min 并记录读数。即使油分计的读数偏离零位，也不用重新校准。

A. 2. 6　反应试验

经上述试验校准后，油分计应以 15 ppm、150 ppm 和最大满刻度 90％的浓度使用表 A. 1 规定的油进行试验。如果要求对下列每一种油建立完整的校准曲线，可增加附加浓度。

表 A. 1　试验用油表

油种类	代表的种类	参数允许公差
1	密度——低 黏度——低 倾点——很低 一般描述——混合型	密度[a]：790.0～800.0 运动黏度[b]：2.65±5％ 浊点[c]：−2±3
2	密度——中等 黏度——中等 倾点——低 一般描述——混合基	密度[a]：852.0～862.0 运动黏度[b]：10.19±5％ 浊点[c]：−5±3

表 A.1（续）

油种类	代表的种类	参数允许公差
3	密度——高 黏度——中等 倾点——低 一般描述——含环烷	密度[a]：884.0～894.0 运动黏度[b]：12.9±5% 浊点[c]:5±3
4	密度——很高 黏度——很高 倾点——低 一般描述——含沥青	密度[a]：947.0～957.0 运动黏度[b]：1 246±5% 浊点[c]:29±3
5	密度——中等 黏度——高 倾点——很高 一般描述——含石蜡	密度[a]：839.0～849.0 运动黏度[b]：3.96[2]±5% 浊点[c]:39±3
6	船用残余燃油——RMG 35	按照 ISO 8217:1996(表 2)的 RMG 35 参数
注 1:这些参数的出处见石油出版物学会—石油测量报告 No.8。 注 2:由于油的高倾点使得在 20℃无法测量到运动黏度，因此在 40℃时记录黏度。		
[a] 15 ℃时的密度，单位为千克每立方米(kg/m^3)；该参数采用石油测量表—ASTM D1250—1980 的表 3 转换而得。 [b] 20 ℃时的运动黏度(Cst)。 [c] 浊点，单位为摄氏度(℃)。		

如果不能获得这些油种类，可用包含所显示的性能范围的其他油类替代。

应记录油的特性和样品的使用年限。用于认可试验的样品的使用年限必须小于 1a。

每次试验后，油分计应引入无油清水工作 15 min 并记录读数。如果在零油流量时的油分计读数超过准确度要求，油分计上应安装一个自动清洗装置。如有必要可重新设置零位，重新校准或在两次试验期间清洗油分计，这种情况和重新校准或清洗油分计所要求的时间应予记录。

A.2.7 附加试验

如果油分计适用于"白色"石油产品，油分计还应使用下列产品以类似于 A.2.5 和 A.2.6 的试验方法进行试验。

a) 汽车用汽油；

b) 煤油；

c) 船用馏出燃油——DMA，见 ISO 8217:1996 中的表 1。

A.2.8 反应时间

油分计应先引入无油清水工作并标定零位。起动设为 100 ppm 的 2 号原油的喷油泵，记录下列反应时间：

a) 第 1 次读到读数的时间；

b) 读到 63 ppm 的时间；

c) 读到 90 ppm 的时间；

d) 读到 100 ppm 的时间或读数稳定在最大值的时间，此 ppm 值应予记录；

e) 发现最大读数开始下降的时间；

f) 读到 37 ppm 的时间；

g) 读到 10 ppm 的时间；

h) 读数稳定在最小值的时间，此 ppm 值应予记录。

油分计的反应时间取读到 63 ppm 时记录下来的反应时间和读到 37 ppm 时记录下来的反应时间的平均值，这个平均值应小于 20 s。

A.2.9 油污垢和校准变化试验

应使用 2 号原油进行 2 次试验以确定油污垢对校准变化的影响。第 1 次试验的油浓度为 10%，第 2 次试验的油浓度为 100%。

对于 10%浓度的试验，油分计应先引入无油清水工作。把大容量的注油泵调至向水中供给 10%的油，打开泵 1 min，然后关闭。

对于 100%浓度的试验，油分计应先引入无油清水工作。关闭水并打开 100%的油 1 min，然后关闭油，重新恢复无油水流。

在设计试验设备时必须确保油污垢试验的结果不因油分计外部取样管被污染而降级。

两次试验都应记录下列反应时间：

a) 第 1 次读到读数的时间；

b) 读到 15 ppm 的时间；

c) 读到 100 ppm 的时间；

d) 读数超过最高刻度的时间；

e) 读数回到最高刻度的时间；

f) 读数返回 100 ppm 的时间；

g) 读数返回 15 ppm 的时间；

h) 读数返回零或稳定在最小 ppm 读数的时间。

在每次油污垢试验后，如有必要，可清洗油分计以使它恢复零读数，这种情况和清洗及重新校准油分计所需的时间应予记录。

两次油污垢试验后，应引入 2 号原油的 100 ppm 混合物并记录任何校准变化。

A.2.10 污染物试验

A.2.10.1 污染物由绿坡缕石(见注 1)和氧化铁(见注 2)组成。绿坡缕石的重量不小于 270 ppm，氧化铁的重量不小于 30 ppm。每种物质应在混合舱中与干净的水混合至下列标准：

绿坡缕石的混合时间应不小于 15 min 以形成均匀的悬浮，氧化铁的混合时间应不少于 10 min。混合过程应使污染物在整个试验期间处于悬浮状态。

注 1：该绿坡缕石是一种黏土矿物质，其化学式为$(MgAl)_5Si_8O_{22}(OH)_4 \cdot 4H_2O$，且在淡水和海水中都是稳定的。试验污染物的粒子尺寸应为 10 μm 或小于 10 μm 的粒子约占 30%，其最大粒子尺寸为 100 μm。

注 2：该氧化铁是指黑色氧化铁(Fe_3O_4)，其粒子尺寸分布为小于 10 μm 的粒子占 90%，剩余的最大粒子尺寸为 100 μm。

A.2.10.2 油分计应进行如下的污染物试验：

a) 油分计应引入 15 ppm 的干净水和 2 号原油的混合物工作；

b) 供水从干净水转变成污染水；

c) 记录油分计的读数。油分计读数应在 A.2.1 规定的准确度范围之内；

d) 在 2 号原油的浓度为 100 ppm 和 300 ppm 时，重复上述 a)、b)、c)的试验过程。

混合舱中应有足够的水以确保不少于 15 min 的有效试验时间。

A.2.11 掺气试验

油分计应进行如下掺气试验。

a) 油分计应引入 15 ppm 的干净水和 2 号原油的混合物工作；

b) 空气应在紧靠样品泵前面注入试验管道。如无这种泵，则应在紧靠被测混合物的调节装置之前注入试验管道。注入应通过针孔直径不超过 0.5 mm 且安放方向与样品流向一致的针来进行。注入的空气数量应为注入点处样品泵或调节装置的设计流量的1%。空气应通过适当的测量装置直接注入或泵入系统，该测量装置能在不小于15 min的不间断的有效试验期间，使稳定的可控流量的误差保持在所需注入流量的±10%范围内；

c) 油分计的任何改变应予记录；

d) 在2号原油的浓度为100 ppm和300 ppm时，重复上述a)、b)、c)的试验过程。

A.2.12 油粒子尺寸——剪切力泵试验

油分计应引入100 ppm的水和2号原油的混合物工作。图A.1所示的高剪切力泵应以不同速度运转，为油分计提供一系列油粒子尺寸。试验结束后，应停止泵的运转。粒子尺寸对油分计读数的任何影响应予记录。本试验的目的是证明油粒子尺寸或油水混合程度对油分计准确度的影响不大。

A.2.13 温度试验

油分计应引入100 ppm的水和2号原油的混合物工作。水温开始先设定为10 ℃，然后为65 ℃，如果制造商的说明书中规定最大工作水温小于65 ℃，油分计应在该规定的最高水温下操作。这一情况和水温对油分计读数的影响应予记录。

A.2.14 样品压力或流速试验

油分计应引入100 ppm的水和2号原油的混合物工作。混合物的水压或流速应调整为正常值的1/2、正常值和正常值的2倍。这些改变对油分计读数的任何影响应予记录。本试验可要求变更，这取决于油分计的流动特性。

A.2.15 关闭试验

油分计应引入100 ppm的水和2号原油的混合物工作。关闭水和油注入泵，油分计开着，但无其他改变。8 h后，应打开水和油注入泵并提供100 ppm混合物。试验前和试验后的油分计读数及油分计的任何损坏应予记录。本试验也可确定工作低流关闭和报警动作的正确性。

A.2.16 效用供应变化试验

油分计应引入100 ppm的水和2号原油的混合物工作。将输入电压增至额定值的110%并保持1 h，然后降至额定值的90%并保持1 h。对油分计任何性能的影响应予记录。

如果油分计的运作需要电力以外的能源，则油分计应在该能源的110%和90%设计值下进行试验。

A.2.17 校准和零漂移试验

应按制造商的操作说明书对油分计进行刻度标定并设置零位。油分计应引入100 ppm的水和2号原油的混合物工作8 h，任何校准漂移应作记录。然后油分计应引入无油的水工作，任何零漂移应予记录。

A.2.18 关闭和重新启动试验

油分计应关闭并切断动力源一星期，然后按制造商的说明书打开电源，启动暖机和校准程序后，油分计应运行8 h，1 h引入100 ppm的水和2号原油的混合物，1 h引入无油的水，两者交替进行。完成每一步骤后，任何零或跨距漂移应予记录。完成制造商建议的暖机和校准所要求的所有时间也应予记录。

A.3 确定含油量的方法

含油量的测定方法应符合GB/T 4795的有关规定。

附 录 B
（规范性附录）
油分计和排油监控系统控制部分的型式认可的环境测试技术条件

本附录修改采用国际海事组织(IMO)MEPC.108(49)附件第2部分《油分计和排油监控系统控制部分的型式认可的环境测试技术条件》。

B.1 总则

B.1.1 本附录适用于油分计的电子部分和监控系统的控制部分。控制部分可以是一个独立的组件，也可以与油分计的电子部分结合在一起。

B.1.2 受试设备应满足本标准第4章的有关要求。

B.2 试验要求

B.2.1 振动试验

振动试验按GB/T 2423.10的有关规定进行。

a) 将受试设备按实际使用状态安装在振动台上；

b) 按表B.1规定的频率和幅值，在三个平面上搜寻共振，搜寻速度应低到可以找到共振；

c) 受试设备应在每个平面上以每个主要共振频率振动2 h。如无共振频率，则在每个平面上以30 Hz和±6.9 m/s^2(0.7g)的加速度振动2 h；

d) 在完成上述c)规定的试验后，应再次搜寻共振，振动模式应无重大改变。

振动试验结束后，受试设备应能正常工作且无异常受损现象。

表B.1 振动试验参数表

频率 Hz	位移幅值 mm	加速度幅值 m/s^2
2～13.2	±1	—
13.2～80	—	±6.9(0.7g)

B.2.2 温度试验

B.2.2.1 低温试验

低温试验按GB/T 2423.1的有关规定进行。

a) 预处理：将受试设备放入温度为室温的实验箱内，不通电工作；

b) 严酷等级：按表B.2，持续时间：2 h；

c) 试验结束后，应开启设备，设备应在试验条件下正常工作。

B.2.2.2 高温试验

高温试验按GB/T 2423.2的有关规定进行。

a) 预处理：将受试设备放入温度为室温的实验箱内，不通电工作；

b) 严酷等级：按表B.2，持续时间：2 h；

c) 试验结束后，应开启设备，设备应在试验条件下正常工作。

表B.2 温度试验表

受试设备的安装位置	低温 ℃	高温 ℃
露天甲板上的暴露区域中或无环境控制的密闭处所内	−25	55
有环境控制的封闭处所(包括机舱)内	0	55

B.2.3 湿热试验

湿热试验按 GB/T 2423.4 的有关规定进行。

a) 预处理：将受试设备放入温度为室温的实验箱内，不通电工作；

b) 严酷等级：55 ℃，试验周期：2 d；

c) 降温阶段相对湿度：除最初 15 min 不低于 90%外，其余时间应不低于 95%；

d) 恢复条件：试验结束后，将受试设备放在正常的试验大气条件中恢复 1 h～2 h，恢复期间允许用手将受试设备所能接触到的表面和部件上的水渍抹去；

e) 最后检测：恢复结束后，应首先测量其绝缘电阻，然后进行动作性能试验。绝缘电阻应符合表 B.3 的规定。

表 B.3 绝缘电阻试验要求表

额定工作电压 V	直流试验电压 V	绝缘电阻 MΩ
≤65	250	1
>65	500	10

B.2.4 外壳防护试验

外壳防护试验按 GB 4208 的有关规定进行。

根据受试设备产品技术条件规定的外壳防护等级，选择相应的试验方法进行试验。安装在露天甲板暴露处所的受试设备应按 IP56 的外壳防护等级进行试验。

B.2.5 能源波动试验

a) 受试设备应按表 B.4 中 1～4 组合各运行 15 min，进行稳态电压和频率波动试验。

b) 受试设备应按表 B.5 中 1～2 组合各运行 3 次，进行瞬态电压和频率波动试验。

能源波动试验期间，受试设备应能正常工作。

表 B.4 能源波动(稳态)试验要求表

组 合 编 号	电压稳态波动 %	频率稳态波动 %
1	+10	+5
2	+10	−5
3	−10	−5
4	−10	+5

表 B.5 能源波动(瞬态)试验要求表

组合编号	电压瞬态波动 %	频率瞬态波动 %	恢复时间 s
1	+20	+10	3
2	−20	−10	3

B.2.6 倾斜试验

受试设备由正常工作位置分别向前、后、左、右四个方向各倾斜 22.5°，每一位置的试验时间应不少于 15 min。

试验进行过程中和试验后，受试设备应能正常工作，无异常和受损现象。

ICS 13.030.30
F 51

中华人民共和国国家标准

GB 12951—2009
代替 GB 12951—1996

离子感烟火灾探测器用镅 241α 放射源

Americium-241 alpha sources for ionization smoke fire detectors

2009-03-13 发布　　　　2010-03-01 实施

中华人民共和国国家质量监督检验检疫总局
中国国家标准化管理委员会　发布

前　言

本标准的全部技术内容为强制性。

本标准代替 GB 12951—1996《离子感烟火灾探测器用镅 241α 放射源的技术条件》。

本标准与 GB 12951—1996 相比主要变化如下：

——本标准对 GB 12951—1996 的 3.4 增加对源支架和源底座的描述；

——对“安全性能等级”重新做了描述；

——5.4 的部分内容进行了调整；

——修改了检验证书的内容。

本标准的附录 A 为资料性附录。

本标准由中国核工业集团公司提出。

本标准由全国核能标准化技术委员会归口。

本标准起草单位：中核四〇四有限公司。

本标准主要起草人：车明生、陈庆云、高剑、邵云、关晓钟、晁得胜、徐向东。

本标准所代替标准的历次版本发布情况为：

——GB 12951—1991，GB 12951—1996。

离子感烟火灾探测器用镅241α放射源

1 范围

本标准规定了离子感烟火灾探测器用镅241α放射源(以下简称“镅α源”)的技术要求、试验方法、检验规则、标志及检验证书、包装、运输、贮存。

本标准适用于各种离子感烟火灾探测器用镅241α放射源。

2 规范性引用文件

下列文件中的条款通过本标准的引用而成为本标准的条款。凡是注日期的引用文件,其随后所有的修改单(不包括勘误的内容)或修订版均不适用于本标准,然而,鼓励根据本标准达成协议的各方研究是否可使用这些文件的最新版本。凡是不注日期的引用文件,其最新版本适用于本标准。

GB/T 2828.1—2003 计数抽样检验程序 第1部分:按接收质量限(AQL)检索的逐批检验抽样计划

GB 4075—2009 密封放射源 一般要求和分级

GB/T 6378 不合格品率的计量抽样检验程序及图表(适用于连续批的检查)

GB 11806 放射性物质安全运输规程

GB 15849 密封放射源的泄漏检验方法

EJ/T 535 离子感烟火灾探测器用镅-241α源环境试验

3 技术要求

3.1 结构

镅α源应由镅241α源片,源支架等部分构成。α源片与源支架应配合良好,无松动。

3.2 原料要求

3.2.1 核素与杂质含量

核素:镅241(^{241}Am);γ杂质含量不大于1%。

3.2.2 覆盖层材料

覆盖层材料应采用金钯合金或其他等效材料。

3.2.3 源支架材料

源支架材料应采用1Cr18Ni9Ti、0Cr18Ni10Ti或其他等效材料。

3.3 安全性能等级

镅α源的安全性能等级应不低于GB 4075—2009/C32222。

3.4 镅α源的外观

镅α源源片表面应平整、光滑,无裂纹、无色变、无针孔、无划伤等。源支架和源底座的表面应光滑,无毛刺。

3.5 镅α源活度

镅α源的放射性活度宜限制在370 kBq以内。镅α源活度测试值的总不确定度应不超过±10%。

3.6 镅α源的α能谱

对于α粒子峰值能量在3.0 MeV~4.0 MeV范围内的镅α源,其α粒子能谱的半高宽应不大于1.2 MeV;对4.0 MeV以上的镅α源,其α粒子能谱的半高宽应不大于0.8 MeV。

3.7 α 粒子表面发射率离散度

镅 α 源的 α 粒子表面发射率的离散度应不超过标称值的±20%。

3.8 表面污染

镅 α 源的表面污染应不大于 200 Bq。

3.9 环境试验

镅 α 源的环境试验结果应满足 EJ/T 535 的要求。

3.10 使用期限

在正常使用条件下镅 α 源的使用期限为 5 年。

4 试验方法

4.1 安全性能等级试验按 GB 4075 的规定进行。

4.2 外观试验采用目视检查。

4.3 镅 α 源活度、α 粒子能量、α 粒子表面发射率能谱的测试，应采用附录 A 中提供的方法或其他符合测试要求的方法进行。

4.4 镅 α 源 α 粒子表面发射率的测试，可采用测试值不确定度小于 10%的 α 计数测量装置进行测试。

4.5 表面污染和泄漏水平试验按 GB 15849 的规定进行。

4.6 环境试验按 EJ/T 535 规定进行。

5 检验规则

5.1 概述

产品检验分为型式检验和出厂检验。在型式检验和出厂检验时对镅 α 源所做出的性能检验，参见附录 A。

5.2 型式检验

本标准 3.1～3.9 为型式检验项目。其中：3.2、3.3、3.5、3.6、3.7 为必检项目。

当下列情况发生时，也应进行型式检验：

a) 研制的新产品；
b) 产品在设计、规格、工艺及材料有重大改变时；
c) 不经常生产的品种再次生产时；
d) 对成批大量生产的产品，应进行定期抽检。

型式检验项目包括：

a) 安全性能等级检验；
b) 镅 α 源活度、α 粒子能谱及 α 粒子表面发射率等指标检验；
c) 表面沾污和泄漏水平检验；
d) 环境试验。

5.3 出厂检验

出厂检验项目包括：

a) 外观检验；
b) α 粒子能谱；
c) α 粒子表面发射率指标检验；
d) 表面沾污；
e) 泄漏水平检验。

5.4 抽样检查方法

抽样检查方法按 GB/T 2828.1 或 GB/T 6378 的规定。其中检验水平和合格质量水平(AQL)的指标由供需双方协商确定。

6 标识及检验证书

6.1 标识

镅 α 源的产品标志,可以用产品检验证书的形式提供。

6.2 检验证书

生产单位对出厂产品,应提供产品检验证书交付使用单位。检验证书内容包括:

a) 放射源名称、源的型号和批号;

b) 源的安全性能等级检验结果;

c) 源的活度、α 粒子能量及 α 粒子表面发率技术指标;

d) 表面沾污和泄漏水平检验结果;

e) 检验依据;

f) 生产单位和检验证书签发人、检验日期。

7 包装、运输和贮存

7.1 包装和运输

镅 α 源的产品包装和运输按 GB 11806 的要求进行。

7.2 贮存

镅 α 源应在通风、干燥和无腐蚀性气体的环境中贮存。

附 录 A
（资料性附录）
镅α源性能测量方法

A.1 覆盖层均匀的镅α源能量测量方法

A.1.1 测量仪器及其要求

A.1.1.1 金硅面垒半导体探测器。各项指标应符合 GB/T 5201 的要求。

A.1.1.2 线性放大器和前置放大器。各项指标应符合 GB/T 4079 的要求。

A.1.1.3 计算机多道幅度分析器。各项指标应符合 GB/T 4833.1 的要求。

A.1.1.4 测量系统总不确定度为±5%。

A.1.2 测量方法

A.1.2.1 采用三种以上能量不同的标准α放射源对多道幅度分析器进行能量刻度。

A.1.2.2 刻度所用的α放射源的自吸收对测量结果的影响，应保证其可以忽略或者可以校正。

A.1.2.3 按刻度条件进行镅α源能量测量。测量中应保持测量条件固定不变。

A.1.2.4 根据计算机分析就算结果确定对应的能量，也可采用计算的方法得出对应的能量。

A.2 覆盖层均匀的镅α源活度测量方法

A.2.1 小立体角装置测量方法

A.2.1.1 **测量装置及其要求**

测量装置及其要求包括：

a) 小立体角装置。采用不锈钢管加工制成。应有准确可靠的定位盘和准直器，以保持源与准直器的同心和平行。应保证装置可抽真空至 0.67 Pa 以下。

b) 探测器。可采用各项指标符合 GB/T 5201 要求的金硅面垒半导体探测器或采用 CsI(Tl)薄晶体闪烁探测器。

c) 自动定标器。阈值应连续可调。采用计算机多道脉冲幅度分析器也可采用自动标定器。

d) 测量装置的系统总不确定度小于±5%。

A.2.1.2 **测量方法**

测量方法包括：

a) 在采用金硅面垒半导体探测器时，应按照 GB/T 5201 的要求选定测量条件进行测量。

b) 测量时应保证装置真空度小于 1.33 Pa。

c) 应保证测量装置最小可测信号幅度所对应的α粒子能量条件进行测量。

装置在使用前，应采用^{241}Am标准源进行计量比对；投入使用后，应定期进行计量比对。

A.2.1.3 **测量数据处理**

测量结果的计算公式(A.1)为：

$$A_0 = \frac{n_0}{G \cdot \eta} \qquad \text{(A.1)}$$

式中：

A_0——镅α源活度，单位为贝克(Bq)；

n_0——经校正的α计数率，单位为 cps；

G——用 4π 归一的几何条件；

η——与测量条件无关的探测器效率。

A.2.2 低能光子测量方法

A.2.2.1 测量装置及其要求

A.2.2.1.1 探测器

可采用 NaI(Tl)薄晶体闪烁探测器,也可采用半导体探测器。采用 NaI(Tl)薄晶体时,其晶体窗口应为铍窗或薄铝窗。

A.2.2.1.2 线性放大器和前置放大器

仪器的各项指标应符合 GB/T 4079 的要求。

A.2.2.1.3 自动定标器

阈值应连续可调。也可采用计算机多道脉冲幅度分析器。应保证测量装置的系统总不确定度小于 5%。

A.2.2.2 测量方法和数据处理

A.2.2.2.1 测量期间应保证测量条件一致,镅 α 源正面须对准探测器,镅 α 源与探测器之间的距离可根据镅 α 源额定活度大小确定。

A.2.2.2.2 按选定条件,设置甄别阈值测量或从测得的整个能谱曲线中获得镅 α 源的 0.059 6 MeV γ 射线光电峰内的脉冲计数。然后根据装置的源峰探测效率,求出镅 α 源所发射的 γ 光子数。

A.2.2.2.3 根据镅 241 核素衰变图中已精确知道的 γ 光子能量和分支比关系,由 0.059 6 MeV 的 γ 光子产额和测量得到的 γ 光子发射率,计算出镅 α 源活度。

A.2.2.2.4 应定期采用 ^{241}Am 标准源对测量装置进行标定。

参 考 文 献

[1] GB/T 4079 用于电离辐射探测器的放大器和电荷灵敏前置放大器的测试方法
[2] GB/T 4833.1 多道分析器 第1部分:主要技术要求与试验方法
[3] GB/T 5201 带电粒子半导体探测器测试方法

ICS 29.045
H 82

中华人民共和国国家标准

GB/T 12963—2009
代替 GB/T 12963—1996

硅　　多　　晶

Specification for polycrystalline silicon

2009-10-30 发布　　　　2010-06-01 实施

中华人民共和国国家质量监督检验检疫总局
中国国家标准化管理委员会　发布

前　言

本标准修改采用 SEMI M16-1103:2003《多晶硅规范》，主要差异如下：

——增加了技术参数，如对基磷、基硼电阻率、碳浓度和 n 型少子寿命的等级要求；

——增加了硅多晶尺寸范围要求。

本标准代替 GB/T 12963—1996《硅多晶》。

本标准与 GB/T 12963—1996 相比，主要有如下变动：

——基磷电阻率等级由 300 Ω·cm、200 Ω·cm、100 Ω·cm 修订为 500 Ω·cm、300 Ω·cm、200 Ω·cm；

——增加氧化夹层术语。

本标准由全国半导体设备和材料标准化技术委员会提出。

本标准由全国半导体设备和材料标准化技术委员会材料分技术委员会归口。

本标准起草单位：峨眉半导体材料厂。

本标准主要起草人：罗莉萍、张辉坚、王炎。

本标准所代替标准的历次版本发布情况为：

——GB/T 12963—1991、GB/T 12963—1996。

硅 多 晶

1 范围

本标准规定了硅多晶的产品分类、技术要求、试验方法、检验规则以及标志、运输、贮存。

本标准适用于以三氯氢硅或四氯化硅用氢还原法制得的硅多晶。

2 规范性引用文件

下列文件中的条款通过本标准的引用而成为本标准的条款。凡是注日期的引用文件,其随后所有的修改单(不包括勘误的内容)或修订版均不适用于本标准,然而,鼓励根据本标准达成协议的各方研究是否可使用这些文件的最新版本。凡是不注日期的引用文件,其最新版本适用于本标准。

GB/T 1550 非本征半导体材料导电类型测试方法

GB/T 1553 硅和锗体内少数载流子寿命测定光电导衰减法

GB/T 1558 硅中代位碳原子含量红外吸收测量方法

GB/T 4059 硅多晶气氛区熔磷检验方法

GB/T 4060 硅多晶真空区熔基硼检验方法

GB/T 4061 硅多晶断面夹层化学腐蚀检验方法

GB/T 13389 掺硼掺磷硅单晶电阻率与掺杂剂浓度换算规程

GB/T 14264 半导体材料术语

ASTM F1723 用区熔拉晶法和光谱分析法评价多晶硅棒的标准规程

3 术语

GB/T 14264 规定的及以下术语适用于本标准:

氧化夹层 oxide lamella

硅多晶横断面上呈同心圆状的氧化硅夹杂。

4 要求

4.1 产品分类

4.1.1 产品按外形分为块状硅多晶和棒状硅多晶,根据纯度的差别分为3级。

4.1.2 牌号

硅多晶的牌号表示为:

Psi—□—□

- □(第二位):阿拉伯数字表示硅多晶等级
- □(第一位):英文大写字母表示硅多晶形状,I 表示棒状,N 表示块状
- Psi:表示硅多晶

4.2 技术要求

4.2.1 **电学参数**

硅多晶的纯度分为三级,其金属杂质总含量由供需双方协商解决,其电学参数应符合表1的规定。

表 1 硅多晶电学参数

项目	硅多晶纯度等级		
	1 级品	2 级品	3 级品
基磷电阻率/(Ω·cm)	≥500	≥300	≥200
基硼电阻率/(Ω·cm)	≥3 000	≥2 000	≥1 000
碳浓度/(at/cm^3)	$<1.5\times10^{16}$	$<2\times10^{16}$	$<2\times10^{16}$
n 型少数载流子寿命/μs	≥500	≥300	≥100
注：表中基磷电阻率、基硼电阻率可根据 GB/T 13389《掺硼掺磷硅单晶电阻率与掺杂剂浓度换算规程》换算为基磷、基硼含量。以上各数据检测方法也可参照 ASTM F1723 进行。			

4.2.2 硅多晶尺寸范围

4.2.2.1 块状硅多晶具有无规则的形状和随机尺寸分布，其线性尺寸最小为 6 mm，最大为 100 mm。

4.2.2.2 块状硅多晶的尺寸分布范围为：

(1) 6 mm～25 mm 的最多占重量的 15%；

(2) >25 mm～50 mm 的占重量的 15%～35%；

(3) >50 mm～100 mm 的占重量的 65%。

4.2.2.3 棒状硅多晶的直径及长度尺寸由供需双方商定。其直径允许偏差≤5%(针对棒状多晶)。

4.3 结构

硅多晶应无氧化夹层。

4.4 表面质量

4.4.1 硅多晶表面结构应致密、平整(断面边缘颗粒不大于 3 mm)。

4.4.2 (免洗的)块状硅多晶的表面应经过酸腐蚀去除表面沾污，使其达到直接使用要求。所有硅多晶的外观应无色斑、变色，无可见的污染物。

5 测试方法

5.1 硅多晶导电类型检验按 GB/T 1550 测试。

5.2 硅多晶基磷电阻率检验按 GB/T 4059 测试。

5.3 硅多晶基硼电阻率检验按 GB/T 4060 测试。

5.4 n 型少数载流子寿命测量按 GB/T 1553 测试。

5.5 硅多晶碳浓度测量按 GB/T 1558 测试。

5.6 硅多晶氧化夹层检验按 GB/T 4061 测试。

5.7 棒状硅多晶的直径用游标卡尺测量，块状硅多晶的尺寸分布范围用过筛检验，或由供需双方商定的方法检验。

5.8 硅多晶的表面质量用肉眼检查。

6 检验规则

6.1 检查和验收

6.1.1 产品应由供方技术监督部门进行检验，保证产品质量符合本标准规定，并填写产品质量证明书。

6.1.2 需方可对收到的产品进行检验。若检验结果与本标准规定不符时，应在收到产品之日起 3 个月(块状硅多晶为一个月)内向供方提出，或由供需双方协商解决。

6.2 组批

产品应成批提交验收，每批应由同一牌号、具有相同标称纯度和特性，以类似工艺条件生产并可追溯生产条件的反应炉次的硅多晶组成。

6.3 检验项目

每批产品应进行基磷电阻率、基硼电阻率、n 型少数载流子寿命、碳浓度、结构、表面质量和尺寸的检验。

6.4 取样与制样

6.4.1 供方取样、制样时,基磷电阻率、基硼电阻率取样、制样按 GB/T 4059、GB/T 4060 进行,断面氧化夹层取样、制样按 GB/T 4061 进行。

6.4.2 仲裁抽样方案由供需双方商定,取样部位和制样按 7.4.1 进行。

6.5 检验结果判定

若检验结果有一项不合格,则加倍取样对不合格的项目进行复验。若仍不合格,则该批产品为不合格。

7 标志、包装、运输和贮存

7.1 硅多晶经过一定方式洗净、干燥后,装入洁净的聚乙烯包装袋内,密封,然后再将包装袋装入包装箱内。块状硅多晶每袋净重为 2 000 g±20 g、5 000 g±50 g、10 000 g±100 g。棒装硅多晶每根单独包装。包装时应防止聚乙烯包装袋破损,以避免产品外来沾污,并按最佳放法提供良好保护。

7.2 包装箱外应标有"小心轻放"及"防腐、防潮"字样或标志,并说明:

a) 需方名称;

b) 产品名称、牌号;

c) 产品件数、净重;

d) 供方名称。

7.3 每批产品应附有质量证明书,注明:

a) 供方名称;

b) 产品名称及牌号;

c) 产品批号;

d) 产品毛重、净重;

e) 各项检验结果及检验部门印记;

f) 本标准编号;

g) 出厂日期。

7.4 产品在运输过程中应轻装轻卸,勿压勿挤,并采取防震措施。

7.5 产品应贮存在清净、干燥环境中。

8 订货单内容

订购本标准所规范产品的订货单内应包括下列内容:

a) 产品牌号;

b) 本标准编号;

c) 其他。

ICS 29.060.10
K 11

中华人民共和国国家标准

GB/T 12970.1—2009
代替 GB/T 12970.1—1991

电工软铜绞线
第1部分：一般规定

**Flexible copper stranded conductors for electrical purposes—
Part 1: General requirements**

2009-03-19 发布　　　　2009-12-01 实施

中华人民共和国国家质量监督检验检疫总局
中国国家标准化管理委员会　发布

前　言

GB/T 12970《电工软铜绞线》分为四个部分：

——第1部分：一般规定；

——第2部分：软铜绞线；

——第3部分：软铜天线；

——第4部分：铜电刷线。

本部分为GB/T 12970的第1部分。

本部分代替GB/T 12970.1—1991《电工软铜绞线　第1部分：一般规定》。

本部分与GB/T 12970.1—1991相比主要变化如下：

——修改了对于抽样试验项目检验规则的规定(前版的5.3，本版的5.3)；

——删除了对于产品外观检验方法的规定(前版的5.4)；

——删除了对于出口产品适用标准的规定(前版的6.1.4)。

本部分由中国电器工业协会提出。

本部分由全国电线电缆标准化技术委员会(SAC/TC 213)归口。

本部分负责起草单位：上海电缆研究所。

本部分参加起草单位：深圳市神州线缆有限公司、上海上铜金属编织铜材厂、江苏江润铜业有限公司。

本部分主要起草人：刘斌、党朋、章鹏、陈亚夫、刘立明。

本部分所代替标准的历次版本发布情况为：

——GB/T 12970.1—1991。

电工软铜绞线
第1部分：一般规定

1 范围

GB/T 12970 的本部分规定了电工用软铜绞线的产品分类、通用技术要求、检验规则及包装。

本部分适用于电气装置及电机电气用的软铜绞线、铜电刷线和通信用的软铜天线。

2 规范性引用文件

下列文件中的条款通过 GB/T 12970 的本部分的引用而成为本部分的条款。凡是注日期的引用文件，其随后所有的修改单(不包括勘误的内容)或修订版均不适用于本部分，然而，鼓励根据本部分达成协议的各方研究是否可使用这些文件的最新版本。凡是不注日期的引用文件，其最新版本适用于本部分。

GB/T 321—2005　优先数和优先数系(ISO 3:1973,IDT)

GB/T 3953—2009　电工圆铜线

GB/T 4909.1—2009　裸电线试验方法　第1部分:总则

GB/T 4910—2009　镀锡圆铜线

JB/T 8137—1999　电线电缆交货盘

3 符号、代号及产品表示方法

3.1 符号、代号

3.1.1 按材料特征分

铜　　　T

锡(镀层)　X

3.1.2 按产品结构特征分

绞线　　J

软结构　　R

注：R 后数字 1、2、3 表示柔软程度，数字越大越柔软。

3.1.3 按用途分

天线　　T

电刷线　　S

3.2 产品表示方法

3.2.1 产品型号用以下形式表示。

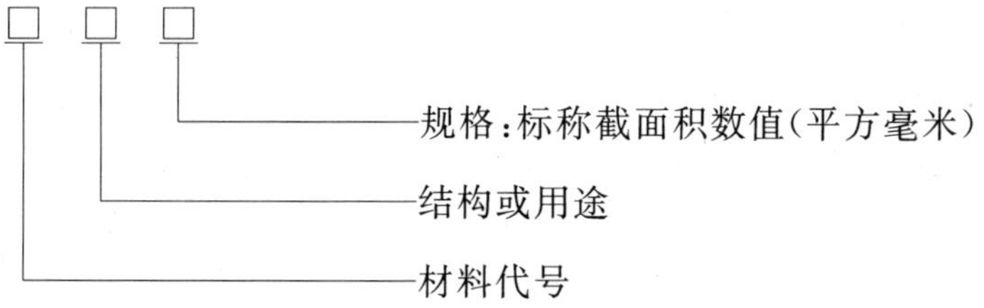

3.2.2 产品用型号及标准编号表示。

示例 1：标称截面 400 mm^2 的 1 型软铜绞线，表示为：TJR1-400 GB/T 12970.2—2009

示例 2：标称截面 10 mm^2 的软铜天线，表示为：TTR-10 GB/T 12970.3—2009

示例 3：标称截面 2.5 mm^2 的软铜电刷线，表示为：TSR-2.5 GB 12970.4—2009

4 技术要求

4.1 材料

4.1.1 软铜绞线、软铜天线及铜电刷线应采用符合 GB/T 3953—2009 规定的 TR 型软圆铜线，单线直径 0.10 mm 及以下者，也可采用符合 GB/T 3953—2009 规定的 TY 型硬圆铜线。

4.1.2 镀锡软铜绞线应采用符合 GB/T 4910—2009 规定的 TXR 型镀锡软圆铜线。

4.2 截面规格系列

电工软铜绞线截面规格系列采用 GB/T 321—2005 规定的优先系数。

4.2.1 通用软铜绞线及软铜天线

——标称截面积在 80 mm^2 及以下者采用 R5 系列；

——标称截面积在 80 mm^2 以上者采用 R10 系列。

4.2.2 铜电刷线

标称截面积采用 R10 系列。

4.3 表面质量

产品表面应光洁，不应有与良好工业产品不相称的各种缺陷。

4.4 单线接头

绞线或束线中的单线允许焊接，直径在 0.20 mm 及以下者，允许扭结，但任何两个接头间的距离应不小于 300 m。

5 检验规则

5.1 产品应由制造厂的质量检查部门检验合格后方能出厂，出厂产品应附有质量检验合格证。

5.2 产品应按规定的试验项目进行验收。

型式试验(T)、抽样试验(S)、例行试验(R)的定义按 GB/T 4909.1—2009 的规定。

5.3 试验的抽样数量由供需双方协议规定，如需方不提出要求时，则由制造厂规定。

抽样项目的试验结果如有不合格时，应加倍取样，就不合格项目进行第二次试验，如仍有不合格时，则判定该批产品不合格。

6 包装、运输及储存

6.1 包装

6.1.1 产品应成盘或成圈交货，每个包装件应为同一型号同一规格。若在一个包装件内装有两个以上的线段时，应在两根连接处加明显标志。如有特殊要求，应标明线段数量。

6.1.2 成盘包装的线盘应符合 JB/T 8137—1999 的规定。成圈包装的产品，应加用防潮材料，妥善包装。

6.1.3 每个包装件上应附有标签，标明：

a) 制造厂名称；

b) 型号及规格；

c） 长度，m；

d） 质量，kg；

e） 制造日期：年 月 日；

f） 标准编号。

6.2 运输和储存

在装卸、运输和储存中，应注意避免损伤产品。

ICS 29.060.10
K 11

中华人民共和国国家标准

GB/T 12970.2—2009
代替 GB/T 12970.2—1991

电工软铜绞线
第2部分:软铜绞线

**Flexible copper stranded conductors for electrical purposes—
Part 2:Flexible copper stranded conductors**

2009-03-19 发布　　2009-12-01 实施

中华人民共和国国家质量监督检验检疫总局
中国国家标准化管理委员会 发布

前　言

GB/T 12970《电工软铜绞线》分为四个部分：

——第1部分：一般规定；

——第2部分：软铜绞线；

——第3部分：软铜天线；

——第4部分：铜电刷线。

本部分为GB/T 12970的第2部分。

本部分代替GB/T 12970.2—1991《电工软铜绞线　第2部分：软铜绞线》。

本部分与GB/T 12970.2—1991相比主要变化如下：

——增加了对单线伸长率的要求(本版的4.5)；

——增加了试验表面质量的检验规定(本版的5)。

本部分由中国电器工业协会提出。

本部分由全国电线电缆标准化技术委员会(SAC/TC 213)归口。

本部分负责起草单位：上海电缆研究所。

本部分参加起草单位：深圳市神州线缆有限公司、上海上铜金属编织铜材厂、江苏江润铜业有限公司。

本部分主要起草人：刘斌、党朋、章鹏、陈亚夫、刘立明。

本部分所代替标准的历次版本发布情况为：

——GB/T 12970.2—1991。

电工软铜绞线
第2部分：软铜绞线

1 范围

GB/T 12970的本部分规定了软铜绞线型号规格、技术要求和试验。

本部分适用于电气装备及电子电器或元件接线用的软铜绞线。

本部分应与GB/T 12970.1—2009一起使用。

2 规范性引用文件

下列文件中的条款通过GB/T 12970的本部分的引用而成为本部分的条款。凡是注日期的引用文件，其随后所有的修改单(不包括勘误的内容)或修订版均不适用于本部分，然而，鼓励根据本部分达成协议的各方研究是否可使用这些文件的最新版本。凡是不注日期的引用文件，其最新版本适用于本部分。

GB/T 3048.4—2007 电线电缆电性能试验方法 第4部分：导体直流电阻试验

GB/T 3953—2009 电工圆铜线

GB/T 4909.2—2009 裸电线试验方法 第2部分：尺寸测量

GB/T 4909.3—2009 裸电线试验方法 第3部分：拉力试验

GB/T 4910—2009 镀锡圆铜线

GB/T 12970.1—2009 电工软铜绞线 第1部分：一般规定

3 型号及规格

软铜绞线的型号、规格见表1。

表1 软铜绞线型号、规格

型号	名称	标称截面积 mm²
TJR 1	1型软铜绞线	0.10～1 000
TJR 2	2型软铜绞线	2.5～63
TJR 3	3型软铜绞线	0.025～500
TJRX 1	1型镀锡软铜绞线	0.1～2.5
TJRX 2	2型镀锡软铜绞线	2.5～63
TJRX 3	3型镀锡软铜绞线	0.025～500

4 技术要求

4.1 结构

4.1.1 TJR 1及TJRX 1型软铜绞线的结构应符合表2的规定。

4.1.2 TJR 2及TJRX 2型软铜绞线的结构应符合表3的规定。

4.1.3 TJR 3及TJRX 3型软铜绞线的结构应符合表4的规定。

4.1.4 表中括号内的规格，为不推荐规格，应避免采用。

4.2 绞合

4.2.1 软铜绞线外层的绞向应为右向。除非供需双方另有协议,相邻层的绞向应相反,绞合应紧密整齐,不应有断股和缺股。

表 2 TJR1 型及 TJRX1 型软铜绞线性能

标称截面积 mm²	计算截面积 mm²	结构		计算外径 mm	20 ℃直流电阻 Ω/km 最大值		计算质量 kg/km
		单线总数	股数×根数/单线标称直径 mm		TJR 1	TJRX 1	
0.10	0.102	9	9/0.12	0.44	176	179	0.94
(0.12)	0.124	7	7/0.15	0.45	145	147	1.15
0.16	0.159	9	9/0.15	0.56	113	115	1.47
(0.20)	0.194	11	11/0.15	0.60	92.9	94.4	1.80
0.25	0.247	14	14/0.15	0.68	72.9	74.1	2.29
(0.30)	0.300	17	17/0.15	0.74	60.3	61.3	2.80
0.40	0.408	13	13/0.20	0.86	44.2	44.9	3.79
0.50	0.503	16	16/0.20	0.96	36.0	36.6	4.70
0.63	0.628	20	20/0.20	1.05	28.8	29.3	5.86
(0.75)	0.754	24	24/0.20	1.14	24.0	24.4	7.04
1.00	1.01	32	32/0.20	1.30	17.9	18.2	9.43
1.60	1.57	32	32/0.25	1.63	11.5	11.7	14.7
(2.00)	1.96	40	40/0.25	1.82	9.24	9.39	18.3
2.5	2.41	49	7×7/0.25	2.25	7.58	7.92	22.7
4.0	3.94	49	7×7/0.32	2.88	4.64	—	37.1
6.3	6.16	49	7×7/0.40	3.60	2.97	—	58.0
10	10.01	49	7×7/0.51	4.59	1.83	—	94.3
16	15.84	84	7×12/0.49	6.17	1.16	—	150
25	25.08	133	19×7/0.49	7.35	0.736	—	239
(35)	35.14	133	19×7/0.58	8.70	0.525	—	334
40	40.15	133	19×7/0.62	9.30	0.459	—	382
(50)	48.30	133	19×7/0.68	10.20	0.382	—	459
63	62.72	189	27×7/0.65	12.00	0.294	—	597
(70)	68.64	189	27×7/0.68	12.53	0.269	—	653
80	78.20	259	37×7/0.62	13.02	0.236	—	744
(95)	94.06	259	37×7/0.68	14.28	0.196	—	895
100	99.68	259	37×7/0.70	14.70	0.185	—	948
(120)	117.67	324	27×12/0.68	17.39	0.157	—	1 119

表 2（续）

标称截面积 mm²	计算截面积 mm²	结构		计算外径 mm	20 ℃直流电阻 Ω/km 最大值		计算质量 kg/km
		单线总数	股数×根数/单线标称直径 mm		TJR 1	TJRX 1	
125	124.69	324	27×12/0.70	17.90	0.148	—	1 186
160	162.86	324	27×12/0.80	20.20	0.113	—	1 549
(185)	183.85	324	27×12/0.85	21.74	0.100	—	1 749
200	196.15	444	37×12/0.75	21.80	0.094 0	—	1 866
250	251.95	444	37×12/0.85	24.72	0.073 2	—	2 397
315	310.58	703	37×19/0.75	26.25	0.059 4	—	2 954
400	398.92	703	37×19/0.85	29.75	0.046 2	—	3 795
500	498.30	703	37×19/0.95	33.25	0.037 0	—	4 740
630	627.1	1 159	61×19/0.83	37.35	0.029 4	—	5 965
800	804.3	1 159	61×19/0.94	42.30	0.022 9	—	7 651
1 000	1 003.6	1 159	61×19/1.05	47.25	0.018 4	—	9 547

表 3　TJR 2 型及 TJRX 2 型软铜绞线性能

标称截面积 mm²	计算截面积 mm²	结构		计算外径 mm	20 ℃直流电阻 Ω/km 最大值		计算质量 kg/km
		单线总数	股数×根数/单线标称直径 mm		TJR 2	TJRX 2	
2.5	2.47	140	7×20/0.15	2.369	7.40	7.73	23.3
4.0	3.96	126	7×18/0.20	3.00	4.62	4.82	37.3
6.3	6.16	196	7×28/0.20	3.72	2.97	3.10	58.0
10	9.90	315	7×45/0.20	4.62	1.85	1.93	93.3
16	15.83	504	12×42/0.20	6.18	1.16	1.23	150
25	25.07	798	19×42/0.20	7.45	0.736	0.781	238
(35)	35.41	1 127	7×7×23/0.20	10.57	0.521	0.545	337
40	40.02	1 274	7×7×26/0.20	10.62	0.461	0.482	381
(50)	49.26	1 568	7×7×32/0.20	11.70	0.375	0.392	469
63	63.11	2 009	7×7×41/0.20	13.32	0.292	0.305	600

表 4 TJR 3 型及 TJRX 3 型软铜绞线性能

标称截面积 mm²	计算截面积 mm²	结构		计算外径 mm	20 ℃直流电阻 Ω/km 最大值		计算质量 kg/km
		单线总数	股数×根数/单线标称直径 mm		TJR 3	TJRX 3	
0.025	0.025 5	13	13/0.05	0.22	707	759	0.24
0.04	0.038 5	10	10/0.07	0.27	466	500	0.36
0.063	0.061 6	16	16/0.07	0.34	294	316	0.58
0.10	0.100	26	26/0.07	0.42	181	194	0.93
0.16	0.158	41	41/0.07	0.52	115	123	1.47
0.25	0.250	65	65/0.07	0.65	72.4	77.7	2.33
(0.30)	0.296	77	7×11/0.07	0.84	61.7	64.5	2.79
0.40	0.404	105	7×15/0.07	0.97	45.2	48.5	3.81
(0.50)	0.512	133	7×19/0.07	1.05	35.7	38.3	4.82
0.63	0.620	161	7×23/0.07	1.18	29.5	31.7	5.84
(0.75)	0.754	196	7×28/0.07	1.28	24.2	26.0	7.11
1.00	0.997	259	7×37/0.07	1.47	18.3	19.6	9.40
1.60	1.57	408	12×34/0.07	1.97	11.70	12.6	14.8
2.5	2.49	646	19×34/0.07	2.35	7.41	7.96	23.7
4.0	4.03	513	19×27/0.10	3.08	4.58	4.79	38.3
6.3	6.27	798	19×42/0.10	3.73	2.94	3.07	59.6
10	10.00	1 273	19×67/0.10	4.73	1.85	1.93	95.1
16	15.83	2 016	12×7×24/0.10	7.18	1.16	1.21	150
25	25.07	3 192	19×7×24/0.10	8.55	0.736	0.769	238
(35)	34.47	4 389	19×7×33/0.10	9.90	0.535	0.559	328
40	39.96	2 261	19×7×17/0.15	11.03	0.462	0.483	380
(50)	49.36	2 793	19×7×21/0.15	12.15	0.374	0.391	470
63	63.46	3 591	19×7×27/0.15	13.50	0.291	0.304	604
(70)	70.51	3 990	19×7×30/0.15	14.18	0.262	0.274	671
80	79.91	4 522	19×7×34/0.15	15.08	0.231	0.241	760
(95)	94.01	5 320	19×7×40/0.15	16.43	0.196	0.205	894
100	100.73	5 700	19×12×25/0.15	18.27	0.183	0.191	958
(120)	120.87	6 840	19×12×30/0.15	20.24	0.153	0.160	1 150
125	127.59	7 220	19×19×20/0.15	20.29	0.145	0.152	1 214

表 4（续）

标称截面积 mm²	计算截面积 mm²	结构		计算外径 mm	20 ℃直流电阻 Ω/km 最大值		计算质量 kg/km
		单线总数	股数×根数/单线标称直径 mm		TJR 3	TJRX 3	
160	159.42	9 025	19×19×25/0.15	21.75	0.116	0.121	1 517
(185)	185.00	10 469	19×19×29/0.15	23.25	0.099 7	0.104	1 760
200	196.15	11 100	37×12×25/0.15	25.58	0.094 0	0.098 2	1 866
250	251.08	14 208	37×12×32/0.15	28.67	0.073 5	0.076 8	2 388
315	310.58	17 575	37×19×25/0.15	30.45	0.059 4	0.062 1	2 954
400	397.54	22 496	37×19×32/0.15	34.13	0.046 4	0.048 5	3 782
500	496.92	28 120	37×19×40/0.15	38.06	0.037 1	0.038 8	4 727

4.2.2 股线应采用正规绞合或束绞，绞合及束绞方向可由制造厂规定。

4.2.3 绞合及束绞节径比应符合表 5 的规定。

表 5 节径比

类型		节径比不大于
股线		30
成品绞线	一次束绞	14
	内层	20
	外层	15

4.2.4 任一绞层的节径比，应不大于相邻内层的节径比。

4.3 接头

复绞线中的股线可整股钎焊或熔焊，但任何两个接头间的距离，应不小于 1 m，且应不影响绞线的外径和柔软性。

4.4 直流电阻

4.4.1 TJR 1 型和 TJRX 1 型绞线的直流电阻应符合表 2 的规定。

4.4.2 TJR 2 型和 TJRX 2 型绞线的直流电阻应符合表 3 的规定。

4.4.3 TJR 3 型和 TJRX 3 型绞线的直流电阻应符合表 4 的规定。

4.5 伸长率

4.5.1 绞后单线的平均伸长率应大于 GB/T 3953—2009、GB/T 4910—2009 所规定的绞前单线的伸长率减去 5%，且至少应大于 5%。

4.5.2 绞后任一单线的最小伸长率应大于 GB/T 3953—2009、GB/T 4910—2009 所规定的绞前单线的伸长率减去 15%，且至少应大于 5%。

5 试验

产品应按表 6 的规定进行试验。

表 6 试验类型和方法

序号	试验项目	条 文 号	试验类型	试 验 方 法
1	结构尺寸	本部分 4.1	T,R	GB/T 4909.2—2009
2	表面质量	GB/T 12970.1—2009 中 4.3	T,R	目力观察
3	绞合	本部分 4.2	T,R	GB/T 4909.2—2009 及目力观察
4	接头	GB/T 12970.1—2009 中 4.4 及本部分 4.3	T,S	GB/T 4909.2—2009 及目力观察
5	直流电阻	本部分 4.4	T,S	GB/T 3048.4—2007
6	伸长率	本部分 4.5	T,S	GB/T 4909.3—2009

ICS 29.060.10
K 11

中华人民共和国国家标准

GB/T 12970.3—2009
代替 GB/T 12970.3—1991

电工软铜绞线
第3部分：软铜天线

Flexible copper stranded conductors for electrical purposes—Part 3: Flexible copper wire for antenna

2009-03-19 发布　　2009-12-01 实施

中华人民共和国国家质量监督检验检疫总局
中国国家标准化管理委员会　发布

前　言

GB/T 12970《电工软铜绞线》分为四个部分：

——第1部分：一般规定；

——第2部分：软铜绞线；

——第3部分：软铜天线；

——第4部分：铜电刷线。

本部分为GB/T 12970的第3部分。

本部分代替GB/T 12970.3—1991《电工软铜绞线　第3部分：软铜绞线》。

本部分与GB/T 12970.3—1991相比主要变化如下：

——增加了试验表面质量的检验规定(本版的5)。

本部分由中国电器工业协会提出。

本部分由全国电线电缆标准化技术委员会(SAC/TC 213)归口。

本部分负责起草单位：上海电缆研究所。

本部分参加起草单位：深圳市神州线缆有限公司、上海上铜金属编织铜材厂、江苏江润铜业有限公司。

本部分主要起草人：刘斌、党朋、章鹏、陈亚夫、刘立明。

本部分所代替标准的历次版本发布情况为：

——GB/T 12970.3—1991。

电工软铜绞线
第3部分：软铜天线

1 范围

GB/T 12970的本部分规定了软铜天线型号规格、技术要求和试验。

本部分适用于通信用的架空天线。

本部分应与GB/T 12970.1—2009一起使用。

2 规范性引用文件

下列文件中的条款通过GB/T 12970的本部分的引用而成为本部分的条款。凡是注日期的引用文件，其随后所有的修改单(不包括勘误的内容)或修订版均不适用于本部分，然而，鼓励根据本部分达成协议的各方研究是否可使用这些文件的最新版本。凡是不注日期的引用文件，其最新版本适用于本部分。

GB/T 3048.4—2007 电线电缆电性能试验方法 第4部分：导体直流电阻试验

GB/T 4909.2—2009 裸电线试验方法 第2部分：尺寸测量

GB/T 4909.3—2009 裸电线试验方法 第3部分：拉力试验

GB/T 12970.1—2009 电工软铜绞线 第1部分：一般规定

3 型号及规格

软铜天线的型号为TTR，软铜天线的规格见表1。

表1 软铜天线的规格

型号	标称截面积 mm^2
TTR	1.0～25

4 技术要求

4.1 结构

软铜天线的结构应符合表2的规定。

表2 软铜天线的结构

标称截面积 mm^2	计算截面积 mm^2	结构 股数×根数/单线标称直径 mm	计算外径 mm	计算质量 kg/km
1.0	0.958	7×7/0.16	1.44	9.0
1.6	1.54	7×7/0.20	1.80	14.1
2.5	2.41	7×7/0.25	2.25	22.1
4.0	3.94	7×7/0.32	2.88	36.1
6.3	6.16	7×7/0.40	3.60	56.4
10	10.01	7×7/0.51	4.59	91.7
16	16.26	7×7/0.65	5.85	149
25	24.63	7×7/0.80	7.20	226

4.2 **绞合**

4.2.1 成品软铜天线的绞向应为右向，绞合应紧密整齐。

4.2.2 股线的绞向应为左向，不应有缺线或跳线。

4.2.3 股线的节径比应不大于20，成品软铜天线的节径比应为8～12。

4.3 **接头**

股线不允许整股焊接。

4.4 **拉断力**

软铜天线的拉断力应符合表3的规定。

表3 软铜天线的性能

标称截面积 mm^2	拉断力 kN 最小值	20 ℃直流电阻 Ω/km 最大值
1.0	0.16	18.0
1.6	0.26	11.5
2.5	0.40	7.37
4.0	0.66	4.51
6.3	1.03	2.88
10	1.67	1.77
16	2.71	1.09
25	4.11	0.72

4.5 **直流电阻**

软铜天线的直流电阻应符合表3的规定。

5 试验

软铜天线应按表4的规定进行试验。

表4 试验类型和方法

序号	试验项目	条 文 号	试验类型	试 验 方 法
1	结构尺寸	本部分4.1	T,R	GB/T 4909.2—2009
2	表面质量	GB/T 12970.1—2009中4.3	T,R	目力观察
3	绞合	本部分4.2	T,R	GB/T 4909.2—2009及目力观察
4	接头	GB/T 12970.1—2009中4.4及本部分4.3	T,S	GB/T 4909.2—2009及目力观察
5	拉断力	本部分4.4	T,S	GB/T 4909.3—2009
6	直流电阻	本部分4.5	T,S	GB/T 3048.4—2007

ICS 29.060.10
K 11

中华人民共和国国家标准

GB/T 12970.4—2009
代替 GB/T 12970.4—1991

电工软铜绞线
第4部分:铜电刷线

**Flexilbe copper stranded conductors for electrical purposes—
Part 4:Copper wires for electric brush**

2009-03-19 发布　　2009-12-01 实施

中华人民共和国国家质量监督检验检疫总局
中国国家标准化管理委员会　发布

前　言

GB/T 12970《电工软铜绞线》分为四个部分：

——第1部分：一般规定；

——第2部分：软铜绞线；

——第3部分：软铜天线；

——第4部分：铜电刷线。

本部分为GB/T 12970的第4部分。

本部分代替GB/T 12970.4—1991《电工软铜绞线　第4部分：铜电刷线》。

本部分与GB/T 12970.4—1991相比主要变化如下：

——删除结构及工艺要求的部分规定(前版的4.1.3及4.3.3)；

——将工艺要求的部分内容调整为结构(前版的4.3.1及4.3.2，本版的4.1.3及4.1.4)；

——修改了对制造长度的要求(前版的4.8，本版的4.7)。

本部分由中国电器工业协会提出。

本部分由全国电线电缆标准化技术委员会(SAC/TC 213)归口。

本部分负责起草单位：上海电缆研究所。

本部分参加起草单位：深圳市神州线缆有限公司、上海上铜金属编织铜材厂、江苏江润铜业有限公司。

本部分主要起草人：刘斌、党朋、章鹏、陈亚夫、刘立明。

本部分所代替标准的历次版本发布情况为：

——GB/T 12970.4—1991。

电工软铜绞线
第4部分：铜电刷线

1 范围

GB/T 12970的本部分规定了铜电刷线的型号规格、技术要求和试验。

本部分适用于电机电气及仪表线路上连接用的铜电刷线。

本部分应与GB/T 12970.1—2009一起使用。

2 规范性引用文件

下列文件中的条款通过GB/T 12970的本部分的引用而成为本部分的条款。凡是注日期的引用文件，其随后所有的修改单(不包括勘误的内容)或修订版均不适用于本部分，然而，鼓励根据本部分达成协议的各方研究是否可使用这些文件的最新版本。凡是不注日期的引用文件，其最新版本适用于本部分。

GB/T 3048.4—2007 电线电缆电性能试验方法 第4部分：导体直流电阻试验

GB/T 4909.2—2009 裸电线试验方法 第2部分：尺寸测量

GB/T 4909.3—2009 裸电线试验方法 第3部分：拉力试验

GB/T 12970.1—2009 电工软铜绞线 第1部分：一般规定

3 型号及规格

铜电刷线的型号及规格见表1。

表1 铜电刷线的型号及规格

型号	名称	标称截面积 mm^2
TS	铜电刷线	0.25～16
TSX	镀锡铜电刷线	0.25～16
TSR	软铜电刷线	0.063～6.3

4 技术要求

4.1 结构

4.1.1 TS型及TSX型铜电刷线的结构应符合表2的规定。

4.1.2 TSR型软铜电刷线的结构应符合表3的规定。

4.1.3 电刷线不应有缺股、断股或股线损伤现象，股线不允许整股焊接。

4.1.4 个别股线中的缺线应不超过股线中单线总数的3%。

4.2 绞合

4.2.1 电刷线最外层的绞向应为右向。除非供需双方另有协议，相邻层的绞向应相反，股线的绞向由制造厂规定。

4.2.2 内层绞合节径比应不大于12，外层绞合节径比应为8～10。

4.2.3 股线的节径比应不大于25。

4.3　**表面质量**

电刷线表面应光洁，不应有毛疵。因软化处理引起的金黄色或淡红色的表面氧化变色，可作为合格品。

4.4　**成型**

电刷线应绞合紧密，用锐利剪刀将七股的电刷线剪成 50 mm 的线股，或将 12 股及以上的电刷线剪成 150 mm 的线段，从 200 mm 的高度水平自由落到平板上时应不散开。

4.5　**直流电阻**

4.5.1　TS 型及 TSX 型铜电刷线的直流电阻应符合表 2 的规定。

4.5.2　TSR 型软铜电刷线的直流电阻应符合表 3 的规定。

表 2　TS 型及 TSX 型铜电刷线的性能

标称截面积 mm^2	计算截面积 mm^2	结　构		计算外径 mm	20℃直流电阻 Ω/km 最大值		计算质量 kg/km
		单线总数	股数×根数/ 单线标称直径 mm		TS 型	TSX 型	
0.25	0.242	63	7×9/0.07	1.0	75.5	81.1	2.28
0.315	0.323	84	7×12/0.07	1.1	56.6	60.7	3.04
0.40	0.404	105	7×15/0.07	1.2	45.2	48.6	3.81
0.50	0.512	133	7×19/0.07	1.3	35.7	38.3	4.82
0.63	0.620	161	7×23/0.07	1.5	29.5	31.6	5.84
0.80	0.808	210	7×30/0.07	1.6	22.6	24.3	7.61
1.00	0.990	126	7×18/0.10	1.8	18.5	19.3	9.33
1.25	1.264	161	7×23/0.10	2.0	14.5	15.1	11.9
1.6	1.594	203	7×29/0.10	2.2	11.5	12.0	15.0
2.0	1.979	252	7×36/0.10	2.4	9.23	9.65	18.6
2.5	2.474	315	7×45/0.10	2.7	7.39	7.72	23.3
3.15	3.134	399	7×57/0.10	3.0	5.83	6.09	29.5
4.0	3.958	504	7×72/0.10	3.3	4.62	4.83	37.3
5.0	4.948	630	7×90/0.10	3.8	3.69	3.86	46.6
6.3	6.243	552	12×46/0.12	4.3	2.94	3.07	59.1
8	7.872	696	12×58/0.12	4.8	2.33	2.44	74.5
10	10.04	888	12×74/0.12	5.3	1.83	1.91	95.1
12.5	12.46	1102	19×58/0.12	5.9	1.48	1.55	118.5
16	15.90	1406	19×74/0.12	6.7	1.16	1.21	151.2

4.6　**伸长率**

4.6.1　TS 型铜电刷线的伸长率应不小于 18%。TSX 型镀锡铜电刷线的伸长率应不小于 15%。

4.6.2　TSR 型软铜电刷线的伸长率应不小于 15%。

4.7　**制造长度**

电刷线的制造长度应不小于 25 m，若经供需双方商定，可以以短线段交货，但其数量应不超过该批交货总数量的 20%。

表 3 TSR 型软铜电刷线的性能

标称截面积 mm²	计算截面积 mm²	结构		计算外径 mm	20 ℃直流电阻 Ω/km 最大值	计算质量 kg/km
		单线总数	股数×根数/ 单线标称直径 mm			
0.063	0.062 8	32	32/0.05	0.5	288	0.586
0.08	0.078 5	40	40/0.05	0.55	231	0.733
0.10	0.098 2	50	50/0.05	0.6	184	0.917
0.125	0.124	63	63/0.05	0.65	146	1.16
0.16	0.165	84	7×12/0.05	0.7	111	1.55
0.20	0.206	105	7×15/0.05	0.8	88.7	1.92
0.25	0.247	126	7×18/0.05	1.0	74.0	2.33
0.315	0.316	160	7×23/0.05	1.1	57.8	2.95
0.40	0.399	203	7×29/0.05	1.2	45.8	3.76
0.50	0.495	252	12×21/0.05	1.3	37.0	4.69
0.63	0.636	324	12×27/0.05	1.5	28.9	6.02
0.80	0.801	408	12×34/0.05	1.6	22.9	7.58
1.00	0.990	504	12×42/0.05	1.8	18.6	9.37
1.25	1.268	646	19×34/0.05	2.0	14.5	12.1
1.6	1.567	798	19×42/0.05	2.2	11.8	14.9
2.0	2.015	1026	19×54/0.05	2.4	9.16	19.2
2.5	2.500	1273	19×67/0.05	2.7	7.38	23.8
3.15	3.144	817	19×43/0.07	3.0	5.87	29.9
4.0	4.022	1045	19×55/0.07	3.3	4.59	38.3
5.0	4.972	1292	19×68/0.07	3.8	3.71	47.3
6.3	6.288	1634	19×86/0.07	4.3	2.93	59.8

5 试验方法

铜电刷线应按表 4 的规定进行试验。

表 4 试验类型和方法

序号	试验项目	条文号	试验类型	试验方法
1	结构尺寸	本部分 4.1	T,R	GB/T 4909.2—2009
2	绞合	本部分 4.2	T,R	GB/T 4909.2—2009 及目力观察
3	表面质量	本部分 4.3	T,R	目力观察
4	成型	本部分 4.4	T,S	本部分 4.4
5	直流电阻	本部分 4.5	T,S	GB/T 3048.4—2007
5	伸长率	本部分 4.6	T,S	GB/T 4909.3—2009
6	制造长度	本部分 4.7	R	GB/T 4909.2—2009

ICS 91.100.30
Q 04

中华人民共和国国家标准

GB/T 12988—2009
代替 GB/T 12988—1991

无机地面材料耐磨性能试验方法

Test method for abrasion resistance of inorganic paving materials

2009-03-09 发布 2009-11-05 实施

中华人民共和国国家质量监督检验检疫总局
中国国家标准化管理委员会 发布

前　言

本标准与 EN 14157:2004《天然石材耐磨性试验方法》的一致性程度为非等效。

本标准代替 GB/T 12988—1991《无机地面材料耐磨性试验方法》。

本标准与 GB/T 12988—1991 相比主要变化如下：

——标准名称改为《无机地面材料耐磨性能试验方法》；

——磨料由标准砂改为棕刚玉磨料；

——摩擦时间统一规定为 2 min；

——试验结果统一规定为用试件表面的磨坑长度进行评定。

本标准由中国建筑材料联合会提出。

本标准由全国水泥制品标准化技术委员会(SAC/TC 197)归口。

本标准负责起草单位：辽宁省建筑材料科学研究所、建筑材料工业技术监督研究中心。

本标准参加起草单位：国家建筑装修材料安全监督检验中心、辽宁省建筑材料监督检验院、建材工业认证管理中心、泉州市群峰机械制造有限公司、宁夏机械研究院(有限公司)、浙江竟远机械设备有限公司、沈阳重型机械集团有限责任公司、贵州达众第七砂轮有限责任公司。

本标准主要起草人：周志宏、侯烨、于伟江、杨祥坤、杨斌、徐清辉、王莹珍、季荣文、甘元群、由丽然、迟硕。

本标准 1991 年首次发布；本次为第一次修订。

无机地面材料耐磨性能试验方法

1 范围

本标准规定了用滚动法测定无机地面材料耐磨性能试验方法的原理、设备、磨料、试件、试验步骤、试验结果计算与评定、试验报告。

本标准适用于测定混凝土、陶瓷、天然石材等无机地面材料的耐磨性能。

2 规范性引用文件

下列文件中的条款通过本标准的引用而成为本标准的条款。凡是注日期的引用文件，其随后所有的修改单(不包括勘误的内容)或修订版均不适用于本标准，然而，鼓励根据本标准达成协议的各方研究是否可使用这些文件的最新版本。凡是不注日期的引用文件，其最新版本适用于本标准。

GB/T 2478—2008 普通磨料 棕刚玉

3 原理

通过摩擦钢轮在规定条件和磨料作用下，在试件使用表面产生磨坑，测量试件表面磨坑的长度值，用其表示试件的耐磨性能。

4 设备

4.1 钢轮式耐磨试验机

钢轮式耐磨试验机构造是由摩擦钢轮、磨料料斗、导流料斗、夹紧滑车和配重等组成，见图 1。磨料料斗的调节阀用于控制磨料的流动开启和停止，导流料斗调节阀用于调节、保证磨料流速恒定。

4.1.1 摩擦钢轮

摩擦钢轮的材质为 45 号钢，调质处理，硬度为 HB203～HB245。摩擦钢轮直径为 ϕ200.0 mm±0.2 mm、厚度为 70.0 mm±0.1 mm。

摩擦钢轮的转速为 75 r/(60±3)s。

当摩擦钢轮直径磨损至 ϕ199.0 mm 时，应更换。

4.1.2 夹紧滑车

夹紧滑车安装在耐磨试验机轨道上，设有紧固试件的装置，通过 14.00 kg±0.01 kg 配重使试件与摩擦钢轮接触，以控制试件与摩擦钢轮之间的压紧力。

4.1.3 料斗

磨料料斗容积大于 5 L，并带有控制磨料料斗开启和停止输出的调节阀；导流料斗容积应大于 1 L，其中磨料高度应始终不小于 25 mm，导流料斗带有用于调节磨料流速的调节阀，使得磨料以恒定的流速通过导流料斗长方形下料口流到摩擦钢轮上，其流速可调并不小于 1 L/min。

导流料斗的长方形下料口的内口长应为 71.0 mm±0.5 mm，下料口到摩擦钢轮中心线的距离为 75 mm，磨料流与摩擦钢轮边缘距离，应控制在 5 mm，见图 2。

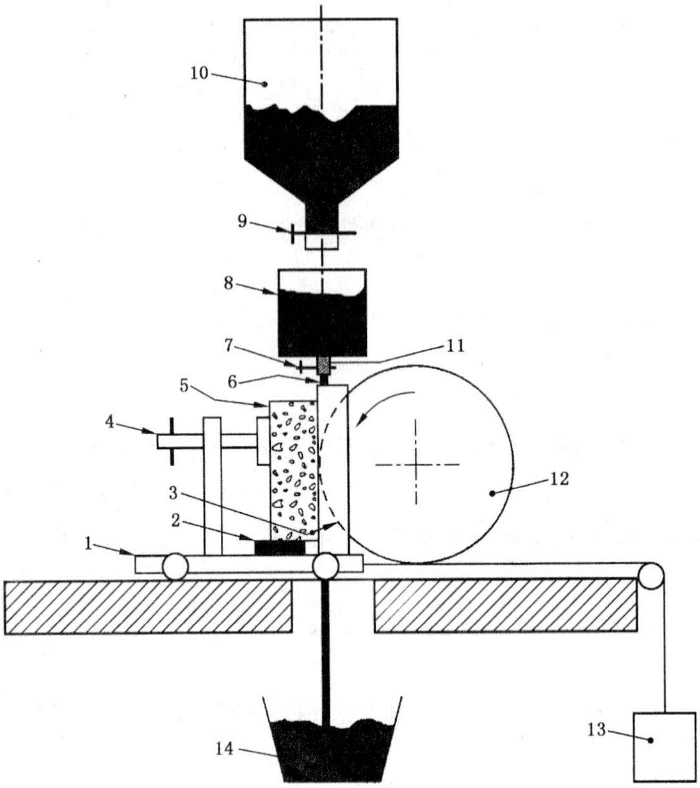

1——夹紧滑车；
2——垫块；
3——导流槽；
4——紧固螺栓；
5——试件；
6——磨料流；
7——导流料斗调节阀；
8——导流料斗；
9——磨料料斗调节阀；
10——磨料料斗；
11——长方形下料口；
12——摩擦钢轮；
13——配重；
14——磨料收集器。

图1 钢轮式耐磨试验机示意

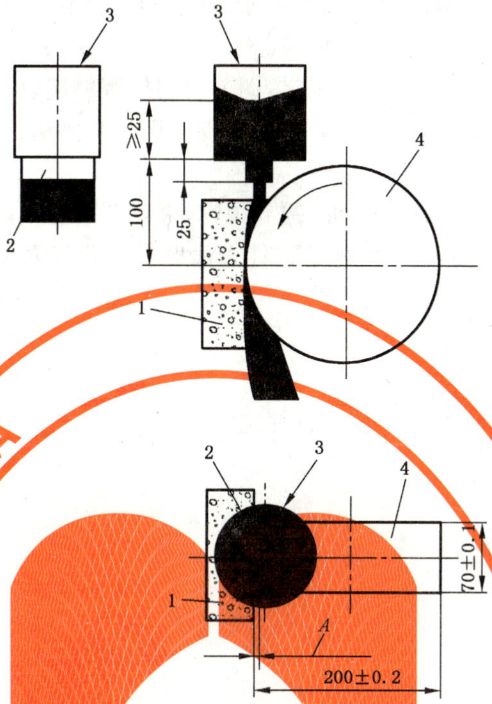

1——试件；

2——长方形下料口；

3——导流料斗；

4——摩擦钢轮。

注：A 为料流与摩擦钢轮边缘距离应为 5 mm。

图 2　下料口相对于摩擦钢轮的位置

4.2　游标卡尺

量程为 0～125 mm、分度值为 0.02 mm 的游标卡尺。

4.3　试验筛

筛孔尺寸为 0.3 mm 的方孔筛。

5　磨料

采用符合 GB/T 2478—2008 规定的粒度为 36# 的磨料，其最大含水率应不大于 1.0%。磨料可重复使用 5 次，每次使用之前应用试验筛筛分，除去粒径小于 0.3 mm 的部分。

6　试件

6.1　试件尺寸

试件外形尺寸应不小于 100 mm×100 mm×样品厚度。

6.2　试件处理

a)　试件应在 105 ℃～110 ℃烘至恒重；

b)　试验前用硬毛刷清理试件表面。为了利于测量磨坑尺寸，可在试件测试表面涂上水彩涂料；

c)　如果试件表面有突出的坚硬装饰纹理时，应将纹理妥善处理，保证试件表面平整。

6.3　试件数量

每次试验以 5 块试件为一组。

7　试验步骤

7.1　将试验用磨料装入磨料料斗中，再使其流入导流料斗，并符合本标准 4.1.3 的有关规定。

7.2　将试件固定在夹紧滑车上，使试件表面平行于摩擦钢轮的轴线，且垂直于托架底座。并使摩擦钢轮侧面距离试样边缘的距离至少15 mm。

7.3　检验摩擦钢轮转速是否符合4.1.1的规定，调节阀门使磨料应以1 L/min的流速从导流料斗长方形下料口均匀落在摩擦钢轮上。在配重作用下，使试件表面与磨擦钢轮接触。启动电动机，打开料斗调节阀，并开始计时。

7.4　当摩擦钢轮转动2 min后，关闭电动机、调节阀门，移开夹紧滑车，取下试件。在试件表面上用6H的铅笔画出磨坑的轮廓线，再用游标卡尺测量试件表面磨坑两边缘及中间的长度，精确至0.1 mm，取其平均值。

8　试验结果计算与评定

试验结果以5块试件平均磨坑长度值进行评定。

9　试验报告

试验报告应包括以下内容：

a）报告编号；

b）本标准名称、编号、发布和实施日期；

c）试验单位名称和地址；

d）委托单位名称和地址；

e）委托方应提供以下信息：

——无机地面材料名称；

——无机地面材料生产单位；

——送/抽试样人员、日期及单位名称；

——抽样基数；

f）送试样日期；

g）试验日期；

h）试样的数量和规格尺寸；

i）磨坑长度精确到0.1 mm；

j）试验结果以测磨坑长度的平均值表示；

k）试验报告应包含有关人员签字、试验单位专用公章，试验报告发出日期等。并应声明未经试验单位书面同意，不得将试验报告复制。

ICS 01.120
A 00

中华人民共和国国家标准

GB/T 13016—2009
代替 GB/T 13016—1991

标准体系表编制原则和要求

Principles and requirements for preparing diagrams of standard system

2009-05-06 发布　　2009-11-01 实施

中华人民共和国国家质量监督检验检疫总局
中国国家标准化管理委员会　发布

前　言

本标准代替 GB/T 13016—1991《标准体系表编制原则和要求》。与 GB/T 13016—1991 相比，本标准主要变化如下：

——改写了“范围”；

——增加“标准”、“体系”、“术语标准”、“过程标准”、“服务标准”、“接口标准”、“规范”、“规程”等术语；

——在“编制原则”中，增加“目标明确”原则，同时将“划分明确”原则改为“划分清楚”原则(见 4.1 及 4.4)；

——修改了图 1；

——在表 1 中，增加了“标准体系表编号”、“实施日期”，将“采用国际、国外标准的程度”与“采用的或相应的国际、国外标准号”合并为“国际国外标准号及采用关系”、增加了“被代替标准号或作废”等项目；

——增加了附录 A“其他的标准体系表示方式”、附录 B“系统生命周期阶段”。

本标准的附录 A、附录 B 为资料性附录。

本标准由中国标准化研究院提出并归口。

本标准的主要起草单位：中国标准化研究院、太原铁路局。

本标准的主要起草人：岳高峰、邢立强、赵祖明、鲍仲平。

本标准于 1991 年首次发布，本次为第 1 次修订。

引　　言

标准体系表是编制标准制、修订规划和计划的依据之一；是一定范围内包括现有、应有和预计制定标准的蓝图，它将随着科学技术的发展而不断更新和充实。编制标准体系表是标准化工作的一项重要基础性工作。

标准体系表编制原则和要求

1 范围

本标准规定了标准体系表的编制原则、格式及要求。

本标准适用于编制全国、行业、专业、企业及其他方面的标准体系表。

2 规范性引用文件

下列文件中的条款通过本标准的引用而成为本标准的条款。凡是注日期的引用文件，其随后所有的修改单(不包括勘误的内容)或修订版均不适用于本标准，然而，鼓励根据本标准达成协议的各方研究是否可使用这些文件的最新版本。凡是不注日期的引用文件，其最新版本适用于本标准。

GB/T 4754　国民经济行业分类与代码

GB/T 12366(所有部分)　综合标准化工作导则

GB/T 13017　企业标准体系表编制指南

GB/T 19000　质量管理体系　基础和术语(GB/T 19000—2008,ISO 9000:2005,IDT)

GB/T 20000.1　标准化工作指南　第1部分:标准化和相关活动的通用词汇(GB/T 20000.1—2002,ISO/IEC Guide 2:1996,MOD)

3 术语和定义

GB/T 4745、GB/T 19000 和 GB/T 20000.1 确立的以及下列术语和定义适用于本标准。

3.1

标准　standard

为了在一定范围内获得最佳秩序，经协商一致制定并由公认机构批准，共同使用的和重复使用的一种规范性文件。

[GB/T 20000.1—2002,2.3.2]

3.2

体系(系统)　system

相互关联或相互作用的一组要素。

[GB/T 19000—2008,3.2.1]

注：系统可以指整个实体。系统的组件也可能是一个系统，此组件可称为子系统。

3.3

标准体系　standard system

一定范围内的标准按其内在联系形成的科学的有机整体。

3.4

标准体系表　diagram of standard system

一定范围的标准体系内的标准按其内在联系排列起来的图表。

注：标准体系表用以表达标准体系的构思、设想、整体规划，是表达标准体系概念的模型。

3.5

综合标准体系表　diagram of comprehensive standard system

以产品、过程、服务为中心，由生产或工作的全过程中所涉及的全部标准综合组成的标准体系表。

3.6

行业　trade

从事相同性质的经济活动的所有单位的集合。

[GB/T 4754—2002,2.1]

3.7

专业　specific trade

在一个行业(或产业)内细分的从事相同性质的经济活动的所有单位的集合。

注：在 GB/T 4754—2002 标准中所指的"中类,小类"。考虑到习惯用法,仍称专业。

3.8

相关标准　relative standard

与本体系关系密切且需直接采用的其他体系内的标准。

3.9

个性标准　individual standard

直接表达一种标准化对象(产品或系列产品、过程、服务或管理)的个性特征的标准。

3.10

共性标准　general standard

同时表达存在于若干种标准化对象间所共有的共性特征的标准。

3.11

基础标准　basic standrad

具有广泛的适用范围或包含一个特定领域的通用条款的标准。

[GB/T 20000.1—2002,2.5.1]

3.12

方法标准　method standard

以试验、检查、分析、抽样、统计、计算、测定、作业等各种方法为对象制定的标准。

3.13

术语标准　terminology standard

与术语有关的标准,通常带有定义,有时还附有注、图、示例等。

[GB/T 20000.1—2002,2.5.2]

3.14

产品标准　product standard

规定产品应满足的要求以确保其适用性的标准。

注1：产品标准除了包括适用性的要求外,还可直接地或通过引用间接地包括诸如术语、抽样、测试、包装和标签等方面的要求,有时还可包括工艺要求。

注2：产品标准根据其规定的是全部的还是部分的必要要求,可区分为完整的标准和非完整的标准。同理,产品标准又可分为其他不同类别的标准,例如尺寸类标准、材料类标准和交货技术通则类标准。

[GB/T 20000.1—2002,2.5.4]

3.15

过程标准　process standard

规定过程应满足的要求以确保其适用性的标准。

[GB/T 20000.1—2002,2.5.5]

3.16

服务标准　service standard

规定服务应满足的要求以确保其适用性的标准。

注：服务标准可以在诸如洗衣、饭店管理、运输、汽车维护、远程通信、保险、银行、贸易等领域内编制。

[GB/T 20000.1—2002,2.5.6]

3.17

接口标准　interface standard

界面标准

规定产品或系统在其互连部位与兼容性有关的要求的标准。

[GB/T 20000.1—2002,2.5.7]

3.18

规范　specification

阐明要求的文件。

[GB/T 19000—2008,3.7.3]

3.19

规程　code of practice

为设备、构件或产品的设计、制造、安装、维护或使用而推荐惯例或程序的文件。

注：规程可以是标准、标准的一个部分或与标准无关的文件。

[GB/T 20000.1—2002,2.3.5]

4　编制原则

4.1　目标明确

标准体系表的编制，应首先明确建立标准体系的目标。不同的目标，可以编制出不同的标准体系表。

示例：编制标准体系表可以促进一定标准化工作范围内的标准组成达到科学合理。建立标准体系要有明确目标，企业围绕质量而建立的标准体系，目的是改进企业的质量管理；围绕信息化建设而建立的标准体系，目的是实现数据共享、应用系统集成等目标。

4.2　全面成套

标准体系表的全面成套应围绕着标准体系的目标展开，体现在体系的系统整体性，即体系的子体系及子子体系的全面成套和标准明细表所列标准的全面成套。

4.3　层次适当

列入标准明细表内的每一项标准都应安排在恰当的层次上。从一定范围内的若干个标准中，提取共性特征并制定成共性标准。然后将此共性标准安排在标准体系内的被提取的若干个标准之上，这种提取出来的共性标准构成标准体系中的一个层次。基础标准宜安排在较高层次上，即扩大其通用范围以利于一定范围内的统一。应注意同一标准不要同时列入二个以上体系或子体系内，以避免同一标准由两个或以上部门重复制修订。

根据标准的适用范围，恰当地将标准安排在不同的层次上。一般应尽量扩大标准的适用范围，或尽量安排在高层次上，即应在大范围内协调统一的标准不应在数个小范围内各自制定，达到体系组成尽量合理简化。

4.4　划分清楚

标准体系表内的子体系或类别的划分，主要应按行业、专业或门类等标准化活动性质的同一性，而不宜按行政机构的管辖范围而划分。

5　标准体系表的格式及要求

5.1　标准体系结构图

5.1.1　一般要求

a)　标准体系表包括标准体系结构图、标准明细表、标准统计表和编制说明。

b)　标准体系结构图可由总结构方框图和若干个子方框图组成。

c) 标准体系的结构关系一般分为：上下层之间的“层次”关系，或按一定的逻辑顺序排列起来的“序列”关系。

d) 也可是由以上几种结构相结合的组合关系。

e) 每个方框可编上图号，并按图号编制标准明细表。

5.1.2 符号与约定

a) 标准体系结构图内，方框间用实线或虚线连接；

b) 用实线表示方框间的层次关系、序列关系，不表示上述关系的连线用虚线；

c) 为了表示与其他系统的协调配套关系，用虚线连接表示本体系方框与相关标准间的关联关系；

d) 对虽由本体系负责制定的，而应属其他体系的标准亦作为相关标准并用虚线相连，且应在编制说明中加以说明；

e) 带文字下划线的方框，仅表示体系标题之意，不包含具体的标准。

5.1.3 层次结构

a) 我国标准体系的层次结构，见图1。

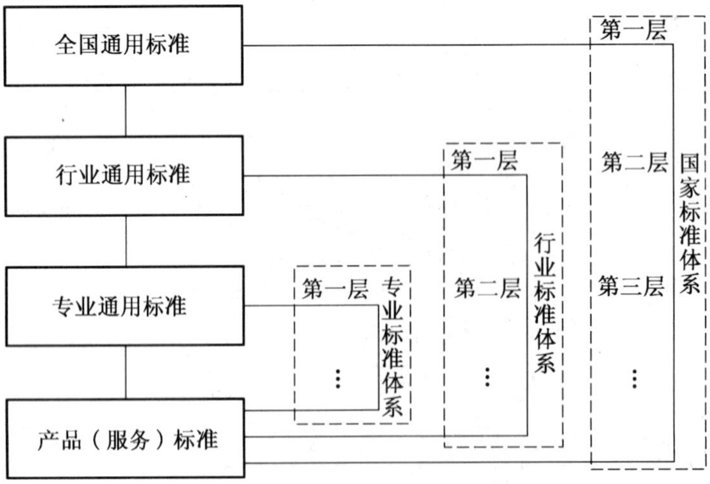

图1 全国、行业、专业标准体系的层次结构

b) 包含多个行业产品时的层次结构，见图2。

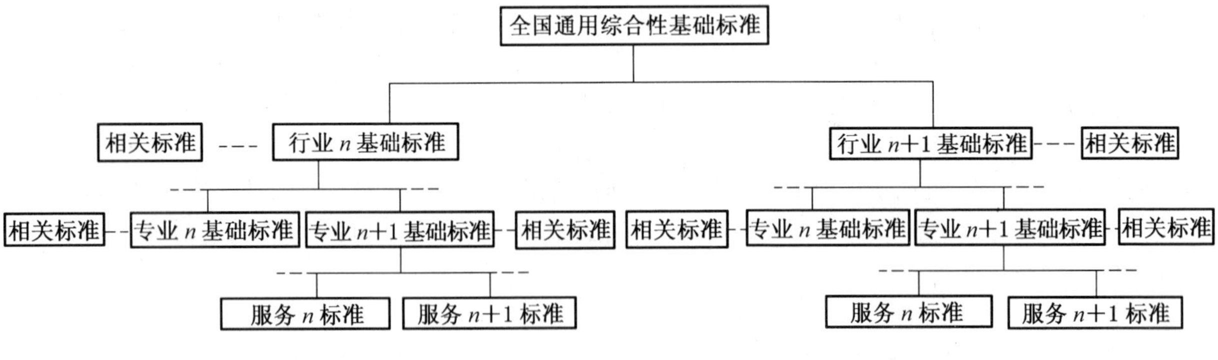

注1：图内“专业 n 基础标准”表示第 n 个行业下的第 n 个专业的基础标准；

注2：图中的产品 n 标准，指第 n 个产品（或服务）标准。

图2 含多个行业产品的标准体系层次结构

5.1.4 序列结构

序列结构指围绕着产品（或服务）、过程的标准化建设，按生命周期阶段的序列，或空间序列等编制出的序列状标准体系结构图。标准体系按生命周期阶段序列的结构如图3所示，生命周期阶段对照参见附录B。

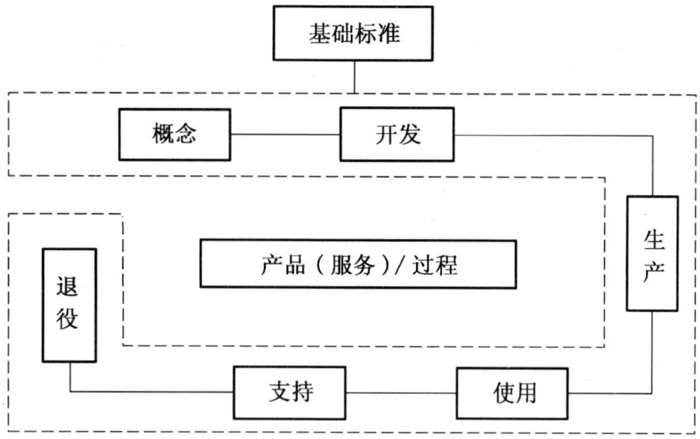

注 1：序列中节点名称仅作示例用；

注 2：基础标准指用于指导产品(服务)、过程等序列标准的上层标准；

注 3：企业编制两个以上的序列结构标准体系表时，应将它们归纳成层次结构标准体系表，以利综合性管理；

注 4：本图中的序列划分参考 ISO/IEC 15288：2002 的有关内容；

注 5：两个以上的序列结构，宜编制合并为一个层次结构。

图 3 序列结构图

5.2 标准明细表及统计表格式

5.2.1 对标准体系结构图中各层次或各序列中只起标题作用而无标准内容的方框不宜给出编号，而对含有标准内容的方框宜给出编号，此编号同时又是标准明细表的标题编号。

5.2.2 标准明细表的一般格式如表 1 所示。

表 1 ××(层次或序列编号)标准明细表

序号	标准体系表编号	标准号	标准名称	宜定级别	实施日期	国际国外标准号及采用关系	被代替标准号或作废	备注

表 1 中的“标准号”系对应于现有标准，而“宜定级别”则对应于尚未制定的标准；对现有标准也可同时标出“标准号”和“宜定级别”，表示拟将标准的现有级别改成宜定级别。“标准体系表编号”指该条明细在本标准明细表中的编号。

5.2.3 标准统计表的格式根据统计目的，可设置不同的标准类别及统计项，一般格式如表 2 所示。

表 2 标准统计表

统计项	应有数(__个)	现有数(__ 个)	现有数/应用数(____%)
标准类别			
国家标准			
行业标准			
地方标准			
企业标准			
共计			
基础标准			

表2(续)

统计项	应有数(__个)	现有数(__个)	现有数/应用数(____%)
方法标准			
产品、过程、服务标准			
零部件、元器件标准			
原材料标准			
安全、卫生、环保标准			
其他			
共计			

5.3 编制说明内容要求

标准体系表应同时包括编制说明,其内容一般包括:

a) 编制体系表的依据及要达到的目标;

b) 国内、外标准概括;

c) 结合统计表,分析现有标准与国际、国外的差距和薄弱环节,明确今后的主攻方向;

d) 专业划分依据和划分情况;

e) 与其他体系交叉情况和处理意见;

f) 需要其他体系协调配套的意见;

g) 其他。

6 综合标准体系表

综合标准体系表应重点突出行业、专业间的配套标准。凡已纳入本产品、过程、服务所属的行业、专业标准体系表内的通用标准,可不再标出或从简标出。行业、专业标准体系表应全面成套,是行业、专业范围内标准体系表的主体。两者纵横配合,组成整体。

为了使不同的综合标准体系表对同一类配套标准的不同要求之间取得协调和既满足于用户需要又有利于生产,应将综合标准体系表对有关行业、专业提出的配套标准,协调和纳入有关行业、专业标准体系表内。

综合标准化工作的基本原则和方法见GB/T 12366。

7 企业标准体系表

企业标准体系以技术标准为主体,还应包括管理标准和工作标准。企业标准体系应贯彻和采用上层国家或行业基础标准,在上层基础标准的指导下,制定本企业的企业标准。企业标准应在上级标准化法规和本企业的方针目标及各种相关国际、国家法律和法规指导下形成。

企业标准体系编制的具体要求见GB/T 13017。

附　录　A
（资料性附录）
其他的标准体系表示方式

A.1　标准体系结构图的板块结构

A.1.1　用板块表示出标准体系结构关系。板块结构适用于表达标准体系间的组成关系，见图 A.1。

图 A.1　板块结构图

A.1.2　组成子体系板块 1，组成子体系板块 2，…，组成子体系板块 n，分别由相互关联和相互作用的要素或模块组成。

A.2　标准明细表矩阵

A.2.1　部分标准明细表可以简化为标准列表，并以矩阵图分析和表达，见表 A.1。

表 A.1　标准列表矩阵

	矩阵列要素$_{21}$	矩阵列要素$_{22}$	矩阵列要素$_{23}$	……	矩阵列要素$_{2n}$
矩阵行要素$_{11}$					
矩阵行要素$_{12}$					
矩阵行要素$_{13}$					
……					
矩阵行要素$_{1n}$					

A.2.2　若从标准化对象的某一角度，分为若干特征行要素、列要素，且对标准体系的组成进行分析和表达，则可参见表 A.2 所示的产品几何量技术规范(GPS)标准列表矩阵对标准体系的分析和表达。

表 A.2　产品几何量技术规范标准列表矩阵

要素几何特征	链环号码					
	1 图样标注	2 公差定义	3 实际要素	4 比较认证	5 测量仪器	6 标定校准
尺寸	GPS 标准	GPS 标准	GPS 标准	GPS 标准	GPS 标准	GPS 标准
距离	GPS 标准	GPS 标准	GPS 标准	GPS 标准	GPS 标准	GPS 标准
半径	GPS 标准	GPS 标准	GPS 标准	GPS 标准	GPS 标准	GPS 标准
角度	GPS 标准	GPS 标准	GPS 标准	GPS 标准	GPS 标准	GPS 标准

表 A.2（续）

要素几何特征	链环号码					
	1 图样标注	2 公差定义	3 实际要素	4 比较认证	5 测量仪器	6 标定校准
与基准无关的线的形状	GPS 标准	GPS 标准	GPS 标准	GPS 标准	GPS 标准	GPS 标准
与基准有关的线的形状	GPS 标准	GPS 标准	GPS 标准	GPS 标准	GPS 标准	GPS 标准
与基准无关的面的形状	GPS 标准	GPS 标准	GPS 标准	GPS 标准	GPS 标准	GPS 标准
与基准有关的面的形状	GPS 标准	GPS 标准	GPS 标准	GPS 标准	GPS 标准	GPS 标准
方向	GPS 标准	GPS 标准	GPS 标准	GPS 标准	GPS 标准	GPS 标准
位置	GPS 标准	GPS 标准	GPS 标准	GPS 标准	GPS 标准	GPS 标准
圆跳动	GPS 标准	GPS 标准	GPS 标准	GPS 标准	GPS 标准	GPS 标准
全跳动	GPS 标准	GPS 标准	GPS 标准	GPS 标准	GPS 标准	GPS 标准
基准	GPS 标准	GPS 标准	GPS 标准	GPS 标准	GPS 标准	GPS 标准
轮廓粗糙度	GPS 标准	GPS 标准	GPS 标准	GPS 标准	GPS 标准	GPS 标准
轮廓波纹度	GPS 标准	GPS 标准	GPS 标准	GPS 标准	GPS 标准	GPS 标准
综合轮廓	GPS 标准	GPS 标准	GPS 标准	GPS 标准	GPS 标准	GPS 标准
表面缺陷	GPS 标准	GPS 标准	GPS 标准	GPS 标准	GPS 标准	GPS 标准
棱边	GPS 标准	GPS 标准	GPS 标准	GPS 标准	GPS 标准	GPS 标准

附 录 B
（资料性附录）
系统生命周期阶段对照

为了理解不同人为创造的系统的生命周期阶段概念，通过生命周期阶段序列为这些系统编制标准体系，表B.1提供了对系统、工业生产系统等系统的生命周期阶段对比，作为参考。

表 B.1 系统生命周期阶段对照

系统（参见 ISO/IEC 15288:2002）	概念	开发	生产	使用	支持	退役
工业生产系统	营销、市场、产品	开发、设计	采购、工艺、工装、制造、制造设备、检验、试验、检测设备、计量器具	包装、储运、安装、服务、维修		用后处理
企业或实体（参见 GB/T 18757—2002）	定位、概念、需求	设计	实施	运行		退役
质量管理（参见 GB/T 19001—2000）	质量方针和质量目标	质量管理体系策划	质量管理体系运行	测量、分析和改进		
产品实现（参见 GB/T 19001—2000）	了解和确定顾客要求	设计和开发	生产和加工	监视和测量	产品防护	
环境管理（参见 GB/T 24001—2004）	环境方针	策划	实施与运行、检查、管理评审			
设计与开发（参见 ISO/TR 14062:2002）	计划	概念设计、详细设计	测试/原型	市场试用，产品评审		
职业健康安全管理（参见 GB/T 28001—2001）	职业健康安全方针	策划	实施与运行、检查与纠正措施、管理评审			
信息安全管理（参见 ISO/IEC 27001 系列，ISO/IEC 17799:2005）	方针		建立	实施和运作	维护和提高、监视和评审	
IT 服务管理（参见 ISO/IEC 20000:2005）	方针	计划和实施	服务交付	关系过程、解决方案	控制、发布	

参 考 文 献

[1] ISO/IEC 15288:2002 系统工程 系统生命周期过程

ICS 47.020.60
U 60

中华人民共和国国家标准

GB/T 13030—2009
代替 GB/T 13030—1991

船舶电力推进系统技术条件

Specification for electric propulsion plant of ship

2009-03-09 发布　　2009-11-01 实施

中华人民共和国国家质量监督检验检疫总局
中国国家标准化管理委员会　发布

前　言

本标准代替 GB/T 13030—1991《船舶电力推进系统技术条件》。

本标准与 GB/T 13030—1991 相比，主要技术内容有如下变化：

——在按原动机分类中增加了燃气轮机；

——在额定电压中增加了直流 1 000 V、交流 3 300 V、6 600 V、11 000 V、15 000 V 等电压等级，取消了直流 600 V 这一电压等级；

——在设备的工作条件中，补充了关于振动和冲击、电压和频率波动、谐波成分等方面的要求；

——增加了供电的一般要求；

——在对原动机的一般要求中，增加了采用高增压四冲程柴油机作为原动机时，允许分级突加负载的规定；对原动机的超速保护、过载能力进一步明确要求；

——对电机允许温升依据 GB/T 7060 进行了修订；

——增加了半导体变流器的技术要求应符合 GB/T 14548 的规定；

——增加了电机的一般要求；

——将原标准中控制台的设置、控制装置的操作、控制装置的联锁等内容归入了新增的控制系统条目，并在控制系统中新增了一般要求、电站控制、推进控制等方面的要求；

——对电缆和接线的技术要求引用标准增加了 GB/T 17755；

——在主回路和控制回路中补充了在半导体变流器或在调节和控制系统中出现故障后，仍能保持有限的推进能力的要求；

——在系统保护中对吸收再生能量、励磁电路的保护要求进行了补充；

——增加了对交流高压电气装置的特殊要求；

——增加了对吊舱式推进系统的特殊要求；

——对系泊和航行试验项目进行了重新修订，并新增加了测量船舶推进电网和日用电网的谐波情况的要求。

本标准由中国船舶重工集团公司提出。

本标准由全国船用机械标准化技术委员会柴油机分技术委员会归口。

本标准起草单位：中国船舶重工集团公司第七〇四研究所。

本标准主要起草人：王硕丰、赵跃平、杨平西、顾洪俭、杨益。

本标准所代替标准的历次版本发布情况为：

——GB/T 13030—1991。

船舶电力推进系统技术条件

1 范围

本标准规定了船舶电力推进系统(以下简称推进系统)的分类、技术和试验要求。

本标准适用于推进系统主要机械和设备的设计、制造和试验。

本标准不适用于侧推进装置以及所有由辅助电站和蓄电池供电的推进机械和设备。

2 规范性引用文件

下列文件中的条款通过本标准的引用而成为本标准的条款。凡是注日期的引用文件,其随后所有的修改单(不包括勘误的内容)或修订版均不适用于本标准,然而,鼓励根据本标准达成协议的各方研究是否可使用这些文件的最新版本。凡是不注日期的引用文件,其最新版本适用于本标准。

GB/T 2423.4—2008 电工电子产品环境试验 第2部分:试验方法 试验Db:交变湿热(12 h+12 h 循环)[GB/T 2423.4—2008,IEC 60068-2-30:2005,Environmental testing—Part 2-30:Tests—Test Db:Damp heat,cyclic (12 h+12 h cycle),IDT]

GB/T 2423.10—2008 电工电子产品环境试验 第2部分:试验方法 试验Fc:振动(正弦)(GB/T 2423.10—2008,IEC 60068-2-6:1995,IDT)

GB/T 4207 固体绝缘材料在潮湿条件下相比电痕化指数和耐电痕化指数的测定方法(GB/T 4207—2003,IEC 60112:1979,IDT)

GB/T 7060 船用旋转电机基本技术要求

GB/T 9331 船舶电气装置 额定电压1 kV和3 kV挤包绝缘非径向电场单芯和多芯电力电缆(GB/T 9331—2008,IEC 60092-353:1995,IDT)

GB/T 13031 电压为1 kV以上至11 kV的船舶交流电力系统

GB/T 13032 船用柴油发电机组通用技术条件

GB/T 14548 船用半导体变流器通用技术条件

GB/T 17755 额定电压6 kV、10 kV及15 kV挤包绝缘单芯和三芯船用电力电缆(GB/T 17755—1999,eqv IEC 60092-354:1994)

钢质海船入级规范 中国船级社2006年版

IEC 60092-503 电压大于1 kV至小于或等于15 kV的交流供电系统

3 分类、组成及电源参数

3.1 分类

船舶电力推进系统主要有以下分类方式:

a) 按原动机类型分:柴油机、汽轮机、燃气轮机;

b) 按电流种类分:交流、直流、交直流。

3.2 组成

推进系统主要由原动机、发电机、变流器、励磁装置、电动机、开关控制设备、监控系统等设备组成。

3.3 电源参数

3.3.1 额定电压:直流 115 V、230 V、460 V、800 V、1 000 V。

交流 400 V、450 V、600 V、690 V、3 150 V、3 300 V、6 300 V、6 600 V、10 500 V、11 000 V、15 000 V。

3.3.2 额定频率:交流 50 Hz、60 Hz。

4 技术要求

4.1 环境条件

4.1.1 总则

推进系统应能在4.1.2～4.1.9规定的环境条件下正常工作。

4.1.2 环境空气温度和初级冷却水温度按表1,但适用于电子设备的环境空气温度的上限为55 ℃。

表1 温度要求

介质	部位	温度/℃	
		无限航区	除热带海区以外的有限航区
空气	围蔽处所内	0～+45	0～+40
	温度超过45 ℃(或40 ℃)或低于0 ℃的处所内	按这些处所的温度	按这些处所的温度
	开敞甲板	−25～+45	−25～+40
水	—	32	25

4.1.3 空气相对湿度,在温度不高于45 ℃时为95%;温度高于45 ℃时为70%,并有凝露。

4.1.4 倾斜和摇摆按表2。

表2 倾斜和摇摆

设备	横倾	横摇	纵倾	纵摇
开关设备、电器及电子设备	22.5°	22.5°	10°	10°
上列以外的设备、组件	15°	22.5°	5°	7.5°

4.1.5 开关和电子设备在倾斜至45°情况下,不应有误动作和出现功能变化。

4.1.6 空气中有盐雾(内河船舶除外)、油雾和霉菌。

4.1.7 船舶正常营运中所产生的振动和冲击。

4.1.8 电气设备应能在表3规定的电压和频率偏离额定值的波动情况下(在设备的输入端测量)可靠工作。

表3 电压和频率波动

设备	参数	稳态/%	瞬态	
			%	恢复时间/s
一般交流设备	电压	+6～−10	±20	1.5
	频率	±5	±10	5
由直流发电机供电或经整流器供电的直流设备	电压	±10	—	—
	电压周期性波动	5	—	—
	纹波电压	10	—	—
由蓄电池供电的设备: 充电期间接于蓄电池者[a] 充电期间不接于蓄电池者	电压 电压	+30～−25 +20～−25	—	—

[a] 应对由充/放电特性决定的不同的电压波动予以考虑,包括充电设备的纹波电压。

4.1.9 推进电网总的电压谐波成分一般应不大于10%。由日用电网供电的交流电气设备应能在供电电源总的电压谐波成分不大于5%的情况下正常工作。

4.2 **转矩和临界转速**

4.2.1 推进电动机应具有足够的正常转矩，以能在船舶最大营运航速航行情况下，在合理的时间内使船舶停止或后退。

4.2.2 交流推进系统应有足够的转矩余量，以便能在恶劣天气下航行或多螺旋桨船舶转向情况下，电机不致失步。

4.2.3 在正常工作转速下，原动机、发电机、轴系和螺旋桨不应观察到有害的扭转振动。

4.3 **润滑**

在整个转速范围内，包括最低速以及两个旋转方向，推进电动机、齿轮和轴系的轴承，均应保持有效的润滑。

在可预计的油温下，不论是由电动机或是螺旋桨所引起的缓慢转速情况下，不应导致上述轴和轴承损坏。

4.4 **供电的一般要求**

4.4.1 推进系统的电源可以由专供推进用的发电机组供电，也可以由能向推进和日常负载供电的公共电站供电。

4.4.2 公共电站应满足下列要求：

a) 电站的控制系统应保证在推进和日用负载之间安全地分配电力，如必要，可以卸掉非重要负载和(或)降低推进功率；

b) 在一台发电机组不工作时，剩余的机组应能向所有的重要设备和船舶的常用设备供电，同时应维持有效的推进；

c) 如正常情况由两台或两台以上发电机组并联供电，当一台发电机组突然断电时，运行中的剩余机组应足以保证重要设备的不间断运行和有效的推进。

4.5 **对原动机的一般要求**

4.5.1 原动机与发电机应安装在同一公共底座上，两者轴线的同轴度应控制在一定的范围内，以保证机组在台架试验时的振动烈度。

注：如果原动机功率较大，公共底座的设计、安装有困难，而对在船体上直接安装，工艺上有保证时，允许直接装船。

4.5.2 原动机调速系统在发电机需要并联运行的情况下，应能在整个运行转速范围内保持稳定运行，且满足如下要求：

a) 原动机的稳态调速率应不大于5%；

b) 原动机在突卸100%额定功率和空载下突加50%额定负载，其瞬态调速率绝对值应不超过10%，稳定时间不大于5 s，对采用高增压四冲程柴油机作为原动机时可按照GB/T 13032的规定，允许多于二次的加载方式进行突加加载；

c) 在空载到110%额定负载范围内任何稳定负载下的转速波动率应不超过相应负载平均转速的±0.5%；

d) 调速系统的不灵敏度应不大于0.5%额定转速；

e) 并联运行机组的调速器应具有改变的可调机构，以能使其稳态调速率调到基本一致，调速特性的非线形度应不超过稳态调速率的20%。

4.5.3 调速器应设机旁手控和遥控转速的调节机构和调速手柄，转速调节的速度应具有足够的平稳性和一定的快速性。转速调节范围为最低稳定转速至105%额定转速。

4.5.4 原动机应设有超速保护装置，其整定值应大于产生再生功率时可能产生的最高转速，但最大整定值不超过115%额定转速。

4.5.5 原动机应具有110%额定功率运转的能力。发电机组应具有额定功率因数下12 h内承受110%额定功率连续运行1 h的过载能力。

4.5.6 原动机的额定功率连同其过载能力和加载特性应满足机动操纵和恶劣环境条件下电气设备运行工况瞬态变化所需的功率。

4.5.7 在船舶全速前进情况下，进行螺旋桨从全速前进至全速后退的机动操纵过程中，原动机应能吸收一部分再生功率，以不导致超速保护装置动作而停机。

4.5.8 柴油机与发电机成套以后扭转振动应符合 GB/T 13032 的要求。

4.6 电机及半导体变流器的温度和通风

4.6.1 电机或滑差离合器自身带有风扇时，应能在额定转矩、额定电流、额定励磁或类似工况下，以低于额定转速的低转速下运转，其温升在 45 ℃环境条件下不超过表 4 的规定。当环境温度高于 45 ℃时，则其温升限值应较表 4 规定值减去实际环境温度与 45 ℃之差值；当环境温度低于 45 ℃时，则其温升限值可较表 4 规定值增加实际环境温度与 45 ℃之差值，但此增加值不应大于 15 K。

4.6.2 当电机采用强迫通风时，应在电机外面设有测温装置和远距离声响报警器，以对电机的冷却空气温度进行连续监视。当电机发生通风故障的情况下，电机仍能以有限功率运行。

4.6.3 对于采用热交换器以封闭回路方式进行冷却的电机或半导体变流器。应对其一次和二次冷却剂的流量或压力进行监视，也可以采用温度监视附带报警器代替这种流量或压力监视。必要时应考虑设置检测电机或半导体变流器冷却液泄漏并进行报警的设备。

4.6.4 如果半导体变流器装有强迫通风，则冷却系统应装置监视设备，冷却系统发生故障时，应能发出报警或自动减小电流，并且仍能以有限功率运行。报警信号可由冷却剂流量或风扇电源或二极管和功率器件的温度产生。

表 4 电机允许温升 单位为开尔文

<table>
<tr><th rowspan="3">项号</th><th rowspan="3">电机的部件</th><th colspan="12">绝缘等级</th></tr>
<tr><th colspan="3">E</th><th colspan="3">B</th><th colspan="3">F</th><th colspan="3">H</th></tr>
<tr><th>温度计法</th><th>电阻法</th><th>检温计法</th><th>温度计法</th><th>电阻法</th><th>检温计法</th><th>温度计法</th><th>电阻法</th><th>检温计法</th><th>温度计法</th><th>电阻法</th><th>检温计法</th></tr>
<tr><td rowspan="5">1</td><td>a) 功率在 5 000 kW（或 kVA）及以上电机的交流绕组</td><td rowspan="5">—</td><td>—</td><td rowspan="5">—</td><td rowspan="5">—</td><td rowspan="3">75</td><td>80[a]</td><td rowspan="5">—</td><td rowspan="3">95</td><td>95[a]</td><td rowspan="5">—</td><td rowspan="3">115</td><td rowspan="2">120[a]</td></tr>
<tr><td>b) 功率大于 200 kW（或 kVA）但小于 5 000 kW（或 kVA）电机的交流绕组</td><td rowspan="4">70</td><td>85[a]</td><td>100[a]</td></tr>
<tr><td>c) 功率为 200 kW（或 kVA）及以下电机的交流绕组，但本项的 d）和 e）除外[b]</td><td rowspan="3">—</td><td rowspan="3">—</td><td rowspan="3">—</td></tr>
<tr><td>d) 功率小于 600 W（或 VA）电机的交流绕组[b]</td><td rowspan="2">80</td><td rowspan="2">100</td><td rowspan="2">120</td></tr>
<tr><td>e) 不带风扇自冷式（IC40）电机的交流绕组或囊封式绕组[b]</td></tr>
<tr><td>2</td><td>有换向器的电枢绕组</td><td rowspan="2">60</td><td rowspan="2">70</td><td rowspan="2">—</td><td rowspan="2">65</td><td rowspan="2">75</td><td rowspan="2">—</td><td rowspan="2">80</td><td rowspan="2">100</td><td rowspan="2">—</td><td rowspan="2">100</td><td rowspan="2">120</td><td rowspan="2">—</td></tr>
<tr><td>3</td><td>用直流励磁的交流和直流电机的磁场绕组，但第 4 项除外</td></tr>
<tr><td rowspan="2">4</td><td>a) 用直流励磁绕组嵌入槽中的圆柱形转子同步发电机的磁场绕组，但同步感应电动机除外</td><td>—</td><td>—</td><td rowspan="2">—</td><td>—</td><td>85</td><td>—</td><td>—</td><td>105</td><td>—</td><td>—</td><td>130</td><td rowspan="2">—</td></tr>
<tr><td>b) 多层的直流电机静止磁场绕组</td><td>60</td><td>70</td><td>65</td><td>75</td><td>85</td><td>80</td><td>100</td><td>105</td><td>100</td><td>120</td></tr>
</table>

表 4（续） 单位为开尔文

项号	电机的部件	绝缘等级											
		E			B			F			H		
		温度计法	电阻法	检温计法	温度计法	电阻法	检温计法	温度计法	电阻法	检温计法	温度计法	电阻法	检温计法
4	c) 交流和直流电机的低电阻磁场绕组以及多层的直流电机的补偿绕组	70	70	—	75	75	—	95	95	—	120	120	—
	d) 表面裸露或仅涂清漆的交流和直流电机的单层绕组以及直流电机的单层补偿绕组[c]	75	75		85	85		105	105		130	130	
5	永久短路的绝缘绕组[d]	70	—	—	75	—	—	95	—	—	120	—	—
6	永久短路的无绝缘绕组	这些部件的温升，在任何情况下不应使其本身或邻近的绝缘或其他材料有损坏危险的数值出现											
7	不与绕组接触的铁芯及其他部件												
8	与绕组接触的铁芯及其他部件	70	—	—	75	—	—	95	—	—	120	—	—
9	开启或封闭的换向器和集点环[e]	65						85[f]			95[f]		

a 对高压交流绕组的修正可适用这些项目。

b 对额定功率为 200 kW(或 kVA)及以下电机的 E、B 和 F 级绝缘绕组用叠加法测量时限值可比表中用电阻法提高 5 K。

c 对多层绕组，如下面的各层都与循环的初级冷态介质接触，也包括在内。

d 温度计可用热敏试验带取代。

e 项 9 中的温升值，只有在换向器或集电环采用了与限值相适应的绝缘时才是允许的。但如换向器或集电环与绕组靠近，则他们的温升应不超过邻近绕组所采用绝缘等级的限值，温升只限于用膨胀式温度计测得，当采用热电偶或电阻温度计时，温升限制应由制造厂与用户协议，此时对功率为 600 kW(或 kVA)及以下电机，E 和 B 级温升限制可提高 5 K；F 和 H 级可提高 10 K。

f 若采用 85 K 或更高的温升时，对电刷材料的选择需特别注意。

4.6.5 所有额定功率在 500 kW 以上的交流电机的定子绕组和直流电机的换向绕组应装有温度传感器。

4.7 潮湿和冷凝水的防护

发电机、半导体变流器、推进电机应设有在停机时防止潮气和冷凝水积聚的有效措施（如加热装置）。若用蒸汽加热，则电机内部不应有蒸汽管接头。

4.8 突然短路

交流电机在额定工况运行时，应能承受其接线端子处的突然短路而不损坏。

4.9 直流推进电动机的超速

直流推进电机的转子应能承受超速保护装置根据正常运行整定的极限转速。

4.10 励磁装置

励磁装置的输出电流、输入电压及其电源，应能适应于机动操纵和包括短路在内的过电流工况所需的输出。当励磁装置采用旋转机组时，旋转机组的轴和联轴节的强度应与机组驱动机械的容量相适应。

4.11 半导体变流器

4.11.1 半导体变流器的技术要求应符合 GB/T 14548 的相关规定。

4.11.2 当推进装置由单独电源供电时，变流器半导体元件的峰值电压最小值应为变流器输入端额定电压峰值的1.5倍；当由公共电源供电时，变流器半导体元件的峰值电压最小值应为变流器输入端额定电压峰值的1.8倍。若变流器的半导体元件为串联时，上述数据应增大10%并应确保电压的均匀分配。

4.11.3 为使半导体变流器电路能承受系统在机动操纵期间产生瞬时过电流应采取如下措施：

a) 对并联连接的变流器，应确保其电流的均匀分配；

b) 对强迫通风的变流器，其风扇发生故障时应降低功率运行；

c) 若变流器由几个元件并联连接且每个并联支路装有独立风扇时，应能将风扇发生故障的并联支路断开。

4.11.4 半导体变流器在下列情况下，应采取必要的措施，以限制变流器对系统和其他变流器的干扰影响：

a) 几个变流器接到同一母线系统；

b) 换向电抗偏小可能导致电压畸变而对系统中其他用电设备产生不利影响；

c) 系统次瞬态电抗和变流器换向电抗的关系，不适当的匹配将导致电压谐波从而引起其他用电设备的过热；

d) 变流器对直流电机换向的不利影响；

e) 逆变器在再生工况下运行时可能产生电压降的不利影响；

f) 高频噪声干扰。

当滤波电路和电容器用作无功电流补偿时应防止对发电机电压调整的不利影响，以及频率变化对系统电压有效值和峰值的不利影响。

4.11.5 变流器应有下列保护：

a) 应采用适当的装置以限制与变流器相连的电源出现过电压，保护装置的熔断器应加以监视；

b) 应采用适当的控制装置以保证半导体元件在正常运行期间的电流不超过允许值；

c) 应采用合适的熔断器以限制短路电流，熔断器应加以监视，当熔断器熔断时，变流器相应的部分应撤出运行；

d) 滤波电路的熔断器应加以监视。

4.12 电机的一般要求

4.12.1 发电机、电动机应符合GB/T 7060的相关规定。

4.12.2 容量为1 500 kVA或以上的发电机应配备一合适的保护装置或系统，以能在发电机内部或发电机至其断路器之间的供电电缆发生短路的情况下，使发电机灭磁并使其断路器分断。

4.12.3 在带半导体变流器的网络中运行的电机应考虑电流和电压之谐波的影响，电机应按该系统中预期的各次谐波进行设计。同时应按正弦交变负载考虑有足够的温升裕量。

4.12.4 推进电动机的绕组绝缘设计应能承受机动转换操作所可能产生的过电压。

4.13 控制系统

4.13.1 电力推进系统的控制功能包括电站控制和推进控制。

4.13.2 推进系统的控制台可以设置在任何方便的地方，机舱内应设有一个可供转换的控制台，在应急情况下能在机舱控制台进行控制。

4.13.3 控制装置的操作应满足以下要求。

a) 推进系统的操作可以采用手动、动力辅助或二者结合操纵方式进行。手动操作时，所有操纵开关、磁场调节器和控制器的操作应轻便；采用动力辅助（如电动、气动或液压）操作时，在这些设备的动力源发生故障的情况下，在短时内不应导致推进器轴动力的中断。同时应能迅速转换为手动操作。

b) 在机舱以外设有两个或两个以上控制台时，应设置选择开关或其他设施，以便将操纵控制转移到指定控制台，在选择开关和每个控制台上应设有哪一个控制台正在进行控制的指示，不应有几个控制台同时控制，且不应由于这种转换而导致误动作。控制台的转换，只允许在正在控制的控制台与指定接受的控制台的操纵杆处于相同位置，或当正在控制的控制台收到指定接受的控制台发出的应答信号时进行。

4.13.4 所有控制原动机、运行方式选择开关、接触器和磁场开关等的控制装置均应联锁，以防止误操作，且这些联锁应尽可能采用机械联锁。

4.13.5 电站控制应满足以下要求：

a) 电站控制应确保有足够的电网功率裕量以满足在任何情况下进行船舶安全操纵的需要；

b) 并联运行的发电机组应具有调频调载的控制功能；

c) 当电站过载时，应具有自动卸掉非重要负载的功能，并符合 4.4.2a)项的规定；

d) 电站控制的设置应使控制系统的故障不会导致现有功率的变化，即在出现故障时，发电机组不应起动或停机。

4.13.6 推进控制应满足以下要求：

a) 可通过调整螺旋桨转速或螺距进行推进控制，该控制在正车和倒车方向一般可从零功率至满功率连续调节；

b) 电力推进系统应设置应急推进控制方式，这种控制方式应独立于推进遥控系统；

c) 推进遥控系统的故障应不引起推力或方向的明显变化；

d) 推进控制应包括未获得足够的可用功率时限制推进功率输出，这可以通过自动减小螺距或转速来实现，推进功率限制必须保证船舶电网将不致过载；

e) 在所有控制部位均应设置推进电动机的应急停车，该应急停车应独立于遥控系统；

f) 在航行减速或倒车机动中，再生功率应限制在可接受的最大值内。

4.14 电缆和接线

4.14.1 推进系统设备之间的连接电缆和电线应符合《钢质海船入级规范》和 GB/T 9331、GB/T 17755 等相关标准的规定。

4.14.2 除用于计算机、记录仪或其他弱电流自动化设备的电缆和接线外，所有推进系统各部分间的外部连接电缆的每一芯线应不少于 7 股，导体的截面积应不小于 1.5 mm^2。

4.14.3 主控制设备的内部连接线，包括配电板的连接线，应具有滞燃性。

4.15 主回路和控制回路

4.15.1 同一推进轴系上设有二台或者二台以上发电机，二台或二台以上半导体变流器，二台或二台以上电动机的推进系统，应设计成可以从系统中撤出任一台设备，并在电气上断开而不影响其余电机的运行。

4.15.2 如推进系统仅包括一台发电机和一台电动机，并且不能接到其他推进系统，则每一台电机应设置一台以上励磁装置，但对自励发电机或多螺旋桨推进且设有公共备用励磁装置的船舶不作要求。此外，还应保证在半导体变流器或在调节和控制系统中出现故障后，仍能保持有限的推进能力。

4.15.3 允许船舶主电源作为上述励磁电源之一，在此情况下应直接由主配电板获得供电，且仅设短路保护。

4.15.4 每台励磁装置均应由单独的馈电线供电。

4.15.5 励磁电路应装设能抑制磁场开关断开时过电压的装置。

4.15.6 对直流发电机-电动机推进系统，其发电机和电动机的励磁系统在断开电动机励磁电路时，应同时断开发电机励磁电路，并使发电机电压迅速下降至零。

4.15.7 由一台或几台发电机供电，且对并联连接的二台或二台以上电动机单独进行控制的恒电压系统中，在励磁电路故障断开时，应保证电枢电路的断路器同时断开。

4.15.8 带有反馈控制的调整系统应特别考虑确保其高度的可靠性。

4.15.9 控制讯号的故障不应引起螺旋桨转速的过分增加。控制台和控制设备中的基准值发送器应设计成在发送器本身或者控制台到系统设备之间电缆的任何故障，不应导致螺旋桨转速的显著升高。

4.15.10 应采取措施以保证只有当指定的操纵杆处于零位，且系统处于备车状态时，才能起动推进系统的控制。

4.15.11 每个控制台应设有与操纵杆无关的应急停车装置。

4.16 系统保护

4.16.1 在主电路中设有过电流保护装置时，则其整定值应足够大，以保证不会由于机动航行或恶劣海况或浮冰水中航行时所产生的过电流而动作。

4.16.2 对在轻载或失落螺旋桨时推进电动机可能出现过分超速的直流系统，应设有合适的超速保护装置。为了吸收再生能量的超出部分，可提供机械和旋转电机之外的设施，例如，采用制动电阻以吸收或限制此能量。

4.16.3 几台独立驱动的直流发电机在电气上作串联连接时，应设置防止在驱动原动机的驱动功率中断时发电机反转的保护装置。

4.16.4 励磁回路中应不设过载保护，以避免励磁回路断开。如熔断器用作励磁电路的保护，则在它们熔断时不应断开磁场放电电阻。

4.16.5 应设置选择性脱扣或迅速降低发电机和电动机磁通的装置，以确保过电流不至达到损坏设备的数值。

4.16.6 在三相推进系统中，应设有不平衡负载保护，在推进电动机各相有较大差异时，应使推进发电机和推进电动机去磁或断开有关电路。

4.16.7 主推进回路应设置对地漏电流检测装置，并能在出现接地故障时发出报警，当该接地故障电流可能引起损坏时，则应设置脱扣装置。

4.16.8 推进电动机的励磁回路应设有对地漏电流检测装置，但对无刷励磁系统的电路和500 kW以下的电机可以免设。

4.16.9 直流电机及其保护系统的设计，应考虑短路时能将损坏减至最小的措施。

4.16.10 若有螺旋桨堵转的可能(例如在破冰工况下)应设置防止推进设备损坏的保护。

4.17 测量仪表

4.17.1 机舱控制站应设有4.17.2(交流系统)或4.17.3(直流系统)规定的测量仪表，其他控制站应设有推进轴转向、转速指示器和其他必要的仪表，这些仪表应安装在控制站附近方便的地方。

4.17.2 交流推进系统应设有表5规定的测量仪表。

表5 交流推进系统测量仪表

项目	仪表	数量	备注
每一推进发电机	电流表 电压表 功率表 频率表	1 1 1 1	—
	整步表 功率因数表或无功功率表或 励磁电流表	1 1	或每电站设置1个 仅适用于并联运行的发电机
大于500 kW的推进发电机、电动机	定子绕组温度指示器	1	—
每一推进电动机	电流表	1	—
每一同步电动机	励磁电流表	1	—
每一推进轴	转向、转速指示器	1	—
半导体变流器中每一整流桥	电流表	1	—

4.17.3 直流推进系统应设有表6规定的测量仪表。

表6 直流推进系统测量仪表

项目	仪表	数量	备注
每一推进发电机	电流表	1	—
	电压表	1	
	励磁电流表	1	
每一推进电动机	励磁电流表	1	
每一电动机电枢	电流表	1	适用于由主电力系统供电的推进电动机
每一电动机电枢	电流表	1	适用于由半导体变流器供电的推进电动机
	电压表	1	
变流器每一并联桥路输入端	电流表	1	
大于500 kW的推进电动机换向极绕组	超温报警	1	—
每一推进轴	转向、转速指示器	1	—

4.18 对交流高压电气装置的特殊要求

4.18.1 本规定适用于额定电压(线电压)超过1 kV的交流三相电气装置,系统额定电压一般应不超过15 kV。

4.18.2 交流高压电气装置应符合GB/T 13031或IEC 60092-503的相关规定。

4.18.3 电压超过1 kV的高压电气设备和低压电气设备不应组合在同一外壳内,除非采取隔离或其他合适的措施,以确保人员能够无危险地接近低压电气设备。

4.19 对吊舱式推进系统的特殊要求

4.19.1 当船舶设有一个及一个以上吊舱推进装置时,吊舱式推进装置的操舵执行系统的供电和控制应符合《钢制海船入级规范》的相关规定。

4.19.2 吊舱式推进装置采用滑环向电动机供电时,对滑环应进行下列检查和试验:

a) 根据滑环所在处所检查IP防护等级;

b) 检查电气间隙和爬电距离;

c) 依照GB/T 4207的试验程序,检查绝缘材料;

d) 耐受试验:设定好压力和额定电流后,滑环应进行旋转试验,考虑船舶操作的实际情况和速度旋转控制系统,估算旋转数量,应考虑吊舱推进装置向船尾旋转180°,以及旋转360°回到原始位置的可能性,吊舱推进装置用作操舵装置时,应对滑环的相应旋转周期进行试验,记录电压降和电流值,滑环应能承受至少150%额定负载,历时15 s;

e) 依照GB/T 2423.10,进行振动试验后,检查滑环;

f) 依照GB/T 2423.4,进行湿热试验后,检查滑环;

g) 湿热试验后,进行绝缘电阻测量;

h) 耐压试验。

5 试验要求

5.1 工厂试验

5.1.1 各单项设备均应在各制造厂和小成套单位分别进行单机出厂试验和小成套试验,经船检合格附上相应试验报告和检验合格证书提交总成套单位。

5.1.2 应对所有保护装置进行功能试验,以证明其电气和机械性能能够满足规定要求。

5.2 **系泊试验和航行试验**

5.2.1 测量和记录系统及各设备绝缘电阻,应符合有关标准规定。

5.2.2 应进行船舶长期航行和从全速前进到零速的紧急停船的全面试验。

5.2.3 应进行为验证每项设备及整个系统功能都满足要求所必需的各项试验。

5.2.4 应进行监测、控制、报警、显示、安全保护等各项试验,控制系统应在所有控制部位进行各种控制模式下的功能试验。

5.2.5 测量船舶推进电网和日用电网的谐波情况。

ICS 01.040.11
C 45

中华人民共和国国家标准

GB/T 13074—2009
代替 GB/T 13074—1991

血液净化术语

Terms of blood purification

2009-05-06 发布　　2010-01-01 实施

中华人民共和国国家质量监督检验检疫总局
中国国家标准化管理委员会　发布

前　言

本标准代替 GB/T 13074—1991《血液净化术语　血液透析和血液滤过》。

本标准与 GB/T 13074—1991 相比，主要变化内容如下：

——增加了血液透析滤过、血液灌流(吸附)、血浆分离和腹膜透析等方面内容，包括基本概念、治疗方法及与装置本身密切相关的术语。

本标准由国家食品药品监督管理局提出。

本标准由全国医用体外循环设备标准化技术委员会归口。

本标准起草单位：国家食品药品监督管理局广州医疗器械质量监督检验中心、广东省药品审评认证中心、重庆山外山科技有限公司。

本标准主要起草人：王培连、何晓帆、杨光、高光勇、黄志新、莫富诚。

本标准所代替标准的历次版本发布情况为：

——GB/T 13074—1991。

血液净化术语

1 范围

本标准规定了血液透析、血液滤过、血液透析滤过、腹膜透析、血液灌流和血浆置换等有关的术语。

本标准适用于与血液透析、血液滤过、血液透析滤过、腹膜透析、血液灌流和血浆置换有关的科研、设计、生产、维修、管理、教学、临床等方面。

2 术语和定义

2.1 血液透析及血液滤过

2.1.1

血液透析 hemodialysis HD

将血液引出体外，主要通过透析器半透膜的弥散作用，纠正患者血液中溶质失衡的方法。

2.1.2

透析 dialysis

溶质通过半透膜进行弥散。

2.1.3

透析率 dialysance

单位时间内，血液和透析液之间溶质的交换量。

2.1.4

体外清除率 clearance in vitro

单位时间内，透析器从血液中清除溶质的量。

2.1.5

透析液 dialysate；dialysing fluid；dialysis fluid

血液透析/血液透析滤过时，通过半透膜与血液进行溶质交换的溶液。

2.1.5.1

透析液流量 dialysate flow rate

透析液通过透析器的速率，以 mL/min 表示。

2.1.5.2

透析液浓度 dialysate concentration

透析液所含电解质的浓度。

2.1.6

浓缩透析液 dialysate concentrate

高度浓缩的透析液，按一定比例稀释后用于血液透析、血液透析滤过等相关治疗。

2.1.7

透析液室容量 dialysate compartment volume

在一定压力作用下，注入透析器内透析液室的液体容积。

2.1.8

透析液供给装置 dialysate delivery device

提供和监控透析液浓度、流量、温度、压力等参数的装置。

2.1.9

血液透析装置　hemodialysis equipment

具有血液动力系统、透析液供给系统、监控系统等组成的一种主要用于血液透析治疗的医用电气设备。

2.1.10

血液透析器　hemodialyzer

由半透膜及支撑结构组成的器件。

2.1.11

醋酸盐透析液　acetate dialysing fluid

一种以醋酸盐为缓冲剂的透析液。

2.1.12

碳酸氢盐透析液　bicarbonate dialysing fluid

一种以碳酸氢盐为缓冲剂的透析液。

注：碳酸氢盐透析液通常由酸性浓缩液(简称 A 液)和碳酸氢盐溶液(简称 B 液)与透析用水配制而成。

2.1.13

超滤率　ultrafiltration rate　UFR

超滤系数　UF coefficient

在单位时间和压力作用下，从血液中超滤出溶液的量。以 mL/(kPa・h)或 mL/(mmHg・h)表示。

2.1.14

透析液入口　dialysate inlet

透析液进入透析器的入口。

2.1.15

透析液出口　dialysate outlet

透析液离开透析器的出口。

2.1.16

血液入口　blood inlet

血液进入透析器的入口。

2.1.17

血液出口　blood outlet

血液离开透析器的出口。

2.1.18

血室　blood compartment

血液透析器或血液滤过器中血液流经的部分。

2.1.19

血室容量　blood compartment volume

在设定跨膜压下，充满血室的血液容积。

2.1.20

透析液室　dialysate compartment

血液透析器或血液透析滤过器中透析液流经的部分。

2.1.21

血液滤过　hemofiltration　HF

通过滤过器，在跨膜压作用下，以对流方式滤出大量水分和溶质，同时补充置换液，以纠正患者的代谢紊乱。

2.1.22

滤过液　filtrate

在跨膜压的作用下，通过半透膜从血液中滤出的溶液。

2.1.23

置换液　substitution fluid

进行血液滤过或血液透析滤过时，通过体外管道输给患者的相当于细胞外液的液体。

2.1.24

血液滤过装置　hemofiltration equipment

具有血液动力系统、液体平衡系统、加温系统、监控系统等组成的一种主要用于血液滤过治疗的医用电气设备。

2.1.25

血液滤过器(滤过器)　hemofilter (filter)

用高通量半透膜制成的滤器，用于血液滤过、血液透析滤过以及高通量透析等方式清除体内的溶质和水分。

2.1.26

连续性静静脉血液滤过　continuous veno-venous hemofiltration　CVVH

利用血液动力系统，使血液通过高通量的滤过器，连续进行血液滤过的方法。

2.1.27

血液透析滤过器　haemodiafilter

用于进行血液透析滤过治疗的器件。

2.1.28

序贯超滤和透析　sequential ultrafiltration and dialysis

超滤和透析按顺序分开进行的一种血液净化方法。

2.1.29

血液透析滤过　hemodiafiltration　HDF

一种通过跨越半透膜同时进行弥散(透析)和对流(滤过)净化血液的方法。

2.1.30

连续性静静脉血液透析滤过　continuous veno-venous hemodiafiltration　CVVHDF

在进行连续性静静脉血液滤过的同时，从透析液室注入透析液，借以提高溶质清除率的方法。

2.1.31

血液透析、血液透析滤过和(或)血液滤过装置　hemodialysis, hemodiafiltration and/or hemofiltration equipment

用于血液透析、血液透析滤过和(或)血液滤过治疗的装置。

2.2　血液灌流及血浆置换

2.2.1

血液灌流　hemoperfution

将患者的血液引出体外，通过灌流器的吸附作用，清除血液中外源性和内源性毒物的一种血液净化方法。

2.2.2

血液灌流器　hemoperfutor

装有活性炭或树脂等吸附剂，用于血液净化治疗的器件。

2.2.3

吸附剂的量　absorbent volume

血液灌流器内吸附剂所占体积(或质量)以 mL(或 g)表示。

2.2.4

吸附性能　absorption characteristic

单位体积(或质量)吸附剂吸附内源性及外源性毒物的质量,以 mg/mL(或 mg/g)表示。

2.2.5

血浆置换　plasma exchange

用离心或膜式方法将血浆与血液有形成分分离,补充正常的血浆或血浆代用品,以治疗某些疾病。

2.2.6

血浆置换装置　plasma exchange system

具有血液动力系统、液体平衡系统、监控系统等组成的一种主要用于血浆置换治疗的医用电气设备。

2.2.7

血浆分离器　plasmaseparator

用半透膜制成的用于分离血液中的大分子蛋白的器件。

2.2.8

血浆滤过率　plasma filtration rate

单位时间内血浆分离器将血液中的血浆滤出的量,以 mL/min 表示。

2.3　腹膜透析

2.3.1

腹膜透析　peritoneal dialysis　PD

利用腹膜作为半透膜,向腹腔注入透析液,膜一侧毛细血管内血浆和另一侧腹腔内透析液借助其溶质浓度梯度和渗透梯度,通过弥散和超滤,清除体内潴留的代谢废物和过多的水分,同时通过透析液补充所必需的物质。

2.3.2

腹膜透析液　peritoneal dialysis solution

用于腹膜透析的透析液,含有电解质、渗透溶质和缓冲剂等。

2.3.3

自动腹膜透析　automated peritoneal dialysis　APD

利用腹膜透析机自动控制透析液的注入、停留和排出。

2.3.4

持续性非卧床腹膜透析　continuous ambulatory peritonea dialysis　CAPD

每天交换透析液 4 次～5 次,每次使用透析液 1.5 L～2 L,白天留置 4 h～5 h,晚上留置 8 h～10 h。透析液停留在腹腔中持续与血液进行溶质交换,且病人可自由活动。

2.3.5

持续循环式腹膜透析　continuous cycling peritoneal dialysis　CCPD

夜间借助腹膜透析机注入和排出透析液的腹膜透析形式,入睡前将透析管与透析机连接,进行 3 次～4 次透析液交换后患者与机器脱离,最末袋透析液(浓度为 4.25%)在腹腔内留置约 14 h～16 h(白天),病人可自由活动。

2.3.6

间歇性腹膜透析　intermittent peritoneal dialysis　IPD

一天之内连续进行腹膜透析治疗 8 次～10 次,每次停留 30 min,其余时间患者腹腔不留透析液,每周进行 4 个～5 个疗程。

2.3.7

夜间(间歇性)腹膜透析　nightly (intermittent) peritoneal dialysis　NPD(NIPD)

利用腹膜透析机将间歇性腹膜透析治疗时间改在夜间进行。

2.3.8

潮式腹膜透析　tidal peritoneal dialysis　TPD

透析开始时向病人腹腔内灌入一定容量的透析液后，每次透析只更换部分透析液。

2.3.9

灌入　inflow

向腹腔内注入透析液。

2.3.10

引流　outflow

自腹腔排出透析液。

2.3.11

灌入期　inflow phase

透析液经透析管注入病人腹腔的时间。

2.3.12

弥散渗透期　diffusion and osmosis phase

透析液在腹腔内停留的时间。

2.3.13

引流期　outflow phase

透析液经透析管从患者腹腔内排出体外的时间。

2.3.14

腹膜透析机　peritoneal dialysis equipment

具有动力系统、监控系统等用于自动腹膜透析的医用电气设备。

2.3.15

腹膜透析管　peritioneal dialysis catheter

长期植入患者腹腔进行腹膜透析的导管，由硅橡胶管和涤纶套组成。

2.4　体外循环血液管路

2.4.1

体外循环血液管路　extracorporeal blood circuit

血液净化时，血液在体外循环的管路，包括与管路连接的一些支路，如测压管、输液管、肝素管等。

2.4.2

传感器保护器　transducer protector

无菌压力传输隔膜　pressure-transmitting sterile barrier

传感器上防止体外循环管路中血液进入传感器的保护膜。

2.4.3

气泡捕获器　bubble trap

在体外循环血液管路静脉壶中，防止气泡进入体内的部件。

2.4.4

静脉壶　venous blood chamber

静脉管路中用于监测压力和捕获气泡的部件。

2.4.5

动脉壶　arterial blood chamber

动脉管路中用于监测压力的部件。

2.4.6

泵管　pump tube

体外循环血液管路上受血泵作用的一段。

2.4.7

血液通道 blood access

把血液引入体外循环，再回到体内的出入途径，通常包括内瘘或中心静脉导管。

2.4.8

动脉管路 arterial circuit

从患者血液通道出口到血液透析器或滤过器的血液入口的管道。

2.4.9

静脉管路 venous circuit

从血液透析器或滤过器的血液出口到患者血液通道入口的管道。

2.5 共性术语

2.5.1

半透膜 semi-permeable membrane

能自由通过一定分子量物质的膜。

2.5.2

流体阻力 flow resistance

在一定流速下，透析器或滤过器入口和出口之间的压力差。

2.5.3

跨膜压 transmembrane pressure TMP

施加于半透膜两侧的压力差。

2.5.4

有效膜面积 effective membrane surface area

半透膜与血液接触的有效面积，以 m^2（平方米）表示。

2.5.5

膜厚 membrane thickness

单张半透膜的厚度，以 μm（微米）表示。

2.5.6

预充量 priming volume

开始血液透析或血液滤过之前，预先灌注到透析器（或滤过器）和体外循环血液管路的液体量。

2.5.7

血液流量 blood flow rate

单位时间内体外循环的血液量，以 mL/min 表示。

2.5.8

弥散 diffusion

溶质从高浓度处向低浓度处运动。

2.5.9

渗透 osmosis

溶剂通过半透膜，从低浓度处向高浓度处运动。

2.5.10

反渗透 reverse osmosis

施以外界压力，以对抗渗透的自然过程。

2.5.11

超滤 ultrafiltration UF

在跨膜压作用下，通过半透膜排出血液中溶液的容积。

2.5.12

泵前动脉压　prepump arterial pressure

从血液出口与血泵间的体外管道测得的压力。

2.5.13

泵后动脉压　postpump arterial pressure

从血泵与透析器间的体外管道测得的压力。

2.5.14

静脉压　venous pressure

从透析器出口至回血入口间体外管道测得的压力。

2.5.15

抗凝泵　heparin pump

可定时定量注射抗凝剂到血液管道的泵。

2.5.16

漏血　blood leak

由于半透膜破裂,血液从血液室泄漏到透析液室。

2.5.17

漏血检测器　blood leak detector

利用光电原理等方法检测漏血的装置。

2.5.18

残留血量　residual blood volume

透析结束时残留在透析器内的血液量。

2.5.19

电导率　conductivity

指透析液的导电性能,用以间接反映透析液电解质的浓度。

2.5.20

最终浓度　final concentration

血液透析或血液透析滤过应用的浓缩物与透析用水按比例配制成最后使用的透析液溶质浓度。

2.5.21

电解质　electrolyte

任何可以导电的离子。

2.5.22

比例混合器及比例混合系统　proportioner, proportioning system

可持续用透析用水将浓缩物按一定比例混合成透析液的装置。

2.5.23

原水　feed water

供给水处理系统的水。

2.5.24

处理水　product water

完全通过了水处理系统处理进入血液透析装置的水。

2.5.25

对流　convection

在跨膜压作用下,通过半透膜等渗排出溶剂和溶质的过程。

2.5.26

超滤泵　ultrafiltration pump

提供超滤压力的泵。

2.5.27

置换液泵　substitution pump

控制置换液流速的泵。

2.5.28

筛选系数　sieving coefficient

超滤液中溶质浓度与血液中溶质浓度的比值。

2.5.29

截留分子量　cut off molecular weight

可以通过半透膜的溶质的最大分子量，用以判断滤器的滤过性能。

2.5.30

模拟血液　imitation blood

人工配制近似血液中所含溶质的液体。

2.5.31

血液净化　blood purification

通过清除血液中的有害物质，达到治疗某些疾病的技术，包括血液透析、血液滤过、血液透析滤过、腹膜透析、血液灌流和血浆置换等。

2.5.32

血泵　blood pump

在血液净化治疗时提供血液体外循环的动力，并可以控制血流量的一种装置。

2.5.33

负压泵　negative pressure pump

透析或滤过时，用于在透析液侧产生负压的泵。

2.5.34

水处理装置　water treatment unit

通常采用机械滤过、软化、活性炭吸附及反渗透法处理原水，使之成为符合透析用水标准要求的装置。

2.5.35

声光报警装置　alarm lamp and buzzer

在血液净化治疗中，参数超过设定值时即自动报警，产生视觉和听觉信号的装置。

2.5.36

防护系统　protective system

为保护患者免遭危害而专门设计的、能监控透析液温度、浓度、压力和血液中气体等特定参数的自动装置。

中 文 索 引

X

Y

Z

英 文 索 引

N

O

P

R

S

T

U

V

W

ICS 23.020.30
J 74

中华人民共和国国家标准

GB 13076—2009
代替 GB 13076—1991,GB/T 13003—1991

溶解乙炔气瓶定期检验与评定

Periodic inspection and evaluation of dissolved acetylene gas cylinders

2009-06-25 发布　　　　2010-04-01 实施

中华人民共和国国家质量监督检验检疫总局
中国国家标准化管理委员会　发布

前　言

本标准的附录A、附录B、附录C、附录E、附录F和附录G为推荐性，其余的为强制性。

本标准参考了ISO 10462《移动式溶解乙炔气瓶定期检验与维护》的部分内容。

本标准代替GB 13076—1991《溶解乙炔气瓶定期检验与评定》和GB/T 13003—1991《溶解乙炔气瓶气压试验方法》。

本标准与GB 13076—1991相比，主要变化内容如下：

——范围内包括了按GB 16164—1996《小容积溶解乙炔气瓶》设计、制造的溶解乙炔气瓶，从而增加了对无缝结构的乙炔瓶的检验要求；

——乙炔瓶检验前登记内容按照乙炔瓶产品标准中关于乙炔瓶钢印标记内容改动的相关要求进行了调整；

——确定溶解乙炔气瓶的使用年限为30年；

——将剩余壁厚的最低要求值均提高至瓶体设计壁厚；

——将GB/T 13003—1991《溶解乙炔气瓶气压试验方法》的全部内容纳入了本标准的附录；

——规定乙炔瓶的涂敷按照GB 7144—1999《气瓶颜色标志》进行，取消了原标准中检验色标的颜色和形状附录。

本标准的附录D为规范性附录，附录A、附录B、附录C、附录E、附录F和附录G为资料性附录。

本标准由全国气瓶标准化技术委员会(SAC/TC 31)提出并归口。

本标准起草单位：大连市锅炉压力容器检验研究所、大连市质量技术监督局、北京天海工业有限公司。

本标准主要起草人：韩冰、李明镐、王中援、张保国。

本标准所代替标准的历次版本发布情况为：

——GB 13076—1991；

——GB/T 13003—1991。

溶解乙炔气瓶定期检验与评定

1 范围

本标准规定了在用溶解乙炔气瓶(以下简称乙炔瓶)定期检验与评定的基本方法和技术要求。

本标准适用于按GB 11638设计、制造的溶解乙炔气瓶。

2 规范性引用文件

下列文件中的条款通过本标准的引用而成为本标准的条款。凡是注日期的引用文件,其随后所有的修改单(不包括勘误的内容)或修订版均不适用于本标准,然而,鼓励根据本标准达成协议的各方研究是否可使用这些文件的最新版本。凡是不注日期的引用文件,其最新版本适用于本标准。

GB/T 3864 工业氮

GB 7144 气瓶颜色标志

GB 8335 气瓶专用螺纹

GB/T 8336 气瓶专用螺纹量规

GB 10878 气瓶锥螺纹丝锥

GB 10879 溶解乙炔气瓶阀

GB 11638 溶解乙炔气瓶(GB 11638—2003,ISO 3807.2:2000,Cylinders for acetylene—Basic requirements—Part 2:Cylinders with fusible plugs,MOD)

GB 12135 气瓶定期检验站技术条件

GB 13591 溶解乙炔气瓶充装规定

3 检验机构、检验周期与检验项目

3.1 检验机构

进行乙炔瓶定期检验的检验单位,必须符合GB 12135的要求,并经国家特种设备安全监督管理部门核准。检验单位必须具备测试乙炔瓶性能指标的专用试验仪器设备。

3.2 检验周期

乙炔瓶每三年进行一次定期检验与评定。

在使用过程中若发现有下列情况之一,应停止使用,随时送检。

a) 发现乙炔瓶瓶体有严重损伤、腐蚀的;

b) 充装时,在正常喷淋冷却条件下,瓶壁温度超过40 ℃;

c) 正常充装条件下,溶剂和乙炔的充装量达不到GB 13591规定值的;

d) 有明显烧灼和回火迹象。

3.3 检验项目

乙炔瓶定期检验项目包括:外观检查、阀座和塞座检查、填料检查、附件检查和气压试验。

4 检验准备

4.1 记录

4.1.1 逐只检查登记或核对乙炔瓶制造标志和检验标志,登记内容包括:国别、制造单位许可证编号或单位代码、制造厂名称、气瓶编号、制造日期、皮重、瓶体实际容积、瓶体设计壁厚、上次检验日期及检验单位、丙酮规定充装量、最大乙炔量。

4.1.2 对未取得国家特种设备安全监督管理部门制造许可的制造企业生产的乙炔瓶、制造标志不符合GB 11638或《气瓶安全监察规程》规定的乙炔瓶、制造标志模糊不清或项目不全又无法查明导致无法评定的乙炔瓶、有关政府文件规定不准再用的乙炔瓶，记录后不予检验按报废处理。

4.1.3 对使用期超过30年的乙炔瓶，记录后不予检验按报废处理。

4.2 瓶内余气处理

4.2.1 待检乙炔瓶必须进行余压检查和释放，释放时间不能低于8小时，释放后要求在检验场所环境温度下，测试乙炔瓶余气压力不超过0.01 MPa。

4.2.2 对于瓶阀无法开启的乙炔瓶，妥善处置后，余气压力符合4.2.1，方可投入检验。

4.3 称重与表面清理

4.3.1 清除乙炔瓶外表面杂物，污垢和疏松涂层。

4.3.2 对受检乙炔瓶进行称重检查，若实际质量超过该乙炔瓶皮重1 kg以上，则考虑进行干燥处理后检验。

5 外观检查

逐只对乙炔瓶外表面进行检查，瓶体及其焊缝（对钢质焊接式）是否存在凹陷、凹坑、鼓包、磕伤、划伤、裂纹、夹层、皱褶、腐蚀、热损伤及焊缝缺陷。

5.1 金属机械损伤检查与评定

5.1.1 瓶体存在裂纹、鼓包、结疤、皱褶或夹杂等缺陷的乙炔瓶应报废。

5.1.2 对瓶体存在磕伤、划伤、凹坑的乙炔瓶，应测量瓶体磕伤、划伤、凹坑的深度，测量方法见附录A。用超声波测厚仪等工具测量瓶体在该部位的实际壁厚，减去瓶体磕伤、划伤、凹坑处的深度，得到该处的剩余壁厚，剩余壁厚小于设计壁厚的乙炔瓶应报废。

5.1.3 对未达到报废条件的缺陷，特别是线性缺陷或尖锐的机械损伤应进行修磨，使其边缘圆滑过渡，但修磨后的剩余壁厚不得小于设计壁厚。

5.2 热损伤的检查与评定

瓶体存在弧痕或有明显火焰严重烧伤迹象，造成瓶阀和易熔合金塞的易熔合金熔化泄漏的乙炔瓶应报废。

5.3 腐蚀的检查与评定

5.3.1 瓶体上孤立的点腐蚀、线状腐蚀、局部腐蚀及普遍腐蚀处的剩余壁厚小于设计壁厚的乙炔瓶应报废。

5.3.2 因腐蚀严重，无法判断腐蚀深度的乙炔瓶应报废。

5.4 底座的检查与评定

底座破裂、脱焊、严重变形，造成瓶体站立不稳或底座支撑面与瓶底最低点之间距离小于10 mm的乙炔瓶应报废。

5.5 目测乙炔瓶整体有明显变形的应报废。

5.6 对钢质焊接式乙炔瓶还应进行以下外观检查

5.6.1 凹陷的检查与评定

5.6.1.1 瓶体凹陷深度超过6 mm或大于凹陷短径1/10的乙炔瓶应报废，测量方法见附录A。

5.6.1.2 瓶体凹陷深度小于6 mm，凹陷中带有划伤或磕伤缺陷时，若其缺陷深度大于5.1.2的规定，则该乙炔瓶应报废。

5.6.2 焊缝检查与评定

5.6.2.1 焊缝不允许咬边，焊缝和热影响区表面不得有裂纹、气孔、弧坑、凹陷和不规则的突变。

5.6.2.2 主体焊缝上的划伤或磕伤经修磨后，焊缝高度不得低于母材。

5.6.2.3 主体焊缝热影响区的划伤或磕伤处修磨后剩余壁厚不得小于设计壁厚。

5.6.2.4 主体焊缝及其热影响区的凹陷最大深度不得大于 6 mm。

5.6.2.5 检查中对有怀疑的部位使用 10 倍的放大镜检查，必要时可进行表面无损检测。

5.7 对钢质无缝式乙炔瓶还应进行以下外观检查

5.7.1 凹陷的检查与评定

5.7.1.1 瓶体凹陷深度超过 2 mm 或大于凹陷短径 1/30 的乙炔瓶应报废，测量方法见附录 A。

5.7.1.2 瓶体凹陷中带有划伤或磕伤缺陷时，若其缺陷深度大于 5.1.2 的规定；或其缺陷深度虽小于等于 5.1.2 和 5.7.1.1 的规定，但其划伤或磕伤长度大于凹陷短径，且凹陷深度超过 1.5 mm 或凹陷深度大于凹陷短径的 1/35，则该乙炔瓶应报废。

6 阀座、塞座检查

6.1 目测或用低倍放大镜逐只检查阀座或塞座及其螺纹有无裂纹、变形、腐蚀或其他机械损伤。

6.2 阀座或塞座有裂纹、倾斜、塌陷的乙炔瓶应报废。

6.3 阀座或塞座螺纹不得有裂纹或裂纹性缺陷，但允许有轻微不影响使用的损伤，即允许有不超过 3 牙的缺口，缺口长度不超过圆周的 1/6，缺口深度不超过牙高的 1/3。

6.4 螺纹的轻度腐蚀、磨损和其他损伤可用符合 GB 10878 的丝锥修复，修复后使用符合 GB/T 8336 的量规检验；螺纹量规中径轴向偏差大于 1.5 mm 的乙炔瓶应报废，上阀后余扣少于 2 扣的乙炔瓶应报废。

7 填料检查

7.1 填料表面检查

逐只卸下瓶阀，取出导流孔中充填物，对填料进行外观检查。

7.1.1 用目测和手感方法，若发现填料表面溃散、疏松、柔软或变质(颜色呈深色)、粉化的，该瓶应报废。

7.1.2 因回火造成填料表面烧焦的乙炔瓶应报废。

7.2 瓶壳与填料间隙测定

7.2.1 用专用塞尺在瓶口平面角互成 120°的三点上测量瓶肩部轴向间隙，最大间隙不应超过填料长度的 0.3%且不超过 3 mm，测量方法见附录 B。

7.2.2 按附录 C 提示的测量方法，测量填料与气瓶壳的径向间隙，超过填料直径的 0.4%的乙炔瓶应报废。

8 瓶体壁厚测定

8.1 对乙炔瓶除进行有缺陷部位的局部测厚外，还必须逐只进行定点测厚。

8.2 测厚仪的误差应不大于±0.1 mm。

8.3 对外表面腐蚀程度轻微的乙炔瓶，若为钢质焊接式，则至少在上封头、筒体和下封头三个部位上各测定 1 点；若为钢质无缝式，则在瓶体上测定 3 点。对腐蚀程度严重的乙炔瓶，若为钢质焊接式，则至少在上封头测定 2 点、筒体上测定 4 点、下封头测定 2 点；若为钢质无缝式，则在瓶体上测定 6 点。各测点应选于腐蚀深处。

8.4 剩余壁厚小于设计壁厚的乙炔瓶应报废。

9 附件检查

9.1 瓶阀

瓶阀应逐只进行检查。因瓶阀部件磨损，需更换并组装的瓶阀，必须按 GB 10879 中有关条款进行气密性试验，合格后应在阀体上打上检验标志。

9.1.1 应逐只对瓶阀进行检验和清洗,保证开闭自如、不泄漏。

9.1.2 阀体和其他部件不得有严重变形,螺纹不得有严重损伤,其要求按6.3的规定。

9.1.3 当瓶阀损坏时,一般情况下应更换新的瓶阀,除非得到瓶阀制造厂的许可,方可代为更换阀内部件,但更换阀内部件后,必须按GB 10879中有关条款对阀门进行气密性试验。

9.2 易熔合金塞

易熔合金塞可不拆下检查,如发现有下列情况之一,应更换:

a) 气压试验时,塞体有泄漏情况;

b) 易熔合金表面有明显下陷;

c) 外六角严重磨损。

9.3 瓶帽

瓶帽整体无碎裂缺陷,装卸方便,不影响充、放气接头的装、卡。否则,应予以更换。

10 气压试验

气压试验是指检验乙炔瓶瓶体的静压强度和致密性,以氮气为加压介质进行的超工作压力的试验。

10.1 试验要求

10.1.1 经上述检验合格的乙炔瓶应逐只进行气压试验。

10.1.2 试验前,除胶圈和瓶帽外,所有附件应在完好状态下按要求装配在乙炔瓶上。

10.1.3 乙炔瓶的气压试验压力为3.5 MPa。

10.1.4 气压试验用介质要求、试验装置和方法、安全技术要求见附录D。

10.1.5 保压时间应不低于3 min,期间不得有泄漏,压力表无回降现象。

10.1.6 经气压试验合格的乙炔瓶,应保留0.05 MPa~0.1 MPa余压的氮气。

10.2 试验结果

若发现乙炔瓶瓶体渗漏或有明显变形时,则该乙炔瓶应报废。

11 检验后的工作

11.1 检验标志

定期检验合格的乙炔瓶应按规定打上检验钢印标志和涂检验色标。

11.2 检验记录

逐瓶按项填写《溶解乙炔气瓶定期检验与评定综合记录表》和《溶解乙炔气瓶履历表》,表格形式见附录E和附录F。采用计算机管理的检验站,可直接输入计算机进行统一软件管理。

11.3 废瓶处理

11.3.1 报废的乙炔瓶由检验单位负责销毁。按《气瓶安全监察规程》要求,出具《溶解乙炔气瓶报废通知书》,见附录G,交乙炔瓶产权单位。

11.3.2 报废乙炔瓶销毁方式,应采用解体瓶体,取出填料,采用符合国家环保规定的方法进行处理。

11.4 涂敷

检验合格的乙炔瓶必须重新进行涂敷,乙炔瓶表面漆色、字样、字色和检验色标应符合GB 7144的规定。

附　录　A
（资料性附录）
凹陷、凹坑、磕伤和划伤深度值的测量方法

A.1　凹陷深度（*h*）的测量方法

以凹陷的弦为基准测量深度，量具为游标卡尺、直尺，直尺应沿钢瓶轴线放置，直尺长度应大于凹陷最大直径的3倍，如图A.1 a)所示。

以凹陷处瓶体外圆周的弧为基准测量深度，量具为游标卡尺、弧形样板，弧形样板应沿圆周放置，样板弧长应大于钢瓶周长的2/5，如图A.1 b)所示。

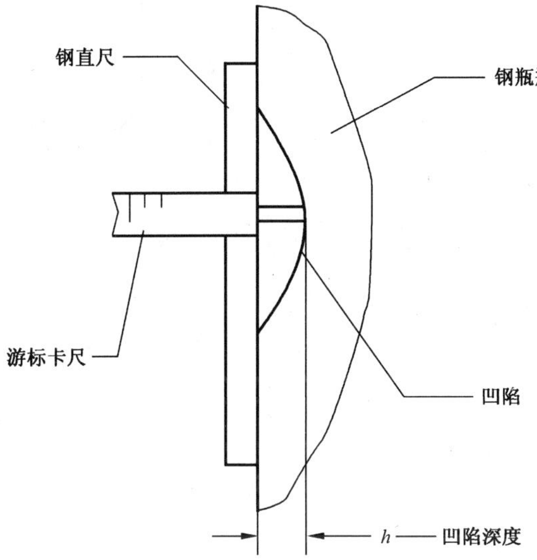

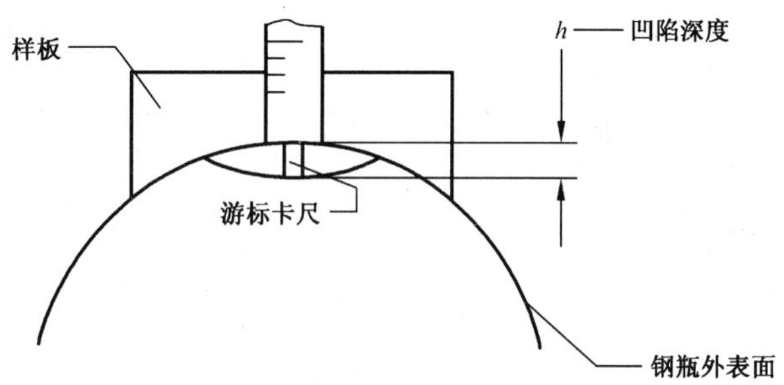

图 A.1　凹陷深度测量示意图

A.2　凹坑、磕伤、划伤深度的测量方法

可用下面两种方法中的任一种。

A.2.1　凹坑、磕伤、划伤深度值以最深处为准，测量用的专用量具如图A.2所示。卡板的型面曲率半径应与钢瓶外廓相吻合，千分表的针尖插入缺陷中测量其深度，针尖的楔角应不大于30°，半径应不大于0.25 mm。要定期校核千分表的读数，以消除由于针尖磨损造成的误差。

A.2.2　将软铅锤满凹坑、磕伤、划伤之中，取出软铅，用卡尺测量最大软铅高度即为凹坑、磕伤或划伤深度。

注：凹陷、凹坑、磕伤的周边，有时可见少许突起，使测量样板或直尺不能与基面（瓶体表面）完全贴合，此时应考虑由此引起的测量误差。

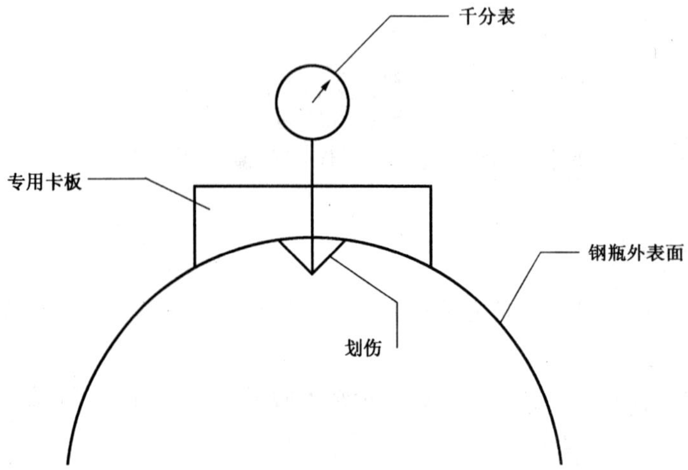

图 A.2 凹坑、磕伤、划伤深度测量示意图

附　录　B
（资料性附录）
测量肩部轴向间隙的方法

B.1　从阀座孔目测，找出填料与阀座之间的最大间隙部位。

B.2　用图 B.1 所示的专用塞尺测量该部位的间隙。

单位为毫米

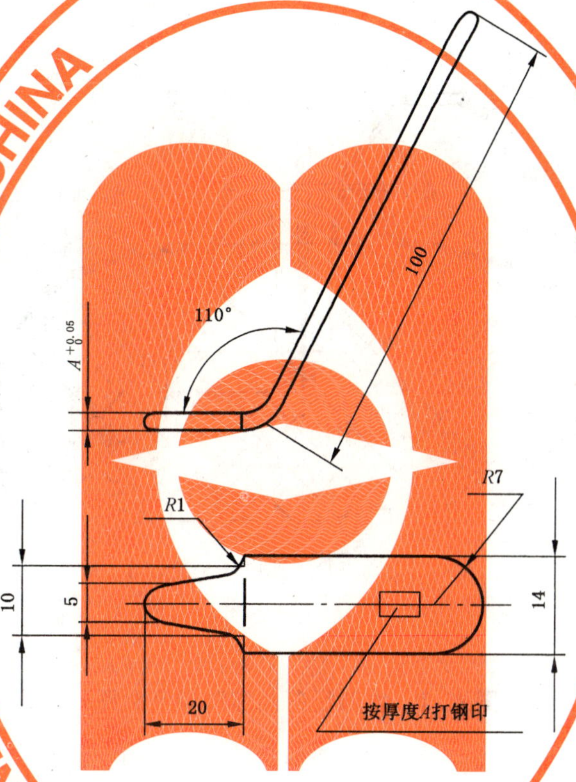

A	1.0	1.5	2.0	2.5	3.0	3.5

注：专用塞尺应采用不锈钢制作，并将锐边倒钝。

图 B.1　专用塞尺

附 录 C
（资料性附录）
填料径向间隙测量方法

C.1 测量方法

如图 C.1 所示。

单位为毫米

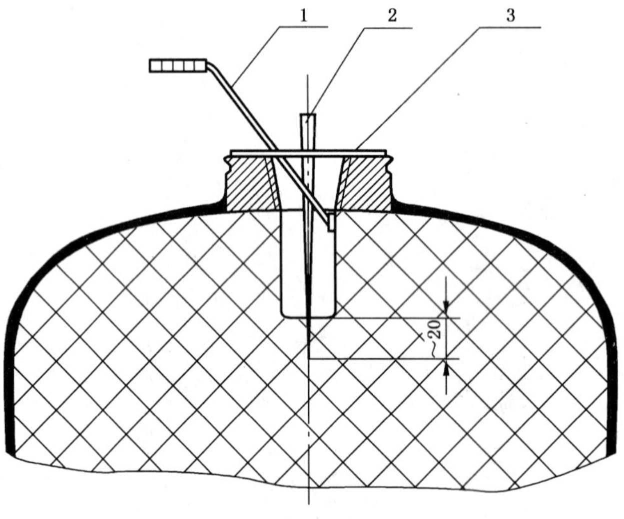

1——弯勾；
2——钢针；
3——磁性刻度直尺。

图 C.1 填料径向间隙测量示意图

C.2 测量器具

C.2.1 磁性刻度直尺 0～150 mm，刻度值 0.5 mm。

C.2.2 三棱钢针。

C.2.3 弯勾。

C.3 测量结果

用弯勾推动填料紧贴瓶壁一侧后，再用弯勾反向推动填料，钢针移动距离即为填料径向间隙值。

附 录 D
（规范性附录）
气压试验

D.1 试验用介质

D.1.1 气压试验所用的氮气，应符合 GB/T 3864 中Ⅱ类二级的要求。

D.1.2 用于气压试验的氮气，应经过干燥，其露点应达到 −10 ℃以下。

D.2 试验装置

D.2.1 应备有对乙炔瓶集中气压试验的汇流装置。

D.2.2 氮气瓶的出口处应装减压器，减压后氮气进入干燥器，在干燥器出口管上，应分别装安全阀、调节阀和排放阀。

D.2.3 试验装置上必须使用两个量程相同且为试验压力的(1.5～3.0)倍，精度不低于 1.6 级，表盘直径不小于 100 mm 的压力表。

D.2.4 压力表装设的位置应靠近调节阀，便于操作人员观察，其校验期不得超过三个月。

D.2.5 每只乙炔瓶的进气支管上应装设节流孔板，节流孔板上的节流孔径为 ϕ1 mm。

D.2.6 试验水槽深度应能使受试乙炔瓶的任何部位离水面不小于 5 mm，槽内的水应保持清洁透明，水槽上方应设起重装置。

D.3 试验程序及操作方法

D.3.1 乙炔瓶的气压试验应在乙炔瓶的外观检查、阀座和塞座检查、填料检查、附件检查合格后进行。

D.3.2 气压试验前，应更换瓶口集气孔内毛毡或其他充填物。

D.3.3 将受试瓶固定在汇流装置上并与试验装置用高压软管连接好后，开启各乙炔瓶瓶阀。然后将氮气减压至 3.5 MPa 后，缓慢开启调节阀，同时观察压力表，以每分钟 0.05 MPa～0.10 MPa 的升压速度升到 0.5 MPa，采用涂液法检查无泄漏后，然后将乙炔瓶及汇流装置浸入水槽内。

D.3.4 继续按照 D.3.3 的升压速度，升至 3.5 MPa 时进行观察并保压 3 min，如各处无泄漏，压力表压力值无回降，应视为合格。如果有泄漏(包括试验装置连接处)，应消除泄漏后，继续试验，直至合格。

D.4 安全技术要求

D.4.1 试验过程中如果发生有异常响声，压力下降，或试验装置发生故障等不正常现象时应立即停止试验并查明原因。

D.4.2 在试验过程中消除各部泄漏时，必须在卸压后进行。

D.4.3 在试验中升压和卸压都应缓慢进行。

D.4.4 试验后乙炔瓶内和管道内的混合气体应排出室外。

D.4.5 试验结束后，应对试验系统进行有效的氮气吹扫。

附 录 E
（资料性附录）
溶解乙炔气瓶定期检验与评定综合记录

检验单位　　　　　　送检单位　　　　　　　　　　　　编号

序号	瓶号（或厂编瓶号）	制造厂名（代号）	制造（上次检验）年月	下次检验年月	实重/kg	外观								焊缝	塞座	阀座	填料					壁厚/mm						附件				改正皮重/kg	气密性试验	评定结论	履历表编号
						裂纹	划伤	凹陷	鼓包	烧伤	腐蚀						裂缝溃散	火焰反击	疏松柔软	间隙/mm		上封头	下封头	筒体	其他			瓶阀	易熔塞	瓶帽	标记环				
											点	线	大面积							径向	轴向														

注：评定结论填写：通过——允许继续使用；报废——不准使用；待修——暂停使用。

填表＿＿＿＿＿审核＿＿＿＿＿检验日期＿＿＿＿＿

附 录 F
（资料性附录）
溶解乙炔气瓶履历表

充装单位　　　　　　　　　　　　　　　　　　　　　编号

制造厂名（或代号）	制造年月	瓶号（或厂编瓶号）	皮重/kg	实测容积/L	设计壁厚/mm	水压试验压力/MPa	限定充装压力/MPa	丙酮充装量/kg	最大乙炔量/kg	瓶阀型号

定期检验和评定记录

检验年月	外观缺陷	填料轴向间隙	壁厚				附件		评定结论	签名
			上封头	下封头	筒体	其他	阀	塞		

注：评定结论填写：通过——允许继续使用；报废——不准使用；待修——暂停使用。

附 录 G
（资料性附录）
溶解乙炔气瓶报废通知书

______________：　　　　　　　　　　编号：______________

根据《气瓶安全监察规程》和国家标准（GB 13076—2009）的规定，经检验，你单位的　　只乙炔瓶已报废，并已做破坏性处理，特此通知。

（检验单位章）
年　　月　　日

序　　号	瓶　　号	报废原因	检验员	审　　核

注：本表格一式二份，检验单位存档一份，气瓶产权单位一份。

ICS 55.020
J 08

中华人民共和国国家标准

GB/T 13126—2009
代替 GB/T 13125—1991、GB/T 13126—1991

机电产品湿热带防护包装通用技术条件

General specification for damp heat protective packaging of mechanical and electrical products

2009-10-15 发布 2010-03-01 实施

中华人民共和国国家质量监督检验检疫总局
中国国家标准化管理委员会 发布

前　言

本标准代替GB/T 13125—1991《机械工业产品湿热带防护包装方法通则》和GB/T 13126—1991《机械工业产品湿热带防护包装通用技术条件》。

本标准与GB/T 13125—1991和GB/T 13126—1991相比主要变化如下：

——修改了标准名称；

——删除了GB/T 13125—1991总则的内容；

——删除了GB/T 13126—1991包装的一般技术要求的内容；

——整合了两标准中防护包装基本类型的有关内容；

——删除了试验方法、检验规则和包装标志及随机文件的内容；

——修改了防护包装储运环境条件中，低气压、太阳、其他水源、正弦振动、非稳定振动的参数值；

——删除了GB/T 13125—1991中的附录B。

本标准的附录A、附录B为资料性附录。

本标准由中国机械工业联合会提出并归口。

本标准起草单位：中机生产力促进中心、机械科学研究总院、中国包装科研测试中心。

本标准主要起草人：刘萍、黄雪、王振林、张晓建、李华。

本标准所代替标准的历次版本发布情况为：

——GB/T 13125—1991；

——GB/T 13126—1991。

机电产品湿热带防护包装通用技术条件

1 范围

本标准规定了机电产品湿热带防护包装储运环境条件、防护包装基本类型、防护包装等级、防护包装类型的选择与应用、防护包装设计等内容。

本标准适用于在湿热带地区储运的机电产品包装。

2 规范性引用文件

下列文件中的条款通过本标准的引用而成为本标准的条款。凡是注日期的引用文件，其随后所有的修改单(不包括勘误的内容)或修订版均不适用于本标准，然而，鼓励根据本标准达成协议的各方研究是否可使用这些文件的最新版本。凡是不注日期的引用文件，其最新版本适用于本标准。

GB/T 4768 防霉包装

GB/T 4798.1 电工电子产品应用环境条件 第1部分：贮存(GB/T 4798.1—2005，IEC 60721-3-1：1997，Classification of environment condition—Part 3：Classification of groups of environmental parameters and their severities—Section 1：Storage，MOD)

GB/T 4798.2 电工电子产品应用环境条件 第2部分：运输(GB/T 4798.2—2008，IEC 60721-3-2：1997，Classification of environmental conditions—Part 3：Classification of groups of environmental parameters and their severities—Section 2：Transportation，MOD)

GB/T 4857.9 包装 运输包装件基本试验 第9部分：喷淋试验方法(GB/T 4857.9—2008，ISO 2875：2000，Packaging—Complete，filled transport packages and unit loads—Water-spray test，IDT)

GB/T 4857.12 包装 运输包装件 浸水试验方法(GB/T 4857.12—1992，eqv ISO 8474：1986)

GB/T 4879 防锈包装

GB/T 5048 防潮包装

GB/T 7284 框架木箱

GB/T 7350 防水包装

GB/T 8166 缓冲包装设计方法

GB/T 9177 真空、真空充气包装机通用技术条件

GB/T 10819 木制底盘

GB/T 12339 防护用内包装材料

GB/T 12464 普通木箱

GB/T 14188 气相防锈包装材料选用通则

GB/T 18925 滑木箱

3 湿热带防护包装储运环境条件

湿热带防护包装储运环境条件各等级的参数值，参见附录A和GB/T 4798.1和GB/T 4798.2的规定。湿热带防护包装储运环境条件的等级应与GB/T 4798.1和GB/T 4798.2中适合“亚湿热”和“湿热”气候区的等级相对应。

4 防护包装基本类型

4.1 湿热带防护包装的基本类型分为内包装防护和外包装防护，内包装防护有防潮包装、防锈包装、防

霉包装、真空(减压)包装、充气包装、防水包装、缓冲包装等。外包装防护有防浸水包装、防雨水包装、封闭(满板)箱包装、花格箱包装和底盘包装等。

4.2 内包装基本防护类型代号以汉语“内护”二字拼音的第一个字母组合 NH 表示,以下简称“内护类型”,见表 1。

表 1 内护类型

名称	内护类型代号	主要方法	相应标准
防潮包装 (干燥空气封存包装)	NH1	用低透湿度的薄膜(参见附录 B)或其他防潮阻隔材料,内加适量的干燥剂予以封口密封防潮	GB/T 5048 GB/T 12339
防锈包装	NH2	用防锈油脂涂覆裸金属零部件表面后,装入塑料或复合薄膜制成的容器中密封;或是在密封容器中,使用气相防锈材料进行空间防锈等方法予以包装防锈	GB/T 4879 GB/T 12339 GB/T 14188
防霉包装	NH3	在密封包装容器内放置具有抑菌的挥发性防霉剂或喷杀菌剂,进行防霉包装	GB/T 4768 GB/T 12339
真空包装 (减压包装)	NH4	将包装容器内空气抽出,保持容器内气压处于负压,氧气分压力较低,因而降低了金属氧化腐蚀和霉菌活动程度,这种包装容器一般采用不透气的刚性容器或透气率低的复合材料进行密封包装	GB/T 9177
充气包装	NH5	将包装容器内空气抽出,然后置换以干燥的二氧化碳或惰性气体(如氮气),以避免潮湿空气对内装物的影响	GB/T 4768 GB/T 5048
防水包装	NH6	将产品固定于外包装箱内后,在产品上罩以不透水塑料套后封箱。塑料套宜采用无腐蚀性的聚乙烯塑料薄膜制作	GB/T 7350 GB/T 4857.9
缓冲包装	NH7	根据产品的质量、尺寸、外观、结构特征及其许用脆值等选择合适的缓冲材料,设计确定衬垫的合适的静压力,然后将产品放入外包装容器,并加以支撑	GB/T 8166

4.3 外包装基本防护类型代号以汉语“外护”二字拼音的第一个字母组合 WH 表示,以下简称“外护类型”,见表 2。

表 2 外护类型

名称	外护类型代号	主要方法	相应标准
防浸水包装	WH1	为防止水渗透入包装件影响内装物质量,用金属、塑料、玻璃钢、木材、玻璃等材料制成包装容器进行包装,能够浸泡在水中规定的时间而无水浸入	GB/T 7350 GB/T 4857.12
防雨水包装	WH2	用防水材料衬垫于包装容器的内侧,或在包装容器外部涂刷防水材料等措施,使包装件在遭受雨淋规定时间,无雨水浸入	GB/T 7350 GB/T 4857.9
封闭(满板)箱	WH3	用木材等钉合成封闭状的木箱,能够避免日光、砂尘、有害动物等对内装产品产生危害	GB/T 7284 GB/T 18925
花格箱	WH4	为方便搬运,并能防止相邻包装件的影响而实施的包装	GB/T 7284
底盘包装	WH5	用木材、钢材等制成底盘或托架,供固定或敞开包装货物运输用的包装容器	GB/T 10819

5 防护包装等级

5.1 防护包装包括内包装防护和外包装防护两类，内包装防护和外包装防护各分三级。特殊情况，由供需双方协商确定。

5.2 按以下条件，内包装防护分为Ⅰ、Ⅱ、Ⅲ三个等级：

a) Ⅰ级：指储运期限在1年以上、2年以下；在该期限内，包装对被包装产品能提供充分的保护，不会发生受潮、腐蚀、长霉变质和结构损坏；在储运地区会碰到高温、高湿、雨水、日光、盐雾、有害气体等环境因素的影响；被包装产品是易受潮、生锈、长霉的，易变质、劣变和污损的，敏感的及贵重、精密的产品。

b) Ⅱ级：指储运期限在1年以下、半年以上；在该期限内，包装对被包装产品能提供足够的保护，不会发生腐蚀、变质和结构损坏，储运环境条件优于Ⅰ级，仅受高温、高湿的影响；被包装产品无需像Ⅰ级那样高度保护，对周围温湿度轻度敏感的，及较贵重、较精密的产品。

c) Ⅲ级：指被包装产品经验收后立即交付使用或储运期限在半年以下的；在储运过程中，包装对产品提供适当的保护，防止产品发生腐蚀、变质和损坏，储运环境条件比Ⅱ级的好，在湿热带或亚湿热带地区比较干燥的秋、冬季节储运时，被装产品对湿热气候不甚敏感，不易受潮、长霉、生锈变质。

5.3 按以下条件，外包装防护分为A、B、C三个等级：

a) A级：在储运期间受到雨淋水泡的危险，能保护内包装及产品不受损害。海上运输，放置在高温高湿等严酷环境条件下，内装产品对水及阳光敏感的；或是运输途中中转次数较多，受到强烈的机械冲击、振动影响，堆垛高、户外堆放；储运期限在1年以上，开箱期限在货到目的地6个月以上（总储运期限在2年以下）的外包装。

b) B级：在储运期间受到雨淋危险，能防护内包装及产品不受损害。内装产品对水和阳光较为敏感，或运输中中转次数较少，受到中等强度的机械冲击、振动影响，在户外堆放时需用苫布加以保护的情况，储运环境条件优于A级；储运期限不足1年，货到目的地后贮放时间不超过半年的外包装。

c) C级：在储运期间不会受到日晒、雨淋，在有篷车内运输、仓库内储存，主要运输和装卸采用机械操作，只受到轻度机械冲击、振动影响，如用托盘、集装箱运输；储运环境条件优于B级；储运期在半年以下，货到目的地后开箱期不超过3个月。

5.4 产品内、外防护包装等级的选用原则均根据被包装产品的性质、储运环境条件和储运期限来划分。凡其中有一个条件符合某种防护等级要求时，则即应采用该防护等级的包装，并应符合相应的防护包装标准。

6 防护包装类型的选择与应用

6.1 机电产品湿热带防护包装类型的选择，应根据产品的特性、体积、质量，以及搬运、装卸、运输、仓储等流通环境条件选择有效的防护内包装和相适应的防护外包装，宜按表3选用。

表3 各种机电产品防护包装类型选择表

序号	产品或构件特征	内包装防护类型	外包装防护类型	被包装产品举例
1	电子元器件	NH1 NH2 NH3 NH4 NH5 NH7	WH2 WH3	电子元器件、部件
2	电子、电工仪器仪表	NH1 NH2 NH3 NH7	WH2 WH3	电工电子仪器、仪表
3	黑色金属构件	NH2 NH4 NH6	WH2 WH4 WH5	农机、通用、重型、机床、工具、轴承等机械产品

表 3（续）

序号	产品或构件特征	内包装防护类型	外包装防护类型	被包装产品举例
4	电镀、油漆、涂塑构件	NH1 NH3 NH7	WH3	通用、重型、机床、工具等机械产品
5	有色金属、合金构件	NH2	WH2 WH3	电工、电子产品、机床、仪器、仪表
6	各种有机材料制作	NH1 NH3	WH2 WH3	电工、电子产品、仪器、仪表
7	各种湿热带型产品	NH1 NH7	WH2 WH3	热带电工、仪器、仪表

6.2 各种防护包装方法所对应的防护内容以及适用的标准见表 4。包装时可根据产品特点、储运环境条件和储运期限来选用。

表 4 防护包装方法与防护内容一览表

包装方法种类	防护内容	适用标准编号
防潮包装（干燥空气封存包装）	防潮、防锈、防霉	GB/T 5048、GB/T 4879、GB/T 4768
防锈包装	防锈、防潮	GB/T 4879、GB/T 5048
防霉包装	防霉、防潮	GB/T 4768、GB/T 5048
真空包装（减压包装）	防水、防潮、防锈、防霉、防虫	GB/T 5048、GB/T 4879、GB/T 4768
充气包装	防水、防潮、防锈、防霉、防虫	GB/T 5048、GB/T 4879、GB/T 4768
防水包装	防雨水、防浸泡	GB/T 7350
缓冲包装	防冲击、防振动	GB/T 8166

6.3 为防止湿热气候因素影响，要求防潮、防霉、防锈的防护包装，宜优先考虑采用低透湿度的材料或容器将产品密封包装，干燥剂用量应符合 GB/T 5048 的规定。

6.4 当内包装不是采用一种防护措施，而是需要采取多种防护措施，即需要采取复合内包装防护包装结构时，则应根据产品特点和储运环境条件来进行合理的组合。不论选用几种内包装防护类型，其构成原则，一般从内装产品开始按下列顺序进行组合包装：

a) 防锈保护或(和)防霉保护；
b) 单件包装或组合包装；
c) 防潮包装；
d) 缓冲包装；
e) 防水包装；
f) 包装容器。

6.5 机电产品的包装，应结合产品特点、批量、运输地区装卸周转条件，尽可能采用集装化运输。当采用集装化运输，可适当简化单个产品(或其组合)的防护包装措施。其包装件在集装箱内应有良好的固定或卡紧措施，不得移位。

6.6 应将机电产品上所有能够移动的部件移至使产品具有最小外形尺寸的位置，并加以固定。对凸出的零件(手轮、手柄等)及可分离的部件在不影响精度的情况下，一般可卸下，注明记号后另行封装。

6.7 应将所有卸下的液压、气动、润滑、冷却等元件及管道的油口进行封堵保护。

7 防护包装设计

7.1 基本原则

防护包装设计主要应遵循以下基本原则：

a) 应保证包装有完善的保护功能，在储运有效期限内，可以承受各种气候的、化学的、生物的、机械的环境因素影响；

b) 应有较好的经济性，在保证防护功能安全可靠的前提下，做到包装防护适度，避免产生包装不足和过度包装现象。

7.2 一般程序

7.2.1 研究并熟悉内装产品特性

在对产品进行防护包装设计前，应研究并熟悉内装产品的特性：

a) 内装产品制造用材料的性质，如其耐热性、耐潮性、腐蚀性、脆性、化学性质等，是否需要采取防护，若要防护，则应确定防护的类型；

b) 内装产品的表面状况，如表面粗糙度、金属部件表面是否有涂漆和镀层保护、保护层承受环境影响的能力；

c) 内装产品的结构特征和复杂程度，如其结构尺寸、质量、重心位置、是否偏心、形状是否规则、易遭损伤部位或表面的位置、是否需要附加的保护；

d) 内装产品的物理机械特性，如其韧性、易碎性、抗冲击和振动的脆值、产品的固有频率、产品的抗压强度等；

e) 内装产品的成本与价值。

7.2.2 研究与掌握包装储运的流通环境条件

在对产品进行防护包装设计前，应研究与掌握包装储运的流通环境条件：

a) 产品包装后的流通过程，如运输距离、储运地区及其气候条件、温度、湿度、气压等；

b) 包装件的装卸条件，如装卸的机械化程度、可能的装卸次数；

c) 运输贮存环境条件，如运输工具的种类、道路或海域条件、储存的仓库条件、储存时间、堆码状态与高度等。

7.2.3 进行防护包装设计

进行防护包装设计时，应主要考虑和确定下列一些问题：

a) 选择和确定包装防护的种类和等级。根据包装件将经历的环境条件、周转次数、储运时间、产品的精密、贵重程度，按标准要求确定防护包装类型和防护等级；

b) 从技术和经济综合考虑，提出产品防护包装的定量技术要求，如包装的防护期限、储运环境条件、包装件储运期限可承受的风险率(或可靠度)等；

c) 按有关标准对内外防护包装进行设计和计算，干燥剂的使用量应符合 GB/T 5048 的规定；衬垫材料的厚度应符合 GB/T 8166 的要求；包装箱结构强度应符合 GB/T 12464、GB/T 7284、GB/T 10819 等标准要求。

附 录 A
（资料性附录）
湿热带防护包装储运环境条件

A.1 湿热带防护包装储运环境条件的主要参数值

湿热带防护包装储存运输环境条件的主要参数值，见表 A.1。

表 A.1 湿热带储运环境条件

环境参数				储运条件	
				储存	运输
气温/℃	低温			−5	−5(−25、−40)
	高温	不通风舱、厢、室内		70	70(85)
		通风舱、厢、室内		40、55	40(55)
	日平均	最低		−5	−5
		最高		35	35
温度变化		日温差/℃		—	30
		温度变化速度/(℃/min)		0.5	—
湿度	高相对湿度/%			100	95
	最大绝对湿度/(g/m³)			35	60(80)
	日平均	最大相对湿度/%		>95	>95
		RH>95%时的 T_{max}/℃		28(33)	28(33)
		最大绝对湿度/(g/m³)		27	27
气压	低气压/kPa			70	70、30
	高气压/kPa			106	106
	气压变化/(kPa/min)			—	6
辐射	太阳/(W/m²)			1 120	1 120
	热/(W/m²)			—	600
阳光直射下黑色物体表面最高温度/℃				—	80
降雨强度/(mm/min)				6、15	6、15
其他水源/(m/s)				—	1、3
风速/(m/s)				1、5、30	30
白蚁及有害动物				有	有
霉菌				有	有
含盐空气				沿海有	沿海、海洋有
化学活性物质				化工企业附近有，等级见表 A.2	
机械活性物质	砂尘/(g/m³)			0.03、0.3	0.1、10
	灰尘	漂浮/(mg/m³)		0.01、0.2、5.0	3.0
		沉降/[mg/(m²·d)]		10、35、500	72

表 A.1（续）

环境参数			储运条件	
			储存	运输
正弦振动		振幅/mm	0.3、1.5、3.0、7.0	3.2、3.5、7.5
		加速度/(m/s^2)	1、5、10、20	10、15、20、40
		频率/Hz	2～9、9～200	2～9、9～200、200～500 2～8、8～200、200～500
平稳随机振动		功率谱密度/(m^2/s^2)	—	30、3、1
		频率/Hz	—	2～10、10～200、200～2 000
非稳定振动 (包括冲击)		L 型冲击谱/(m/s^2)	40	—
		Ⅰ型冲击谱/(m/s^2)	100	100、300
		Ⅱ型冲击谱/(m/s^2)	250	300、1 000
自由跌落	不同包装件质量跌落的高度/m	<20	—	0.25、1.2、1.5
		20～100	—	0.25、1.0、1.2
		>100	—	0.1、0.25、0.5
静载荷/kPa			5	5、10
注：括号中的值为包装件需通过其他气候地区储运时应考虑的值。				

A.2 湿热带防护包装储运环境条件的等级

湿热带防护包装储运环境条件的等级应与 GB/T 4798.1 和 GB/T 4798.2 中适合“亚湿热”和“湿热”气候区的等级相对应，见表 A.2。

表 A.2 湿热带储运环境条件等级

环境条件		等级	
		储存	运输
气候		1K4、1K5、1K6、1K8	2K4、2K5、2K5H
特殊环境	a) 热辐射	1Z1	
	b) 周围空气运动	1Z3、1Z4	
	c) 降雨以外的水	1Z5、1Z6	
生物		1B3	2B3
化学活性物质		1C1、1C2、1C3	2C1、2C2、2C3
机械活性物质		1S1、1S2、1S3、1S4	2S1、2S2、2S3
机械		1M1、1M2、1M3、1M4	2M1、2M2、2M3、2M4
注：表中，K——气候环境条件；Z——特殊气候环境条件；B——生物环境条件；C——化学活性物质条件；S——机械活性物质条件；M——机械环境条件。			

附　录　B
（资料性附录）
内包装用薄膜的透湿度和热合性能

B.1　几种塑料薄膜的透湿度(参考值),见表B.1。

表 B.1　两种塑料薄膜的透湿度

薄膜名称	厚度/mm	透湿度/[g/(m^2 · 24 h)]	温湿度试验条件
聚乙烯	0.08 0.1 0.2	12.4 11.4 2～3	40 ℃,100% 40 ℃,100% 40 ℃,90%
聚氯乙烯	0.20	40	40 ℃,100%

B.2　各种薄膜的热接合性能,见表B.2。

表 B.2　八种薄膜的热接合性能

序号	薄膜名称	粘合剂粘封	热封法	脉冲封合	超声波封合	高频封合
1	聚乙烯	○	√	√	○	×
2	非拉伸聚丙烯	×	√	√	√	×
3	拉伸聚丙烯	×	○	√	√	×
4	聚酯	○	×	○	√	×
5	软聚氯乙烯	○	√	○	○	√
6	聚苯乙烯	○	○	√	√	○
7	尼龙	○	○	√	○	○
8	聚乙烯复合薄膜	○	√	√	○	×
注：√——表示良好;○——表示可以;×——表示不行。						

ICS 47.020.01
U 05

中华人民共和国国家标准

GB/T 13147—2009
代替 GB/T 13147—1991

铜及铜合金复合钢板焊接技术要求

Specification for welding of copper and copper alloy clad steel plates

2009-03-23 发布　　2009-11-01 实施

中华人民共和国国家质量监督检验检疫总局
中国国家标准化管理委员会　发布

前　言

本标准代替 GB/T 13147—1991《铜及铜合金复合钢板焊接技术条件》。

本标准与 GB/T 13147—1991 相比，主要变化如下：

——标准名称改为“铜及铜合金复合钢板焊接技术要求”；

——调整了规范性引用文件；

——表 1 改为资料性附录 A；

——增加了焊接用保护气体氦气；

——修改了过渡层焊道厚度的要求；

——修改了室温下的弯曲试验规定；

——安全防护改为按 GB 9448《焊接与切割安全》的规定。

本标准的附录 A 为资料性附录。

本标准由中国船舶重工集团公司提出。

本标准由全国海洋船标准化技术委员会船用材料应用工艺分技术委员会（SAC/TC 12/SC 4）归口。

本标准起草单位：中国船舶重工集团公司第七二五研究所。

本标准主要起草人：王小华、蒋成禹、张超、侯发臣、郑晓军、张蕾、汪汀、严铿。

本标准所代替标准的历次版本发布情况为：

——GB/T 13147—1991。

铜及铜合金复合钢板焊接技术要求

1 范围

本标准规定了铜及铜合金复合钢板(以下简称铜钢复合板)焊接的材料、焊工、焊前准备、焊接、焊接质量检验以及焊接缺陷返修等的技术要求。

本标准适用于总厚度超过 8 mm、复层为铜或铜合金、基层为碳素钢或低合金钢的铜钢复合板的焊接。本标准未作规定的其他铜钢复合板的焊接亦可参照使用。

2 规范性引用文件

下列文件中的条款通过本标准的引用而成为本标准的条款。凡是注日期的引用文件,其随后所有的修改单(不包括勘误的内容)或修订版均不适用于本标准,然而,鼓励根据本标准达成协议的各方研究是否可使用这些文件的最新版本。凡是不注日期的引用文件,其最新版本适用于本标准。

GB/T 985.1 气焊、焊条电弧焊、气体保护焊和高能束焊的推荐坡口(GB/T 985.1—2008, ISO 9692-1:2003,MOD)

GB/T 985.2 埋弧焊的推荐坡口(GB/T 985.2—2008,ISO 9692-2:1998,MOD)

GB/T 2650 焊接接头冲击试验方法(GB/T 2650—2008,ISO 9016:2001,IDT)

GB/T 2651 焊接接头拉伸试验方法(GB/T 2651—2008,ISO 4136:2001,IDT)

GB/T 2653 焊接接头弯曲试验方法(GB/T 2653—2008,ISO 5173:2000,IDT)

GB/T 3125 白铜线

GB/T 3323 金属熔化焊焊接接头射线照相

GB/T 3670 铜及铜合金焊条

GB/T 4842 氩

GB/T 4844.2 纯氦

GB/T 4844.3 高纯氦

GB/T 5117 碳钢焊条

GB/T 5118 低合金钢焊条

GB/T 5231 加工铜及铜合金化学成分和产品形状

GB/T 5235 加工镍及镍合金 化学成分和产品形状

GB/T 5293 埋弧焊用碳钢焊丝和焊剂

GB/T 6052 工业液体二氧化碳

GB 9448 焊接与切割安全

GB/T 9460 铜及铜合金焊丝(GB/T 9460—2008,ISO/DIS 24373:2007,MOD)

GB/T 12470 埋弧焊用低合金钢焊丝和焊剂

GB/T 13238 铜钢复合钢板

GB/T 14957 熔化焊用钢丝

GB/T 15620 镍及镍合金焊丝(GB/T 15620—2008,ISO 18274:2004,MOD)

GB/T 16957 复合钢板焊接接头力学性能试验方法

GB/T 21653 镍及镍合金线和拉制线坯(GB/T 21653—2008,ISO 9724:1992,MOD)

JB 4708 钢制压力容器焊接工艺评定

JB/T 4730.2 承压设备无损检测 第2部分:射线检测

JB/T 4730.3 承压设备无损检测 第3部分：超声检测

JB/T 4730.5 承压设备无损检测 第5部分：渗透检测

SJ/T 10743 惰性气体保护电弧焊和等离子焊接、切割用钨铈电极

《锅炉压力容器压力管道焊工考试与管理规则》 国家质量监督检验检疫总局 2002年版

3 术语和定义

下列术语和定义适用于本标准。

3.1

过渡层 buttering

为防止基层成分对复层焊缝金属的不利影响，以保证接头质量和性能，预先在基层焊缝金属表面熔敷一层规定成分的金属层。

3.2

铁的稀释率 ferro rate of dilution

焊接时来自基层钢和过渡层焊道的铁元素含量，在复层焊缝中所增加的重量百分比。

4 材料

4.1 焊接用铜钢复合板及其配套用的焊接材料，应具有出厂的合格证书。若质量保证书不全或者认为必要时，应按有关标准对材料进行复验。

4.2 铜钢复合板的质量应符合GB/T 13238或供需双方协议的要求。

4.3 基层低碳钢、低合金钢焊接材料按设计图样选用。所用的焊条、焊丝与焊剂等应分别符合GB/T 5117、GB/T 5118、GB/T 14957、GB/T 5293和GB/T 12470等标准的要求。

4.4 复层焊接材料应按设计图样选用，并应分别符合GB/T 3125、GB/T 3670、GB/T 5231和GB/T 9460等标准的要求。

4.5 过渡层焊接材料可根据复层和基层选用，参见附录A，也可按设计图样选用，并应分别符合GB/T 21653、GB/T 3670、GB/T 5235、GB/T 9460和GB/T 15620等标准的要求。

4.6 焊接用氩气应符合GB/T 4842的要求；氦气应符合GB/T 4844.2～4844.3的要求；焊接用二氧化碳气体应符合GB/T 6052或供需双方协议的要求。

4.7 用钨极氩弧焊方法焊接时，推荐采用铈钨电极，并符合SJ/T 10743或供需双方协议的要求。

5 焊工

5.1 焊工应经技术培训，并考试合格，经有关部门认可，取得合格证后，持证上岗。

5.2 焊工考试规则按《锅炉压力容器压力管道焊工考试与管理规则》执行，可根据产品的技术要求，或由施工单位焊工考试委员会自行制定，并取得相应的质量监督部门的认可。

5.3 焊工的施焊项目应与其资格证书核准的项目相符。

5.4 焊工应遵守焊接工艺规程。

6 焊前准备

6.1 下料

铜及铜合金复合钢板的下料宜采用机械加工方法。采用等离子切割时，应注意复层朝上，基层朝下，从复层侧开始切割。采用火焰切割时，应将复层要切割部位先用机械加工(如刨、磨削等)去除，然后复层朝下，用氧-乙炔火焰切割基层。

6.2 接头型式

6.2.1 对接

6.2.1.1 铜钢复合板对接焊时，一般的坡口型式及尺寸按表1。

6.2.1.2 对于基层钢焊接需采用的其他坡口型式及尺寸，可根据焊条电弧焊及埋弧焊工艺分别按照GB/T 985.1和GB/T 985.2执行。

6.2.2 角接

6.2.2.1 铜钢复合板角接接头的坡口型式及尺寸按表2选取。

6.2.2.2 对于表2中尚未提及的其他类型的角接接头，依据表3的施焊要求并按照GB/T 985.1和GB/T 985.2的规定具体制定。

表1 铜钢复合板对接焊坡口型式及尺寸

单位为毫米

序号	坡口型式	尺寸	
1	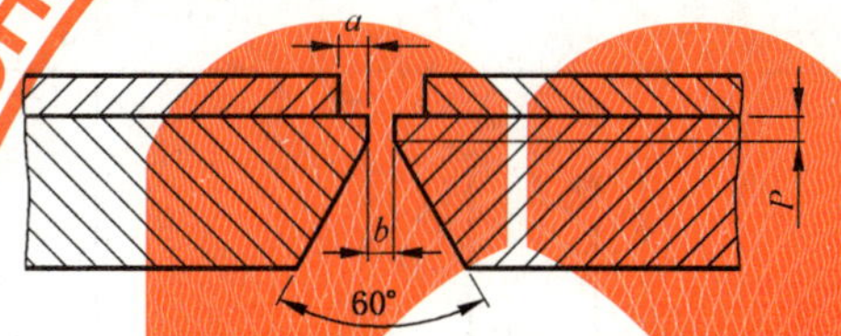	a	2～4
		b	2～3
		P	1～3
2	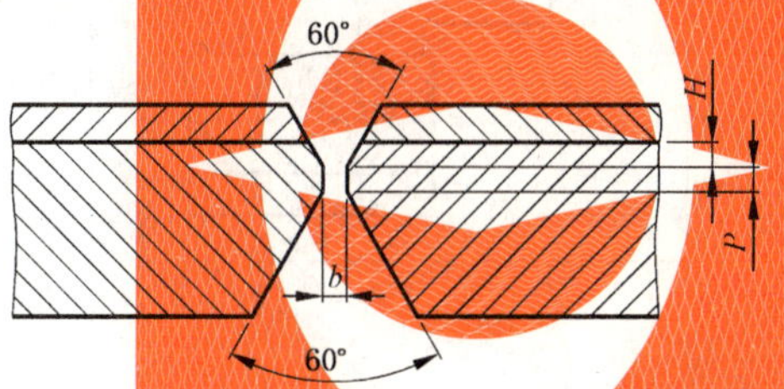	b	2～3
		P	1～3
		H	1～3
3	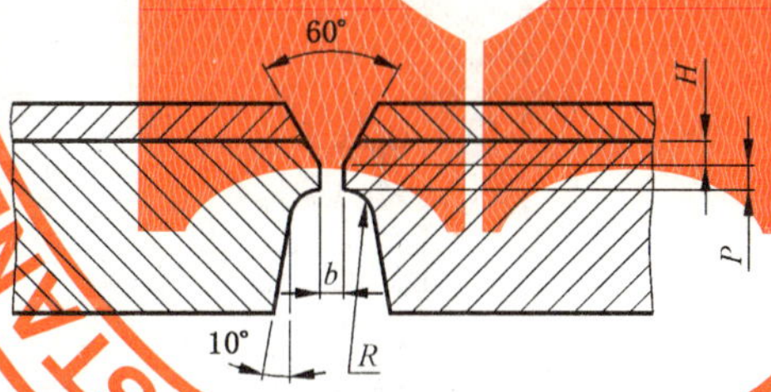	b	2～3
		P	1～3
		H	1～3
		R	4～5
4	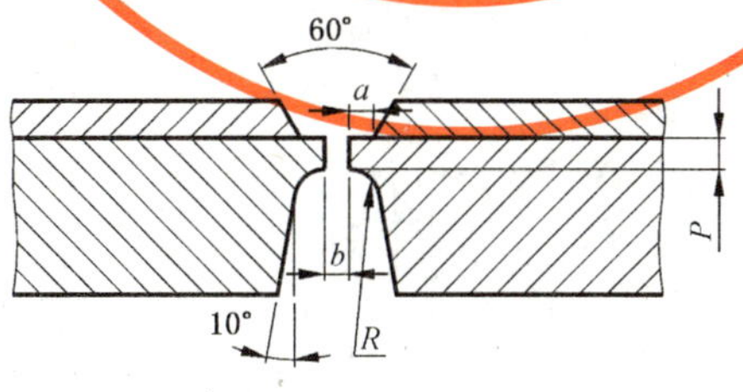	a	2～4
		b	2～3
		P	1～3
		R	4～5
5	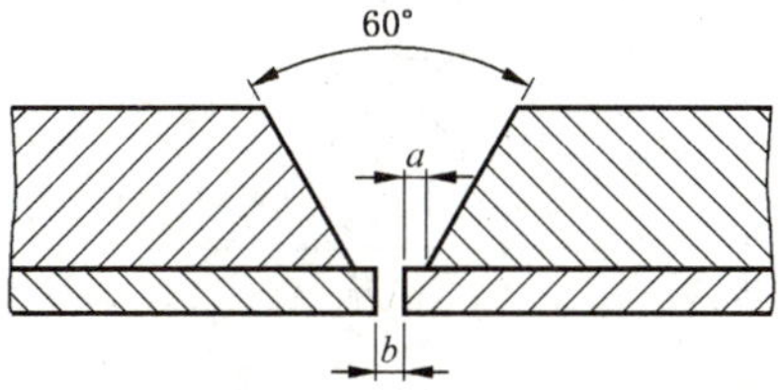	a	2～4
		b	1～3

表 1（续）

单位为毫米

序号	坡口型式	尺寸	
6	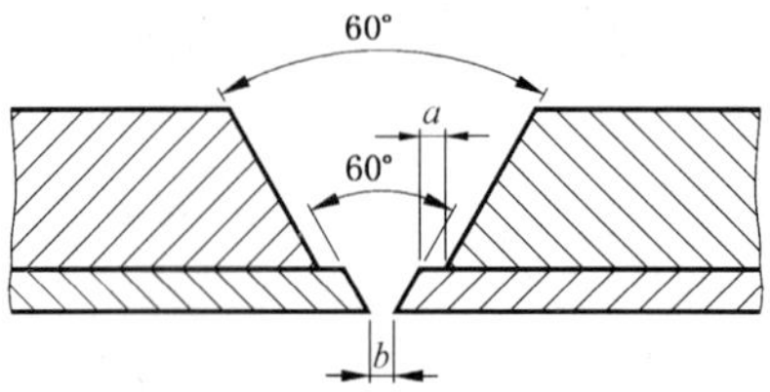	*a*	2～4
		b	1～3
注：1～4 的坡口型式适合于先焊基层后焊复层的焊接；5～6 的坡口型式适合于先焊复层后焊基层的焊接(如小口径管子只能先焊复层后焊基层)。			

表 2　铜钢复合板角接焊的坡口型式及尺寸

单位为毫米

序号	1	2	3
坡口型式及尺寸	*b*=2～3 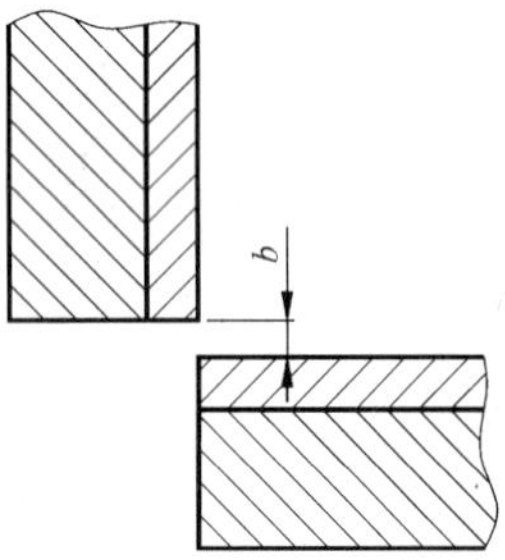	*b*=2～3 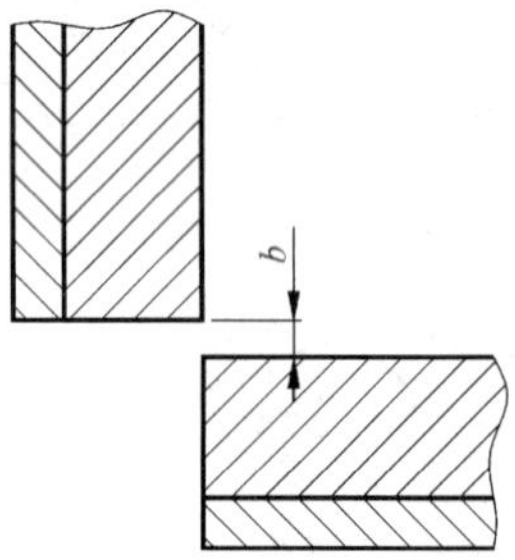	*a* 复层厚 *b*=2～3　*P*=1～3 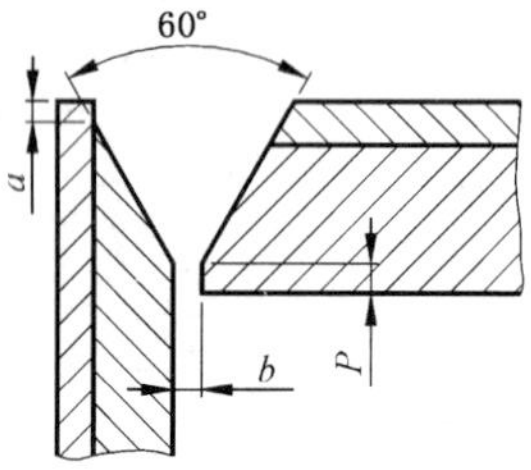
焊缝型式	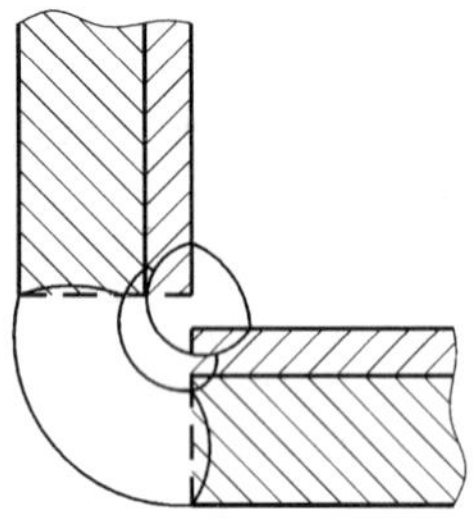	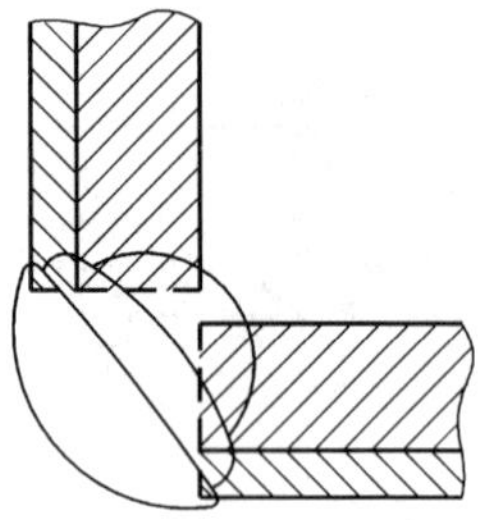	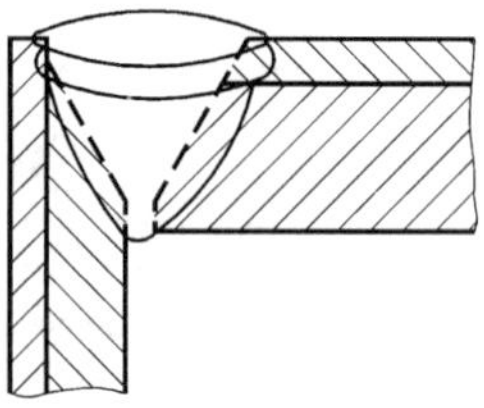
序号	4	5	6
坡口型式及尺寸	*b*=2～3 *P*=1～3　*B* 自定 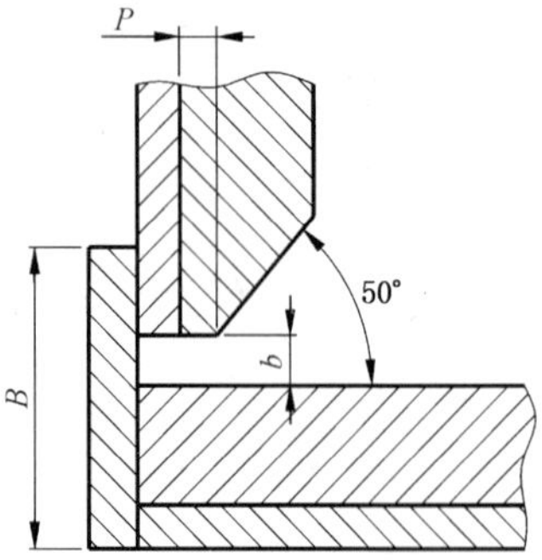 与复层同材质的衬板	*b*=2～3 *P*=1～3 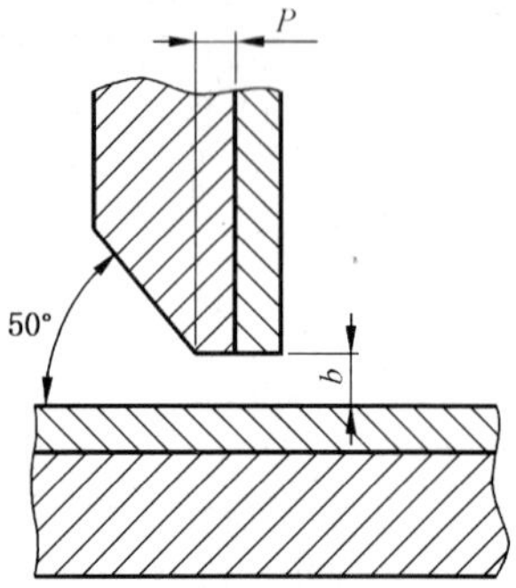	*b*=2～3 *P*=1～3 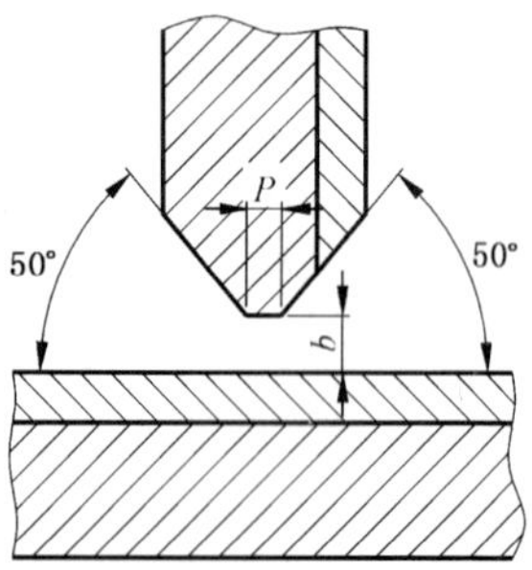

表 2（续）

单位为毫米

序号	4	5	6
焊缝型式	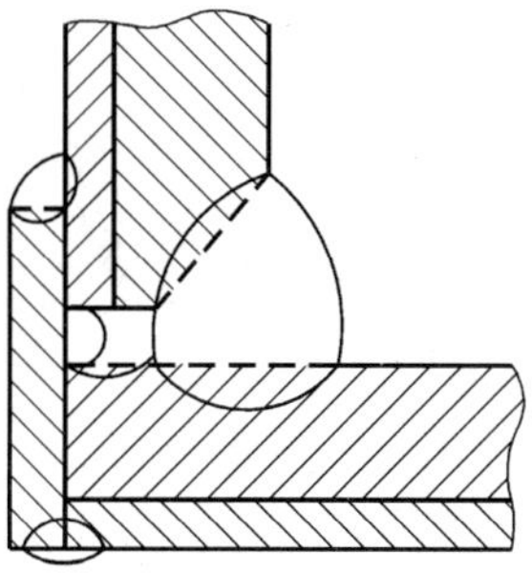	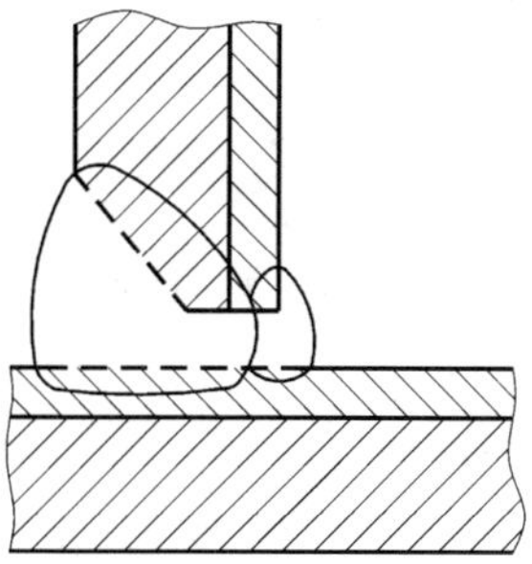	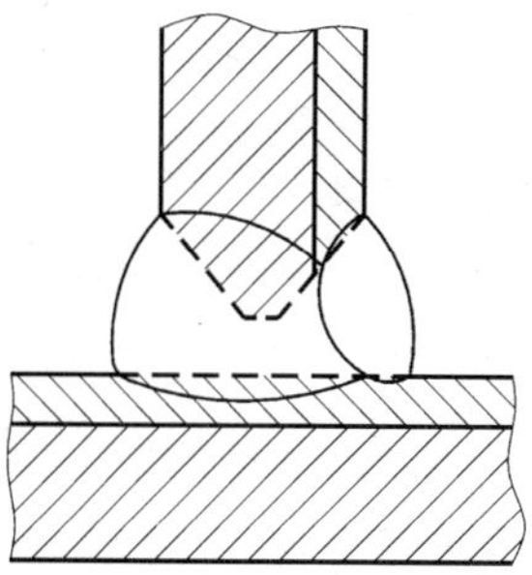

表 3 焊接程序及焊接要求

序号	焊接程序	焊 接 要 求
1	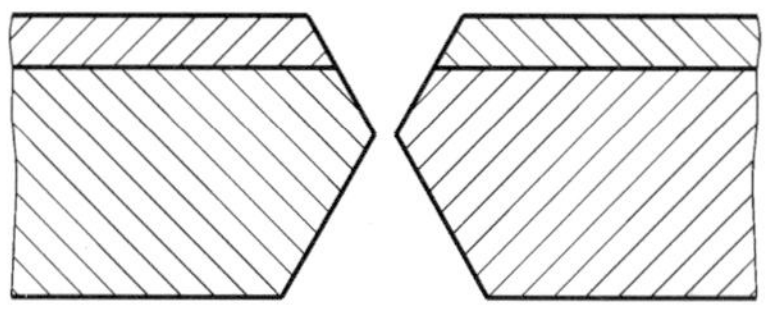	按表 1 的要求加工坡口，并按 6.4 进行坡口的表面清理
2	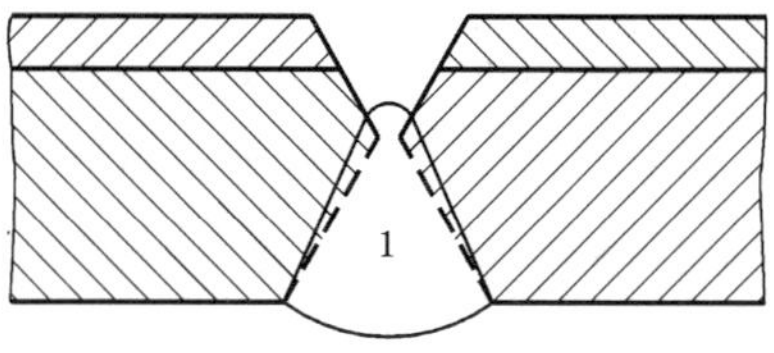	选用与基层钢相配套的材料进行基板的焊接。在焊接打底焊道时，应注意不能将复层熔化，并全部焊满基层钢一侧坡口，形成焊道 1
3	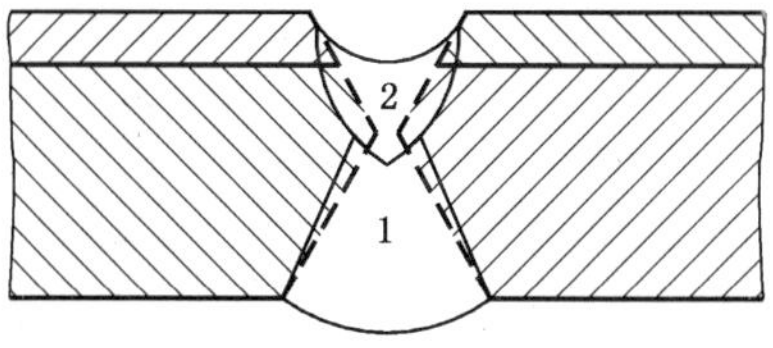	用角向磨光机对基层钢焊道 1 反面清根，不应用电弧气刨法清根。清根后用相应的过渡层焊接材料焊接过渡层焊道 2，过渡层焊道厚度一般不小于 3.0 mm，且应超过复合界面 0.5 mm～1.0 mm
4	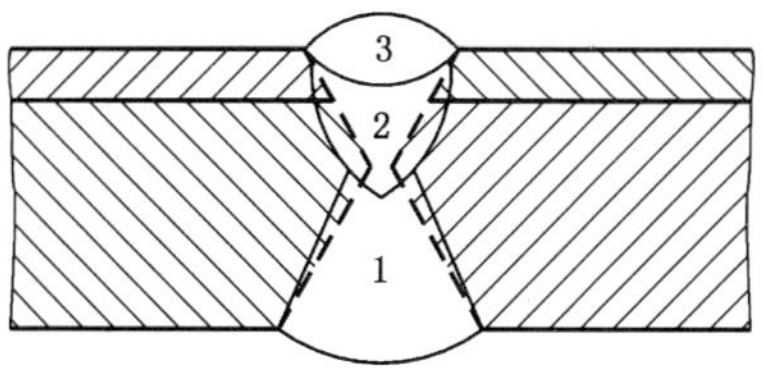	过渡层焊道检查合格后，用相应的复层焊接材料进行复层焊道的焊接，形成焊道 3。该层宜采用与复层同样的材料或性能高于复层的材料进行焊接。其表面余高 1.5 mm～2.0 mm，或按设计图样。复层焊道不应有咬边，焊缝应圆滑过渡
注：当基层较厚时，可先焊基层若干道后，焊过渡层，再焊复层，而后反过来再焊满基层焊道，以控制变形。		

6.3 坡口加工

焊接坡口加工应采用机械方法，加工前要去除火焰切割后的氧化皮。加工完的坡口可采用肉眼或低倍放大镜检查，必要时也可用着色检查。焊接坡口两侧表面不应有裂纹、夹渣、毛刺、基层和复层脱层等缺陷。若有上述缺陷，应去除后再进行焊接。

6.4 焊前清理

焊前应将焊丝表面及焊接坡口两侧至少各 20 mm 范围内的油污、锈斑及其他污物、氧化膜等去除干净。多道焊时，应将前道焊缝表面焊渣、氧化膜及其他污物去除干净后方可进行下一焊道的焊接。

6.5 组装及定位焊

6.5.1 组装

6.5.1.1 厚度相同(基层和复层厚度均相同)的铜及铜合金复合钢板焊件的装配，应以复层表面为基准，其错边量不应大于复层厚度的 1/2，且不应大于 2 mm。厚度不同(或复层厚度不同，或基层厚度不同，或两者均不同)的铜及铜合金复合钢板焊件的装配基准，按设计图样的规定执行。

6.5.1.2 当铜钢复合板对接时，复层与复层或基层与基层的厚度差分别超过 GB/T 985.1 的规定时，应对较厚的复层或基层板边进行削斜处理，削斜长度分别按各自的厚度差计算，其计算见公式(1)、公式(2)和图 1。

$$L_1 \geqslant 3(\delta_1 - \delta_2) \qquad \cdots\cdots(1)$$

$$L_2 \geqslant 3(t_1 - t_2) \qquad \cdots\cdots(2)$$

式中：

L_1——复层削斜长度的数值，单位为毫米(mm)，见图 1；

L_2——基层削斜长度的数值，单位为毫米(mm)，见图 1；

δ_1，δ_2——复层厚度的数值，单位为毫米(mm)，见图 1；

t_1，t_2——基层厚度的数值，单位为毫米(mm)，见图 1。

6.5.2 定位焊

定位焊应在基层钢上进行。且应由具有合格证的焊工承担，并采用与正式焊接相同的焊接材料及焊接工艺。一般焊缝长度为 30 mm～50 mm，间距为 200 mm～300 mm。也可根据焊件的具体情况自行确定。若发现定位焊缝有裂纹或其他缺陷时应予铲除，重新移位定位焊。

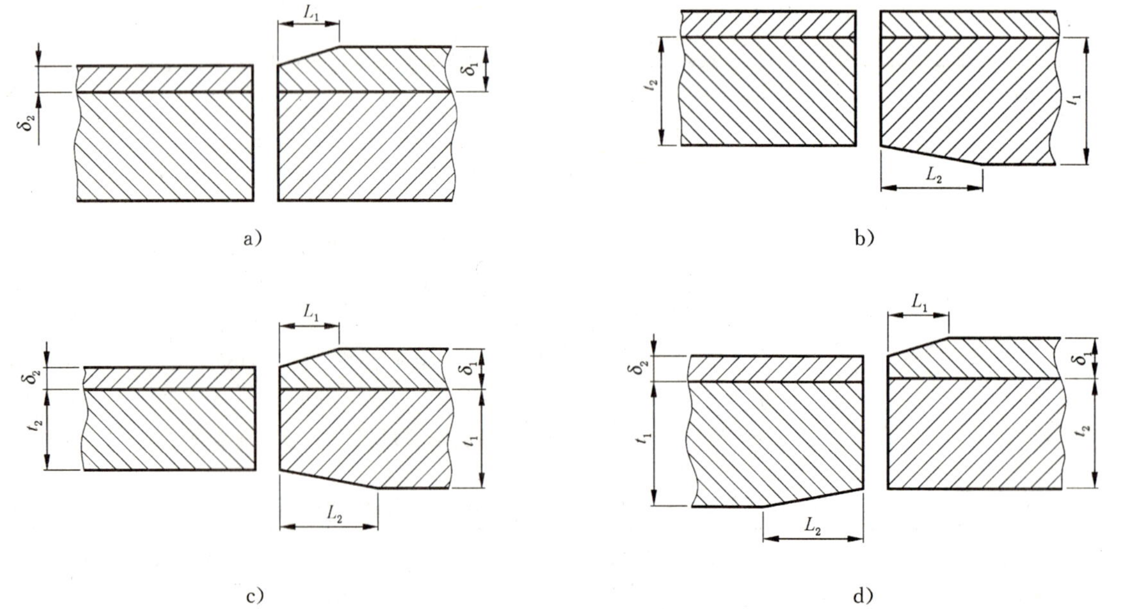

图 1 组对削斜处理

7 焊接

7.1 一般要求

7.1.1 焊接接头抗拉强度应不低于铜钢复合板抗拉强度标准规定的下限值。

7.1.2 焊接时应避免基层和复层之间相互渗透。

7.1.3 复层接头应具有与铜钢复合板复层相当的使用性能。

7.1.4 不应在复层表面引弧、焊接卡兰、吊环及临时支架等。

7.2 焊接方法

7.2.1 基层的焊接宜采用焊条电弧焊,也可采用埋弧焊及二氧化碳气体保护焊。

7.2.2 复层及过渡层的焊接推荐采用手工钨极氩弧焊和焊条电弧焊。

7.2.3 允许采用其他能保证焊接质量的焊接方法。

7.3 焊接工艺评定

7.3.1 当产品的技术条件或设计图样要求进行焊接工艺评定时,应在产品焊接前进行焊接工艺评定。

7.3.2 焊接工艺评定办法按照 JB 4708 的规定,或由施工单位根据产品结构及技术要求,自行制定评定办法,并应取得相应质量监督部门的认可。

7.3.3 按认可的焊接工艺评定和设计要求,制定出合理的焊接工艺规程。

7.3.4 按认可的焊接工艺评定和设计图样及具体结构要求,由施工单位制定出具体结构的焊接工艺参数。

7.4 焊接原则与焊接程序

7.4.1 铜钢复合板的焊接宜先焊基层钢,经清根并按第 8 章的质量检验项目检验合格后,再焊过渡层,最后焊复层。焊接程序和焊接要求见表 3。

7.4.2 当受结构限制(如小口径管子的焊接)时,要先焊复层,再焊过渡层,最后焊基层(如表 2 中序号 5、序号 6 的接头型式),复层焊接应选用尽量小的线能量,然后用相配套的焊接材料进行过渡层焊接,最后焊接基层焊道。

7.4.3 为防止复层与基层在焊接时的相互渗透,从而降低复层焊缝中铁的稀释率,提高复层焊缝的性能,应控制过渡层、复层焊道的焊接电流、焊接速度。应在保证良好熔合的前提下,采用小焊接线能量。

7.4.4 当复层或基层焊前需预热时,应根据板厚和板材经试验确定预热温度。

7.4.5 角接焊按照表 3 执行,基本原则与对接焊相同。但当基层与复层组成角接接头时,应采用过渡层焊接材料进行焊接。

7.5 产品焊接试板

产品焊接试板的焊前准备、焊接方法、焊接材料、焊接工艺参数等应与产品焊接相同,并与产品焊接同时进行,其性能检验项目及合格标准应符合产品设计要求及有关规定。

7.6 焊后热处理

当焊后需要消除应力进行焊后热处理时,复层焊缝和过渡层焊缝宜在基层焊缝完成热处理后再进行焊接。若有特殊要求,按设计图样规定。

7.7 焊后清理

焊后应清除表面焊渣、飞溅及其他污物。

7.8 焊工印记

完成焊接并清理完毕后,应在基层钢焊缝附近的明显部位打上焊工钢印。

8 焊接质量检验

8.1 检验人员

检验人员应经技术培训,能正确掌握铜钢复合板焊接特点及质量评级标准,并取得有关部门的资格认可。

8.2 检验程序及项目

焊接质量检验应包括工序检验和成品检验。焊接工序之间应经质检人员认可后，方可转入下道工序施工。成品检验项目一般包括外观检验、无损检测、力学性能试验及铁的稀释率测定试验。

8.3 外观检验

8.3.1 焊缝的外形尺寸应符合图样的要求。

8.3.2 焊缝及热影响区表面不应有裂纹、未焊透、未熔合及超标的咬边、弧坑、夹渣等缺陷。

8.3.3 复层焊缝表面不允许有咬边。基层焊缝咬边深度不应超过基层板厚的10%，且不应大于0.5 mm。咬边的连续长度不应大于100 mm，且焊缝两边的咬边总长度不应超过该焊缝总长度的10%，或按供需双方协议的规定。

8.4 无损检测

8.4.1 射线检测按照GB/T 3323或JB/T 4730.2规定的方法进行。

8.4.2 超声波检测按照JB/T 4730.3规定的方法进行。

8.4.3 渗透检测按照JB/T 4730.5规定的方法进行。

8.4.4 8.4.1～8.4.3的无损检测方法、检测范围及合格标准应符合设计图样和技术条件的要求，或符合供需双方协议的要求。

8.5 力学性能试验

8.5.1 焊接接头力学性能试验包括接头拉伸、弯曲及冲击试验(如要求时)。

8.5.2 取两个接头拉伸试样按GB/T 2651和GB/T 16957规定的方法进行试验。

8.5.3 取两个面弯试样、两个背弯试样按GB/T 2653和GB/T 16957规定的方法进行试验。弯心直径、弯曲角度按表4规定。

表4 弯曲试验

弯曲试样类别	试样厚度/mm	弯心直径 D/mm	弯曲角度
面弯、背弯试样	t	$4t$	180°

8.5.4 接头冲击试验按GB/T 2650和GB/T 16957规定的方法进行。

8.5.5 当产品设计图样对焊接接头力学性能有特殊要求时，按图样技术要求执行。

8.6 复层焊道铁的稀释率的测定

8.6.1 复层焊道铁的稀释率采用从复层焊缝取金属屑的湿法化学分析法，也可采用X-射线荧光光谱分析法进行测定，对于有耐蚀要求的复层为白铜、铝青铜的结构，其铁的稀释率应不超过10%。

8.6.2 铁的稀释率测定取样部位和取样区见图2，取样区位于焊缝中心，评定的最小厚度根据腐蚀裕度设计计算的复层厚度值确定。

单位为毫米

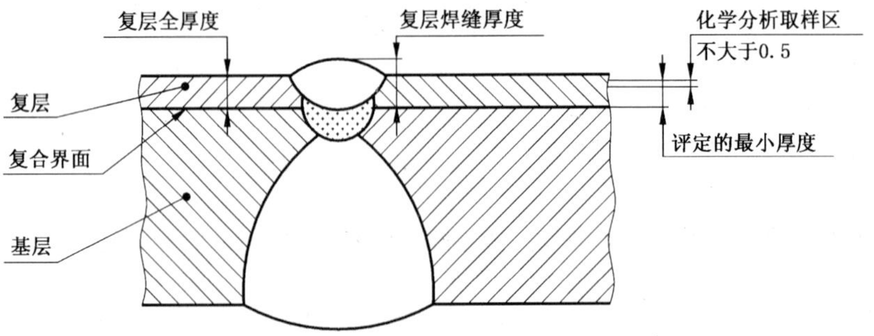

图2 铁的稀释率取样位置示意图

9 焊接缺陷返修

9.1 当焊缝上发现有不允许的缺陷,应清除后进行返修。基层、过渡层、复层焊缝的返修应按复合板焊接接头的施焊程序分别依次进行。

9.2 焊缝同一部位,不论基层、过渡层、复层其返修次数不宜超过两次。超过两次时应由施工单位技术总负责人批准,或由有关部门协商解决。返修后,应将返修的原始记录记入质量档案。

10 焊接环境

焊接应在能保证质量的环境下进行。对于焊条电弧焊工艺,当焊接环境出现风速大于 10 m/s,相对湿度大于 90%,或下雨、下雪的情况时,不应施焊。如果用手工钨极氩弧焊时,应在室内进行,若条件不允许时,则应采取防风措施。当焊接温度低于 0 ℃时,应在施焊处 100 mm 范围内预热到手触感觉温暖的温度。

11 安全防护

安全防护按 GB 9448 及其他有关规定执行。

附　录　A
（资料性附录）
铜及铜合金复合钢板过渡层焊接材料

铜钢复合板过渡层焊接材料选用见表 A.1。

表 A.1　焊接材料

基层	复层				
	铜	铝青铜	磷青铜	硅青铜	白铜
低碳钢、低合金钢	N_6（N_2、N_4）	ECuAl、HSCuAl	ECuSn、HSCuSn	ECuAl、HSCuAl	N_6（N_2、N_4）、ECuAl、HSCuAl

ICS 47.020.01
U 05

中华人民共和国国家标准

GB/T 13149—2009
代替 GB/T 13149—1991

钛及钛合金复合钢板焊接技术要求

Specification for welding of titanium and titanium alloy clad steel plates

2009-03-23 发布　　　　2009-11-01 实施

中华人民共和国国家质量监督检验检疫总局
中国国家标准化管理委员会　发布

前　言

本标准代替 GB/T 13149—1991《钛及钛合金复合钢板焊接技术条件》。

本标准与 GB/T 13149—1991 相比，主要变化如下：

——标准名称改为“钛及钛合金复合钢板焊接技术要求”；

——调整了规范性引用文件；

——增加了钛及钛合金复合钢板焊接原则条款；

——明确了钛及钛合金复合钢板采用火焰或等离子弧切割下料时复合板离地面的高度；

——增加了钛焊缝和热影响区表面颜色的详细划分；

——修改了附录 A 和附录 B；

——表 4 改为资料性附录 C《钛及钛合金复合钢板焊接材料》；

——安全防护改为按 GB 9448《焊接与切割安全》的规定；

——删除了对接接头中Ⅱ型接头；

——删除了长期没有生产和订货量的基层钢 22 g 和 15MnVR 和可用母材板的剪条作手工焊丝的表注。

本标准的附录 A、附录 C 为规范性附录，附录 B 为资料性附录。

本标准由中国船舶重工集团公司提出。

本标准由全国海洋船标准化技术委员会船用材料应用工艺分技术委员会(SAC/TC 12/SC 4)归口。

本标准起草单位：中国船舶重工集团公司第七二五所。

本标准主要起草人：李标峰、王小华、苏雨沛、余巍、王军、任江毅、徐明林、李敬勇。

本标准所代替标准的历次版本发布情况为：

——GB/T 13149—1991。

钛及钛合金复合钢板焊接技术要求

1 范围

本标准规定了钛及钛合金复合钢板焊接的材料、焊工、焊前准备、焊接工艺、焊接质量检验以及焊接缺陷返修等的技术要求。

本标准适用于以钛及钛合金为复层，以碳素钢、低合金钢或不锈钢为基层的总厚度在 8 mm 以上的钛及钛合金复合钢板的焊接。

2 规范性引用文件

下列文件中的条款通过本标准的引用而成为本标准的条款。凡是注日期的引用文件，其随后所有的修改单(不包括勘误的内容)或修订版均不适用于本标准，然而，鼓励根据本标准达成协议的各方研究是否可使用这些文件的最新版本。凡是不注日期的引用文件，其最新版本适用于本标准。

GB 150 钢制压力容器

GB/T 983 不锈钢焊条

GB/T 985.1 气焊、焊条电弧焊、气体保护焊和高能束焊的推荐坡口(GB/T 985.1—2008，ISO 9692-1:2003，MOD)

GB/T 985.2 埋弧焊的推荐坡口(GB/T 985.2—2008，ISO 9692-2:1998，MOD)

GB/T 2650 焊接接头冲击试验方法(GB/T 2650—2008，ISO 9016:2001，IDT)

GB/T 2651 焊接接头拉伸试验方法(GB/T 2651—2008，ISO 4136:2001，IDT)

GB/T 2653 焊接接头弯曲试验方法(GB/T 2653—2008，ISO 5173:2000，IDT)

GB/T 3323 金属熔化焊焊接接头射线照相

GB/T 3620.1 钛及钛合金牌号和化学成分

GB/T 3623 钛及钛合金丝

GB/T 4241 焊接用不锈钢盘条

GB/T 4340.1 金属维氏硬度试验 第1部分：试验方法(GB/T 4340.1—1999，eqv ISO 6507-1:1997)

GB/T 4698(所有部分) 海绵钛、钛及钛合金化学分析方法

GB/T 4842 氩

GB/T 4844.2 纯氦

GB/T 4844.3 高纯氦

GB/T 5117 碳钢焊条

GB/T 5118 低合金钢焊条

GB/T 5293 埋弧焊用碳钢焊丝和焊剂

GB/T 6052 工业液体二氧化碳

GB/T 8546 钛-不锈钢复合板

GB/T 8547 钛-钢复合板

GB 9448 焊接与切割安全

GB/T 12470 埋弧焊用低合金钢焊丝和焊剂

GB/T 14957 熔化焊用钢丝

JB 4708—2000 钢制压力容器焊接工艺评定

JB/T 4730.2—2005 承压设备无损检测 第2部分:射线检测

JB/T 4730.5—2005 承压设备无损检测 第5部分:渗透检测

JB/T 4745 钛制焊接容器

SJ/T 10743 惰性气体保护电弧焊和等离子焊接、切割用钨铈电极

《锅炉压力容器压力管道焊工考试与管理规则》国家质量监督检验检疫总局 2002年版

《压力容器安全监察规程》国家质量监督检验检疫总局 2002年版

3 材料

3.1 钛及钛合金复合钢板及其配套的焊接材料,应具有出厂的质量保证书。当质量保证书不全或者认为有必要时,应按有关标准对材料进行复检。当需对钛复合钢板的复合率作超声复查时,不能用润滑油作耦合剂,而要用水或水玻璃。

3.2 钛及钛合金复合钢板的质量应符合 GB/T 8546、GB/T 8547 或供需双方协议的要求。

3.3 按设计图样选择钛焊丝,钛焊丝应符合 GB/T 3623 或 JB/T 4745 的要求。

3.4 碳素钢、低合金钢及不锈钢焊接材料按设计图样选用。所用的焊条、焊丝与焊剂等应分别符合 GB/T 5117、GB/T 5118、GB/T 983、GB/T 14957、GB/T 4241、GB/T 5293、GB/T 12470 等标准的要求。

3.5 焊接用的氩气应符合 GB/T 4842 的要求;氦气应符合 GB/T 4844.2～4844.3 的要求;焊接用二氧化碳气体应符合 GB/T 6052 的要求。

3.6 钨极氩弧焊接时,宜采用铈钨电极,并应符合 SJ/T 10743 的要求。

4 焊工

4.1 焊工应经技术培训,并考试合格,经有关部门认可,取得合格证书后,持证上岗。

4.2 焊工考试规则,可视产品的技术要求按照《锅炉压力容器压力管道焊工考试与管理规则》(基层钢)和附录A(钛复层)执行。或由施工单位按用户要求自行制定,并取得质量监督部门认可。

4.3 焊工的施焊,应与其资格证书核准的项目相符。

4.4 焊工应遵守焊接工艺规程。

5 焊前准备

5.1 下料

钛及钛合金复合钢板的下料宜采用机械方法,也可采用火焰或等离子弧切割等方法,下料时,钛复层应背向火焰,复合板离地面的高度不低于 300 mm。

5.2 接头型式

钛及钛合金复合钢板焊接结构主要采用对接接头和角接接头型式。接头型式应在设计图样上规定。焊接接头中不允许复层钛与基层钢相互熔合。宜采用的接头型式见表1和表2。表1中Ⅰ型接头用于非受压构件,Ⅱ、Ⅲ、Ⅳ、Ⅴ型接头用于受压构件。

5.3 坡口型式、尺寸及加工

5.3.1 坡口型式与尺寸的确定,应根据接头型式以及所采用的焊接方法等加以综合考虑。坡口型式与尺寸应按焊接工艺试验或工艺评定结果确定。宜采用表1和表2所示的坡口型式与尺寸。

5.3.2 坡口加工可用机械方法或其他有效方法进行。加工钛复合钢板坡口时,不能采用油质润滑剂。

表 1　钛及钛合金复合钢板对接接头型式及尺寸

<table>
<tr><th>类别</th><th>坡口型式</th><th>焊缝型式</th><th colspan="9">尺寸/
mm</th></tr>
<tr><td rowspan="2">Ⅰ</td><td rowspan="2">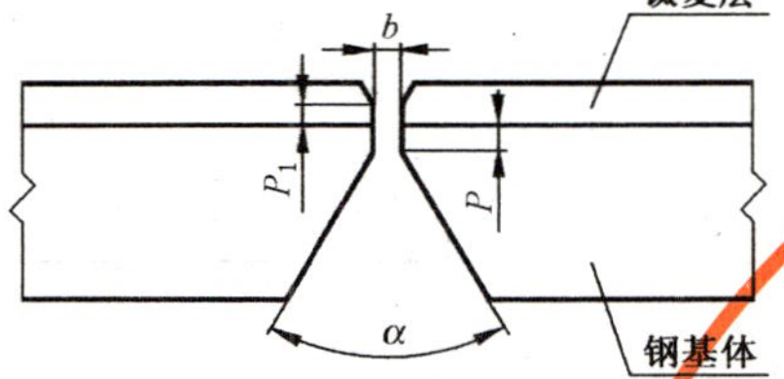</td><td rowspan="2">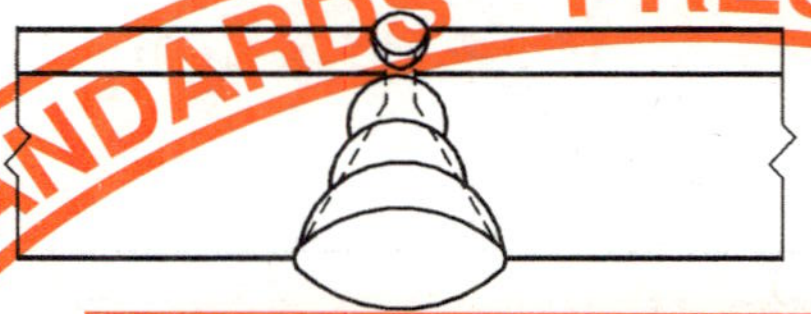</td><td colspan="2">b</td><td colspan="2">P</td><td colspan="2">P₁</td><td colspan="3">α</td></tr>
<tr><td colspan="2">0+1</td><td colspan="2">1+1</td><td colspan="2">1±0.5</td><td colspan="3">60°±5°</td></tr>
<tr><td rowspan="3">Ⅱ</td><td rowspan="3">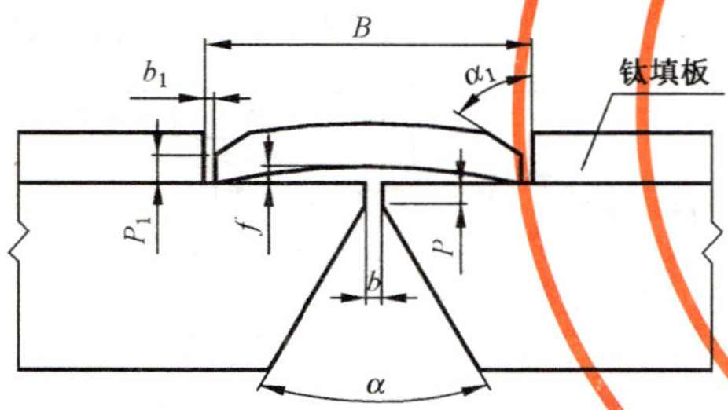</td><td rowspan="3"></td><td></td><td>B</td><td>b</td><td>b_1</td><td>P</td><td>P_1</td><td>α</td><td>$α_1$</td><td>f</td></tr>
<tr><td>焊条电弧焊</td><td>20+1</td><td>2+1</td><td>0+1</td><td>1±1</td><td>1±0.5</td><td>60°±5°</td><td>45°±5°</td><td>1+0.5</td></tr>
<tr><td>埋弧焊</td><td>20+1</td><td>2^{+1}_{-2}</td><td>0+1</td><td>2^{+1}_{-2}</td><td>1±0.5</td><td>60°±5°</td><td>45°±5°</td><td>1+0.5</td></tr>
<tr><td rowspan="3">Ⅲ</td><td rowspan="3">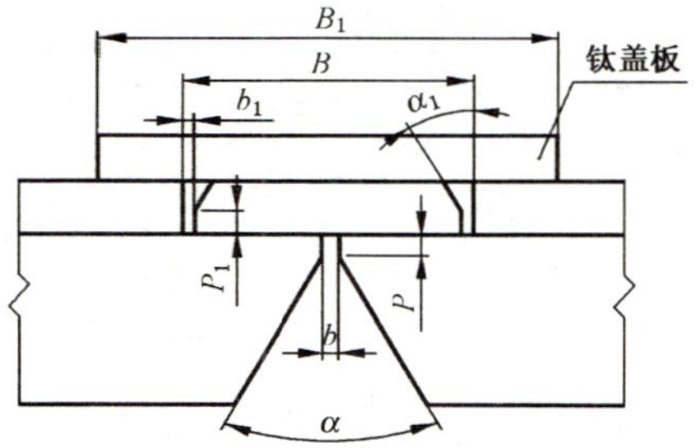</td><td rowspan="3">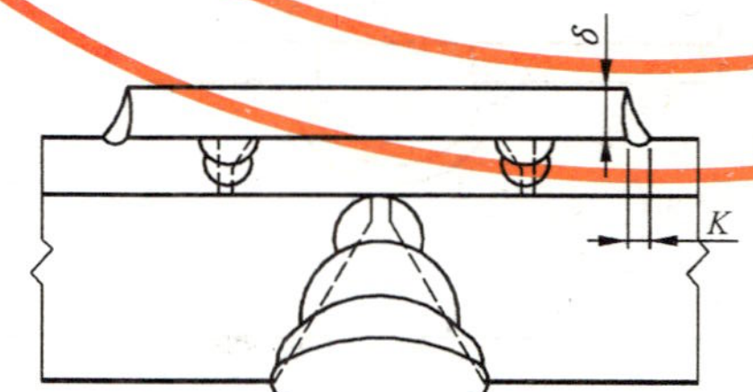</td><td></td><td>B_1</td><td>B</td><td>b</td><td>b_1</td><td>P</td><td>P_1</td><td>α</td><td>$α_1$</td></tr>
<tr><td>焊条电弧焊</td><td>50±1</td><td>20+1</td><td>2+1</td><td>0+1</td><td>1±1</td><td>1±0.5</td><td>60°±5°</td><td>45°±5°</td></tr>
<tr><td>埋弧焊</td><td>50±1</td><td>20+1</td><td>2^{+1}_{-2}</td><td>0+1</td><td>2^{+1}_{-2}</td><td>1±0.5</td><td>60°±5°</td><td>45°±5°</td></tr>
</table>

表 1（续）

<table>
<tr><th>类别</th><th>坡口型式</th><th>焊缝型式</th><th>尺寸/
mm</th></tr>
<tr><td>Ⅳ</td><td>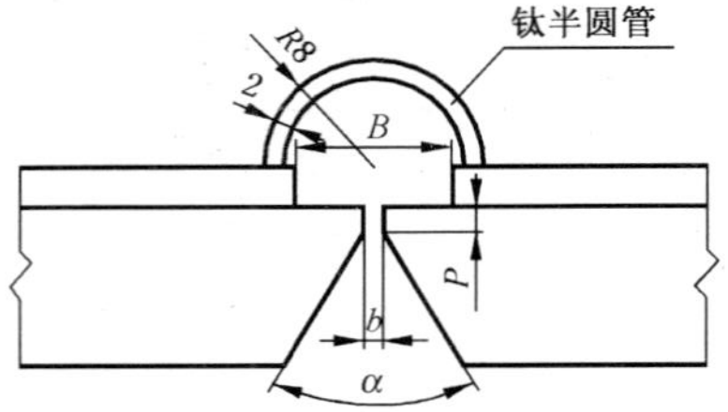
</td><td>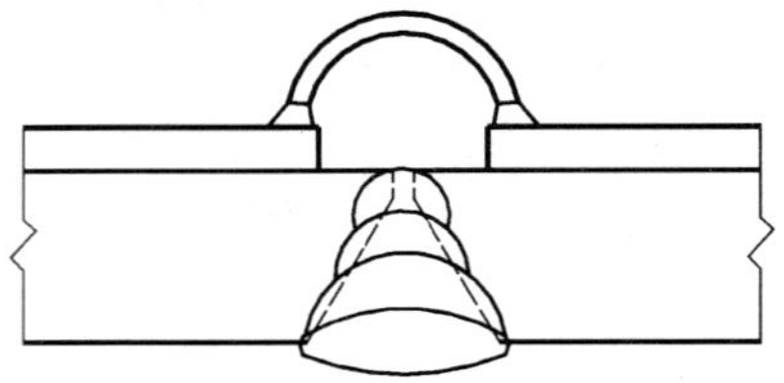</td><td>
<table>
<tr><th></th><th>B</th><th>b</th><th>P</th><th>α</th></tr>
<tr><td>焊条电弧焊</td><td>10 ± 1</td><td>$2+1$</td><td>1 ± 1</td><td>$60°\pm5°$</td></tr>
<tr><td>埋弧焊</td><td>10 ± 1</td><td>2^{+1}_{-2}</td><td>2^{+1}_{-2}</td><td>$60°\pm5°$</td></tr>
</table>
</td></tr>
<tr><td>Ⅴ</td><td>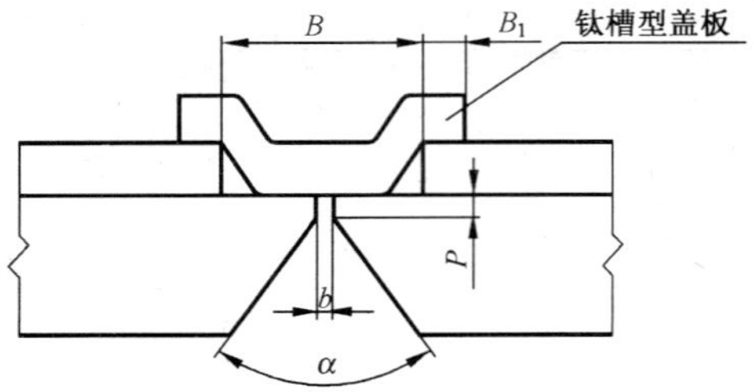
</td><td>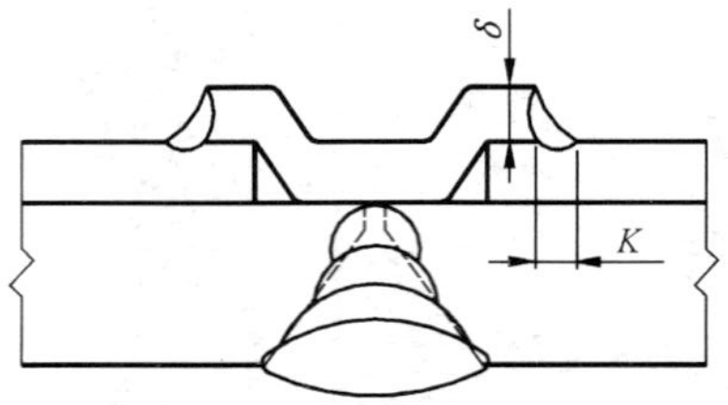
</td><td>
<table>
<tr><th></th><th>B</th><th>B_1</th><th>P</th><th>b</th><th>α</th><th>K</th></tr>
<tr><td>焊条
电弧焊</td><td>30～50</td><td>15</td><td>1 ± 1</td><td>$2+1$</td><td>$60°\pm5°$</td><td>$\delta+1$</td></tr>
<tr><td>埋弧焊</td><td>30～50</td><td>15</td><td>2^{+1}_{-2}</td><td>2^{+1}_{-2}</td><td>$60°\pm5°$</td><td>$\delta+1$</td></tr>
</table>
</td></tr>
</table>

表 2　钛及钛合金复合钢板角接接头型式及尺寸

<table>
<tr><th>类别</th><th>坡口型式</th><th>焊缝型式</th><th>尺寸/
mm</th></tr>
<tr><td>Ⅰ</td><td>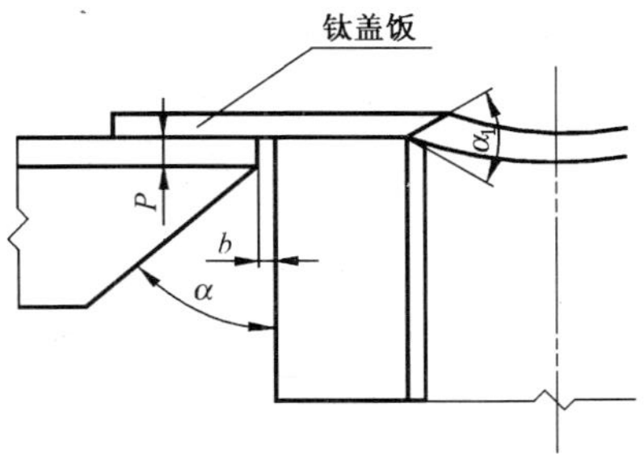
</td><td>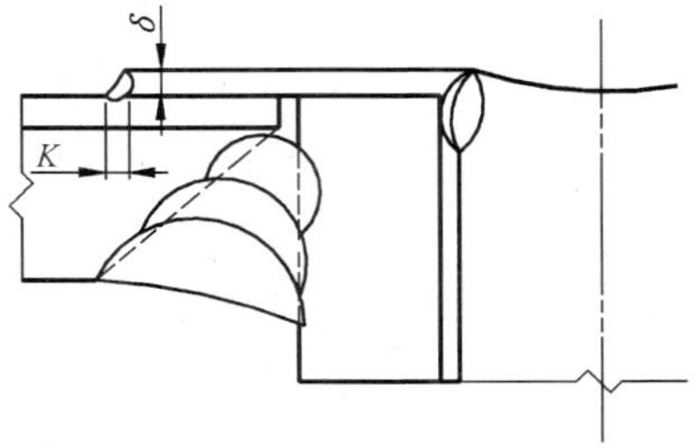
</td><td><table><tr><th>P</th><th>b</th><th>α</th><th>$α_1$</th><th>K</th></tr><tr><td>3+1</td><td>2+1</td><td>50°±5°</td><td>60°±5°</td><td>δ+1</td></tr></table></td></tr>
<tr><td>Ⅱ</td><td>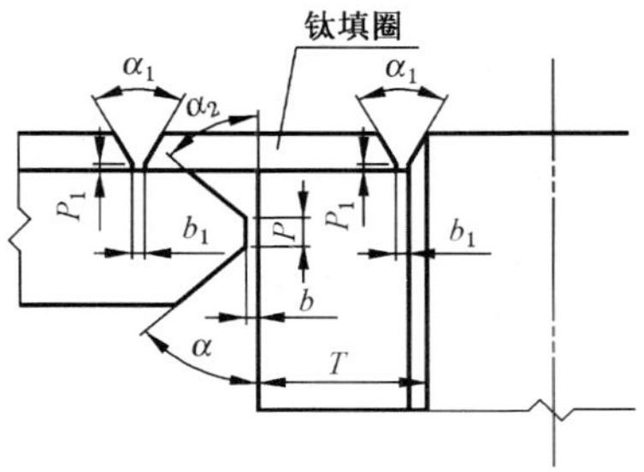
</td><td>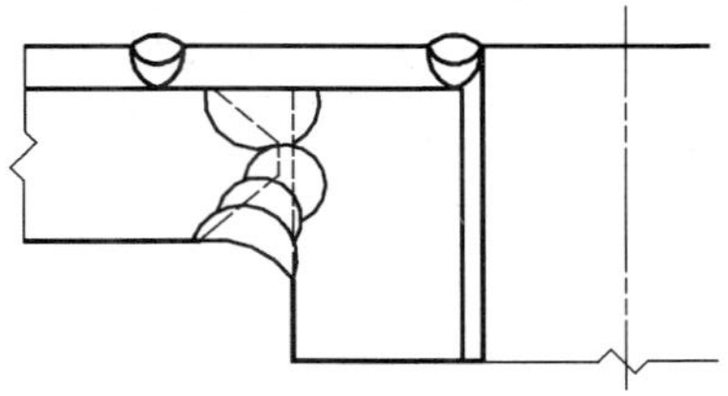</td><td><table><tr><th>P</th><th>P_1</th><th>α</th><th>$α_1$</th><th>$α_2$</th><th>b</th><th>b_1</th></tr><tr><td>2+1</td><td>1±0.5</td><td>50°±5°</td><td>60°±5°</td><td>50°±5°</td><td>1+1</td><td>0+1</td></tr></table></td></tr>
<tr><td>Ⅲ</td><td>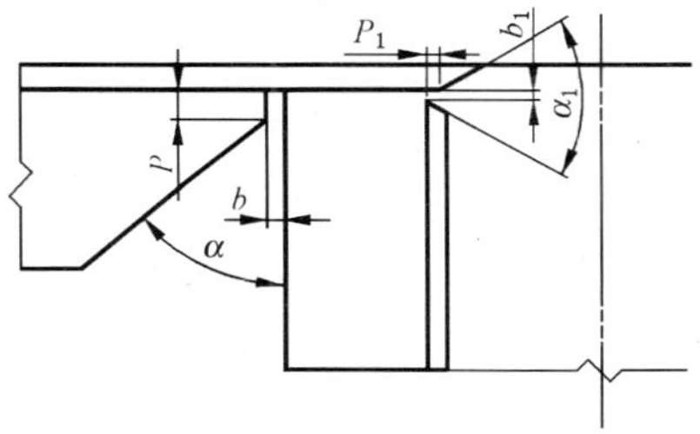
</td><td>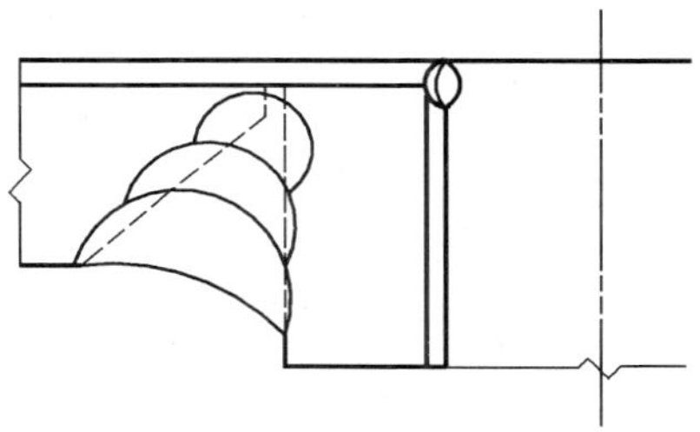</td><td><table><tr><th>P</th><th>P_1</th><th>α</th><th>$α_1$</th><th>b</th><th>b_1</th></tr><tr><td>3+1</td><td>1±0.5</td><td>50°±5°</td><td>60°±5°</td><td>1±1</td><td>0+1</td></tr></table></td></tr>
</table>

表 2（续）

<table>
<tr><th>类别</th><th>坡口型式</th><th>焊缝型式</th><th>尺寸/
mm</th></tr>
<tr><td>Ⅳ</td><td>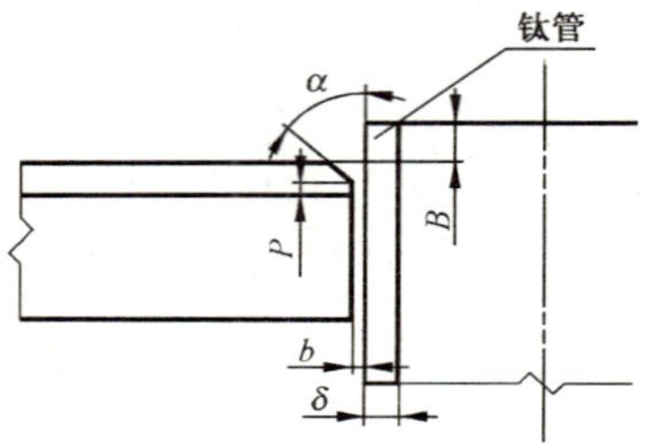</td><td>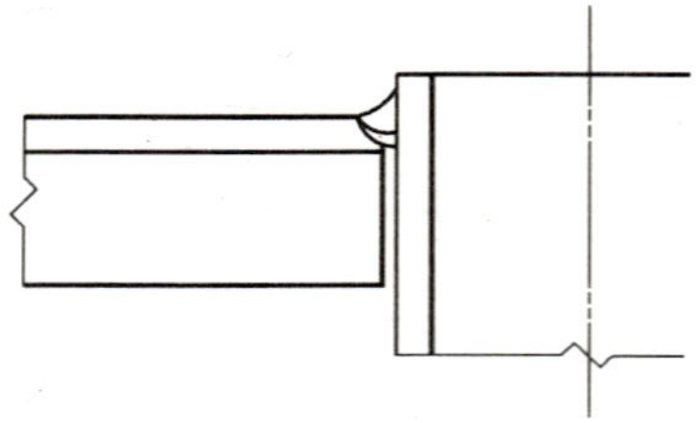</td><td><table><tr><th>B</th><th>b</th><th>P</th><th>α</th></tr><tr><td>≥δ</td><td>0+1</td><td>1±0.5</td><td>50°±5°</td></tr></table></td></tr>
<tr><td>Ⅴ</td><td>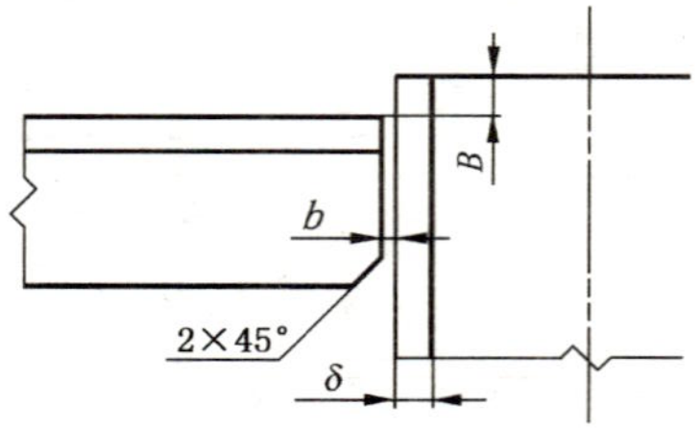</td><td>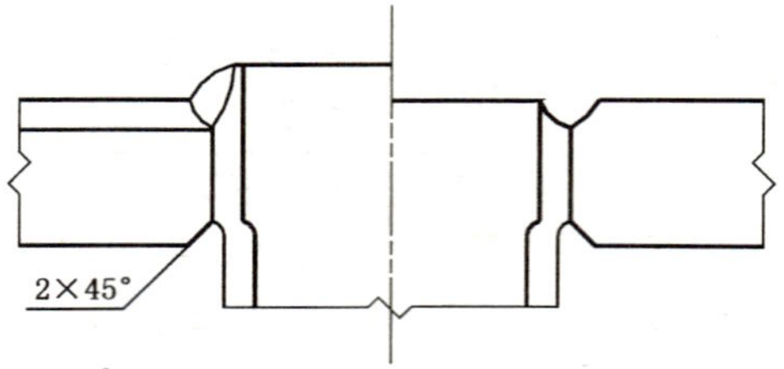</td><td><table><tr><td colspan="2">δ</td><td>0.5～1</td><td>1～1.5</td><td>2～2.5</td></tr><tr><td rowspan="2">B</td><td>无应力槽</td><td>0.5～1</td><td>1～1.5</td><td>1～1.5</td></tr><tr><td>有应力槽</td><td>0～0.5</td><td>0.5～1</td><td>1～1.5</td></tr><tr><td colspan="2">b</td><td colspan="3">由设计图样定</td></tr></table></td></tr>
</table>

5.4 **焊前清理**

5.4.1 焊接前，应清除切口的氧化层。

5.4.2 钛填条、钛盖板及钛丝，焊前需经化学清洗。清洗液的配方及清洗要求见表 3。

表 3 钛酸洗溶液的配方及清洗要求

溶液成分	配一升所需量/(mL/L)	酸洗温度/℃	酸洗时间/min
HNO_3	170	室温	10～20
HF	45		
H_2O	785		

5.4.3 酸洗后的钛填条、钛盖板及钛丝应用清水冲净，然后烘干，即可使用。使用时不应被污染。

5.4.4 当结构件制造的周期较长时，装配好的工件坡口易被污染。为保持钛面坡口清洁，可采用贴上免水胶带等防范措施。

5.4.5 施焊前，基层钢及复层钛的坡口区应该洁净，没有污物。若加工的坡口被污染，应进行清洗或用机械方法(如刮刀、不锈钢丝刷)加以清理。对于基层钢，其清洁范围距坡口边缘，焊条电弧焊时应不小于 15 mm，埋弧焊时应不小于 30 mm。钛复层清洁范围离焊边应不小于 40 mm。

5.5 **焊件装配**

厚度相同的钛复合钢板焊件的装配，应以复层表面为基准。厚度不同的钛复合钢板焊件的装配基准，按设计图样的规定执行。

6 焊接

6.1 **焊接原则**

钛和钢熔焊的焊缝会产生脆裂，钛在熔焊时不应与钢熔合。

6.2 **焊接方法及设备**

6.2.1 基层钢的焊接宜采用焊条电弧焊、埋弧焊或熔化极气体保护焊等方法。选用相应的焊接设备。

6.2.2 钛复层的焊接宜采用非熔化极惰性气体保护焊(TIG)和熔化极惰性气体保护焊(MIG)等方法。选用相应的手工焊、自动气体保护焊机等焊接设备。

6.2.3 钛复合钢板法兰复合端面、钛环与钢结合端面或其他类似的钛-钢结合面，若需密封，可采用银钎焊或其他有效的粘结方法填满。

6.2.4 焊机的引弧、稳弧性能要好，焊接过程中的参数稳定，焊接规范便于调节，水、气供应系统安全可靠。

6.2.5 氩弧焊枪的保护性能要好。输送氩气或(氩气＋氦气)混合气应采用塑料管等不易吸潮材质的管子。若发现管子老化或损伤应及时更换。

6.3 **焊接材料**

钛复合钢板焊接材料可参见附录 B 选用，亦可按设计图样上的要求通过工艺评定确定。

6.4 **焊接工艺评定**

6.4.1 当产品要求进行焊接工艺评定时，应在焊前进行焊接工艺评定。

6.4.2 焊接工艺评定是对基层钢、复层钛分别进行焊接工艺评定，但应考虑到复合板焊接接头的特点。其评定办法可按照 JB 4708(用于基层钢)及附录 C 进行，或由施工单位根据产品结构的特点及技术要求自行制定评定标准，并应取得相应的质量监督部门的认可。

6.5 **焊接工艺规程**

施工单位焊接前应根据产品结构特点、技术要求及评定合格的焊接工艺等，制定出合理的焊接工艺规程。同时应根据钛复层焊接时易氧化的特性制定出具体保护措施，如加拖罩或反面保护等。

6.6 焊接工艺参数

产品的焊接工艺参数由施工单位经焊接工艺试验或焊接工艺评定确定。原则上应采用小的焊接线能量，避免焊件的过热。

6.7 焊接程序

6.7.1 先焊基层钢，在基层钢焊缝经质量检验合格后，再焊接复层钛。

6.7.2 定位焊前检查坡口尺寸及装配质量。

6.7.3 定位焊应由持证焊工承担，并采用与正式焊接相同的焊接材料及焊接工艺。定位焊后应再检查装配间隙、错边量及定位焊缝质量，符合图样上的技术要求后方可施焊。

6.7.4 校正变形忌用铁器直接与钛面接触，以免铁污染。

6.7.5 Ⅰ类对接接头的焊接按下列要求进行：

a) 钢面打底层焊接应采用小规范，防止焊透到钛面，以免开裂。还应防止钛面氧化以及复层钛与基层钢界面的剥离。

b) 钢面焊完，钛复层坡口清洁后即可焊接，一般采用手工钨极惰性气体保护焊。第一道应不加丝深熔，未焊透层一般控制在 0.5 mm 以下。以后各道应加填充焊丝，直至焊满。

6.7.6 Ⅱ类～Ⅴ类对接接头的焊接按下列要求进行：

a) 钢面要求焊透。当采用埋弧焊时，应先用手工焊打底。钢面焊完后检查焊透程度，未焊透的应在复层一侧进行补焊。钢焊缝应进行表面质量检查和射线检测，合格后，方可进行复层钛的焊接。

b) 钛复层焊接前，在钛复层凹槽内放进约 20 mm 宽的钛填条。钛填条的宽度应按凹槽实际尺寸进行下料，避免留有间隙。Ⅱ类接头钛填条的曲率应采用模压成形。

c) 钛复层与钛填条之间的定位焊点间距约 50 mm，焊点尺寸约 5 mm～10 mm。填条左右两条缝的定位焊点相互错开。定位焊不加焊丝。

d) 钛复层的焊接应采用线能量小，但又不熔到钢面，并能获得最大熔深的焊接工艺。Ⅱ类～Ⅴ类接头焊接时，背面应通氩气保护。

e) Ⅲ类～Ⅴ类接头钛盖板(钛半圆管)与钛复层焊接时，应选择较小的规范，以防止复合界面剥离。

f) 由于焊道增多，施焊时应注意层间温度(尤其钛填条本身的对接缝)，道间温度应低于 150 ℃。

g) 钛复层与钛盖板、钛半圆管的角接缝，应根部焊透，焊缝表面呈微凹形。

6.7.7 钛面焊接时，宜采用引弧板和熄弧板。不允许在坡口外工件表面打弧。

6.7.8 焊接过程中定位焊点开裂，造成板边错位或间隙变化，应立即停止焊接，经过修复后方可继续施焊。

6.7.9 发生触钨时，应立即停止焊接，并应铲除该部分焊缝。

6.7.10 焊接施工宜在平焊位置进行。

6.7.11 焊工应穿戴清洁工作服、工作鞋及白手套才能进入钛复层施焊区施工。

6.7.12 焊后应清除焊件表面的焊渣、焊瘤、飞溅物以及其他污物。必要时应对焊缝进行局部修整。

6.7.13 施焊后，焊工在钢面焊缝附近指令位置上打上焊工钢印(包括表明钛复层焊缝)。有特殊要求时，按设计图样规定。

6.7.14 若用热处理的办法来消除焊接结构残余应力，其处理制度应按设计图样上规定的执行。

7 焊接质量检验

7.1 检验人员

焊接质量检验人员应经技术培训，能正确掌握焊缝质量评判标准。无损检测检验人员应具有有关部门认可的资格。

7.2 检验程序及项目

焊接质量检验应包括工序检验和成品检验。焊接工序之间应经质检人员认可后，方可转入下道工序施工。成品检验项目一般包括外观检验、无损检测、焊接接头力学性能试验、铁离子检查、压力试验及密性试验等。

7.3 外观质量检验

7.3.1 可用肉眼或五倍放大镜对焊缝外形尺寸及表面质量进行检查，外观检查率为100%。

7.3.2 焊缝外形几何尺寸应符合设计图样要求。

7.3.3 焊缝成形应均匀、致密、平滑地向母材过渡，不应有裂纹、未熔合以及超出规定的咬边、气孔、夹渣、弧坑等缺陷。

7.3.4 当产品设计图样上无规定时，钛焊缝不应有咬边。钢焊缝的咬边深度不应大于基层板厚的10%，且不应大于0.5 mm，咬边的连续长度不应大于100 mm，焊缝两侧咬边的总长度不应超过该焊缝总长度的10%。

7.3.5 钛焊缝表面不允许存在深度大于等于0.5 mm的划伤。若有大于等于0.5 mm的划伤应清除。清除后的焊缝表面不应低于母材表面。

7.3.6 应对所有的钛焊缝和热影响区原始状态的表面颜色进行检验，并按表4的规定进行处理。

表4 钛焊缝和热影响区表面颜色的规定

焊缝与热影响区表面颜色	保护状况	合格判断	处理方法
银白色、浅黄色	良好	合格	不用处理
金黄色	尚好		可不用处理
兰色	稍差	只可用于非重要部位	去除氧化色
紫色	较差	只可用于常压容器	去除紫色，去不掉应返修
灰色	差	不合格	返修
黄色粉状物	极差		
注：表中的保护状况一栏表明惰性气体的保护差异。			

7.4 无损检测

7.4.1 钢焊缝射线检测按照GB/T 3323或JB/T 4730.2—2005规定的方法进行，或按供需双方协议的要求。

7.4.2 钛复层焊缝按JB/T 4730.5规定的方法进行渗透检测。

7.4.3 7.4.1、7.4.2的无损检测方法、检测范围及合格标准，应符合设计图样和技术条件的规定，或符合供需双方协议的要求。

7.5 焊接接头力学性能试验

7.5.1 焊接接头力学性能试验包括接头拉伸、弯曲及冲击试验(有要求时)。

7.5.2 取两个接头拉伸试样按GB/T 2651进行试验。焊接接头的抗拉强度值不应低于基层钢板标准规定抗拉强度的下限值。

7.5.3 取面弯两个(基层钢受拉)按GB/T 2653进行试验，弯轴直径、弯曲角度的合格判定按《压力容器安全监察规程》或有关标准进行。

7.5.4 接头冲击试验按GB/T 2650规定的方法进行。冲击试样上的槽口位置、试验温度及冲击值按设计图样要求进行。

7.5.5 当产品设计图样对焊接接头力学性能有特殊要求时，按图样技术要求执行。

7.6 铁离子检查

7.6.1 钛复层焊接后，焊接区应进行铁离子检查。

7.6.2 铁离子检查液的配方是：铁氰化钾 $K_3[Fe(CN)_6]$3 g，盐酸 20 mL，蒸馏水 75 mL。

7.6.3 检查前，被检表面用丙酮擦净。检查时，受检表面滴上检查液，若检查液呈橙色（溶液本色），表明钛面无污染。若检查液呈蓝色，说明钛面有污染，则该表面应用丙酮重新擦拭，直至检查液呈橙色为止。

7.7 压力试验及密性试验

7.7.1 当设计图样有要求时，进行该项试验，试验方法可按照 GB 150 规定的方法进行。

7.7.2 从基层侧监察孔对钛焊缝进行密性检查，发现泄露即行焊补。

7.8 耐蚀性试验

对焊接接头有耐腐蚀性要求时，由供需双方共同商定检验项目、试验方法及评定标准。

8 焊缝缺陷返修

8.1 当焊缝上有不允许存在的缺陷，经清除后需返修时，其返修措施应得到技术人员的同意。焊缝同一部位的返修次数不宜超过两次。

8.2 对经过两次返修仍不合格的焊缝，第三次返修时，需经技术总负责人批准。返修后应将返修次数、部位和返修情况记入质量档案。

9 焊接环境

9.1 钛复合钢板焊接施工宜在室内进行。

9.2 场地环境应清洁明亮。钛材焊接区应与钢作业区隔开。环境相对湿度应小于 90%。

9.3 外场施焊时，应有防风、防雨、防曝晒等设施。

9.4 当焊件温度低于 0 ℃时，应在始焊处 80 mm 范围内进行预热。其预热温度不低于 15 ℃。

9.5 钛酸洗槽不应设置在钛件焊接车间内。废酸液排放应符合要求。

10 安全防护

安全防护按 GB 9448 及其他有关规定执行。

附 录 A
（规范性附录）
钛及钛合金焊工考试规则

A.1 总则

A.1.1 从事钨极气体保护焊、熔化极气体保护焊的焊工，应按本规则经基本知识和操作技能考试合格后，方可担任钛制结构件的焊接工作。

A.1.2 焊工考试应在焊接工艺评定合格后进行。考试所有的钛材、焊接材料、焊接设备和检测设备应符合有关技术标准的要求，测量仪表应经检定合格。

A.2 考试的组织和监督

A.2.1 焊工考试由焊工考试委员会负责组织实施。

A.2.2 考试委员会由下列人员组成：

a) 总工程师或技术负责人；

b) 焊接工程师1名～2名；

c) 技术检查部门的代表或者Ⅰ级或Ⅱ级资格的锅炉压力容器射线检测人员1名；

d) 焊工技能教师或能指导焊工操作的焊接技师或焊工1名；

e) 企业的焊工考试委员会可增加劳资或教育部门的代表1名。

A.2.3 焊工考试委员会设主任委员1名，副主任委员1名～2名。主任委员由总工程师或技术负责人担任，副主任委员中应有焊接工程师。

A.2.4 企业焊工考试委员会的日常工作可委托企业内有关职能部门办理。

A.2.5 焊工考试委员会的职责包括：

a) 审查焊工资格；

b) 制定考试计划，确定考试内容；

c) 评定考试成绩，办理合格证，发放焊工钢印；

d) 审查持证焊工的免试资格。

A.2.6 焊工考试委员会须经企业所在地的地、省辖市劳动部门锅炉压力容器安全监察机构或有关部门批准。

A.2.7 考试委员会在考试前10 d将考试日期、地点通知焊工和上级有关部门。

A.2.8 地、省辖市或省级劳动部门锅炉压力容器安全监察机构或有关部门有权对焊工考试进行监督。焊工考试监督工作主要内容是审查考试计划、内容和试题，检查有无焊接工艺评定，复核焊工资格，监督考试试件的焊接和评定，检查考场纪律等。

A.3 焊工考试资格、重新考试及免试

A.3.1 焊工考试资格

A.3.1.1 凡是具有初中或初中以上文化程度或同等学历、身体健康、能独立担任焊接工作的焊工，均可向考委会提出申请，经考委会批准后方可参加考试。

A.3.1.2 因连续出现质量问题，被吊销合格证的焊工在处罚期不应申请考试。

A.3.2 重新考试

A.3.2.1 焊工合格证有效期为3年，在期满前应重新考试。

A.3.2.2 持证焊工中断钛合金焊接工作6个月以上，应重新考试。

A.3.3 免试条件

有效期将满，但同时满足下列条件的，可以免试：

a） 有完整的焊工质量档案，对焊接质量统计详细；

b） 焊接过程中没有发生过同一部位返修超过两次或因操作不当而割掉焊缝或导致焊件报废的质量事故；

c） 连续中断该项焊接工作不超过6个月；

d） 免试手续得到有关部门批准。

A.4 考试内容和方法

A.4.1 焊工考试包括基本知识考试和操作技能考试两部分。首次参加考试的焊工应待基本知识考试合格后，才能参加操作技能考试。

基本知识的考试内容、操作技能的考试项目由考试委员会根据本规则的规定和焊工将担任的焊接工作确定。

A.4.2 基本知识的考试范围包括：

a） 焊接安全技术；

b） 常用钛材的牌号、化学成分和力学性能；

c） 焊接材料（焊丝、气体、钨极等）牌号、使用和保管；

d） 焊接设备、测量仪表的名称、性能、使用和维护；

e） 钛及其合金的焊接特点，影响焊接质量的主要因素；

f） 焊接方法的特点、焊接工艺参数、焊接顺序、操作方法及其对焊接质量的影响；

g） 焊接缺陷产生的原因、预防方法、控制标准、检验方法和返修措施；

h） 焊接接头性能及其影响因素；

i） 焊接应力和焊接变形产生的原因及采取相应措施；

j） 接头形式、焊缝代号、图样识别。

A.4.3 操作技能的考试内容包括：

a） 考试内容应按产品结构的特点及焊工申报的项目确定。考试项目可由焊接方法、母材牌号、试件类别三部分组成。

b） 焊接方法的分类见表A.1，各类之间不能互相代替。

表A.1 焊接方法分类

分类号	焊接方法
GTAW	钨极气体保护焊
GMAW	熔化极气体保护焊

c） 母材牌号类别见表A.2。在表A.2的同一类中，一种牌号考试合格后，可免去该类其他牌号钛材的考试。类别较高的考试合格后，可免去类别较低的考试。当产品钛材牌号在表A.2之外时，考试委员会可根据焊接性试验或焊接工艺评定的结果对钛材进行分类。分类意见报有关部门审查、备案。对于异种钛材焊接，若两类母材均在表A.2中，且焊工对两者中较高类别的已考试合格，则可免于考试。异种钛材分类号可用“×/×”表示。

d） 试件类别根据试件的型式、厚度和位置划分见表A.3。

表A.2 母材牌号分类

分类号	钛及钛合金牌号
Ⅰ	TA0、TA1、TA9
Ⅱ	TA2、TA3、TA10

表 A.3 试件分类

分类号	试件型式	试件厚度和管径/mm		施焊产品的厚度和管径/mm		试件位置
		厚度	管外径	厚度	管外径	
1G	板（对接）	2～6	—	1.5～12	—	平焊，见图 A.1a)
2G						横焊，见图 A.1b)
3G						立焊，见图 A.1c)
4G						仰焊，见图 A.1d)
1G	管（对接）	2.5～6	25～60	2～12	不限	水平转动，见图 A.1e)
2G						垂直固定，见图 A.1f)
5G						水平固定，见图 A.1g)
6G						45°固定，见图 A.1h)
2FRG	管板	管 3～6 板 12～16	22～60	≥2	不限	水平转动，见图 A.1i)
2FG						垂直固定平焊，见图 A.1j)
4FG						垂直固定仰焊，见图 A.1k)
5FG						水平固定，见图 A.1l)
6FG						45°固定，见图 A.1m)

e) 在相应的试件厚度范围内，水平固定的管状试件考试合格后，可免考水平转动的管状试件；垂直固定的管状试件考试合格后，可免考横焊的板状试件。但板状试件考试合格后，不能免去管状试件的考试。骑座式管板试件考试合格后，可免考相同焊接位置的插入式管板试件。

f) 水平固定和垂直固定的管状试件都考试合格后，可以焊接各种位置的管子对接接头。水平固定和垂直固定的管状试件都考试合格后，可以焊接各种位置的管子对接接头。

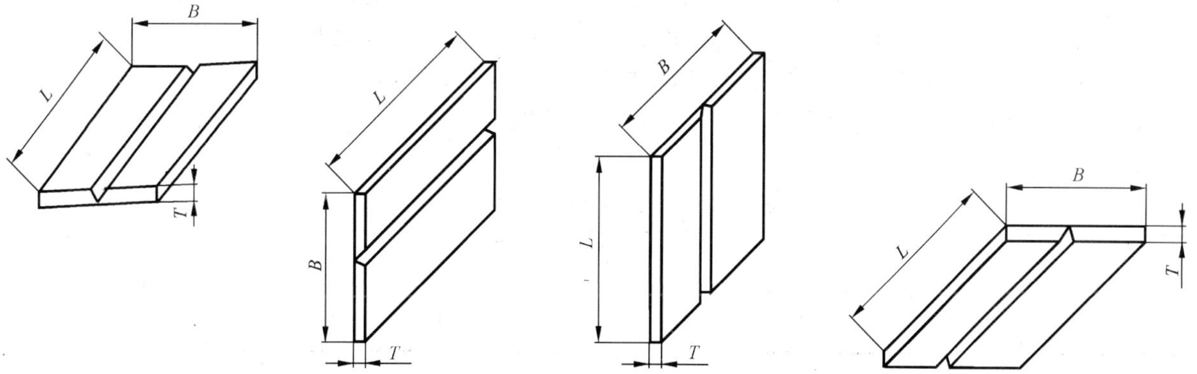

a) 平焊 代号 1G　b) 横焊 代号 2G　c) 立焊 代号 3G　d) 仰焊 代号 4G

图 A.1 试件型式和位置

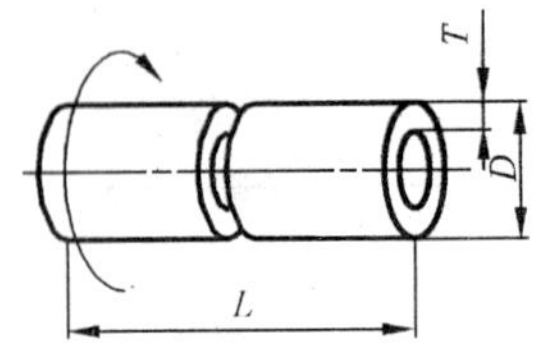

e）水平转动
代号 1G

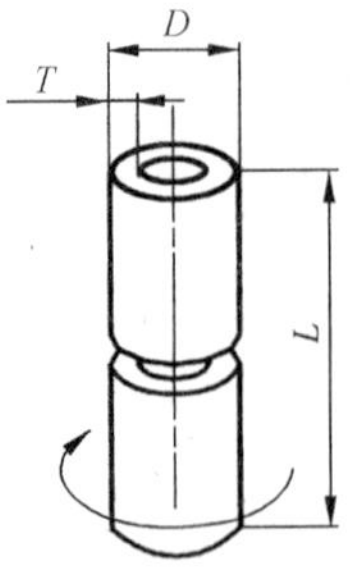

f）垂直固定
代号 2G

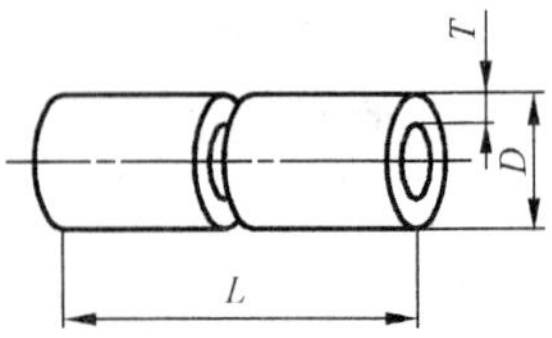

g）水平固定
代号 5G

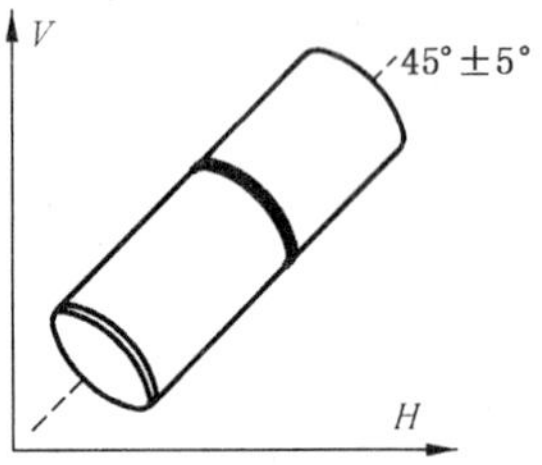

h）45°固定
代号 6G

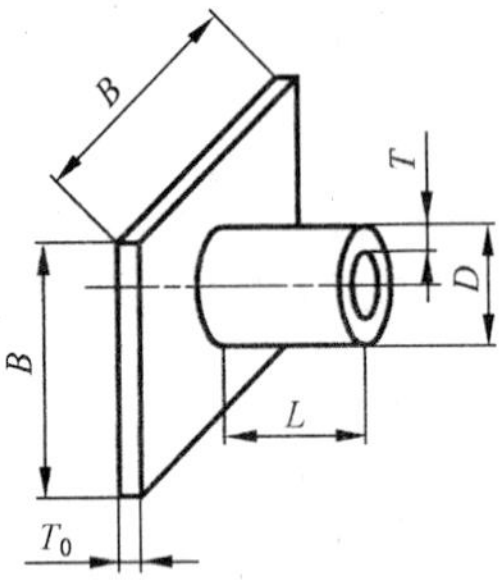

i）水平转动
代号 2FRG

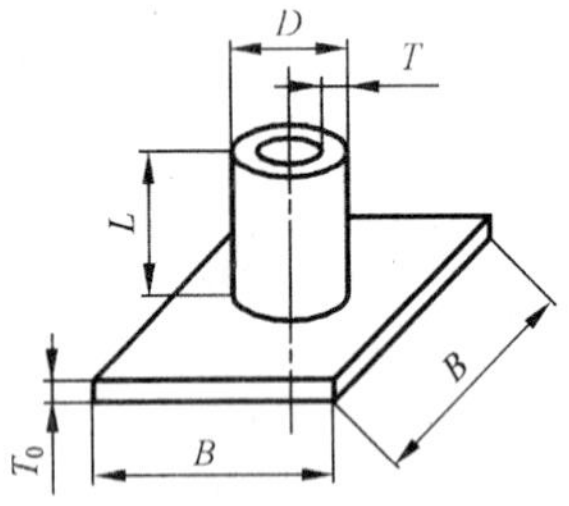

j）垂直固定平焊
代号 2FG

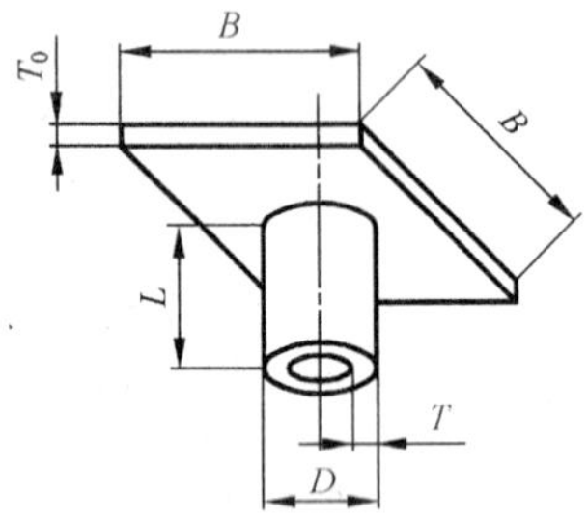

k）垂直仰焊
代号 4FG

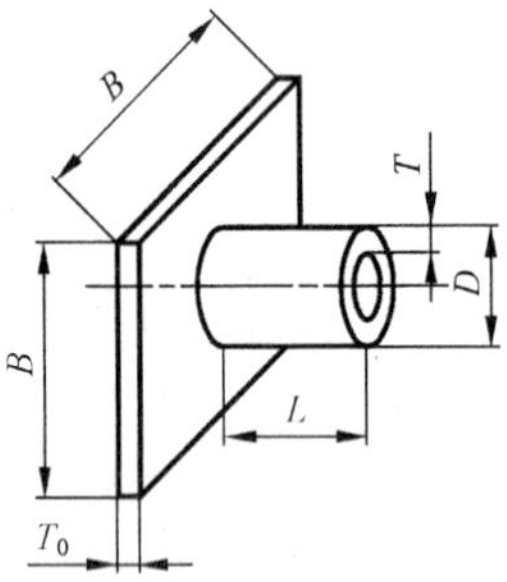

l）水平固定
代号 5FG

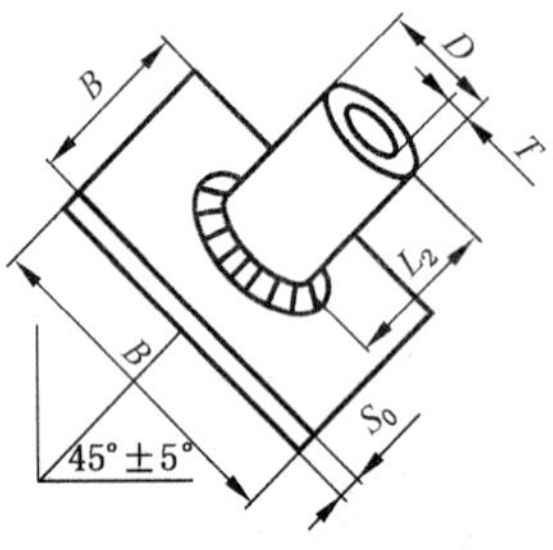

m）45°固定
代号 6FG

图 A.1（续）

g） 在重新考试时，仰焊的板状试件考试合格的焊工，可免考平焊的板状试件。平焊、立焊和仰焊的板状试件均合格的焊工，水平固定的管状试件考试合格后，可免考相应厚度范围内的平焊、立焊和仰焊的板状试件。但是，板状试件考试合格的焊工，不能免去管状试件的考试。

A.4.4 参加板状试件或首次参加管板试件考试的手工钨极气体保护焊焊工，应考平焊板状试件。

A.4.5 考试试件的尺寸和数量见表 A.4。

表 A.4 考试试件尺寸和数量

单位为毫米

焊接方法	试件型式	试件尺寸					试件数量
		L	B	T	D	T_0	
手工焊	板	≥300	≥200	2～6	—	—	1
	管	≥200	—	2.5～6	25～60		3
	管板	≥60	≥100	3～6	22～60	12～16	1

表 A.4（续） 单位为毫米

焊接方法	试件型式	试件尺寸					试件数量
		L	B	T	D	T_0	
自动焊	板	≥400	≥240	2～8	—	—	1
	管	≥200	—	2.5～6	25～60		3
	管板	≥60	≥100	3～6	22～60	12～16	4
注：L、B、T、D、T_0 的含义见图 A.1。							

A.4.6 试件的坡口尺寸由焊工考试委员会确定。

A.4.7 对焊接试件的具体要求包括：

a) 试件的坡口应光洁、平整，不应有油污及氧化皮等。

b) 所用的焊接材料(焊丝、钨极、氩气、氦气)均须有质量合格证书，并经考试委员会鉴定认可。焊丝应酸洗干净、烘干，随用随取。

c) 焊前考委会将焊接工艺指导书发给应试焊工，并会同焊工将试件打上焊工考试代号及考试项目代号钢印。

d) 水平固定的管状试件及管板试件应打上钟点记号，焊接时严格按钟点记号固定试件；定位焊缝不能在六点处。在焊接过程中，焊工不应自行改变焊接位置。

e) 3 mm～6 mm 板状试件允许刚性固定。

f) 手工氩弧焊的试件应从单面焊接，背面不应加垫板。

g) 自动焊允许加引弧板和熄弧板。

A.5 考试成绩评定和发证

A.5.1 焊工基本知识考试采用百分制评分，60 分为及格。焊工操作技能的考试项目在满足各项检验要求后，此考试项目为合格。但对于应考平焊板状试件的，只有考平焊板状试件合格后，其他的合格项目才能生效。

A.5.2 试件的检验项目、检验数量和试样数量见表 A.5。每个试件先进行外观检查，合格后再进行其他项目的检验。

A.5.3 试件外观用肉眼或五倍放大镜检查。检查焊缝正面和背面的缺陷性质和数量，并用测量工具测定缺陷位置和尺寸。手工焊板状试件两端 20 mm 内的缺陷不计，焊缝的余高和宽度可用焊口检测器测量最大值和最小值，但不取平均值。单面焊的背面焊缝宽度可不测定。

A.5.4 外观检查应符合以下要求：

a) 焊缝表面应是原始状态，没有加工、补焊或返修。

b) 焊缝外形尺寸见表 A.6，其中：

1) 对于Ⅰ类坡口试件，焊缝不直度(指焊缝中心线扭曲偏移)应不大于 2 mm，焊缝宽度差应不大于 2 mm，此坡口增宽值可不测量。

2) 管板试件的焊缝凸度与凹度应不大于 1.5 mm，骑座式管板试件的焊脚为[T+(2～5)]mm(T 为壁厚，单位为毫米，下同)，插入式管板试件的焊脚为[T+(1～3)]mm。

3) 单面焊的板状试件和外径大于或等于 133 mm 的管状试件背面焊缝余高应不大于 3 mm。

4) 外径小于或等于 60 mm 的管状试件和骑座式管板试件进行通球检验。管外径大于或等于 32 mm 时，通球直径为管内径的 85%；管外径小于 32 mm 时，通球直径为管内径的 75%。

表 A.5 试件的检验项目、检验数量和试样数量

试件型式	试件厚度或直径/mm		检验项目						
			外观检查/件	射线检测/件	断口检验/件	弯曲试验			宏观金相（检查）
	厚度	管外径				面弯/个	背弯/个	侧弯/个	
板	2～6	—	1	1	—	1	1	—	—
管	2.5～6	25～60	3	—	2				
管板	3～6	22～60	1		—	—			

表 A.6 焊缝外形尺寸

单位为毫米

焊接方法	焊缝余高		焊缝余高差		焊缝宽度	
	平焊	其他位置	平焊	其他位置	比坡口每侧增宽	宽度差
手工氩弧焊	0～3	0～4	≤2	≤3	0.5～2.5	≤3
自动氩弧焊		0～3		≤2	2～4	≤2

c) 各种焊缝表面不应有裂纹、未焊透、未熔合及咬边。手工焊缝背面凹坑，当板厚小于或等于6 mm时，深度应不大于20%板厚，且不大于1 mm，总长度应不超过焊缝有效长度的10%（仰焊不作规定）。自动焊缝不允许有背面凹坑。

d) 焊缝表面的颜色应符合7.3.6的要求。

e) 板状试件焊后变形角度θ不大于3°，见图A.2a），试件的错边量应不大于10%T，且应不大于2 mm，见图A.2b）。

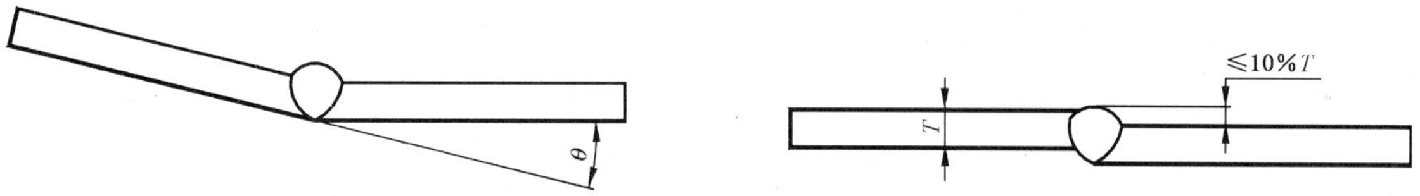

a）试件的变形角度　　b）试件的错边量

图 A.2 板状试件的变形角度和错边量

f) 属于一个考试项目的所有试件的外观检查的结果均符合上述各项要求，该项目试件的外观检查才合格。

A.5.5 试件的射线检测应符合GB/T 3323或JB/T 4730.2—2005的规定。

A.5.6 试件的断口检验是用机械方法在其焊缝上加工出一条沟槽，沟槽断面的形状和尺寸见图A.3，然后将试件压断或折断，检查断口缺陷。

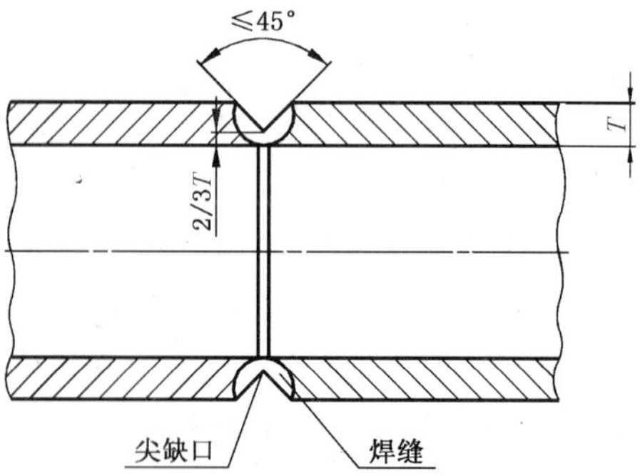

图 A.3 断口检验试样沟槽断面的形状和尺寸

A.5.7 试件的断口检验应符合下列要求：

a) 断面上没有裂纹、未熔合和未焊透；

b) 背面凹坑深度应不大于20%T，且应不大于1 mm；

c) 单个气孔沿径向应不大于30%T，且应不大于1.5 mm，沿轴向或周向应不大于2 mm；

d) 沿圆周方向10T范围内，气孔和夹渣（夹钨）的累计长度应不大于T；

e) 沿壁厚方向同一直线上各种缺陷总和应不大于30%T，且应不大于1.5 mm，每个试件位置的两个断口试样检验结果均符合上述要求才合格，否则为不合格。

A.5.8 试件的弯曲试验是截取焊接接头横向弯曲试样进行试验：

a) 试样的尺寸及弯曲试验方法按GB/T 2653规定。

b) 试样的弯曲角度应符合表A.7的要求，其中：

1) 当弯曲到表A.7规定的角度后，在试样凸面的任一方向上不应有超过3 mm长的开裂缺陷。试样的棱角开裂不计，但确因焊接缺陷引起的试样棱角开裂的长度应进行评定。

2) 试件的两个弯曲试样的试验结果各自评定，均合格时，为合格。两个试样均不合格时，为不合格。若只有一个试样不合格时，允许从原试样上另取一个试样复验。复验合格，才为合格。

表 A.7 试样的弯曲角度

焊接试板合金牌号	弯轴直径 D/mm	弯曲角度
TA0、TA1、TA9	8T	180°
TA2、TA3、TA10	10T	180°
注：T为试样厚度。		

A.5.9 管板的宏观金相检验，按下列方法进行：

a) 管板试件按图A.4规定的位置截取金相试样，进行宏观检验。

b) 试样的检查面应用机械方法截取，用金相砂纸磨光，用表A.8比例配制的试剂对受检面进行侵蚀。

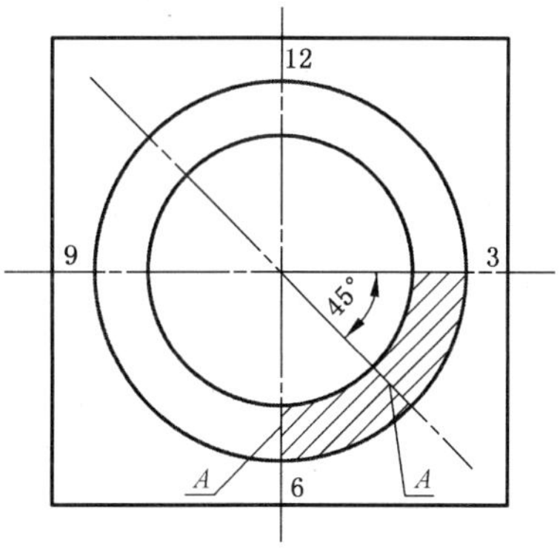

注：A面为宏观金相检查面。

图 A.4 管板试件金相试样的截取位置

表 A.8 试剂的比例配制

成分	氢氟酸	硝酸	盐酸	水
体积百分比/%	0.5	0.25	1.5	其余

c) 每个宏观金相试样检查面应符合以下要求：
   1) 没有裂纹和未熔合；
   2) 骑座式管板试件不允许未焊透，插入式管板试件在接头根部熔深应不小于 0.5 mm；
   3) 气孔的最大尺寸不超过 1.5 mm，当气孔尺寸大于 0.5 mm，不大于 1.5 mm 时，其数量不多于一个；当气孔不大于 0.5 mm 时，其数量不多于三个。

A.5.10 基本知识和操作技能的考试结果应记入焊工考试记录表，经考试委员会主任委员签字或盖章后存档。

A.5.11 当基本知识考试合格，并且操作技能考试至少有一个项目的试件检验合格(若有平焊的板状试件，应合格)时，焊工的考试才合格。凡进行焊接工艺评定试验合格的焊工，在操作技能考试时，可对该项目免试。考试合格的焊工，由市劳动局或有关单位签发焊工合格证。

A.5.12 焊工操作技能考试有某项或全部项目不合格者，允许在一个月内补考一次，每个补考项目的试件数量按表 A.4 的规定。检验项目、检验数量和试样数量按表 A.5 的规定。弯曲试验时，试样不合格，均不允许复验。补考不合格者或未补考的不合格者经一段时间培训可重新申请考试，但与前次考试的间隔时间应不少于三个月，考试内容包括基本知识和操作技能。

A.6 持证焊工的管理

A.6.1 持证焊工只能担任考试合格范围内的焊接工作。焊工合格证有效期为 3 年，在有效期内对国内各单位同等有效。

A.6.2 持证焊工因工作需要增加操作技能项目时，应考增加项目的操作技能，一般可不考基本知识，但改变焊接方法时，应考基本知识。

A.6.3 焊板焊工若平焊项目有效期满而重新考试又不合格时，其他板状试件项目尽管有效期未满，但都随之失效。

附 录 B
（资料性附录）
钛及钛合金复合钢板焊接材料

钛及钛合金复合钢板焊接材料选用见表B.1。

表B.1 焊接材料

母材牌号	焊条电弧焊	埋弧自动焊		气体保护焊	
	焊条	焊丝	焊剂	焊丝	保护气体
Q235-B、CCS-A、CCS-B、20、Q245R	E4303(J422)、E4315(J427)、E4316(J426)	H08A、H08MnA	SJ101、HJ431	H08Mn2Si、H08Mn2SiA、H10Mn2	CO_2 或 CO_2＋Ar
Q345、Q345R	E5003(J502)、E5015(J507)、E5016(J506)	H08MnA、H08Mn2、H10MnSi、H10Mn2、H08Mn2SiA、H08Mn2MoA	SJ101、HJ431、HJ430、HJ350	H08Mn2SiA、H08Mn2MoA、H10MnSi	
Q390、Q420	E5003(J502)、E5015(J507)、E5016(J506)、E5501-G(J553)、E5515-G(J557)、E5516-G(J556)				
06Cr18Ni11Ti	E347-15、E347-16	H0Cr21Ni10Ti	HJ260、SJ601、HJ107	H0Cr20Ni10Ti、H0Cr20Ni10Nb	Ar
06Cr17Ni12Mo2Ti	E318-16	H0Cr19Ni12Mo2		H0Cr19Ni12Mo2	
TA0、TA1、TA2		—	—	TA0、TA1、TA2	Ar 或 Ar+He
TA3				TA3	
TA9				TA9	
TA10				TA10	

附　录　C
（规范性附录）
钛及钛合金复合钢板焊接工艺评定

C.1　总则

C.1.1　本附录适用于钛及钛合金复合钢板制作结构件时钛材的焊接工艺评定。基层钢的焊接工艺评定按照 JB 4708—2000 的规定。

C.1.2　工艺评定所采用的焊接方法包括钨极气体保护焊和熔化极气体保护焊。

C.1.3　进行工艺评定时，所用的设备应处于正常工作状态。钛材和焊接材料应符合相应的标准规定。

C.1.4　施焊者技术应熟练。

C.1.5　焊接工艺评定因素分为基本因素、补加因素和次要因素，各种焊接工艺评定因素的划分按 JB 4708—2000 的规定。变更任何一个基本因素、补加因素都应重新评定焊接工艺，填写“焊接工艺评定报告”，制定“焊接工艺规程”。变更次要因素只应修订“焊接工艺规程”，不需要重新评定。

C.1.6　焊接工艺评定之前应拟出焊接工艺评定指导书，评定后应提出焊接工艺评定报告。

C.2　焊接工艺评定规则

C.2.1　改变焊接方法需重新评定。

C.2.2　为减少焊接工艺评定的数量，将采用的钛材分成两类（见表 C.1），并按下列规定进行评定：

表 C.1　钛及钛合金分类

类　别　号	钛及钛合金牌号
Ⅰ	TA0、TA1、TA9
Ⅱ	TA2、TA3、TA10

a）钛材的类别号改变时，应重新评定；

b）当改用同级别号钛材时，可以不重新评定；

c）在同类别号中，高级别号钛材的评定适用于低级别号钛材；

d）当两种类别号或两种级别号的钛材相焊时，高级别号的评定适用于该级别号钛材与低级别号钛材所组成的焊接接头，高类别号钛材的评定适用于该类别号钛材与低类别号钛材组成的焊接接头。

C.2.3　焊接工艺经评定合格后，根据试件的厚度确定适用于焊件母材和焊缝金属厚度范围，其适用范围见表 C.2。

表 C.2　焊件母材和焊缝金属厚度范围　　单位为毫米

评定用试件的母材厚度 T	最小值	最大值	适用于焊件焊缝金属厚度范围的最大值
1.5	T	$2T$	$2t$
1.5～10	1.5		
注 1：T 为适用于焊件母材厚度范围；			
注 2：t 为试件的每种焊接方法（或焊接工艺）所熔敷的焊缝金属厚度。			

C.3 制备试件

C.3.1 应按焊接工艺要求准备母材、焊接材料，加工坡口和施焊。

C.3.2 试件的坡口型式及其尺寸分别按照 GB/T 985.1 和 GB/T 985.2 规定，试件的尺寸应足够切取所要求试样数量。

C.3.3 对接试件按钛复合钢板结构要求，先作单面焊接，然后作横截面的低倍金相检查，未焊透深度应不大于 0.5 mm。当钛板厚度为 1.5 mm～3 mm 时，焊补上述试板未焊透部分，以制备试样；当钛板厚度大于 3 mm 时，去除未焊透部分(连同试板平面)，以制备试样。

C.3.4 若一份焊接工艺规程经过评定，除冲击韧性外各项要求均已满足，当再度要求冲击韧性时，只需按同样的基本因素增加所需要的补加因素，增作一个试件，其尺寸足够切取冲击韧性试样即可。

C.3.5 各类焊接试件焊缝的焊接位置如下所述：

a) 板材对接焊缝试样的焊接位置见图 C.1；

b) 板材角焊缝的焊接位置见图 C.2，管板角焊缝的焊接位置见图 C.3；

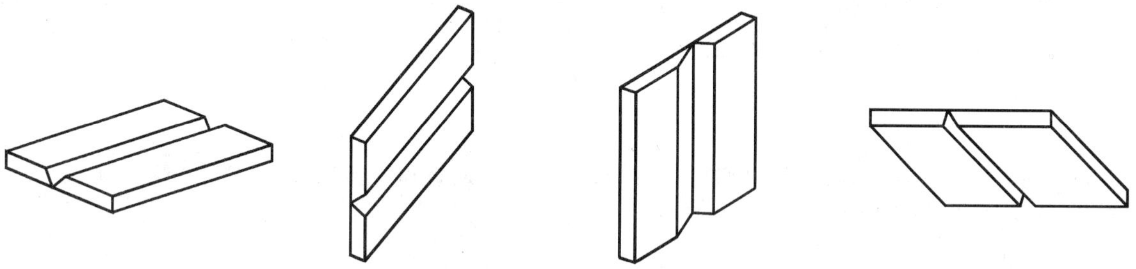

a) 平焊 代号 1G　　b) 横焊 代号 2G　　c) 立焊 代号 3G　　d) 仰焊 代号 4G

图 C.1 板材对接焊缝的焊接位置

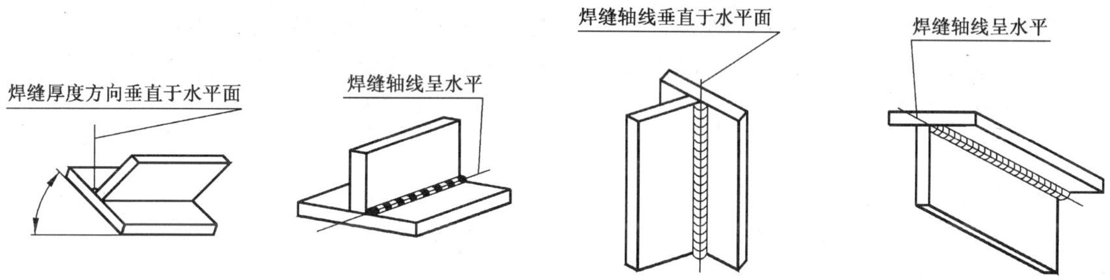

a) 45°焊 代号 6G　　b) 平焊 代号 1G　　c) 立焊 代号 3G　　d) 仰焊 代号 4G

图 C.2 板材角焊缝的焊接位置

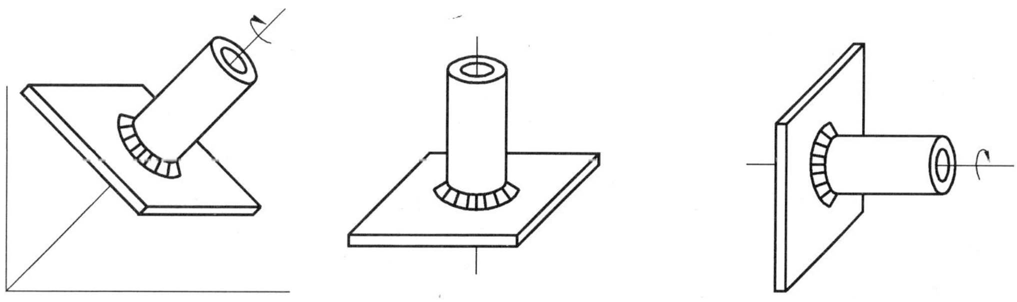

a) 45° 代号 6FG　　b) 平焊(垂直固定) 代号 2FG　　c) 横焊(水平转动) 代号 2FRG

图 C.3 管板角焊缝的焊接位置

d) 仰焊(垂直固定)
代号 4FG

e) 多位置焊(水平固定)
代号 5FG

图 C.3(续)

c) 特殊位置焊接的焊件,可以在此特殊位置下评定,其结果仅对实际焊接的位置有效。

C.4 试件的检验

C.4.1 各类焊接试件的检验

C.4.1.1 对接焊缝试件的检验项目如下:

a) 外观检查;
b) 无损检测;
c) 力学性能:拉伸试验,弯曲(面弯、背弯)试验,硬度试验和冲击韧性试验(当规定时);
d) 焊缝金属的化学成分分析(当规定时);
e) 腐蚀试验。

C.4.1.2 当同一接头采用一种以上的焊接方法(或焊接工艺)时,则:

a) 拉伸试样中应包括每一种焊接方法和每一种焊接工艺的焊缝金属;
b) 弯曲试样的受拉面应包括每一种焊接方法和每一种焊接工艺的焊缝金属;
c) 当要求作冲击韧性试验时,则对于每一种焊接方法和每一种焊接工艺都应作冲击韧性试验;
d) 每一种焊接方法和每一种焊接工艺均应进行横向硬度检验。

C.4.1.3 角焊缝检验项目如下:

a) 外观检查;
b) 渗透检测;
c) 焊缝金属的化学成分分析(当规定时);
d) 宏观金相检查;
e) 腐蚀试验。

C.4.2 对接接头试件的检验

C.4.2.1 外观检验

对接接头外观检验应符合 7.3.2~7.3.6 的要求。

C.4.2.2 无损检测

焊缝按 JB/T 4730.2—2005 进行射线检测,达到Ⅱ级为合格。

C.4.2.3 拉伸试验

拉伸试验按 GB/T 2651 规定的方法进行,拉伸试样数量为两根,焊接接头强度不低于母材指标强度的 90%为合格。

C.4.2.4 弯曲试验

弯曲试验按 GB/T 2653 规定的方法进行。弯曲试验仅作横向弯曲。试样数量为面弯两根,背弯两根。合格标准见表 C.3。弯曲后在试样凸面的任一方向上不应有超过 3 mm 长的开裂缺陷。试样的棱角开裂不计,但确因焊接缺陷引起试样棱角开裂的长度应进行评定。

表 C.3 弯曲试验规定

钛及钛合金牌号	轴弯心直径 D/mm	弯曲角	评　定
TA0、TA9	8T	180°	合格
TA2、TA3、TA10	10T		
注：T 为试样厚度。			

C.4.2.5　冲击试验

冲击试验试样型式及尺寸应符合 GB/T 2650 的要求。非标准试样的厚度及冲击值合格标准按图样要求或供需双方协商确定。

C.4.2.6　焊缝金属化学成分分析

焊缝金属的化学成分分析试样应在熔敷金属上提取。化学成分分析方法按 GB/T 4698(所有部分)规定。合格标准按 GB/T 3620.1、GB/T 8547 确定。

C.4.2.7　硬度试验

硬度试验的试样包括焊接接头的各个区域(焊缝金属、母材及热影响区)。硬度试验方法按 GB/T 4340.1 的规定进行。硬度测定部位都在焊接接头的横截面上。厚度在 3 mm 以下的钛板对接接头,允许在试样外部表面上测定。每一区域测定硬度次数应不少于三点。焊缝和热影响区的维氏硬度与母材相比不应大于 HV30。

C.4.2.8　腐蚀试验

腐蚀试验的内容、试样及评定标准由设计图样或供需双方协商确定。

C.4.3　角焊缝试件检验

C.4.3.1　板材角焊缝试件及宏观金相试样见图 C.4。试件的两端各 25 mm 废弃后,将试件作横向五等分切开,五块均为宏观金相试样。

单位为毫米

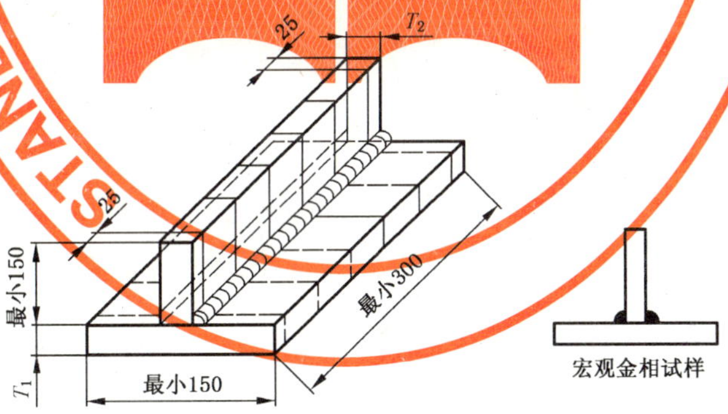

图 C.4　板材角焊缝试件及宏观金相试样

C.4.3.2　管板角焊缝试件见图 C.5。依图示位置取试件的 1/4 作宏观金相试件,焊缝的起始和终了位置应在试样的中部。

C.4.3.3　焊缝外观检查应符合 7.3.2～7.3.6 的要求。

C.4.3.4　渗透检测按 7.4.2 的规定进行。

C.4.3.5　焊缝金属的化学成分分析按 C.4.2.6 的规定进行。

单位为毫米

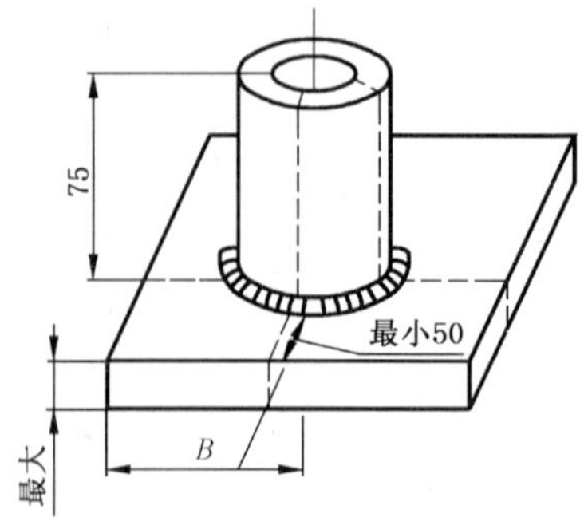

图 C.5 管板角焊缝试件及宏观金相试样

C.4.3.6 宏观金相检查：板材角焊缝、管板角焊缝的金相试样按图 C.4、图 C.5 制取，取试样的一个面作宏观金相检验。焊脚尺寸应符合图样要求，焊缝表面、焊缝金属和热影响区不应有裂纹，焊缝根部应熔合。

C.4.3.7 腐蚀试验按 C.4.2.8 的规定进行。

ICS 13.280
F 84

中华人民共和国国家标准

GB/T 13163.1—2009/IEC 61577-1:2006
代替 GB/T 13163—1991

辐射防护仪器　氡及氡子体测量仪 第1部分:一般原则

Radiation protection instrumentation—Radon and radon decay product measuring instruments—Part 1:General principles

(IEC 61577-1:2006,IDT)

2009-05-06 发布　　　　2009-12-01 实施

中华人民共和国国家质量监督检验检疫总局
中国国家标准化管理委员会　发布

前　言

GB/T 13163《辐射防护仪器　氡及氡子体测量仪》包括以下四个部分：

——第1部分：一般原则；

——第2部分：氡测量仪的特殊要求；

——第3部分：氡子体测量仪的特殊要求；

——第4部分：含氡同位素及其子体参考大气的产生设备(氡环境试验系统)。

本部分是GB/T 13163的第1部分。

本部分等同采用IEC 61577-1:2006《辐射防护仪器——氡及氡子体测量仪——第1部分：一般原则》。为了便于使用，本部分对IEC 61577-1:2006做了下列编辑性修改：

——删除原国际标准的前言；

——用小数点符号"."代替国际标准中的小数点符号","；

——在"2　规范性引用文件"列出了已发布的GB/T 13163.2—2005和其他IEC标准；

——删去"3　术语、定义和单位"中定义下面的ISO、IEV、ICRP的编号；

——将国际标准的"7.1　^{222}Rn测量仪试验的特殊要求"与"7.2　^{220}Rn测量仪试验的特殊要求"合并为"7.1　氡测量仪试验的特殊要求"；

——将国际标准的"7.3　$RnDP_{222}$测量仪试验的特殊要求"与"7.4　$RnDP_{220}$测量仪试验的特殊要求"合并为"7.2　氡子体测量仪试验的特殊要求"；

——删去附录A(IEC 61577系列标准的结构)，将相关内容放入前言；

——删去参考文献。

本部分代替GB/T 13163—1991《氡及氡子体测量仪与监测仪一般要求》。

本部分与GB/T 13163—1991相比主要变化如下：

——本部分等同采用IEC 61577-1:2006《辐射防护仪器——氡及氡子体测量仪——第1部分：一般原则》；

——GB/T 13163—1991是根据我国氡及氡子体测量仪与监测仪设计、制造、使用的实际经验自行编制的标准。

GB/T 13163的其他部分需与本部分结合使用。

本部分由中国核工业集团公司提出。

本部分由全国核仪器仪表标准化技术委员会归口。

本部分起草单位：中国辐射防护研究院、核电秦山联营有限公司。

本部分主要起草人：郭志军、曾进忠。

本部分代替标准的历次版本发布情况为：

——GB/T 13163—1991。

引　言

氡是一种放射性气体，分别由地壳中的天然放射系核素^{238}U、^{235}U和^{232}Th的子体^{226}Ra、^{223}Ra和^{224}Ra衰变产生。氡的同位素(^{222}Rn、^{219}Rn和^{220}Rn)通过三条衰变链衰变，最后终止于铅的稳定同位素。

注1：在正常情况下，与其他两个氡系列的活度相比，^{219}Rn的半衰期极短，它的活度和它的子体的活度完全可以忽略，其健康效应也不重要。因此，GB/T 13163中未考虑^{219}Rn及其衰变子体。

氡同位素及其相应短寿命衰变子体(例如：^{222}Rn及其子体^{218}Po、^{214}Pb、^{214}Bi、^{214}Po，^{220}Rn及其子体^{216}Po、^{212}Pb、^{212}Bi、^{212}Po、^{208}Tl，见图1和图2)占公众成员和职业工作人员接受的天然放射性照射的主要部分。在某些工作场所(例如地下矿井、矿泉和自来水厂)工作的人员受到显著的氡子体照射。空气中以气态形式存在的氡和以微小粒子形式存在的氡子体的放射性核素处于不断变化中，它们在空气中的含量需要以较高的准确度测量。考虑到这些放射性元素在空气中和在相应的测量仪器中的特性较为独特，需要规范这类测量仪器的试验方法。

注2：图1和图2中的核数据引自ICRP 38号出版物(ICRP 38号出版物主要适用于辐射防护测量仪器)。

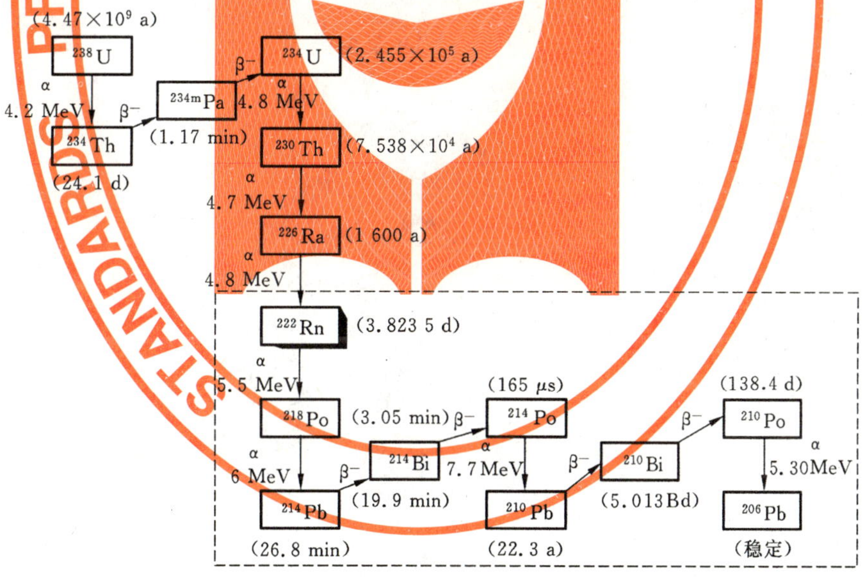

图1　^{238}U衰变链

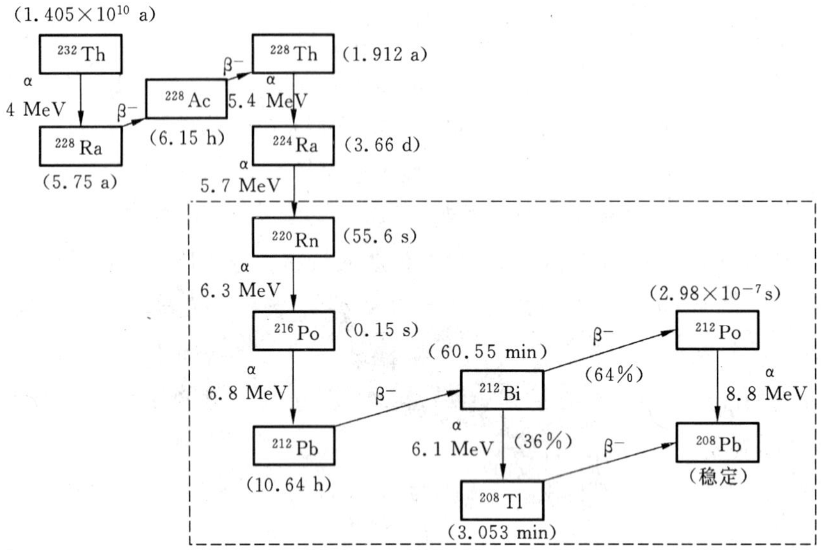
(1.405×10^10 a)
232Th
α
4 MeV
228Ra
(5.75 a)
β⁻
228Ac
(6.15 h)
β⁻
228Th
(1.912 a)
α
5.4 MeV
224Ra
(3.66 d)
α
5.7 MeV
220Rn
(55.6 s)
α
6.3 MeV
216Po
(0.15 s)
α
6.8 MeV
212Pb
(10.64 h)
β⁻
212Bi
(60.55 min)
β⁻
(64%)
(2.98×10⁻⁷s)
212Po
α
8.8 MeV
α
6.1 MeV
(36%)
208Tl
(3.053 min)
β⁻
208Pb
(稳定)

图 2 ^{232}Th 衰变链

辐射防护仪器　氡及氡子体测量仪
第1部分:一般原则

1　范围

GB/T 13163规定了氡及氡子体测量仪试验与校准的一般特性。

GB/T 13163的本部分仅适用于测量气体中^{222}Rn和^{220}Rn同位素及其短寿命子体的仪器和相关方法。

为保证仪器的质量,本部分规定了型式试验的内容。

注:GB/T 13163.2和IEC 61577-3规定了这些型式试验的内容。

为了便于文件使用,本部分根据采样方式规定了氡及氡子体测量仪的分类方法。

2　规范性引用文件

下列文件中的条款通过GB/T 13163的本部分的引用而成为本部分的条款。凡是注日期的引用文件,其随后所有的修改单(不包括勘误的内容)或修订版均不适用于本部分,然而,鼓励根据本部分达成协议的各方研究是否可使用这些文件的最新版本。凡是不注日期的引用文件,其最新版本适用于本部分。

GB/T 13163.2　辐射防护用氡及氡子体测量仪　第2部分:氡测量仪的特殊要求(GB/T 13163.2—2005,IEC 61577-2:2000,IDT)

IEC 61577-3　辐射防护仪器　氡及氡子体测量仪　第3部分:氡子体测量仪特殊要求

IEC 61577-4　辐射防护仪器　氡及氡子体测量仪　第4部分:含氡同位素及其子体参考大气的产生设备(氡环境试验系统)

3　术语、定义和单位

下列术语、定义和单位适用于GB/T 13163的本部分。

注1:GB/T 13163的术语氡(Radon)指全部氡同位素。需要指出氡的某一特定同位素时,在其化学符号的左上角加质量数表示(如:^{220}Rn,^{222}Rn)。

注2:GB/T 13163的术语氡子体(radon decay product,简写RnDP)指氡衰变产生的全部短寿命子体。对于某一特定的子体同位素,在其化学符号的左上角加质量数表示。在符号RnDP加下角标数字指相应氡同位素的全部子体,例如:$RnDP_{222}$指^{222}Rn的子体^{218}Po、^{214}Pb、^{214}Bi、^{214}Po,$RnDP_{220}$指^{220}Rn的子体^{216}Po、^{212}Pb、^{212}Bi、^{212}Po、^{208}Tl。

注3:本部分的核数据引自ICRP 38号出版物(ICRP 38号出版物主要适用于辐射防护测量仪器)。

3.1　通用术语和定义

3.1.1

活度　activity

A

在给定时刻,处于特定能态的一定量放射性核素在dt时间间隔内发生自发核跃迁数的期望值dN除以dt的商:

$$A=\frac{dN}{dt}$$

3.1.2

活度浓度　activity concentration

体积活度　volume activity

C

单位体积的活度,单位为贝可每立方米($Bq \cdot m^{-3}$)。

3.1.3

基准　primary standard

设计并公认的、具有最高计量特性的测量标准,其值无需参考其他标准。

注:对于基本量和导出量,基准概念同等有效。

3.1.4

次级标准　secondary standard

其量值直接通过与相同量的基准比较确定的测量标准。

3.1.5

参考标准　reference standard

在指定地区或组织内通常具有最高计量特性、并在该地区或组织内进行量值传递的测量标准。

3.1.6

传递标准　transfer standard

在测量标准相互比较中用作媒介的测量标准。

注:当媒介不是测量标准时,称为传递装置。

3.1.7

质量流速　mass flow rate

单位时间内流过管道的气体质量,单位为千克每秒($kg \cdot s^{-1}$)。

3.1.8

体积流速　volume flow rate

单位时间内流过管道的气体体积,单位为立方米每秒($m^3 \cdot s^{-1}$)。

3.1.9

标准大气条件　atmospheric standard conditions

STP

相应于温度 0 ℃、气压 101 325 Pa(海平面大气压)的气象条件。一般情况下,气体体积或体积流速均以此标准条件归一。

3.1.10

(测量装置的)响应时间　response time (of a measuring assembly)

从被测量发生阶跃变化到输出信号第一次达到其最终值的某一给定百分数(通常取 90%)时所经历的时间。

注:对于累积式测量仪,指仪器开始受到照射至指示值的一次微商或斜率的平衡值的 90%时的延迟时间。

3.1.11

电子预热时间　electronic warm-up time

测量仪通电后,指示值达到偏离约定真值小于 10%时需要的时间,单位为秒(s)。

3.1.12

量的约定真值　conventionally true value of a quantity

ν_c

用于某一特定目的的量的最佳估计值。

注:一般而言,量的约定真值以足够高的准确度接近真值。例如,由基准或次级标准确定的量值,或者经基准或次级标准校准过的参考仪器确定的量值,可以认为是约定真值。

3.1.13

指示值误差　error of indication

$\Delta\nu$

量的指示值 ν 与量的约定真值 ν_c 的偏差。

$$\Delta\nu = \nu - \nu_c$$

3.1.14

相对误差　relative error

e_r

仪器或设备的指示值相对误差，计算式如下：

$$e_r = \frac{(\nu - \nu_c)}{\nu_c}$$

式中：

ν——量的指示值；

ν_c——量的约定真值。

3.1.15

相对固有误差　relative intrinsic error

e_i

在规定的参考条件下，仪器或设备相对于给定参考量的指示值相对误差。表示为：

$$e_i = \frac{(\nu - \nu_c)}{\nu_c}$$

式中：

ν——量的指示值；

ν_c——量的约定真值。

3.1.16

（辐射测量装置的）最小可探测量　minimum detectable quantity (of a radiation measuring assembly)

测量仪平均指示值表示的量（例如活度）。在存在规定本底的情况下，该指示值并非仅由规定本底产生的概率为95%。

3.1.17

探测限　detection limit

探测阈　detection threshold

测量的指示值，对于该值相对随机不确定度等于±100%的概率为95%。

3.1.18

变异系数　coefficient of variation

标准偏差 s 与一组 n 个测量值 x_i 的算术平均值 $\bar{x}$ 的比值 V，由下式给出：

$$V = \frac{s}{\bar{x}} = \frac{1}{\bar{x}}\left[(n-1)^{-1}\sum_{i=1}^{i=n}(x_i - \bar{x})^2\right]^{\frac{1}{2}}$$

3.1.19

鉴定试验　qualification test

为了验证设计是否适当和设备是否满足制造商和用户商定的规范，在正常的运行条件下和在预期的运行事件情况下，对代表性设备样品进行的试验。

注1：为了验证是否满足技术规范的要求进行的试验。

注2：鉴定试验分为型式试验和例行试验。

3.1.20

型式试验　type test

按设计要求对一台或多台生产过程中具有代表性的产品样本进行的符合性试验。

3.1.21

例行试验　routine test

为确定每台仪器是否符合某些技术标准，对制造中或完工后的每台仪器进行的试验。

3.1.22

验收试验　acceptance test

为了向客户证明仪器或设备符合某些技术规范要求，按合同规定进行的试验。

3.2　专用术语和定义

3.2.1

α 潜能　potential alpha energy

PAE 或 ε_p

对于^{222}Rn 和^{220}Rn 衰变链，氡子体(RnDP)原子沿衰变链分别衰变至^{210}Pb 或^{208}Pb 时释放的 α 粒子总能量。

假设 N_{xxxXx}为核素^{xxx}Xx 的原子个数，则^{222}Rn 和^{220}Rn 子体 α 潜能分别为：

$$\varepsilon_{p222}=[(6.003+7.687)\times N_{218Po}+7.687\times(N_{214Pb}+N_{214Bi})+7.687\times N_{214Po}]\times1.602\times10^{-13}\ \mathrm{J}$$

$$\varepsilon_{p220}=[(6.779+7.804)\times N_{216Po}+7.804\times(N_{212Pb}+N_{212Bi})+8.785\times N_{212Po}]\times1.602\times10^{-13}\ \mathrm{J}$$

注 1：α 粒子能量 7.804 MeV 来自^{212}Bi 分支比的虚拟 α 发射，见图 2。

注 2：年摄入量限值(*ALI*)可以用 PAE_{222} 和 PAE_{220} 表示。为此，PAE_{222} 和 PAE_{220} 作为健康危害指标使用。

3.2.2

α 潜能浓度　potential alpha energy concentration

PAEC 或 c_p

单位体积空气中存在的任何混合的短寿命 RnDP，分别全部衰变至^{210}Pb 和(或)^{208}Pb 释放的 α 能量。

注：α 潜能浓度以 SI 单位 J·m^{-3}表示。

3.2.3

α 潜能照射量　potential alpha energy exposure

$P_p(T)$

个体暴露于氡子体浓度中一定时间(例如一年)时，空气中氡子体 α 潜能浓度 c_p 对个体暴露时间 T 的积分。

$$P_p(T)=\int_T c_p(t)\cdot \mathrm{d}t$$

注：α 潜能照射量以 SI 单位 Bq·m^{-3}表示。

3.2.4

平衡当量浓度　equilibrium equivalent concentration

c_{eq}

与其短寿命子体(RnDP)处于放射性平衡态的氡的活度浓度。平衡态氡子体与氡的平衡当量浓度(c_{eq})所指的非平衡态氡子体混合物具有相同的 α 潜能浓度。

注：平衡当量浓度以 SI 单位 Bq·m^{-3}表示。

3.2.5

平衡因子　equilibrium factor

F

氡的平衡当量浓度(c_{eq})与空气中氡的实际活度浓度(C_{Rn})之比：

$$F = \frac{c_{eq}}{C_{Rn}}$$

3.2.6

平衡比　equilibrium radio

平衡分数　equilibrium fraction

f_i

在所研究空气中，给定的氡子体 i 的活度浓度(C_i)与其母体氡同位素的活度浓度(C_{Rn})的比值：

$$f_i = \frac{C_i}{C_{Rn}}$$

3.2.7

射气本领　emanating power

射气系数　emanation coefficient

τ

传输到物质微孔空间中的氡原子数(n)与物质本身及物质微孔空间中存在的氡原子数(N)之比：

$$\tau = n/N$$

3.2.8

射气率　emanation rate

单位时间从单位质量物质中析出的氡原子活度值，单位为贝可每千克秒($Bq \cdot kg^{-1} \cdot s^{-1}$)。

3.2.9

析出率　exhalation rate

单位时间从物质的单位表面积析出的氡原子活度值，单位为贝可每平方米秒($Bq \cdot m^{-2} \cdot s^{-1}$)。

3.2.10

反卷积法　deconvolution

通过采用特定的子体衰变方程获得测量结果数据(例如：计数事件)原始量值的一种数学处理方法。

3.2.11

气溶胶　aerosol

固体或液体微粒在气体介质中的悬浮体系，其粒径范围一般为几纳米到 10 μm。

3.2.12

活度中位空气动力学直径　activity median aerodynamic diameter

AMAD

与所研究的气溶胶粒子有相同沉降速率的单位密度($kg \cdot m^{-3}$)球的直径随活度分布的中位值。

3.2.13

活度中位热力学直径　activity median thermodynamic diameter

AMTD

与所研究的气溶胶粒子有相同热力学特性的单位密度($kg \cdot m^{-3}$)球的直径随活度分布的中位值。

3.2.14

α 潜能浓度未结合态份额　unattached fraction of *PAEC*

未与气载粒子结合的氡子体份额，称为自由态份额或未结合态份额。

α 潜能浓度未结合态份额指未与环境气溶胶结合的短寿命氡子体的 α 潜能份额。

注 1：粒径范围为 nm 量级。

注 2：对于 ^{220}Rn 衰变系，^{212}Pb 的寿命相对较长，^{220}Rn 可能在 ^{212}Bi 之前衰变完。在这种情况下，^{220}Rn 子体的未结合态份额难以确定。

3.2.15

结合态份额　attached fraction

与环境气载粒子结合的短寿命氡子体的 α 潜能份额。

3.2.16

直接测量方法 direct method of measurement

对所研究的放射性核素物理特性的无扰动测量方法(例如:探测^{222}Rn 的 5.490 MeVα 衰变来测量^{222}Rn)。

3.2.17

间接测量方法 indirect method of measurement

结合所研究放射性核素的母体或子体的物理特性或放射性特性数据,确定该放射性核素某一量值的测量方法(例如:在已知子体半衰期的情况下,通过解衰变方程组估算 α 潜能浓度)。

3.2.18

抓取采样 grab sampling

与所研究的量(如空气活度浓度)的涨落相比,样品(如含有氡或气溶胶粒子的空气)收集时间较短的采样方法。

3.2.19

连续法 continuous method

在时间分辨率与所研究现象相适应的情况下,在确定的时间段内连续记录被测参数的方法。

3.2.20

累积法 integrating method

在确定的采样方法和测量时间情况下,对所研究的量进行积分测量的方法。

3.2.21

无源采样 passive sampling

不使用任何主动式设备(例如不使用泵)的采样方法。在这种情况下,多数仪器主要通过扩散方法采样。

3.2.22

有源采样 active sampling

使用主动式设备进行的采样方法,例如:使用泵进行的空气采样。

3.2.23

(源的)表面发射率 surface emission rate (of a source)

单位时间从源表面或其窗口射出的、能量大于给定值的某种类型粒子数。

3.2.24

检查源 checking source

用于验证测量仪是否正常工作的放射源。

3.2.25

参考源 reference source

校准测量仪用的次级放射性标准源。

3.2.26

参考氡气 reference atmosphere

在氡或氡子体测量仪试验程序中使用的、影响参数(气溶胶、放射性、气象条件等)已知或可控的放射性气体。参考氡气涉及的参数值应溯源到认可的标准。

3.2.27

(对参考氡气的)参考响应 reference response to reference atmosphere

R_{ref}

在规定的条件下，由下式给出比值：

$$R_{ref}=(I_{rs}-I_{b})/Q_{rs}$$

式中：

I_{rs}——仪器或设备在参考氡气中测试时对被测量的指示值；

I_{b}——辐射本底指示值；

Q_{rs}——被测量的约定真值。

注1：使用参考氡气试验本部分涉及的仪器和方法得到参考响应。

注2：氡测量仪的自动本底扣除目前仍不完善，因此，应考虑辐射本底对参考响应的影响。

3.2.28

氡环境试验系统　(STAR, system for test atmosphere with radon)

产生参考氡气并提供参考氡气应用的设备。

3.2.29

固态氡子体源　solid source of RnDP

应用物理方法(如使用合成树脂或真空蒸发薄金属层封装方法)密封氡射气，使氡同位素与其母体核素达到平衡状态的母体放射性核素(例如：^{226}Ra)沉积源。

3.2.30

高效空气粒子过滤器　high-efficiency particulate air filters

HEPA 过滤器　HEPA filters

对于粒径为0.3 μm 的气溶胶粒子，最低收集效率达99.97%的气溶胶收集用过滤器。

3.3　单位和换算系数

本部分采用国际单位制(SI)单位。

有时也可以使用下列非国际单位制单位：

居里(Ci)，活度单位，1Ci=3.7×10^{10} Bq。

MeV·L^{-1}，α潜能浓度单位，1 MeV·L^{-1}=1.6×10^{-4} μJ·m^{-3}。

同时使用下列换算系数：

工作水平(WL)，α潜能浓度的表征量之一：1 WL=20.8 μJ·m^{-3}。

工作水平月(WLM)，α潜能照射量的表征量之一：1 WLM=3.6 mJ·h·m^{-3}。

c_{eq}，α潜能浓度的表征量之一：对于^{222}Rn子体，1c_{eq}=5.62×10^{-3} μJ·m^{-3}；

对于^{220}Rn子体，1c_{eq}=75.8×10^{-3} μJ·m^{-3}。

4　氡及氡子体测量仪

4.1　概述

氡同位素测量仪或氡子体测量仪专用于放射性测量。由于被测量的放射性特性，需规定仪器的性能、用途和(或)测量原理。

对于某一具体的氡和氡子体测量情况，测量方法和测量仪之间的关系紧密。本部分中的“测量方法”属通用术语，在提及“测量方法”时，除非另有说明，实际上既包括氡及氡子体的测量方法，也包括实施测量的相关测量装置。

因此，在“测量方法”同时包含“探测方法”和“分析方法”时，应考虑整个测量系统。

4.2　氡及氡子体测量仪分类准则

氡及氡子体测量仪可分为多种类别，一般与采用的测量方法有关。

常用的氡及氡子体测量仪按下列准则分类：

——应用类型(如室外用、矿用等)；

——采样方式(如短期采样或抓取采样、长期采样或累积采样、连续采样等)；

——采样方法(如扩散法、泵法等)；

——计数方法(如总 α 法、能谱法、累积法等)；

——探测方法(如硅探测器、闪烁体、固体核径迹探测器(SSNTD)、电离室等)；

——计算方法(如衰变方程反卷积法、谱分析法等)；

——直接或间接探测；

——(仪器的)工作范围；

——重复使用性能(一次性装置、更换过滤器等)。

注：在本部分中，分类方法依据采样方式(抓取采样、累积采样、连续采样)。

上述方法是本部分所包括的各类仪器所采用的方法，不仅涉及鉴定参考氡气用的参考仪器，也涉及GB/T 13163.2 和 IEC 61577-3 要求需要进行试验的仪器。

4.3 空气中氡测量方法

表 1 所列测量方法为目前氡测量仪器普遍采用的方法。

辐射防护测量领域的不确定度通常很大，因此限制了这些方法的应用。

表 1 氡测量仪分类

采样方式	探测类型	测量信息	被测量
抓取采样	α 闪烁(ZnS(Ag)+PMT)	脉冲计数	活度
	气体电离	电流，脉冲计数，脉冲幅度	活度，能量
	半导体	脉冲计数，脉冲幅度	活度，能量
连续采样	α 闪烁(ZnS(Ag)+PMT)	脉冲计数	活度
	气体电离	电流，脉冲计数，脉冲幅度	活度，能量
	半导体	脉冲计数，脉冲幅度	活度，能量
累积采样	固体核径迹探测(SSNTD)	蚀刻径迹数	氡照射量
	热释光+PMT	光强度	氡照射量
	活性炭吸附+NaI(Tl)闪烁体+PMT 或 HPGe 半导体	脉冲计数	氡照射量
	驻极体	静电压	氡照射量

注：PMT 指光电倍增管。

4.4 空气中氡子体测量方法

表 2 所列的测量方法为目前氡子体测量仪器普遍采用的方法。

注：气溶胶采样总会对测量产生干扰(由于气溶胶损失、采样孔前方空气流型改变引起的气溶胶浓度损耗或浓缩等)。

辐射防护测量领域的不确定度通常很大，因此限制了这些方法的应用。

表 2 氡子体测量仪分类

采样方式	探测类型	测量信息	被测量
抓取采样	α 闪烁(ZnS(Ag)和/或 β 闪烁体+PMT)	脉冲计数（无能量分辨）	活度,*PAE*
	半导体（α 探测,β 探测）	脉冲计数（有能量分辨,无能量分辨）	活度,*PAE*
	半导体（γ 探测）	脉冲计数,脉冲幅度	活度,*PAE*
连续采样	半导体（α 探测）	脉冲计数（有能量分辨,无能量分辨）	活度,*PAE*
	半导体（γ 探测）	脉冲计数,脉冲幅度	活度,*PAE*
	气体电离	脉冲计数（有能量分辨,无能量分辨）	活度,*PAE*
累积采样	半导体	脉冲计数（有能量分辨,无能量分辨）	平均活度,平均 *PAE*,氡子体照射量
	固体核径迹探测器（SSNTD）	蚀刻径迹数	平均 PAE,氡子体照射量

4.5 影响量

环境中的某些量会对测量仪的响应产生不同程度的影响,这取决于仪器的特性。部分影响量包括：

——相对湿度；

——温度；

——大气压；

——环境 γ 辐射；

——气溶胶；

——光线。

在某些特殊情况下,应考虑氡、氡的短寿命子体和长寿命子体(^{210}Po)的活度浓度本身的影响。

4.6 试验参数范围

GB/T 13163.2 和 IEC 61577-3 给出了各种氡及氡子体测量仪试验参数的范围。

5 参考氡气的必要性

5.1 常规试验方法的局限性

氡及氡子体测量仪的试验通常使用核素参数明确、活度已知的固体或气体参考源。例如:测量 α 发射的设备使用电沉积^{241}Am、^{239}Pu 固体源,测量 β 发射的设备使用^{137}Cs、^{90}Sr 源以及测量气体电离的设备使用^{85}Kr 或^{133}Xe 气体源。

采用这些参考源进行的试验,可检查从探测器至显示设备等分析电路是否正常运行。

在某些情况下,由于所用的参考源不足以代表被测量的真实情况,试验结果可能不可靠。

无论参考源选择哪种放射性核素,人工放射性核素 α 粒子的最大能量都不超过 5.8 MeV。当被测核素的 α 能量高于此值时,如果分析电路出现非线性响应,那么不可能正确探测到这类核素,例如:^{214}Po($RnDP_{222}$)发射的 α 粒子能量为 7.687 MeV。

因此,使用人工放射性核素作为参考源不可能对氡子体相应的全部能量范围进行试验。

而且,不可能对氡子体的附壁效应、采样与计数同步系统、^{222}Rn 和^{220}Rn 同步测量、RnDP 气溶胶行为等进行模拟。

某些仪器，尤其是测量氡子体活度浓度的仪器，应用了针对被测氡子体衰变定律的计算机算法。这些算法不能通过使用长寿命人工放射性核素源来验证。

只依靠探测 α 粒子(尤其是由氡发射的 α 粒子)工作的氡气测量仪，如果使用发射 β 或 γ 射线的放射性气体，则是一种不完善的试验。

5.2 氡同位素混合物

对于实际含氡空气，需关注氡同位素的不同混合比例、不同平衡因子、不同同位素的混合物。参考氡气应包括至少具有固定或确定比例的这类氡的同位素混合物。IEC 61577-4 规定的参考氡气浓度范围分别适用于每种氡同位素。因为没有任何简单的预估方法，参考氡气的 α 潜能需要实际测量。

在某些特殊情况下(例如：存在较高氡活度浓度的换气区域、存在 $RnDP_{220}$ 时测量 $RnDP_{222}$、存在 $RnDP_{222}$ 时测量 $RnDP_{220}$ 等)，应考虑这些量之间的相互影响。

6 氡环境试验系统的概念

为了在受控条件下对氡及氡子体测量仪实现完善的、标准化的试验，需使用参考氡气。

因此，在氡及氡子体测量领域，需要一种直接与被测元素相关的试验装置，即氡环境试验系统。该系统应包括以下四个部分：

——氡气发生设备；

——氡容器；

——生成的参考氡气；

——监测参考氡气的设备和方法。

全部相关装置均应溯源到认可的参考机构或实验室。

图 3 为氡环境试验系统的整体结构图。有时氡环境试验系统也称为“氡室”，但“氡室”并不具有氡环境试验系统(STAR)的全部意义。

某些氡环境试验系统(STAR)可以只是整个氡环境试验系统的一部分。例如：仅用于氡测量仪试验的氡环境试验系统，既不需要参考氡子体测量仪，也不需要气溶胶控制与测量系统，除非试验仪器带有开放式探测器。

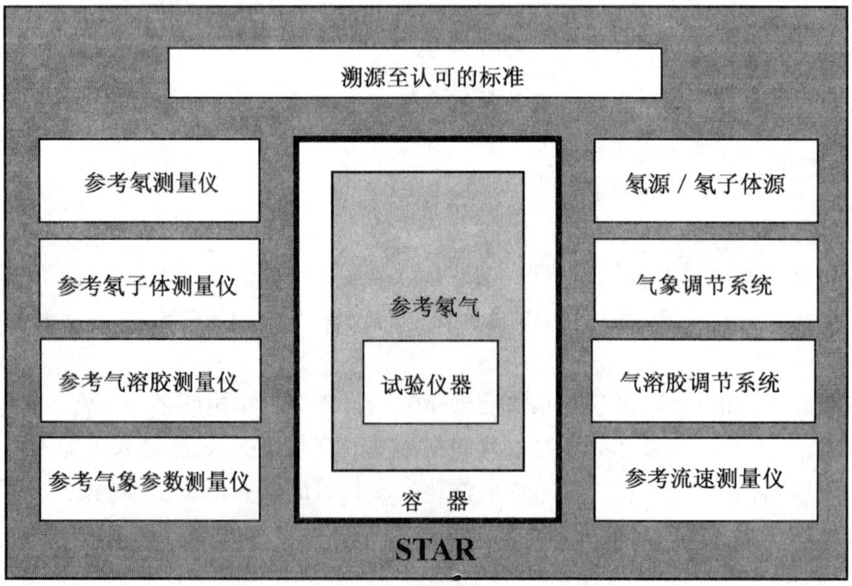

图 3 氡环境试验系统结构图

7 氡及氡子体测量仪试验方案

氡及氡子体测量仪试验方案涉及一些特殊要求。

7.1 氡测量仪试验的特殊要求

GB/T 13163.2 规定氡测量仪的试验方案。这些方案涉及空气中^{222}Rn、^{220}Rn活度浓度测量仪的有关试验内容。试验需使用放射性参考源和由 STAR 生成的、各影响量参数可调节的放射性参考氡气。

7.2 氡子体测量仪试验的特殊要求

IEC 61577-3 规定氡子体测量仪的试验方案。这些方案涉及空气中 $RnDP_{222}$、$RnDP_{220}$ 活度浓度和(或)α 潜能浓度测量仪的有关试验内容。试验需使用 STAR 生成的、各影响量参数可调节的放射性参考氡气。

ICS 71.100.40
Y 43

中华人民共和国国家标准

GB/T 13171.1—2009
部分代替 GB/T 13171—2004

洗衣粉(含磷型)

Laundry powders(phosphorous)

2009-12-15 发布 2010-05-01 实施

中华人民共和国国家质量监督检验检疫总局
中国国家标准化管理委员会 发布

前　言

GB/T 13171《洗衣粉》分为以下两部分：

——GB/T 13171.1 洗衣粉(含磷型)；

——GB/T 13171.2 洗衣粉(无磷型)。

本部分为 GB/T 13171 的第 1 部分。

本部分代替 GB/T 13171—2004《洗衣粉》中含磷型洗衣粉部分。

本部分与 GB/T 13171—2004《洗衣粉》中含磷型洗衣粉相比主要变化如下：

——细化了浓缩型洗衣粉中总活性物的要求；

——增加了对洗后织物外观损伤要求。

本部分的附录 A、附录 B 为规范性附录。

本部分由中国轻工业联合会提出。

本部分由全国表面活性剂和洗涤用品标准化技术委员会归口。

本部分起草单位：国家洗涤用品质量监督检验中心(太原)、中国日用化学工业研究院、上海和黄白猫有限公司。

本部分主要起草人：姚晨之、李晓辉、张蕾。

本部分所代替标准的历次版本发布情况为：

——GB/T 13171—1991、GB/T 13171—1997、GB/T 13171—2004。

洗衣粉(含磷型)

1 范围

GB/T 13171 的本部分规定了洗衣粉(含磷型)的产品分类、代号、标记、要求、试验方法、检验规则和标志、包装、运输、贮存。

本部分适用于由表面活性剂、聚磷酸盐及其他添加剂生产的洗衣粉。

2 规范性引用文件

下列文件中的条款通过 GB/T 13171 的本部分的引用而成为本部分的条款。凡是注日期的引用文件,其随后所有的修改单(不包括勘误的内容)或修订版均不适用于本部分,然而,鼓励根据本部分达成协议的各方研究是否可使用这些文件的最新版本。凡是不注日期的引用文件,其最新版本适用于本部分。

GB/T 6368 表面活性剂 水溶液 pH 值的测定 电位法

GB/T 13173—2008 表面活性剂 洗涤剂试验方法

GB/T 13174 衣料用洗涤剂去污力及循环洗涤性能的测定

GB/T 15818 表面活性剂 生物降解度试验方法

QB/T 2739—2005 洗涤用品常用试验方法 滴定分析(容量分析)用试验溶液的制备

QB/T 2951 洗涤用品检验规则

QB/T 2952 洗涤用品标识和包装要求

JJF 1070—2005 定量包装商品净含量计量检验规则

国家质量监督检验检疫总局令[2005]第 75 号 《定量包装商品计量监督管理办法》

3 产品分类、代号、标记

本部分所规定的洗衣粉(含磷型)按品种分为普通(A)和浓缩(B)两类,命名代号如下:

a) 普通洗衣粉(含磷型),标记为“HL-A”;

b) 浓缩洗衣粉(含磷型),标记为“HL-B”。

4 要求

4.1 材料要求

产品配方中所用表面活性剂的生物降解度应不低于 90%,且公认降解中对环境是安全的(如四聚丙烯烷基苯磺酸盐、烷基酚聚氧乙烯醚不应使用)。

4.2 理化性能

洗衣粉(含磷型)的理化性能应符合表 1 的规定。

表 1 洗衣粉(含磷型)的理化性能指标

项目		HL-A	HL-B
外观		不结团的粉状或粒状	
表观密度/(g/cm^3)	≥	0.30	0.60

表 1（续）

项　　目		HL-A	HL-B
总活性物质量分数/%	≥	10	10
其中：非离子表面活性剂质量分数/%	≥	—	6.5[a]
总五氧化二磷质量分数/%	≥	8.0	8.0
游离碱(以 NaOH 计)质量分数/%	≤	8.0	10.5
pH(0.1%溶液，25 ℃)	≤	10.5	11.0

a 当总活性物质量分数≥20%时，非离子表面活性剂质量分数不作要求。

4.3 使用性能

洗衣粉(含磷型)的使用性能应符合表 2 规定。

表 2　洗衣粉(含磷型)的使用性能指标

项　　目			HL-A	HL-B
规定污布的去污力[a,b]		≥	标准洗衣粉去污力	
循环洗涤性能[b]	相对标准粉沉积灰分比值	≤	2.0	
	洗后织物外观损伤		不重于标准洗衣粉	

a 规定污布为 JB-01、JB-02、JB-03，均要求大于标准洗衣粉去污力。

b 试验溶液浓度：标准粉为 0.2%，HL-A 试样为 0.2%，HL-B 试样为 0.1%。

4.4 定量包装要求

洗衣粉小包装净含量应符合国家质量监督检验检疫总局令[2005]第 75 号文件的要求。

5 试验方法

5.1 总则

除非另有说明，在分析中仅使用确认为分析纯的试剂和蒸馏水或去离子水或相当纯度的水。

按 GB/T 13173—2008 中第 4 章规定，制备、贮存洗衣粉实验室样品。

5.2 外观

目测检验。如有结团，但用手轻压结团即松散，视为合格。

5.3 表观密度

按 GB/T 13173—2008 中第 13 章测定。

5.4 总活性物质量分数

按 GB/T 13173—2008 中第 7 章测定。一般检验按 A 法，要求检验结果不包括水助溶剂时按 B 法。

非离子表面活性剂质量分数按 GB/T 13173—2008 中第 8 章测定。

5.5 总五氧化二磷质量分数

按 GB/T 13173—2008 中第 6 章测定。其中 6.1 磷钼酸喹啉重量法为仲裁法。

5.6 游离碱质量分数

按附录 A 测定。

5.7 pH

按 GB/T 6368 规定，将 1 g/L 试样溶液在电磁搅拌器缓和搅拌下，保持 25 ℃，测定其 pH 值。

5.8 规定污布的去污力

按 GB/T 13174 规定程序，同机三种污布混合一起，同时测定试样和标准洗衣粉的去污力，并进行比较。污布种类和标准粉依照该标准相应规定。

5.9 循环洗涤性能

按 GB/T 13174 规定程序，同机测定并比较试样和标准洗衣粉的循环洗涤性能。

5.10 四聚丙烯烷基苯磺酸盐和烷基酚聚氧乙烯醚

按本部分附录 B 定性鉴定，不得检出。

5.11 表面活性剂的生物降解度

按 GB/T 15818 进行测定。

5.12 净含量

按 JJF 1070—2005 规定进行。

6 检验规则

按 QB/T 2951 规定执行。

出厂检验项目包括 4.2 和 4.4 中的全部项目。

7 标志、包装、运输、贮存

7.1 标志、包装

按 QB/T 2952 规定执行。

7.2 运输

产品在运输时应轻装、轻卸，防止包装破损，严禁抛掷、踩踏，运输过程中要避免日晒、雨淋、受潮。

7.3 贮存

产品应贮存在通风干燥且不受阳光直射的场所，防止雨雪淋袭。堆垛高度适当，禁止重压，以免损坏包装。

在规定的贮存条件下，从生产之日起可保质两年及两年以上的产品，可不标注保质期；只能在两年内保证符合 GB/T 13171 本部分要求的产品，应标明生产日期和保质期或生产批号和限期使用日期。

附 录 A
（规范性附录）
洗衣粉中游离碱含量的测定 滴定法

A.1 原理

用盐酸标准滴定溶液滴定洗衣粉样品溶液至某一设定的 pH 值，将消耗的盐酸溶液用等摩尔的氢氧化钠表示为洗衣粉中游离碱含量。

A.2 试剂

A.2.1 盐酸，$c(HCl)=0.05$ mol/L 标准滴定溶液：按 QB/T 2739—2005 中 4.3 配制和标定。

A.2.2 混合磷酸盐缓冲溶液，pH 值为 6.86(25 ℃)：将市售袋装的混合磷酸盐倒入 150 mL 烧杯中，加入新煮沸并冷却至室温的水，溶解后，转入 250 mL 容量瓶中，以水冲洗塑料袋，合并，定容，摇匀。

A.2.3 四硼酸钠缓冲溶液，pH 值为 9.18(25 ℃)：将市售袋装的四硼酸钠倒入 150 mL 烧杯中，加入新煮沸并冷却至室温的水，溶解后，转入 250 mL 容量瓶中，以水冲洗塑料袋，合并，定容，摇匀。

A.3 仪器

常用实验室仪器和以下各项。

A.3.1 pH 计(或酸度计)，仪器精度为 0.02pH 单位。

A.3.2 玻璃测量电极和甘汞参比电极，使用前玻璃电极需在水中浸泡 24 h。

A.3.3 电磁搅拌器。

A.4 试验程序

A.4.1 试验份

称取试样约 8 g(称准至 0.001 g)至 400 mL 烧杯中，加入约 250 mL 煮沸并冷却至室温的水，然后在电磁搅拌器(A.3.3)上搅拌 10 min，使其充分溶解，再转移至 2 000 mL 容量瓶中，加水定容。

A.4.2 pH 计校准

打开 pH 计(A.3.1)，预热 30 min，按仪器使用方法依次用混合磷酸盐缓冲溶液(A.2.2)和四硼酸钠缓冲溶液(A.2.3)校准。测试两个或两个以上洗衣粉样品时，在更换样品之前应重新校准 pH 计。

A.4.3 滴定

用移液管准确移取试液(A.4.1)50.0 mL 置于 100 mL 烧杯中，在电磁搅拌下用盐酸标准滴定溶液(A.2.1)滴定，并用 pH 计(A.3.1)跟踪测定溶液的 pH 值。当溶液 pH 值为 9.0 并且稳定 10 s 不变时，即为滴定终点，记录消耗盐酸标准滴定溶液的体积。

A.5 结果计算

洗衣粉中游离碱含量 X 以氢氧化钠的质量分数表示，按式(A.1)计算：

$$X=\frac{V\times c\times 40\times 40}{1\,000\times m}\times 100\% \qquad \cdots\cdots(A.1)$$

式中：

V——滴定耗用盐酸标准滴定溶液的体积，单位为毫升(mL)；

c——盐酸标准滴定溶液的浓度，单位为摩尔每升(mol/L)；

m——试验份的质量，单位为克(g)。

以两次平行测定的算术平均值表示至小数点后一位为测定结果。

A.6 精密度

在重复性条件下获得的两次独立测定结果的绝对差值不大于0.2%，以大于0.2%的情况不超过5%为前提。

附 录 B
（规范性附录）
洗衣粉中四聚丙烯烷基苯磺酸盐和烷基酚聚氧乙烯醚的定性鉴定

B.1 原理

本试验采用红外吸收光谱特征峰定性鉴定试样中的成分。

四聚丙烯烷基苯磺酸盐由于烷链部分有分支，在红外吸收光谱图中 CH_3 对称变形振动吸收峰分裂为两个峰，即 1 380 cm^{-1}(7.25 μm)和 1 370 cm^{-1}(7.30 μm)，而直链烷基苯磺酸盐此处不分裂，仅出现 1 380 cm^{-1} 吸收峰。另外，四聚丙烯烷基苯磺酸盐中 CH_2 的摇摆振动吸收峰在 800 cm^{-1}～700 cm^{-1}(12.5 μm～14.4 μm)较明显。

烷基酚聚氧乙烯醚有明显的芳烃特征，C-H 伸缩振动吸收出现在 3 100 cm^{-1}～3 000 cm^{-1}(3.23 μm～3.33 μm)，-C=C-伸缩振动吸收出现在 1 610 cm^{-1}～1 590 cm^{-1}(6.21 μm～6.29 μm)和 1 520 cm^{-1}～1 490 cm^{-1}(6.58 μm～6.71 μm)，而且在 1 250 cm^{-1}(8.0 μm)处显示中等强度吸收。以上吸收峰的特征同脂肪醇聚氧乙烯醚有明显的区别。

B.2 试剂

B.2.1 三氯甲烷。

B.2.2 无水乙醇。

B.2.3 石油醚，沸程 30 ℃～60 ℃。

B.2.4 中性氧化铝(层析用)，粒度 75 μm～150 μm(40 目/cm～80 目/cm)，800 ℃活化 4 h。

B.3 仪器

常用实验室仪器和以下各项。

B.3.1 红外分光光度计，具有波数 4 000 cm^{-1}～650 cm^{-1}(波长 2.5 μm～15 μm)及氯化钠或溴化钾吸收池。

B.3.2 层析柱，柱长 400 mm，内径约 10 mm。

B.4 试验程序

B.4.1 层析柱的准备

称取经活化后的中性氧化铝(B.2.4)20 g，悬浮于 30 mL 石油醚(B.2.3)中。然后转移至层析柱内，放出石油醚至氧化铝表面，用三氯甲烷(B.2.1)30 mL 冲洗层析柱，将石油醚全部顶替出，从层析柱放出三氯甲烷，直至液面高出氧化铝表面 2 cm 为止，备用。

B.4.2 表面活性剂的分离

称取洗衣粉样品约 3 g 于 100 mL 烧杯中，用 50 mL 三氯甲烷(B.2.1)萃取洗衣粉中表面活性剂，用滤纸分离不溶物。用 80 mL 烧杯接收滤液，加热浓缩至小于 20 mL，然后转移至层析柱(B.4.1)中。先用三氯甲烷(B.2.1)130 mL 冲洗非离子表面活性剂，用 200 mL 烧杯收集此组分，蒸除溶剂后，烘干、备用。再用 50%乙醇水溶液 150 mL 冲洗阴离子表面活性剂，收集此组分，蒸除溶剂后，烘干、备用。

B.4.3 红外光谱分析

将柱层析分离得到的非离子表面活性剂和阴离子表面活性剂分别进行红外光谱分析，扫描得红外吸收光谱。

四聚丙烯烷基苯磺酸盐和直链烷基苯磺酸盐的红外吸收光谱图及烷基酚聚氧乙烯醚和脂肪醇聚氧

乙烯醚的红外吸收光谱图示见图 B.1、图 B.2、图 B.3 和图 B.4。

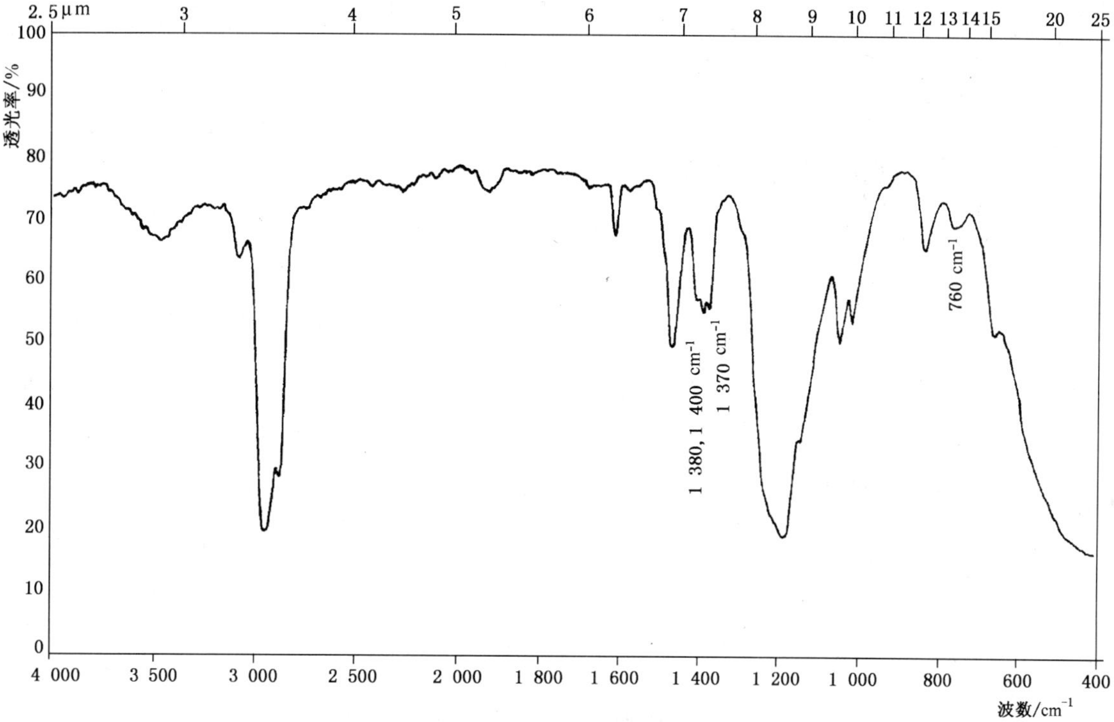

图 B.1 四聚丙烯烷基苯磺酸钠红外光谱图

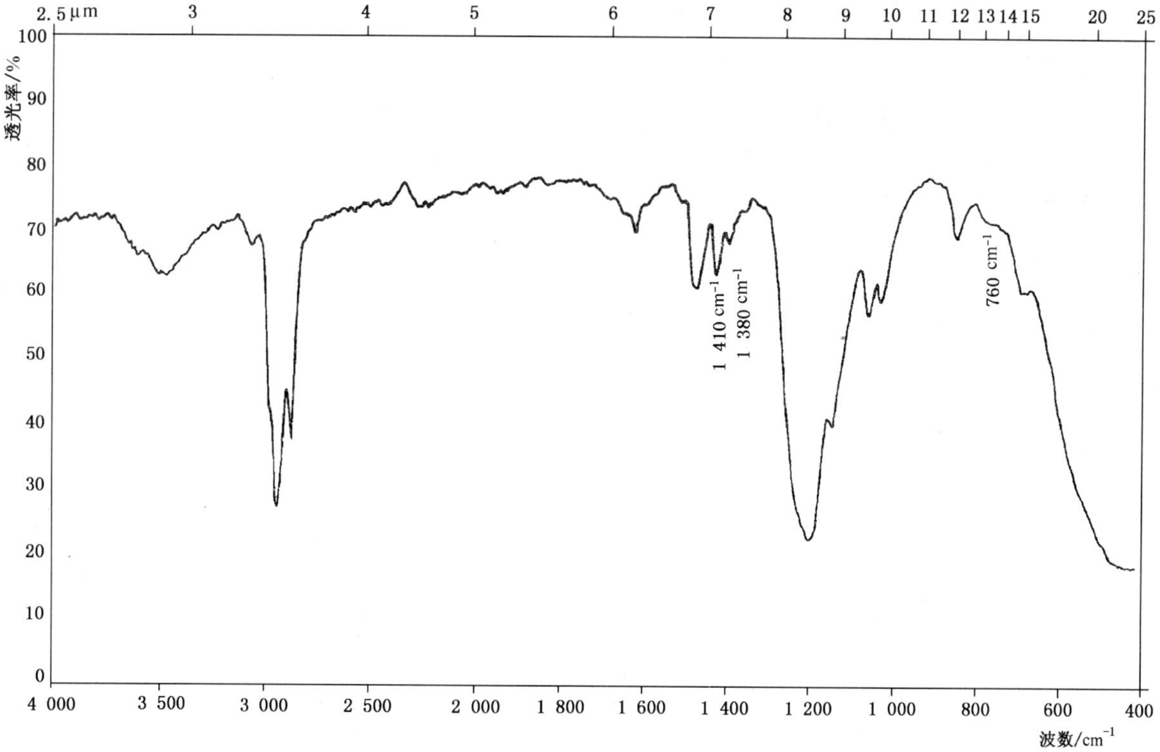

图 B.2 直链烷基苯磺酸钠红外光谱图

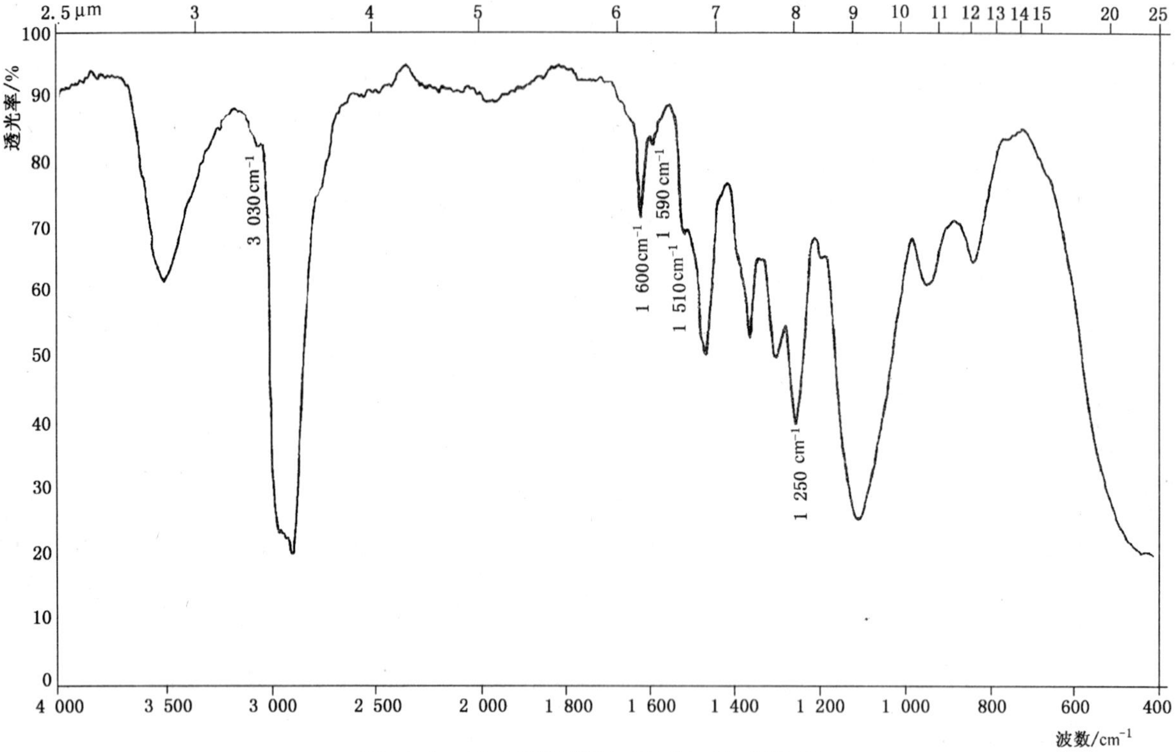

图 B.3 烷基酚聚氧乙烯醚红外光谱图

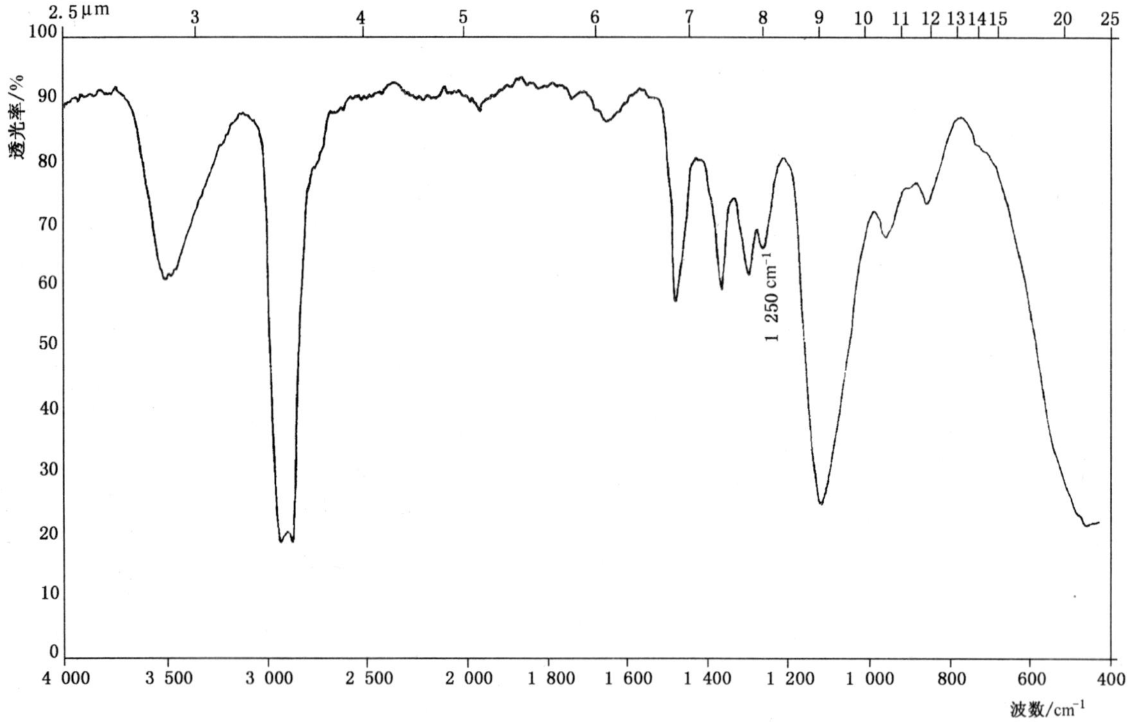

图 B.4 脂肪醇聚氧乙烯醚红外光谱图

B.5 红外吸收光谱的鉴别与结果判定

有四聚丙烯烷基苯磺酸盐存在，红外吸收光谱图中应出现 CH_3 对称变形振动分裂的吸收峰，位置在 1 380 cm^{-1}(7.25 μm)和 1 370 cm^{-1}(7.30 μm)，CH_2 的摇摆振动吸收峰出现在 760 cm^{-1}(13.16 μm)

(此峰强度比直链烷基苯磺酸盐吸收峰强)。

有烷基酚聚氧乙烯醚存在，红外吸收光谱图中应出现芳烃的特征吸收峰，位置在 3 100 cm^{-1}～3 000 cm^{-1}(3.23 μm～3.33 μm)、1 610 cm^{-1}～1 590 cm^{-1}(6.21 μm～6.29 μm)和 1 520 cm^{-1}～1 490 cm^{-1}(6.58 μm～6.71 μm)，而且在 1 250 cm^{-1}(8.0 μm)处显示中等强度吸收。

根据对红外吸收光谱图的分析鉴别，判定洗衣粉样品中有或无四聚丙烯烷基苯磺酸盐及烷基酚聚氧乙烯醚。

ICS 71.100.40
Y 43

中华人民共和国国家标准

GB/T 13171.2—2009
部分代替 GB/T 13171—2004

洗衣粉(无磷型)

Laundry powders (phosphate free)

2009-12-15 发布　　　　2010-05-01 实施

中华人民共和国国家质量监督检验检疫总局
中国国家标准化管理委员会　发布

前　言

GB/T 13171 分为以下两部分：

——GB/T 13171.1 洗衣粉(含磷型)；

——GB/T 13171.2 洗衣粉(无磷型)。

本部分为 GB/T 13171 的第 2 部分。

本部分代替 GB/T 13171—2004《洗衣粉》中无磷型洗衣粉部分。

本部分与 GB/T 13171—2004《洗衣粉》中无磷型洗衣粉部分相比主要变化如下：

——细化了浓缩型洗衣粉中总活性物的要求；

——增加了对洗后织物外观损伤要求。

本部分由中国轻工业联合会提出。

本部分由全国表面活性剂和洗涤用品标准化技术委员会归口。

本部分起草单位：国家洗涤用品质量监督检验中心(太原)、中国日用化学工业研究院、上海和黄白猫有限公司。

本部分主要起草人：姚晨之、李晓辉、张蕾。

本部分所代替标准的历次版本发布情况为：

——GB/T 13171—1991、GB/T 13171—1997、GB/T 13171—2004。

洗衣粉(无磷型)

1 范围

GB/T 13171 的本部分规定了洗衣粉(无磷型)的产品分类、代号、标记、要求、试验方法、检验规则和标志、包装、运输、贮存。

本部分适用于配方原料中不添加磷酸盐的洗衣粉。

2 规范性引用文件

下列文件中的条款通过 GB/T 13171 的本部分的引用而成为本部分的条款。凡是注日期的引用文件,其随后所有的修改单(不包括勘误的内容)或修订版均不适用于本部分,然而,鼓励根据本部分达成协议的各方研究是否可使用这些文件的最新版本。凡是不注日期的引用文件,其最新版本适用于本部分。

GB/T 6368 表面活性剂 水溶液 pH 值的测定 电位法

GB/T 13171.1—2009 洗衣粉(含磷型)

GB/T 13173—2008 表面活性剂 洗涤剂试验方法

GB/T 13174 衣料用洗涤剂去污力及循环洗涤性能的测定

GB/T 15818 表面活性剂 生物降解度试验方法

QB/T 2951 洗涤用品检验规则

QB/T 2952 洗涤用品标识和包装要求

JJF 1070—2005 定量包装商品净含量计量检验规则

国家质量监督检验检疫总局令[2005]第 75 号 《定量包装商品计量监督管理办法》

3 产品分类、代号、标记

本部分所规定的洗衣粉(无磷型)按品种分为普通(A)和浓缩(B)两类,命名代号如下:

a) 普通洗衣粉(无磷型),标记为“WL-A”;

b) 浓缩洗衣粉(无磷型),标记为“WL-B”。

4 要求

4.1 材料要求

产品配方中所用表面活性剂的生物降解度应不低于 90%,且公认降解中对环境是安全的(如四聚丙烯烷基苯磺酸盐、烷基酚聚氧乙烯醚不应使用)。

4.2 理化性能

洗衣粉(无磷型)的理化性能应符合表 1 的规定。

表 1 洗衣粉(无磷型)的理化性能指标

项目		WL-A	WL-B
外观		不结团的粉状或粒状	
表观密度/(g/cm^3)	≥	0.30	0.60
总活性物质量分数/% 其中:非离子表面活性剂质量分数/%	≥ ≥	13 —	13 8.5[a]
总五氧化二磷质量分数/%	≤	1.1	1.1
游离碱(以 NaOH 计)质量分数/%	≤	10.5	10.5
pH(0.1%溶液,25 ℃)	≤	11.0	11.0
a 当总活性物质量分数≥20%时,非离子表面活性剂质量分数不作要求。			

4.3 使用性能

洗衣粉(无磷型)的使用性能应符合表 2 规定。

表 2 洗衣粉(无磷型)的使用性能指标

项目			WL-A	WL-B
规定污布的去污力[a,b]		≥	标准粉去污力	
循环洗涤性能[b]	相对标准粉沉积灰分比值	≤	3.0	
	洗后织物外观损伤		不重于标准洗衣粉	
a 规定污布为 JB-01、JB-02、JB-03,均要求大于标准洗衣粉去污力。 b 试验溶液浓度:标准粉为 0.2%,WL-A 试样为 0.2%,WL-B 试样为 0.1%。				

4.4 定量包装要求

洗衣粉小包装净含量应符合国家质量监督检验检疫总局令[2005]第 75 号文件的要求。

5 试验方法

5.1 总则

除非另有说明,在分析中仅使用确认为分析纯的试剂和蒸馏水或去离子水或相当纯度的水。

按 GB/T 13173—2008 中第 4 章规定,制备、贮存洗衣粉实验室样品。

5.2 外观

目测检验。如有结团,但用手轻压结团即松散,视为合格。

5.3 表观密度

按 GB/T 13173—2008 中第 13 章测定。

5.4 总活性物质量分数

按 GB/T 13173—2008 中第 7 章测定。

一般检验按 A 法,要求检验结果不包括水助溶剂时按 B 法。

非离子表面活性剂质量分数按 GB/T 13173—2008 中第 8 章测定。

5.5 总五氧化二磷质量分数

按 GB/T 13173—2008 中 6.2 测定。

5.6 游离碱质量分数

按 GB/T 13171.1—2009 中附录 A 测定。

5.7 pH

按 GB/T 6368 规定,将 1 g/L 试样溶液在电磁搅拌器缓和搅拌下,保持 25 ℃,测定其 pH 值。

5.8 规定污布的去污力

按 GB/T 13174 规定程序，同机测定试样和标准洗衣粉的去污力，并进行比较。污布种类和标准粉依照该标准相应规定。

5.9 循环洗涤性能

按 GB/T 13174 规定程序，同机三种污布混合一起测定，并比较试样和标准洗衣粉的循环洗涤性能。

5.10 四聚丙烯烷基苯磺酸盐和烷基酚聚氧乙烯醚

按 GB/T 13171.1—2009 附录 B 定性鉴定，不得检出。

5.11 表面活性剂的生物降解度

按 GB/T 15818 进行测定。

5.12 净含量

按 JJF 1070—2005 规定进行。

6 检验规则

按 QB/T 2951 规定执行。

出厂检验项目包括 4.2 和 4.4 中的全部项目。

7 标志、包装、运输、贮存

7.1 标志、包装

按 QB/T 2952 规定执行。

7.2 运输

产品在运输时应轻装、轻卸，防止包装破损，严禁抛掷、踩踏，运输过程中要避免日晒、雨淋、受潮。

7.3 贮存

产品应贮存在通风干燥且不受阳光直射的场所，防止雨雪淋袭。堆垛高度适当，禁止重压，以免损坏包装。

在规定的贮存条件下，从生产之日起可保质两年及两年以上的产品，可不标注保质期；只能在两年内保证符合 GB/T 13171 本部分要求的产品，应标明生产日期和保质期或生产批号和限期使用日期。

ICS 27.120.01
F 54

中华人民共和国国家标准

GB 13172—2009
代替 GB 13172—1991

裂变钼99-锝99m色层发生器

Molybdenum 99-Technetium 99m chromatographic generator (fission)

2009-03-13 发布　　2010-03-01 实施

中华人民共和国国家质量监督检验检疫总局
中国国家标准化管理委员会　发布

前　言

本标准的全部技术内容为强制性。

本标准代替 GB 13172—1991《裂变^{99}Mo-^{99m}Tc 色层发生器》，本标准与 GB 13172—1991 相比主要有以下变化：

a) 修改了标准名称；

b) 增加了 5 个规范性引用文件；

c) 将原标准中的测试、测定改为检验；

d) 删除了原标准 3.3，增加了淋洗液、洗脱液、标定时间、铝含量等术语；

e) 将原标准中的氯化钠注射液改为淋洗液；

f) 删除了原标准第 4 章；

g) 增加了新的产品规格；

h) 删除了原标准 6.1.1 和 6.1.4；

i) 增加了发生器表面放射性污染技术要求；

j) 将原标准 6.2.9 调整为发生器的技术要求；

k) 删除了原标准 7.2；

l) 增加了检验规则一章；

m) 将原标准的第 8 章分解为标志、标签、使用说明书和包装、运输、贮存两章。

本标准由中国核工业集团公司提出。

本标准由全国核能标准化技术委员会归口。

本标准起草单位：中国原子能科学研究院。

本标准起草人：牛绪祥、陈大明、刘光宇。

本标准所代替标准的历次版本发布情况为：

——GB 13172—1991。

裂变钼 99-锝 99m 色层发生器

1 范围

本标准规定了裂变钼 99-锝 99m 色层发生器的技术要求,检验方法,检验规则,标志、检验证书和使用说明书,包装、运输、贮存等内容。

本标准适用于以 Al_2O_3 为吸附剂的医用钼 99-锝 99m 色层发生器;不适用于其他类型的锝 99m 发生器。

2 规范性引用文件

下列文件中的条款通过本标准的引用而成为本标准的条款。凡是注日期的引用文件,其随后所有的修改单(不包括勘误的内容)或修订版均不适用于本标准,然而,鼓励根据本标准达成协议的各方研究是否可使用这些文件的最新版本。凡是不注日期的引用文件,其最新版本适用于本标准。

GB 11806 放射性物质安全运输规定

GB/T 15239 孤立批计数抽样检验程序及抽样表

EJ/T 843—1994 放射性核素活度测量 井型电离室法

EJ/T 845—1994 放射性药品溶液 pH 测定方法

国食药监注[2006]264 号 《放射性药品说明书规范细则》

中华人民共和国药典二部 (2005 年版)

3 术语和定义

下列术语和定义适用于本标准。

3.1

裂变钼 99-锝 99m 色层发生器 molybdenum 99-technetium 99m chromatographic generator (fission)

将裂变钼 99 吸附于 Al_2O_3 色层柱上,可适时地用淋洗液洗脱由钼 99 衰变产生的子体核素锝 99m 的装置。

3.2

淋洗液 elution

用于将锝 99m 从发生器中淋洗下来的溶液。本标准中特指氯化钠注射液。

3.3

洗脱液 eluate

用淋洗液淋洗发生器得到的含锝 99m 的溶液。

3.4

标定时间 calibration time

与产品规格相对应的时间。

3.5

参考时间 reference time

产品检验时,标定发生器放射性活度的时刻。

3.6

铝含量 aluminium concentration

单位体积洗脱液中铝的含量,单位为 μg/mL。

3.7

淋洗效率 elution efficiency

用一定体积的淋洗液淋洗下来的锝 99m 活度占淋洗开始时发生器中存在的锝 99m 活度的百分数。

4 产品规格

产品有如下几种规格:

11.1GBq;18.5GBq;29.6GBq;37GBq 及 37GBq 以上。

5 技术要求

5.1 发生器的技术要求

5.1.1 淋洗效率

10 mL 淋洗液的淋洗效率应不低于 90%。

5.1.2 表面放射性污染

发生器表面放射性污染应低于 0.4 Bq/cm^2。

5.1.3 表面辐射水平

由于发生器产品规格较多,不同规格产品表面辐射水平差异较大。但经包装后在运输过程中其表面辐射水平应符合 GB 11806 的相关规定。

5.1.4 有效期

本产品自生产之日起,有效期为 15 d。

5.2 洗脱液技术要求

5.2.1 性状

应为无色澄明液体。

5.2.2 pH 值

应为 4.0~7.0。

5.2.3 铝含量

应不大于 10 μg/mL。

5.2.4 放射性核纯度

放射性杂质活度相对总放射性活度不超过以下规定:

^{99}Mo	1×10^{-1}%
^{131}I	5×10^{-3}%
^{103}Ru	5×10^{-3}%
^{89}Sr	6×10^{-5}%
^{90}Sr	6×10^{-6}%
α 杂质核素	1×10^{-7}%
其他总 β、γ 核素	1×10^{-2}%

5.2.5 放射化学纯度

$Na^{99m}TcO_4$ 的含量应不低于 98%。

5.2.6 活度

由发生器洗脱的 ^{99m}Tc 活度,按标定时间计算,应为标示量的 90.0%~110.0%。

5.2.7 细菌内毒素

应符合中华人民共和国药典二部(2005 版)的规定。

5.2.8 无菌

应符合中华人民共和国药典二部(2005 版)的规定。

6 试验方法

6.1 发生器试验

6.1.1 淋洗效率

根据标定时间和产品规格,计算出淋洗时刻发生器中^{99m}Tc 的活度 A_1;用 10 mL 淋洗液淋洗发生器,测定洗脱液中^{99m}Tc 的活度 A_2,按式(1)计算淋洗效率 η:

$$\eta = \frac{A_2}{A_1} \times 100\% \qquad \cdots\cdots(1)$$

式中:

η——淋洗效率,用百分数表示;

A_1——淋洗时刻发生器中^{99m}Tc 的活度,单位为贝可(Bq);

A_2——洗脱液中^{99m}Tc 的活度,单位为贝可(Bq)。

6.1.2 表面放射性污染

用擦拭法进行试验。

6.1.3 表面辐射水平

按 GB 11806 规定的方法进行试验。

6.1.4 有效期

自生产之日起 15 d 内,对发生器的各项技术要求进行试验。

6.2 洗脱液试验

6.2.1 性状

将盛有 1 mL 洗脱液的西林瓶置于铅玻璃防护屏后,采用目视法试验。

6.2.2 pH 值

按 EJ/T 845—1994 规定的方法进行试验。

6.2.3 铝含量

按中华人民共和国药典二部(2005 年版)规定的方法试验。

6.2.4 放射性核纯度

取适量洗脱液,用 γ 谱仪法测定放射性杂质量,计算杂质核素活度占总活度的百分比。

6.2.5 放射化学纯度

按中华人民共和国药典二部(2005 年版)附录Ⅹ Ⅲ一法试验。

6.2.6 活度

用 10 mL 淋洗液淋洗发生器,收集洗脱液,按 EJ/T 843—1994 规定方法测量试验。

6.2.7 细菌内毒素

取适量洗脱液,以细菌内毒素检查用水稀释 15 倍后,按中华人民共和国药典二部(2005 年版)附录Ⅺ E 方法试验。

6.2.8 无菌

按中华人民共和国药典二部(2005 年版)附录Ⅺ H 方法试验。

7 检验规则

7.1 型式检验

本标准中技术要求规定的项目均为型式检验项目。型式检验样品数不少于三个，每两年进行一次。当发生下列情况之一时，也应进行型式检验：

a) 当发生器的原料、结构和生产工艺有较大改变，可能影响产品质量时；

b) 停产一年以上，重新恢复生产时；

c) 国家质量监督部门提出型式检验要求时。

7.2 出厂检验

7.2.1 出厂检验采取抽样检验，抽样程序和样本数按 GB/T 15239 的规定确定。

7.2.2 发生器的出厂检验项目如下：

a) 放射性活度；

b) 表面放射性污染；

c) 表面辐射水平。

7.2.3 洗脱液的出厂检验项目如下：

a) 性状；

b) pH 值；

c) 铝含量；

d) 放射性核纯度；

e) 放射化学纯度；

f) 活度；

g) 细菌内毒素；

h) 无菌。

8 产品标志、标签和使用说明书

8.1 标志

发生器外包装应有下列标志：

a) 放射性标志；

b) 放射性运输等级标志；

c) 防雨、小心轻放、向上标志。

8.2 标签

标签分为内包装标签和外包装标签。内包装标签贴在发生器表面；外包装标签贴在外包装上。标签应有下列内容：

a) 产品名称；

b) 放射性标志；

c) 批准文号；

d) 规格；

e) 产品批号；

f) 放射性活度；

g) 标定时间(或参考时间)；

h) 有效期；

i) 生产厂家。

8.3 使用说明书

发生器在出厂时应提供使用说明书。使用说明书的内容应符合国食药监注[2006]264 号的规定。

9 包装、运输和贮存

9.1 包装

产品包装从内向外依次为铅罐、泡沫衬垫、铁皮桶，外包装容器表面放射性污染水平和辐射水平应满足 GB 11806 的规定。

包装时，铁皮桶内应附带使用说明书，包装完毕后应铅封。

9.2 运输

产品的运输按 GB 11806 的规定执行。

9.3 贮存

产品应常温保存在清洁的环境内，并注意防盗、防冻、防倒、防震。

ICS 01.140.20
A 14

中华人民共和国国家标准

GB/T 13191—2009/ISO 2789:2006
代替 GB/T 13191—1991

信息与文献 图书馆统计

Information and documentation—Library statistics

(ISO 2789:2006,IDT)

2009-03-13 发布 2009-09-01 实施

中华人民共和国国家质量监督检验检疫总局
中国国家标准化管理委员会 发布

前　言

本标准等同采用 ISO 2789:2006《信息与文献　国际图书馆统计》(英文版)。

本标准代替 GB/T 13191—1991《情报与文献工作机构统计标准》。与 GB/T 13191—1991 相比,本标准在结构和内容上都有较大变化,主要变化如下:

——与国际标准 ISO 2789:2006 接轨;

——增加了图书馆电子资源与服务的统计项目;

——规定了 ISO 11620《信息与文献——图书馆绩效指标》中所需要的统计数据;

——增加了若干统计项目,以反映近年来图书馆工作的变化。

本标准的附录 A、附录 B、附录 C 均为规范性附录。

本标准由全国信息与文献标准化技术委员会提出并归口。

本标准起草单位:中国科学院国家科学图书馆、国家图书馆、中国科学技术信息研究所、清华大学图书馆、北京大学图书馆、中国社会科学院文献信息中心。

本标准主要起草人:初景利、李玲、富平、姜山、贾延霞、黎知谨、刘彦丽、耿海英、张红霞。

引　言

本标准旨在为图书馆与信息服务领域收集统计数据、提交统计报表工作提供指导，适用于我国各级各类图书馆和信息服务机构。

本标准的核心部分是第3章和第6章。其中，第3章定义了组成图书馆服务的绝大多数指标，这些定义仅用于统计之目的。第6章介绍了如何针对这些指标采集统计数据。用户应该综合考虑这两章的内容，以获得全面的认识。

本标准的附录A、附录B、附录C均为规范性附录。附录A详细阐述了电子图书馆服务使用的统计方法和相关问题。附录B对一些可能仅适用于某些图书馆的特定统计指标进行了描述，目的是确保无论这些特定的统计数据在何处收集，均可遵循相同的定义和方法。附录C提供的总计方法对国家级统计数据的编辑和出版非常重要，目的是确保不同国家和不同时期的统计数据真正具有可比性。

本标准根据国际标准ISO 11620的特别要求，详细规定了ISO 11620中图书馆绩效指标所需的各项统计数据。

依据本标准收集图书馆统计数据，能够很好地满足我们展示和宣传图书馆工作的强烈要求，因此每个图书馆都应该尽可能收集本标准中规定的所有相关数据。但是我们也应该认识到，并非所有类型和规模的图书馆都能够收集到本标准中规定的全部统计指标。另外，提供和发布统计数据时要特别谨慎，但这并不在本标准的考虑范围之中。

本标准将由全国信息与文献标准化技术委员会第八分会组织的一个工作组负责维护，该工作组将密切跟踪和研究国际标准的发展动态，及时修订我国的国家标准。

信息与文献　图书馆统计

1　范围

本标准规定了图书馆与信息服务领域收集和报告统计数据的规则，主要用于：

——提供国际报告；

——确保不同国家间统计方法的一致性；

——鼓励利用统计数据促进图书馆管理和信息服务工作；

——提供符合国际标准 ISO 11620 所要求的数据。

2　规范性引用文件

下列文件中的条款通过本标准的引用而成为本标准的条款。凡是注日期的引用文件，其随后所有的修改单(不包括勘误的内容)或修订版均不适用于本标准，然而，鼓励根据本标准达成协议的各方研究是否可使用这些文件的最新版本。凡是不注日期的引用文件，其最新版本适用于本标准。

ISO 11620:1998　信息与文献——图书馆绩效指标

ISO 11620:1998/Amd.1:2003　信息与文献——图书馆绩效指标　补充本 1:增订图书馆绩效指标

ISO/TR 20983:2003[1]　信息与文献——电子图书馆服务绩效指标

3　术语和定义

下列术语和定义适用于本标准。

3.1　图书馆

3.1.1

管理单元　administrative unit

由某一主管或者管理部门管理的任何独立的图书馆或图书馆群。

注 1：术语“独立”一词并非指法律或者经济上的独立，这里仅指图书馆是可以识别的、能分离的单元，典型的情形是在一个更大的机构内一个独立的单元。

注 2：典型情形是，该管理单元是一个有中心馆或总馆、分馆和管理功能的组织机构。见 6.1.1 的示例。

3.1.2

分馆　branch library

一个更大的管理单元的一部分，具有独立的馆舍，为特定的用户群(例如儿童、教员)或者限定的本地用户提供服务。

注：研究所、院系以及其他附属图书馆均包括在内，但不包括流动图书馆。

3.1.3

中心馆　central library

总馆　main library

通常指图书馆主要管理功能和馆藏与服务的重要部分所在的管理单元，该管理单元可由一部分或者几部分组成。

注：一个管理单元可包括几个分馆，但不一定有中心馆。

---

[1]　ISO/TR 20983 和 ISO 11620:1998/增补本 1 将整合在 ISO 11620 的第 2 版中。

3.1.4

外部服务点　external service point

在图书馆馆舍以外，为用户定期提供某一服务的服务点。

注1：这里包括某一地域内的一些特殊场所：图书馆资料的收藏是为了给某些特定的用户群提供非正式流通服务，但是不提供其他的图书馆服务，例如老人之家、社区中心、为医院患者提供的馆藏资料等。

注2：流动图书馆停留的站点不算作外部服务点。

注3：图书馆以外的、由一台简单的个人计算机连接的场所(例如在一个学生的家里)不算作外部服务点。

3.1.5

图书馆　library

某一个机构或机构的一部分，主要目的是建设和维护馆藏，促进信息资源与设施的利用，以满足用户在信息、研究、教育、文化或娱乐方面的需求。

注1：这是对一个图书馆的基本要求，不排除其主要目的附带的其他资源和服务。

注2：当图书馆有不止一种功能时(例如学校图书馆和公共图书馆)，通常或者确定其主要功能，或者在特定情形下，分解其功能并报告相应的数据。

3.1.6

高等教育机构图书馆　library of an institution of higher education

主要职能是为大学或者其他高等教育及高等教育水平以上的教育机构的学生、教师和科研人员提供服务的图书馆。

注：它也可为普通大众服务。

3.1.7

流动图书馆　mobile library

流动图书馆，有时是公共图书馆的一个部分，作为利用图书馆的另外一种方式，是利用交通工具并配备有设备而为用户直接提供文献和服务的图书馆。

注：改写ISO 5127:2001，定义3.2.16。

3.1.8

国家图书馆　national library

负责为所在国家获取和保存所有相关文献复本的图书馆，它可承担法定呈缴本图书馆的功能。

注1：改写ISO 5127:2001，定义3.2.02。

注2：国家图书馆正常情况下也会履行如下部分或全部功能：

——编制国家书目；

——收藏并更新大量的、具有代表性的国外文献(包括研究该国的文献)；

——作为国家书目信息中心；

——编制联合目录；

——指导其他图书馆的管理，促进合作；

——协调研究与发展工作。

注3："国家图书馆"的定义允许一个国家有不止一个国家图书馆。

3.1.9

公共图书馆　public library

为某一地方或者地区的社区内所有人口提供服务的普通图书馆，常常由财政基金提供部分或者全部运行经费。

注1：改写ISO 5127:2001，定义3.2.15。

注2：公共图书馆服务对象可能是普通大众或者某一特定用户群体，例如儿童、视障人员、医院的患者或者服刑人员。其基本服务是免费的或者支付一定的费用。本定义包括公共图书馆组织为学校提供的服务，以及一个地区组织在区域内提供给公共图书馆的服务。

3.1.10

学校图书馆　school library

附属于高等教育水平以下的各类学校的图书馆，主要功能是为校内的学生和教师提供服务。

注1：学校图书馆也可为普通大众服务。

注2：包括高等教育水平以下的所有教育机构(这些机构可能被称之为"学院"、"继续教育学院"和"职业学院")的图书馆和资源收藏。

3.1.11

专业图书馆　special library

服务于某一学科、特定的知识领域或者某一特殊地区利益的独立的图书馆。

注1：专业图书馆一词主要包括为特殊类型用户服务的图书馆，或者主要是收藏某一特殊文献形式的图书馆，或者由某组织机构主办的为其工作相关目标服务的图书馆。

注2：专业图书馆的统计通常单独收集和提交给3.1.11.1至3.1.11.7中给出的领域内的机构(因资助机构而异)。

3.1.11.1

政府图书馆　government library

为任何政府机构、部门、办事处服务的图书馆，包括国际的、国家的和地方政府组织。

3.1.11.2

健康服务图书馆　health-service library

医学图书馆　medical library

为医院或者其他地方(无论是私立还是公立)的健康服务专业人员提供服务的图书馆。

注：医药公司图书馆通常归于3.1.11.4中。

3.1.11.3

专业学术机构和协会图书馆　library of professional and learned institutions and associations

由专业或者行业协会、学术团体、工会和其他类似机构主办的图书馆，主要目的是为从事某一特定行业或专业的会员和从业者提供服务。

3.1.11.4

工商业图书馆　industrial commercial library

任何工业企业或者商业公司内部的图书馆，由其上级机构主办，以满足本单位职工的信息需要。

注：工商业图书馆包括信息和管理咨询业、制造业、服务业主办的图书馆，以及商业法律事务所图书馆。

3.1.11.5

传媒图书馆　media library

为包括报社、出版社、广播、电影和电视等媒体和出版机构及组织提供服务的图书馆。

3.1.11.6

地区图书馆　regional library

为某一特定地区服务的主要图书馆，主要功能不是公共图书馆、学校图书馆或者学术图书馆所履行的职能，也不是国家图书馆网络的一部分。

3.1.11.7

其他专业图书馆　other special library

无法归入上述类别的图书馆。

示例：志愿者组织、博物馆、宗教机构等内部的图书馆。

3.1.12

保存图书馆　storage library

存储图书馆　repository library

主要功能是用以存储来自其他管理单元的、低利用率的文献资料的图书馆。

注1：保存图书馆或存储图书馆是另一个图书馆一部分或由另一个图书馆管理的(如国家或地区图书馆)，则不包

括在内。

注2：图书馆如其馆藏属于要存储的那些图书馆的财产的，则不包括在内。其馆藏和馆藏利用计入所有权图书馆。

3.2 馆藏

3.2.1

文摘与索引数据库　abstract and indexing database

连续性的、分析和揭示关于某一学科或地区的期刊或其他文献参考书目的集合。

注：这里包括电子参考书目和索引工具，当其以印刷形式出现时被算作连续出版物。主要由全文组成的数据库不包括在内。

3.2.2

使用权　access rights

获取或利用图书馆馆藏的权利。

注：对电子馆藏而言，这意味着图书馆需要依据法律、许可或者其他契约或合作协议，确保其用户永久或暂时的获取权利。

3.2.3

新增馆藏　addition

采访　acquisition

统计报告周期间新增的馆藏。

注：新增馆藏可通过购买、许可授权、依法保存、数字化、捐赠或者交换获得。

3.2.4

视听资料　audiovisual document

需要使用专用设备读和(或)听的文献。包括音频文献、视频文献和音视频混合文献。

注1：改写ISO 5127:2001，定义2.1.19。

注2：其中，音频资料包括唱片、录像带、盒式磁带、音频压缩磁盘、数字视频光盘(DVD)、数码语音记录文件等；视频资料包括幻灯片、透明幻影，以及音视频混合型资料(例如：电影、录像等)。缩微文献不包括在内。

注3：网络视听资料的利用依据附录A的规定进行统计。

3.2.5

图书　book

非连续性的、以印本形式印刷而成的文献资料。

3.2.6

制图资料　cartographic document

在空间与时间上可定位某一具体或抽象对象的文献，惯以缩小比例表达。

注1：改写ISO 5127:2001，定义2.2.1.28。

注2：包括二维和三维地图、地球仪、规划图、地形模型、触觉地图以及航空表现手法，但是不包括抄本、缩微文献、视听资料及电子形式的地图集和地图文献。

3.2.7

只读光盘　compact disc read-only memory；CD-ROM

利用激光技术制作的，包含有文本、多媒体格式数据，基于计算机的信息存取媒介。

注：只读光盘根据其内容分别计入数据库、数字文档或电子期刊中。

3.2.8

计算机文件　computer file

数据或软件程序，例如计算机游戏，语言课程和其他应用软件，可在计算机上读取的光盘、磁盘或其他存储媒介上获取，以提供用户外借或只在馆内使用。

注：改写ANSI/NISO Z39.7-2004。

3.2.9

内容单元　content unit

计算机处理的已出版著作的唯一可识别文本或视听单元，这些已出版的著作可能是其他已出版作品的全文或者摘要形式。

注1：改写COUNTER实施规范2004年第2版(COUNTER Code of Practice, Release 2:2004)。

注2：描述性记录不包括在内。

注3：PDF、Postscript、HTML和其他格式的相同内容单元单独统计。

3.2.10

数据库　database

以电子形式储存的描述性记录或者内容单元的集合(包括事实、全文、图像和声音)，并带有统一的用户界面及检索、处理数据的软件。

注1：内容单元或记录通常根据某一特定目的收集并且与某一特定的主题相关。数据库可能通过光盘、磁盘或者其他直接存取方式发行，或者作为一个计算机文件通过因特网来获取。

注2：授权的数据库要进行单独统计，即使通过同一界面能够读取几个授权的数据库。

注3：通过统一的界面提供对通常由出版商提供的电子期刊包或数字文档包的获取，也算作是数据库。另外，单一的电子期刊或数字文档需要各归入电子期刊或数字文档中计算。

注4：数据库的进一步细分，见B.2.1.7。

3.2.11

描述性记录　descriptive record

由计算机处理的书目或其他标准格式的单个记录，用于标明、描述任何物理形式或某一内容单元中的文献。

注1：描述性记录的集合通常以数据库的形式发布。

注2：记录包括的元素有：题名、作者、主题、摘要、原始日期等。

3.2.12

数字文献　digital document

由图书馆数字化或采购的，以数字形式存储的带有特定内容的信息单元，作为图书馆馆藏的一部分。

注1：其中包括电子图书、电子专利、网络视听资料和其他数字文献，例如：报告、制图和音乐文献以及预印本文献等。数据库和电子期刊不包括在内。

注2：合并在数据库中的项目包含在3.2.10中。

注3：一份数字文献可以构成一个或者多个文件。

注4：一份数字文献包含一个或多个内容单元。

3.2.13

文献　document

在文献工作过程中作为一个单位处理的记录信息或实物对象。

[ISO 5127:2001，定义1.2.02]。

注：文献可能因其物理形式和特征而存在差异。

3.2.14

数字多功能光盘　digital versatile disk; DVD

标准尺寸的、圆盘形的大容量视频储存媒体。

3.2.15

电子图书　electronic book; eBook

授权或者没有授权的数字文献，通常可供检索，如同印刷书籍一样阅读。

注1：在许多情况下，电子图书的利用需要依赖专用的设备，或专用的阅读器或浏览软件。

注2：电子图书可供读者借阅，或者下载到便携式设备上(电子图书阅读器)，或者将电子图书的内容传输到用户的

个人计算机中，只能保留有限的一段时间。

注3：电子格式的博士学位论文也包括在内。

注4：包括图书馆数字化的文献。

3.2.16

电子馆藏 electronic collection

图书馆馆藏中所有以电子形式存在的资源。

注：电子馆藏包括数据库、电子连续出版物、数字文献和计算机文件。经图书馆进行编目，并纳入到其联机目录或是数据库中的免费网络资源需单独统计(见6.2.16)。

3.2.17

电子连续出版物 electronic serial

以电子形式出版或者以电子和另外一种格式出版的连续出版物。

注1：包括本地拥有的连续出版物和已经获得使用权的、至少有一定使用期的远程连续出版物。

注2：包括由图书馆自行数字化的连续出版物。

注3：开放获取的期刊被视作免费网络资源(见3.2.18)。

3.2.18

免费网络资源 free internet resources

没有限制获取的网络资源。

3.2.19

全文数据库 full-text database

原始的文本(专著、报告、期刊论文等)、印本乐谱、制图或图像文献的数字集合。

注1：不包括专利和电子连续出版物。

注2：包含有全文、移动图像、声音和其他内容的混合型数据库也需算作全文数据库。

3.2.20

政府文献 government document

由政府支付费用而出版的，或者依据法律或是国际组织机构(例如联合国、欧盟和联合国教科文组织)要求而出版的文献。

注：专利见3.2.32。其他政府文献依据其格式进行统计(见B.3.3)。

3.2.21

图形文献 graphic document

以图像展示为主要特征的印刷型文献。

注：图形文献是绘画形式的，而不是文字、音乐或者地图形式的。包括艺术印刷、艺术原创、艺术再现、照片、海报、教学挂图、技术制图等。但是，单本形式、缩微形式以及视听和电子形式的图形文献不包括在内。

3.2.22

图书馆馆藏 library collection

图书馆为用户提供的所有文献资料。

注1：包括本地拥有的文献资料和已经购买了永久或短期使用权的远程资源。

注2：使用权可能是通过图书馆本身采购的，或者是通过图书馆联盟或外部资助获得的。

注3：采访是有目的地选择文献资料，确保具有使用权，并纳入图书馆的联机目录或其他数据库中。馆际互借和文献传递不包括在内。

注4：不包括对网络资源的链接，因为图书馆没有通过合法的协议(例如法定呈缴权)、许可或者其他合约或合作协议来确保其使用权。经图书馆进行编目，并纳入到其联机目录或是数据库中的免费网络资源需单独统计(见6.2.16)。

3.2.23

手稿　manuscript

手写或者打印稿的原始文献。

注：装订成册和以其他形式为单元(片断、卷、签名册等)的手稿可单独统计。

3.2.24

缩微文献　microform

使用时需要放大的影像文献。

注1：改写 ISO 5127:2001，定义 2.3.3.12。

注2：包括缩微平片和缩微胶卷。

注3：幻灯片及其类似文献算作视听资料。

3.2.25

专著　monograph

在一册中完成，或者有限的几册中完成或打算完成的印刷形式或非印刷形式的出版物。

[ISO 5127:2001，定义 2.4.02]

3.2.26

丛书　monographic series

通过增加一个总题名(或丛编题名)而与其他专著相联系的若干专著。

[ISO 9707]

3.2.27

多媒体文献　multimedia document

由不同的信息媒介、文本、图表、图片、录像、声音等组合而成，提供交互利用的数字格式的文献。

注：多媒体文献根据其主要特征和目的进行统计，例如作为数据库、电子连续出版物或者数字文献。

3.2.28

报纸　newspaper

包含特定人群或普通大众关注的当前事件新闻的连续出版物，其中每期按照年代顺序或者数字顺序进行排序，并且通常至少一周发行一期。

注：包括电子报纸。

3.2.29

其他数据库　other database

包含描述性的信息或者数字数据的数据库，常常用来查询特定的信息，例如目录、百科辞典、字典、统计表、统计图或科学公式集合。

3.2.30

其他数字文献　other digital document

除了电子图书、网络视听资料和电子专利外的数字文献，例如电子格式的报告、预印本文献、制图或者音乐文献等。

3.2.31

其他馆藏文献　other library document

除了图书、连续出版物、手稿、印本乐谱文献、缩微文献、制图资料、视听资料、图形文献、本标准单独规定的专利之外的其他非电子形式的文献。

注：包括立体模型和其他三维资料、游戏、玩具等，盲文文献归入印刷型文献。

3.2.32

专利　patent

授权发明人对其发明及相关文件的唯一使用权或许可权的政府文献。

3.2.33

期刊 periodical

在一定时期内,用相同题名定期或不定期出版的连续出版物,其中每一期进行连续编号或标明日期。

注1:改写 ISO 9707:1991,定义 2.32。

注2:包括机构的系列报告、学报、常规的会议论文和年报,但是不包括报纸和丛书。

注3:电子期刊包括在内。

3.2.34

物理单元 physical unit

物理上连贯的文献单元,包括任何形式的保护装置,相对其他文献单元可自由移动。

注1:可通过装订或者装外套等形式使其保持整体性。

注2:印刷型文献常常用“册”这个术语作为其物理单元(参见 3.2.39)。

3.2.35

印本乐谱文献 printed music document

基本内容是表述音乐的文献,常常以音符的形式出现。

注:印本乐谱文献可能是单页或者单本的形式。

3.2.36

连续出版物 serial

以连续的各个部分发行的、通常具有数字或年代标识的、计划无限期继续下去(不管其周期如何)的印刷形式或非印刷形式的出版物。

注1:改写 ISO 5127:2001,定义 2.4.06。

注2:丛书不包括在内,而需归入专著类。

注3:本标准中,连续出版物细分为报纸和期刊两大类,每一类又根据格式分为电子和非电子连续出版物。

3.2.37

馆藏量 stock

本地拥有的某一特定类型(例如图书和连续出版物、缩微文献、电子连续出版物)的文献或是已经获得使用权、至少有一定使用期的远程资源的数量。

注:按报告周期结束的时间进行测算。

3.2.38

题名 title

标识文献且通常区分其他文献的、位于文献顶端的词。

[ISO 5127:2001,定义 4.2.1.4.0.1]

注:为了测算,每一个文献都用独立的、与众不同的题名进行描述,无论文献是以一个还是几个物理单元发行,也不论图书馆有多少该文献的复本数。

[ISO 11620:1998/Amd.1:2003]

3.2.39

册 volume

印刷型文献的物理单元,它是由一定数量的书页覆以封面构成的一个整体或一套文献中的一部分。

注:改写 ISO 5127:2001,定义 2.3.01。

3.2.40

剔除 withdraw

报告周期内从馆藏中注销的文献或资料。

注:剔除可通过丢弃、转让等来实现。对电子资源而言,可通过删除文件或者取消许可授权来实现。

3.3 图书馆利用和用户

3.3.1

当前借阅者　active borrower

报告周期内至少借阅了一份资料的注册用户。

3.3.2

当前用户　active user

报告周期内访问过或者使用过图书馆设施或接受过服务的注册用户。

注：可包括在馆内外利用电子图书馆服务。

3.3.3

下载的内容　content downloaded

从数据库、电子连续出版物或数字文献中成功获得的内容单元。

3.3.4

下载　download

成功请求了描述性记录或内容单元，例如显示、打印、保存或发送电子邮件。

注：对网络服务器日志的成功请求是获得那些特定返回代码，遵循美国国家超级计算应用中心(NCSA，National Center for Supercomputing Applications)的定义。

3.3.5

电子文献传递(中介性)　electronic document delivery (mediated)

通过图书馆员将文献或文献的一部分从馆藏中以电子方式传递给用户，不一定通过另一个图书馆。

注1：包括将文献以电子形式传递给所服务人群，不包括传真方式。

注2：电子文献传递(中介性)可分为收费和免费两种。

注3：不通过图书馆员，用户从图书馆电子馆藏中下载的，则不包括在内。

注4：本标准定义的外借和传递服务形式如表1所示。

表1　外借和传递服务形式

<table>
<tr><td rowspan="4">传递形式</td><td colspan="3">提　供　者</td></tr>
<tr><td colspan="2">图书馆</td><td>资料提供者</td></tr>
<tr><td colspan="3">接　受　者</td></tr>
<tr><td>用　户</td><td>其他图书馆</td><td>用户(通过图书馆)</td></tr>
<tr><td>原始文献</td><td>借阅</td><td>ILL</td><td>EDS</td></tr>
<tr><td>打印复本</td><td>借阅</td><td>ILL</td><td>EDS</td></tr>
<tr><td>电子格式</td><td>EDD</td><td>EDD</td><td>EDS</td></tr>
<tr><td colspan="4">ILL(Interlibrary lending)：馆际互借
EDD(Electronic document delivery(mediated))：电子文献传递(中介性)
EDS(External document supply)：外部文献提供</td></tr>
</table>

3.3.6

电子服务　electronic service

由本地服务器提供的或是通过网络获得的电子图书馆服务。

注：电子图书馆服务包括联机目录、图书馆网站、电子馆藏、电子文献传递(中介性)、电子参考咨询服务、基于电子服务的用户培训、通过图书馆提供的因特网获取。

3.3.7

外部文献提供　external document supply

通过与图书馆有业务合作关系的非图书馆供应商，从图书馆馆藏之外(不通过馆际互借)获取的印刷型或者电子形式的文献或文献的一部分。

注 1：这与按篇阅览付费的个别交易或是一定数量的预付费交易无关。

注 2：本标准定义的外借和传递服务的形式如表 1 所示。

3.3.8

外部用户　external user

注册用户以外的图书馆用户。

3.3.9

信息请求　information request

通过图书馆员而接触到的包含一个或者多个信息资源(例如印刷和非印刷资料、机器可读数据库、图书馆本身或者其他机构的目录)的知识或利用的信息。

注 1：改写 ANSI/NISO Z39.7-2004。

注 2：信息请求也可能包括利用这些资源的推荐、说明和指导。

注 3：一次信息请求可能同时解决几个问题。

注 4：信息请求可通过到馆提出，也可通过电话、普通信函、传真或电子媒介(电子邮件、图书馆网站或其他的网络通讯机制)等手段传递。

注 5：必须指出的是，这里不包括图书馆的指向性和行政管理的询问，例如查询员工或设施、图书馆的开放时间以及读者使用打印机和计算机终端等处理设备)。

注 6：如果是为了查找已经通过书目证实了的馆藏，其请求也不包括在内。

3.3.10

馆内利用　in-house use

用户从开架区提取文献在馆内使用。

注：馆内利用包括用户为了简要了解文献内容而在书架中浏览文献，但不包括为了选择文献而扫视文献的题名。

3.3.11

馆际互借　interlibrary lending

从不属于同一管理单元的其他图书馆借阅文献物理原件或者传送文献的全部或部分内容的复印件。

注 1：中介性的电子形式的文献传送归入电子文献传递。

注 2：本标准定义的外借和传递服务的形式如表 1 所示。

3.3.12

因特网会话　internet session

用户利用图书馆提供的工作站或用户用自己的个人电脑在图书馆内通过图书馆的网络进行的因特网访问。

注 1：因特网会话只有当用户在访问因特网时已经注册或者得到授权时才能计算在内。

注 2：通过用户的个人电脑(例如笔记本电脑或掌上电脑)在图书馆内部访问因特网的，须计算在内但单独统计。

3.3.13

图书馆网站　library website

包含有图书馆发布的网页集合的唯一因特网域名，通过网络途径提供图书馆的资源与服务。

注 1：网站的网页通常利用超文本链接方式连接。

注 2：不包括满足电子馆藏定义的文献和从图书馆网站可链接到的免费网络资源。

注 3：不包括在图书馆范围内由其他组织机构运营的网络服务。

3.3.14

借阅　loan

非电子形式的文献(例如图书)，或以物理载体(例如光盘)或者其他设备(例如电子图书阅读器)储存的电子文献的直接借出和传递，或者将电子文献传送给一个用户在限定的时间内使用(例如电子图书)。

注 1：借阅包括用户主动续借，也包括在图书馆内的登记借阅（现场借阅），续借要单独统计。

注 2：借阅包括图书馆工作人员为用户提供的原始文献的复印件（包括传真）和电子文献的打印件。

注 3：包括远程用户借阅物理文献。

注 4：如果许可没有使用期限，则中介性的文献电子传送统计为电子文献传递，这包括对服务人群的传递。

注 5：本标准定义的关于外借和传递服务的形式如表 1 所示。

3.3.15

联机目录　online catalogue

通常用来描述某一特定的图书馆或者图书馆系统馆藏的书目记录数据库。

3.3.16

现场借阅　on-site loan

多数情况下，在闭架不外借的阅读区内，以利用为前提的文献提供。

3.3.17

使用现场信息技术培训　point-of-use IT training

用户在利用现场即时提出请求，而由图书馆员工开展的、未经预先准备的关于信息技术利用方面的用户培训。

注：改写 ANSI/NISO Z39.7-2004。

3.3.18

服务人群　population to be served

图书馆旨在为其提供服务和文献资料的成员的集合。

注 1：改写 ISO 11620:1998，定义 3.18。

注 2：对于公共图书馆而言，服务人群通常是法定辖区内的人群；对于高等教育机构图书馆而言，服务人群通常是全体教职员工和学生。

3.3.19

下载的记录　record downloaded

从数据库或者联机目录中请求成功的描述性记录。

3.3.20

注册用户　registered user

为了在图书馆内或图书馆以外使用图书馆的馆藏或服务而在该图书馆注册的个人或组织。

注：用户可根据要求进行注册或者在加入某机构时自动注册。

3.3.21

被拒会话　rejected session

受阻进入　turnaway

由于超过并发用户数限制而导致对数据库或者联机目录的失败请求。

注：由于密码错误导致的失败请求不包括在内。

3.3.22

续借　renewal

用户主动提出延长文献借期。

注：用户无需亲自操作而通过图书馆系统产生的自动续借不包括在内。

3.3.23

预约　reservation

用户请求获得图书馆馆藏或正在采访过程中的某一文献但当时该文献尚不可获取时而采取的

行为。

3.3.24

检索　search

特定的求知性查询，通常是指对数据库或者联机目录的服务器提交一个检索式。

注1：改写COUNTER实施规范2004年第2版(COUNTER Code of Practice，Release 2:2004)。

注2：每一次检索请求提交给服务器时就会被记录下来算作一次检索(查询)。

注3：当场重复的反复检索、双击或者其他证据表明是用户无意识的检索行为的，不包括在内。

3.3.25

会话　session

对某一数据库或联机目录的成功请求。

注1：一次会话即是用户活动的一次循环，通常开始于用户连接到某一数据库或联机目录并结束于明确的(通过退出而断开与数据库的连接)或是不明确的(由于用户不活动而超时断开)在数据库中活动的终止。平均超时期限为30 min。如果采用另外的时限，需要特别报告。

注2：对图书馆网站的登录按照虚拟访问计算。

注3：对主入口页面或门户网页的请求不包括在内。

注4：若可能，通过搜索引擎的请求不包括在内。

3.3.26

会话时间　session time

一次会话持续的时间。

注：通常是指从登录到明确或不明确退出数据库或联机目录之间的时间间隔。

3.3.27

用户　user

图书馆服务的接受者。

[ISO 11620:1998，定义3.24]

注：接受者可能是个人，也可能是一个机构，包括图书馆。

3.3.28

用户培训　user training

设立有特定课程计划的培训项目，旨在让用户学会利用图书馆及其他信息服务。

注1：用户培训可以是图书馆参观、图书馆教学或者是基于网络的用户培训。

注2：课时长短不限。

3.3.29

虚拟访问　virtual visit

用户从图书馆外对图书馆网站的请求，不考虑浏览网页或内容的多少。

注1：网站的访问者是从图书馆网站访问网页的特定网页浏览程序，或确定的IP地址。

注2：若两次连续的请求视为同一次虚拟访问的话，其时间间隔通常不超过30 min的超时时限。超过30 min时间间隔的访问视为一次新的访问。

注3：网络服务器提供的服务已在另一个站点统计时，则不应包括在图书馆网站的统计数据中。

3.3.30

到馆访问　visit

用户(个体)进入图书馆建筑内的访问。

3.4　获取和设施

3.4.1

获取　access

接触和使用服务或设施的能力。

3.4.2

网络　network

几个工作站通常通过计算机服务器彼此连接，并且工作站之间能共享信息资源和服务。

3.4.3

开放时间　opening hours

常规情况下，一周中用户可使用的图书馆主要服务(例如参考咨询和借阅服务、阅览室)的小时数。

3.4.4

公用工作站　public access workstation

图书馆拥有的联网或独立的计算机工作站，包括放置在图书馆建筑外面的以及部分或全部由捐助者购买或维护的工作站。

注：改写 ANSI/NISO Z39.7-2004。

3.4.5

座位　seat

图书馆提供给用户阅读和学习的座位，无论是否有其他设施。

注：包括图书馆研究室、会议室、学习室、视听室和儿童部的座位，但是大厅内、为参加特别活动的观众而设立的演讲报告厅和剧院等之内的座位不包括在内。用户可坐下的地板空间和类似的非正式座位也不包括在内。

3.4.6

空间　space

分配给图书馆用以行使其职能的所有区域。

注：图书馆空间用平方米来表述。

3.5　支出

3.5.1

资产支出　capital expenditure

采购或者增加固定资产的支出。

注：包括馆舍建筑场所费、新馆舍建设费、扩建费、新扩建馆舍的家具和设备费、计算机系统(硬件和软件)费用等。若有地方和国家销售或购买税(例如增值税)也包括在内。许可支出费用计入开放获取的出版费中(3.5.2)。

3.5.2

开放获取的出版费用　open access publishing fees

由作者支付的在某些开放获取的资源上(尤其是期刊)发表作品的费用。

3.5.3

运行费用　operating expenditure

日常费用　ordinary expenditure

图书馆维持正常运转的支出。

注：用于员工及经常被耗费和更新的资源上的费用(见 ISO 11620)。包括员工薪酬、租赁费、采购和许可费、装订费、计算机网络费用(运行和维护)、通讯费、馆舍维护费、现有家具和设施的维修或更换费用等。也可称为经常性支出。若有地方和国家销售或购买税(例如增值税)也包括在内。

3.5.4

专项拨款　special grant

为特定项目提供的非经常性资金(或部分资金)。

3.6　图书馆工作人员

3.6.1

图书馆员工　library employee

为图书馆工作而获取报酬的人。

3.6.2

专业教育 professional education

学生或受训者接受的有关图书馆学、情报学或相关领域的正式培训，大多数情况下，培训由图书馆、图书馆学校或类似机构举办。

注：培训的资格水平在不同国家有所不同。

3.6.3

专业馆员 professional staff

接受过图书馆学或情报学培训，并且其职责需要接受专业教育的图书馆员工。

注：培训可能是正式教育，也可能是在专业人员指导下在图书馆内从事超过一定时限的具有专业性质的工作。

3.6.4

认证专业人员 qualified specialist staff

接受过非图书馆学或情报学专业学科培训的图书馆员工。

注：培训可能是受正式教育，也可能是通过在专业人员指导下从事超过一定时限的工作，例如会计、计算机、人事管理、图书装帧等具有专业特性的工作。

3.6.5

其他人员 other staff

没有正式的图书馆学、情报学或其他相关专业资格的所有其他图书馆员工。

注：在这类人员当中，如可能，单独统计保安和内勤人员，例如清洁工、搬运工、看管员和餐饮工作人员。

3.6.6

志愿者 volunteers

为图书馆工作但不领取薪酬的人员。

注：志愿者可能接受补偿和津贴。

4 统计的用途、作用及局限性

4.1 背景

4.1.1 本标准定义和描述的统计数据可用来评价、比较图书馆和信息服务。为了方便使用而采用“图书馆”一词，一般来说它应涵盖信息服务。

4.1.2 图书馆统计由各个图书馆采集，并在地区级、国家级或国际范围内对所有图书馆或不同类型图书馆进行汇总。各个图书馆利用统计往往是为了战略规划、决策和资金预算，而国家层面的统计则为了评估和制定政策。

4.1.3 图书馆统计的目的概括如下：

——对照类似机构的标准和数据，监控运行结果；

——监控发展趋势和创新成果；

——提供计划、决策、提高服务质量的依据，并对其结果进行反馈；

——证实用户从图书馆服务中获得的价值，包括对未来几代用户产生的潜在价值；

——通报国家或地方机构在支持、资助和监控中的作用；

——向政府官员和社会公众宣传图书馆的作用。

4.1.4 尽管在高校图书馆、公共图书馆、学校图书馆和专业图书馆之间，以及在封闭获取、开放获取和远程获取之间，统计形式会有所不同，但是其目的是一致的。一般而言，其统计的价值在于反映特定的问题和成就，并且进行量化，而不是为了提供明确的回答或者解释。尽管统计本质上是历史性质的，仅能够在事件发生后提供信息，但是，未来的计划需要建立在可靠的统计基础之上。

4.2 图书馆实践的发展

4.2.1 传统的图书馆统计注重图书馆的投入、馆藏和支出。现在已经扩展为注重产出、利用和利用率、成果和影响。

4.2.2 传统图书馆采集统计数据涵盖一个完整的报告周期，但这并非适用于图书馆所有的服务项目，例如馆内利用或参考咨询问题。因此，在数据不能通过自动系统采集，或者采集一个报告周期的数据时间过长的情况下，本标准允许采用抽样方法。计算抽样范围，宜参考统计程序手册。

4.2.3 最近几年，对图书馆服务的质量和效益以及资源利用效率的评估和比较取得了重要进展。为此，图书馆界已经制定了一整套绩效指标。本标准规定了国际标准 ISO 11620 中绩效指标所需提供的数据。

4.2.4 近年来，电子信息和设备以及远程利用图书馆服务得到了广泛发展。本标准定义了对所有电子图书馆服务及其利用的统计。本标准的正文部分阐述了电子馆藏、电子文献传递、参考咨询服务和培训课程的数据采集程序。电子服务利用的统计描述了各种用户行为，例如检索、下载或虚拟访问等，都详细列在附录 A 中，因为采集这些数据具有很大的挑战性，附录 A 提供了采集程序所需的更为实用的细节。

4.3 图书馆统计指标的选择

本标准认识到：图书馆的类型多样，所处环境不同，用户群各异，特点千差万别（例如组织结构、经费和管理等）。本标准中所列的全部统计数据并非适用于所有类型的图书馆，还有很多其他的统计数据适用于个别图书馆。

本标准指出了哪些数据适用于国家层面上不同类型的图书馆。有些数据是供选择用的。对这些数据在附录 B 中进行了描述，该附录中推荐了更为具体的统计类别，已经在一些国家的国家层面上采用。

5 统计数据报告

5.1 概述

本标准所指的统计建议定期进行，例如每年一次。提供的信息宜与第 3 章定义表述一致。除非有其他的声明，否则，宜符合本标准。每一个统计项目和活动宜相互排斥，也就是说，不能归入一个以上的统计类别中（例如图书或者电子文献；馆际互借、电子文献传递或外部文献提供）。

5.2 数据涉及的时间周期

建议清晰说明涵盖的时间周期，通常是一年。数据涉及的周期宜涵盖所提及的特定时段，而不是两次连续调查之间的间隔期。其中，当有总量要求时，例如员工或者馆藏文献的总量，除特别声明外，通常是指报告周期结束时的数据。

5.3 抽样估算的数据

统计由抽样调查推算出来而不是全部计数时，建议说明统计抽样的方法。要注意抽样的代表性，要考虑抽样时间、地点和抽样方法的选择，并且不要有偏见。还需了解的是，即使抽样具有很好的代表性，评估的程序也可能发生一些错误，这主要取决于抽样的大小。可能的话，公布的数据中最好列出误差的范围。

6 统计数据采集

6.1 图书馆

6.1.1 统计管理单元和图书馆数量

每一个图书馆都宜根据其主要功能归入 3.1 所定义的一个类别中。

建议每一个实体都提供如下统计：管理单元的总数及其中心馆（总馆）、分馆或流动图书馆的数量。下面举例说明。

示例：某一公共图书馆除了中心馆外，还有 5 个分馆和 2 个流动图书馆，它由如下几部分构成：

——管理单元：　1

——中心馆（总馆）：　1

——分馆：　　　　5
——流动图书馆：　2
——图书馆总数：　8

6.1.2 图书馆类型的统计

6.1.2.1 国家图书馆

宜统计以下各项：

a) 管理单元数量；

b) 图书馆数量：

——中心馆(总馆)数量；

——分馆数量；

——流动图书馆数量。

c) 外部服务点数量；

d) (报告周期开始时)国家人口。

6.1.2.2 高等教育机构图书馆

宜统计以下各项：

a) 管理单元数量；

b) 图书馆数量：

——中心馆(总馆)数量；

——分馆数量；

——流动图书馆数量。

c) 外部服务点数量；

d) 能使用服务的学生(大学生和研究生)、教职员工总人数，包括全职和兼职；

e) 能使用服务的相当于全职的学生(大学生和研究生)和教职员工总人数。

6.1.2.3 专业图书馆

宜统计以下各项：

a) 管理单元数量；报告时按照类型，推荐进行如下分类：

——政府(包括办事处和国际组织)；

——健康服务、医学；

——专业学术机构和协会；

——工商业；

——传媒；

——地区；

——其他(包括志愿组织)。

b) 以上各领域图书馆的数量。

6.1.2.4 公共图书馆

宜统计以下各项：

a) 管理单元的数量；报告时按照服务人群的大小，推荐进行如下分类：

——小于3 000；

——3 001至5 000；

——5 001至10 000；

——10 001至50 000；

——50 001至100 000；

——100 001至500 000；

——大于 500 000。

注：主要由政府部门资助的和主要由私人资助的公共图书馆之间可能存在明显差异。

b) 图书馆数量：

——中心馆(总馆)数量；

——分馆数量；

——流动图书馆数量。

c) 外部服务点数量。

d) 在一个本地社区或者群体中接受服务的人口总数(报告周期开始时的人口)。

注：这里通常指法定辖区内的人口。

6.1.2.5 学校图书馆

宜统计以下各项：

a) 管理单元的数量；根据服务学生的数量，推荐进行如下分类：

——小于 200；

——201 至 500；

——501 至 1 000；

——多于 1 000。

b) 以上各人数区间图书馆的数量。

c) 学校图书馆服务的学校学生和教师总数。

6.1.2.6 保存图书馆(存储图书馆)

宜统计以下各项：

a) 管理单元数量；

b) 图书馆数量。

6.2 馆藏

6.2.1 简介

对 6.2.2～6.2.16 类别的进一步细分，见附录 B。

6.2.2 图书和连续出版物(印刷型)

6.2.2.1 馆藏

宜统计以下各项：

a) 全部馆藏的物理单元的数量；

b) 通常存放在开架区物理单元的数量；

c) 全部馆藏的种数。

注 1：当物理单元无法统计时，一个替代的估算方法是馆藏所占的书架的长度(见 6.4.7.4)。这种空间估测方法也能用来估算物理单元的数量。

装订的期刊建议算作一个物理单元。没有装订的期刊和报纸建议按照其将要装订的物理单元进行统计。通常一卷包括一个年度的所有发行量。散页的装订物建议算作一个物理单元。

注 2：如果图书馆要求，图书和连续出版物可分别统计。

注 3：图书可包含附属物，例如只读光盘、磁盘、幻灯片等。这些附属物不必分别统计。

6.2.2.2 新增馆藏

宜统计以下各项：

a) 增加到总馆藏的物理单元的数量；

注：作为替代，可计算增加的书架长度(米数)。

b) 增加的种数。

注：通常等于新增完整目录的记录数。

6.2.2.3 **剔除**

宜计算剔除的物理单元数量。

注：作为替代，可计算剔除的馆藏所占的书架长度(米数)。

6.2.3 **手稿**

6.2.3.1 **馆藏**

宜统计以下各项：

a) 全部手稿馆藏所占的书架长度数(米)；

b) 物理单元数量。

注：装订成册和其他单元(片断、卷，签名册等)可单独统计。

6.2.3.2 **新增馆藏**

宜统计以下各项：

a) 增加的手稿馆藏所占的书架长度数(米)；

b) 增加的物理单元数量。

6.2.3.3 **剔除**

宜统计剔除的物理单元数量。

6.2.4 **缩微文献**

6.2.4.1 **馆藏**

宜统计物理单元的数量。

统计缩微胶片张数和卷数。

6.2.4.2 **新增馆藏**

宜统计增加的物理单元数量。

6.2.4.3 **剔除**

宜统计剔除的物理单元数量。

6.2.5 **制图资料**

6.2.5.1 **馆藏**

宜统计物理单元的数量。

6.2.5.2 **新增馆藏**

宜统计增加的物理单元数量。

6.2.5.3 **剔除**

宜统计剔除的物理单元数量。

6.2.6 **印本乐谱文献**

6.2.6.1 **馆藏**

宜统计以下各项：

a) 全部馆藏的物理单元的数量；

b) 通常存放在开架区的物理单元的数量；

c) 全部馆藏中的种数。

装订在一起的乐谱馆藏需当作物理单元来统计。没有装订的乐谱馆藏需按其将来装订后的物理单元进行统计。有独立包装的箱盒或者文件夹的，也需要统计。

示例：成套的室内音乐和管弦乐分部通常按套统计，而不是单件统计。

6.2.6.2 **新增馆藏**

宜统计以下各项：

a) 增加的物理单元的数量；

b) 增加的种数。

注：通常等于新增完整目录的记录数。

6.2.6.3 **剔除**

宜统计剔除的物理单元的数量。

6.2.7 **视听资料**

6.2.7.1 **馆藏**

宜统计馆藏中的视听资料数量：

——模拟信号载体上的(物理单元)；

——数字信号载体上的(物理单元)；

——网络的或者安装在独立工作站上的种数。

根据类型宜进一步细分：

——声音的：音乐；

——声音的：有声读物；

——可视的；

——视听混合的。

如果难以细分，那么建议提供总体数量，而不分其类型。

注：物理单元常常是指CD包、唱片套或盒，或录像盒。

6.2.7.2 **新增馆藏**

宜统计增加的视听资料的数量：

——模拟信号载体上的(物理单元)；

——数字信号载体上的(物理单元)；

——网络的或者安装在独立工作站上的种数。

根据类型宜进一步细分：

——声音的：音乐；

——声音的：有声读物；

——可视的；

——视听混合的。

如果难以细分，那么建议提供总体数量，而不分其类型。

6.2.7.3 **剔除**

统计剔除的视听资料的数量：

——模拟信号载体上的(物理单元)；

——数字信号载体上的(物理单元)；

——网络的或者安装在独立工作站上的种数。

6.2.8 **图形文献**

6.2.8.1 **馆藏**

宜统计物理单元的数量。

6.2.8.2 **新增馆藏**

宜统计增加的物理单元数量。

6.2.8.3 **剔除**

宜统计剔除的物理单元数量。

6.2.9 **专利**

6.2.9.1 **馆藏**

统计图书馆馆藏中专利的数量：

——印刷或者缩微形式；

——电子形式。

6.2.9.2 **新增馆藏**

统计图书馆增加的专利的数量：

——印刷或者缩微形式；

——电子形式。

6.2.9.3 **剔除**

统计图书馆馆藏中剔除的专利的数量：

——印刷或者缩微形式；

——电子形式。

6.2.10 **其他馆藏文献**

6.2.10.1 **馆藏**

建议统计物理单元的数量。

当物品通常以成套、成盒的或者张数的形式保存、出版和使用时，计数的物理单元就按照既有的形态统计，例如，一盒或者一叠票、一页或者一本邮票、一本相片等。这通常要与编目时用的单位相符。单独编目的文献建议计为单独的单元。

6.2.10.2 **新增馆藏**

宜统计增加的物理单元的数量。

6.2.10.3 **剔除**

宜统计剔除的物理单元数量。

6.2.11 **电子图书**

6.2.11.1 **馆藏**

宜统计电子馆藏中电子图书种数。

注：种数可能会高于订购数量，因为同一本电子图书中可能包含几种图书，而且电子图书可通过购买、捐赠，或呈缴权来获得。

6.2.11.2 **新增馆藏**

宜统计以下各项：

a) 通过购买等方式增加的电子图书种数；

b) 通过图书馆进行数字化增加的电子图书种数。

6.2.11.3 **剔除**

统计剔除的电子图书种数。

6.2.12 **计算机文件**

6.2.12.1 **馆藏**

宜统计物理载体(计算机磁盘、磁带和其他储存介质)的数量。

6.2.12.2 **新增馆藏**

统计增加的物理载体的数量。

6.2.12.3 **剔除**

统计剔除的物理载体的数量。

6.2.13 **其他数字文献**

6.2.13.1 **馆藏**

统计图书馆馆藏中其他数字文献的数量：

——在物理载体上的(物理单元)；

——在网络或者独立工作站上安装的种数。

注：物理载体通常通过借阅或在图书馆的独立工作站上使用。

6.2.13.2 **新增馆藏**

统计增加的其他数字文档的数量：

——在物理载体上的(物理单元)；

——在网络或者独立工作站上安装的种数。

6.2.13.3 **剔除**

统计剔除的其他数字文档数量：

——在物理载体上的(物理单元)；

——在网络或者独立工作站上安装的种数。

6.2.14 **数据库**

6.2.14.1 **馆藏**

统计图书馆馆藏中数据库数量：

——在物理载体上的(物理单元)；

——在网络或者独立工作站上安装的种数；

——在其他服务器上的图书馆已经购买了使用权的种数。

注：作为参考数据库而购买并已付款的图书馆目录，也在此统计。

6.2.14.2 **新增馆藏**

统计增加的数据库数量：

——在物理载体上的(物理单元)；

——在网络或者独立工作站上安装的种类；

——在其他服务器上的图书馆已经购买使用权的种数。

注：若可能，也统计本地拥有的数据库中增加的(和修改的)描述性记录或内容单元。

6.2.14.3 **剔除**

统计剔除的数据库数量：

——在物理载体上的(物理单元)；

——在网络或者独立工作站上安装的种数；

——在其他服务器上图书馆已经购买了使用权的种数。

6.2.15 **已收到的现行连续出版物**(在报告周期截止时；包括印刷型、缩微型和电子型等所有格式)

6.2.15.1 **印刷型或缩微型**

宜统计如下各项：

a) 订购的现刊数量；

b) 现刊的种数；

c) 订购的现报数量；

d) 现报的种数。

定期发布的报告和定期举办的会议论文集在此归入期刊中。丛书、其他不定期举办的会议报告和论文集分别归入图书和连续出版物(6.2.2)或者缩微文献(6.2.4)中。

注：包括电子格式的报刊所附加的印刷许可权。

6.2.15.2 **电子连续出版物**

宜统计如下各项：

a) 现刊的种数；

b) 现报的种数。

注1：包括本地拥有的种数和购买的远程使用权的种数。

注2：包括印刷型报刊另外准许使用的电子版的种数。

注3：包括图书馆联盟协议合约期附加授权使用或跨界授权使用的种数。

注 4：包括那些只在某一时限才允许使用的期刊。这些期刊可单独统计。

注 5：网络免费资源中的电子期刊，已经由图书馆编目并加入到联机目录或数据库中，需要单独统计，见 6.2.16。

6.2.15.3 连续出版物总量

宜统计如下各项：

a) 订购的现刊数量（包括所有格式）；

b) 现刊的种数（包括所有格式）；

c) 订购的现报数量（包括所有格式）；

d) 现报的种数（包括所有格式）。

注：如可能，重复订购数量依据 a)和 b)以及 c)和 d)之间的不同分开计算。

6.2.16 免费网络资源

图书馆链接的特定的免费网络资源的数量（例如数字文献、数据库、开放获取的期刊等），这些资源经图书馆编目，并纳入到其联机目录或数据库中，但是图书馆并没有购买其使用权。

6.3 图书馆利用和用户

6.3.1 概述

除电子文献传递（见 6.3.11.3）、电子参考咨询服务（见 6.3.8）和用户培训（见 6.3.11.7）外的电子图书馆服务利用，与附录 A 的规定一致。

6.3.2 用户

宜统计如下各项：

a) 注册用户数量（到报告截止时）；

b) 新注册用户数量（在报告周期内）；

c) 当前借阅者数量；

d) 当前用户数量。

注 1：如果在本单位注册后就自动在图书馆注册，那么注册用户就等于服务人群数。

注 2：当前用户数可通过两种途径获得：一是直接在出入口处计数；二是通过人群抽样调查或是对用户进行抽样以确定加入到上述 c)的比例。

注 3：参见 B.2.2.1。

6.3.3 借阅（不包括馆际互借）

借阅依据以下类别进行统计：

a) 允许用户借离图书馆的借阅数量（普通外借），包括：

——初始借阅数量（不包括现场借阅）；

——用户续借的数量；

——电子图书数量（使用电子图书阅读器）；

——电子图书数量（仅仅将内容传递给用户）。

图书馆工作人员为读者提供的取代原始文献的复印文献（包括传真）以及电子文献的打印件宜单独计算。

注 1：短期借阅包括在内。

注 2：邮寄借给远程用户的也包括在内；

注 3：参见附录 B.2.2.2。

b) 现场借阅数量。

6.3.4 借阅的物理单元数量

统计某天普通外借和现场借阅的物理单元数量。

注：除了借阅外，可用来统计在能够代表全年平均活动水平的某一特定时间的借阅量。

6.3.5 馆内利用

统计读者从开架区书架上取下的在馆内利用的物理单元数量，包括在架浏览。可采用下列任何一种方法进行估算：

——归架时计数；

——观察研究；

——用户问卷调查表(研究前分发)；

——采用图书识别技术，例如无线射频识别(Radio frequency identification，RFID)。

应报告所使用的方法。

年总量宜通过抽样统计得出。抽样应在正常的一周或多周内进行，并进行合计(参见4.2.2)。

如果可能，应排除或扣除现场借阅(以免与6.3.3重复统计)。

6.3.6 馆内利用的物理单元数量

统计在特定的某一天内馆内利用的物理单元数量。

注：除了统计馆内利用之外，若可能，统计在能够代表全年平均活动水平的某一特定时间的馆内利用量。

用某些计算方法得出的统计结果可能包括图书馆内普通借阅和现场借阅的利用。应扣除这部分以免同6.3.4重复计数。

6.3.7 预约

统计用户提出的请求量。

6.3.8 信息请求

统计信息请求的数量(参见B.2.2.3)。

统计通过电子媒介(电子邮件、图书馆网站或其他网络通讯机制)传递给图书馆的信息请求数量。

重要的是，图书馆要排除指向性或行政管理的咨询(见3.3.9)。

年度总量宜通过抽样统计得出。抽样应在正常的一周或多周内进行，并进行合计(参见4.2.2)。

6.3.9 复制

6.3.9.1 图书馆的影印复制和缩微复制

统计图书馆为用户制作的代替原始文献的复制品数量(不包括图书馆的自助复印机上复制的文献资料以及为馆际互借而准备的复制资料)：

a) 影印复制的页数；

b) 缩微胶片复制的物理单元数量；

c) 打印的文献页数。

注：以电子形式复制的，计算在电子文献传递中(见6.3.11.3)。

6.3.9.2 用户自助影印复制(非电子资源)

宜统计如下各项：

a) 用户在图书馆的自助复制机上复制的资料页数(通常从机器的计数器上获得)；

b) 用户在图书馆的自助扫描仪上扫描的页数。

6.3.10 国内馆际互借

6.3.10.1 从其他图书馆接收到的馆际互借请求

宜统计如下各项：

a) 从其他图书馆接收到的请求总数；

b) 采用如下形式满足馆际互借请求的数量：

——提供的借阅数量(原始文献)；

——代替原始文献以印本形式复制的文献数量。

如果难以细分，那么建议提供总体数量，而不分其类型。

6.3.10.2 向其他图书馆发出的馆际互借请求

宜统计如下各项：

a) 向其他图书馆发出的馆际互借请求总数；

b) 通过如下方式收到的馆际互借请求回复：

——收到的借阅数量(原始文献)；

——代替原始文献以印本形式复制的文献数量。

如果难以细分，那么建议提供总体数量，而不分其类型。

6.3.11 国际间的馆际互借

6.3.11.1 从其他国家接收到的馆际互借请求

宜统计如下各项：

a) 从其他国家接收到的借阅请求总数；

b) 通过如下方式满足馆际互借请求的数量：

——提供的借阅数量(原始文献)；

——代替原始文献以印本形式复制的文献数量。

如果难以细分，那么建议提供总体数量，而不分其类型。

6.3.11.2 向其他国家发出的馆际互借请求

宜统计以下各项：

a) 向其他国家发出的馆际互借请求的总数；

b) 通过如下方式收到的满足馆际间借阅请求数量：

——收到的借阅数量(原始文献)；

——代替原始文献以印本形式复制的文献数量。

如果难以细分，那么建议提供总体数量，而不分其类型。

6.3.11.3 电子文献传递(中介性)

统计图书馆以电子形式传递的文献数量，包括：

——收费的；

——不收费的。

注1：统计可进一步细分为直接传送给最终用户和通过其他图书馆传递的数量。

注2：用户不通过中介而下载获取的图书馆电子资源不算作电子文献传递，而是依据附录A进行统计。

6.3.11.4 外部文献提供

通过图书馆正在参与交易或付款的非图书馆供应商，从图书馆馆藏之外(不通过馆际互借)获取的印刷型或者电子形式的文献或文献的一部分，包括：

——印刷型的；

——电子型的。

6.3.11.5 图书馆组织的活动

宜统计如下各项：

a) 展览的次数；

b) 活动的次数(包括虚拟活动)，一般指具有文学、文化或教育意义的活动。

注：参见附录B.2.2.5。

6.3.11.6 到馆访问

统计一个年度用户(个体)到图书馆访问的次数。可以通过下列方法之一来计算其进入或者退出的次数：

——十字转门计数；

——电子计数器；

——人工计数。

以上任何一种方法，尤其是人工计数，可以用一次或多次抽样时间段，然后累计得出一个年度的估算值。应报告所采用的方法。必要时，建议扣除图书馆员工进出图书馆的次数。

6.3.11.7 用户教育与培训

宜统计如下各项：

a) 图书馆培训用户的总时数，培训内容包括图书馆馆藏、服务和设施的利用，或者是信息资源利用；

b) 用户培训课程参加的人数；

c) 图书馆举行的有关电子服务和信息技术的用户培训小时数；

d) 参加电子服务用户培训课程的人数；

e) 用户获得的基于网络的图书馆培训服务的小时数。

注 1：c)是 a)的一个细分；d)是 b)的一个细分。

注 2：参见 B.2.2.4。

6.4 获取和设施

6.4.1 开放时间

正常情况下，统计一周内用户可以获得的图书馆主要服务的小时数：

a) 中心馆(总馆)；

b) 分馆(平均值)。

6.4.2 开放天数

统计报告周期内主要服务对用户开放的天数：

a) 中心馆(总馆)；

b) 分馆(平均值)。

6.4.3 座位

统计报告周期截止时图书馆提供给用户的可用座位数。

统计用户能够将其计算机与图书馆网络相连的座位数。

6.4.4 公用工作站

宜统计如下各项：

a) 图书馆拥有的用户可有效使用的计算机工作站数量：

——联网的工作站数量；

——能够与因特网相连的工作站数量。

b) 可公用的打印机数量。

c) 可公用的扫描仪数量。

d) 可公用的电子图书阅读器数量。

e) 仅对工作人员开放的计算机工作站数量。

注 1：图书馆计算机工作站总数等于 a)和 e)之和。a)的每个工作站可细分到几个类目中。

注 2：用户能够将其计算机与图书馆网络相连的座位数在 6.4.3 中统计。

6.4.5 编目记录

宜统计如下各项：

——报告周期结束时编目记录的总数；

——已进行自动化编目的百分比；

——每年度增加的编目记录数量。

6.4.6 复印机

统计图书馆为用户提供的、勿须借助中介的自助复印机数量。

6.4.7 空间

6.4.7.1 图书馆功能净可用面积

净可用面积以平方米表示。

净可用面积包括读者使用空间和阅览区、资料上架和存放区、员工工作区、客户服务区、公共服务台、展览区、设备区、通道以及其他所有用于图书馆资源存放和服务的区域。不包括门厅、大厅、交通区、休息室、门卫或物品保管服务区、卫生间、员工娱乐室、咖啡室、电梯、楼梯、建筑走廊，以及供热或制冷设备占据的空间等。

注：如有可能，分别提供图书馆总馆和各分馆的数据。

6.4.7.2 按功能划分的净可用空间

在6.4.7.1中定义的净可用面积可以分为如下几个主要功能区：

a) 读者服务区，包括阅读区、学习区、信息传递区、计算机终端和其他任何为用户服务的区域、以及属于读者服务区组成之一的开架区域；

b) 图书馆业务办公区，包括图书资料接收区、装订区、采访区、编目区、计算机自动化管理区；

c) 图书资料存放区，包括所有主要用于资料存放的地方，无论是否对外开放；

d) 活动交流区，包括研讨和会议室、演讲室和正式展览区等。

以上各项面积总和应与6.4.7.1中报告的面积相等。

6.4.7.3 图书馆建筑总面积

图书馆建筑总面积以平方米计算。

这是指图书馆建筑或建筑群的总面积，包括在6.4.7.1中特别排除在外的那些面积。

注：若可能，单独统计咖啡室和员工娱乐室的面积。

6.4.7.4 书架数

宜统计如下各项：

a) 全部馆藏所占的书架的线性总长度(米)；

b) 开架区书架的线性总长度(米)。

6.5 支出(报告周期内)

6.5.1 图书馆运行费用(日常费用)

6.5.1.1 用于图书馆员工的支出

宜统计如下各项：

a) 用于工资、津贴和其他福利以及相关费用上的总开支；

注：若可能，分别给出专业馆员、认证专业人员、其他员工和学生助理的数据。

b) 员工培训费用。

注：员工自己支付的培训费用不包括在内。

6.5.1.2 用于采访的支出

为满足用户需要，根据资源类型统计新增馆藏的总支出：

a) 印刷型书籍；

b) 印刷型连续出版物；

c) 非电子视听资料；

d) 其他非电子文献；

e) 数据库；

f) 电子连续出版物；

g) 数字文献(不包括电子图书)；

h) 电子图书；

i) 计算机文件。

注1：子项a)至d)可合并为一个总子项“印刷型及其他物质载体资料”。

注2：子项e)至i)可合并为一个总子项“电子馆藏”。该总子项可进一步细分为实际购买的数字资源的支出和购买

数字资源许可权的支出。

注 3：该支出包括增值税、销售和服务税或其他地税。这不可避免会影响国际间的比较。

注 4：如果数据库或电子连续出版物是由联盟提供全额资金或部分资金购买的，在此只需统计本图书馆自己所支付的费用。

注 5：如果是由于图书馆购买或订购了印刷型文献而附带的免费电子资源使用权，则只需统计其购买印刷型文献的费用。如果必须为电子资源使用权额外付费，则这个额外的部分需统计在 e)、f)或 g)子项中的支出。

6.5.1.3 用于外部文献提供和馆际互借的支出

统计通过由图书馆作为中介的非图书馆供应商而开展的文献传递的费用，以及馆际互借的费用。

宜单独统计图书馆支付的借阅费用。

6.5.1.4 用于馆藏维护的支出

宜统计如下各项：

a) 馆外合同单位装订、保护和修复文献的费用；

b) 馆外合同单位对文献载体进行转化(缩微、复制)的费用；

c) 馆外合同单位对文献进行数字化的费用。

古籍善本馆藏的维护费用建议单独统计。

6.5.1.5 基本维护费用

统计租赁、维修和服务费用(包括供热、照明、供水和污物处理费等)。

6.5.1.6 用于自动化的支出

统计计算机、网络(运营和维护)、软件许可以及电子通讯等费用的支出。

6.5.1.7 用于开放获取的出版费用

统计图书馆为机构或个人作者支付的开放获取的出版费用。

6.5.1.8 杂费

统计所有其他各类费用，包括用于书目记录、复制、邮寄、服务宣传、文具、保险、运输、通信、咨询和设备上的费用，如有借款，还包括支付的借款利息。

6.5.2 图书馆资产的支出

宜统计如下各项：

a) 用于购买或新增图书馆建筑新址、新馆修建和馆舍扩建上的费用支出；

b) 用于计算机系统上的费用支出(含硬件和软件)；

c) 包含图书馆家具和设备在内的所有其他资产费用。

图书馆新建或扩建时采购的书籍和资料的费用通常宜计在资产费用支出内，不宜计作采访费用。

6.5.3 收入和筹款

宜统计如下各项：

a) 图书馆所属的机构或上级主管部门的拨款；

b) 其他公共来源资金；

c) 公司或私人来源资金(包括捐赠)；

d) 专项拨款；

e) 图书馆自身的收入，例如由图书馆运营所产生的收入，以及可以由图书馆支配的各种收费、罚款、征订费和捐赠等收入。

6.6 图书馆工作人员(报告截止时)

6.6.1 概述

统计图书馆员工，需要利用全时工作当量(full time equivalent，简称 FTE)的概念把非全职员工的数量按照全时工作当量的员工进行折算。

示例：如果雇佣3个人为馆员：一个1/4工作日的，一个为1/2工作日的，一个为全职的，那么，这3个人的全时工作当量(FTE)是0.25+0.5+1.0=1.75个馆员。

6.6.2 全体工作人员

6.6.2.1 概述

宜统计以下各项：

a) 图书馆聘用的总人数；

b) 员工数(全时工作当量,FTE)；

c) 子项b)中,由图书馆所属机构或上级主管部门以外的资源提供资金支持的员工总数(全时工作当量)。

注：不包括志愿者。

6.6.2.2 专业馆员

统计专业馆员数量(全时工作当量)。

6.6.2.3 认证专业人员

统计认证专业人员的数量(全时工作当量)。

6.6.2.4 其他人员

统计其他人员数量(全时工作当量)。

6.6.2.5 学生助理

学生助理通常按小时来聘用。全年所聘用学生助理的总时数按全时工作当量来转换。

6.6.3 志愿者

统计不领取薪酬的志愿者人数(全时工作当量)。

6.6.4 员工培训

宜统计如下各项：

a) 员工接受正式培训的小时数(报告周期内)；

b) 接受正式培训的员工人数(报告周期内)。

注：培训可包括馆内和馆外培训。

6.6.5 专业教育

宜统计如下各项：

a) 接受由图书馆举办的有关图书馆学、情报学或相关领域的正规培训的学生、学员人数(报告周期内)。

注：学生、学员可在整个报告周期内或仅仅在短期课程中接受教育。

b) 所有学生、学员的教育时间按月来统计。

示例：如果有3个人在整个一年当中都在接受培训教育,另3个人只是接受了一个月的教育,那么专业教育的总月份数是39个月。

6.6.6 分配在服务区、工作区的员工

在6.6.2中统计的员工可以按照以下图书馆的主要服务进行分配：

a) 用户服务：包括借阅、参考咨询、馆际互借、用户教育、影印复制、上架和检索等职能(改写ISO 11620:1998/Amd 1:2003)；

b) 资源处理：包括采访、许可权购买谈判、编目、图书的技术处理、装订；

c) 电子服务：包括计划、维护、提供和开发IT服务以及从技术上开发和提高图书馆基于网络的服务(ISO/TR 20983:2003)；

d) 行政：包括管理、计划和指导、预算控制、人事管理、统计；

e) 所有其他服务。

服务区聘用的图书馆员工数量是通过累计所有全职或临时人员在该服务区域所花费的时间来计算

的，包括在服务区的项目聘用人员。有以下几种可能的方法：

——统计直接定岗在某一服务区的全职人员职位数量。估算出该服务区员工为其他服务所花费的平均时间，并从总数中减去这部分时间。估算出其他服务区员工为上述服务所花费的平均时间，并把该时间加入到全职人员职位总数中。

——选择一个抽样时段（通常是一周或两周），在这个时段内，该项服务按照平均工作量进行。记录下员工（包括其他工作区员工）花费在这些服务区的时间（通过工作日志）。把抽样统计累计为报告周期内的全时工作当量。

附　录　A
（规范性附录）
电子图书馆服务的使用评估

A.1　概述

本附录为图书馆和信息服务制定了电子图书馆服务利用中的馆藏和统计报告的相关准则。附录的形式可以更详细地描述统计的方法和问题。

今天，图书馆在提供传统服务的同时也在日益扩充电子服务。随着新的信息资源形式和新的信息提供和传递方式的出现，图书馆馆藏和服务发生了根本性改变，并且电子（尤其是基于网络的）图书馆服务的利用有了显著增长。

尽管信息世界还将发生更大的变革，图书馆不能止步不前，而是需要尝试着评估并报告其在该领域的活动，全方位地展示图书馆的服务和成果。本附录的产生有赖于过去几年内全世界的项目成果，这些项目确立和测试了电子图书馆服务评估和报告的方法。

绝大多数传统统计可由图书馆自身进行，而电子服务的统计数据，特别是电子服务的利用统计，在某种程度上需要从不同的途径进行收集，其中一些途径并不是图书馆自身能够直接掌控的（例如会涉及到经销商和供应商，以及计算机中心和图书馆联盟）。最重要的问题是图书馆要就评价其服务的统计数据取得一致认识，并与经销商和信息资源的供应方（例如图书馆联盟、国家图书馆），以及图书馆自动化系统的供应商就此数据进行协商。

本标准要定义如下各项：

——电子图书馆服务的各种形式；

——电子信息资源的各种形式；

——电子服务利用的各种形式。

本标准的正文涵盖了对电子信息资源、电子文献传递、电子参考咨询服务以及基于电子服务和信息技术的用户培训的定义和数据收集。

本附录详细描述了电子服务利用的统计方法和用户利用行为，例如检索、下载或虚拟访问等。由于采集这些数据具有很大的挑战性，所以本附录提供了采集程序所需的更为实用的细节。

A.2　电子馆藏的评估

A.2.1　概述

与传统资源相比，电子资源常常既没有物理形态也没有界限，这将会影响对其收藏和利用的评估。

A.2.2　本地和远程资源

考虑电子馆藏的两个关键问题是要对馆藏范围（跨度）和实际的内容单元（通常描述为一份文献）进行定义。图书馆的电子馆藏通常分为两大类：

a）　图书馆直接拥有的文献（例如数字化内容、网页、图片）；

b）　图书馆得到授权可以远程访问利用的文献（例如数据库、电子期刊、电子图书）。

然而，这两种类型不是互相排斥的。有些图书馆得到授权使用的资源（例如电子图书），而另一些图书馆却实际购买了。因此，相同的资源对某个图书馆来说可能是不直接拥有但被授权使用，但对其他图书馆而言，这一资源却是该馆实际拥有的。图书馆提供的资源获取方式是极为重要的，因为对图书馆拥有的资源，图书馆可以直接获得有关该资源的利用数据；而被授权使用资源的图书馆，则需要从该资源拥有者（例如供应商）那里得到利用数据。

图书馆馆藏更进一步的区分是：资源是由图书馆提供的，还是由图书馆链接而得的。图书馆可以通过其网站或联机目录链接到许多免费资源供用户使用。图书馆可考虑是否对这些资源的利用进行统计报告(见 A.5.5.3)。

A.2.3 内容单元

电子资源的内容单元是用户获取的最基本信息单元。对内容单元的确认是电子馆藏的一个挑战，因为一些资源提供全文、图片或视听文献，但图片却放在图片库中，视听文件放在视听数据库里，或者是几种文件类型的组合(例如文本、图片、视听或动画片)。另一个复杂因素是有些内容单元在某一类特定的资源中并没有预先定义。数据库能够对信息进行组合和分类，从而使每一个检索指令可以生成一个新的对象(文件)。例如动态服务器网页(active server page，简称 ASP)技术，可以使每一次请求能够从许多数据库入口中生成一个网页。这些在他们生成网页之前不能被算作内容单元，很难估算其使用情况。最后，各种格式(例如全文、注释、图片等)的电子资源内容会随着时间发生变化。用以确定内容单元的统一资源标识符(uniform resource identifiers，简称 URI)或其他元数据格式会逐步普及并支持文献的清晰识别。因此，图书馆将有必要为每一个电子资源确定合适的内容单元，以便确定怎样才能算作对该资源的一次利用。

随着时间的推移，图书馆能够预期到电子资源和这些资源提供的内容单元会不断发展。

由于文摘、索引、全文及其他类型的数据库开始融合到复杂的数据库产品中，区分它们变得日益困难。因此，附录 B 中的细分仅作为可选项。将来，电子连续出版物和全文数据库之间的许多不同之处也可能消失，因而，其确切的数量统计或定义(什么单元才算作一个内容单元)将变得困难。图书馆需要评估其电子馆藏资源并确保就什么内容构成用以评估的内容单元达成共识。

A.3 利用评估

A.3.1 概述

广义上来说，以下三种重要资源构成了图书馆的电子馆藏：

a) 图书馆联机目录，该目录帮助用户查找各种资源；

b) 图书馆网站，网站上提供了大量的各类型资源(例如数字化内容、电子图书、文本)，或对非图书馆资源的链接；

c) 图书馆被授权使用的资源，包括电子期刊、数据库、电子图书等。

针对每一种资源，图书馆可以采取多样化的应用，给用户提供附加的服务。例如，电子参考咨询服务经常利用了专门软件为用户提供电子咨询服务。图书馆网站日益成为图书馆电子馆藏的门户，因此，大多数用户是通过网站或门户来利用图书馆电子馆藏的。

A.3.2 网络日志文件

所有这些资源的利用是作为事务记录的，并因此可以从日志文件中获取，有些日志文件是系统专有的(例如联机目录、供应商或电子参考咨询软件独有的)，有些日志文件是标准的，例如由网络服务器产生的通用日志格式(common log format，简称 CLF)或可扩展日志格式(extended log format，简称 ELF)。将专用系统作为电子馆藏组成部分的图书馆将需要：

了解日志文件的结构以及系统的运行；

知道怎样查询日志文件，日志通常由专用的脚本或分析系统产生；

知道并了解专用系统报告中对利用数据元素的定义。

网络服务器不管是利用通用日志格式(CLF)还是可扩展日志格式(ELF)，都会把网站利用数据写入标准的美国信息交换标准码(American Standard Code for Information Interchange，简称 ASCII)格式的日志文件中。所有的主服务器都采用相同的日志文件格式，从而使得通用的分析技术能够通过网络日志分析软件应用在所有网络服务器中。通常，网络日志文件记录了 7 个基本元素，包括请求的 IP 地址(每一台联入因特网的计算机的唯一联网协议号码)、认证信息、时间标记、传输成功状态，以及传输量。图书馆采用网络日志分析软件能够以多种方式对网站利用进行分析，例如虚拟访问(网站登录)、网页获取(用户获取的网页)和内容单元(文献、图片或其他内容形式)。每一个软件程序分析日志文件各不相同,并且各类型分析采用的术语也不同,因此对图书馆而言,重要的是知道它们的分析软件程序如何运行并采用了哪些定义。

A.3.3 检索系统

图书馆有一种新的趋势,即采用跨库检索系统或门户,这使用户可以从一个检索界面搜索图书馆的全部电子馆藏。跨库检索系统在促进用户获取图书馆电子馆藏方面是一个重大发展。然而,这些系统也将影响本标准中关键统计指标的利用数量,尤其是会话数量和检索、查询数量。另外,大多数跨库检索系统也提供日志文件来报告该系统的使用情况。这些日志文件通常是专用的,不必采用与本标准或其他产品供应商相同的术语。因此,与其他日志文件一样,图书馆也需了解跨库检索系统日志中所采用的结构、位置和定义。

A.3.4 评价面临的挑战

还有其他的因素影响图书馆评价其电子馆藏利用能力。可选的关键因素包括认证、超高速缓存以及代理服务器。为了不影响电子馆藏的可用性,图书馆很少进行个人认证。但是,服务人群对图书馆的利用,只有在记录认证信息的情况下才能被确定。为了评估起见,如果一次请求的IP地址属于图书馆、机构或法定服务区域,那么就被认定为是由图书馆服务人群发出的。获取付费的电子图书馆服务(例如,购买的或授权使用的数据库、连续出版物等)通常要先认证IP地址列表或范围。因此就需要假设所有成功的请求是由图书馆服务人群成员发出的。对免费服务的请求(例如联机目录和图书馆网站)不可能全部进行确认。来自机构内部的访问(通过IP地址确认),可假设是由服务人群成员发出的,而远程访问(例如利用家中的计算机)则往往是匿名的。

其次,不能够识别利用同一个代理服务器的个人(单独的)IP地址,因为日志文件中只记录了代理服务器的IP地址。最后,有些服务器在本地高速缓存或存储来源于其他资源的内容。用户能够激活其浏览器中的本地缓存文件,来保存先前所获取文献的复件。在代理服务器环境中,对一个文献的重复请求可以在超高速缓存或代理中实现,而不需通过文献服务器,因此缩短了转换的时间。由于这些请求不会到达文献服务器,日志文件中就没有被记录统计入口,统计的请求数量将低于实际利用的总量。因此,个人浏览器高速缓存设置会增加更多的复杂性,不过,一些专业的网络分析工具(开发的许多网络分析工具是用来评价网络广告)能够促使计算机忽略已存储的复件,代之以新的文献请求。

评估图书馆电子馆藏的利用,受许多环境因素的影响。其中关键性因素之一是图书馆为其多样的电子馆藏服务和资源已采用和实施的信息技术架构。图书馆需要了解如何运行联机目录、网站和获得授权的资源,这将直接影响到图书馆利用统计数据的收集、表现和意义。例如,如果图书馆想获得登录授权使用资源的个人IP地址信息,那么图书馆不能通过代理服务器获得这些信息,因为该资源的经销商仅能够报告从代理服务器IP地址发出的会话。

关于电子馆藏利用数据还有许多问题,但重要的是经销商提供的数据在不断改善。尽管标准化工作已有很大的发展,例如本标准以及国家信息标准组织(National Information Standards Organization,简称NISO)、国际图书馆协会联盟(International Coalition of Library Consortia,简称ICOLC)和COUNTER项目,但是,经销商提供的数据在定义、利用报告及数据文件格式报告方面正日益标准化,这是授权使用资源的数据走向标准化的重大步骤。

A.4 电子服务

A.4.1 概述

目前图书馆提供的电子服务在3.3.6中作了定义:

——联机目录;

——图书馆网站;

——电子馆藏;

——电子文献传递(中介性);

——电子参考咨询服务;

——基于电子服务的用户培训;

——图书馆提供的因特网登录。

其中,本标准涉及以下服务和设施:

a) 在物理载体上的电子馆藏;

b) 电子文献传递;

c) 用于电子服务的设备;

d) 用户或员工的电子服务培训;

e) 电子参考咨询服务。

必需的设备(见 6.4.4)和基于电子服务的用户培训(见 6.3.11.7)不能看作是电子图书馆服务不可或缺的部分,而是必要的环境。图 A.1 是电子服务的总览。

电子信息请求被当作是信息咨询另外一种沟通手段。因此,电子参考咨询的相关数据与其他信息请求一起收集(见 6.3.8)。

物理载体上的电子资源或是被借阅,或是在独立工作站上提供馆内利用。因此,它们的利用数据包括在借阅量(见 6.3.3)或馆内利用(见 6.3.5)中。

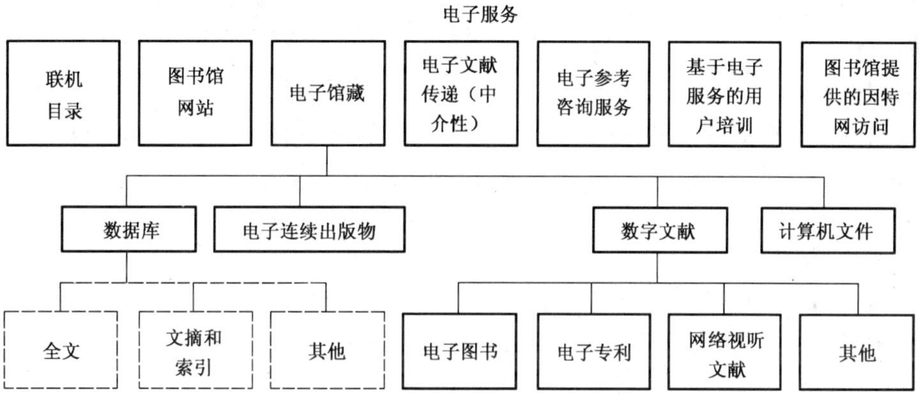

图 A.1 电子服务总览

统计中介性的电子文献传递的程序见第 6 章,包括所有的外借和中介性的文献传递(见 3.3.5 和 6.3.11.3)。本附录只包括非中介性的电子数据获取。

图 A.1 没有显示用户获得不同服务的方式,不过它揭示了第 3 章中定义间的相互联系。虚线代表了 B.2.1.7 中给出的可选数据库种类。

A.4.2 电子馆藏

电子服务主要基于下列电子馆藏(见 3.2.16):

——数字文献;

——数据库;

——电子连续出版物;

——计算机文件。

馆藏和采访的定义及数据收集程序分别见第 3 章和第 6 章。

数字文献,如 3.2.12 中的定义,包括电子图书、电子专利、网络视听文献以及其他数字文献。

专利在 3.2.32 中被定义为"一类特殊的文献",并且包括所有的形式(印刷、缩微、电子)。尽管如此,在这里包括电子专利的利用和所有其他数字文献。

所有的电子服务如图 A.1 所示。

A.5 电子服务的利用

A.5.1 简介

最近几年，图书馆、研究机构和出版机构已经测试了成套的数据集，这些数据能够用于评估一些或者全部电子图书馆服务的使用数量和不同的利用方式。当使用同样的定义和数据收集方法时，评估就已经具有可靠性。

主要有以下问题：

——用户获取电子图书馆服务次数是多少？

——用户发现相关文献（参考文献或信息）的数量有多少？

如果可能的话，无论对于所有的服务，还是对于每一项服务，还是对于服务的累计量，建议收集以下三种核心数据集（见 A.5.4）：

a) 会话次数；

b) 下载的次数（细分为内容下载和记录下载）；

c) 虚拟访问的次数。

除了这些提供电子服务利用基本信息的核心数据集之外，建议尽可能采用其他一些数据收集：

a) 会话时间；

b) 被拒会话（受阻进入）次数；

c) 检索次数；

d) 因特网会话次数。

所有的数据都是对图书馆馆藏、图书馆网站、联机目录和经由图书馆提供的因特网访问利用的统计，而不统计用户在图书馆内登录因特网获取的公开免费的网络文献。

A.5.2 数据集

A.5.2.1 虚拟访问的次数

一次虚拟访问的定义是：用户从图书馆外对图书馆网站的请求，不管浏览网页或内容的多少。网站的访问者是从图书馆网站访问网页的特定网页浏览程序，或确定的 IP 地址（见 3.3.29）。

注 1：虚拟访问可参照传统的到馆访问。

注 2：统计虚拟访问的方法见 A.5.3。

A.5.2.2 检索次数

一次检索的定义是：一次特定求知性查询。通常，每一次检索请求提交给服务器时就被记录下来算作一次检索（见 3.3.24）。

注：错误输入的检索字符串不能算作独特求知性查询。但是在实际工作中，图书馆很难从不成功的有意识检索中区分出这些无意识的检索。

A.5.2.3 会话次数

一次会话的定义是：对某一数据库或联机目录的一次成功请求。它是用户活动的一次循环，通常开始于用户连接到某一数据库或联机目录并结束于明确的（通过退出而断开与数据库的连接）或是不明确的（由于用户不活动而超时断开）在数据库中活动的终止（见 3.3.25）。

由多个体数据库的集合构成的服务，建议提供馆藏拥有的各个数据库的进一步信息。

注 1：在有些情况下，例如在馆内使用联机目录，几个用户可能相继使用同一个工作站，会话次数就不可能区分开。在大多数系统中，用户在某一特定的时间内如果没有活动，会话就会被自动切断，从而部分避免上述问题的产生。平均超时时限设定为 30 min，如果采用另外的超时时限标准，需特别报告。

注 2：浏览器或代理服务器的高速缓存可能会减少日志文件中注册请求的数量。

A.5.2.4 被拒会话（受阻进入）的次数

一次被拒会话的定义是：由于超过并发用户数限制而导致的对数据库或者联机目录的一次失败请求（见 3.3.21）。由于密码错误导致的失败请求不包括在内。

该数据集显示并发用户数限制对用户需求的满足程度的差距。

注：超过并发用户数量限制而会话的次数不总是能够与其他被拒会话区分，例如，漏输密码或因输入密码错误而被拒的会话。

A.5.2.5 会话时间

会话时间的定义是：从登录到明确或不明确退出数据库或联机目录之间的时间间隔(见3.3.26)。该统计给出了某项服务利用程度的其他信息。

注：检索时间取决于许多变量。这些变量包括操作的简易性(手册、在线帮助功能和自动解释菜单)，用户经验以及自动退出设置等。因此，长时间连接并非总是表明用户对该服务感兴趣。

A.5.2.6 下载内容的数量

一次下载内容的定义是：从某一数据库、电子连续出版物或是数字文献中成功获得的一个内容单元(见3.3.3)。

从图书馆馆藏中下载的内容单元表明用户已经找到了他们认为相关的内容。

注：浏览器或代理服务器的高速缓存可能会减少日志文件中注册请求的数量。

A.5.2.7 下载记录的数量

一条下载记录的定义是：从数据库或者联机目录请求成功的一条描述性记录(见3.3.19)。

从数据库或者联机目录下载的记录表明用户已经找到了他们认为相关的书目信息或者其他信息。

A.5.2.8 因特网会话次数

一次因特网会话的定义是：用户利用图书馆提供的工作站或用户用自己的个人电脑在图书馆内通过图书馆的网络而进行的因特网访问(见3.3.12)。

该数据集表明图书馆在多大程度上通过自己的工作站或网络登录会话为它的用户提供因特网访问。

注1：通过网络登录的因特网会话需要单独统计。

注2：因特网会话数量只有当用户在访问因特网时已经注册或者得到授权时才能够计算在内。如果这些数据不能获取，可以通过用户调查来估算数量。

A.5.3 虚拟访问评估

A.5.3.1 概述

一次虚拟访问是从同一个的网站访问者发出的对数据文件的一系列请求。如果两次连续的请求视为同一次虚拟访问的话，其时间间隔通常不超过30 min的超时时限。超过30 min时间间隔的访问视为一次新的访问。

图书馆网站访问者可以是特定网页浏览器程序，也可以是一个确定的IP地址，只要在评估期间它们访问过图书馆网站的网页。

一个访问者通常意味着一个人。但是在登录事务中，只有IP地址被登记。在阅读者和被网页服务器登记的IP地址之间，总是有至少一个浏览器和一台计算机。通常也有一台允许用同一个IP地址代表许多访问者的代理服务器。

有三种方法来统计虚拟访问。基于网页浏览器或IP地址的访问次数或对主页的访问次数都要统计。

A.5.3.2 网页浏览器访问

一个网页浏览器访问者是指在评估期间，一个唯一而确定的网页浏览器程序的安装，该程序被一个实体的人所利用并且已从图书馆网站上获取了网页。一次网页浏览器访问是从图书馆网站对数据文件的一系列请求(在连续两次请求之间的时间间隔不超过30 min)，而这些数据文件被送达给同一个网页浏览器访问者。

避免防火墙和代理服务器问题的一种方法是，采用cookies来确认一个唯一的浏览器。相对于利用IP地址作为一种识别符，该技术减少了不确定性。人和浏览器之间的关系是不确定的(许多人会使用一个公共浏览器，而一个人会在家里、办公室或是别的地方使用不同的浏览器)。

a) 优点

虚拟访问比到馆访问更具可比性，而且在关系到如何理解一个人的一次访问时更具正确性。

b) 缺点

1) 使用同一个公共浏览器的许多人被算作一个访问者。

2) 使用不止一个浏览器的人被算作不止一个访问者。

3) 处于服务中的所有网络服务器和浏览器应能处理 cookies 并被配置成可扩展的事务日志。

统计收集要求有一个分析工具来力求对 cookies 的处理。

A.5.3.3 IP 访问

一个 IP 访问者，是在评估期间一个确定的 IP 地址，该地址被一个实体的人所使用并已经从图书馆网站上获取了网页。一次 IP 访问是从图书馆网站对数据文件的一系列请求(在连续两次请求之间的时间间隔不超过 30 min)，而这些数据文件被送达给同一个 IP 访问者。

a) 优点

1) 简单，不必对网络服务器作配置修改。

2) 采用简单的分析工具即可。

b) 缺点

1) 在同一个防火墙或代理服务器后面的所有人变成了一个访问者。

2) 使用同样的公共浏览器的许多人被算作了一个访问者。

3) 使用不止一台计算机的人被算作了不止一个访问者。

A.5.3.4 主页访问

主页是访问图书馆资源和服务时所显示的可视化单元的页面。主页可在入口页面再定位后出现。

如果主页是一个单独的 HTML 页面，则统计所有的传输。如果主页包含了框架结构，那么建议统计构成主要框架的 HTML 文件的内容。

建议采用两种不同的统计方法(无论在哪种情形下，要剔除那些向已知采集器的传输)：

——统计作为主页的 HTML 文件的传输。

当采用本统计方法时，必须考虑文件名称的所有变体(例如，通过软链接或硬链接定义的别名)。对于不是基于框架结构的网站，而且没有一个再定位入口网页的，也必须统计基本 URL (包括有和没有结束标记)的访问数量。

——统计透明 GIF 的传输，该透明 GIF 仅放置在主页作统计之用。

如果透明 GIF 图像用来统计，它应只包含在 HTML 的文件中(在此情形下即主页中)。透明 GIF 传递的数量就等于主页传递的数量。

有时主页有多种语言版本。在这种情形下，根据上述第一种方法，则必须单独为每一种语言作统计并把各部分的结果相加。当统计透明 GIF(第二种方法)时，则有两种选择：一是为所有的语种采用相同的透明 GIF，则可直接得出传输的总数量。另一种是为每一种语言采用单独的透明 GIF，则需要把各语种的结果相加得出总数。

a) 优点

利用简单。

b) 缺点

没有统计到那些对图书馆网站其他网页的直接访问。

A.5.4 利用场所

为了解电子图书馆服务在多大程度上扩大了图书馆服务的范围，并提高其市场渗透力，了解每一项利用的来源是很重要的。建议区分以下三种场所：

a) 在图书馆内(包括非服务人群的利用)；

b) 在图书馆外,但在本机构或者主管机构内(服务人群);包括来自世界各地任一地方的服务人群成员对图书馆电子服务的利用;

c) 在本机构或者主管机构以外的地方(服务人群)。

图书馆内的利用也可以包括外部用户(非服务人群)的利用,由此可能带来精确度问题,因此,a)和b)二者合起来不总是显示了服务人群的确切利用次数。因为很难区分是服务人群的利用还是外部用户的利用。只有访问系统要求每次登录进行身份认证,才可以获得可靠的结果。对于购买或者授权服务,通常需要控制访问权限,可能需要广泛引入认证和授权系统以解决该问题。

表A.1列出了本附录中所描述的,认为图书馆有必要且有用的有关图书馆电子服务的数据。

表 A.1 图书馆电子资源利用的相关数据

数　据	图书馆内部	本机构内其他场所（服务人群）	本机构外（服务人群）
会话次数	X	X	X
会话时间	X	X	X
被拒会话(受阻进入)次数	X	X	X
下载内容的数量	X	X	X
下载记录的数量	X	X	X
检索次数	X	X	X
虚拟访问次数		X	X
因特网会话次数	X		

A.5.5 各种不同服务的数据收集

A.5.5.1 概述

由于各种服务的利用方式和评估问题都不相同,例如联机目录、电子馆藏、网站,因而建议每种类型服务的数据单独收集。也可以为单个数据库收集数据。

A.5.5.2 联机目录

数据通常从图书馆系统就能够获得。许多联机目录提供在线订购或对所选文献可获得性的检查功能。除了会话次数外,还建议统计检索次数和下载记录的次数。

A.5.5.3 电子馆藏

数据既可以从图书馆自身的服务器获取,也可从经销商或供应商处获取。在许可协议中应包括统计数据的传递。

对电子连续出版物和数字文献而言,最重要数据集是下载内容的数量。

对数据库而言,除了会话次数外,还应统计检索次数、下载内容或下载记录的次数。

对所有基于授权许可使用的资源,尤其是数据库和电子期刊,图书馆需要了解被拒会话次数,从而监测需要的许可数量并评估市场饱和度。

如果数据可获取,经由图书馆编目并加入到其联机目录或数据库中的免费网络资源的利用(见6.2.16)应单独统计。

A.5.5.4 图书馆网站

有关网站访问的数据可以通过日志分析软件记录下来。如果网页链自图书馆网站之外,对网站的一次虚拟访问包括对单一网页的每一次请求。登录到一个通用入口或是门户网页的情况,不包括在内。如有可能,在搜索相关词组或术语时,通过搜索引擎点击而登录到某一站点,也不包括在内。

A.5.5.5 因特网登录

通过图书馆提供的工作站或是用户用自己的个人电脑在图书馆内通过图书馆的网络而进行的因特网访问数量，建议与图书馆自身的电子服务登录区分开来单独统计。因为该服务只是提供了技术上的获取手段，而不是馆藏信息本身。收集的数据将限制在因特网登录次数而不是获取的文献数，因为，大多数免费网络资源超出了电子馆藏的范围(见3.2.16)。

A.6 调查数据

A.6.1 概述

A.5中描述的数据可能没有包括所有的利用情况，而且有些数据的有效性可能尚有疑问。因此，为了支持这些统计，获得更好的电子服务利用信息，建议开展另外的调查工作。

A.6.2 方法

A.6.2.1 总体调查

为了评估电子服务的市场渗透力，总体调查或以书写形式，或以电子邮件的形式，发放给服务人群进行抽样调查。

A.6.2.2 专项调查

为了评估特定的利用形式，可进行问卷调查或面谈访问。这种调查应在用户使用电子服务或者访问图书馆后直接进行。

可选用以下形式：

a) 在用户离开工作站或图书馆时分发调查问卷；

b) 在用户离开工作站或图书馆时进行访谈；

c) 结合电子服务的在线问卷；

d) (作为即时记录的)放置在工作站上的用户所写日记或原始记录。

A.6.3 问题

A.6.3.1 概述

调查可覆盖A.6.3.2～A.6.3.4中列出的问题。

A.6.3.2 两种调查

为符合人口统计的标准，可以应用B.2.2.1的细分。

A.6.3.3 总体调查

a) 使用频次(每周或者每月利用的平均次数)，包括以下各类数据：

——联机目录；

——电子馆藏；

——图书馆网站；

——因特网访问(在图书馆内进行的访问)。

b) 利用场所偏好：

——图书馆内；

——本机构(或者主管机构)内的其他地方；

——本机构(或者主管机构)外。

可能的话，应推荐对结果进一步分类，特别是对电子馆藏和因特网的利用提供更为详尽的分析。

A.6.3.4 专项调查

a) 利用的服务：

——联机目录；

——电子馆藏(指定的特定文献或数据库);

——图书馆网站;

——因特网(在图书馆内进行的访问)。

b) 利用的便利性:

——会话次数;

——被拒会话次数;

——意外退出次数。

c) 输出:

——下载的内容或者记录的数量;

——下载到本地存储设备的内容数量;

—— 打印文献数量。

附　录　B
（规范性附录）
扩展统计分析的推荐类目

B.1　概述

除了第三章定义的统计类目外，本附录为进一步统计分析推荐了类目。需要认识到，许多类目可以依据本地需要进一步细分，宜鼓励这种细分。本附录的类目建议用于国际间的比较。

当进一步分类时，应注意确保每一项统计都使用了合适的定义，这样才能使得下位类的总数能够合并在一起，并为本标准正文中规定的类目提供可靠的统计。

B.2　本标准正文中已经定义的类目的扩展

B.2.1　馆藏和支出

B.2.1.1　简介

本标准的正文可以依据资源类型进行细分。此外，建议馆藏、新增馆藏和支出按 B.2.1.2～B.2.1.7 进行细分。

B.2.1.2　主题

建议公共图书馆和学校图书馆采用以下类目：

a)　依主题划分：
　　——小说；
　　——非小说；
　　——工具书。

b)　依据目标群体（仅适用于公共图书馆）划分：
　　——成人；
　　——儿童（小于或者等于 14 岁）。

可以将主题和目标群体进行组合（例如成人非小说类）。

对于高等教育机构图书馆和专业图书馆，建议使用以下类目：

——综合、工具书；
——神学和宗教；
——语言和文学；
——哲学、心理学、传记和历史；
——艺术、设计、表演艺术、建筑和运动；
——生命科学和化学；
——医学（包括临床、临床前期等与医学相关的内容）；
——地球科学（包括地理科学）；
——工程和技术；
——数学、计算机和信息技术；
——社会科学；
——教育；
——商业和管理；
——法律。

B.2.1.3 采访模式

通过以下方式新增的物理单元数量：

——购买和授权许可使用；

——交换；

——捐赠；

——法定呈缴权。

B.2.1.4 可借阅馆藏

可流通的物理单元数量。

B.2.1.5 出版物国别

新增物理单元的数量及采访经费的数量：

——全国出版量；

——所有其他国家的出版量。

B.2.1.6 文献语种

增加的物理单元数量及采访经费数量：

——本国语言；

——所有其他国家语言。

注：尤其是公共图书馆可以将“所有其他国家语言”分成文化群体。

B.2.1.7 数据库类型

文献及其增加的数量，按其类型分为：

——文摘和索引；

——全文；

——其他。

如果可以选择，以上细分类建议应用于馆藏、新增馆藏和经费中。

注1：图书馆通过采购得到的、用作参考数据库的编目数据，也在文摘与索引数据库的类型中进行统计。

注2：如果可能，应统计全文数据库的内容单元数量。

B.2.2 图书馆利用和用户

B.2.2.1 用户类型

B.2.2.1.1 用户数量和利用情况依据用户类型而有所不同。

公共图书馆可以依据以下用户群进行分类：

a) 个人用户：

——儿童(小于或等于14岁)；

——成人；

——成人(大于65岁)。

b) 团体用户；

c) 图书馆工作人员；

d) 其他目标群体，例如在家中享受服务的用户。

注1：可依据性别、职业和机构类型进一步细分。

注2：其他图书馆需另行统计。

注3：外部用户可以单独统计。

B.2.2.1.2 高等教育机构图书馆可以进行以下细分：

a) 大学生(全日制/非全日制)；

b) 研究生(全日制/非全日制)；

c) 教职员工及研究人员；

d) 图书馆工作人员；

e) 专业用户(个人/团体)；

f) 其他外部用户。

注 1：a)、b)和 c)可依据学院或者系进一步细分。

注 2：其他图书馆需另行统计。

对于学校图书馆，可以分为以下类目：

——学生；

——教职员工；

——其他用户。

B.2.2.2 其他借阅类目

为了分析借阅情况，可以采用 B.2.1 中为馆藏、新增馆藏及支出所规定的类目。

也可统计以下类目：

a) 短期借阅量(少于 3 d，并包含在 6.3.3 中的借阅)。

b) 本馆定期递送给一些组织机构的、为其成员而存储的文献物理单元数量(由于超出了 3.3.14 中的定义，故不在 6.3.3 中作借阅统计)；不在本馆馆藏的借阅量，由注册登记外借的组织机构来统计，例如已经接受本馆馆藏的组织机构。

c) 成人借阅量。

d) 儿童借阅量。

B.2.2.3 信息请求

请求可以进行以下细分：

——检索特定的文献(在图书馆或在目录、数据库和书目中)；

——有关某一特定主题的资源或者阅读的建议；

——参考咨询(由图书馆员进行的、对特定事实、数据等的查找)；

——增值的信息服务(典型情况下有收费并超过了一定的时间限制)。

当一个请求同时涉及上述几个方面时，建议确定一个主要方面。

注：图书馆可考虑对那些指向性的和行政管理的询问另行统计(见 3.3.9)。

B.2.2.4 用户入馆教育和培训

除了在 6.3.11.7 中统计的正式用户培训外，可统计使用现场信息技术培训。当作此统计时，重要的是要严格区分含有信息技术利用的参考咨询活动与使用现场信息技术培训。

B.2.2.5 参加活动

根据活动的类型统计总的参加活动次数：

——展览；

——其他活动，一般指具有文学、文化或教育意义的活动。

并根据用户类型统计：

——儿童；

——成人。

B.2.3 获取和设施

以下各类型增加的目录记录数(见 6.4.5)：

——套录编目(从其他资源处复制或购买的记录)；

——原始编目；

——回溯编目；

——主题编目。

B.3　补充类目(在本标准正文中没有包含的)

B.3.1　简介

为反映图书馆的特殊类型、任务或馆藏,馆藏和服务的其他方面也可以统计。

B.3.2　博士学位论文

按以下类型统计论文种数及其增量(适用于高等教育机构图书馆):

——印本形式;

——缩微形式;

——电子形式。

B.3.3　政府文献

按以下类型统计文献量及其增量:

——印本形式;

——缩微形式;

——电子形式。

B.3.4　古籍馆藏

通常,按以下类别统计其物理单元及其增量:

a) 中文古籍(公元 1911 年及以前);

b) 中文善本(乾隆 60 年(公元 1795 年)及以前);

c) 外文珍本(公元 1800 年及以前);

d) 外文古版书(公元 1500 年及以前);

e) 手稿:

　1) 西方的;

　2) 东方的;

　3) 残本和单卷;

　4) 签名册;

　5) 乐谱手稿;

　6) 有关个人、机构和组织的档案和记录(包括手稿、书信、备忘录、照片以及其他资料的馆藏,这些馆藏或是遗赠给图书馆的,或是他人代表图书馆而购买捐赠的,或是图书馆自己购买的)。

也可以采用其他类目。

B.3.5　索引

为书目服务和数据库所作的索引记录数量(特别适用于专业图书馆或高等教育机构图书馆)。

附 录 C
（规范性附录）
总 计

本附录涉及国家级统计和其他合计统计的编辑。

数据的完整性始终是根本目标。实际的数据统计表不完整时，必须采用估算来补充数据，这样才能更好地展现整体情况。该过程常常被称为“总计”，通过以下示例可以很好地加以阐释。

示例1：如果15所大学图书馆中只有12个提供了数据，该数据需要“总计”，才能代表所有的15所图书馆。为此，可通过以下方法之一进行：

a） 最好是考虑缺失数据的图书馆的用户群体的大小。

示例：如果缺失数据的大学有20 000个学生而提供数据的大学有110 000个学生，倍增系数为130/110，或者增加率为20/110=18%。

注：除了用户数量外，其他变量也可以作为权重。

b） a)中的计算可以单独为不同类型的图书馆进行总计(通常依据图书馆大小)，然后将这些结果累计为同一部分的数据。

c） 也可以用往年的数据来替代某个体机构的缺失数据。

示例：某一个或者多个机构2004年的数据缺失，但是2003统计表的数据表明该(这些)机构的支出为300 000，并且所有提供数据的机构这两年来的平均增长率为4%，这样可以估计该(这些)缺失数据的机构2004年的支出为300 000×1.04=312 000。然后加上已经获得的有效数据，给出一个整体估算。

d） 类似地，通过采用倍增系数15/12，或是增加率3/12=25%来总计。该方法只在方法a)、b)和c)不可行时才采用。

e） 缺失的变量可以由其他变量的数据估算得出。例如员工成本(缺失)，可以由员工数量(已给出的)乘以其他机构员工的平均成本来估算得出。

f） 只要合适，可以综合应用以上方法。

仅在缺失数据的图书馆具有广泛代表性时，这些程序才适用。当缺失数据的图书馆不具有代表性时，可以采用专门程序。(所谓“不具代表性”的图书馆，可以是专门为研究生提供服务的大学图书馆，或者是相对来说仅有少量印刷型馆藏的胶片资料馆)。

估算情况建议以注释形式在发布的统计资料中指出，以解释采用的程序。原始的(不完整的)数据也可以发布。

参 考 文 献

[1] ISO 5127:2001,Information and documentation—Vocabulary

[2] ISO 9707:1991,Information and documentation—Statistic on the production and distribution of books,newspapers,periodicals and electronic publications

[3] ANSI/NISO Z39. 7-2004,Information Services and Use:Metric & statistics for Libraries and information providers—Data Dictionary

[4] BERTOT,JOHN,C. ,McCLURE,CHARLES,R. ,RYAN,JOE. Statistic and performance measures for public library networked services. Chicago,American Library Association,2001

[5] HANRATTY,CATHERINE,SUMSION,JOHN. International comparison of public library statistics. Loughborough,Library and Information Statistics Unit,1998

[6] International Coalition of Library Consortia:Guidelines for statistical measures of usage of web-based indexed, abstracted, and full text resources, December 2001, URL: http://www. library. yale. edu/consortia/webstats. html

[7] COUNTER. Counting Online Usage of Networked Electronic Resources:COUNTER code of practice:Release 2,2004. URL:http://www. projectcounter. org/cop2. html

索　引

B

C

D

F

G

Y

Z

ICS 87.080
Y 44

中华人民共和国国家标准

GB/T 13217.1—2009
代替 GB/T 13217.1—1991

液体油墨颜色检验方法

Test method for colour of liquid ink

2009-03-19 发布　　2009-11-01 实施

中华人民共和国国家质量监督检验检疫总局
中国国家标准化管理委员会　发布

前　言

GB/T 13217 的本部分代替 GB/T 13217.1—1991《凹版塑料油墨检验方法　颜色检验》。

本部分与 GB/T 13217.1—1991 的主要差异如下：

——文本格式按 GB/T 1.1—2000 的规定进行了修改；

——标准名称修改为《液体油墨颜色检验方法》；

——颜色采用变色用灰色样卡判断之差异；

——增加了手展仪刮样方法；

——对环境温度指数进行了调整，取消了湿度要求。

本部分由中国轻工业联合会提出。

本部分由全国油墨标准化技术委员会归口。

本部分起草单位：浙江永在化工有限公司、叶氏油墨（中山）有限公司、杭华油墨化学有限公司、天津东洋油墨有限公司、上海现代环境工程技术有限公司。

本部分主要起草人：吴敏、吴少棠、黄荣海、张进梅、王亚明。

本部分所代替标准的历次版本情况为：

——GB/T 13217.1—1991。

液体油墨颜色检验方法

1 范围

GB/T 13217 的本部分规定了液体油墨颜色的检验方法。

本部分适用于表观粘度范围在 0.05 Pa·s～0.25 Pa·s(或涂 4 号杯测定粘度范围在 25 s～130 s)的油墨。

2 规范性引用文件

下列文件中的条款通过 GB/T 13217 的本部分的引用而成为本部分的条款。凡是注日期的引用文件,其随后所有的修改单(不包括勘误的内容)或修订版均不适用于本部分,然而,鼓励根据本部分达成协议的各方研究是否可使用这些文件的最新版本。凡是不注日期的引用文件,其最新版本适用于本部分。

GB 250　评定变色用灰色样卡

GB/T 10335.1　涂布纸和纸板　涂布美术印刷纸(铜版纸)

GB/T 14624.1　胶印油墨颜色检验方法

3 原理

将试样与标样以并列刮样方法对比,以评定变色用灰色样卡在标准光源下,检视试样颜色是否符合标样。

4 工具与材料

4.1　适合不同体系液体油墨的专用承印基材。

4.2　铜版纸:157 g/m^2(符合 GB/T 10335.1),印有不小于 10 mm 宽黑色实地横道。

4.3　调墨刀。

4.4　丝棒:铜棒体 $\Phi(9\pm0.05)$ mm,长 170 mm,缠绕不锈钢丝部分长 (100 ± 0.50) mm,钢丝 $\Phi0.12$ mm,密绕排列,整齐无间隙。

4.5　手展仪。

4.6　橡皮垫:240 mm×140 mm×4 mm。

4.7　擦洗溶剂:不同体系液体油墨使用同系专用溶剂。

4.8　评定变色用灰色样卡:符合 GB 250。

5 检验条件

5.1　检验应在温度(23±2)℃条件下进行。

5.2　检视面色时,应在入射角 45°+5°的 D_{65} 标准照明体下进行。

6 检验步骤

6.1　丝棒刮样法

6.1.1　用调墨刀分别将标样和试样调匀,然后取少量标样,滴于已垫好橡皮垫并已固定上端的基材(各种不同体系液体油墨的专用承印薄膜或 157 g/m^2 铜版纸)的左上方,再取少量试样滴于右上方,两者应相邻而不相连。

6.1.2 用丝棒均匀用力迅速自上而下，将油墨在基材上刮成薄层。如图1所示。

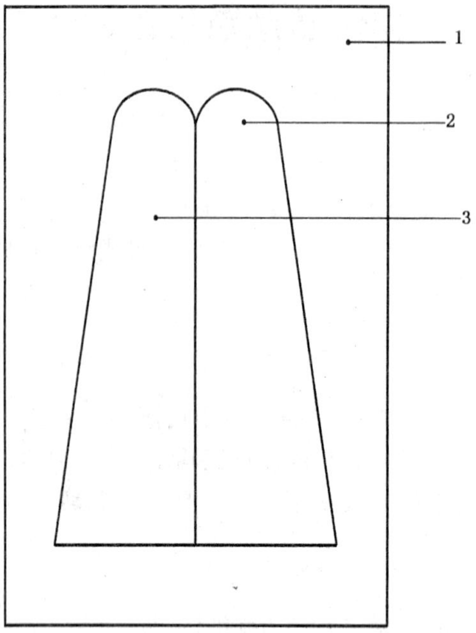

1——适合不同体系液体油墨的专用承印基材；
2——试样；
3——标样。

图1 颜色刮样示意图

6.2 用手展仪刮样法

6.2.1 将铜版纸平铺于橡皮垫上，光面向上，用拉版夹紧固。

6.2.2 用调墨刀分别将标样和试样调匀，同时取少量滴于手展仪的胶辊上，两者相邻而不相连。

6.2.3 单手执手展仪，使之与基材倾斜成45°角，用适当的力度拉(粘度高时要慢拉，粘度低时要快拉)，将油墨在基材上形成薄层。

6.3 检视时下衬157 g/m^2 铜版纸。

7 检验结果

对比评定变色用灰色样卡，目测检视试样与标样两者面色之差别，参见GB/T 14624.1附录A。

ICS 87.080
Y 44

GB

中华人民共和国国家标准

GB/T 13217.2—2009
代替 GB/T 13217.2—1991

液体油墨光泽检验方法

Test method for gloss of liquid ink

2009-03-19 发布　　　　2009-11-01 实施

中华人民共和国国家质量监督检验检疫总局
中国国家标准化管理委员会　发布

前　言

GB/T 13217 的本部分代替 GB/T 13217.2—1991《凹版塑料油墨检验方法　光泽检验》。

本部分与 GB/T 13217.2—1991 的主要差异如下：

——文本格式按 GB/T 1.1—2000 的规定进行了修改；

——标准名称修改为《液体油墨光泽检验方法》；

——对环境温度指数进行了调整；

——黑色底纸修改为铜版纸。

本部分由中国轻工业联合会提出。

本部分由全国油墨标准化技术委员会归口。

本部分起草单位：浙江永在化工有限公司、叶氏油墨（中山）有限公司、杭华油墨化学有限公司、天津东洋油墨有限公司、上海现代环境工程技术有限公司。

本部分主要起草人：吴敏、吴少棠、黄荣海、张进梅、王亚明。

本部分所代替标准的历次版本情况为：

——GB/T 13217.2—1991。

液体油墨光泽检验方法

1 范围

GB/T 13217 的本部分规定了液体油墨光泽的检验方法。

本部分适用于表观粘度范围在 0.05 Pa·s～0.25 Pa·s(或涂 4 号杯测定粘度范围在 25 s～130 s)的油墨。

2 规范性引用文件

下列文件中的条款通过 GB/T 13217 的本部分的引用而成为本部分的条款。凡是注日期的引用文件,其随后所有的修改单(不包括勘误的内容)或修订版均不适用于本部分,然而,鼓励根据本部分达成协议的各方研究是否可使用这些文件的最新版本。凡是不注日期的引用文件,其最新版本适用于本部分。

GB/T 10335.1 涂布纸和纸板 涂布美术印刷纸(铜版纸)

GB/T 13217.1 液体油墨颜色检验方法

3 原理

光泽的测定系采用光电光泽计进行。在定光源的照射下,试样与标准面反射光量度的比值,用来表达试样油墨的光泽(以标准面的反射光量度为 100%)。

4 工具与材料

4.1 经处理表面湿润张力达到要求的各种不同体系液体油墨专用承印薄膜。

4.2 铜版纸:157 g/m^2(符合 GB/T 10335.1)。

4.3 调墨刀。

4.4 丝棒:铜棒体 $\phi(9\pm0.05)$mm,长 170 mm,缠绕不锈钢丝部分长(100 ± 0.50)mm,钢丝 $\phi0.12$ mm,密绕排列,整齐无间隙。

4.5 手展仪。

4.6 光泽度仪(60°角)。

4.7 测光平台。

4.8 擦洗溶剂:不同体系液体油墨使用同系专用溶剂。

5 检验条件

检验应在温度(23 ± 2)℃、湿度(65 ± 5)%条件下进行。

6 检验步骤

6.1 按 GB/T 13217.1 的刮样方法制备印样,放置 2 h 后,进行测光。

6.2 将调校准确的光泽度仪测头放在底部衬有铜版纸的刮样上,利用测光台将印样放平,读出数据。

7 检验结果

测定印样,需选测上、中、下三点,求其算术平均值,为该油墨的光泽值。

ICS 87.080
Y 44

中华人民共和国国家标准

GB/T 13217.7—2009
代替 GB/T 13217.7—1991

液体油墨附着牢度检验方法

Test method for adhesion to substrate of liquid ink with tape

2009-03-19 发布

2009-11-01 实施

中华人民共和国国家质量监督检验检疫总局
中国国家标准化管理委员会 发布

前　言

GB/T 13217 的本部分代替 GB/T 13217.7—1991《凹版塑料油墨检验方法　附着牢度检验》。

本部分与 GB/T 13217.7—1991 的主要差异如下：

——文本格式按 GB/T 1.1—2000 的规定进行了修改；

——标准名称修改为《液体油墨附着牢度检验方法》；

——对环境温度指数进行了调整。

本部分的附录 A 为规范性附录。

本部分由中国轻工业联合会提出。

本部分由全国油墨标准化技术委员会归口。

本部分起草单位：浙江永在化工有限公司、叶氏油墨(中山)有限公司、杭华油墨化学有限公司、天津东洋油墨有限公司、上海现代环境工程技术有限公司。

本部分主要起草人：吴敏、吴少棠、黄荣海、张进梅、王亚明。

本部分所代替标准的历次版本情况为：

——GB/T 13217.7—1991。

液体油墨附着牢度检验方法

1 范围

GB/T 13217 的本部分规定了液体油墨附着牢度的检验方法。

本部分适用于表观粘度范围在 0.05 Pa·s～0.25 Pa·s(或涂 4 号杯测定粘度范围在 25 s～130 s)的油墨。

2 规范性引用文件

下列文件中的条款通过 GB/T 13217 的本部分的引用而成为本部分的条款。凡是注日期的引用文件,其随后所有的修改单(不包括勘误的内容)或修订版均不适用于本部分,然而,鼓励根据本部分达成协议的各方研究是否可使用这些文件的最新版本。凡是不注日期的引用文件,其最新版本适用于本部分。

GB/T 7707—2008 凹版装潢印刷品

GB/T 10335.1 涂布纸和纸板 涂布美术印刷纸(铜版纸)

GB/T 13217.1 液体油墨颜色检验方法

3 原理

在处理过的各种不同体系液体油墨的专用承印薄膜或铜版纸上的油墨印迹,被胶带粘下的程度,表示油墨的附着牢度。

4 工具与材料

4.1 适合不同液体油墨的专用承印基材。

4.2 铜版纸:1G57g/m^2(符合 GB/T 10335.1)。

4.3 调墨刀。

4.4 丝棒:铜棒体 ϕ(9±0.05)mm,长 170 mm,缠绕不锈钢丝部分长(100±0.50)mm,钢丝 ϕ0.12 mm,密绕排列,整齐无间隙。

4.5 手展仪。

4.6 半透明毫米格纸:20 mm×20 mm。

4.7 玻璃片:20 mm×20 mm×2 mm。

4.8 砝码:2 000 g。

4.9 秒表。

4.10 橡皮垫:240 mm×140 mm×4 mm。

4.11 透明胶带:GB/T 7707—2008 的第 A.1 章。

4.12 胶粘带压滚机:GB/T 7707—2008 的 A.2.1 条。

4.13 圆盘剥离试验机:GB/T 7707—2008 图 1。

4.14 棉纱。

4.15 擦洗溶剂:不同体系液体油墨使用同系专用溶剂。

5 检验条件

5.1 检验应在温度(23±2)℃、湿度(65±5)%条件下进行。

5.2 如承印基材为薄膜，使用前要用事先配好的表面湿润张力测定液，测定其表面张力(参见表 A.1)。

6 检验步骤

6.1 按 GB/T 13217.1 制备刮样，刮样放置 24 h。

6.2 将胶带粘贴在油墨印刷面，在胶粘带压滚机上往返滚压 3 次。放置 5 min，将试样夹在 A 盘上露头的胶带固定在 B 盘上(见 GB/T 7707—2008 图 1)。然后开机，A 盘以速度 0.6 m/s～1.0 m/s 旋转揭开胶带。

7 检验结果

用宽 20 mm 的半透明毫米格纸覆盖在被揭部分。分别数出油墨层所占的格数和被揭去的油墨层所占的格数，按式(1)计算：

$$A = \frac{A_1}{A_1 + A_2} \times 100\% \qquad \cdots\cdots(1)$$

式中：

A——油墨附着牢度；

A_1——油墨层的格数；

A_2——被揭去的油墨层的格数。

附　录　A
（规范性附录）
承印薄膜表面湿润张力测定液的配制及使用方法

A.1　表面湿润张力测定液配方

表面湿润张力测定液配方，见表 A.1。

表 A.1　表面湿润张力测定液配方

表面张力/(10^5 N/cm)	甲酰胺/%	乙二醇乙醚/%
32	10.5	89.5
34	26.5	73.5
36	42.5	57.5
37	48.5	51.5
38	54.0	46.0
39	59.0	41.0
40	63.5	36.5
41	67.5	32.5
注：甲酰胺和乙二醇乙醚的比值为体积比。		

A.2　表面湿润张力测定液的使用方法

A.2.1　用棉球或水毛笔蘸取配好的测定液。

A.2.2　在 1 s 内，在被处理过的承印薄膜上涂布 3 cm^2。

A.2.3　经 2 s 后观察承印薄膜表面，如测定液在承印薄膜表面均匀分布说明已达到或超过所要求的数值。

A.2.4　如果承印薄膜上的测定液形成不均匀水珠状，则说明承印薄膜表面张力没有达到所要求的数值。

ICS 87.080
Y 44

中华人民共和国国家标准

GB/T 13217.8—2009
代替 GB/T 13217.8—1991

液体油墨抗粘连检验方法

Test method for blocking resistance of liquid ink

2009-03-19 发布　　2009-11-01 实施

中华人民共和国国家质量监督检验检疫总局
中国国家标准化管理委员会　发布

前　言

GB/T 13217 的本部分代替 GB/T 13217.8—1991《凹版塑料油墨检验方法　抗粘连检验》。

本部分与 GB/T 13217.8—1991 的主要差异如下：

——文本格式按 GB/T 1.1—2000 的规定进行了修改；

——标准名称修改为《液体油墨抗粘连检验方法》；

——对环境温度指数进行了调整。

本部分由中国轻工业联合会提出。

本部分由全国油墨标准化技术委员会归口。

本部分起草单位：浙江永在化工有限公司、叶氏油墨（中山）有限公司、杭华油墨化学有限公司、天津东洋油墨有限公司、上海现代环境工程技术有限公司。

本部分主要起草人：吴敏、吴少棠、黄荣海、张进梅、王亚明。

本部分所代替标准的历次版本情况为：

——GB/T 13217.8—1991。

液体油墨抗粘连检验方法

1 范围

GB/T 13217 的本部分规定了液体油墨抗粘连的检验方法。

本部分适用于表观粘度范围在 0.05 Pa·s～0.25 Pa·s(或涂 4 号杯测定粘度范围在 25 s～130 s)的油墨。

2 规范性引用文件

下列文件中的条款通过 GB/T 13217 的本部分的引用而成为本部分的条款。凡是注日期的引用文件,其随后所有的修改单(不包括勘误的内容)或修订版均不适用于本部分,然而,鼓励根据本部分达成协议的各方研究是否可使用这些文件的最新版本。凡是不注日期的引用文件,其最新版本适用于本部分。

GB/T 10335.1 涂布纸和纸版 涂布美术印刷纸(铜版纸)

GB/T 13217.1 液体油墨颜色检验方法

3 原理

将制得的墨膜印迹在规定的时间内一次对折接触,在一定的温度和压力下,经过一定时间,视其印迹粘连情况。

4 工具与材料

4.1 适合不同液体油墨的专用承印基材。

4.2 铜版纸:157 g/m²(符合 GB/T 10335.1)。

4.3 调墨刀。

4.4 丝棒:铜棒体 ϕ(9±0.05)mm,长 170 mm,缠绕不锈钢丝部分长(100±0.50)mm,钢丝 ϕ0.12 mm,密绕排列,整齐无间隙。

4.5 手展仪。

4.6 半透明毫米格纸:20 mm×20 mm。

4.7 玻璃片:20 mm×20 mm×2 mm。

4.8 砝码:2 000 g。

4.9 秒表。

4.10 电热鼓风烘箱:25 ℃～300 ℃。

4.11 棉纱。

4.12 擦洗溶剂:不同体系液体油墨使用同系专用溶剂。

5 检验条件

检验应在(50±1)℃条件下进行。

6 检验步骤

6.1 按 GB/T 13217.1 制备印样。

6.2 将印样放置 2 min 后,(如是薄膜用水性油墨,则干燥条件改为在 59 ℃～61 ℃烘箱内鼓风干燥

5 min,取出后冷却),相对折叠在上方下圆的两块玻璃片之间,将此体系置于 49 ℃～51 ℃的烘箱内,压上 2 000 g 砝码放置 2 h。

6.3 经 2 h 取出,打开对折部分,视其粘连情况。

7 检验结果

用宽 20 mm 的半透明毫米格纸覆盖在受压部分,分别数出油墨层所占的格数和被揭去的油墨层所占的格数。按式(1)计算:

$$B = \frac{B_1}{B_1 + B_2} \times 100\% \quad \cdots\cdots (1)$$

式中:

B——油墨粘连程度;

B_1——油墨层的格数;

B_2——被揭去的油墨层的格数。

ICS 27.010
F 04

中华人民共和国国家标准

GB/T 13234—2009
代替 GB/T 13234—1991

企业节能量计算方法

Calculating methods of energy saved for enterprise

2009-03-11 发布　　　　2009-11-01 实施

中华人民共和国国家质量监督检验检疫总局
中国国家标准化管理委员会　发布

前　言

本标准代替 GB/T 13234—1991《企业节能量计算方法》。

本标准与 GB/T 13234—1991 相比，主要变化如下：

——修改了适用范围；

——增加了术语；

——修改了企业节能量的分类，并简化了节能量计算公式；

——修改了节能率的定义和计算方法。

本标准由全国能源基础与管理标准化技术委员会提出。

本标准由全国能源基础与管理标准化技术委员会能源管理分委员会归口。

本标准主要起草单位：国家发展和改革委员会能源研究所、中国标准化研究院、中国西部经济发展研究中心、信息产业部节能监测中心、中国节能监察信息网。

本标准主要起草人：胡秀莲、李爱仙、陈海红、辛定国、张管生、严海若、张新、陈晓萍。

本标准所代替标准的历次版本发布情况为：

——GB 13234—1991。

企业节能量计算方法

1 范围

本标准规定了企业节能量的分类、企业节能量计算的基本原则、企业节能量的计算方法以及节能率的计算方法。

本标准适用于企业节能量和节能率的计算。其他用能单位、行业(部门)、地区、国家宏观节能量的计算也可参照采用。

2 术语和定义

下列术语和定义适用于本标准。

2.1

节能量 energy saved

满足同等需要或达到相同目的的条件下,能源消费减少的数量。

2.2

企业节能量 energy saved of enterprise

企业统计报告期内实际能源消耗量与按比较基准计算的能源消耗量之差。

2.3

产品节能量 energy saved of productions

用统计报告期产品单位产量能源消耗量与基期产品单位产量能源消耗量的差值和报告期产品产量计算的节能量。

2.4

产值节能量 energy saved of output value

用统计报告期单位产值能源消耗量与基期单位产值能源消耗量的差值和报告期产值计算的节能量。

2.5

技术措施节能量 energy saved of technique

企业实施技术措施前后能源消耗变化量。

2.6

产品结构节能量 energy saved of product mix variety

企业统计报告期内,由于产品结构发生变化而产生能源消耗变化量。

2.7

单项能源节能量 energy saved by energy types

企业统计报告期内,按能源品种计算的能源消耗变化量。

2.8

节能率 energy saving rate

统计报告期比基期的单位能耗降低率,用百分数表示。

3 企业节能量的分类

企业节能量一般分为产品节能量、产值节能量、技术措施节能量、产品结构节能量和单项能源节能量等。

4 企业节能量计算的基本原则

4.1 节能量计算所用的基期能源消耗量与报告期能源消耗量应为实际能源消耗量。

4.2 节能量计算应根据不同的目的和要求，采用相应的比较基准。

4.3 当采用一个考察期间能源消耗量推算统计报告期能源消耗量时，应说明理由和推算的合理性。

4.4 节能量计算值为负时表示节能。

5 企业节能量的计算

5.1 产品节能量

5.1.1 单一产品节能量

生产单一产品的企业，产品节能量按式(1)计算：

$$\Delta E_c = (e_b - e_j)M_b \qquad \cdots\cdots(1)$$

式中：

ΔE_c——企业产品节能量，单位为吨标准煤(tce)；

e_b——统计报告期的单位产品综合能耗，单位为吨标准煤(tce)；

e_j——基期的单位产品综合能耗，单位为吨标准煤(tce)；

M_b——统计报告期产出的合格产品数量。

5.1.2 多种产品节能量

生产多种产品的企业，企业产品节能量按式(2)计算：

$$\Delta E_c = \sum_{i=1}^{n}(e_{bi} - e_{ji})M_{bi} \qquad \cdots\cdots(2)$$

式中：

e_{bi}——统计报告期第 i 种产品的单位产品综合能耗，单位为吨标准煤(tce)；

e_{ji}——基期第 i 种产品的单位产品综合能耗或单位产品能源消耗限额，单位为吨标准煤(tce)；

M_{bi}——统计报告期产出的第 i 种合格产品数量；

n——统计报告期内企业生产的产品种类数。

5.2 产值节能量

产值节能量按式(3)计算：

$$\Delta E_g = (e_{bg} - e_{jg})G_b \qquad \cdots\cdots(3)$$

式中：

ΔE_g——企业产值(或增加值)总节能量，单位为吨标准煤(tce)；

e_{bg}——统计报告期企业单位产值(或增加值)综合能耗，单位为吨标准煤每万元(tce/万元)；

e_{jg}——基期企业单位产值(或增加值)综合能耗，单位为吨标准煤每万元(tce/万元)；

G_b——统计报告期企业的产值(或增加值，可比价)，单位为万元。

5.3 技术措施节能量

5.3.1 单项技术措施节能量

单项技术措施节能量按式(4)计算：

$$\Delta E_{ti} = (e_{th} - e_{tq})P_{th} \qquad \cdots\cdots(4)$$

式中：

ΔE_{ti}——某项技术措施节能量，单位为吨标准煤(tce)；

e_{th}——某种工艺或设备实施某项技术措施后其产品的单位产品能源消耗量，单位为吨标准煤(tce)；

e_{tq}——某种工艺或设备实施某项技术措施前其产品的单位产品能源消耗量，单位为吨标准煤(tce)；

P_{th}——某种工艺或设备实施某项技术措施后其产品产量。

5.3.2 多项技术措施节能量

多项技术措施节能量按式(5)计算：

$$\Delta E_t = \sum_{i=1}^{m} \Delta E_{ti} \qquad \cdots\cdots(5)$$

式中：

ΔE_t——多项技术措施节能量，单位为吨标准煤(tce)；

m——企业技术措施项目数。

5.4 产品结构节能量

产品结构节能量按式(6)计算：

$$\Delta E_{cj} = G_z \times \sum_{i=1}^{m} (K_{bi} - K_{ji}) \times e_{jci} \qquad \cdots\cdots(6)$$

式中：

ΔE_{cj}——产品结构节能量，单位为吨标准煤(tce)；

G_z——统计报告期总产值(总增加值，可比价)，单位为万元；

K_{bi}——统计报告期替代第 i 种产品产值占总产值(或总增加值)的比重，%；

K_{ji}——基期第 i 种产品产值占总产值(或总增加值)的比重，%；

e_{jci}——基期第 i 种产品的单位产值(或增加值)能耗，单位为吨标准煤每万元(tce/万元)；

n——产品种类数。

5.5 单项能源节能量

5.5.1 产品单项能源节能量

产品单项能源节能量按式(7)计算：

$$\Delta E_{cn} = \sum_{i=1}^{n} (e_{bci} - e_{jci}) M_{bi} \qquad \cdots\cdots(7)$$

式中：

ΔE_{cn}——产品某单项能源品种能源节能量，单位为吨(t)、千瓦时(kW·h)等；

e_{bci}——统计报告期第 i 种单位产品某单项能源品种能源消耗量，单位为吨(t)、千瓦时(kW·h)等；

e_{jci}——基期第 i 种单位产品某单项能源品种能源消耗量或单位产品某单项能源品种能源消耗限额，单位为吨(t)、千瓦时(kW·h)等；

M_{bi}——统计报告期产出的第 i 种合格产品数量；

n——统计报告期企业生产的产品种类数。

5.5.2 产值单项能源节能量

产值单项能源节能量按式(8)计算：

$$\Delta E_{gn} = \sum_{i=1}^{n} (e_{bgi} - e_{jgi}) G_{bi} \qquad \cdots\cdots(8)$$

式中：

ΔE_{gn}——产品某单项能源品种能源节能量，单位为吨(t)，千瓦时(kW·h)等；

e_{bgi}——统计报告期第 i 种产品单位产值(或单位增加值)某单项品种能源消耗量，单位为吨每万元(t/万元)、千瓦时每万元(kW·h/万元)等；

e_{jgi}——基期第 i 种产品单位产值某单项品种能源消耗量,单位为吨每万元(t/万元)、千瓦时每万元(kW·h/万元)等;

G_{bi}——统计报告期第 i 种产品产值(或增加值,可比价),单位为万元;

n——统计报告期企业生产的产品种类数。

6 节能率的计算

6.1 产品节能率

产品节能率按式(9)计算:

$$\xi_c = \left(\frac{e_{bc} - e_{jc}}{e_{jc}}\right) \times 100 \qquad \cdots\cdots(9)$$

式中:

ξ_c——产品节能率,%;

e_{bc}——统计报告期单位产品能耗,单位为吨标准煤(tce);

e_{jc}——基期单位产品能耗或单位产品能源消耗限额,单位为吨标准煤(tce)。

6.2 产值节能率

产值节能率按式(10)计算:

$$\xi_g = \left(\frac{e_{bg} - e_{jg}}{e_{jg}}\right) \times 100 \qquad \cdots\cdots(10)$$

式中:

ξ_g——产值节能率,%;

e_{bg}——统计报告期单位产值能耗,单位为吨标准煤每万元(tce/万元);

e_{jg}——基期单位产值能耗,单位为吨标准煤每万元(tce/万元)。

6.3 累计节能率

累计节能率分为定比节能率和环比节能率。

6.3.1 定比节能率

定比节能率按式(9)或式(10)计算。

6.3.2 环比节能率

环比节能率按式(11)计算:

$$\xi_h = \left(\sqrt[n]{\frac{e_b}{e_j}} - 1\right) \times 100 \qquad \cdots\cdots(11)$$

式中:

ξ_h——环比节能率,%;

e_b——统计报告期单位产品能耗或单位产值能耗,单位为吨标准煤(tce)或吨标准煤每万元(tce/万元);

e_j——基期单位产品能耗或单位产值能耗,单位为吨标准煤(tce)或吨标准煤每万元(tce/万元);

n——统计期的个数。

ICS 71.080
G 15

中华人民共和国国家标准

GB/T 13255.1—2009
代替 GB/T 13255.1—1991

工业用己内酰胺试验方法
第1部分:50%水溶液色度的测定
分光光度法

Test methods of caprolactam for industrial use—
Part 1:Determination of colourity of 50% aqueous caprolactam solution—
Spectrometric method

[ISO 8112:1984,Caprolactam for industrial use—Determination of colour of 50% aqueous caprolactam solution,expressed in Hazen units (platinum-cobalt scale)—Spectrometric method,MOD]

2009-05-13 发布　　　　2010-01-01 实施

中华人民共和国国家质量监督检验检疫总局
中国国家标准化管理委员会　发布

前　言

GB/T 13255《工业用己内酰胺试验方法》分为以下八个部分：

——第1部分：50%水溶液色度的测定　分光光度法

——第2部分：结晶点的测定

——第3部分：高锰酸钾吸收值的测定　分光光度法

——第4部分：挥发性碱含量的测定　蒸馏后滴定法

——第5部分：290 nm 波长处吸光度的测定

——第6部分：酸度或碱度的测定

——第7部分：铁含量的测定

——第8部分：环己酮肟含量的测定

本部分为 GB/T 13255 的第1部分。

本部分修改采用国际标准 ISO 8112：1984《工业己内酰胺——50%己内酰胺水溶液色度的测定，以 Hazen 单位表示(铂-钴色号)——分光光度法》。

本部分根据 ISO 8112：1984 重新起草。在附录A中列出了本标准章条编号与 ISO 8112：1984 章条编号的对照一览表。

考虑到我国的国情，本部分在采用 ISO 8112：1984 时作了一些编辑性修改，本部分与 ISO 8112：1984 的主要技术性差异如下：

——分析用水的等级界定由“蒸馏水或相当纯度的水”修改为“GB/T 6682—2008 中规格的三级水”(ISO 8112：1984 版的第5章；本部分的第4章)；

——简化了测定用分光光度计的基本要求(ISO 8112：1984 版的第6章；本部分的第5章)。

本部分代替 GB/T 13255.1—1991《工业己内酰胺　50%水溶液色度的测定　分光光度法》。

本部分与 GB/T 13255.1—1991 相比主要变化如下：

——将分析用水的等级界定为“符合 GB/T 6682 中规定的三级水”(1991 版的第4章，本版的第4章)；

——增加了“报告”(见第8章)。

本部分的附录A为资料性附录。

本部分由中国石油和化学工业协会提出。

本部分由全国化学标准化技术委员会有机分会(SAC/TC 63/SC 2)归口。

本部分起草单位：中国石油化工股份有限公司巴陵分公司、中国石油化工股份有限公司北京化工研究院。

本部分主要起草人：郝燕、唐跃兵、赵君红。

本部分所代替标准的历次版本发布情况为：GB/T 13255.1—1991。

工业用己内酰胺试验方法 第1部分:50%水溶液色度的测定 分光光度法

1 范围

GB/T 13255 的本部分规定了用分光光度法测定工业用己内酰胺50%水溶液的色度。

2 规范性引用文件

下列文件中的条款通过GB/T 13255 的本部分的引用而成为本部分的条款。凡是注日期的引用文件,其随后所有的修改单(不包括勘误的内容)或修订版均不适用于本部分,然而,鼓励根据本部分达成协议的各方研究是否可使用这些文件的最新版本。凡是不注日期的引用文件,其最新版本适用于本部分。

GB/T 6682—1992 分析实验室用水规格和试验方法(neq ISO 3696:1987)

GB/T 8170 数值修约规则与极限数值的表示和判定

3 方法原理

用分光光度计测定50%己内酰胺水溶液在390 nm波长处的吸光度,将其吸光度乘以常数150换算成Hazen单位——铂-钴色号的色度。

4 试剂

除非另有说明,在分析中仅使用符合GB/T 6682—1992中规定的三级水。

5 仪器

分光光度计:精度±0.004A。带有5 cm吸收池。

6 分析步骤

6.1 测定

称取50.0 g实验室样品,精确至0.1 g,置于250 mL烧杯中,加入50 mL水搅拌溶解,并静置至气泡消失,将溶液注入一个吸收池,将水加入另一个吸收池,在390 nm波长处,以水作参比,用分光光度计测量吸光度。

6.2 吸收池吸光度的校正

将水代替试料溶液注入吸收池,在390 nm波长处测出两吸收池吸光度之差值,即为吸收池吸光度之校正值。

7 结果计算

色度x(Hazen单位——铂-钴色号)按式(1)计算:

$$x = 150 \times (A_1 - A_0) \qquad (1)$$

式中:

A_1——试料溶液的吸光度;

A_0——吸收池吸光度的校正值；

150——吸光度换算为 Hazen 单位——铂-钴色号的常数。

两次平行测定结果之差不大于 0.5，取其算术平均值为测定结果。所得结果应按照 GB/T 8170 修约至整数。

8 报告

报告应包括下列内容：

a) 有关样品的全部资料，例如样品名称、批号、采样地点、采样日期、采样时间等；

b) 本部分代号；

c) 分析结果和表示方法；

d) 测定中观察到的任何异常现象的细节及其说明；

e) 分析人员的姓名及分析日期等；

f) 任何不包括在本部分中的操作或是试验条件的说明。

附 录 A
（资料性附录）
本部分章条编号与 ISO 8112:1984 标准章条编号对照

表 A.1 给出了本部分章条编号与 ISO 8112:1984 标准章条编号的对照一览表。

表 A.1 本部分章条编号与 ISO 8112:1984 标准章条编号对照

本部分章条编号	对应 ISO 8112:1984 标准的章条编号
1	1
2	—
3	4
4	5
5	6
6	7
7	8
8	9

ICS 71.080
G 15

中华人民共和国国家标准

GB/T 13255.2—2009
代替 GB/T 13255.2—1991

工业用己内酰胺试验方法 第2部分：结晶点的测定

Test methods of caprolactam for industrial use—
Part 2: Determination of crystallizing point

2009-05-13 发布　　2010-01-01 实施

中华人民共和国国家质量监督检验检疫总局
中国国家标准化管理委员会　发布

前　言

GB/T 13255《工业用己内酰胺试验方法》分为以下八个部分：

——第1部分：50%水溶液色度的测定　分光光度法；

——第2部分：结晶点的测定；

——第3部分：高锰酸钾吸收值的测定　分光光度法；

——第4部分：挥发性碱含量的测定　蒸馏后滴定法；

——第5部分：290 nm 波长处吸光度的测定；

——第6部分：酸度或碱度的测定；

——第7部分：铁含量的测定；

——第8部分：环己酮肟含量的测定。

本部分为 GB/T 13255 的第2部分。

本部分代替 GB/T 13255.2—1991《工业己内酰胺　结晶点的测定》。

本部分与 GB/T 13255.2—1991 相比，主要变化如下：

——在己内酰胺结晶温度 t 的计算公式中增加了主温度计的校正值 Δt_1（1991版的第6章，本版的第7章）；

——增加了“报告”（见第8章）。

本部分由中国石油和化学工业协会提出。

本部分由全国化学标准化技术委员会有机分会（SAC/TC 63/SC 2）归口。

本部分起草单位：中国石油化工股份有限公司巴陵分公司。

本部分主要起草人：赵君红、沈佩芝、旷志刚。

本部分所代替标准的历次版本发布情况为：GB/T 13255.2—1991。

工业用己内酰胺试验方法
第2部分:结晶点的测定

1 范围

GB/T 13255的本部分规定了工业用己内酰胺结晶点的测定方法。

2 规范性引用文件

下列文件中的条款通过GB/T 13255的本部分的引用而成为本部分的条款。凡是注日期的引用文件,其随后所有的修改单(不包括勘误的内容)或修订版均不适用于本部分,然而,鼓励根据本部分达成协议的各方研究是否可使用这些文件的最新版本。凡是不注日期的引用文件,其最新版本适用于本部分。

GB/T 8170 数值修约规则与极限数值的表示方法和判定

3 方法提要

观察熔融的试样在冷却过程中的温度变化,当结晶发生时所观察到的最高温度并保持一定时间的恒定,此温度为结晶点。

4 仪器

4.1 结晶试管:外径25 mm,壁厚(1~2)mm,长150 mm。

4.2 外保护管:内径28 mm,壁厚(1~2)mm,长120 mm。

4.3 搅拌器:不锈钢丝制,直径1 mm,长160 mm以上,并绕有一个直径20 mm与轴成直角的环。

4.4 主温度计:玻璃棒状水银温度计,量程(62~76)℃,分度值0.1 ℃,长300 mm,全浸式并经过校正。

4.5 辅助温度计:玻璃棒状水银温度计,量程(0~50)℃,分度值1 ℃。

4.6 真空瓶(见图2):玻璃制,内径35 mm,外径55 mm,长120 mm,夹套中抽真空。

4.7 甘油浴:1 000 mL烧杯或其他类似装置,能控制温度在(77~80)℃。

4.8 橡胶石棉盖板或其他类似材料。

5 仪器的安装

5.1 主温度计位置:用胶塞固定在结晶试管口的中间处,其水银球底部距结晶试管底部约15 mm。

5.2 辅助温度计位置:附于主温度计上,使其水银球位于胶塞处温度点与结晶点之间二分之一处。

5.3 搅拌器位置:在胶塞上钻一孔,使搅拌器插入结晶试管里,位于主温度计与结晶试管壁之间,三者不得碰撞。

5.4 外保护管位置:固定在橡胶石棉盖板的孔洞上,垂直置于甘油浴中。

5.5 结晶试管位置:装在外保护管里。

6 分析步骤

测定时使用的结晶试管、温度计、搅拌器应是洁净干燥的。

将实验室样品混匀,装满结晶试管,盖紧塞子,然后置于甘油浴中的外保护管里,控制甘油浴温度在

(77～80)℃。

当大部分试料熔化时，取下塞子，换用配有温度计和搅拌器的胶塞塞在结晶试管口上，见图 1a)。上下搅拌使试料全部熔化。然后将结晶管取出装在另一个外保护管里，再将整个装置安置在真空瓶中，见图 1b)。当温度下降至高于结晶温度 3 ℃时，开始不断地搅拌，并观察温度，直至温度突然回升至某一最高点并保持一段时间不变，记录此最高温度 t_1，此温度即为试料视结晶点。同时记录辅助温度计的读数 t_2。

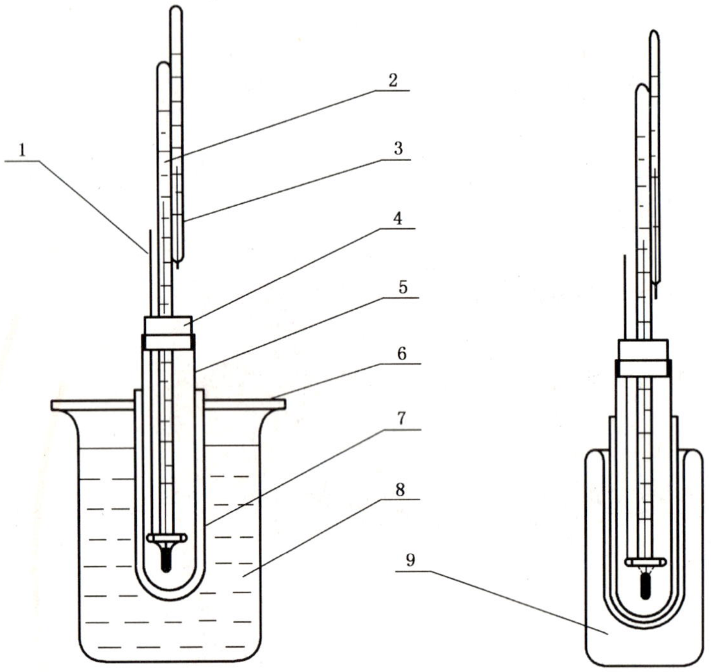

a)　　b)

1——搅拌器；

2——主温度计；

3——辅助温度计；

4——胶塞；

5——结晶试管；

6——橡胶石棉盖板；

7——外保护管；

8——甘油浴；

9——真空瓶。

图 1　结晶点测定示意图

7　结果计算

结晶点温度 t 按式(1)计算：

$$t = t_1 + \Delta t_1 + 0.000\,16(t_1 - t_0)(t_1 - t_2) \quad \cdots\cdots(1)$$

式中：

t_1——主温度计读数，视结晶点，℃；

Δt_1——主温度计校正值，℃；

t_2——辅助温度计的读数，℃；

t_0——露出胶塞处温度点，℃；

0.000 16——水银的视膨胀系数。

两次平行测定结果之差不大于0.05 ℃，取其算术平均值作为测定结果。

所得结果应按GB/T 8170修约至一位小数。

8 报告

报告应包括下列内容：

a) 有关样品的全部资料，例如样品名称、批号、采样地点、采样日期、采样时间等；

b) 本部分代号；

c) 分析结果和表示方法；

d) 测定中观察到的任何异常现象的细节及其说明；

e) 分析人员的姓名及分析日期等；

f) 任何不包括在本部分中的操作或是试验条件的说明。

ICS 71.080
G 15

中华人民共和国国家标准

GB/T 13255.3—2009
代替 GB/T 13255.3—1991

工业用己内酰胺试验方法　第3部分：高锰酸钾吸收值的测定　分光光度法

Test methods of caprolactam for industrial use—Part 3: Determination of permanganate absorption number—Spectrometric method

(ISO 8660:2002, Plastics—Determination of permanganate absorption number of caprolactam—Spectrometric method, MOD)

2009-05-13 发布　　　　2010-01-01 实施

中华人民共和国国家质量监督检验检疫总局
中国国家标准化管理委员会　发布

前 言

GB/T 13255《工业用己内酰胺试验方法》分为以下八个部分：

——第1部分：工业用己内酰胺 50%水溶液色度的测定 分光光度法；

——第2部分：工业用己内酰胺 结晶点的测定；

——第3部分：工业用己内酰胺 高锰酸钾吸收值的测定 分光光度法；

——第4部分：工业用己内酰胺 挥发性碱含量的测定 蒸馏后滴定法；

——第5部分：工业用己内酰胺 290 nm 波长处吸光度的测定；

——第6部分：工业用己内酰胺 酸度或碱度的测定；

——第7部分：工业用己内酰胺 铁含量的测定；

——第8部分：工业用己内酰胺 环己酮肟含量的测定。

本部分为 GB/T 13255 的第3部分。

本部分修改采用国际标准 ISO 8660:2002《塑料——己内酰胺高锰酸钾吸收值的测定——分光光度法》。

本部分根据 ISO 8660:2002 重新起草。在附录A中列出了本部分章条编号与 ISO 8660:2002 章条编号的对照一览表。

考虑到我国的国情，本部分在采用 ISO 8660:2002 时作了一些编辑性修改，本部分与 ISO 8660:2002 的主要技术性差异如下：

——改变了高锰酸钾标准滴定溶液浓度的表示方法(ISO 8660:2002 版的 2.1、4.10、7.2；本部分的第3章、5.9、7.2)；

——取消了二次蒸馏的水(ISO 8660:2002 版的 4.4)；

——改变了 pH7.0 缓冲溶液的制备方式(ISO 8660:2002 版的 4.6；本部分的 5.7)；

——调整了对 PAN 水的纯度的要求(ISO 8660:2002 版的 7.2；本部分的 5.8)；

——取消了使用氮气(ISO 8660:2002 版的 4.11)；

——取消了作为己内酰胺溶液的样品(ISO 8660:2002 版的 7.3)。

本部分代替 GB/T 13255.3—1991《工业己内酰胺 高锰酸钾吸收值的测定 分光光度法》。

本部分与 GB/T 13255.3—1991 相比主要变化如下：

——增加了高锰酸钾吸收值(PAN)的定义(见第3章)；

——"不含可氧化物的水"改称为"PAN 水"，并改变其制备及要求(1991 版的 4.1；本版的 5.8)；

——调整了称量的精度(1991 版的 6.2；本版的 7.2)；

——调整了样品制备所用的水(1991 版的 6.2；本版的 7.2)；

——调整了空白试验所用的水(1991 版的 6.3；本版的 7.3)；

——增加了"报告"(见第9章)。

本部分的附录A为资料性附录。

本部分由中国石油和化学工业协会提出。

本部分由全国化学标准化技术委员会有机分会(SAC/TC 63/SC 2)归口。

本部分起草单位：巨化集团公司锦纶厂。

本部分主要起草人：林力、吕养心、张红英。

本部分所代替标准的历次版本发布情况为 GB/T 13255.3—1991。

工业用己内酰胺试验方法　第3部分：高锰酸钾吸收值的测定　分光光度法

1　范围

GB/T 13255的本部分规定了用分光光度法测定工业用己内酰胺的高锰酸钾吸收值(PAN)。

2　规范性引用文件

下列文件中的条款通过GB/T 13255的本部分的引用而成为本部分的条款。凡是注日期的引用文件，其随后所有的修改单(不包括勘误的内容)或修订版均不适用于本部分，然而，鼓励根据本部分达成协议的各方研究是否可使用这些文件的最新版本。凡是不注日期的引用文件，其最新版本适用于本部分。

GB/T 601—2002　化学试剂　标准滴定溶液的制备

GB/T 603—2002　化学试剂　试验方法中所用制剂及制品的制备(ISO 6353-1:1982，NEQ)

GB/T 6682—2008　分析实验室用水规格和试验方法(ISO 3696:1987，MOD)

GB/T 8170　数值修约规则与极限数值的表示和判定

3　术语和定义

下列术语和定义适用于本标准。

3.1

高锰酸钾吸收值(PAN)　permanganate absorption number(PAN)

在3%(质量分数)的己内酰胺中性缓冲溶液中加入 $c\left(\frac{1}{5}KMnO_4\right)=0.01$ mol/L的高锰酸钾标准滴定溶液，25 ℃下静置10 min，于波长420 nm处，用光程5 cm的吸收池测量溶液的吸光度，该吸光度与空白试验吸光度之差乘以100/3所得的数值。

4　方法原理

将一定体积的高锰酸钾标准滴定溶液加入到中性的试料溶液中，在(25.0±0.5)℃反应10 min，于波长420 nm处，用分光光度计测量吸光度。

5　试剂

本部分除另有规定外，所用的试剂和水均指分析纯试剂和符合GB/T 6682—2008中规定的三级水。

分析中所用标准滴定溶液、制剂及制品，在没有注明其他要求时，均按GB/T 601—2002、GB/T 603—2002的规定制备。

5.1　磷酸二氢钾。

5.2　磷酸氢二钠。

5.3　高锰酸钾。

5.4　盐酸。

5.5　硫酸。

5.6　草酸。

5.7 pH值为7.0缓冲溶液：

将1.330 g磷酸二氢钾和1.970 g磷酸氢二钠用水溶解于一个500 mL容量瓶中，并稀释至刻度。该溶液放置6个月后应废弃（如果出现沉淀，溶液失效，立即重新配制）。

5.8 PAN水：

将2.5 mL pH值为7.0缓冲溶液加入一个1 L的容量瓶中，稀释至刻度。并按7.3进行空白试验，其空白试验的吸光度不大于0.03，该溶液应每天配制。

假如分析用水不能符合要求时，则在每升水中加入1 g高锰酸钾，放置24 h，然后用600 mm长的刺形分馏柱蒸馏，将最初的50 mL蒸馏液弃去，收集蒸馏液750 mL，在鉴定此蒸馏液符合上述要求后，方能作为分析用水。

5.9 高锰酸钾标准滴定溶液：$c\left(\frac{1}{5}KMnO_4\right)=0.01\ mol/L$。

贮于棕色瓶中，用时现配。

6 仪器

6.1 分光光度计：精度±0.004A。带有5 cm吸收池。

6.2 恒温水浴：能控制在（25.0±0.5）℃。

6.3 秒表。

6.4 单刻度吸量管：2 mL。

7 分析步骤

7.1 仪器的清洗

所用玻璃器具第一次使用时首先用硫酸洗涤，然后用自来水冲洗，再用盐酸洗涤，最后用水洗涤，并且至少每6个月按该方法清洗一次。

玻璃器具使用后，如果有二氧化锰沉积在玻璃内壁，可以用草酸清洗掉。

7.2 测定

称取（3.00±0.03）g实验室样品，置于100 mL容量瓶中，用PAN水溶解并稀释至刻度，混匀。置容量瓶于（25.0±0.5）℃的恒温水浴中，至少保温15 min，然后用移液管加入2 mL高锰酸钾标准滴定溶液，立即起动秒表，充分混匀后，再置入水浴中。9 min后，将溶液注入5 cm吸收池中，于10 min±10 s时，以水为参比，在420 nm波长处测量吸光度。

7.3 空白试验

用PAN水注入100 mL容量瓶至刻度，然后按7.2所述，从“置容量瓶于（25±0.5）℃的恒温水浴中……”开始，到“在420 nm波长处测量吸光度”为止，进行同样的测定。

8 结果计算

高锰酸钾吸收值x按式（1）计算：

$$x=(A_1-A_0)\times\frac{100}{3} \qquad \cdots\cdots(1)$$

式中：

A_1——试料溶液所测得的吸光度的数值；

A_0——空白试验所测得的吸光度的数值。

两次平行测定结果之差不大于0.3，取其算术平均值为测定结果。所得结果应按照GB/T 8170修约为整数。

9 报告

报告应包括下列内容：

a) 有关样品的全部资料，例如样品名称、批号、采样地点、采样日期、采样时间等；

b) 本部分代号；

c) 分析结果和表示方法；

d) 测定中观察到的任何异常现象的细节及其说明；

e) 分析人员的姓名及分析日期等；

f) 任何不包括在本部分中的操作或是试验条件的说明。

附 录 A
（资料性附录）
本部分章条编号与ISO 8660:2002标准章条编号对照

表A.1给出了本部分章条编号与ISO 8660:2002标准章条编号的对照一览表。

表A.1 本部分章条编号与ISO 8660:2002标准章条编号对照

本部分章条编号	对应ISO 8660:2002标准的章条编号
1	1
2	—
3	2
4	3
5	4
6	5
7	7
8	8
9	10

ICS 71.080
G 15

中华人民共和国国家标准

GB/T 13255.4—2009
代替 GB/T 13255.4—1991

工业用己内酰胺试验方法 第4部分:挥发性碱含量的测定 蒸馏后滴定法

**Test methods of caprolactam for industrial use—
Part 4:Determination of volatile bases content—
Titrimetric method after distillation**

(ISO 8661:1988,Caprolactam for industrial use—Determination of volatile bases content—Titrimetric method after distillation,MOD)

2009-05-13 发布　　2010-01-01 实施

中华人民共和国国家质量监督检验检疫总局
中国国家标准化管理委员会　发布

前 言

GB/T 13255《工业用己内酰胺试验方法》分为以下八个部分：

——第 1 部分：50%水溶液色度的测定 分光光度法；

——第 2 部分：结晶点的测定；

——第 3 部分：高锰酸钾吸收值的测定 分光光度法；

——第 4 部分：挥发性碱含量的测定 蒸馏后滴定法；

——第 5 部分：290 nm 波长处吸光度的测定；

——第 6 部分：酸度或碱度的测定；

——第 7 部分：铁含量的测定；

——第 8 部分：环己酮肟含量的测定。

本部分为 GB/T 13255 的第 4 部分。

本部分修改采用国际标准 ISO 8661：1988《工业用己内酰胺—挥发性碱含量的测定—蒸馏后滴定法》。

本部分根据 ISO 8661：1988 重新起草。在附录 A 中列出了本部分章条编号与 ISO 8661：1988 章条编号的对照一览表。

考虑到我国的国情，本部分在采用 ISO 8661：1988 时作了一些编辑性修改，本部分与 ISO 8661：1988 的主要技术性差异如下：

——分析用水的等级界定由“蒸馏水或相当纯度的水”修改为“GB/T 6682—2008 规定的三级水”（ISO 8661：1988 版的第 3 章；本部分的第 4 章）；

——长颈定氮烧瓶（开氏）代替具磨塞三角瓶（ISO 8661：1988 版的第 4 章；本部分的第 5 章）；

——分析仪器上增加进样分液漏斗（ISO 8661：1988 版的第 4 章；本部分的第 5 章）。

本部分代替 GB/T 13255.4—1991《工业己内酰胺 挥发性碱含量的测定 蒸馏后滴定法》。

本部分与 GB/T 13255.4—1991 相比主要变化如下：

——将分析用水的等级界定由“小于 1.0 μS/cm 的蒸馏水或同等纯度的水”修改为“符合 GB/T 6682—1992 规定的三级水”（1991 版的第 4 章，本版的第 4 章）；

——增加了“报告”（见第 8 章）。

本部分的附录 A 为资料性附录。

本部分由中国石油和化学工业协会提出。

本部分由全国化学标准化技术委员会有机分会（SAC/TC 63/SC 2）归口。

本部分起草单位：石家庄化纤有限责任公司。

本部分主要起草人：邱璐、高立新、陈淼。

本部分所代替标准的历次版本发布情况为：GB/T 13255.4—1991。

工业用己内酰胺试验方法 第4部分：挥发性碱含量的测定 蒸馏后滴定法

1 范围

GB/T 13255的本部分规定了用蒸馏后滴定法测定工业用己内酰胺中挥发性碱含量。

2 规范性引用文件

下列文件中的条款通过GB/T 13255的本部分的引用而成为本部分的条款。凡是注日期的引用文件，其随后所有的修改单(不包括勘误的内容)或修订版均不适用于本部分，然而，鼓励根据本部分达成协议的各方研究是否可使用这些文件的最新版本。凡是不注日期的引用文件，其最新版本适用于本部分。

GB/T 601—2002　化学试剂分析　标准滴定溶液的制备

GB/T 603—2002　化学试剂　试验方法中所用试剂及制品的制备(ISO 6353-1：1982，NEQ)

GB/T 6682—2008　分析实验室用水规格和试验方法(ISO 3696：1987，MOD)

GB/T 8170　数值修约规则与极限数值的表示方法和判定

3 方法原理

在碱性介质中，蒸馏出挥发性碱，用过量的盐酸标准溶液吸收，以甲基红-次甲基蓝乙醇溶液为指示剂，用氢氧化钠标准滴定溶液反滴定。

4 试剂

除非另有说明，在分析中仅使用确认为分析纯的试剂和符合GB/T 6682—2008规定的三级水。

分析中所用标准滴定溶液，制剂及制品，在没有注明其他要求时，均按GB/T 601—2002、GB/T 603—2002的规定制备。

4.1　氢氧化钠溶液：160 g/L。

4.2　氢氧化钠标准滴定溶液：$c(NaOH)=0.01$ mol/L。

4.3　盐酸标准滴定溶液：$c(HCl)=0.01$ mol/L。

4.4　甲基红-次甲基蓝混合指示剂。

5 仪器

5.1　蒸馏仪器：

蒸馏仪器的各部件用橡皮塞和橡皮管连接，仪器如图1所示，包括以下各部件。

5.1.1　长颈定氮烧瓶(开氏)：500 mL。

5.1.2　分液漏斗：100 mL。

5.1.3　直形冷凝管：外套管长400 mm。

5.1.4　定氮球：直径(70±5)mm。

5.1.5　接受器：容积250 mL锥形瓶。

5.2　电炉：带调压变压器。

5.3　沸石。

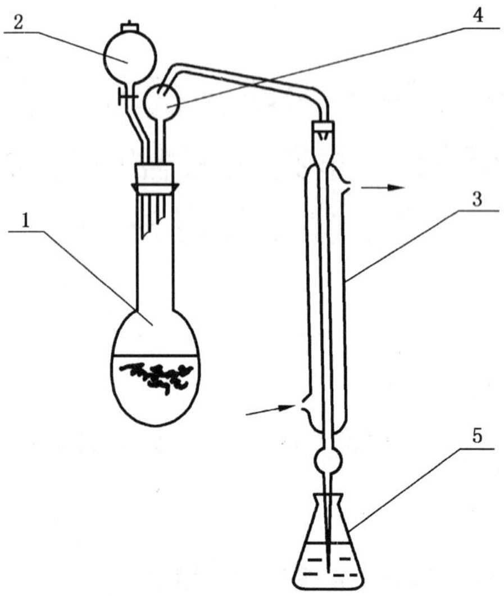

1——开氏烧瓶；
2——分液漏斗；
3——直形冷凝管；
4——定氮球；
5——锥形瓶。

图 1 工业用己内酰胺中挥发性碱含量测定用蒸馏仪器

6 分析步骤

6.1 测定

称取约 20 g 实验室样品，精确至 0.1 g，置于开氏烧瓶中，用水溶解并稀释到 150 mL，加入数颗浮石，将仪器各部件安装连接好。冷凝管出口插在盛有 10.0 mL 盐酸标准滴定溶液，30 mL 水和 5 滴混合指示剂的接受器中，管口应插入液面下。从分液漏斗加入约 50 mL 氢氧化钠溶液于开氏烧瓶内，置烧瓶于电炉上加热蒸馏，调节蒸馏速度约在 30 min 内收集 100 mL 蒸馏液，停止加热，立即从冷凝管上拆下定氮球接管，用水冲洗冷凝管及出口，其洗涤液收集于接受器中，用氢氧化钠标准滴定溶液滴定至溶液呈灰绿色为终点。

6.2 空白试验

在测定的同时，按同样的步骤，只是不加试料，进行空白试验。

7 结果计算

以氢氧化钠（NaOH）表示的挥发性碱含量 x（mmol/kg）按式（1）计算：

$$x = \frac{c(V_0 - V_1)}{m} \times 1\ 000 \qquad \cdots\cdots (1)$$

式中：

c——氢氧化钠标准滴定溶液浓度的准确数值，单位为摩尔每升（mol/L）；

V_0——空白试验所耗用的氢氧化钠标准滴定溶液体积的数值，单位为毫升（mL）；

V_1——试料测定所耗用的氢氧化钠标准滴定溶液体积的数值，单位为毫升（mL）；

m——试料质量的数值，单位为克（g）。

两次平行测定结果之差不大于 0.03 mmol/kg，取其算术平均值为测定结果。

所得结果应按照 GB/T 8170 修约至一位小数。

8 报告

报告应包括下列内容：

a）有关样品的全部资料，例如样品名称、批号、采样地点、采样日期、采样时间等；
b）本部分代号；
c）分析结果和表示方法；
d）测定中观察到的任何异常现象的细节及其说明；
e）分析人员的姓名及分析日期等；
f）任何不包括在本部分中的操作或是试验条件的说明。

附 录 A
（资料性附录）
本部分章条编号与 ISO 8661:1988 标准章条编号对照

表 A.1 给出了本部分章条编号与 ISO 8661:1988 标准章条编号的对照一览表。

表 A.1 本部分章条编号与 ISO 8661:1988 标准章条编号对照

本部分章条编号	对应 ISO 8661:1988 标准的章条编号
1	1
2	—
3	2
4	3
5	4
6	5
7	6
8	7

ICS 71.080
G 15

中华人民共和国国家标准

GB/T 13255.5—2009
代替 GB/T 13255.5—1991

工业用己内酰胺试验方法　第5部分：290 nm 波长处吸光度的测定

Test methods of caprolactam for industrial use—Part 5: Determination of absorbance at a wavelength of 290 nm

(ISO 7059:1982, Caprolactam for industrial use—Determination of absorbance at a wavelength of 290 nm, MOD)

2009-05-13 发布　　2010-01-01 实施

中华人民共和国国家质量监督检验检疫总局
中国国家标准化管理委员会　发布

前　言

GB/T 13255《工业用己内酰胺试验方法》分为以下八个部分：

——第1部分：50％水溶液色度的测定　分光光度法；

——第2部分：结晶点的测定；

——第3部分：高锰酸钾吸收值的测定　分光光度法；

——第4部分：挥发性碱含量的测定　蒸馏后滴定法；

——第5部分：290 nm 波长处吸光度的测定；

——第6部分：酸度或碱度的测定；

——第7部分：铁含量的测定；

——第8部分：环己酮肟含量的测定。

本部分为 GB/T 13255 的第5部分。

本部分修改采用国际标准 ISO 7059：1982《工业用己内酰胺——290 nm 波长处吸光度的测定》。

本部分根据 ISO 7059：1982 重新起草。在附录A中列出了本部分章条编号与 ISO 7059：1982 章条编号的对照一览表。

考虑到我国的国情，本部分在采用 ISO 7059：1982 时作了一些编辑性修改，本部分与 ISO 7059：1982 主要技术性差异如下：

——分析用水的等级界定由“蒸馏水或相当纯度的水”修改为“GB/T 6682—2008 规定的三级水”（ISO 7059：1982 版的第3章；本部分的第4章）；

——增加了将50％己内酰胺水溶液“静置至气泡消失”后再测定的分析步骤（ISO 7059：1982 版的5.1；本部分的4.1）；

——增加了“两次平行测定结果之差不大于0.010，取其算术平均值为测定结果。所得结果应修约至二位小数”的平行测试和结果表示内容（ISO 7059：1982 版的第6章；本部分的第5章）。

本部分代替 GB/T 13255.5—1991《工业己内酰胺　290 nm 波长处吸光度的测定》。

本部分与 GB/T 13255.6—1991 相比主要变化如下：

——将分析用水的等级界定为“符合 GB/T 6682—1992 规定的三级水”（1991 版的第4章，本版的第4章）；

——增加了“报告”（见第6章）。

本部分的附录A为资料性附录。

本部分由中国石油和化学工业协会提出。

本部分由全国化学标准化技术委员会有机分会（SAC/TC 63/SC 2）归口。

本部分起草单位：中国石油化工股份有限公司巴陵分公司。

本部分主要起草人：赵君红、沈佩芝、旷志刚。

本部分所代替标准历次版本发布情况为：GB/T 13255.5—1991。

工业用己内酰胺试验方法 第5部分：290 nm波长处吸光度的测定

1 范围

GB/T 13255的本部分规定了用分光光度法测定工业用己内酰胺在290 nm波长处的吸光度。

2 规范性引用文件

下列文件中的条款通过GB/T 13255的本部分的引用而成为本部分的条款。凡是注日期的引用文件，其随后所有的修改单(不包括勘误的内容)或修订版均不适用于本部分，然而，鼓励根据本部分达成协议的各方研究是否可使用这些文件的最新版本。凡是不注日期的引用文件，其最新版本适用于本部分。

GB/T 6682—2008 分析实验室用水规格和试验方法(ISO 3696:1987,MOD)

GB/T 8170 数值修约规则与极限数值的表示方法和判定

3 方法提要

用分光光度计测定50%己内酰胺水溶液在290 nm波长处的吸光度。

4 仪器

4.1 紫外分光光度计：精度±0.002 *A*。

4.2 石英吸收池：2个，光程1 cm。

5 分析步骤

本部分的分析用水应符合GB/T 6682—2008规定的三级水。

5.1 测定

称取50.0 g实验室样品，精确至0.1 g，置于250 mL烧杯中，加入50 mL水搅拌溶解，并静置至气泡消失。将溶液注入一个石英吸收池中，将水加入另一个石英吸收池，在290 nm波长处，以水作参比，用紫外分光光度计测量吸光度。

5.2 吸收池吸光度的校正

将水代替试料溶液注入吸收池中，在290 nm波长处测出两吸收池吸光度之差值，即为吸收池吸光度的校正值。校正值不应大于0.003吸光度。

6 结果计算

290 nm波长处的吸光度 x 按式(1)计算：

$$x = A_1 - A_0 \qquad \cdots\cdots(1)$$

式中：

A_1——试料溶液所测得的吸光度的数值；

A_0——吸收池吸光度的校正数值。

两次平行测定结果之差不大于0.010，取其算术平均值为测定结果。

所得结果应按GB/T 8170修约至二位小数。

7 报告

报告应包括下列内容：

a) 有关样品的全部资料，例如样品名称、批号、采样地点、采样日期、采样时间等；

b) 本部分代号；

c) 分析结果和表示方法；

d) 测定中观察到的任何异常现象的细节及其说明；

e) 分析人员的姓名及分析日期等；

f) 任何不包括在本部分中的操作或是试验条件的说明。

附　录　A
（资料性附录）
本部分章条编号与标准章条编号对照

表 A.1 给出了本部分章条编号与 ISO 7059:1982 标准章条编号的对照一览表。

表 A.1　本部分章条编号与 ISO 7059:1982 标准章条编号对照

本部分章条编号	对应 ISO 7059:1982 标准的章条编号
1	1
2	—
3	4
4	5
5	6
6	7

ICS 71.080
G 15

中华人民共和国国家标准

GB/T 13255.6—2009
代替 GB/T 13255.6—1991

工业用己内酰胺试验方法
第6部分:酸度或碱度的测定

Test methods of caprolactam for industrial use—
Part 6:Determination of acidity or alkalinity

2009-05-13 发布　　2010-01-01 实施

中华人民共和国国家质量监督检验检疫总局
中国国家标准化管理委员会　发布

前　言

GB/T 13255《工业用己内酰胺试验方法》分为以下八个部分：

——第1部分：50%水溶液色度的测定　分光光度法；

——第2部分：结晶点的测定；

——第3部分：高锰酸钾吸收值的测定　分光光度法；

——第4部分：挥发性碱含量的测定　蒸馏后滴定法；

——第5部分：290 nm 波长处吸光度的测定；

——第6部分：酸度或碱度的测定；

——第7部分：铁含量的测定；

——第8部分：环己酮肟含量的测定。

本部分为 GB/T 13255 的第6部分。

本部分代替 GB/T 13255.6—1991《工业己内酰胺　酸度或碱度的测定》。

本部分与 GB/T 13255.6—1991 相比主要变化如下：

——将分析用水的等级界定为"符合 GB/T 6682—2008 规定的三级水"(1991 版的第4章，本版的第4章)。

——增加了"报告"(见第8章)。

本部分由中国石油和化学工业协会提出。

本部分由全国化学标准化技术委员会有机分会(SAC/TC 63/SC 2)归口。

本部分起草单位：中国石油化工股份有限公司巴陵分公司。

本部分主要起草人：赵君红、沈佩芝、旷志刚。

本部分所代替标准的历次版本发布情况为：

——GB/T 13255.6—1991。

工业用己内酰胺试验方法
第6部分：酸度或碱度的测定

1 范围

GB/T 13255 的本部分规定了用滴定分析法测定工业用己内酰胺中酸度或碱度。

2 规范性引用文件

下列文件中的条款通过 GB/T 13255 的本部分的引用而成为本部分的条款。凡是注日期的引用文件，其随后所有的修改单(不包括勘误的内容)或修订版均不适用于本部分，然而，鼓励根据本部分达成协议的各方研究是否可使用这些文件的最新版本。凡是不注日期的引用文件，其最新版本适用于本部分。

GB/T 601—2002 化学试剂 标准滴定溶液的制备

GB/T 603—2002 化学试剂 试验方法中所用制剂及制品的制备(ISO 6353-1:1982,NEQ)

GB/T 6682—2008 分析实验室用水规格和试验方法(ISO 3696:1987,MOD)

GB/T 8170 数值修约规则与极限数值的表示和判定

3 方法提要

以甲基红-次甲基蓝乙醇溶液为指示剂，用氢氧化钠标准滴定溶液或盐酸标准滴定溶液滴定，测得酸度或碱度。

4 试剂和溶液

本部分所用的试剂和水，均指分析纯试剂和 GB/T 6682—2008 中规定的三级水。

分析中所用标准滴定溶液、制剂及制品，在没有注明其他要求时，均按 GB/T 601—2002、GB/T 603—2002 的规定制备。

4.1 氢氧化钠标准滴定溶液：$c(NaOH)=0.01$ mol/L。用时现配。

4.2 盐酸标准滴定溶液：$c(HCl)=0.01$ mol/L。用时现配。

4.3 甲基红-次甲基蓝混合指示剂。

5 仪器

微量滴定管：容积 1 mL 或 3 mL，分度值 0.01 mL。

6 分析步骤

6.1 中性蒸馏水的制备

将 150 mL 水置于 250 mL 锥形瓶中，加入 8 滴混合指示剂，用氢氧化钠标准滴定溶液或盐酸标准滴定溶液滴定至溶液呈灰绿色。

6.2 测定

称取约 40 g 实验室样品，精确至 0.1 g，倾入中性蒸馏水中溶解。若溶液呈紫红色则表示为酸性，用氢氧化钠标准滴定溶液滴定至溶液呈灰绿色。若溶液呈绿色则表示为碱性，用盐酸标准滴定溶液滴定至溶液呈灰绿色。

7 结果计算

以盐酸(HCl)表示的酸度 x(mmol/kg)或以氢氧化钠(NaOH)表示的碱度 x(mmol/kg)按式(1)计算：

$$x = \frac{cV}{m} \times 1\,000 \qquad (1)$$

式中：

c——氢氧化钠标准滴定溶液或盐酸标准滴定溶液的浓度的准确数值，单位为摩尔每升(mol/L)；

V——滴定试料溶液所耗用的氢氧化钠标准滴定溶液或盐酸标准滴定溶液的体积的数值，单位为毫升(mL)；

m——试料的质量的数值，单位为克(g)。

两次平行测定结果之差不大于0.01 mmol/kg，取其算术平均值为测定结果。

所得结果应按GB/T 8170修约至二位小数。

8 报告

报告应包括下列内容：

a) 有关样品的全部资料，例如样品名称、批号、采样地点、采样日期、采样时间等；

b) 本部分代号；

c) 分析结果和表示方法；

d) 测定中观察到的任何异常现象的细节及其说明；

e) 分析人员的姓名及分析日期等；

f) 任何不包括在本部分中的操作或是试验条件的说明。

ICS 71.080
G 15

中华人民共和国国家标准

GB/T 13255.7—2009
代替 GB/T 13255.7—1991

工业用己内酰胺试验方法 第7部分：铁含量的测定

Test methods of caprolactam for industrial use—Part 7: Determination of iron content

2009-05-13 发布 2010-01-01 实施

中华人民共和国国家质量监督检验检疫总局
中国国家标准化管理委员会 发布

前　言

GB/T 13255《工业用己内酰胺试验方法》分为以下八个部分：

——第1部分：50%水溶液色度的测定　分光光度法；

——第2部分：结晶点的测定；

——第3部分：高锰酸钾吸收值的测定　分光光度法；

——第4部分：挥发性碱含量的测定　蒸馏后滴定法；

——第5部分：290 nm 波长处吸光度的测定；

——第6部分：酸度或碱度的测定；

——第7部分：铁含量的测定；

——第8部分：环己酮肟含量的测定。

本部分为 GB/T 13255 的第7部分。

本部分修改采用俄罗斯国家标准 ГОСТ 26743.4—1985《己内酰胺　铁含量的测定方法》。

本部分根据 ГОСТ 26743.4—1985 重新起草。在附录 A 中列出了本标准章条编号与 ГОСТ 26743.4—1985 章条编号的对照一览表。

考虑到我国的国情，本部分在采用 ГОСТ 26743.4—1985 时作了一些编辑性修改，本部分与 ГОСТ 26743.4—1985 的主要技术性差异如下：

——比色的时间要求不同，ГОСТ 26743.4—1985 中是加入显色剂后立即比色，本部分中是加入显色剂后 15 min 内比色；

——结果表述不同，ГОСТ 26743.4—1985 中用质量百分含量表示，本部分中用 mg/kg 表示。

本部分代替 GB/T 13255.7—1991《工业己内酰胺　铁含量的测定》。

本部分与 GB/T 13255.7—1991 相比主要变化如下：

——增加了对天平等级的要求(见5.3)；

——将分析用水的等级界定为“符合 GB/T 6682—2008 中规定的三级水”(1991版的第4章，本版的第4章)；

——将微量滴定管改为不同规格的 A 级刻度移液管(1991版的第5章，本版的第5章)；

——对结果中铁含量的表示方式由“质量分数(10^{-6})”改为“mg/kg”(1991版的第7章，本版的第7章)；

——将“两次平行测定结果之差不大于 0.1×10^{-6}”改为“两次平行测定结果之差不大于 0.1 mg/kg”(1991版的第7章，本版的第7章)；

——增加了“报告”(见第8章)。

本部分的附录 A 为资料性附录。

本部分由中国石油和化学工业协会提出。

本部分由全国化学标准化技术委员会有机分会(SAC/TC 63/SC 2)归口。

本部分起草单位：南京帝斯曼东方化工有限公司。

本部分主要起草人：付慧卿、孙戴诚。

本部分所代替标准的历次版本发布情况为：

——GB/T 13255.7—1991。

工业用己内酰胺试验方法　第7部分：铁含量的测定

1　范围

GB/T 13255 的本部分规定了工业用己内酰胺中铁含量的测定方法中硫氰酸盐分光光度法。

2　规范性引用文件

下列文件中的条款通过 GB/T 13255 的本部分的引用而成为本部分的条款。凡是注日期的引用文件，其随后所有的修改单(不包括勘误的内容)或修订版均不适用于本部分，然而，鼓励根据本部分达成协议的各方研究是否可使用这些文件的最新版本。凡是不注日期的引用文件，其最新版本适用于本部分。

GB/T 602—2002　化学试剂　杂质测定用标准溶液的制备(ISO 6353-1:1982,NEQ)

GB/T 6682—2008　分析实验室用水规格和试验方法(ISO 3696:1987,MOD)

GB/T 8170　数值修约规则与极限数值的表示方法和判定

3　方法原理

用过氧化氢将试料溶液中的二价铁离子氧化成三价。在酸性溶液中，三价铁离子可与硫氰酸盐生成橙红色配合物，在最大吸收波长 500 nm 处，用分光光度计测量吸光度。

4　试剂

除非另有说明，在分析中仅使用确认为分析纯的试剂和符合 GB/T 6682—1992 规定的三级水。

4.1　盐酸。

4.2　过氧化氢溶液：1+9。

4.3　硫氰酸铵溶液：100 g/L。

4.4　铁(Fe)标准溶液：100 mg/L，按 GB/T 602—2002 的规定配制。

4.5　铁(Fe)标准溶液：10 mg/L，将铁标准溶液(4.4)准确稀释 10 倍。使用时配制。

5　仪器

5.1　分光光度计：精度±0.004 A。带有 5 cm 吸收池，2 个。

5.2　刻度移液管：A 级，不同规格。

5.3　天平：灵敏度分别为 0.1 g 和 0.1 mg。

6　分析步骤

6.1　工作曲线的绘制

用刻度移液管分别准确移取 0.0 mL、1.0 mL、2.0 mL、3.0 mL、4.0 mL、5.0 mL 铁标准溶液于六个 100 mL 容量瓶中，依次加入 2 mL 盐酸，5 mL 硫氰酸铵溶液，用水稀释至刻度，混匀，15 min 内在 500 nm 波长处用 5 cm 吸收池，以水作参比，在分光光度计上测量吸光度。

以铁含量为横坐标，以相对应的吸光度为纵坐标，绘制工作曲线。

6.2　测定

称取约 50 g 实验室样品，精确至 0.1 g，置于 250 mL 烧杯中，加入 20 mL 水溶解，再加入

(1～2)mL 盐酸，在电炉上加热至沸。取下，逐滴加入(1～2)mL 过氧化氢溶液，重新加热至沸。冷却后再加入 5 mL 硫氰酸铵溶液，然后定量移入 100 mL 容量瓶中，用水稀释至刻度，混匀。

15 min 内在 500 nm 波长处用 5 cm 吸收池，以水作参比，在分光光度计上测量吸光度。按所测得的吸光度在工作曲线上查得试料溶液的铁含量。

6.3 空白试验

在测定的同时，按同样的分析步骤，只是不加试料进行空白试验。按所测得的吸光度在工作曲线上查得空白溶液中铁含量。

7 结果计算

以 mg/kg 表示的铁(Fe)含量 x 按式(1)计算：

$$x = \frac{m_1 - m_0}{m \times 1\,000} \times 10^6 \qquad \cdots\cdots(1)$$

式中：

m_1——在工作曲线上查得的试料溶液的铁含量的数值，单位为毫克(mg)；

m_0——在工作曲线上查得的空白溶液的铁含量的数值，单位为毫克(mg)；

m——试料质量的数值，单位为克(g)。

两次平行测定结果之差不大于 0.1 mg/kg，取其算术平均值为测定结果。

所得结果应按照 GB/T 8170 修约至一位小数。

8 报告

报告应包括下列内容：

a) 有关样品的全部资料，例如样品名称、批号、采样地点、采样日期、采样时间等；

b) 本部分代号；

c) 分析结果和表示方法；

d) 测定中观察到的任何异常现象的细节及其说明；

e) 分析人员的姓名及分析日期等；

f) 任何不包括在本部分中的操作或是试验条件的说明。

附 录 A
（资料性附录）
本部分章条编号与标准章条编号对照

表 A.1 给出了本部分章条编号与ГОСТ 26743.4—1985 标准章条编号的对照一览表。

表 A.1 本部分章条编号与ГОСТ 26743.4—1985 标准章条编号对照

本部分章条编号	对应ГОСТ 26743.4—1985 标准的章条编号
1	1
2	—
3	4
4	5
5	6
6	7
7	8
8	9

ICS 71.080
G 15

中华人民共和国国家标准

GB/T 13255.8—2009
代替 GB/T 13255.8—1991

工业用己内酰胺试验方法 第8部分:环己酮肟含量的测定

Test methods of caprolactam for industrial use—Part 8:Determination of cyclohexanone oxime content

2009-05-13 发布　　　　2010-01-01 实施

中华人民共和国国家质量监督检验检疫总局
中国国家标准化管理委员会　发布

前　言

GB/T 13255《工业用己内酰胺试验方法》分为以下八个部分：

——第1部分：50%水溶液色度的测定　分光光度法；

——第2部分：结晶点的测定；

——第3部分：高锰酸钾吸收值的测定　分光光度法；

——第4部分：挥发性碱含量的测定　蒸馏后滴定法；

——第5部分：290 nm波长处吸光度的测定；

——第6部分：酸度或碱度的测定；

——第7部分：铁含量的测定；

——第8部分：环己酮肟含量的测定。

本部分为GB/T 13255的第8部分。

本部分修改采用俄罗斯联邦标准ГОСТ 26743.6—1985《己内酰胺　环己酮肟含量的测定方法》。

本部分根据ГОСТ 26743.6—1985重新起草。在附录A中列出了本标准章条编号与ГОСТ 26743.6—1985章条编号的对照一览表。

考虑到我国的国情，本部分在采用ГОСТ 26743.6—1985时作了一些编辑性修改，本部分与ГОСТ 26743.6—1985的主要技术性差异如下：

——环己酮肟标准溶液的制备不同，ГОСТ 26743.6—1985中直接用水溶解，本部分中是先用数滴乙醇溶解后再用水稀释；

——结果表述不同，ГОСТ 6743.6—1985中用质量百分含量表示，本部分中用mg/kg表示。

本部分代替GB/T 13255.8—1991《工业己内酰胺　环己酮肟含量的测定》。

本部分与GB/T 13255.8—1991相比主要变化如下：

——增加了对天平等级的要求(见5.3)；

——将分析用水的等级界定为"符合GB/T 6682—2008中规定的三级水"(1991版的第3章，本版的第4章)；

——将微量滴定管改为不同规格的A级刻度移液管(1991版的第4章，本版的第5章)；

——对结果中环己酮肟含量的表示方式由"质量分数(10^{-6})"改为"mg/kg"(1991版的第6章，本版的第7章)；

——将"两次平行测定结果之差不大于10×10^{-6}"改为"两次平行测定结果之差不大于5 mg/kg"(1991版的第6章，本版的第7章)；

——增加了"报告"(见第8章)。

本部分的附录A为资料性附录。

本部分由中国石油和化学工业协会提出。

本部分由全国化学标准化技术委员会有机分会(SAC/TC 63/SC 2)归口。

本部分起草单位：南京帝斯曼东方化工有限公司。

本部分主要起草人：付慧卿、孙戴诚。

本部分所代替标准的历次版本发布情况为：

——GB/T 13255.8—1991。

工业用己内酰胺试验方法
第8部分：环己酮肟含量的测定

1 范围

GB/T 13255的本部分规定了工业用己内酰胺中环己酮肟含量的测定方法中氧肟酸铁分光光度法。

2 规范性引用文件

下列文件中的条款通过GB/T 13255的本部分的引用而成为本部分的条款。凡是注日期的引用文件，其随后所有的修改单(不包括勘误的内容)或修订版均不适用于本部分，然而，鼓励根据本部分达成协议的各方研究是否可使用这些文件的最新版本。凡是不注日期的引用文件，其最新版本适用于本部分。

GB/T 6682—2008 分析实验室用水规格和试验方法(ISO 3696:1987,MOD)

GB/T 8170 数值修约规则与极限数值的表示和判定

3 方法原理

环己酮肟在酸性介质中水解时生成的羟胺与甲醛在加入过硫酸铵的条件下生成甲酰氧肟酸(又名甲酰异羟肟酸)，甲酰氧肟酸可与三价铁离子生成红色配合物，在最大吸收波长500 nm处，用分光光度计测量吸光度。

4 试剂

除非另有说明，在分析中仅使用确认为分析纯的试剂和符合GB/T 6682—2008中规定的三级水。

4.1 过硫酸铵。

4.2 硫酸溶液：1+90。

4.3 甲醛溶液：5+1。

4.4 硫酸铁铵[$NH_4Fe(SO_4)_2 \cdot 12H_2O$]溶液：100 g/L，称取10 g硫酸铁铵加水溶解，稀释至100 mL，再加入1.5 mL硫酸溶液(1+90)混匀，出现混浊时需过滤。

4.5 环己酮肟：在苯中两次重结晶制得。

4.6 环己酮肟标准溶液：100 mg/L，称取0.100 g环己酮肟，精确至0.001 g，置于50 mL烧杯中，用数滴乙醇溶解后，用水定量转移至1 000 mL容量瓶中，并稀释至刻度，混匀。

5 仪器

5.1 分光光度计：精度±0.004A。带有5 cm吸收池，2个。

5.2 刻度移液管：A级，不同规格。

5.3 天平：灵敏度分别为0.1 g和0.1 mg。

6 分析步骤

6.1 工作曲线的绘制

用刻度移液管分别准确移取0.0 mL、1.0 mL、2.0 mL、3.0 mL、4.0 mL、5.0 mL环己酮肟标准溶

液于六个 100 mL 容量瓶中，再依次加入 50 mL 水，2 mL 硫酸溶液，5 mL 甲醛溶液，2.5 mL 硫酸铁铵溶液和 1 g 过硫酸铵，混匀，用水稀释至刻度，再混匀。10 min 后，在 500 nm 波长处用 5 cm 吸收池，以水作参比，在分光光度计上测量吸光度。

以环己酮肟含量为横坐标，以相对应的吸光度为纵坐标，绘制工作曲线。

6.2 测定

称取约 10 g 实验室样品，精确至 0.1 g，置于 100 mL 容量瓶中，加入 50 mL 水使之溶解，再加入 2 mL 硫酸溶液，以下操作按 6.1 所述从“5 mL 甲醛溶液……”开始，到“测量吸光度”为止，进行同样的测定。

按所测得的吸光度在工作曲线上查出试料溶液中环己酮肟含量。

7 结果计算

以 mg/kg 表示的环己酮肟含量 x 按式(1)计算：

$$x = \frac{m_1}{m \times 1\,000} \times 10^6 \qquad \cdots\cdots(1)$$

式中：

m_1——在工作曲线上查出的试料溶液中环己酮肟含量的数值，单位为毫克(mg)；

m——试料质量的数值，单位为克(g)。

两次平行测定结果之差不大于 5 mg/kg，取其算术平均值为测定结果。

所得结果应按照 GB/T 8170 修约后表示为整数。

8 报告

报告应包括下列内容：

a) 有关样品的全部资料，例如样品名称、批号、采样地点、采样日期、采样时间等；

b) 本部分代号；

c) 分析结果和表示方法；

d) 测定中观察到的任何异常现象的细节及其说明；

e) 分析人员的姓名及分析日期等；

f) 任何不包括在本部分中的操作或是试验条件的说明。

附 录 A
（资料性附录）
本部分章条编号与标准章条编号对照

表 A.1 给出了本部分章条编号与ГОСТ 26743.6—1985 标准章条编号的对照一览表。

表 A.1 本部分章条编号与ГОСТ 26743.6—1985 标准章条编号对照

本部分章条编号	对应ГОСТ 26743.6—1985 标准的章条编号
1	1
2	—
3	4
4	5
5	6
6	7
7	8
8	9

ICS 25.220.10
A 29

中华人民共和国国家标准

GB/T 13288.3—2009/ISO 8503-3:1988

涂覆涂料前钢材表面处理 喷射清理后的钢材表面粗糙度特性 第3部分:ISO表面粗糙度比较样块的校准和表面粗糙度的测定方法 显微镜调焦法

Preparation of steel substrates before application of paints and related products—Surface roughness characteristics of blast-cleaned steel substrates—Part 3:Method for the calibration of ISO surface profile comparators and for the determination of surface profile—Focusing microscope procedure

(ISO 8503-3:1988,IDT)

2009-03-09 发布　　2009-11-01 实施

中华人民共和国国家质量监督检验检疫总局
中国国家标准化管理委员会　发布

前 言

GB/T 13288《涂覆涂料前钢材表面处理 喷射清理后的钢材表面粗糙度特性》分为下列几部分:

——第1部分:用于评定喷射清理后钢材表面粗糙度的ISO表面粗糙度比较样块的技术要求和定义;

——第2部分:磨料喷射清理后钢材表面粗糙度等级的测定方法 比较样块法;

——第3部分:ISO表面粗糙度比较样块的校准和表面粗糙度的测定方法 显微镜调焦法;

——第4部分:ISO表面粗糙度比较样块的校准和表面粗糙度的测定方法 触针法;

——第5部分:表面粗糙度的测定方法 复制带法。

本部分为GB/T 13288的第3部分。

本部分等同采用ISO 8503-3:1988《涂覆涂料前钢材表面处理 喷射清理后钢材表面粗糙度特性 第3部分:ISO表面粗糙度比较样块的校准和表面粗糙度的测定方法 显微镜调焦法》(英文版)。

本部分等同翻译ISO 8503-3:1988。

为便于使用,本部分做了下列编辑性修改:

——"本国际标准"一词改为"本部分";

——用小数点"."代替作为小数点的逗号",";

——用顿号"、"代替作为分述的逗号",";

——删除了国际标准的前言和引言。

本部分的附录A、附录B和附录C为规范性附录,附录D和附录E为资料性附录。

本部分由中国船舶工业集团公司提出。

本部分由全国涂料和颜料标准化技术委员会涂漆前金属表面处理及涂漆工艺分技术委员会(SAC/TC 5/SC 6)归口。

本部分起草单位:中国船舶工业综合技术经济研究院、中国船舶工业集团公司第十一研究所、山东开泰金属磨料股份有限公司。

本部分主要起草人:宋艳媛、傅建华、刘冰扬、刘如伟、赵洪勃、尹建国。

涂覆涂料前钢材表面处理 喷射清理后的钢材表面粗糙度特性 第3部分:ISO表面粗糙度比较样块的校准和表面粗糙度的测定方法 显微镜调焦法

1 范围

GB/T 13288的本部分规定了符合GB/T 13288.1要求的ISO表面粗糙度比较样块的校准和表面粗糙度的显微镜调焦法的测定方法。

本部分可用于喷射清理后基本上为平面的、平均峰谷差在$\overline{h_y}$=20 μm～200 μm范围内的钢材表面粗糙度的测定。如果不可能直接观察表面粗糙度,则应在喷射清理后的基材上有代表性的区域表面或复制的表面(参见附录E)上进行表面粗糙度的测定。

注:在恰当的地方,这种测定也可用于评估其他经磨料喷射清理的基材上的表面粗糙度。

另一个可选的方法见ISO 8503-4。

2 规范性引用文件

下列文件中的条款通过GB/T 13288的本部分的引用而成为本部分的条款。凡是注日期的引用文件,其随后所有的修改单(不包括勘误的内容)或修订版均不适用于本部分,然而,鼓励根据本部分达成协议的各方研究是否可使用这些文件的最新版本。凡是不注日期的引用文件,其最新版本适用于本部分。

GB/T 13288.1—2008 涂覆涂料前钢材表面处理 喷射清理后的钢材表面粗糙度特性 第1部分:用于评定喷射清理后钢材表面粗糙度的ISO表面粗糙度比较样块的技术要求和定义(ISO 8503-1:1988,IDT)

ISO 4618 色漆和清漆 术语和定义

ISO 8503-2[1] 涂覆涂料前钢材表面处理 喷射清理后的钢材表面粗糙度特性 第2部分:磨料喷射清理后钢材表面粗糙度等级的测定方法 比较样块法

ISO 8503-4 涂覆涂料前钢材表面处理 喷射清理后的钢材表面粗糙度特性 第4部分:ISO表面粗糙度比较样块的校准和表面粗糙度的测定方法 触针法

ISO 8504-2[2] 涂覆涂料前钢材表面处理 表面处理方法 第2部分:磨料喷射清理

3 术语和定义

GB/T 13288.1—2008与ISO 4618确立的术语和定义适用于GB/T 13288的本部分。

4 原理

用规定的显微镜在规定的观察区域观察试样表面。根据观察区域调整显微镜物镜的焦距,测定同一观察区域上最高峰处与最低谷处的距离,记录为h_y值。

---

1) GB/T 13288—1991为参照采用ISO 8503:1985。

2) GB/T 18839.2—2002为等效采用ISO 8504-2:2000。

在试样表面上不同的观察区域，重复上述步骤共20次，记录20个不同的 h_y 值，计算算术平均值，作为平均最大峰谷高度 $\overline{h_y}$，由此确定试样表面的粗糙度。

5 仪器

5.1 光学显微镜

光学显微镜具备精确的焦距调整，没有或几乎没有漂移值(见附录A的A.5)。调节器应能精确的控制物镜或物台的移动，并应带有刻度值不超过1 μm的游标刻度尺。该显微镜应具有一个光圈数值不低于0.5的物镜和观察范围直径超过0.5 mm的目镜。观察范围可以通过圆形目镜的十字刻度线或停留在光源箱中进行缩小。

注：附录A和附录D给出了有关光学显微镜的使用建议。附录A规定了光学显微镜漂移值的测定步骤，附录D给出了光学显微镜定义变量重要性的解释(参见5.2的注释)。

5.2 光源

光源安装在光学显微镜(5.1)上，以垂直光线照射试验表面。可以采用滤光镜将眩目的光线减到最小。

注：这些仪器(5.1和5.2)的要求一般符合显微镜的冶金学目的。

6 试样表面

6.1 ISO表面粗糙度比较样块

目视检查将被校准的ISO表面粗糙度比较样块(见GB/T 13288.1)的每一区域是否完好无损。采用干燥的精细棕毛刷轻轻地清除表面上的所有灰尘颗粒，然后使用类似的刷子，用汽油清洗掉表面上的油和脂类杂质。在校准前应干燥。

按第7章的规定校准比较样块的每一区域。

6.2 喷射清理后的底材/复制件

目视检查将被测定的试样表面是否完好无损。采用干燥的精细棕毛刷轻轻地清除表面上的所有灰尘颗粒，然后使用类似的刷子，用汽油清洗掉表面上的油和脂类杂质。在测量前应干燥。

按第7章的规定测定试样表面的粗糙度。

注：如果需要测定复制件(参见附录E)，则仅用干燥的毛刷清洁即可。

7 最大峰谷高度 h_y 的测定步骤

7.1 将待测试样表面(6)放置在光学显微镜(5.1)的物镜下并进行调整，使测量范围的试样边缘不小于5 mm。调节光源(5.2)使光线正常照在观察区域的试样表面上。初步调节焦距。

7.2 升高物镜，至焦距内无任何观察区域部分(见注释)。然后使用微调旋钮缓慢降低物镜，直至观察区域的第一个点恰好落在焦距内。在附录C给出的形式下，记录游标刻度上的读数 r_1，作为观察区域最高峰处的数值。

注1：在一些显微镜上，物镜是被固定的，而平台是移动的。通过升高或降低平台来调整焦距。

注2：推荐沿同一方向调整焦距(参见D.2)。

7.3 降低物镜，至焦距内无任何观察区域部分(见7.2注释)。然后缓慢升高物镜，直至观察区域的第一个点恰好落在焦距内。在附录C给出的形式下，记录游标刻度上的读数 r_2，修正漂移值(见附录A)，作为观察区域最低谷处的数值。如果读数没能修正光学显微镜移动的漂移值，继续升高物镜直到最低谷处不在焦距内。然后缓慢降低物镜直至最低谷处再一次落在焦距内。记录游标刻度上的读数 r_2，作为观察区域最低谷处的数值。

7.4 读数之差 (r_1-r_2) 就是观察区域的最大峰谷数值 h_y。

7.5 在完全不同的观察区域重复7.2～7.4步骤20次，测定最大峰谷高度。这些观察区域应均匀地分布在试样表面上且离试样边缘不小于 5 mm 之内。

8 结果的计算和表述

8.1 根据试样表面测得的 20 个最大峰谷高度读数数据 h_y，计算平均值$\overline{h_y}$和标准偏差。

如果得到的标准偏差低于平均值的 1/3，报告标准偏差，同时以平均最大峰谷高度$\overline{h_y}$作为试验结果。

8.2 如果本试验方法用于校准 ISO 表面粗糙度比较样块，并且得到的标准偏差大于平均值的 1/3，重复第 7 章步骤，测定 40 个读数的平均值和标准偏差。如果标准偏差仍然大于平均值的 1/3，则应放弃因为粗糙度没有达到充分一致的该比较样块。

8.3 如果本试验方法用于测定喷射清理表面的粗糙度，直接或者通过测定复制件，报告$\overline{h_y}$以及标准偏差和显示表面粗糙均匀程度的最大读数 h_y。

9 试验报告

附录 B 给出了试验报告的表格形式。试验报告至少应包括下列内容：

a) 标识 ISO 表面粗糙度比较样块及其试验区域，或者，如果是测定钢材表面粗糙度，则应标识钢材表面和使用的任何复制表面；

b) 本部分标准号(GB/T 13288.3—2009)；

c) 物镜放大倍数和光圈数值；

d) 目镜放大倍数和所有中间放大倍数；

e) 试验区域观察范围的直径；

f) 光学显微镜的总放大倍数；

g) 按第 8 章规定显示的试验结果，如果是测定 ISO 表面粗糙度比较样块的表面粗糙度，则应给出比较样块的限定范围(见 GB/T 13288.1—2008)；

h) 与规定步骤的任何差异，包括一致性或其他等，如果是在复制件上测定钢材表面的粗糙度，则应标识复制件表面处理方法(见附录 E)；

i) 试验者；

j) 试验日期。

附 录 A

（规范性附录）

显微镜调整装置中漂移值的测定

A.1 用放大倍数为×360～×450之间的光学显微镜(5.1)进行下列步骤的操作。

A.2 将ISO表面粗糙度比较样块(6.1)置于光学显微镜的物镜平台上，使被检测区域至任一边缘距离不小于5 mm。调节光源，使光线正常照在试验区域的试样表面上，初步调节焦距。

A.3 升高物镜(见7.2注1)，至焦距内无任何试验区域部分。然后使用微调旋钮缓慢降低物镜，直至观察区域的第一个点(即最高峰)恰好落在焦距内。记录游标刻度的读数(p_1)。

不移动比较样块，重复上述步骤，直到读取20个读数，然后计算其平均值($\overline{p_1}$)。

A.4 不移去比较样块，降低物镜至最高峰不再位于焦距内。缓慢升高物镜直至观察区域的最高峰出现在焦距内。记录游标刻度的读数(p_2)。

不移动比较样块，重复上述步骤，直到读取20个读数，然后计算其平均值($\overline{p_2}$)。

A.5 计算($\overline{p_1}-\overline{p_2}$)的值。若该差值不大于3 μm，则用于7.3中作为修正漂移值。如果该差值大于3 μm，则应更换显微镜。

附 录 B
（规范性附录）
校准 ISO 表面粗糙度比较样块和测定表面粗糙度的试验报告

校准 ISO 表面粗糙度比较样块和测定表面粗糙度的试验报告格式如下。

<table>
<tr><td colspan="5">1. 实验室及地址</td></tr>
<tr><td colspan="5">2. 试验表面标识
a) ISO 表面粗糙度比较样块
b) 钢材表面/复制表面[a]</td></tr>
<tr><td>3. 标准参考文献</td><td colspan="4">GB/T 13288.3—2009</td></tr>
<tr><td>4. 显微镜说明
物镜放大倍数
物镜光圈数值
中间放大倍数[b]
目镜放大倍数
观察范围直径
总放大倍数</td><td colspan="4">
×..........
NA..........
×..........
×..........
..........mm
×..........</td></tr>
<tr><td>5. 结果[c]</td><td>名义读数</td><td>平均值 $\overline{h_y}$/μm</td><td>h_y 的最大读数/μm</td><td>标准偏差</td></tr>
<tr><td>区域 1</td><td></td><td></td><td></td><td></td></tr>
<tr><td>区域 2</td><td></td><td></td><td></td><td></td></tr>
<tr><td>区域 3</td><td></td><td></td><td></td><td></td></tr>
<tr><td>区域 4</td><td></td><td></td><td></td><td></td></tr>
<tr><td>钢材表面/复制表面[d]</td><td></td><td></td><td></td><td></td></tr>
<tr><td>6. 与标准步骤的任何差异[b]</td><td colspan="4"></td></tr>
<tr><td>7. 人为造成的偏差情况
（见上述 6）</td><td colspan="4"></td></tr>
<tr><td>8. 试验日期</td><td colspan="4"></td></tr>
<tr><td>9. 全部历史检测日期[b]</td><td colspan="4"></td></tr>
<tr><td>10. 操作者姓名</td><td colspan="4"></td></tr>
<tr><td colspan="5">a 标明所检测表面的详细状况：ⅰ）钢材表面或ⅱ）复制表面。
b 如果使用请标明。
c 实际读数见另表（附录 C）。
d 如果状况相似，则删除。</td></tr>
</table>

附 录 C
（规范性附录）
按 GB/T 13288.3—2009 规定检测表面粗糙度的记录表

按 GB/T 13288.3—2009 规定检测表面粗糙度的记录表的格式如下。

实验室及地址			
物镜放大倍数	×.............	观察范围直径	.............mm
物镜光圈数值	NA.............	总放大倍数	×.............
目镜放大倍数	×.............		
中间放大倍数	×.............		
标准参考文献[a]	a) ISO 表面粗糙度比较样块 b) 钢材表面/复制表面[b]		

读数[c]序号	区域 1[d]			区域 2			区域 3			区域 4		
	r_1	r_2	h_y	r_1	r_2	h_y	r_1	r_2	h_y	r_1	r_2	h_y
1												
2												
3												
4												
5												
6												
7												
8												
9												
10												
11												
12												
13												
14												
15												
16												
17												
18												
19												
20												
平均值＝$\overline{h_y}$												
最大 h_y 读数												
最小 h_y 读数												
标准偏差												

a 如果相同则删除。

b 标明所检测的表面详细状况：ⅰ）钢材表面或ⅱ）复制表面。

c 全部读数单位是微米（μm）。

d 如果可应用，“钢材表面”或“复制表面”可互换。

附 录 D
(资料性附录)
采用显微镜调焦法校准ISO表面粗糙度比较样块的指南

D.1 景深和视野

在使用光学显微镜时,根据观察限定的最大景深和视野所需要的放大倍数,选取可用透镜。用可精确测量峰高和谷深的物镜光圈控制景深。但是由于高数值光圈透镜及其高放大倍数而造成的较小的视野,可能观察不到较为典型的包含高峰和低谷的代表性范围。用较低的放大倍数,视野较大,因此代表的峰谷值高度更具有代表性,但是观察视野较浅的景深会导致试样相应峰谷高度的精确测定。

控制视野的景深时,物镜和目镜之间的放大倍数的分布是重要的。在要求150倍的放大倍数时,可选择放大倍数为10的物镜和放大倍数为15的目镜。例如:放大倍数为10的物镜有0.26的光圈数值,会给出一个约7 μm景深;若选择一个光圈数值不小于0.5、放大倍数为20的物镜,景深被减小到约为可接受的2 μm。视野与总放大倍数成反比,总放大倍数是显微镜中多个独立透镜的放大倍数的总乘积。许多显微镜都有一个通常系数为1.25倍或1.5倍的固定的中间透镜。

当将上述情况都考虑进去,希望得到测量ISO表面粗糙度比较样块的试验方法时,为了得到目视和触觉评估的较准粗糙度,应规定标准规范。通过控制物镜的光圈数值和视野,可直接控制放大倍数。在遇到要求光圈数值不小于0.5,视野直径大于0.5 mm的情况时,一般物镜放大倍数为20倍、光圈数值为0.5、目镜放大倍数为10倍的显微镜,可提供200倍的总放大倍数。

D.2 调焦

标准显微镜操作方法要求最终调焦应总是在同一方向上。然而在第7章中所提到的方法建议,对于带有无漂移微调的显微镜,谷深最终调焦的方向有可能是测量峰高时调焦的相反方向。由于当从反方向调焦时不会带入误差的无漂移的微调,为了充分增加操作速度,这样的偏差是允许的。

因此,如果显微镜的微调是有漂移的,为防止带进误差,要求最终的焦距调节应始终在同一方向上,或者用附录A中A.5所测定的漂移值。

显然,对于观察者来说,微调时没有漂移的显微镜操作更为简单和有效。因此,建议每次操作要保证微调旋钮的适当移动。

附录A给出微调时测定漂移的方法。用此方法,可检查具体的仪器并可完成必要的校正。

D.3 表面粗糙度的可变性

为了得到磨料喷射清理过的钢材表面粗糙度的代表值,应对按第7章规定的方法测得的至少20个峰谷高度 h_y 进行平均,这个平均值即为平均最大峰谷高度 $\overline{h_y}$,使得假峰、裂纹、毛刺等造成的不规则最小化。

已修正过的20个峰谷高度测量值的标准偏差通常在平均测量值的15%~20%,因此,标准偏差超过平均值的33%时,表明在测量方法中或检测面积上一个不可接受的大的偏差,应重新进行更多的峰谷高度的批量测量而不论最初的那批读数是否有代表性。

附 录 E
（资料性附录）
粗糙度复制件的预处理和测量的指南

用本方法检测钢材表面状态时，想要得到被测表面的实际表面的小样块常常是不可能的。在这种情况下，可通过测量钢材表面的复制件来确定表面粗糙度。

复制件产生金属表面的反向面（即钢材表面的峰变为复制件的谷，谷变为复制件的峰），但这个复制件表面不影响 ISO 8503-4 和 GB/T 13288.3—2009 所描述的测定方法的有效性。

可采用许多复制技术，包括无溶剂双组份有机聚合物法，其交联固化制得硬固体表面。这些聚合物可能有许多缺点，如不能渗透至最深、最锋利的部位，并且还可能释放出有机挥发物，但它们能提供足够硬的表面，以供按 ISO 8503-4 规定的方法进行触针法测量。

双组份染色硅橡胶也已成功地应用在复制技术上，它在交联固化时的初始黏度和柔软性意味着对喷砂清理后的表面具有很好的渗透性，并且在固化之后易脱模。但由于硅橡胶的柔软性，测量仅限于 GB/T 13288.3—2009 所规定的显微镜调焦法。

在使用所有的复制技术之前，为保证测量精度，应至少复制 5 个已直接测量过表面粗糙度的表面，检验一下操作者的复制技术的准确度。这些钢材表面均应采用同一种磨料喷射清理，而且这些磨料与曾用在已检测过的钢材表面的磨料规格相同；这些钢材表面的粗糙度应在已检测的钢材表面粗糙度范围之内。复制件的表面粗糙度应尽可能与已测得的钢材表面粗糙度的偏差不大于 10％。

如果使用复制技术测定钢材表面的粗糙度，应在报告“平均最大峰谷高度”时说明。

ICS 25.220.10
A 29

中华人民共和国国家标准

GB/T 13288.5—2009/ISO 8503-5:2003

涂覆涂料前钢材表面处理 喷射清理后的钢材表面粗糙度特性 第5部分:表面粗糙度的测定方法 复制带法

Preparation of steel substrates before application of paints and related products—
Surface roughness characteristics of blast-cleaned steel substrates—
Part 5: Replica tape method for the determination of the surface profile

(ISO 8503-5:2003, IDT)

2009-03-09 发布　　2009-11-01 实施

中华人民共和国国家质量监督检验检疫总局
中国国家标准化管理委员会　发布

前 言

GB/T 13288《涂覆涂料前钢材表面处理 喷射清理后的钢材表面粗糙度特性》分为下列几部分:

——第1部分:用于评定喷射清理后钢材表面粗糙度的ISO表面粗糙度比较样块的技术要求和定义;

——第2部分:磨料喷射清理后钢材表面粗糙度等级的测定方法 比较样块法;

——第3部分:ISO表面粗糙度比较样块的校准和表面粗糙度的测定方法 显微镜调焦法;

——第4部分:ISO表面粗糙度比较样块的校准和表面粗糙度的测定方法 触针法;

——第5部分:表面粗糙度的测定方法 复制带法。

本部分为GB/T 13288的第5部分。

本部分等同采用ISO 8503-5:2003《涂覆涂料前钢材表面处理 磨料喷射清理后钢材表面粗糙度特性 第5部分:表面粗糙度的测定方法 复制带法》(英文版)。

本部分等同翻译ISO 8503-5:2003。

为便于使用,本部分做了下列编辑性修改:

——"本国际标准"一词改为"本部分";

——用小数点"."代替作为小数点的逗号",";

——用顿号"、"代替作为分述的逗号",";

——删除了国际标准的目次、前言和引言。

本部分的附录A和附录B为资料性附录。

本部分由中国船舶工业集团公司提出。

本部分由全国涂料和颜料标准化技术委员会涂漆前金属表面处理及涂漆工艺分技术委员会(SAC/TC 5/SC 6)归口。

本部分起草单位:中国船舶工业集团公司第十一研究所、中国船舶工业综合技术经济研究院、山东开泰金属磨料股份有限公司。

本部分主要起草人:傅建华、刘冰扬、宋艳媛、刘如伟、翟永真、刘赐之、王嘉容。

涂覆涂料前钢材表面处理 喷射清理后的钢材表面粗糙度特性 第5部分:表面粗糙度的测定方法 复制带法

1 范围

GB/T 13288 的本部分规定了按 ISO 8504-2 给定的磨料喷射清理方法清理后钢材表面粗糙度的现场测定法。本方法用复制带和其配套测量仪对涂装前表面粗糙度进行现场测量。

本部分适用于给定规格(或厚度)的复制带测定相应范围内的粗糙度。目前商用的各规格复制带可测定的粗糙度范围是平均峰谷高度 20 μm~115 μm。本部分适用于金属或非金属磨料喷射清理后的表面粗糙度的测定。

2 规范性引用文件

下列文件中的条款通过 GB/T 13288 的本部分的引用而成为本部分的条款。凡是注日期的引用文件,其随后所有的修改单(不包括勘误的内容)或修订版均不适用于本部分,然而,鼓励根据本部分达成协议的各方研究是否可使用这些文件的最新版本。凡是不注日期的引用文件,其最新版本适用于本部分。

GB/T 13288.1—2008 涂覆涂料前钢材表面处理 喷射清理后的钢材表面粗糙度特性 第1部分:用于评定喷射清理后钢材表面粗糙度的 ISO 表面粗糙度比较样块的技术要求和定义(ISO 8503-1:1988,IDT)

GB/T 13288.3—2009 涂覆涂料前钢材表面处理 喷射清理后的钢材表面粗糙度特性 第3部分:ISO 表面粗糙度比较样块的校准和表面粗糙度的测定方法 显微镜调焦法(ISO 8503-3:1988,IDT)

ISO 4618 色漆和清漆 术语和定义

ISO 8503-4 涂覆涂料前钢材表面处理 喷射清理后的钢材表面粗糙度特性 第4部分:ISO 表面粗糙度比较样块的校准和表面粗糙度的测定方法 触针法

ISO 8504-2[1] 涂覆涂料前钢材表面处理 表面处理方法 第2部分:磨料喷射清理

3 术语和定义

GB/T 13288.1—2008 与 ISO 4618 确立的术语和定义适用于 GB/T 13288 的本部分。

4 原理

复制带表面的薄膜是一层可压缩的微孔塑料膜,这层薄膜涂覆在厚度极其均匀(50 μm±2 μm)的聚酯片表面。当受到硬质表面挤压时,微孔塑料膜坍陷约为初始厚度的 25%。

注1:当复制薄膜镀上一层很薄(80 nm)的、可塑、可反射光的金属,如铟,被复制的表面就可以通过光学干涉成像仪来测试。而当复制薄膜涂覆类似可塑、可传输电子的金属薄层,如金、铂或钯,表面可通过电子显微镜研究。

注2:这种方法反映的是测试"平均最大峰谷高度的粗糙度"。由于粗糙度仪的探头在复制表面轻微平移,因此仪器测得的结果是平均最大值,与数学平均值不同。

---

1) GB/T 18839.2—2002 为等效采用 ISO 8504-2:2000。

5 仪器

5.1 复制带

由一个正方形复制薄膜(边长约 10 mm)贴在背面带胶的纸带上。复制薄膜应置于纸带(尺寸约 53 mm×19 mm)中间小孔(直径约 10 mm)上,纸带上印有复制带的规格、尺寸。

注 1:适用于测量表面粗糙度的复制带规格有 20 μm～50 μm、33 μm～85 μm、40 μm～115 μm。

纸带的胶带背面避免了在测试过程中复制薄膜的移动,有利于样品标记和测试记录。

注 2:微孔塑料膜容易压缩,因此处理时应小心,尤其是在测量其厚度时。

5.2 测量仪

使用带有专门为复制带设计的弹簧,回复力 1.5 N,精度不低于±5 μm。探头是圆形的,顶端直径 6.3 mm,底端直径相同或更大。

5.3 施压工具

由顶端带有圆球(标称直径 9 mm)的铸塑棒制成,圆球用于将复制薄膜压紧在待测的样品表面。

6 复制带的保护及复制法标定的可靠性

复制带的每部分分别有保存期限和使用温度。复制薄膜比背面带有胶的纸带更耐用。

测试表明,至少温度在－10 ℃～65 ℃之间时,复制薄膜能够精确地将待测表面复制。在一般室温下,复制品能被完好保存多年,未受力的复制薄膜能保质数十年。在－10 ℃～65 ℃之间时,未发现因延长保存时间使未受力的复制薄膜失效的情况,而纸带的粘接面可能损坏变质。

复制带应在室温储存,建议储存温度为 5 ℃～30 ℃,储存期不超过两年。

配套测量仪应按照精密仪器的标准使用,并应根据使用说明书定期采用相应的标准校正。通过测量已知厚度进行校验。

复制带测定方法和 ISO 比较样块测定方法的结果相关性参见附录 B。

7 步骤

7.1 选择待测表面的典型区域测定。

7.2 选择一种规格合适的复制带。

7.3 清洁测量仪的触针表面并调整零点到读数为－50 μm(即不可压缩的聚酯片厚度)。经过最初的调整,随后所测的读数会自动地减去聚酯片的厚度。在测量仪使用之前,用已校准过厚度的并且可测量的薄片对仪器进行校验,如果校验结果超出产品说明的精度之外,仪器不应使用。

7.4 将一单片去除保护纸的复制带贴在喷射清理后的表面上,用施压工具(5.3)在复制带中部的复制薄膜上施加稳定的压力,使其接触复制带中部的复制薄膜。随着表面被复制,复制薄膜逐渐变暗,直至整个圆形区域变为均一黑色。

7.5 从表面取下复制带,置于测量仪触针之间的中心位置。将测量仪触针轻轻放下,至复制薄膜上,测量其表面粗糙度。测量仪的读数是喷射清理后表面的平均最大峰谷距离。

7.6 测量编号应与相关部位一致。

7.7 将带有标注的复制薄膜附在试验报告里,记录相应测试结果。

注 1:在测试前,测量方法的准确度可通过测定已知表面粗糙度的样品,如 ISO 表面粗糙度比较样块来校正。

注 2:同样的步骤适用于以非标准国际单位为读数的测量仪,如密耳(1 mil≈25.4 μm)。对以非标准国际单位为读数进行校准的测量仪,可提供相应的使用说明书。

8 误差允许范围

本方法的重要部分是清楚地说明怎样测定表面粗糙度。这个重要部分的意义在于明确了测定粗糙度方法的精确度和准确度。

与复制带测量相关的误差范围参见附录A。

测量之前,应选用适合待测表面粗糙度的量程。

9 试验报告

试验报告至少应包含下列内容:

a) 标识试验样品所需的全部信息;

b) 本部分标准号(GB/T 13288.5—2009);

c) 复制薄膜表面的各部分(应根据测试区域将复制薄膜表面分组,并在测试报告中记录各部分的信息和粗糙度);

d) 测试结果;

e) 工作场地确认和项目名称(如果允许);

f) 试验日期;

g) 试验者;

h) 试验过程中的偏差;

i) 试验过程中观察到的异常情况。

附　录　A
（资料性附录）
表面粗糙度复制带测定法的测量误差

1987年，由美国全国腐蚀工程师协会（NACE）组织的专家对复制带方法的测试性能展开了研究。NACE标准RP 0287就测试的可重复性和准确性进行了研究，并报告了7位测试者对14块喷射处理过的样板的轮流测试结果。14块样板中的11块，用复制带法和显微镜调焦法在可信度最低限为95%（两个标准偏差）时测量结果基本一致。两种测试方法的平均差是4.5 μm。因为仪器可区分出具体的峰谷估计距离最大值、测试区域以及测试的路径和平均结果的差异，所以有些偏差是可以预测的。这些将在附录B中进一步讨论。

由7位不同测试者测试产生的喷射处理过的样板粗糙度的标准偏差，经过14块样板的平均后为5.4 μm。相应显微镜调焦法测定的标准偏差的平均结果是8.1 μm。

通常给定了由两个标准偏差（可信度最低为95%）组成的可信区间。5.4 μm的标准偏差表明由一位随机的测试者单独进行一次复制带测试，落在表面粗糙度标准偏差为10.8 μm（两个标准偏差）的概率为95%。

独立性检验表明由单一测试者测试的标准偏差是3.6 μm。

附 录 B
（资料性附录）
表面粗糙度测定的复制带法和 ISO 比较样块法的相关性

B.1 复制带法

单独的复制带测定取样为直径 6.3 mm、面积 31 mm^2 的圆片。聚酯基质的柔韧性和施压工具上的圆球曲弧促使复制薄膜紧压在待测表面形成直径超过 0.4 mm 的区域。表面在直径小于 0.4 mm 的小圆片内，紧贴被测表面受小球挤压的复制薄膜区域是平整的。这些小圆片构成了各自的峰谷最大值测定的取样区（事实上，由于评定区域相互重叠，多重取样区之间的关联和抽样过程有些复杂）。用测量仪测试来评估在 31 mm^2 的待测区域内所有取样区的平均最大峰谷高度值。

B.2 显微镜调焦法

使用显微镜调焦法做一个单独的峰谷最大值的测试，此时显微镜探测覆盖的取样范围是一个直径为 0.5 mm、面积约 0.2 mm^2 的小区域。从这些探测的小区域中挑选 20 个（选择方法详见 GB/T 13288.3—2009），取它们峰谷距离最大值的平均值，即约为 4 mm^2 的总测定区域。

B.3 触针法

这种方法的取样长度，即单独最大峰谷值测试触针移动过的行程是 2.5 mm，在触针的一次来回探测过程中有 5 个这样的行程。由于探头直径为 10 μm，因此，每次来回探测的测定面积是 0.125 mm^2。从 10 个行程中（最小的行程）取最大峰谷距离的平均值（具体规定见 ISO 8503-4），即总测定区域 1.25 mm^2 的 50 个抽样长度。

B.4 不同方法之间的比较

根据不同测定方法得到的粗糙度对比结果见图 B.1。

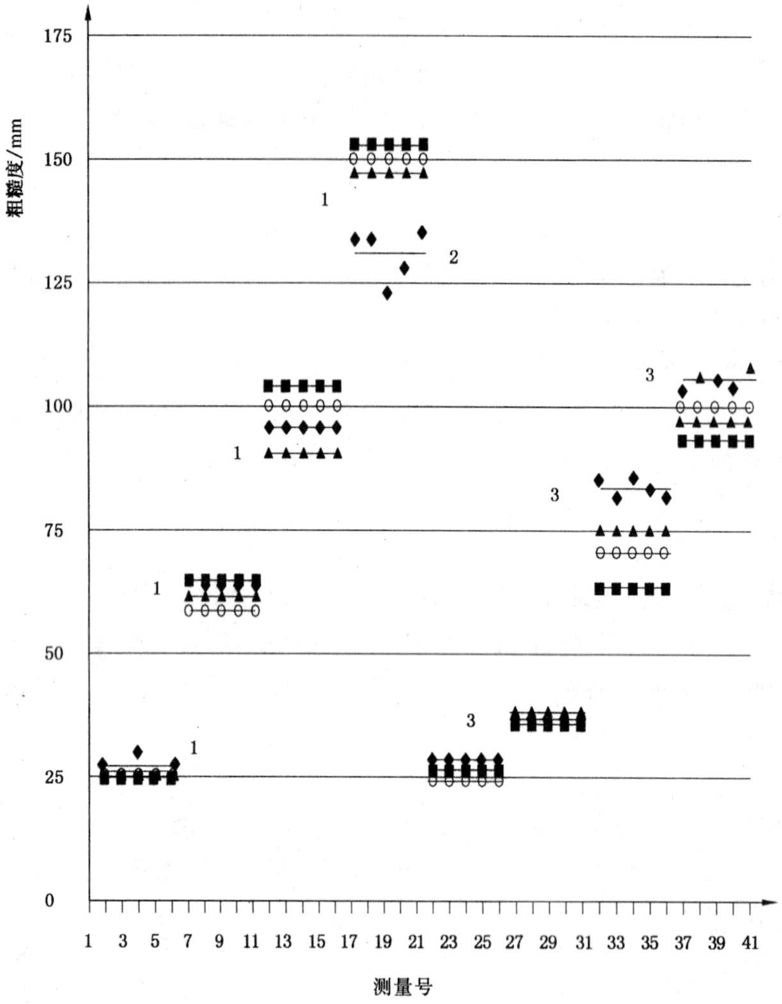

注：

◆——复制带测试方法；

———复制带测试方法平均；

○——比较(比较样块法)；

■——比较(显微镜调焦法)；

▲——比较(触面针法)。

1——采用砂粒磨料喷射处理表面；

2——XC 型复制带测量上限；

3——采用丸粒磨料喷射处理表面。

图 B.1 不同方法测定表面粗糙度结果对比

ICS 37.020
N 30

中华人民共和国国家标准

GB/T 13323—2009
代替 GB/T 13323—1991

光学制图

Optical drawings

(ISO 10110-1:2006, Optics and photonics—Preparation of drawings for optical elements and systems—Part 1:General, NEQ)

2009-11-15 发布　　　　2010-02-01 实施

中华人民共和国国家质量监督检验检疫总局
中国国家标准化管理委员会　发布

前　言

本标准对应 ISO 10110-1:2006《光学和光子学　光学零件和光学系统绘图准备　第 1 部分:总则》,与 ISO 10110-1:2006 的一致性程度为非等效。

本标准与 ISO 10110-1:2006 的主要差异如下:

——删除了国际标准的序言和前言;

——根据 ISO 10110-1:2006 及我国标准用语习惯对标准范围及符号作了重新编写;

——参考并补充了 ISO 10110-8,ISO 10110-10,ISO 10110-12 相关部分的内容。

本标准代替 GB/T 13323—1991《光学制图》,本标准与 GB/T 13323—1991 相比主要变化如下:

——修改了标准范围;

——修改了光轴的标注方法;

——将 GB/T 13323—1991 的毛面修改为非抛光面;

——修改了光学零件图样的列表格式及内容;

——修改了光学零件缺陷的公差的标注方法;

——修改了材料的双折射和非均匀性的公差标注方法,并将其技术要求内容放入附录 B;

——增加了表面结构的公差的标注方法,并将其内容放入附录 C;

——修改了附录 A 的示例,并增加了非球面透镜的图样标注方法。

本标准的附录 A 是资料性附录,附录 B、附录 C 是规范性附录。

本标准由中国机械工业联合会提出。

本标准由全国光学和光子学标准化技术委员会(SAC/TC 103)归口。

本标准负责起草单位:宁波永新光学股份有限公司、上海理工大学、凤凰光学集团有限公司、江南永新光学有限公司、上海光学精密机械研究所、苏州一光仪器有限公司。

本标准参加起草单位:宁波市教学仪器有限公司、贵阳新天光电科技有限公司、宁波华光精密仪器有限公司、南京东利来光电实业有限公司、浙江舜宇集团股份有限公司、梧州奥卡光学仪器公司、麦克奥迪实业集团有限公司。

本标准主要起草人:曾丽珠、章慧贤、冯琼辉、邬子刚、徐德衍、李晞、付晓平。

本标准所代替标准的历次版本发布情况为:

——GB 1331—1977;

——GB/T 13323—1991。

光 学 制 图

1 范围

本标准规定了光学制图的一般规定、图样要求及尺寸、公差标注。

本标准适用于光学系统、光学部件和光学零件图样的绘制。

2 规范性引用文件

下列文件中的条款通过本标准的引用而成为本标准的条款。凡是注日期的引用文件，其随后所有的修改单(不包括勘误的内容)或修订版均不适用于本标准，然而，鼓励根据本标准达成协议的各方研究是否可使用这些文件的最新版本。凡是不注日期的引用文件，其最新版本适用于本标准。

GB/T 131 产品几何技术规范(GPS) 技术产品文件中表面结构的表示法(GB/T 131—2006, ISO 1302:2002,IDT)

GB/T 1185 光学零件表面疵病(GB/T 1185—2006,ISO 10110-7:1996,Optics and optical instruments—Preparation of drawings for optical elements and systems—Part 7:Surface imperfection tolerances,NEQ;ISO 14997:2003,Optics and optical instruments—Test methods for surface imperfections-of optical elements,NEQ)

GB/T 2831 光学零件的面形偏差(GB/T 2831—2009,ISO 10110-5:2007,Optics and photonics—Preparation of drawings for optical elements and systems—Part 5:Surface form tolerances,NEQ)

GB/T 4457(所有部分) 技术制图

GB/T 4458(所有部分) 机械制图

GB/T 7242 透镜中心误差

GB/T 10609.1 技术制图 标题栏

GB/T 10609.2 技术制图 明细栏(GB/T 10609.2—1989,neq ISO 7573:1983)

GB/T 14689 技术制图 图纸幅面和格式(GB/T 14689—2008,ISO 5457:1999,MOD)

GB/T 14690 技术制图 比例

GB/T 14691 技术制图 字体

GB/T 18229 CAD工程制图 规则

GB/T 19096 技术制图 图样画法 未定义形状边的术语和注法(GB/T 19096—2003, ISO 13715:2000,IDT)

JB/T 6179 光学零件镀膜 分类、符号及标注

3 一般规定

3.1 除本标准规定外，光学图样的幅面、比例、字体、图线、指引线、边、剖面符号、视图、尺寸注法、尺寸公差与配合及表面粗糙度的注法等，应按 GB/T 131、GB/T 4457～4458、GB/T 14689～14691 和 GB/T 19096的规定。

3.2 除非另有规定，通常光学图样的所有标注均适用于最终完工状态。

3.3 所有光学数据的参考波长为汞绿色谱线(e-线)(λ=546.07 nm)。

3.4 在光学图样上光轴用细双点划线，光轴中断用双波浪线表示。

3.5 光源、光阑和镀膜等要素的符号及其画法见表 1。

3.6 除本标准规定外，光学零部件的光学参数和缺陷公差可以在图样上列表标注，也可以用指引线和

基准线引出后标注，缺陷公差的标注代号见表 2。

3.7 标题栏、明细栏分别参照 GB/T 10609.1 和 GB/T 10609.2。

表 1

序号	名称	符号	尺寸	图线	示例	说明
1	眼点					
2	光源		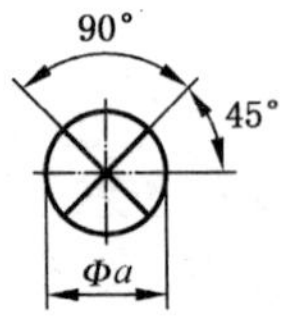			光源与光电接收器的型号和要求应在图样的明细栏中注明
3	光电接收器	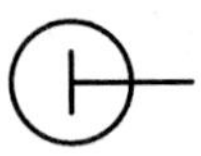	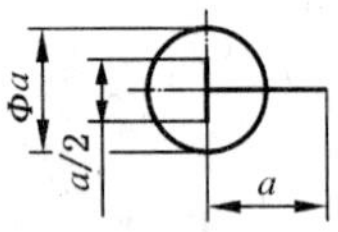			
4	狭缝		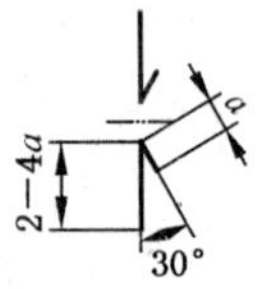			
5	物像位置		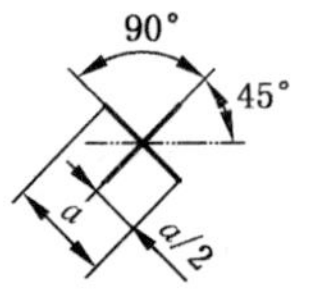	1. 图线采用粗实线 2. 无实体的光阑采用虚线 3. 涂黑采用粗点划线	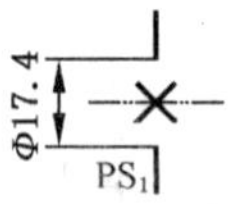	空间成像位置及大小
						表面成像位置
6	光瞳位置					
7	光阑或光瞳 有实体		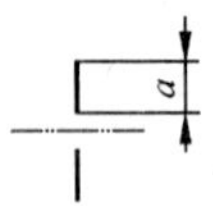		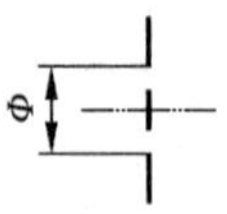	光瞳实体 P_1 的位置和大小
	光阑或光瞳 无实体				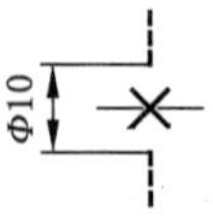	无实体光阑的位置和大小
8	非抛光面		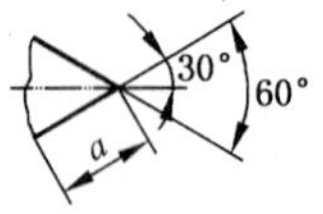		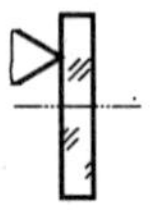	非抛光面符号仅适用于系统图中
9	分划面		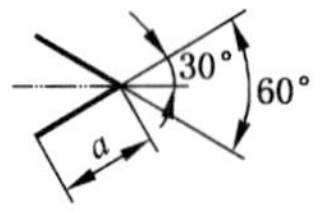		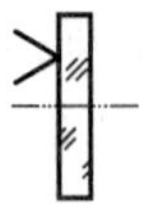	

表 1（续）

序号	名称	符号	尺寸	图线	示例	说明
10	反射膜 内反射膜		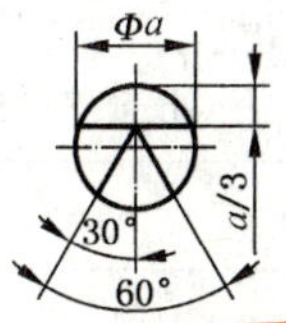			
11	反射膜 外反射膜		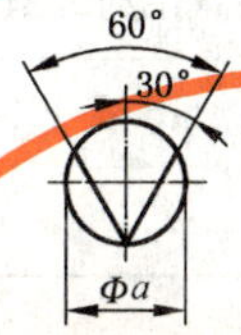			
12	分束(色)膜		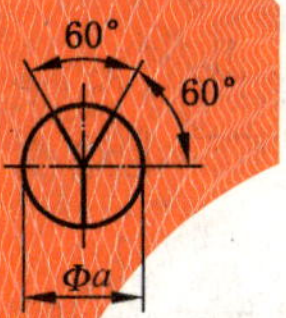			
13	滤光膜					
14	保护膜					
15	导电膜		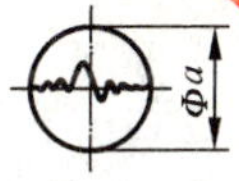			
16	偏振膜		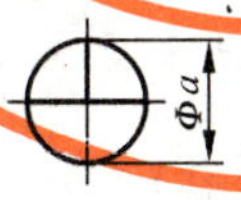			
17	涂黑	—·—·—	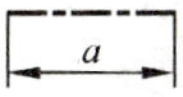			粗点划线
18	减反射膜		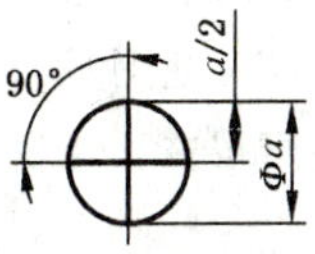			

注：尺寸 a 的选取应与整幅图面相协调。

表 2

缺陷公差类别	缺陷公差项目	公差项目代号	相关国家标准	相关国际标准
材料缺陷	应力双折射	0	—	ISO 10110-2
	气泡度	1	GB/T 7761	ISO 10110-3
	非均匀性和条纹度	2	—	ISO 10110-4
加工缺陷	面形偏差	3	GB/T 2831	ISO 10110-5
	中心偏差	4	GB/T 7242	ISO 10110-6
	表面疵病	5	GB/T 1185	ISO 10110-7
	激光辐射损伤阈值	6	—	ISO 10110-17

4 图样要求

4.1 光学系统图

4.1.1 光学系统图一般按光线前进方向自左至右、自下而上绘制，亦可根据仪器工作位置绘制，示例见图 A.1。

4.1.2 光学系统图中零件或部件的序号应沿光线前进方向编排，置换使用的零件或部件序号应连续编排；重复出现的相同零件或部件均标第一次编排的序号。附件序号最后编排。

4.1.3 光学系统图中应标注整个光学系统中的所有零件或部件的相对位置尺寸，其轴间距应沿着基准轴方向标注：

a) 固定轴间距用基本尺寸及其公差表示。

b) 装校过程需要调节的可调轴间距，在基本尺寸及其公差前加注字母“A”。必要时应说明调节精度及原因。

c) 使用者需要调节的可变轴间距，在基本尺寸及其公差前加注字母“V”，且应在图样上说明调节范围(见图 A.1)。

4.1.4 光学系统图中应标注视场光阑、光瞳，像平面的位置和尺寸及狭缝的大小、位置和方向。必要时应标注公差。

4.1.5 光学系统图中应标注装配接口的相关尺寸、装校过程的特殊说明，如中心偏差等。

4.1.6 光学系统图中应列出该系统的主要光学参数(如焦距、物距、物方视场、有效孔径、数值孔径、光谱工作波段及放大率等)和技术要求。

4.1.7 光学系统图中应标注光学结构参数，见附录 A 中的表 A.1。

4.1.8 在光学系统图中可增绘光学系统三维图。

4.2 光学部件图

4.2.1 光学部件图应标注组合零件的序号，示例见图 A.2。

4.2.2 光学胶合件中胶合零件的剖面线应使用不同方向。

4.2.3 光学部件图应标注整个部件图中所有零件(或零件与胶合件)之间的相对位置及附加尺寸和公差(如中心偏)。若光学部件(如胶合件)的厚度公差小于组成胶合件的单个零件的厚度公差之和，采用选配的方法时，该胶合件的厚度公差应加注大写字母“M”(见图 A.2)。

注 1：若图样上未注面形偏差或表面疵病时，胶合后的公差可按被胶合零件的公差适当地增加或减少，必要时在技术要求中说明。

4.2.4 胶合件图样的技术要求中应标注焦距、顶点焦距、胶合方法等说明，技术要求也可以列表表示：

a) 列表构成：

——按分区顺序的表面；

——胶合面或连接面作为一个面。

b) 列表内容：

示例见表 3。

表 3

表面 1	表面 2	表面 3	表面 4
Φ_e ⊕ 4/ 6/a	Φ_e — 4/ 6/ 粘接剂：	Φ_e — 4/ 6/ 粘接剂：	Φ_e ⊕ 4/ 6/

4.3 光学零件图

4.3.1 视图

4.3.1.1 光学零件的画法，一般按光线前进的方向自左向右绘制，示例见图 A.1～图 A.3。光轴应水平绘制。光学零件图应优先以剖面图和短—长—短剖面线绘制，凹球面背面的轮廓线通常应省略(见图 1)。曲率半径过大时，其曲率允许夸大绘制，如图 2 中的 $R1028$；透镜的表面为平面时，应标注 $R\infty$。

4.3.1.2 光学零件图可以简化，不画剖面线(见图 3)。但在同一张图样中，不能混合使用有剖面线和无剖面线的视图。

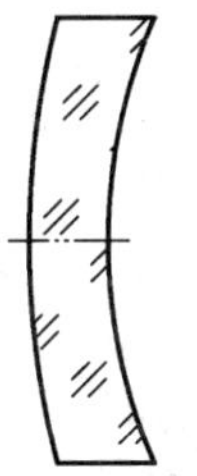

图 1 凹球面

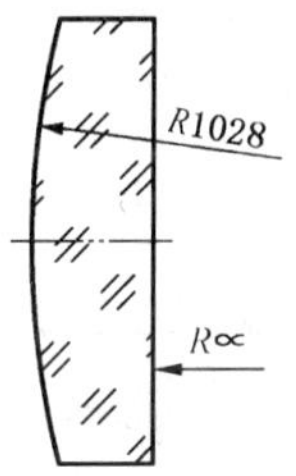

图 2 大曲率半径光学零件

图 3 光学零件的简化图

4.3.1.3 具有两顶点对称表面的光学零件，如柱面镜和复曲面镜，应相对于两顶点画出两个方向的剖面图(见图 4 和图 5)。

4.3.1.4 光学纤维件的剖面画法见图 6。

4.3.1.5 光学晶体的剖面和光轴的画法见图 7。

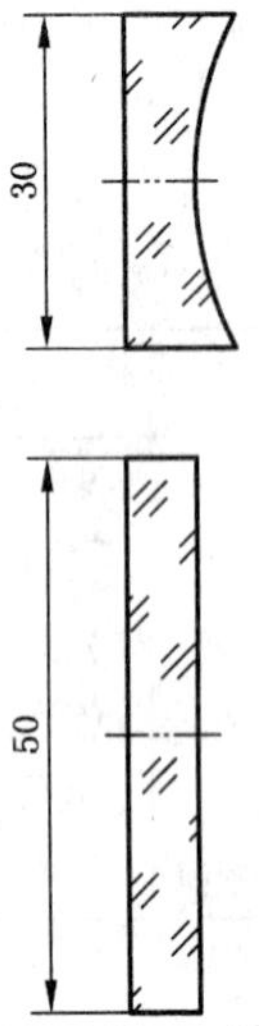

图4　矩形柱面光学零件

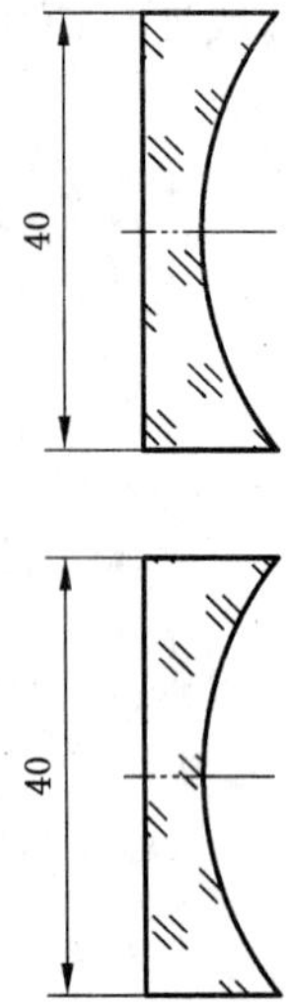

图5　矩形复曲面光学零件

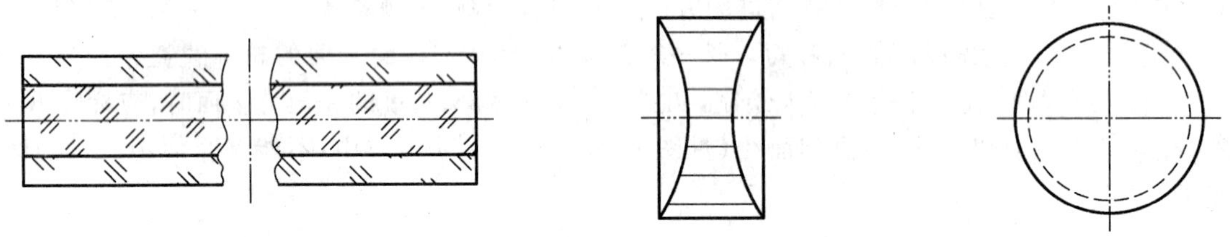

a) 单根光纤沿纤维方向　　b) 多根光纤沿纤维方向　　c) 多根光纤垂直纤维方向

图6　光学纤维件

a)　　b)

图7　光学晶体图

4.3.2　技术要求的列表表示

4.3.2.1　列表构成如下：

光学零件的参数及材料特性列表构成划为3个区域：

左侧子区域：标注光学零件左表面的参数及技术要求。

中部子区域：标注光学零件的材料技术要求。

右侧子区域：标注光学零件右表面的参数及技术要求。

4.3.2.2　列表内容见表4。

4.3.3　轴线

轴线含光轴和旋转轴或中心线。若光轴和旋转轴或中心线重合，则采用光轴。如零件中心线相对于光轴平移或倾斜，须注明相应尺寸(见图8)。微小的偏移，应以放大比例标出偏移量。

4.3.4　引线

对于零件轮廓线内部的引线，其末端用小圆点(见图9)。对于零件轮廓线上的引线，其末端用箭头(见图10)。

表 4

左表面	材料技术要求	右表面
R	n	R
Φ_e	ν	Φ_e
倒角要求	0/	倒角要求
表面要求	1/	表面要求
3/	2/	3/
4/		4/
5/		5/
6/		6/

指引线：

1——中心线；

2——光轴。

图 8 轴线

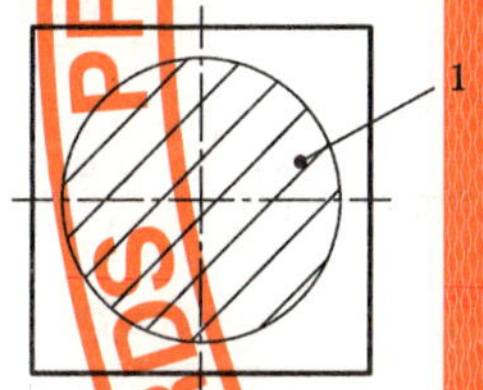

1——检验区。

图 9 内部区域的引线

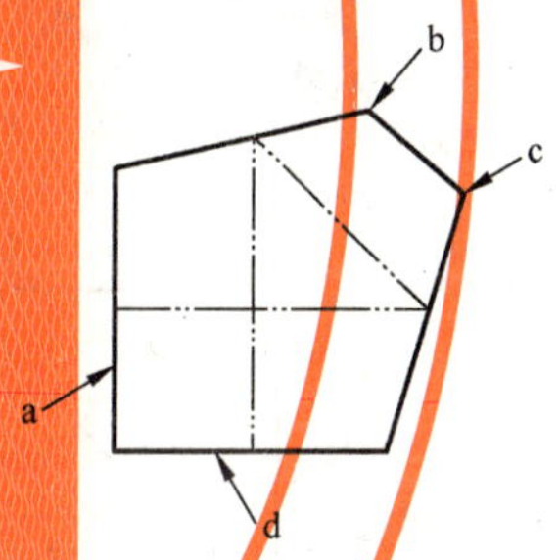

图 10 边缘和表面的指引线

4.3.5 有效光学区域或检验区域

4.3.5.1 光学有效区域或检验区域应标注在光学图样或专用表格中，见 a)～d)：

a) 圆形的有效直径前加注符号“Φ_e”(见图 11)；

b) 方形标注边长；

c) 矩形标注“长×宽”；

d) 椭圆形标注“长轴×短轴”(见图 12)。

若没有标注检验区域，则整个表面范围都被视为检验区域。

在检验区域内部的任意位置可以用连续的细线分隔出某种大小的圆形检验区，并用引线引出标注。在公差后面附加说明区段直径：“…”，如直径 Φ…(见图 13)。

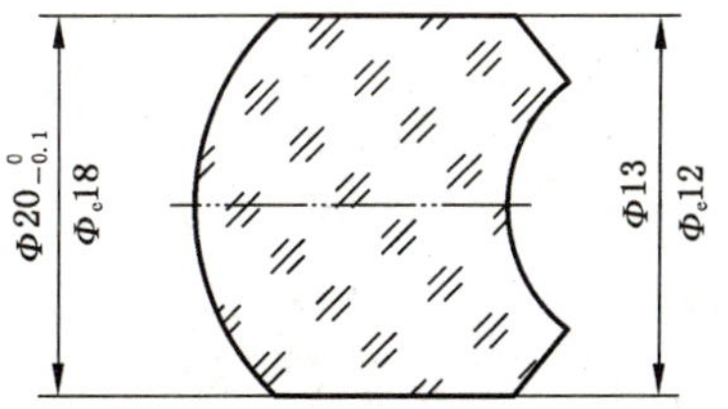

图 11 有效光学直径

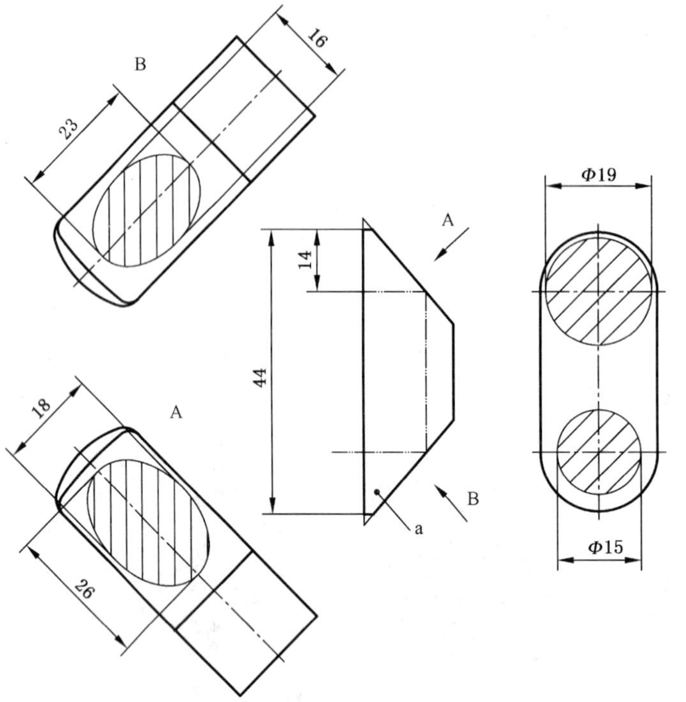

a ——标记。

图 12　不同检验区域

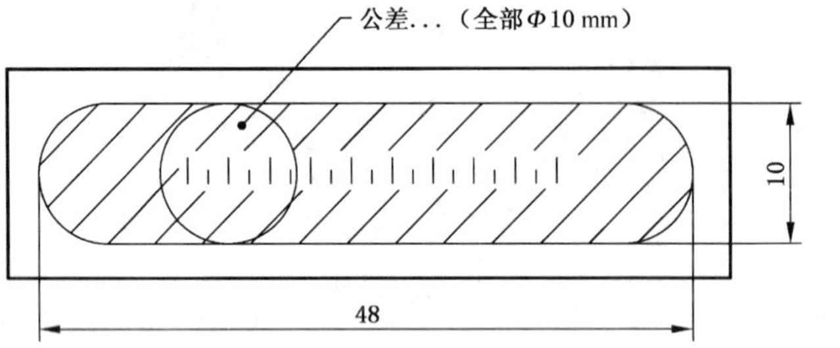

图 13　检验区域中的区段

4.3.5.2　光学零件表面需要表示有特殊要求的范围或检验区的边界，用细实线或涂画出其范围，并予以说明。检验区应画出相同线形的连续等距剖面线。还可按要求分出不同公差的检验区。检验区编号用引线标注(见图 14)。

4.3.5.3　若一个零件的某一区域相对其他区域有更高的检验要求，则应标注有不同要求的区域(见图 15)。

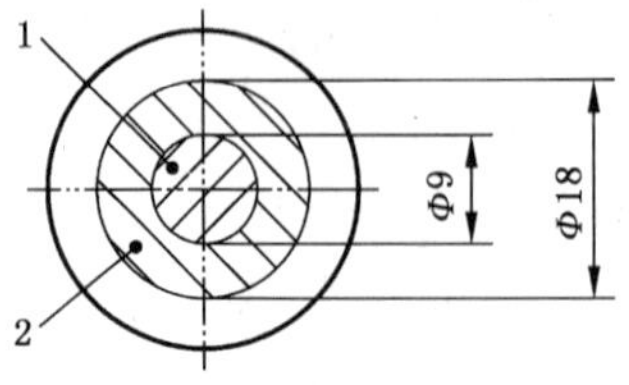

技术要求：

1——镀膜；

2——白色丝印。

图 14　特殊区域视图

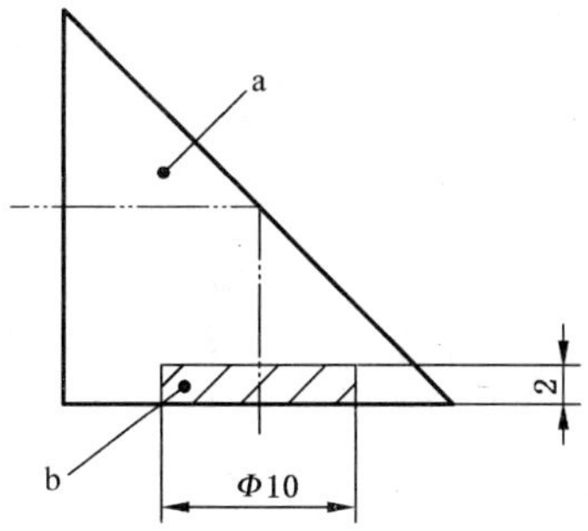

a ——气泡的一般公差；

b ——气泡的特殊公差。

图 15　不同区域检验体

4.3.6　尺寸标注

光学零件的尺寸应包括如涂覆或/和镀膜等表面处理。如需标注表面处理前的尺寸时，应在尺寸数字的右边加注“涂(镀)前”字样。

4.3.6.1　半径

a）球面用带有公差的半径标注见图16～图18。若全部所允许的半径的变化以干涉测量的方式给出，则半径的尺寸公差可省略。

b）平面应用符号 $R\infty$ 标注。平面度的公差用干涉测量的方式标注。圆弧半径尺寸线的始端应在圆心位置，当半径过大或图纸范围内无法标出其圆心位置时，可按图示的形式标注(见图16～图18)。

凸面可在曲率半径的右边加注“CX”字样，凹面则加注“CC”，见图A.4；

c）对于复曲面和圆柱表面，见图A.7。

d）对于圆柱面，半径必须用“R_{CYL}”。

e）对于非球面，在直角坐标右方向上以 Z 轴表示光轴，坐标原点在非球面的顶点(见图19)。

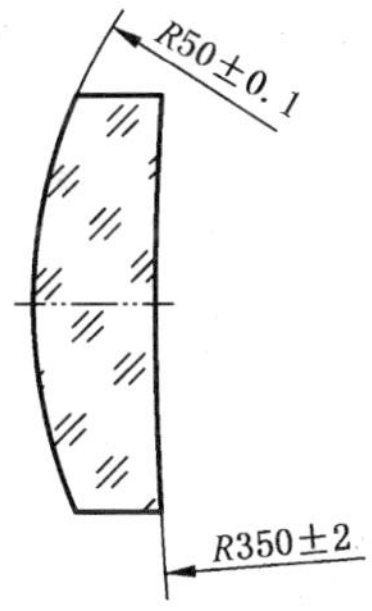

图 16　凹凸透镜零件的半径

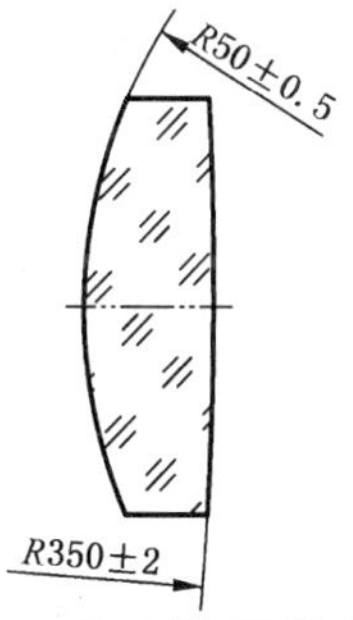

图 17　双凸透镜零件的半径

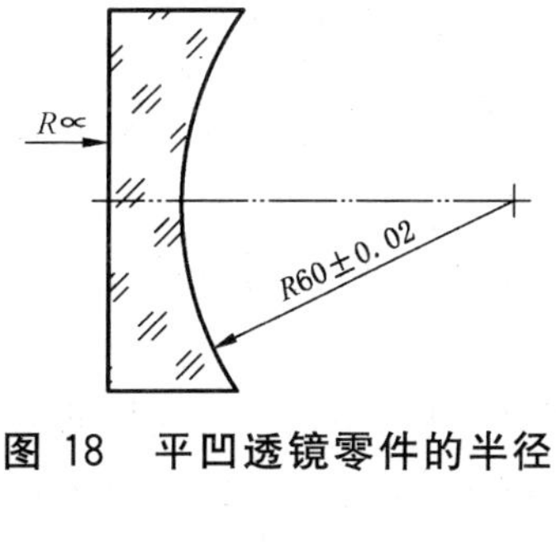

图 18　平凹透镜零件的半径

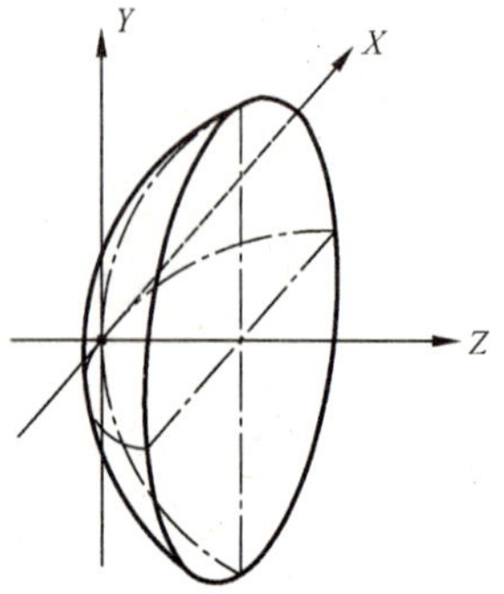

图 19　非球面直角坐标系

若仅有一个视图，则在视图平面上标注 Y 轴，且指向朝上。若绘制 2 个视图，XZ 视图在 YZ 视图的下方，并列出曲线函数 $f(x,y)$ 或 $f(h)$，$h=\sqrt{x^2+y^2}$。

4.3.6.2　**厚度**

厚度用基本尺寸和公差表示。当透镜零件为凹面，除标明轴向厚度外，还要用括号标注出总厚度(见图 20 和图 21)。

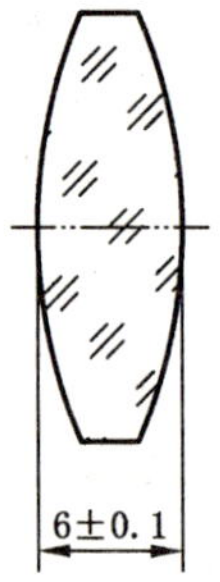

图 20　双凸透镜零件的厚度标注

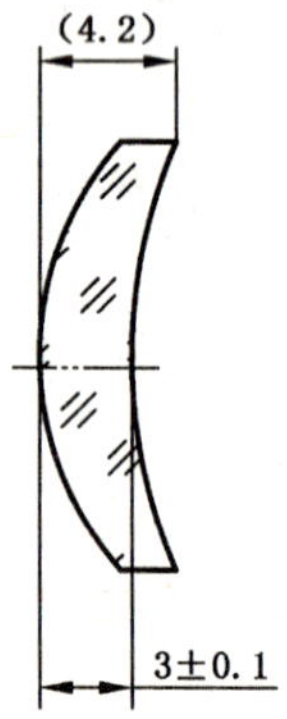

图 21　凹凸透镜零件的厚度标注

4.3.6.3　**直径**

直径由基本尺寸与公差表示(见图 22)。

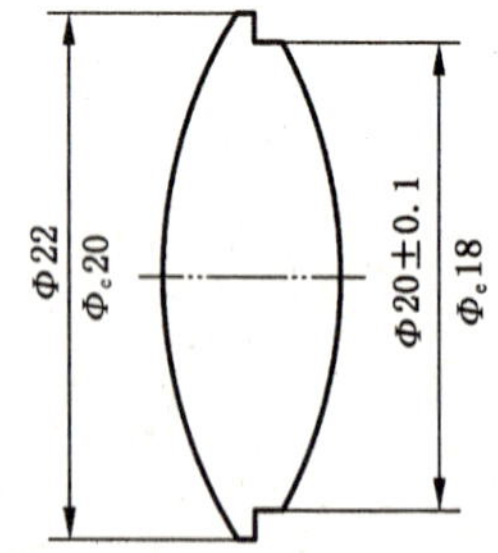

图 22　直径和光学有效直径

4.3.7　**棱、斜面和沟槽磨斜**

尖棱、斜面和沟槽磨斜的形状取决于功能性或保护性设计的目的。

4.3.7.1　**功能性的尖棱和斜面**

尖棱：若边缘需要保持功能性尖棱的，则用标记“0”标明(见图 23)。

斜面：以功能性表面代替尖棱。必须同时标注尺寸，公差，倾斜度。必要时还要说明中心偏(见图 24)。

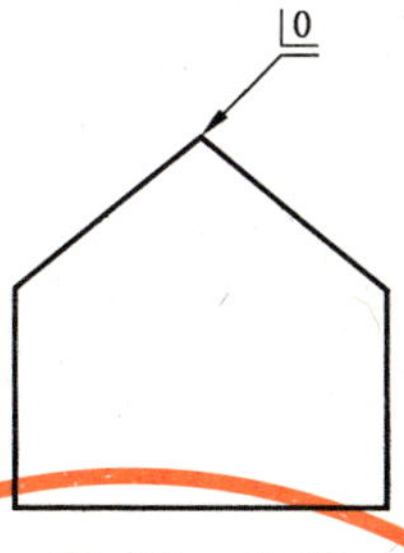

图 23　尖棱

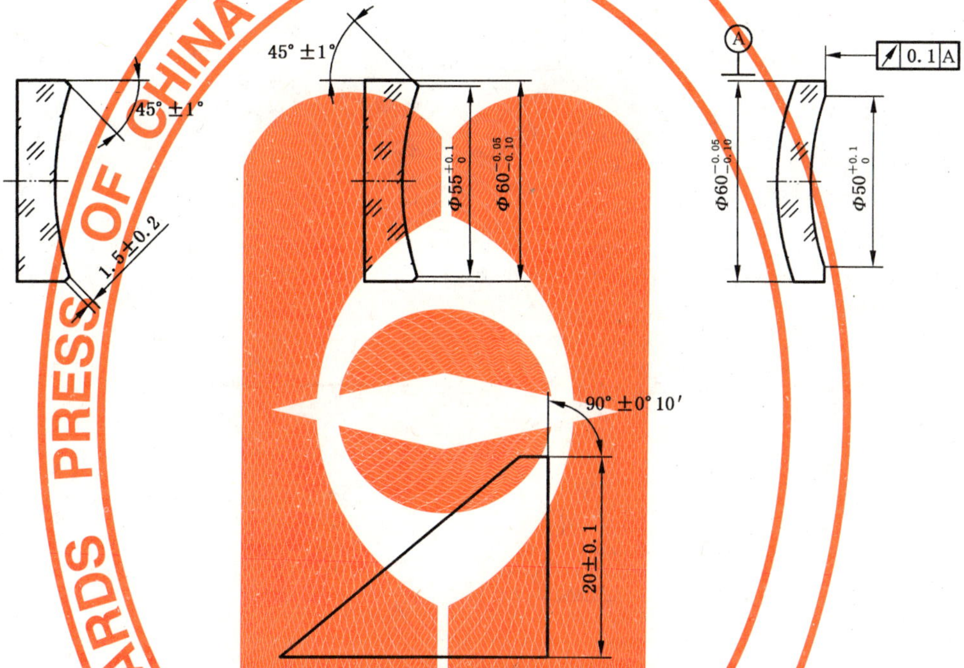

图 24　斜面的尺寸

4.3.7.2　**非功能性的倒角和倒棱**

a)　非功能性的倒角在图中可省略画出；

b)　对所有未注保护性倒角，在图样上用“注”标注“保护性倒角”及倒角允许的最大和最小宽度(见图 25、图 26)；

c)　内部边应标注过渡形状尺寸允许的极限偏差。当只标注一个数值，则这个数值是允许的最大宽度(见图 27～图 29)。

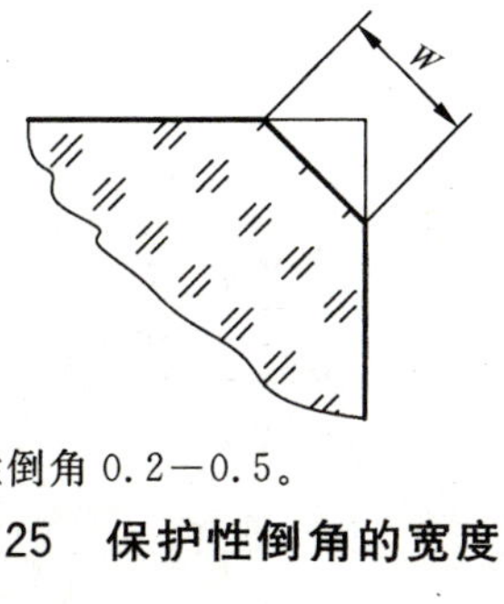

注：保护性倒角 0.2—0.5。

图 25　保护性倒角的宽度 W

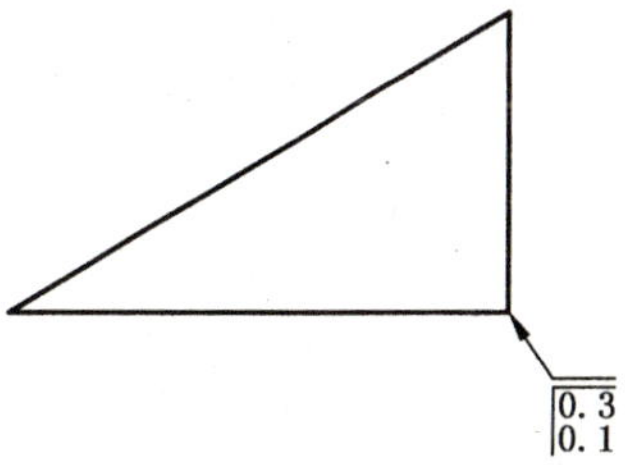

图 26　保护性倒角的表示

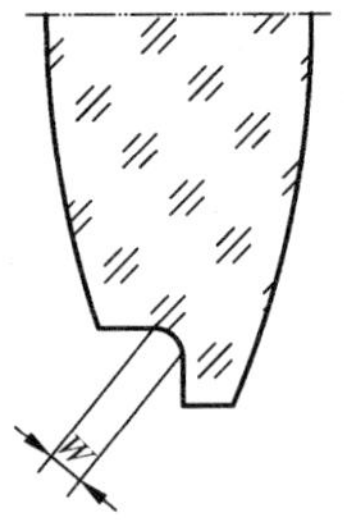

图 27　内部边宽

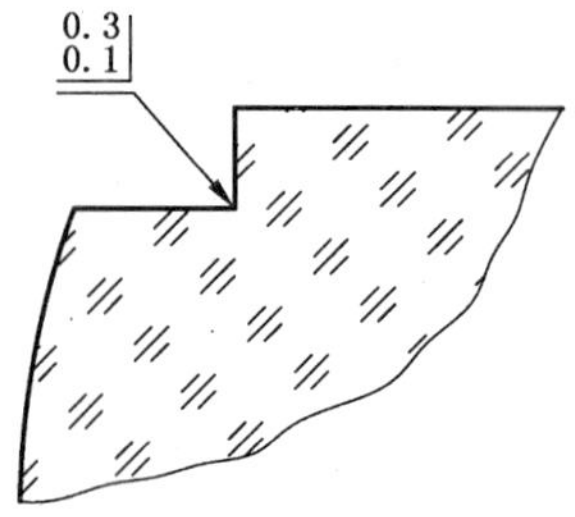

图 28　透镜台阶

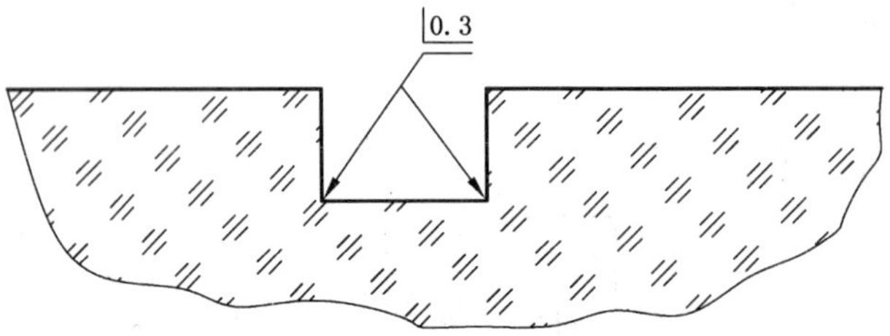

图 29　棱镜槽

4.3.7.3　**线性尺寸**

光学零件的长度，宽度与高度(直径与厚度)由基本尺寸与公差表示(见图 30)。

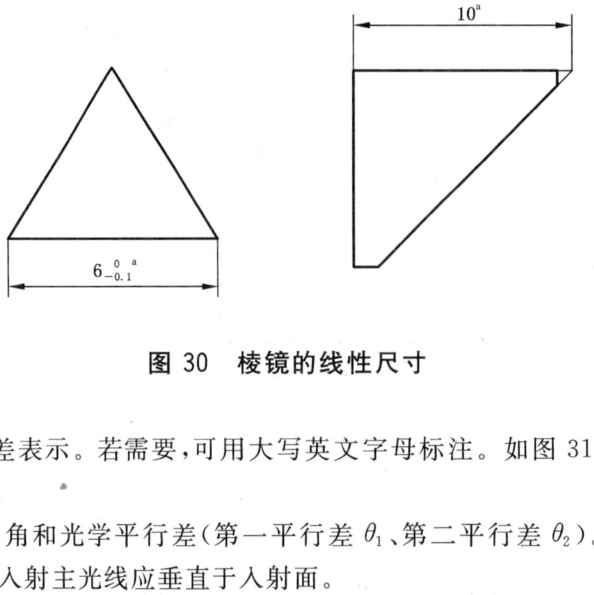

a 理论值。

图 30　棱镜的线性尺寸

4.3.7.4　**角度**

角度由基本尺寸与公差表示。若需要，可用大写英文字母标注。如图 31 中，用 E 面与 A、B、C、D 面之间的夹角表示“棱角”。

棱镜须标注光轴、偏向角和光学平行差(第一平行差 θ_1、第二平行差 θ_2)。偏向角应标注公差(见图 32a))。除非另有说明，入射主光线应垂直于入射面。

图 32b)所示为棱镜的棱位置误差引起光线在垂直于图示出射平面方向上的偏差。

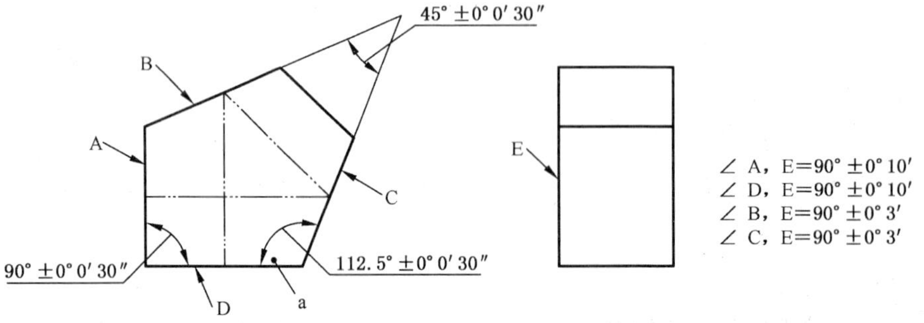

图 31　角度公差表示

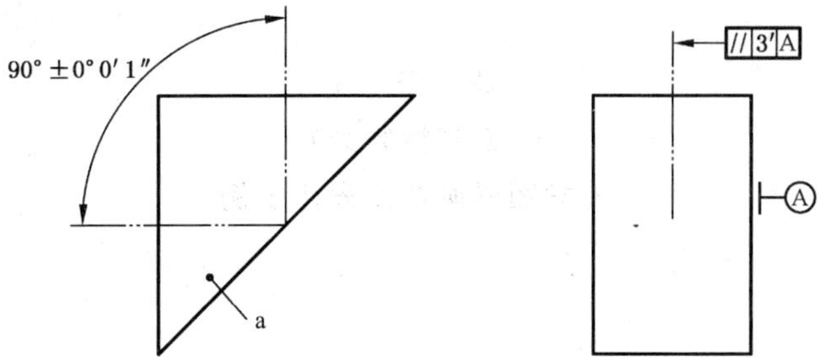

a)　　　　　　　　　　b)

[a] 型号标记。

图 32　棱镜的偏向角

4.3.8　材料规格

材料规格标注在图样的材料栏里，其内容如下：

a)　玻璃材料牌号，必要时标明材料制造商；

b)　折射率和阿贝常数，包括参考波长或化学成分说明及材料的特殊性能，如折射率公差、阿贝常数、透射率及晶体特性(如单晶体和多晶体)。

4.3.9　光学零件(材料)缺陷公差

4.3.9.1　光学零件缺陷公差的标注按 3.6 规定。

4.3.9.2　应力双折射公差的表示形式为：0/A。其中：0 为应力双折射公差代号，A 为单位长度内允许的应力双折射最大值，以纳米每厘米表示。双折射公差及典型应用见附录 B。

4.3.9.3　非均匀性和条纹的表示形式为：2/C;D。其中：2 为非均匀性和条纹度公差代号，C 为非均匀性类别，D 为条纹类别。若对非均匀性或条纹无技术要求，则用“—”代替。非均匀性及条纹的技术要求类别见附录 B。

4.3.9.4　光学零件中心偏差、光学零件面形偏差、表面疵病公差及光学零件气泡度应符合 GB/T 1185、GB/T 2831、GB/T 7242 及 GB/T 7661 的相关规定。

4.3.9.5　非球面的表面面形误差还可通过一个表格规定 Z 轴的可允许偏差并规定斜率偏差(见 A.4)。

注 2：非球面表面面形误差中，可允许的斜率偏差(即表面法线离开基本值的局部偏差)可作为附加技术要求，此时，应同时表明斜率的斜率取样长度。

4.3.10　表面结构的公差

见附录 C。

附 录 A
（资料性附录）
光学图样画法及表示示例

A.1 光学系统图

A.1.1 光学系统图示例

图 A.1 中，P_1 为入瞳（实体）的大小，P_2 为出瞳（实体）的位置，FS_1 为分划板表面（视场光阑）成像位置，A 为装校调整范围，V 为使用者视度的调节范围。

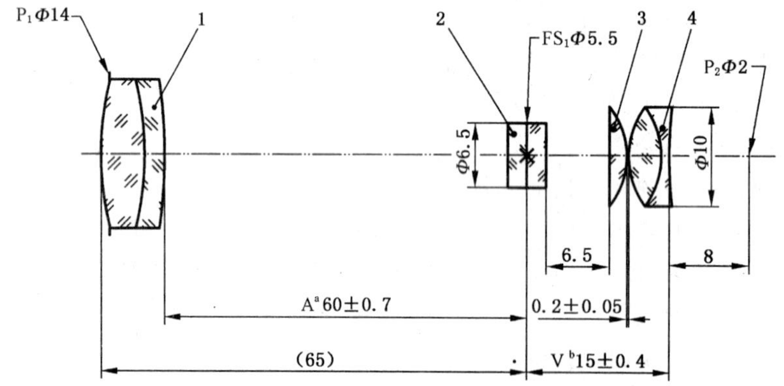

[a] 焦距调整。

[b] 视度调节范围±5D。

技术要求

	中心偏公差
1	4/5′
2	4/20′
3	4/10′
4	4/10′
3+4	4/30′

技术参数

1 焦距 f=63

2 十字分划胶合件

3+4 目镜 f=9。

序号	代号	名称	数量	材料	单件重量	总计重量	备注
4		目镜胶合件	1				
3		目镜(一)	1				
2		十字分划胶合件	1				
1		物镜组	1				

						（材料标记）	（单位名称）
标记	处数	分区	更改文件号	签名	年月日		7×14 望远镜光学系统
设计	（签名）	（年月日）	标准化	（签名）	（年月日）	阶段标记 重量 比例	（图样代号）
审核							
工艺			批准			共 张 第 张	

图 A.1 光学系统图

A.1.2 光学结构参数表

见表 A.1。

表 A.1

序号	外形 轮廓尺寸	半径 R	中心厚度 （间隔） d	有效孔径 D_0	按有效 孔径矢高 h_1	按外径 矢高 h_2	玻璃材料		
							n_e	ν_e	牌号

A.2 胶合部件图

见图 A.2。

M 表示该胶合件的厚度公差小于其组成的单个零件的厚度公差之和,采用选配方法。

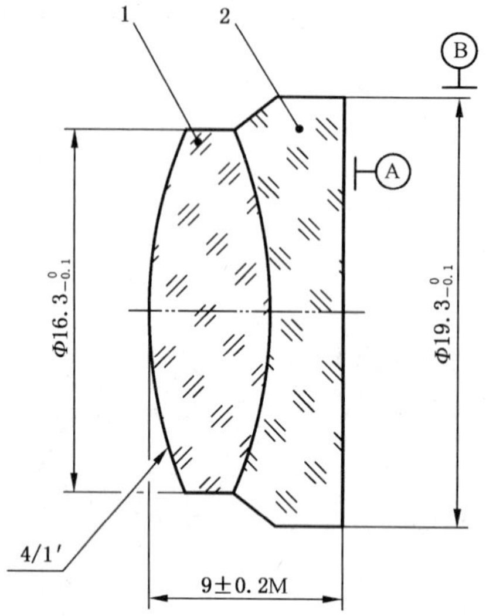

技术要求

1 按规定胶合#XXX。

2 焦距 100±0.5。

2		镜片(二)	1				
1		镜片(一)	1				
序号	代　　号	名　　称	数量	材　　料	单价	总计	备注
					重量		

						(材料标记)		(单位名称)
标记	处数	分区	更改文件号	签名	年月日			胶合件
设计	(签名)	(年月日)	标准化	(签名)	(年月日)	阶段标记	重量	比例
								(图样代号)
审核								
工艺			批准			共　张	第　张	

图 A.2 胶合部件图

A.3 光学零件图

见图 A.3,图 A.4,图 A.5。

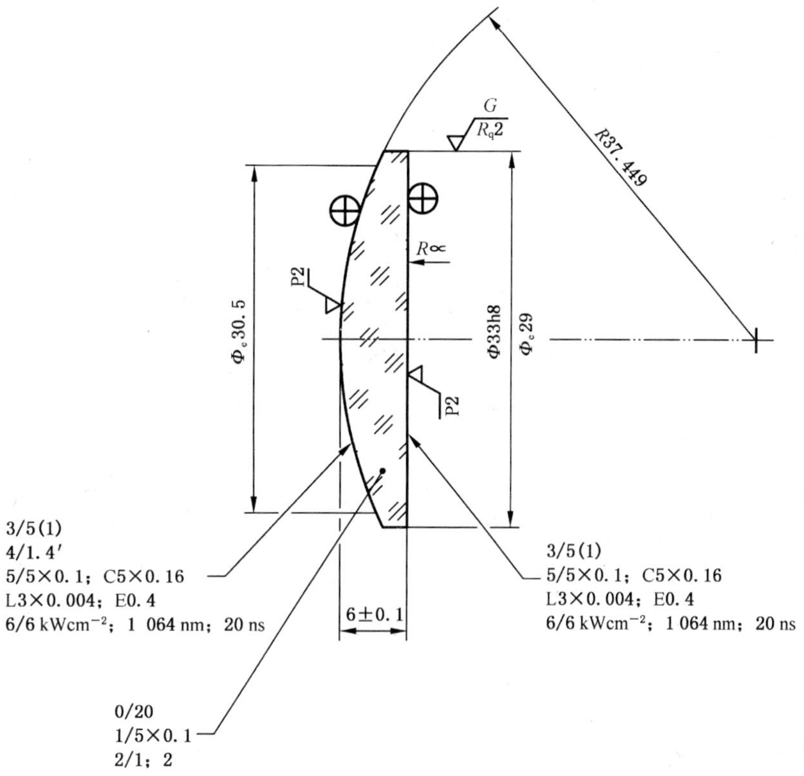

技术要求

1 ⊕ λ_0=520 nm

2 保护性倒角:0.2—0.6

						Hoya LaC9 或 Schott LaK9 n(1 060 nm)=1.675 9±0.001			(单位名称)
标记	处数	分区	更改文件号	签名	年月日				透 镜
设计	(签名)	(年月日)	标准化	(签名)	(年月日)	阶段标记	重量	比例	
									(图样代号)
审核									
工艺			批准			共 张	第 张		

图 A.3 透镜零件图(一)

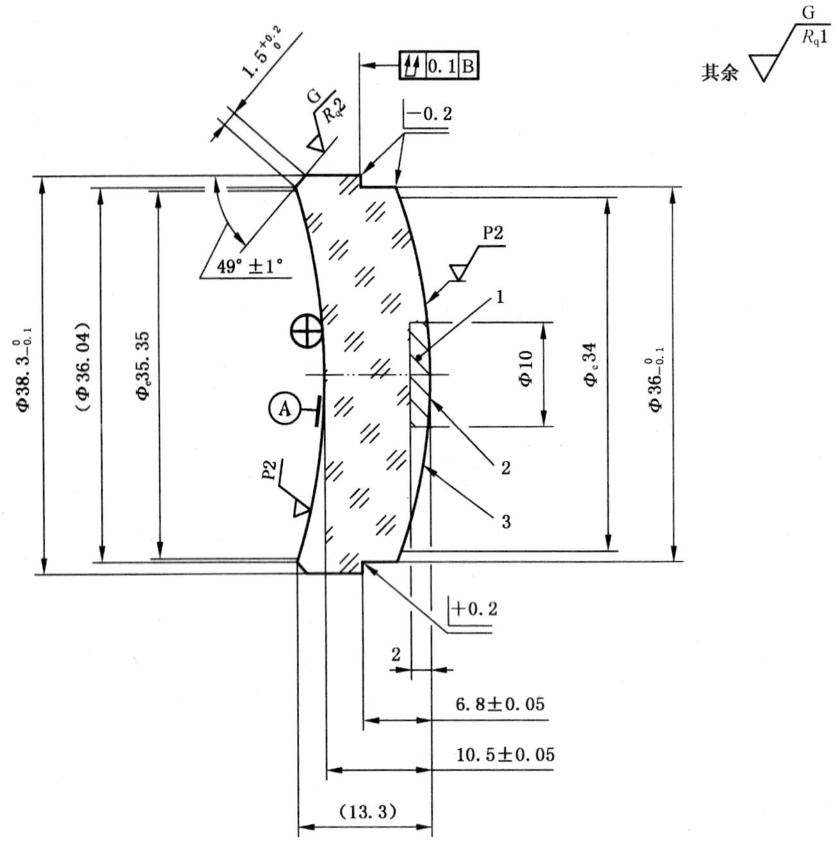

注 1:检测区实体内 1/3×0.1;

注 2:检测区表面 5/3×0.1,L1×0.04;

注 3:待胶合面。

左表面	材料技术要求	右表面
*R*60.44CC ⊕ λ_0=520 nm 保护性倒角:0.2—0.4 3/2(0.5) 4/— 5/5×0.16;L2×0.04;E0.5	BK7 n_e=1.51872±0.001 ν_e=63.96±0.51% 0/10 1/5×0.16 2/1;2	R50.17CX 待胶合面 保护性倒角:0.2—0.4 3/3/(1) 4/2′ 5/5×0.16;L2×0.04;E0.5

									(单位名称)
标记	处数	分区	更改文件号	签名	年月日				透 镜
设计	(签名)	(年月日)	标准化	(签名)	(年月日)	阶段标记	重量	比例	
审核									(图样代号)
工艺			批准			共 张	第 张		

图 A.4 透镜零件图(二)

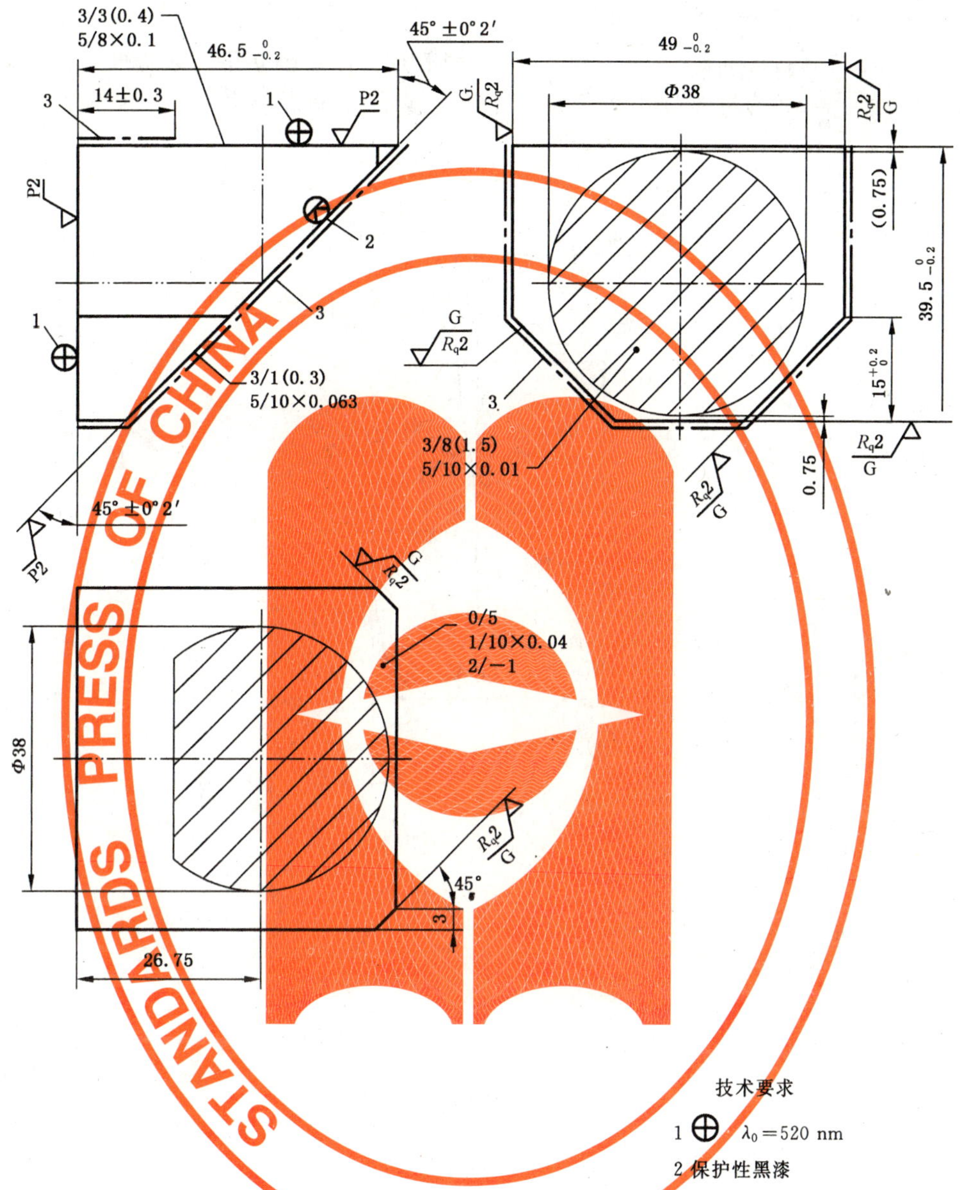

技术要求

1 ⊕ λ_0=520 nm

2 保护性黑漆

3 保护性倒角 0.2—0.5

						BK7 n_e=1.518 72±0.001 ν_e=63.96±0.51%			(单位名称)
标记	处数	分区	更改文件号	签名	年月日				棱镜
设计	(签名)	(年月日)	标准化	(签名)	(年月日)	阶段标记	重量	比例	
审核									(图样代号)
工艺			批准			共 张	第 张		

图 A.5 棱镜零件图

A.4 非球面光学零件图

A.4.1 对称性非球面零件

A.4.1.1 光轴与机械轴重合的非球面零件

见图 A.6,基准轴通过球面曲率中心与右表面的中心点。面形公差用列表形式表示。对于给定的 h 坐标值,在 Z 方向上,ΔZ 为最大的可允许公差(单位为毫米)。附加斜率公差技术要求。

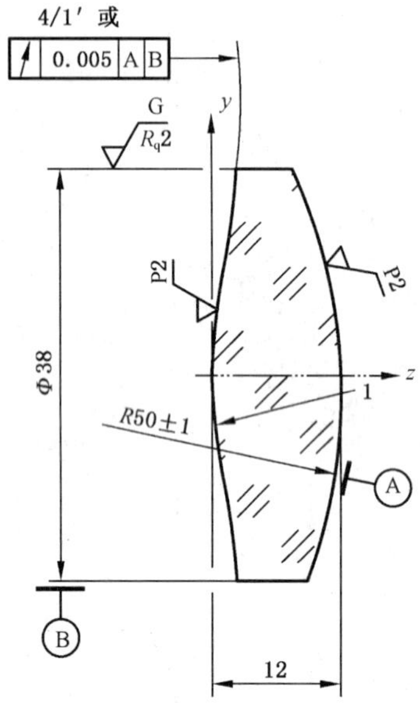

1——非球面。

$$z = \frac{h^2}{R(1+\sqrt{1-(1+k)h^2/R^2})} + \sum_{i=2}^{5}(A_{2i}h^{2i})$$

$$h = \sqrt{x^2+y^2}$$

h	z	Δz	斜率公差
0.0	0.000	0.000	0.3′
5.0	0.219	0.002	0.5′
10.0	0.825	0.004	0.5′
15.0	1.599	0.006	0.8′
19.0	1.934	0.008	

R=56.031

K=−3

A_4=−0.432 64E−05

A_6=−0.976 14E−08

A_8=−0.108 52E−13

A_{10}=−0.122 84E−13

斜率取样长度=1

取样步长 0.1

图 A.6 旋转对称非球面

A.4.1.2 光轴与机械轴不重合的对称性非球面零件

见图 A.7。

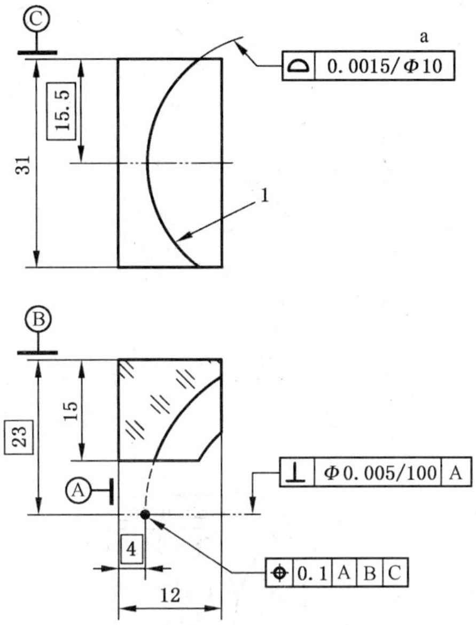

1——抛物面

[a] 斜率公差=0.2′

斜率取样长度=2

取样步长 0.2

$z=\frac{h^2}{2R}$　　　　$R=36.714\pm0.2$

图 A.7　离轴抛物面

A.4.2　非旋转对称非球面

A.4.2.1　平面柱面透镜示例

见图 A.8。

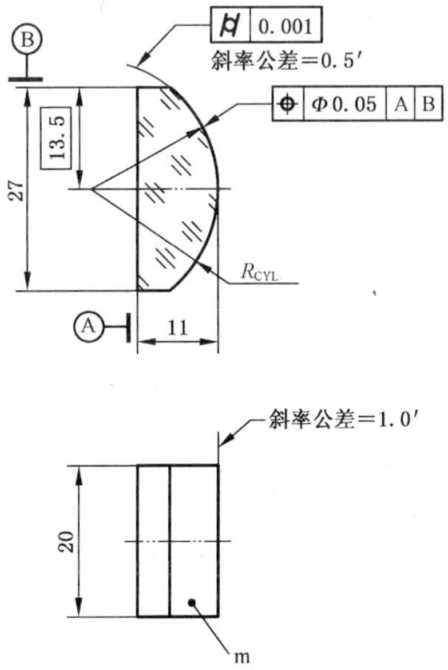

m——标记

$R_{CYL}=17.2\pm0.2$

斜率取样长度=2

取样步长 0.2

图 A.8　平面柱面透镜

A.4.2.2 平面复曲面透镜示例

见图 A.9。

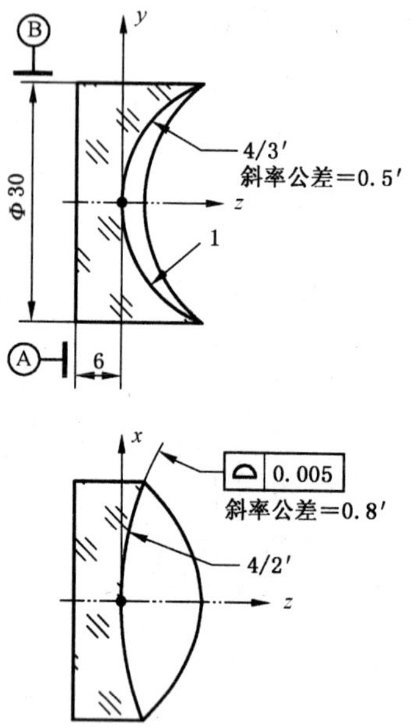

1——抛物面

$z = R_y - \sqrt{\left[R_y - R_x + \sqrt{R_x^2 - x^2}\right]^2 - y^2}$

$R_y = 16 \pm 0.1$

$R_x = 40 \pm 0.2$

斜率取样长度=3

取样步长 0.2

图 A.9 平面复曲面透镜

附 录 B
（规范性附录）
材料的应力双折射及非均匀性

B.1 应力双折射

在玻璃毛坯中，因熔炼或退火过程中的不同冷却及某些光学零件加工制造过程中引起残余应力，当偏振光平行于或垂直于玻璃中残余应力处时，导致双折射，使玻璃中产生折射率差。光学零件的残余应力双折射将影响波前质量或光透过光学零件的光程差变化。残余应力引出的双折射以样品单位程长内的光程差（OPD）表示，单位为 nm/cm。光学仪器中材料可允许的双折射公差及典型应用见表 B.1。

表 B.1 双折射公差及典型应用

每厘米玻璃程长内可允许的光程差（OPD）/（nm/cm）	典型应用
<2	偏光仪器、干涉仪器
5	精密光学零件、天文光学零件
10	摄影光学零件、显微镜光学零件
20	放大镜、取景器光学零件
无技术要求	照明光学零件

B.2 非均匀性和条纹

B.2.1 非均匀性

光学零件内部非均匀性[1]的技术特性分为 6 类，见表 B.2。

表 B.2 非均匀性类别

类别	零件中折射率允许的最大变化值 10^{-6}
0	±50
1	±20
2	±5
3	±2
4	±1
5	±0.5

B.2.2 条纹

光学零件在很小范围内具有的非均匀性，可能以细丝状条纹出现，其条纹类别的技术要求分 5 个类别，见表 B.3。其中 1 类～4 类仅考虑条纹引起光程差 ΔS 至少 30 nm。规定以条纹的有效投影面积与检验面积之比值，以%表示。5 类条纹仅允许引起的光程差小于 30 nm，且条纹分散，不允许微弱细丝条纹密集应用于高质量光学零件。

通常在光学玻璃和滤光玻璃中不允许引起 ΔS 大于 150 nm 的条纹。

1) 非均匀性是光学零件内部折射率的逐渐变化的最大折射率与最小折射率之差。非均匀性是由化学结构的变化及坯料中的因素引起。

表 B.3 条纹类别

类别	引起至少 30 nm 光程差的条纹密度,以%表示
1	≤10
2	≤5
3	≤2
4	≤1
5	条纹分布极分散,引起的光程差小于 30 nm

附　录　C
（规范性附录）
表面结构的公差

C.1　表面结构的公差

粗磨表面及抛光的表面结构公差示例见表 C.1。

C.2　表面结构的标注

C.2.1　粗糙表面结构标注

粗糙表面结构用字母 G(Ground)表示轮廓面，其微观轮廓要求用轮廓均方根偏差 R_q 来度量[单位为微米(μm)]。斜率取样长度的下限标注在水平线下方，以 mm 为单位。必要时，可标注取样上限，并用斜线与下限分开。

C.2.2　抛光表面结构标注

抛光表面结构用字母 P(Polished)表示轮廓面。抛光表面结构分别由以下方法表示：

——无轮廓微缺陷要求的抛光表面。

——带有轮廓微观缺陷要求的抛光表面。字母 P 的右侧数字表示可允许的轮廓微观缺陷密度等级(P1～P4 四级)，其级数相对应的可允许微缺陷数见表 C.2。

——轮廓均方根偏差 R_q，以微米为单位的最大可允许的 RMS 表面粗糙度值。

——功率频谱密度函数(PSD)的定量方法。

注 1：PSD 是每长度单位测量的表面粗糙度的频谱。它能完整地描述表面结构特性。适用于超光滑表面。在一维情况下(即表面结构沿表面上的一条线测量时)，单位为立方微米(μm^3)，即：

$$PSD = A/f^B, 1/1\,000D < f < 1/1\,000C$$

式中：

f——粗糙度的空间频率，单位为每微米(μm^{-1})；

B——空间频率的幂[$B>0$，对于许多实际表面 $1<B<3$]；

C——下限斜率取样长度；

D——上限斜率取样长度，单位为毫米(mm)；

A——以 μm^{3-B} 表示的常数。

表 C.1

序号	类型			符号	要求	示例
1	粗糙表面结构			G	最小斜率取样长度 5 mm，R_q 为 2 μm 的粗糙表面	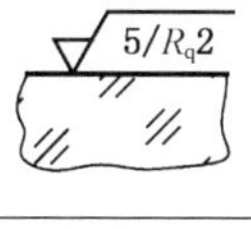
2	抛光表面结构	定性	无微缺陷要求的抛光表面	P	无微缺陷要求	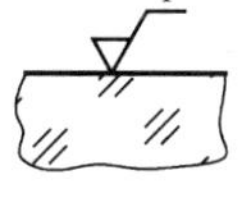
3		定量	带有轮廓微观缺陷密度要求的抛光表面		镜面表面每 10 mm 线性扫描内，具有小于 80 个微缺陷数	

表 C.1（续）

<table>
<tr><th>序号</th><th colspan="3">类型</th><th>符号</th><th>要求</th><th>示例</th></tr>
<tr><td>4</td><td rowspan="2">抛光表面结构</td><td rowspan="2">定量</td><td>轮廓均方根偏差 R_q</td><td rowspan="2">P</td><td>抛光表面每 10 mm 线性扫描内，具有小于 16 个微缺陷数以及在取样长度 0.002 mm～1 mm 的 R_q 值小于 0.002 μm</td><td>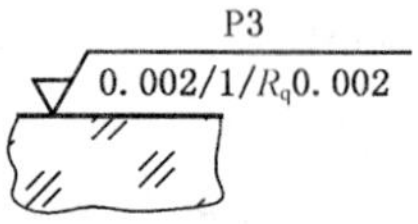</td></tr>
<tr><td>5</td><td>功率频谱密度函数</td><td>抛光表面每 10 mm 线性扫描内，具有小于 3 个微缺陷数以及在斜率取样长度 0.002 mm～1 mm 之间 PSD≤$10^{-6}/f^2$(μm³)</td><td>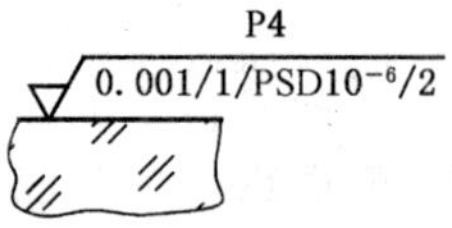</td></tr>
</table>

表 C.2

轮廓微观缺陷密度等级	每 10 mm 斜率取样长度内，轮廓微观缺陷数 N
P1	$80<N<400$
P2	$16<N<80$
P3	$3<N<16$
P4	$N<3$

参 考 文 献

[1] GB/T 903—1989 无色光学玻璃

[2] GB/T 13962—1992 光学仪器术语

[3] GB/T 16675.2—1996 技术制图 简化表示法 第2部分:尺寸注法

[4] ISO 10110-1:2006 Optics and photonics—Preparation of drawings for optical elements and systems—Part 1:General

[5] ISO 10110-2:1996 Optics and optical instruments—Preparation of drawings for optical elements and systems—Part 2:Material imperfections—Stress birefringence

[6] ISO 10110-3:1996 Optics and optical instruments—Preparation of drawings for optical elements and systems—Part 3:Material imperfections—Bubbles and inclusions

[7] ISO 10110-4:1997 Optics and optical instruments—Preparation of drawings for optical elements and systems—Part 4:Material imperfections — Inhomogeneity and striae

[8] ISO 10110-5:2007 Optics and photonics— Preparation of drawings for optical elements and systems—Part 5:Surface form tolerances

[9] ISO 10110-6:1996 Optics and optical instruments—Preparation of drawings for optical elements and systems—Part 6:Centring tolerances

[10] ISO 10110-7:1996 Optics and optical instruments—Preparation of drawings for optical elements and systems—Part 7:Surface imperfection tolerances

[11] ISO 10110-8:1997 Optics and optical instruments—Preparation of drawings for optical elements and systems—Part 8:Surface texture

[12] ISO 10110-9:1996 Optics and optical instruments—Preparation of drawings for optical elements and systems—Part 9:Surface treatment and coating

[13] ISO 10110-10:2004 Optics and optical instruments—Preparation of drawings for optical elements and systems—Part 10:Table representing data of optical elements and cemented assemblies

[14] ISO 10110-11:1996 Optics and optical instruments—Preparation of drawings for optical elements and systems—Part 11:Non-toleranced data

[15] ISO 10110-12:2007 Optics and photonics—Preparation of drawings for optical elements and systems—Part 12:Aspheric surfaces

ICS 13.200
E 09

中华人民共和国国家标准

GB 13348—2009
代替 GB 13348—1992

液体石油产品静电安全规程

Safety rules of static electricity with relation to liquid petroleum products

2009-03-31 发布　　2009-12-01 实施

中华人民共和国国家质量监督检验检疫总局
中国国家标准化管理委员会　发布

前言

本标准的第3、4章为强制性条文。

本标准是对GB 13348—1992《液体石油产品静电安全规程》的修订。

本标准与GB 13348—1992相比主要变化如下：

——删除了“静电引燃起因”、“预防静电危害的管理措施”和附录B(1992版的3、6和附录B)；

——增加了改善工艺操作条件的规定(本标准的3.2.2、3.2.3)；

——调整了加入防静电添加剂油品电导率的要求，数值从50 pS/m提高到250 pS/m(本标准的3.4，1992版的4.4.1)；

——增加了安装人体静电消除装置的规定(本标准的3.7.3)；

——调整了对油罐导静电涂料电阻率的要求(本标准的4.1.2，1992版的5.1.2)；

——调整了装油速度的要求(本标准的4.2.3、4.3.3、4.4.3，1992版的5.2.3、5.3.3、5.4.3)；

——增加了铁路罐车大鹤管装车的要求(本标准的4.3.3)；

——修改了油码头船岸连接的要求(本标准的4.4.1，1992版的5.4.1)；

——增加了管道泵及过滤器、缓冲器等应可靠接地的要求(本标准的4.7.3)；

——调整了对采样、测温、检尺工具的要求(本标准的4.10.2，1992版的5.10.2)。

本标准的附录A为规范性附录。

本标准由国家安全生产监督管理总局提出。

本标准由全国安全生产标准化技术委员会化学品安全标准化分技术委员会(TC 288/SC 3)归口。

本标准起草单位：中国石油化工股份有限公司青岛安全工程研究院、化学品安全控制国家重点实验室。

本标准主要起草人：刘全桢、孙立富、刘宝全、胡海燕、高鑫、张婷婷、李义鹏、王婷。

本标准所代替标准的历次版本发布情况为：

——GB 13348—1992。

液体石油产品静电安全规程

1 范围

本标准规定了液体石油产品在生产、运输、贮存、使用等过程中预防静电危害的基本方法和技术措施。

本标准适用于液体石油产品。

2 规范性引用文件

下列文件中的条款通过本标准的引用而成为本标准的条款。凡是注日期的引用文件，其随后所有的修改单(不包括勘误的内容)或修订版均不适用于本标准，然而，鼓励根据本标准达成协议的各方研究是否可使用这些文件的最新版本。凡是不注日期的引用文件，其最新版本适用于本标准。

GB 4385 防静电鞋、导电鞋技术要求

GB 6950 轻质油品安全静止电导率

GB 12014 防静电工作服

GB 12158 防止静电事故通用导则

3 预防静电危害的基本方法

3.1 静电接地

3.1.1 油品生产和贮运设施、管道及操作工具等应采取静电接地措施。当它们与防雷、电气保护接地系统共用时，不再采用单独静电接地措施。

3.1.2 静电导体与大地间的总泄漏电阻值在通常情况下应不大于 1 MΩ。专设的静电接地体的接地电阻值不宜大于 100 Ω，在山区等土壤电阻率较高的地区，其接地电阻值不应大于 1 000 Ω。

3.2 工艺操作条件的改善

3.2.1 在生产工艺的操作上，应控制油品处于安全流速范围内。

3.2.2 在灌装过程中，应防止油品的飞散喷溅，从底部或上部入罐的注油管末端，应设计成不易使液体飞散的倒 T 形等形状或另加导流板；或在上部灌装时，使液体沿侧壁缓慢下流。

3.2.3 应避免混入其他不相容的第二物相杂质，如水等，并应尽量减少和排除容器底部和管道中的积水。当管道内明显存在不相容的第二物相时，其流速应限制在 1 m/s 以内。

3.2.4 宜采用金属管道或部件，当采用非导体材料时，应采取相应措施。

3.2.5 油品通过精细过滤器时，从其出口到贮器应留有 30 s 的缓和时间。缓和时间不足时应采用缓和器。

3.3 采用静电消除器

3.3.1 当不能以改善工艺条件等方法来减少静电积聚时，应采用液体静电消除器。

3.3.2 静电消除器应装设在尽量靠近管道出口处。

3.4 采用防静电添加剂

在油品中可加入微量的油溶性的防静电添加剂，使其电导率达到 250 pS/m 以上(见 GB 12158 和 GB 6950)。

3.5 采用缓和器

3.5.1 带电油品在缓和器内停留的时间一般可按缓和时间的 3 倍来设计。缓和时间应按式(1)计算：

$$t = \frac{\varepsilon_r \varepsilon_0}{\sigma} \quad \cdots\cdots (1)$$

式中：

t——缓和时间，单位为秒(s)；

ε_r——油品相对介电常数；

ε_0——真空介电常数，单位为皮法拉每米(pF/m)；

σ——油品电导率，单位为皮西门子每米(pS/m)。

3.5.2　对于电导率大于 50 pS/m 的油品，可以不受缓和时间的限制。

3.6　**带电体周围环境条件的改善**

在油品蒸气和空气的混合物接近爆炸浓度极限范围的场合下，应采取作业场所通风措施。必要时可配置惰性气体系统。

3.7　**防止人体带电**

3.7.1　爆炸危险场所作业人员应穿防静电工作服，防静电鞋(见 GB 12014 和 GB 4385)。

3.7.2　不应在爆炸危险场所穿脱衣服、帽子或类似物。

3.7.3　泵房的门外、油罐的上罐扶梯入口与采样口处、装卸作业区内操作平台的扶梯入口及悬梯口处、装置区采样口处、码头入口处等作业场所应设人体静电消除装置。

4　预防静电危害的技术措施

4.1　**油罐**

4.1.1　接地点应设两处以上，沿油罐外围均匀布置，其间距不应大于 30 m。

4.1.2　当油罐内壁采用导静电型防腐蚀涂料时，应采用本征型导静电防腐蚀涂料或非碳系的浅色添加型导静电防腐蚀涂料，涂层的表面电阻率应为(10^8～10^{11})Ω。

4.1.3　轻质油品的进出口管口应接近油罐底部。轻质油品的分类方法见附录 A。

4.1.4　对于电导率低于 50 pS/m 的油品，在注入口未浸没前，初始流速不应大于 1 m/s，当注入口浸没 200 mm 后，可逐步提高流速，但最大流速不应大于 7 m/s。如采用其他有效防静电措施(如防静电添加剂、静电消除器等)，可不受上述限制。

4.1.5　油罐内不应存在任何未接地的浮动物。

4.1.6　装油完毕应静置 10 min 后再进行采样、测温、检尺等作业。若油罐容积大于 5 000 m^3 时，应静置 30 min 后作业。

4.2　**汽车罐车**

4.2.1　在装卸油前，应先检查罐车内部，不应有未接地的浮动物。

4.2.2　装油鹤管、管道、罐车应跨接和接地。

4.2.3　采用顶部装油时，装油鹤管口应深入到距槽罐的底部 200 mm。装油速度宜满足式(2)关系：

$$VD \leqslant 0.5 \quad \cdots\cdots (2)$$

式中：

V——油品流速，单位为米每秒(m/s)；

D——鹤管管径，单位为米(m)。

4.2.4　装油方式应尽量采用底部装油。

4.2.5　不应使用无挡板汽车罐车运输轻质油品。

4.2.6　装油完毕，宜静置不少于 2 min，再进行采样、测温、检尺、拆除接地线等操作。

4.2.7　汽车罐车未经清洗不应换装油品。

4.3　**铁路罐车**

4.3.1　在装卸油前，应先检查罐车内部，不应有未接地的浮动物。

4.3.2 装油鹤管、管道、槽罐应跨接和接地。

4.3.3 顶部装卸油时,装卸油鹤管应深入到槽罐的底部。装油速度宜满足式(3)关系:

$$VD \leqslant 0.8 \qquad (3)$$

式中:

V——油品流速,单位为米每秒(m/s);

D——鹤管管径,单位为米(m)。

大鹤管装车出口流速可以超过按式(3)所得计算值,但不应大于 5 m/s 。

4.3.4 装油完毕,应静置不少于 2 min,再进行采样、测温、检尺、拆除接地线等操作。

4.3.5 铁路罐车未经清洗不应换装油品。

4.4 油轮和舶船

4.4.1 作业前应用绝缘护套导线通过防爆开关将码头与船体跨接,作业后拆除跨接线。输油臂或软管上如装有 25 kΩ～2 500 kΩ 的绝缘法兰或防静电软管,不宜设跨接线。使用软管输送轻质油品前,应做电气连续性检查。

4.4.2 禁止采用外部软管从舱口直接灌装轻质油品。不应使用空气或惰性气体将管中剩油驱入油舱内。

4.4.3 装油初速度不大于 1 m/s,当入口管浸没后,可提高流速,但不应大于 7 m/s。

4.4.4 油舱内不应存在任何未接地的浮动物。

4.4.5 装油完毕应静置 10 min,再进行采样、测温、检尺等操作。若油舱容积大于 5 000 m^3 时,应静置 30 min 后作业。

4.4.6 当油舱装有闪点小于 60 ℃的油品时,油舱系统宜配备惰性气体装置。

4.5 飞机

4.5.1 飞机加油前,应将机体和加油设备同时接地。

4.5.2 压力加油时,机体和加油接头应直接连接。翼上加油时,机体与加油枪应保持良好接触。

4.5.3 飞机加油宜采用导电性软管。

4.5.4 当油品电导率大于 250 pS/m 时,其加油速度可达至 7 m/s。

4.6 油桶

4.6.1 当采用金属管嘴或金属漏斗向金属油桶装油时,各部分应保持良好的电气连接,并可靠接地。

4.6.2 不应使用绝缘性容器加注汽油、煤油等。

4.6.3 防静电容器加注油品时,容器上的任何金属部件应与装油管线跨接。若使用金属漏斗加注,金属漏斗也应接地。

4.7 管路

4.7.1 管路系统的所有金属件,包括护套的金属包覆层应接地。管路两端和每隔 200 m～300 m 处,应有一处接地。当平行管路相距 10 cm 以内时,每隔 20 m 应加连接。当管路交叉间距小于 10 cm 时,应相连接地。

4.7.2 对金属管路中间的非导体管路段,除需做屏蔽保护外,两端的金属管应分别与接地干线相接。非导体管路段上的金属件应跨接、接地。

4.7.3 管道泵及过滤器、缓冲器等应可靠接地。

4.7.4 用管路输送油品,应避免混入空气、水、灰尘等物质。

4.8 搅拌、混合和调合

4.8.1 搅拌、混合、调合设备的所有金属零部件均应进行电气连接并接地。如果设备有绝缘内衬,可采取内部电荷泄放措施。

4.8.2 不应用压缩空气进行汽油、煤油、轻柴油的调合。重柴油等用压缩空气调合时,应控制风压不大于 343 kPa,并使油品调合温度至少低于该油品闪点 20 ℃。

4.9 吹扫和清洗

4.9.1 采用蒸汽进行吹扫和清洗时，受蒸汽喷击的管线、导电物体应与油罐或设备进行接地连接。

4.9.2 不应使用压缩空气对汽油、煤油、苯、轻柴油等产品的管线进行清扫。

4.9.3 不应使用汽油、苯类等易燃溶剂对设备、器具吹扫和清洗。

4.9.4 使用液体喷洗容器时，压力不得大于 980 kPa。

4.10 采样、测温、检尺

4.10.1 采样、测温、检尺工具的金属部件应可靠接地。

4.10.2 绳索及油尺等应采用单位长度电阻值为 1×10^5 Ω/m～1×10^7 Ω/m 或表面电阻和体电阻率分别低于 1×10^9 Ω 及 1×10^8 Ω·m 的静电亚导体材料。

4.10.3 作业应根据静置时间的要求进行。

4.10.4 进行油品采样、计量和测温时，不得猛拉快提，上提速度不得大于 0.5 m/s，下落速度不得大于 1 m/s。

附 录 A
（规范性附录）
液体石油产品火灾危险性分类说明

A.1 液体石油产品火灾危险性按闪点高低可分为三类（见表A.1）。

表A.1 液体石油产品火灾危险性分类

类别		闪点/℃	举例
甲		＜28	石脑油、苯类、轻质溶剂油、汽油类油品等
乙		28～＜60	喷气燃料、灯用煤油、轻柴油等油品
丙	A	60～120	重柴油、重油类油品
	B	＞120	100号、115号重油，润滑油等油品

A.2 本标准中轻质油品含义是指火灾危险性属于甲、乙类的液体石油产品。

ICS 27.120.99
F 51

中华人民共和国国家标准

GB/T 13366—2009
代替 GB/T 13366—1992

工业仪表用铯 137γ 辐射源

Caesiam-137 gamma radiation source for industrial gauges

2009-03-13 发布 2009-11-01 实施

中华人民共和国国家质量监督检验检疫总局
中国国家标准化管理委员会 发布

前　　言

本标准代替 GB/T 13366—1992《工业仪表用铯 137 辐射源》。本标准与 GB/T 13366—1992 相比主要变化如下：

——重新定义了产品代号的含意；

——取消了单层封装包壳的产品规格，对产品规格表进行了调整；

——取消了Ⅰ、Ⅱ级品的分类；

——增加了含源工作容器的规定。

本标准的附录 A、附录 B 和附录 C 均为资料性附录。

本标准由中国核工业集团公司提出。

本标准由全国核能标准化技术委员会归口。

本标准起草单位：中国原子能科学研究院。

本标准主要起草人：温忠明。

本标准所代替标准的历次版本发布情况为：GB/T 13366—1992。

工业仪表用铯 137γ 辐射源

1 范围

本标准规定了工业仪表用铯 137γ 辐射源(以下简称铯 137 源)的产品代号、产品结构与规格、技术要求、检验方法、检验规则、标识、检验证书和使用说明书、包装运输和贮存等内容。

本标准适用于各种物料的料位、密度、厚度测定的工业计量仪表用铯 137γ 辐射源,也适用于测井、科研教学用铯 137γ 辐射源。

2 规范性引用文件

下列文件中的条款通过本标准的引用而成为本标准的条款。凡是注日期的引用文件,其随后所有的修改单(不包括勘误的内容)或修订版均不适用于本标准,然而,鼓励根据本标准达成协议的各方研究是否可使用这些文件的最新版本。凡是不注日期的引用文件,其最新版本适用于本标准。

GB 4075—2009 密封放射源一般要求和分级(ISO 2919:1999,MOD)

GB 11806—2004 放射性物质安全运输规程(IAEA NO. TS-R-1. IDT)

GB 15849—1995 密封放射源的泄漏检验方法(eqv ISO 9978:1992)

GBZ 125—2002 含密封源仪表的卫生防护标准

3 术语和定义

下列术语和定义适用于本标准。

3.1

安全使用期限 safety working life

在正常使用条件下不发生泄漏的最短使用时间。

3.2

源芯 source seed

铯 137 放射性物质的载体。

4 产品代号

产品代号规定为 CSG-×××。

CS G - × ××

- ×× —— 代表 ^{137}Cs 活度代号
- × —— 代表源包壳型号
- G —— 代表工业仪表用
- CS —— 代表产品名称:铯 137 源

示例:CSG102 表示该源为铯 137 源,源包壳为 1 型,对应表 A.1,活度代号为 02,对应表 B.1 为 0.74 GBq。

5 产品结构和规格

5.1 产品结构

5.1.1 铯 137 源由源芯和源包壳两部分组成。

5.1.2 源包壳至少采用两层包壳。

5.1.3 常见铯 137 源结构示意图参见附录 A。

5.2 产品规格

常用铯 137 源规格参见附录 B。

除用户有特殊规格要求，铯 137 源参照附录 B 表 B.1 规定的规格制作。

6 技术要求

6.1 源芯

铯 137 源的源芯应符合 GB 4075—2009 中所规定的“不可浸出”的要求。

6.2 铯 137 原材料

铯 137 原料中铯 137 的核纯大于 99%。

6.3 源包壳

包壳外径要符合使用要求，外层包壳尺寸的公差为 $^{0}_{-0.2}$。

包壳材料要采用耐腐蚀性能、焊接性能和机械性能不低于奥氏体不锈钢 1Cr18Ni9Ti 的材料。

6.4 安全性能

根据铯 137 源的应用领域，铯 137 源产品的安全性能检验等级不低于 GB 4075—2009 的相关要求。

6.5 泄漏与表面放射性污染

产品的放射性泄漏量与表面污染水平应符合 GB 4075—2009 的要求。

6.6 活度

铯 137γ 辐射源活度的实际值与名义活度的偏差不大于±10%。

6.7 安全使用期

工业仪表用铯 137γ 辐射源的安全使用期限不超过 10 年。

7 检验方法

7.1 源芯浸出率检验

按 GB 4075—2009 表 3 中的方法检验。

7.2 铯 137 原材料核纯分析

铯 137 原料用多道 γ 谱仪取样分析。

7.3 外径尺寸检验

将放射源放入一个内径比源的名义外径大 0.2 mm、长度至少是放射源直径三倍的长管，顺利通过为合格。

7.4 安全性能分级检验

按 GB 4075—2009 第 7 章的方法检验。

7.5 泄漏与表面放射性污染检验

产品的放射性泄漏与表面污染水平检验按 GB 15849—1995 中规定的方法检验。

7.6 活度测量

铯 137 源的活度测量可用活度计直接测量。也可用其他 γ 射线探测仪进行间接测量，待测铯 137 源与标准源的活度在同一量级。

8 检验规则

8.1 型式检验

6.1～6.6 为型式检验项目，每种类型的铯 137 源在投产前都要进行型式检验，确定其最大活度装载量时的安全等级，取得特殊形式证明。该检验每五年重检一次，在下列情形下，也应进行型式检验：

——产品结构、材料、工艺有较大改变时；

——停产一年以上，再一次投产时。

8.2 出厂检验

6.3、6.5、6.6 为出厂检验项目，所有产品应全检。

9 标识、检验证书和使用说明书

9.1 标识

铯 137 源产品的外包壳上面应有明确标识，标识为阴刻，标识内容尽可能涵盖以下方面内容：

——生产商代码；

——源生产序列号；

——源代号；

——“放射性”字样。

9.2 检验证书

经检验合格的每个铯 137 源，均要填写检验合格证书。检验合格证书格式参见附录 C。检验证书的内容至少包括(但不限于)：

a) 放射源名称；

b) 放射源国家编码；

c) 放射源代号和生产序列号；

d) 生产厂商名称；

e) 包壳材料和包壳层数；

f) 密封方法；

g) 源芯材料；

h) 源芯尺寸和外形尺寸；

i) 名义活度；

j) 安全性能等级。

表面污染和泄漏检验方法及其结果。

9.3 使用说明书

放射源在出厂时应提供使用说明书，使用说明书至少应包括(但不限于)以下内容：

a) 放射源名称；

b) 主要技术参数；

c) 容器名称及编号；

d) 容器表面辐射剂量；

e) 安全注意事项；

f) 安全使用条件；

g) 涉源事故应急处理办法。

10 包装、运输和贮存

10.1 包装

10.1.1 运输容器和包装应符合 GB 11806—2004“放射性物质运输规定”的要求。

10.1.2 工作容器除符合 GB 11806—2004 的相关规定外，还要符合 GBZ 125—2002 的相关要求。

10.1.3 每个铯 137 源产品发货时要附带以下文件：

a) 检验合格证书；

b） 产品使用说明书；

c） 货包表面污染及表面辐射水平检测合格证书；

d） 放射源国家编码卡；

e） 特殊形式证明。

10.2 运输

放射源的货包运输按 GB 11806—2004 规定执行。

10.3 贮存

10.3.1 放射源贮存执行当地行政主管部门的相关规定。

10.3.2 放射源的贮存场所应具备以下条件：

a） 应设置辐射监测设施；

b） 应设置消防和防盗设施；

c） 应设置应急报警装置。

附 录 A
（资料性附录）
工业仪表用铯 137γ 辐射源结构示意图

A.1 工业仪表用铯 137γ 辐射源结构

铯 137γ 辐射源结构示意图见图 A.1。

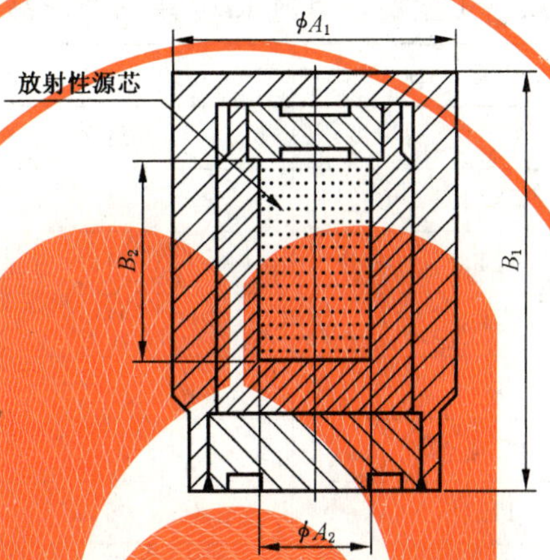

图 A.1 工业仪表用铯 137γ 辐射源结构示意图

A.2 工业仪表用铯 137γ 辐射源结构尺寸

铯 137γ 辐射源结构尺寸见表 A.1。

表 A.1 工业仪表用铯 137γ 辐射源结构

单位为毫米

源包壳型	外形尺寸		源芯尺寸	
	ϕA_1	B_1	ϕA_2	B_2
1	8	10	4	4
2	10	13	6	7
3	12	16	8	10
4	20	20	12	13
5	30	30	16	19

附　录　B
（资料性附录）
工业仪表用铯 137γ 辐射源产品规格

B.1　工业仪表用铯 137γ 辐射源产品规格

铯 137γ 辐射源产品规格见表 B.1。

表 B.1　工业仪表用铯 137γ 辐射源产品规格

产品代号	名义活度/GBq	活性区尺寸/mm	源壳尺寸/mm
CSG101	0.37	$\phi4\times4$	$\phi8\times10$
CSG102	0.74	$\phi4\times4$	$\phi8\times10$
CSG103	1.11	$\phi4\times4$	$\phi8\times10$
CSG104	1.85	$\phi4\times4$	$\phi8\times10$
CSG105	3.7	$\phi4\times4$	$\phi8\times10$
CSG106	7.4	$\phi4\times4$	$\phi8\times10$
CSG201	11.1	$\phi6\times7$	$\phi10\times13$
CSG202	14.8	$\phi6\times7$	$\phi10\times13$
CSG203	18.5	$\phi6\times7$	$\phi10\times13$
CSG204	37	$\phi6\times7$	$\phi10\times13$
CSG205	55.5	$\phi6\times7$	$\phi10\times13$
CSG206	74	$\phi6\times7$	$\phi10\times13$
CSG301	111	$\phi8\times10$	$\phi12\times16$
CSG401	185	$\phi12\times13$	$\phi20\times20$
CSG402	370	$\phi12\times13$	$\phi20\times20$
CSG501	740	$\phi16\times19$	$\phi30\times30$
CSG502	1 110	$\phi16\times19$	$\phi30\times30$

附 录 C
（资料性附录）
工业仪表用铯 137γ 辐射源检验合格证书

C.1 工业仪表用铯 137γ 辐射源检验合格证书

铯 137γ 辐射源检验合格证书包括以下内容：
源名称：
名义活度：
源代号和序号：
放射源国家编码：
源芯材料：
源包壳材料：
源包壳层数：
源外形尺寸：
活性区尺寸：
密封方法：
安全等级：
特殊形式证书号：

表面污染检验：
方法：
结果：　　　　日期：　年　月　日
泄漏检验：
方法 1：
结果：　　　　日期：　年　月　日
方法 2：
结果：　　　　日期：　年　月　日
本证书和所提供的资料符合 GB 4075 规定
生产商名称

盖章
日期：　年　月　日

ICS 03.220.40;13.100
R 30

中华人民共和国国家标准

GB/T 13386—2009
代替 GB/T 13386—1992

海洋营运船舶明火作业安全技术要求

Technical requirements for hot working of sea going transport ships

2009-03-31 发布 2009-11-01 实施

中华人民共和国国家质量监督检验检疫总局
中国国家标准化管理委员会 发布

前　言

本标准代替 GB/T 13386—1992《海洋营运船舶明火作业安全技术要求》。

本标准与 GB/T 13386—1992 相比主要变化如下：

——修改了“明火作业”和“危险区域”的定义(1992 版的 2.1 和 2.5;本版的 2.1 和 2.5)；

——“环境考查条件”改为“作业环境考察范围”，并调整“危险区域的开敞甲板”的考察范围(1992 版的 3.1.2;本版的 3.1.2)；

——调整和修改了有关“不可进行明火作业的条件”的内容(1992 版的第 4 章;本版的 3.2)；

——“可以进行明火作业的条件”之“技术条件”改为“作业要求”，调整和修改有关内容(1992 版的 3.2;本版的第 4 章)；

——调整了有关“可燃气体浓度的测试”有关内容(1992 版的第 5 章;本版的第 5 章)；

——调整了有关“风速、风向的测定”有关表述(1992 版的第 6 章;本版的第 6 章)。

本标准的附录 A 为资料性附录。

本标准由中华人民共和国交通运输部提出。

本标准由交通部航海安全标准化技术委员会归口。

本标准起草单位：中华人民共和国海事局、上海海事局。

本标准主要起草人：李林杰、凌黎华、顾海钧、范锋、袁成刚、王尚余。

本标准所代替标准的历次版本发布情况为：

——GB/T 13386—1992。

海洋营运船舶明火作业安全技术要求

1 范围

本标准规定了船舶明火作业条件、可燃气体浓度的测试及风向、风速的测定等安全管理基本技术要求。

本标准适用于航行、停泊、装卸和航修(不包括进厂修理船舶)情况下的海洋营运船舶,不适用于液化气船、散装化学品船。

2 术语和定义

下列术语和定义适用于本标准。

2.1

明火作业 hot working

伴有裸露的火焰和炽热工件的作业,如使用电焊、气焊、气割及喷灯等设备的作业。

2.2

火种作业 fire source working

操作中,可能出现火星的作业,如带电作业、敲铲铁锈或使用风动、电动工具等。

2.3

可燃气体 flammable gas

具有燃烧能力的气体或蒸气。

2.4

爆炸极限 explosive limit

可燃气体与空气混合,遇到火源可以引起爆炸的体积百分比最低和最高限值。

2.5

危险区域 hazardous area

可能产生或积聚可燃气体、粉尘或装卸、储存易燃易爆货物、物品的场所。

3 明火作业条件

3.1 作业环境考察范围

3.1.1 不属危险区域的开敞甲板,以作业点为中心,10 m 为半径,向上 2 m,向下至平台或甲板的柱形空间。

3.1.2 危险区域的开敞甲板,以作业点为中心,15 m 为半径,向上 2 m,向下至平台或甲板的柱形空间。

3.1.3 不属危险区域的舱室内,以作业点为中心,5 m 为半径的空间。

3.1.4 危险区域的舱室内,考察作业舱室及毗邻的舱室。

3.2 禁止明火作业场所和状况

3.2.1 进行加油、涂刷油漆等有火灾危险的工作现场。

3.2.2 盛有或残存易燃易爆油、气的容器或管道,未经泄至正常气压的压力容器。

3.2.3 正在装卸易燃易爆货物或可能产生易燃易爆气体或粉尘货物的船舶。

3.2.4 油船在装卸、洗舱、除气和压载作业(专用压载舱压载作业除外)时。

3.2.5 航行中的油船的货油舱和货油管上。

3.2.6 未经测爆合格的油舱、油柜周围以及距离该油舱、油柜的空气管1 m范围内。

3.2.7 未经测爆合格的可能产生或积聚可燃气体、粉尘的其他场所。

4 作业要求

4.1 测爆合格的舱室或处所,明火作业应在4 h以内开工,否则,应重新测爆认可。作业前和作业中,应有专人对施工区域及有影响场所的可燃气体浓度进行监测。

4.2 明火作业的设备质量应符合相关标准。使用前,应确认设备技术状态良好。

4.3 焊工应持有主管机关认可的资格证书。

4.4 可燃气体浓度不大于爆炸下限的1%,相对风速小于13.8 m/s。

4.5 明火作业前应满足以下要求:

a) 应确认3.1要求的范围内符合作业要求;施工现场应清除易燃易爆物品,备妥足够有效的消防器材,并处随时可用状态,同时应有防止火花扩散的安全措施。

b) 应拆除作业现场内有影响的电缆或切除其电源并对其安全遮盖。

c) 应了解环境考查范围内船舶防火分隔要求。在隔热舱壁或间架板上进行明火作业,应事先拆除距焊割边缘0.5 m内的一切可燃物,如因结构原因无法拆除的,应采取足够有效的安全措施。对0.5 m以外的可燃物,应采取防止焊割热传导的措施及有效遮盖。

d) 可以拆除的管子等机件,应移至电焊间或安全地点焊补,对无法拆除拆卸的油管、污水管等,应进行有效清洗,使管内可燃气体达到4.4要求,或采取充满惰性气体、水或拆开管子接头,对作业点两端进行有效隔堵。

e) 应查清作业面的反面和周围,并确认无易燃易爆物品。

f) 在长期封闭的舱室或狭小通道明火作业前,应提供足够的通风,使空气中含氧量保持在19.5%~21%,并且人员进入后无明显不适感。作业期间应保持连续通风。

g) 油船货油舱在充注惰性气体情况下,环境条件符合3.1.1和4.4要求时,其危险区域以外的尾部甲板可以进行明火作业,其开敞甲板可以进行火种作业,但应对该作业考查范围的可燃气体浓度和风向风速变化进行监测。

h) 燃油、润滑油舱(柜)、油船供油舱、泵舱、隔离舱、压载舱(舱内无含油管线通过、无可燃气体或液体的专用压载舱除外)等进行明火作业或火种作业前,应封闭与其相连的所有管系、阀门,并经洗舱除气、铲除硫化铁锈皮、油泥,取得船舶检验部门签发的“船舶可燃气体清除证书”。

4.6 明火作业时,应由对船舶结构有一定了解并熟悉明火作业安全知识的专业人员对作业现场及周围区域进行监护。作业完毕,应彻底清理现场,在确认无残留火种时,监护人员方可撤离。为防止复燃,监护人员撤离后,船上值班人员应定时对作业处所进行巡检。

5 可燃气体浓度的测试

5.1 测试准备

5.1.1 凡进行测试的舱室、箱柜、管路应先行有效清洗,清除可燃气体,杜绝再产生可燃气体的来源或已采取了有效隔离措施,并保持通风。

5.1.2 测试人员应经培训合格,测试时应记录时间、气温和测试结果。

5.2 测试仪器

5.2.1 测爆仪应经国家计量部门或由其指定的部门核定认可,并在有效期内使用。

5.2.2 使用测爆仪应严格遵循说明书规定,用前检查仪器是否正常,在每次使用前,应对仪器进行标定,以确认仪表的灵敏度和正确性,使用后恢复其正常。

5.2.3 使用中如对仪器产生怀疑,应重新校准,必要时,可参照附录A,作标准气样测试校验。

5.3 测试方法

5.3.1 货油舱测试

5.3.1.1 外观检查

进入舱内检查舱壁、舱顶、舱底、构件、管路、阀件等这些部位均应无油泥和含油锈垢或其他可能产生可燃气体的物体。管系、阀件等不得渗漏。

5.3.1.2 选择测点和确定测值

舱外探测时,每舱内的取样部位不得少于两处,每处至少取上、中、下三点且应选在前后两端。所有检测数值中,取最大值为测量值。

舱内测量时,测点应选在通风不良的死角、油管的附近、洗舱"盲区"和舱内复杂构件等处所。各测点的读数中,选最大者为该舱测量值。

5.3.1.3 特殊要求

若对探测结果怀疑或认为舱内具有测爆仪无法探测的毒性气体(苯、硫化氢及四乙铅等),则应使用其他有效方法进行测定。

5.3.2 机舱测试

一般情况下,应对以下机器处所进行探测:

——舱壁底部和污水井处;

——货油泵中间轴通过的隔舱壁处;

——货油舱加热器回水管接头处;

——装设惰性气体的风机区域;

——配电板处;

——分油机室;

——其他易产生积聚可燃气体的部位。

5.3.3 开敞甲板测试

根据甲板上的具体情况(如货油舱口、透气口以及气体出口的位置,油管的布置和风速等)测试点应选在油气可能产生和积聚的场所。

5.4 安全措施

凡进入油舱测试,舱内可燃气体浓度不得大于爆炸下限的5%,测量时应两人协同工作,舱口应有专人监护。测试人员应穿戴防静电的劳保护具,并备妥必要的安全用具。舱内严禁拆装仪器和更换电池,所有照明设备应安全防爆,并严格按照安全操作规定操作。

进入曾充注惰性气体或长期封闭的舱室前,应测检含氧量且含氧量不低于19.5%。

6 风向、风速的测定

6.1 如使用手持式风向风速仪进行观测,应迎风面观测,且不受周围障碍物影响。

6.2 航行中船舶只测试相对风向和相对风速。

附 录 A
（资料性附录）
一般气象条件下可燃气体的爆炸极限

一般气象条件下可燃气体的爆炸极限见表 A.1。

表 A.1

单位为百分比

品 名	爆炸极限		品 名	爆炸极限	
	下 限	上 限		下 限	上 限
原油	1.10	640	二乙胺	1.80	10.10
汽油	1.30	6.00	二乙丙醚	1.40	7.90
煤油	1.40	7.50	二硫化碳	1.30	50.00
柴油	1.50	4.50	石油醚	1.10	5.90
甲烷	5.00	15.00	丙烯	2.00	11.10
乙烷	3.00	15.50	氯乙烯	3.60	33.00
丙烷	2.90	9.50	1,1-二氯乙烯	5.60	11.40
丁烷	1.90	6.50	氢	4.00	75.00
戊烷	4.40	8.00	氨	15.70	27.40
异丁烷	1.60	8.40	硫化氢	4.00	44.00
溴甲烷	10.00	16.00	氰化氢	5.60	40.00
二硼烷	0.90	88.00	苯	1.50	9.50
氯甲烷	8.25	18.70	甲苯	1.28	7.00
己烷	1.20	7.50	一甲胺(无水)	4.95	20.75
正辛烷	1.00	6.50	一氧化碳	12.50	74.20
正庚烷	1.05	6.70	乙炔	2.50	82.00
氯丁烷	1.90	10.10	二甲胺(无水)	2.80	14.40
氯乙烷	3.80	15.40	二甲醚	3.40	27.00
乙烯	3.00	34.00	(异)丁烯	1.80	9.60
天然气	5.00	16.00	三甲胺(无水)	2.00	11.60
液化石油气	2.00	10.00	甲醇	6.70	36.00
煤气	4.50	40.00	丙烯腈	3.10	17.00
丙酮	2.60	12.80	亚硝酸乙脂	3.00	50.00
丙醇	2.10	13.50	吡啶	1.80	12.40
丙醛	2.90	17.00	糠醇	1.80	16.30
乙腈	4.40	16.00	松节油	0.80	62.00
乙醇	3.30	19.00	甲醛	7.00	73.00
乙醛	4.00	57.00	乙酸	4.00	16.00
乙醚	1.85	36.50	丁胺	1.70	9.80

表 A.1（续）

单位为百分比

品名	爆炸极限		品名	爆炸极限	
	下限	上限		下限	上限
丁酮	1.80	10.0	乙胺	3.50	14.00
丁醛(正)	2.50	12.50	乙基苯	1.00	6.70
丁醚	1.50	7.60	乙烯亚胺	3.60	46.00